普通高等教育“十四五”规划教材——应用化学系列

U0873570

应用物理化学

主　编　周建敏
副主编　余　梅　周　鹏

中国石化出版社
·北京·

内 容 提 要

本书是根据应用型大学工科专业人才培养方案的要求编写的。书中将物理化学理论知识与实验内容融合在一起。全书共分为八个模块，包括物理化学及实验的基础知识、化学热力学、多组分系统热力学与相平衡、化学平衡、电化学、化学动力学、界面及胶体化学和创新实验。模块二~模块七均包括基础知识、典型例题、实验内容、习题及拓展阅读等内容，其中科学家介绍、应用案例、历史事件等思政教育内容以二维码的形式插入书中，读者可扫码获取。实验则按照注重应用、逐级提高的方式展开，分为基础实验、拓展实验和创新实验三个层次。

本书注重应用性和适用性，强调石油化工特色，特别适合于应用型工科院校或少学时物理化学教学使用。

图书在版编目(CIP)数据

应用物理化学／周建敏主编；余梅，周鹏副主编．—北京：中国石化出版社，2021.12(2023.12 重印)
普通高等教育“十四五”规划教材．应用化学系列
ISBN 978-7-5114-5607-6

Ⅰ.①应… Ⅱ.①周… ②余… ③周… Ⅲ.①物理化学-高等学校-教材 Ⅳ.①O64

中国版本图书馆 CIP 数据核字(2021)第 234038 号

未经本社书面授权，本书任何部分不得被复制、抄袭，或者以任何形式或任何方式传播。版权所有，侵权必究。

中国石化出版社出版发行

地址：北京市东城区安定门外大街 58 号
邮编：100011　电话：(010)57512500
发行部电话：(010)57512575
http://www.sinopec-press.com
E-mail:press@sinopec.com
北京科信印刷有限公司印刷
全国各地新华书店经销

*

787×1092 毫米 16 开本 23 印张 572 千字
2021 年 12 月第 1 版　2023 年 12 月第 2 次印刷
定价：65.00 元

序

任何一所高等学校和任何一个专业，均有办学目标和人才培养目标。这些目标既包括增强素质、学用知识、启迪智慧、引发思考、激发兴趣等在人才培养过程中的综合要求，也包括自主学习、有效学习、文献查阅和综述、思考和分析、实践和创新、人文素养、团队协作、沟通和表达、价值内化认同等在人才培养目标中知识、能力、素质的全面要求。

人才培养目标如何实现？毫无疑问，主要落实在课程或课程体系上。可以说人才培养方案中没有一门课程的设置是多余的。任何一门课程，均应对人才培养目标的实现有一定的支撑。课程能否实现对人才培养质量或人才培养目标的有效支撑，主要决定于课程讲什么内容和怎么讲这些内容。

采用什么样的教材资源，对教师讲什么和怎么讲、甚至学生怎么学均有很大的影响。教材是课程资源的核心部分，教材不但应体现科学适需的知识体系，还应体现先进的教学理念和教学思想。多年的教学实践和教育科学研究表明，应用型高校特别是地方应用型高校在教材建设方面应着力加强应用导向型课程建设。应用导向型课程建设要求把课程的内容体系和结构框架定位到应用体系上来，把教学内容和教学设计引导到应用体系上来，把支撑人才培养目标的知识、能力、素质要求贯通到应用体系上来。总之，应用导向型课程能够促进教师有效教学和学生有效学习，能够更好实现对人才培养目标的有效支撑。

针对高等教育人才培养过程特别是课程建设方面存在的一些问题，广东石油化工学院按照“整体规划、分步立项、重点建设、有序推进”原则，推动应用导向型课程建设。应用导向型课程建设基本思路是：突出应用导向，融合同一门课程现有的实验体系和理论体系，以实验体系组织课程内容，教学则围绕实验应用形式组织开展。对难以覆盖的重要内容则以拓展阅读材料部分编写入教材。“普通高等教育‘十四五’规划教材——应用化学系列”分为《应用无机化学》《应用分析化学》《应用有机化学》《应用物理化学》四门课程应用型教材，是学校多年来“实践双体系人才培养模式改革和目标问题导向式教学理念”所总结的初步成果。

相信该套丛书的出版能对现有理工类少学时、应用型院校的基础化学课程体系教学改革和对学生综合素质的提高有一定的促进作用。

广东石油化工学院副校长

前　言

物理化学是化学学科的一个重要分支，是化工类各专业本科生一门重要的专业基础课程。在各专业课程中，物理化学课程起着连接基础课和专业课的枢纽作用。而物理化学实验课程则综合了化学领域中各分支所需的基本实验技能和方法，是一门培养学生实验技能和应用能力的课程。基于创新型社会对人才的要求以及理工类学生人才培养质量的现状，为强化高质量应用型人才培养，普遍提高理工类学生创新能力，深层次助推高校转型发展，对现有理工类基础课程物理化学课程体系进行教学改革。用课程改革为学生实现科技型创新奠定坚实的实践基础，理论与实验紧密结合，深入培养具有创新精神具备创业能力的应用型人才。

物理化学课程包括理论和实验两部分，以两门课程的形式组织实施教学。由于物理化学是一门以实验为基础的课程，目前理论课与实验课内容及教学环节有些相互脱节，主要进行一些验证性实验，对实践动手能力培养的作用不明显；而且《物理化学》教材大多都具有内容较多、理论性较强的特点，已不适合做应用型本科高校少学时的物理化学教材。为此，本书将主要的理论和实验部分融合一体，重点突出，注重应用性和适用性，特别适合工科院校少学时教学使用。

全书分为八个模块，不同专业可根据需要进行模块选课实施教学。通过讲授“应用物理化学”这门课程，将同时完成物理化学理论及实验两门课程教学内容。每个模块包括基础知识、典型例题、实验内容、习题和拓展阅读等内容，另外本书还将科学家介绍、应用案例、历史事件等涉及思政教育内容的知识以二维码的形式插入书中，使课程教学与思政教育同向同行。对基础知识中难以覆盖的重要内容则以拓展阅读材料的形式编写入教材，供学生自学及教师根据课时选择讲授。

本书由广东石油化工学院周建敏教授主编，参加编写的有广东石油化工学院余梅、周鹏、张业、程辉成、李泽胜、王寒露等，全书由周建敏统稿。

本书在编写过程中参考了一些国内优秀的物理化学教材，我们将其列于书末，在此向相关作者及出版社表示感谢！

限于编者水平，本书难免有错误和不当之处，恳请专家、同行及同学们提出宝贵意见，以便重印或再版时改正。

目　录

模块一　物理化学及实验基础知识

模块二　化学热力学

模块三　多组分系统热力学与相平衡

模块四　化学平衡

模块五 电化学

模块六 化学动力学

模块七 界面与胶体化学

模块八　创新实验

附　　录

参考文献

模块一 物理化学及实验基础知识

1-1 物理化学的研究内容

物理化学研究的内容是什么呢？大家对中学化学教科书中镁条的燃烧、日常生活中煤气的燃烧及过年时烟花的燃烧，一定印象深刻吧？这些化学变化常伴有放热、发光等物理现象。而实际上其他化学变化也像它们一样常伴有放热、做功、发电、发光等物理现象，而这些热、功、电能、光能也可能引发化学反应或影响化学反应的进行，这一切都说明了化学与物理学是密不可分的。物理化学就是从物理现象和化学现象的联系入手，用物理学的理论和实验方法来研究化学中最基本的规律。它所研究的是普遍适用于各个化学分支的理论问题，物理化学是化学的理论基础，所以物理化学曾被称为理论化学。

物理化学的核心内容大致分为两大部分：化学热力学和化学动力学。化学热力学主要研究化学变化的方向和限度问题；化学动力学主要研究化学反应的速率和机理问题。

1-2 物理量的表示及运算

物理化学经常用定量公式来描述各物理量之间的关系，无论是在理论计算还是在实验数据处理中都会用到它们。因此，正确掌握物理量的规范表示方法及运算规则，是学好应用物理化学的前提条件，也是培养严谨科学态度的重要保证。

(1) 物理量的表示

物理量(简称为量)既可以用符号表示，也可以用数值与单位之积来表示。例如：

$$A=\{A\}\cdot[A] \tag{1-1}$$

式中 A——物理量；

$\{A\}$——数值；

$[A]$——单位。

例如：$p=101325\text{Pa}$，p 是物理量压强的符号，Pa 是压强的单位，101325 是以 Pa 为单位的压强数值。

物理量的符号用斜体的拉丁字母或希腊字母，有时用下标作说明标注。如 p、V_m，标注中的物理量是斜体，其他是正体。

量的单位一般用小写正体字母表示，如 s、m、mol 等，但源于人名的单位符号，则第一个字母要大写，如 Pa、J、K 等。

一般在图和表中应使用特定单位表示量的数值，如 $p/\text{Pa}=101325$，$T/\text{K}=298.15$ 等。如果对某物理量取对数，因对数中只能是纯数，所以物理量要除以单位使之变为纯数才可，如 $\ln p/[p]$。

（2）物理量的计算

表示物理量之间的关系时，通常采用量方程式的形式。在进行物理量的计算时，一般先列出量方程式，再将数值和单位代入后进行计算。例如，计算 25℃、100kPa 下理想气体的摩尔体积时，用量方程式的计算如下：

$$V_m=\frac{RT}{p}=\frac{8.314\text{J}\cdot\text{mol}^{-1}\cdot\text{K}^{-1}\times(273.15+25)\text{K}}{100\times10^3\text{Pa}}=2.479\times10^{-2}\text{m}^3\cdot\text{mol}^{-1}$$

有时，为简便起见也可不列出每个物理量的单位，而直接给出最后单位，如：

$$V_m=\frac{RT}{p}=\left[\frac{8.314\times(273.15+25)}{100\times10^3}\right]\text{m}^3\cdot\text{mol}^{-1}=2.479\times10^{-2}\text{m}^3\cdot\text{mol}^{-1}$$

1-3　物理化学实验的目的和要求

物理化学实验是化学、化工类各专业一门重要的实验课程。它综合了化学领域中各分支所需的基本实验技能和方法，主要运用物理学原理与技术，通过由实验仪器测定系统物理化学性质的变化，从而研究化学变化的本质和规律。

1. 实验目的

① 通过物理化学实验，使学生系统掌握物理化学的基本实验技术和技能，学会重要物理化学参数的测定方法。使学生巩固和加深对物理化学基本概念和基本原理的理解，培养用实验方法获取新知识、巩固旧知识的能力。

② 通过物理化学实验，使学生熟练掌握物理化学实验常用仪器的性能、原理、用途和使用方法。使学生熟悉物理化学实验现象的观察与记录、实验条件的判断与选择、实验数据的测量与处理、实验结果的分析与归纳等一系列过程。通过基础实验—拓展实验—创新实验的训练，循序渐进的培养学生的基本实验技能、实践应用能力以及撰写科研论文的能力。

③ 通过物理化学实验，培养学生实事求是、勇于创新的科学精神；准确、细致、整洁等良好的实验室工作习惯以及科学的思维方法；培养学生爱岗敬业、一丝不苟和团队协作的工作精神。

2. 实验要求

物理化学实验对培养学生独立从事科学研究和创新工作的能力具有重要作用。学生应该在实验过程中做到勤于动手，开动脑筋，钻研问题，切实做好每个实验的每一个环节。进行物理化学实验，一般要经过实验预习、实验操作和撰写实验报告三个环节。为了使学生做好每个实验，针对不同类型的实验对学生有不同的实验要求。

基础实验通常是一些经典的物理化学实验，通过基础实验的训练，使学生掌握重要物理化学参数测量的基本原理及方法。在此基础上再进行拓展实验，拓展实验并不是基础实验的重复，而是基础实验的拓展和深化。创新实验是基础实验的综合提高。学生综合已经学过的实验原理、方法和技术，在查阅文献资料的基础上独立设计实验方案，选择实验仪器与设备，组装实验装置，进行实验操作，得出实验结论。

(1) 基础实验的要求

实验预习

为了使实验顺利进行，学生在实验前要充分预习，仔细阅读实验教材、认真观看实验视频等相关资料，明确实验目的，清楚实验原理，了解实验所用仪器的构造和使用方法，熟悉实验内容和实验步骤，明确实验条件、需要测量的物理量、应该记录的实验数据及实验注意事项。写出预习报告，实验预习报告的内容包括：实验目的、实验原理、仪器、药品和实验步骤，设计好所需记录或测量的物理量表格等，无预习实验报告者或实验报告不合格者不得进入实验室。

实验操作

实验过程是整个实验的核心，学生进入实验室后应检查所使用的仪器和试剂是否满足实验要求，做实验时，应认真按照操作规程进行，严格控制实验条件，仔细观察实验现象，认真记录实验数据。整个实验过程不仅要有严谨的科学态度、实事求是的科学精神，还要积极思考，善于发现和解决实验中出现的各种问题。

实验报告

完成实验报告是实验课程的基本训练之一。它将使学生在实验数据处理、作图、误差分析、问题归纳等方面得到训练和提高。实验报告的质量在很大程度上反映了学生对理论知识的掌握程度、分析问题和解决问题的能力。通过撰写实验报告，达到加深实验步骤和提高写作能力的目的。因此学生必须认真撰写实验报告。实验报告的内容应包括：

① 实验目的：了解本次实验需要掌握的内容，达到的预期目的；

② 实验原理：用简明扼要的语言、流程图、公式或反应方程式等表示实验原理；

③ 实验仪器及药品：写明实验所用仪器及型号、药品，画出实验装置图、仪器面板图等；

④ 实验条件：室温、大气压、实验温度等实验条件；

⑤ 实验操作步骤：用简单的语言、流程图、符号等表示，注意重要的实验条件要写清楚，例如药品的加入量，实验的温度、压力、回流速率等有数量要求的条件；

⑥ 原始实验数据记录：有指导教师签名的数据记录；

⑦ 数据处理和绘图：实验数据应以表格形式列出，用计算机进行绘图；

⑧ 实验结果分析及讨论：针对实验过程中的特殊现象、实验成败的关键、实验误差产生的原因等方面进行分析讨论，也可以对实验提出进一步改进的意见和建议；

⑨ 解答思考题。

实验报告必须本人独立完成，要求叙述清楚、语言简练、条理分明、字迹工整、计算准确、作图规范、结果正确和讨论深入等，报告要如实反映实验结果，不能拼凑或伪造数据。

(2) 拓展及创新实验的要求

选题

在教材提供的拓展实验和创新实验题目中选择自己感兴趣的课题，或者是经指导教师同意，自己选择实验题目。

设计实验方案

查阅文献，基于实验要求和资料查阅情况，制定实验方案(包括实验原理、实验方法、仪器装置、实验步骤等)交给老师审阅，提出存在的问题，优化实验方案，经老师批准后方可进入实验室进行实验。

实验实施

实验过程中注意随时观察实验现象，并做好记录，找出实验中各种主要影响因素并得出结论。

数据处理

综合实验数据和现象，进行数据处理，并进行误差分析，按要求写出实验报告，创新实验要求写科研小论文，并进行交流答辩。

1-4　物理化学实验规则

物理化学实验中经常使用易燃、易爆、有毒和腐蚀性的试剂，存在着不安全因素。为了保证物理化学实验的正常进行和培养良好的实验习惯，在进入实验室前，应先接受必要的安全知识教育，且学生必须遵守下列实验规则：

① 了解安全知识：了解实验室安全知识及实验室事故的预防与处理等知识。未经指导教师同意不能擅动仪器、设备(尤其是电器设备)。杜绝由于跑、冒、漏等现象而造成的事故。

② 认真预习：每次做实验前，学生必须认真预习，撰写预习报告。凡是不写预习报告或预习达不到要求的一律不得进入实验室进行实验。

③ 熟悉环境：进入实验室，首先要熟悉实验室及周围的环境，如电源总闸、灭火器材、水、急救箱的安放位置、使用方法和安全通道的位置。

④ 遵守纪律：实验不得迟到和早退，更不能无故旷课。实验过程中要有严谨的科学态度，认真进行实验操作，遵守课堂纪律，保持实验室的安静和整洁，实验中不得擅离职守、喧哗吵闹，不得将食品带入实验室，不得在实验室抽烟、乱扔杂物等做与实验无关的事情。不得穿背心及带钉子的鞋或拖鞋进入实验室等。使用公用实验台面的药品和器械时，要立即送还原处，以免影响其他同学使用。若实验失败，征得教师同意后，方可重做。实验完毕后，如实填写实验仪器使用报告本，将实验数据经指导教师检查同意后，方可拆解或清洁实验仪器，整理实验台面。指导教师在实验数据上签名后，学生方可离开实验室。

⑤ 增强环保意识：实验过程做到台面清洁整齐、地面无污物。遵守环保规定，不得随意排放“三废”，废酸、废碱等废液严禁倒入水槽，应倒入规定的容器，防止出现污染事故；废纸、碎玻璃等固体废物应丢入废物箱，不得扔在地上或丢入水槽。实验室内保持通风良好，尽可能做到洁净明亮，清新舒适。值日生负责整个实验室的卫生清洁，关好水、电、门、窗，并经实验室管理人员检查后方可离开。师生均应培养“绿色化学”和“环境友好化学”意识。

⑥ 爱护仪器设备：使用仪器设备时，尤其是精密度高的仪器，要注意轻拿轻放，小心操作。损坏仪器要填写仪器破损单，经指导老师签名后，凭原物向管理室换取新仪器。节约药品和其他易耗品，节约水、电、煤气，不得将仪器和药品携出室外它用。

⑦ 完成实验报告：课后独立完成实验报告，做到书写工整、内容完整、图形美观、数据准确，坚决杜绝伪造数据、偷工取巧、抄袭报告等舞弊行为的发生。

1-5　物理化学实验的安全知识

化学是一门实验科学，实验室的安全十分重要。化学实验中经常使用易燃、易爆、有毒和腐蚀性的试剂，同时实验中常用的玻璃仪器易碎、易裂，容易引发事故。还有电器设备和煤气等，如果使用不当也易引起触电或火灾。因此，进行化学实验必须树立安全第一的思想，严格遵守实验规则，并熟悉实验中所用药品和仪器的性能，维护人身和实验室的安全，确保顺利完成实验。下面主要结合物理化学实验的特点，重点介绍使用化学药品时的安全防护、一些安全常识以及用电常识等知识。

1. 使用化学药品的安全防护

(1) 防火

物质燃烧需具备三个条件：可燃物质、氧气或氧化剂以及一定的温度。

实验室中使用的有机溶剂大部分是易燃的，比如常见的易燃溶剂有乙醚、二硫化碳、烃类(己烷、苯、甲苯等)、醇类、酮类(丙酮、丁酮)等。因此：

① 当操作易燃有机溶剂时要特别小心，首先实验装置的安装要远离火源；实验开始前，应先打开实验室通风扇；实验过程中切勿用敞口容器存放、加热或蒸除有机溶剂，否则挥发后的溶剂遇明火后易发生火灾；也绝不可以加热一个密封的实验装置(即使装有冷凝管)，因为加热而导致的压力增加会引起装置炸裂，引发火灾。

② 在移取或添加易燃溶剂时，务必远离火源或熄灭火源；在加热这些溶剂时不要直接用明火，可以用水浴、空气浴等。

③ 用油浴加热时，应注意避免水特别是冷凝水的溅入。当用电加热套对装置进行加热时，电加热套应有足够的活动空间，以便在加热剧烈时方便拆卸。

④ 不得把燃着或带有火星的火柴梗或纸条等乱抛乱丢，也不能丢入废物缸中，否则会发生危险。

⑤ 实验室一旦着火不要惊慌，应立即切断相关的电源，移走易燃物品。然后，根据燃烧物的性质和火势采用适当的方法和选择合适的灭火器进行灭火。以下几种情况不能用水灭火：

- 有金属钠、钾、镁、铝粉以及电石、过氧化钠等时，应用干沙等灭火；
- 密度小于水的易燃液体着火，应采用泡沫灭火器灭火；
- 有灼烧金属或熔融物的地方着火，应采用干沙或干粉灭火器灭火；
- 电气设备或带电系统着火，用二氧化碳或四氯化碳灭火器灭火。

平时应熟悉各种灭火器材的使用方法和存放地点。

(2) 防爆炸

有些药品因其能与水或其他物质发生爆炸反应，因此实验中必须注意：

① 蒸馏装置不能安装成密封体系，应与大气相通。减压蒸馏时要用圆底烧瓶作接收器，不能用锥形烧瓶作接收器。

② 许多气体和空气的混合物有爆炸组分界限，当混合物的组分介于爆炸高限与爆炸低限之间时，只要有一个适当的热源(如一个火花、一根高热金属丝)诱发，将会引发爆炸。一些气体与空气混合后的爆炸高限和低限(20℃，101.325kPa)，以其体积分数 φ 表示，其数据见表 1-1。

表 1-1　某些气体与空气混合后的爆炸极限

气体	爆炸高限/%	爆炸低限/%	气体	爆炸高限/%	爆炸低限/%
氢	74.2	4.0	乙酸	—	4.1
乙烯	28.6	2.8	乙酸乙酯	11.4	2.2
乙炔	80.0	2.5	一氧化碳	74.2	12.5
苯	6.8	1.4	水煤气	72	7.0
乙醇	19.0	3.3	煤气	32	5.3
乙醚	36.5	1.9	氨	27.0	15.5
丙酮	12.8	2.6			

应尽量避免能与空气形成爆鸣混合气的气体散失到室内空气中，同时保持室内通风良好，不使它们在室内积聚而形成爆鸣混合气。实验需要使用某些与空气混合有可能形成爆鸣气的气体时，室内应严禁明火和使用可能产生电火花的电器等。

③ 有些化学药品，如叠氮铅、乙炔银、乙炔铜、高氯酸等受震或受热易引起爆炸，使用时要特别小心。

④ 严禁将强氧化剂和强还原剂放在一起。

⑤ 久藏的乙醚使用前应除去其中可能产生的过氧化物。

⑥ 进行易发生爆炸的实验，应有防爆措施。

（3）防腐蚀

实验室中许多药品均有腐蚀性，要小心操作。比如：

① 无机酸中的硫酸、盐酸、磷酸和硝酸等，有机酸中的羧酸、磺酸等，无机碱中的氢氧化钠、氢氧化钾等强碱和硫酸钠、硫酸钾等弱碱，有机碱中的胺、羟胺、三乙胺、吡啶等都具有腐蚀性。因此实验中处理或使用腐蚀性试剂时一定要戴上防护手套。一旦腐蚀剂溅到皮肤上，应立即用大量的水冲洗干净。

② 苯酚也相当危险，能导致皮肤灼伤，它的有毒蒸气能够被皮肤吸收。

③ 液溴是非常危险的药品，能导致皮肤、眼睛灼伤，因此一定要在通风橱里使用。此外，由于它的密度较大，当用滴管转移时，即使不挤乳胶头，都可能因其重力而滴下来，因此要小心使用。

④ 氯化亚砜、酰氯、无水三氯化铝以及其他一些试剂，因能与水反应放出氯化氢气体，也具有腐蚀性，并会对呼吸系统产生严重刺激，实验中必须格外小心。

（4）防毒

① 实验前，应了解所用药品的毒性及防护措施。

② 操作有毒气体（如 H_2S、Cl_2、Br_2、NO_2、浓 HCl 和 HF 等）应在通风橱内进行。

③ 苯、四氯化碳、乙醚、硝基苯等蒸气会引起中毒。它们有特殊气味，久嗅会使人嗅觉减弱，所以应在通风良好的情况下使用。

④ 有些药品（如苯、有机溶剂、汞等）能透过皮肤进入人体，应避免与皮肤接触。

⑤ 氰化物、高汞盐[$HgCl_2$、$Hg(NO_3)_2$等]、可溶性钡盐（$BaCl_2$）、重金属盐（如镉、铅盐）、三氧化二砷等剧毒药品应妥善保管，使用时要特别小心。

⑥ 禁止在实验室内喝水、吃东西。饮食用具不要带进实验室，以防毒物污染，离开实

验室及饭前要洗净双手。

2. 汞的安全使用和汞的钝化

(1) 汞的毒性

汞中毒分急性和慢性两种，急性中毒多为高汞盐(如 $HgCl_2$)入口所致，0.1~0.3g 即可致死。吸入汞蒸气会引起慢性中毒，症状有：食欲不振、恶心、便秘、贫血、骨骼和关节疼、精神衰弱等。引起以上症状的原因，可能由于汞离子与蛋白质起作用，生成不溶物，因而妨害生理机能。汞蒸气的最大安全浓度为 0.1mg/m³，而在 20℃ 时汞的饱和蒸气压为 0.2Pa，比安全浓度大 100 多倍，若在一个不通气的房间内，而又有汞直接露于空气时，就有可能使空气中汞蒸气超过安全浓度，所以必须严格遵守下列安全用汞的操作规定。

(2) 安全用汞的操作规定

① 汞不能直接露于空气之中，在装有汞的容器中，应在汞面上加水或其他液体覆盖。

② 装汞的仪器下面一律放置浅瓷盘，防止汞滴散落到桌面和地面上。

③ 一切转移汞的操作也应在浅瓷盘内进行(盘内装水)。

④ 实验前检查装汞的仪器是否放置稳固，橡皮管或塑料管连接处要缚牢。

⑤ 储汞的容器要用厚壁玻璃器皿或瓷器，用烧杯暂时盛汞时，不可多装以防破裂。

⑥ 若有汞掉落在桌面或地面上，先用吸汞管尽可能将汞珠收集起来，然后用硫黄盖在汞溅落的地方，并摩擦使之生成 HgS。也可用 $KMnO_4$ 溶液使其氧化。

⑦ 擦过汞或汞齐的滤纸或布必须放在有水的瓷缸内。

⑧ 盛汞器皿和有汞的仪器应远离热源，严禁把有汞仪器放进烘箱。

⑨ 使用汞的实验室应有良好的通风设备，纯化汞应有专用的实验室。

⑩ 手上若有伤口，切勿接触汞。

3. 安全用电常识

(1) 关于触电

人体通过 50Hz 的交流电 1mA 就有感觉，通电 10mA 以上使肌肉强烈收缩，通电 25mA 以上则呼吸困难，甚至停止呼吸，通电 100mA 以上则使心脏的心室产生纤维性颤动，以致无法救活。直流电在通过同样电流的情况下，对人体也有相似的危害。防止触电的注意事项如下：

① 进入实验室前应该先了解清楚电源总闸的具体位置，如果遇到有人触电，首先立即切断电源，然后进行抢救。

② 操作电器时，手必须干燥，如果手潮湿，电阻显著减小，容易引起触电。

③ 一切电源裸露部分都应有绝缘处理(例如，电线接头处应裹上绝缘胶布)，所有电器设备的金属外壳应接地；已损坏的接头或绝缘不良的电线应及时更换。

④ 不能用试电笔去试高压电；修理或安装电器设备时，必须先切断电源。

⑤ 实验时，应先连接好电路再接通电源；实验结束时，先切断电源再拆线路。

⑥ 修理或安装电器设备时，必须先切断电源。

(2) 负荷及短路

为防止短路，实验室用电应遵守下列要求：

① 物理化学实验室总电闸的最大允许电流为 30~50A，一般实验台上分电闸的最大允许电流一般为 15A。对于使用功率很大的仪器，应事先计算电流量，否则长期使用超过规定负荷的电流时，容易引起火灾或其他严重事故。

② 使用的保险丝要与实验室允许的用电量相符。不能配用电流过大的保险丝，也不能任意用金属导线代替，否则长期使用超过规定负荷的电流时，容易引起火灾或其他严重事故。

③ 为防止短路，应避免导线间的摩擦，尽可能不使电线、电器受到水淋或浸在导电的液体中；线路中各连接点应连接牢固，电路元件两极接头不要互相接触。

④ 若室内有氢气、煤气等易燃易爆气体，应防止产生电火花，否则会引起火灾或爆炸。电火花经常在电器接触点(如插销)接触不良、继电器工作时以及开关电闸时产生。因此当实验室有易燃易爆气体时，应注意室内通风；电线的接头要接触良好、包扎牢固，以消除电火花。另外，在继电器上可以连一个电容器以减弱电火花。

⑤ 如遇火灾，应先切断电路，用砂土、干粉灭火器或 CCl_4 灭火器等灭火，禁止用水或泡沫灭火器等导电液体灭火。

(3) 使用电器仪表

① 注意仪器设备所要求的电源是交流电还是直流电，是三相电还是单相电，电压的大小、功率是否符合要求；须弄清直流电器仪表的正、负极。

② 注意仪器的量程，仪器的量程必须大于待测量值，若待测量值不清楚时，须先从仪器的最大量程开始检测。

③ 在电器仪表使用过程中，如发现有不正常响声，局部温度升高或嗅到绝缘漆过热产生的焦味，应立即切断电源，并报告教师进行检查。

④ 线路安装完毕后应检查正确无误后方可开始实验；实验结束后，应断开线路或关闭电源，以延长仪器的使用寿命。

4. 气体钢瓶的安全使用

气体钢瓶通常压力较大，使用时应注意以下几点：

① 钢瓶应存放在阴凉、干燥、远离热源的地方；可燃性气体应与氧气瓶分开存放；不要让油或易燃有机物沾染气瓶(特别是气瓶出口和压力表上)；氢气瓶应放在远离实验室的专用室内，用紫铜管引入实验室，并安装防止回火的装置。

② 搬运钢瓶要小心轻放，钢瓶帽要旋上；开启总阀门时，不要将身体正对总阀门，防止阀门或压力表冲出伤人。

③ 使用时应装减压阀和压力表。可燃性气瓶(如 H_2、C_2H_2)气门螺丝为反丝；不燃性或助燃性气瓶(如 N_2、O_2)为正丝。各种压力表一般不可混用。

④ 不可把气瓶内气体用尽，以防重新充气时发生危险。

⑤ 使用中的气瓶每 3 年应检查一次，装腐蚀性气体的钢瓶每 2 年检查一次，不合格的气瓶不可继续使用。

⑥ 使用时，注意各气瓶上漆的颜色及标字(表 1-2)，避免混淆。

表 1-2　中国气瓶常用标记

气体类别	瓶身颜色	标字颜色	气体类别	瓶身颜色	标字颜色
氮	黑	黄	二氧化碳	黑	黄
氧	天蓝	黑	氯	黄绿	黄
氢	深绿	红	其他一切可燃气体	红	白
空气	黑	白	其他一切不可燃气体	黑	黄
氨	黄	黑			

5. 个人安全防护

① 外伤是常见的事故之一，外伤是指由刀具、剪刀、玻璃片或其他锋利器具对人所造成的外部损伤。尤其在实验室中经常会发生玻璃割伤，避免玻璃割伤的最基本原则是切记勿对玻璃仪器的任何部分施加过度的压力或张力。当玻璃部件插入橡皮或软木塞时，首先应检查孔径大小是否合适，务必将手握在玻璃部件靠近橡皮或软木塞的部位缓缓旋进。有张力的玻璃仪器在加热时会破碎，因此，安装实验装置时要避免粗心而使装置产生张力。当有外伤的时候，先用清洁物品止血，取出伤口异物，涂红药水或贴止血贴，再根据伤情或送医院救治。

② 皮肤接触了高温、低温或腐蚀性物质后，均可能被灼伤。为了避免灼伤，在接触这些物质时，最好戴橡皮手套和防护眼镜。发生灼伤时应按下述要求处理：

酸灼伤：立即用大量水冲洗，再用1%碳酸氢钠溶液清洗，最后涂上烫伤膏。

碱灼伤：立即用大量水冲洗，再用1%～2%的乙酸或硼酸溶液冲洗，最后再用水冲洗，严重时涂上烫伤膏。

热水烫伤：一般在患处涂上红花油，然后擦烫伤膏。

溴灼伤：立即用大量水冲洗，再用酒精擦洗或用2%硫代硫酸钠溶液洗至灼伤处呈白色，然后涂上甘油或鱼肝油软膏加以按摩。

钠灼伤：可见的小块用镊子移去，其余与碱灼伤处理相同。

以上物质一旦溅入眼睛中，应立即用大量水冲洗，并及时送医院治疗。

③ 吸入刺激性或有毒有害气体(煤气、硫化氢、氨气、氯气等)时，应该立即到室外呼吸新鲜空气，同时查找有害气源，加以处理；当毒物误入口内时，可取5～10mL稀硫酸铜溶液，加入一杯温水中，内服后用食指伸入咽喉，促使呕吐，然后立即送医院治疗。

④ 在实验室里不适宜穿肥大的衣服，应穿工作服；要尽可能戴上护眼眼镜，在实验室里禁止戴隐形眼镜，如果眼睛里溅入药品，一定要及时处理。

6. X射线的防护

X射线被人体吸收后，对人体健康是有害的。一般晶体X射线衍射分析用的软X射线(波长较长、穿透能力较低)比医院透视采用的硬X射线(波长较短、穿透能力较强)对人体组织伤害更大。轻的造成局部组织灼伤，如果长期接触，严重的可造成白细胞数量下降、毛发脱落，患上严重的放射病。但若采取适当的防护措施，上述危害是可以防止的。最基本的是防止身体各部(特别是头部)受到X射线照射，尤其是X射线的直接照射。因此，要注意：

① X射线管窗口附近用铅片(厚度在1mm以上)挡好，将X射线尽量限制在一个局部小范围内，不致散射到整个房间。

② 在进行操作(尤其是对光)时，应戴上防护用具(特别是铅玻璃眼镜)。操作人员应避免直接照射。

③ 操作完，用铅屏把人与X射线机隔开；暂时不工作时，应关好窗口。非必要时，人员应尽量离开X射线实验室。

④ 室内应保持良好通风，以减少由于高电压和X射线电离作用生成的有害气体对人体的影响。

1-6　实验数据的表达

当实验结束后，要求实验者能将实验数据正确地记录下来，加以整理、分析和归纳，并正确地表达出实验所获得的规律。实验数据最常用的表示方法是列表法和作图法。

1. 列表法

做完实验后，将所获得的数据，应整齐地、有规律地列成表格，这样使数据一目了然，便于处理、运算，容易检查而减少差错。列表时应注意下列事项：

① 每一个表都应有一个编号和完整的名称(表 1-3)。

② 表中所列数值应为纯数。在表的每一行或每一列的第一栏，应详细地标出该行或该列所表示物理量的名称及单位。

③ 表中的数据应化为最简单的形式表示，公共的乘方因子应在第一栏的名称下注明，以便数据简化。

表 1-3　CO_2的平衡性质

t/℃	T/K	$\times10^3$ K/T	p/MPa	ln(p/MPa)	V_m/(cm^3/mol)	pV_m/RT
-56.6	216.55	4.6179	0.518	-0.6578	3177.6	0.9142
0	273.15	3.661	3.4853	1.2485	456.97	0.7013
31.04	304.19	3.2874	7.382	1.999	94.06	0.2745

2. 作图法

利用作图法来表达物理化学实验结果时能直接显示数据的特点，如极大值、极小值、转折点、周期性、线性关系、数量的变化速率等重要性质。

作图法的步骤与规则

(1) 坐标系的选择

根据要求选择，一般选择直角坐标系，特殊需要时可用半对数或对数坐标系，在绘制三元体系相图时，要使用三角坐标系。

(2) 坐标标度的选择

坐标系选定后，就是正确标度。习惯上用横坐标表示自变量，纵坐标表示因变量。

(3) 比例尺的选择

坐标轴上比例尺的选择极为重要，由于比例尺的改变，曲线形状也将跟着改变，若选择不当，可使曲线上的某些极大值、极小值或转折点等特殊性质，不能清晰表示。比例尺的选择遵循如下规则：

① 要能表示出全部有效数字，以使从作图法求出的物理量的精确度与测量精确度相适应。

② 图的每一小格所对应的数值应便于迅速、简便地读数和计算。坐标分度要合理，一般进行 2、5、10 等分，切忌 3、7、9 或小数等分。

③ 在上述条件下，要充分利用图纸面积，使全图布局匀称、合理。坐标范围应必须恰能包括全部测量数据或稍有余地。如无特别需要可不必以坐标原点做标度的起点，而从略低于最小测量值的数开始，这样才能充分利用坐标纸，全图形紧凑，同时读图精度比较高。

④ 若所作的图形为直线，则比例尺的选择应使直线的斜率接近于 1。

（4）点的描绘

将代表所测物理量的点绘于图上作曲线时，如果在一张图上有 2 条以上的曲线时，要用不同的符号代表不同的物理量以示区别，并在图上或图下说明各符号代表的意义。例如可采取▲、□、●、*、◆、△、★等来表示不同的物理量，符号的大小要适当，不可过大或过小，它可粗略表明测量误差的范围。

（5）绘制图形

利用点来绘制曲线时，首先应具有合理数量的数据点，过少则往往不能反映变化规律。借助曲线板、曲线尺或直尺描成，尽可能光滑的曲线。曲线不必也不可能通过所有各点，实验点应平均地分布于曲线两边。通常对于有规律的平滑曲线可不必取过多的点，但在曲线极大、极小和转折处应多取些点，才能保证曲线所表示的规律是可靠的。

（6）图注

每个图应有简明的图题，横、纵坐标所表示物理量的名称、刻度和单位等，除此之外，一般不再写其他的文字及作其他辅助线，以免使主要部分反而不清楚，数据亦不要写在图上，但在报告上应有相应的完整的数据。同时注意坐标轴上标明的数据应是纯数。

1-7 计算机处理实验数据及作图法

近年来信息技术在物理化学实验中得到越来越广泛的应用，使用的智能化、数字化仪器设备越来越多。由于获得数据的方式发生了很大的变化，处理实验数据与表达实验结果的方法也相应发生了变化，特别是撰写实验报告时，经常用到列表、公式计算、实验数据作图，或对实验数据计算后作图、线性拟合求截距和斜率、非线性曲线拟合、作切线求截距或斜率等。因此在处理实验数据和表达实验结果时，计算机的使用越来越普遍。在进行物理化学实验数据处理时，可以利用的软件比较多。下面通过例子介绍两种常用的工具软件(Excel)和(Origin)在基础物理化学实验数据处理与实验作图中的应用。

1. 应用 Excel 处理物理化学实验数据

这里我们只介绍物理化学实验中常见的与数据、图形处理有关的内容。首先进入 Excel 工作界面。

（1）数据的输入

当选定单元格或单元格区域之后，我们就可以向这里面输入“数据”。这里的“数据”包括字符、汉字、数值、图表、声音等对象。输入工作表中的数字或数值，可以进行自动计算或排序。数据的自动计算功能包括求平均值、求和、求最大值、记数等。数据的排序功能包括按升序排序、降序排序、大小排序和按字母的先后次序排序。

（2）公式处理

Excel 除了能进行一般的表格处理外，还允许用户使用公式对数值进行计算。使用公式可以对工作表中的数值进行加法、减法、乘法、除法、乘方等计算。一个公式是由运算符和参与计算的元素(操作数)组成，操作数可以是常量、单元格地址、名称和函数。

Excel 中使用公式的原则如下：

① Excel 中所使用的公式都是以“等号”(即“=”)开头。

② 常数是直接键入单元格的数值与符号。例如，先选中某个计算结果所需要存放的一

个单元格，在内容输入框中输入：=(A2+B1+65+37+89)/6，点击左键，即可在已选单元格中得出结果值。其中A2、B1称为参数；65、37、89、+、()、/、6称为常数。

③ 一般的单元格是用相对位置显示的。

④ 运算符号包括数学符号、比较符号、文字符号等。数学符号包括+、-、*、/、^、%等；比较符号包括；=、<、>、<=、<>、>=等；文字运算符号包括&等。

(3) 图形的创建

点击“插入”菜单中“图片”中的“自选图形”命令，绘制各种应用图表，如流程图、标注等。可以很方便地将各种图形连接在一起，使之成为一幅完整的应用图形。

另外，还可以点击“视图”菜单中“工具栏”命令中的“绘图”选项，自己绘制图形。用Excel能画椭圆、四边形、直线、曲线，填充文字等。

(4) 图表的创建

Excel允许用户单独建立一个统计图表。如果要创建一个图表，可以按以下步骤进行操作：

① 选择要包含在统计图中的单元格数据。

② 点击“常用”工具栏中的“图表向导”按钮，屏幕上将出现一个对话框，这个对话框列出了Excel中可以建立的所有图表类型，可以从中任意选择一个。

③ 点击“下一步”按钮，屏幕上出现对话框，对话框中显示出要包含在图表中所有数据单元格所在的范围。

④ 点击“下一步”按钮，屏幕上出现对话框。用户可以在“图表标题”中输入坐标标题，可在坐标选项中选择 x 轴和 y 轴坐标的分量。设置好之后点击“下一步”按钮。

⑤ 屏幕上出现的对话框是用来设置图表的位置的，选择好位置之后“点击”完成。

(5) 图表中数据的分析

Excel软件除了能使实验数据变成直观可视的图形外，还具有能使用户分析实验数据变化规律的功能。其操作步骤如下：

① 激活Excel界面中的绘图窗口。

② 选定绘图窗口中的实验数据点。

③ 在图表菜单中选样“添加趋势线”命令。

④ 在弹出的对话框中，列出Excel中可以建立的趋势预测或回归分析的函数类型，如线性、对数、多项式、指数等，选择共中一种，点击“确定”。

⑤ 完成对实验数据的拟合，得到相应的拟合函数方程。

(6) 图表处理

数据图表处理是用计算机把一系列数据变成直观可视的图形，更好地便于用户分析数据的规律、数据变化的趋势。Excel应用软件就有为用户提供多种丰富的图表类型如下：

面积图：面积图强调了随时间的变化幅度。由于也显示了绘制值的总和，所以面积图也可显示部分相对于整体的关系。

柱形图：柱形图用于显示一段时间内的数据变化或说明不同实验之间的比较结果。通过水平组织分类，垂直组织值可以强调说明一段时间的变化情况。

条形图：条形图显示了各个项目之间的比较情况。纵轴表示分类，横轴表示值，它主要强调各个值之间的比较而不太关心时间。

折线图：折线图显示了相同间隔内数据的预测趋势。

饼图：饼图显示了构成数据系列的项目相对于项目总和的比例大小。饼图总是显示一个数据系列；当我们希望强调某个重要元素时，饼图就很有用。

圆环图：像饼图一样，圆环图也显示部分与整体的关系，但圆环图可以包括多个数据系列，圆环图中每一个环都代表一个数据系列。

XY 散点图：XY 散点图既可以显示多个数据系列数值之间的相互关系，也可以将两组数字绘制成一系列的 XY 坐标。该图表可显示数据不相等的间隔，是处理物理化学实验数据最常用的图表类型。

当把实验数据输入到 Excel 软件的工作表中后，可以应用计算机绘制上述图表类型。与手工绘制的图表相比，计算机绘制图表不但省时、省力，而且可视效果更好、精确度更高。

下面举一例说明 Excel 软件在物理化学实验数据处理中的应用。

(7) 应用实例

【例 1-1】 液体饱和蒸气压的测定数据处理

某学生通过实验得到乙醇饱和蒸气压的实验数据，并输入到 Excel 表格中，如表 1-4 所示。

表 1-4 液体饱和蒸气压测定的实验数据

A	B	C	D	E	F
t/℃	T/K	$\times10^3$K/T	p(表)/kPa	p/kPa	ln$p$/MPa
25. 38	298. 53	3. 35	−91. 97	9. 355	9. 144
30. 34	303. 49	3. 3	−89. 64	11. 685	9. 366
35. 21	308. 36	3. 24	−86. 87	14. 455	9. 579
40. 48	313. 63	3. 19	−83. 25	18. 075	9. 802
45. 52	318. 67	3. 14	−79. 01	22. 315	10. 013

实验所测乙醇在不同温度下的表压分别列入 A、D 列。然后分别将 T、$1/T$、饱和蒸气压 p 及 ln$p$ 的数据通过公式计算列入表中的 B、C、E、F 列。

① 选择图表类型：单击“图表向导”图标，出现“图表向导-4 步骤之 0-图表类型”对话框，选择“标准类型”标签，在“图表类型”下选“XY 散点图”，在子图表类型下选择“散点图”，单击“下一步”，出现“图表向导-4 步骤之 2-图表源数据”对话框。

② 选择图表源数据：在“图表源数据”对话框中，单击“下一步”，出现“图表向导-4 步骤之 3-图表选项”对话框。

③ 选择图表选项：单击“标题”标签，在“图表标题”中输入“乙醇 ln$p$-$1/T$ 图”，在“数值(X)轴(A)”中输入“$\times10^3$K/T”，在“数值(Y)轴(V)”中输入“ln$p$”，“网格线”“图例”“数据标志”设置为不显示，单击“下一步”，出现“图表向导-4 步骤 4-图表位置”对话框。

④ 选择图表位置：一般选“作为其中的对象插入”，单击“完成”按钮，“乙醇 ln$p$-$1/T$”图即出现在表中。

⑤ 图形的修饰：单击图中直线上某一点的右键，选择“添加趋势线”，在“类型”标签中，选择“线性(L)”，在“选项”标签中，选择“显示公式”，其他设置与例 1 相似。最后所得图形如图 1-1 所示。

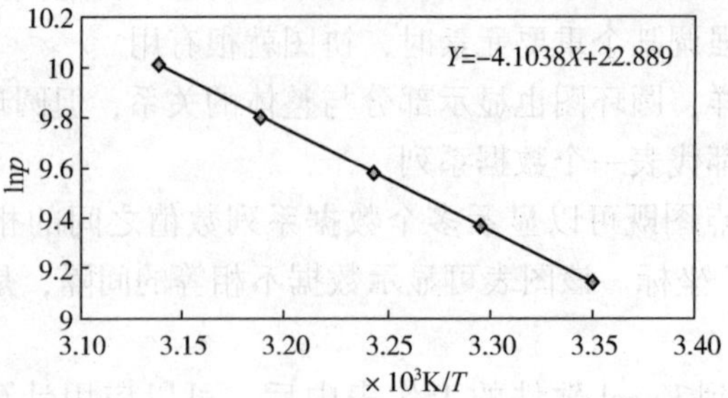

图 1-1　乙醇 $\ln p-1/T$ 图

【例 1-2】　双液系的气-液平衡相图的数据处理

某学生通过实验得到环己烷-乙醇体系的沸点(T)-组成(X)实验数据，并输入到 Excel 表格中，如表 1-5 所示。

表 1-5　环己烷-乙醇体系的沸点(T)-组成(X)实验数据

A	B	C
液相组成 X_1(环己烷)	气相组成 X_2(环己烷)	沸点/℃
0	0	75.85
0.19	0.50	68.62
0.29	0.57	66.19
0.42	0.59	64.95
0.75	0.61	64.95
0.88	0.66	69.3
1.0	1.0	78.00

实验所得环己烷的液相、气相组成分别列入 A、B 列，C 列为体系的沸点。利用 Excel 作环己烷-乙醇体系沸点(T)-组成(X)图的步骤如下：

① 选择图表类型：单击“图表向导”图标，出现“图表向导-4 步骤之 0-图表类型”对话框，选择“标准类型”标签，在“图表类型”下选“XY 散点图”，在子图表类型下选择“平滑曲线散点图”，单击“下一步”，出现“图表向导-4 步骤之 2-图表源数据”对话框。

② 选择图表源数据：在“图表源数据”对话框中，单击“数据区域”标签，选择系列产生在“列”；单击“系列”标签，单击“添加”按钮，出现“系列 1”项，单击“X 值(X)”中的图标，“图表向导-4 步骤之 2-图表源数据-X 值:”对话框，在 Excel 表格中选中表 1-5 所示序号 1~7 的数据，单击“图表向导-4 步骤 2-图表源数据-X 值:”中的图标，单击“Y 值(Y)”中的图标，“图表向导-4 步骤之 2-图表源数据-Y 值:”对话框，在 Excel 表格中选中表 1-5 所示序号 1~7 的数据，单击“图表向导-4 步骤 2-图表源数据-Y 值:”中的图标。单击“添加”按钮，出现“系列 2”项，单击“X 值(X)”中的图标，“图表向导-4 步骤之 2-图表源数据-X 值:”对话框，在 Excel 表格中选中表 1-5 所示序号 1~7 的数据，单击“图表向导-4 步骤之 2-图表源数据-X 值:”中的图标，单击“Y 值(Y)”中的图标

，“图表向导–4 步骤之 2–图表源数据–Y 值：”对话框，在 Excel 表格中选中表 1–5 所示序号 1~7 的数据，单击“图表向导–4 步骤之 2–图表源数据–Y 值：”中的图标，单击“下一步”，出现“图表向导–4 步骤之 3–图表选项”对话框。

③ 选择图表选项：单击“标题”标签，在“图表标题”中输入“环己烷–乙醇沸点–组成图”，在“数值(X)轴(A)”中输入“X”，在“数值(Y)轴(V)”中输入“t/℃”，“网格线”“图例”“数据标志”设置为不显示，单击“下一步”，出现“图表向导–4 步骤之 4–图表位置”对话框。

④ 选择图表位置：一般选“作为其中的对象插入”，单击“完成”按钮，“环己烷–乙醇体系的沸点(T)–组成(X)”图即出现在表中。

⑤ 图形的修饰：图形的任何单元作为对象，可单击选取，双击进行修饰，拖动可移动位置。例如：图的标题在图的上方，可拖动到图形的正下方；若显示的图形比较大，可拖动边框到 6~10cm；若图形有阴影，双击阴影区出现“绘图区格式”对话框，在“图案”标签“区域”中选择“无”；双击图表边框，出现“图表区格式”对话框，单击“图案”标签，边框和区域都选择“无”；双击坐标轴可修改坐标轴的格式，“图案”“对齐”“数字”为默认，“刻度”“字体”要修改。在表 1–5 所示的表格中 Y 的最小值为 64. 95，最大值为 78. 00。双击图形的 Y 轴，出现“坐标轴格式”对话框，单击“刻度”标签，将“最小值”设置为“63”，“最大值”设置为“78”，“主要刻度单位”设置为“2”，“次要刻度单位”设置为“1”，“数值(X)轴交叉于”设置为“63”，“显示单位”设置为“无”。单击“字体”标签，将“字体”设置为“宋体”，“字形”设置为“常规”，“字号”设置为“10”。

在表 1–5 所示的表格中 X 的最小值为 0，最大为值 1。双击图形的 X 轴，出现“坐标轴格式”对话框，单击“刻度”标签，将“最小值”设置为“0”，“最大值”设置为“1”，“主要刻度单位”设置为“0. 2”，“次要刻度单位”设置为“0. 04”，“数值(Y)轴交叉于”设置为“0”，“显示单位”“字体”“字形”“字号”的设置与 X 轴的相同。最后所得图形如图 1–2 所示。

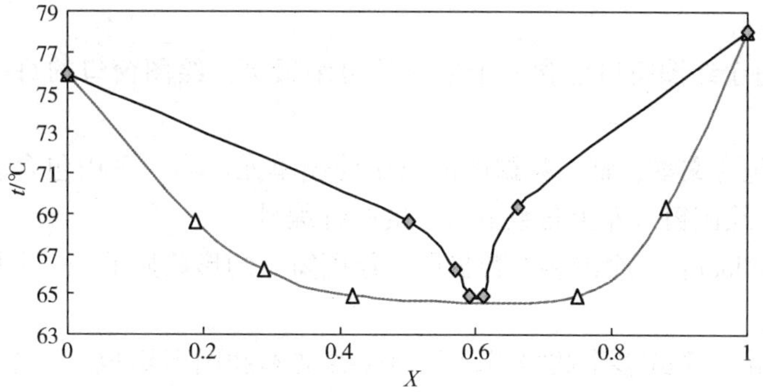

图 1–2　双液系环己烷–乙醇体系沸点(t)–组成(X)图

2. 应用 Origin 处理物理化学实验数据

Origin 软件是一个功能强大的数据分析科学绘图软件，其数据表的功能与 Excel 极其相似，也有多种数据输入方法和单元格数据处理功能。它比 Excel 具有更强的数据处理和绘图功能。下面介绍用 Origin 软件处理物理化学实验数据的基本方法。Origin7. 5 汉化版工作界面如图 1–3 所示。

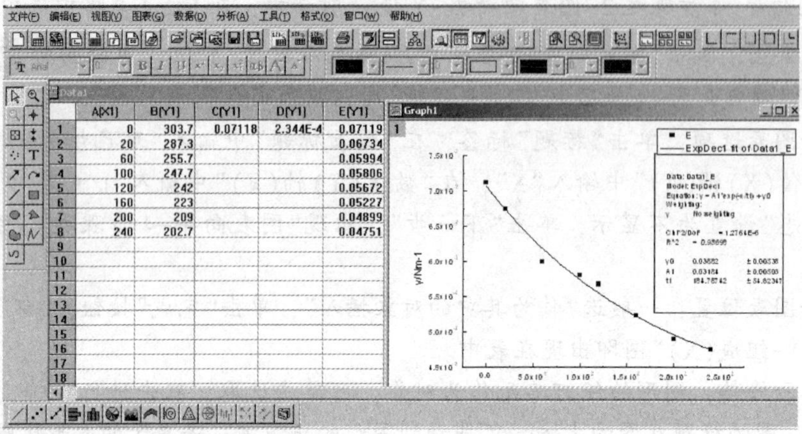

图 1-3　Origin7.5 汉化版工作界面图

（1）Origin 软件的一般用法

① 建立基本数据：在工作表格(Datal)窗口，按列输入实验基本数据，根据数据情况单击鼠标右键，可进行插入、拷贝、删除、剪切、粘贴等设置，列属性中可进行列的名称、绘图指定(X 轴或 Y 轴)、格式(数据类型)、数字显示(小数位数)等的设置。A(X)是指 A 列默认情况下作为 X 轴数据使用。

② 基本数据的计算：将实验数据输入到工作表格后常常要对数据进行一些相关计算，可通过菜单栏中的“列功能”及“分析”菜单中相关功能的计算完成。例如：现要将 A 列数据除以 B 列数据得到的结果放入 C 列。执行此操作需要设置 C 列的计算公式。在“列功能”菜单中单击“增加新列”，新增 C 列，单击 C 列的表头，将其选中，在“列功能”菜单中单击“设置列值”，在其对话框中填入 C 值的计算公式：Col(C) = Col(A)/Col(B)，此公式表示 C 列数据为 A 列数据除以 B 列数据所得。同理，行也可做相关操作，列值和行值计算是物理化学实验数据处理中最为常见的，是必须掌握的内容之一。

③ 数据绘图：

页(Page)：每个绘图窗口包含一个单一的可编辑页，绘图窗口的每一个页至少包含一个层。

层(Layer)：包含文本、轴、数据图的页中绘图单元。当一页中包含多个层时，操作是对应于活动层的。绘图窗口左上角数值为层的图标编号。

数据图(Date Plot)：一个或多个数据集在绘图窗口的形象显示。一个层中可绘制一个数据图。

图(Graph)：由一个或多个数据图以及相应的文本和图形组成，一个图可包含多个层，但至少包含一个层。

将完整的数据建立在工作表后，可绘制图形。绘图菜单提供了多种绘图功能，包括散点图、点线图、直线图、条形图、柱形图、饼图等。例如：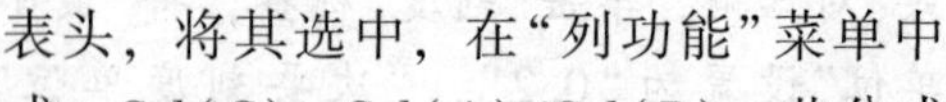等。

单击绘图工具栏相应按钮或在“绘图”窗口选择其对应的功能，按弹出窗口提示指定 X、Y 轴数据源，确定后绘出相应图形。在物理化学实验中通常使用散点图或点线图，根据需要选择是否进行曲线的拟合。

④ 绘制多层图形：图层是 Origin 中一个重要概念，一个绘图窗口含有多个图层时，可

以方便地创建和管理多个曲线或图形对象，一般绘制一条曲线的单图，Origin 默认图层为第一层。这里的图层概念和平图图形处理软件 photoshop 中的图层概念理解上类似。多图层绘图的一般步骤如下：

- 在工作表区建立多图层绘图所需的数据源。
- 单击绘图工具栏按钮，弹出窗口中指定 X、Y 轴数据源，绘制第一层数据散点图或点线图，根据需要选择是否进行曲线拟合。
- 单击“工具”菜单中的“图层(Layer)”，或图层工具栏中相应按钮，根据需要设定增加的图层数量，绘图窗口左上角显示的数字为设定的图层数。
- 单击“图表”菜单中的“增加绘图到图层之散点图(或点线图)”，弹出窗口中指定 X、Y 轴数据源，单击“Add”将选择的数据添加到指定层(Layer)列表中，绘出指定层数据图，根据需要选择是否进行曲线拟合。
- 关联图层坐标轴。各图层坐标轴可以关联，如果改变某一图层坐标轴比例，其他图层坐标轴也将自动更新到同样的比例。用鼠标右键单击“绘图”窗口左上角层图标数字，弹出对话框中选择图层属性，“连接轴刻度”选项中设置各图层坐标轴关联。

⑤ 屏蔽图中数据点：实验中常会出现个别数据点偏差较大，可以在绘出的图形中把这些点屏蔽，在数据分析和拟合过程中不再使用。被屏蔽的数据既可以是单个数据点，也可以是一个数据范围。如果数据被屏蔽，可以通过选项改变被屏蔽数据的颜色和显示/隐藏状态，当然也可以取消屏蔽。在“绘图”窗口单击鼠标右键弹出菜单中提供了数据屏蔽功能。

⑥ 屏幕数据读取：图形绘制完成后，常常需要读取图形上某点的坐标值，Origin 工作界面窗口左侧工具栏提供了该项功能。几个常用工具的主要功能介绍如下：屏幕位置读取，数据坐标读取，数据选择，数据绘制，文本工具，箭头工具，曲线箭头工具，线条工具，矩形工具，圆形工具，多边形工具，区域工具，折线工具，手绘工具。

⑦ 曲线拟合：各图层散点图绘出后，可分别进行曲线拟合。曲线拟合包括“线性拟合”和“非线性拟合”，“分析”菜单中提供了不同类型的曲线拟合功能。当选择“线性拟合(Fit Linear)”，结果记录中显示拟合直线的公式，斜率、截距、误差、相关系数 R 和标准偏差 SD 等数据。在线性拟合时，可屏蔽某些偏差较大的数据点，以降低拟合直线的偏差。在物理化学实验中经常会用到“多项式拟合(Fit Polynomial)”功能，具体做法是：当散点图绘制好后，在“分析”菜单中选择“多项式拟合”，在弹出的窗口(图 1-4)中设定多项式的级数、拟合曲线的点数、拟合曲线中 X 值的范围。单击“确定”即完成了多项式拟合。结果记录中显示：拟合的多项式公式、参数值及其误差，相关系数 R、标准偏差 SD、曲线数据的点数 N、$R_2=0$ 的 P 值等。

⑧ 数据分析：

插值和外推：在当前曲线的数据点之间，估算出新的数据点，或延伸到曲线外。在“分析”菜单中提供了“插值/外推”功能，对话框如图 1-5 所示。“Make Curve Xmin”指插值运算最小的 X 值，“Make Curve Xmax”指插值运算最大的 X 值，这两项的缺省值就是当前曲线的最小和最大 X 值。当我们选择的 X 值超出缺省值时，将进行外推运算。“Make Curve # pts”指总的插值点数。插值运算结束后，在当前活动图层内绘制出插值曲线。

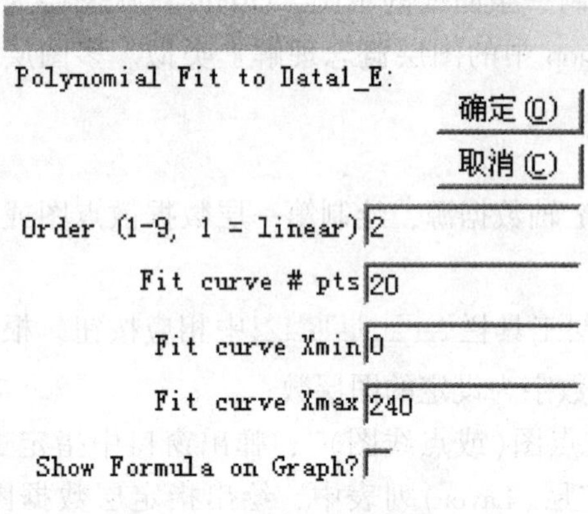

图 1-4　多项式拟合图

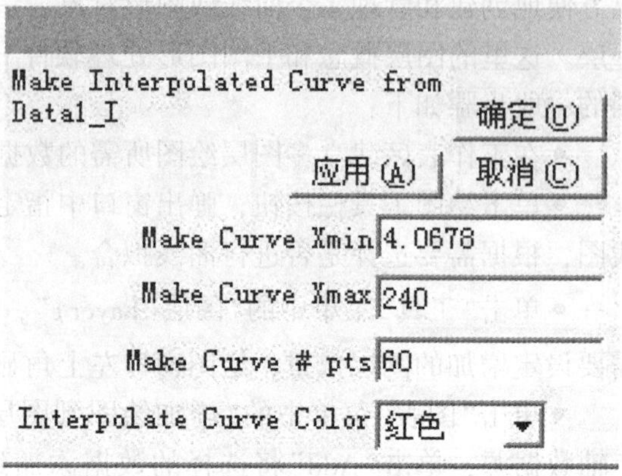

图 1-5　插值和外推图

微分：求当前活动图层数据曲线的导数。激活当前活动图层数据曲线，单击“数据”菜单中的“微分(NLSF1)”功能，Origin 将计算出该曲线上各点的导数值，并创建一个新的工作表(Derivaeivel)存放这些导数值。同时，Origin 将创建一个新的绘图窗口(DerivPlot1)，并在窗口内绘出微分曲线。

积分：对当前激活的数据曲线用梯形法进行积分。积分结果如图 1-6 所示。其中 i 表示曲线的数据点范围；X 表示曲线 X 值范围；Area 表示曲线和 X 轴之间区域的面积，即积分值；Peak at 表示曲线峰值位置；Width 表示曲线峰值宽度；Height 表示曲线尖峰至 X 轴高度(峰值)。

```
[2009-4-12 14:26 "/Graph1" (2454933)]
Integration of Data1_ B from zero:
i=1-->15
X=1-->15
Area        Peak at        Width        Height
------------------------------------------------
24.01       15             7            3
```

图 1-6　积分结果图

谱峰分析：Origin 也可对谱图进行分析。物理化学实验得到的许多谱图中常常“隐藏”着谱 y 对 x 的响应。例如：两个难分辨的组分，其组合色谱响应图往往不能明显看出两个组分的共同存在，谱图显示的可能是单峰而不是“肩峰”。微分谱图($dy/dx-x$)比原谱图($y-x$)对谱特征的细微变化反应要灵敏得多。因此，常常采用微分谱图对被隐藏的谱的特征加以区分。Origin 对曲线进行拟合，可以从拟合的曲线中得到许多的谱的参数，如谱峰的位置、半峰宽、峰高、峰面积等。有关谱峰分辨等更多的内容可参阅相关专业书籍及 Origin 帮助系统。

⑨ 图形的导出：激活绘图窗口，“编辑”菜单中“复制”绘图窗口图形，“粘贴”即可。

(2) 应用实例

【例 1-3】　液体表面张力测定的数据处理

某学生在温度 T 下，通过实验测得正丁醇系列水溶液最大压差的实验数据如表 1-6 所示。

表 1-6　表面张力测定的实验数据

c/(mol/m^3)	Δp_{max}/Pa	γ/(N/m)
0	303.7	
20	287.3	
60	255.7	
100	247.7	0.07118
120	242	
160	223	
200	209	
240	202.7	

① 输入数据：启动 Origin 软件后，自动弹出名称为 Data1 的工作表格，在工作表格的 A(X)、B(Y)栏中分别输入溶液浓度 C 值及最大压差 Δp_{max} 值，如图 1-7 所示。

② 输入公式计算：在“列”菜单中单击“增加新列”，新增 C 列，单击 C 列表头在“列”菜单中选择“设置列值”，在“设置列值”的对话框中输入 C 列值的计算公式：Col(C)= Col(B) * 0.07118/303.7，如图 1-8 所示。

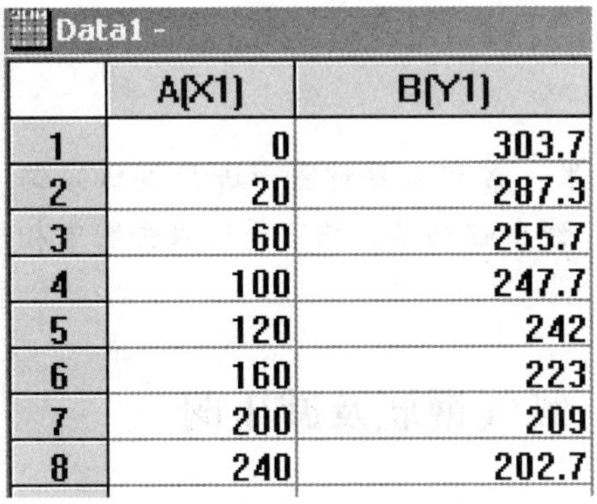

图 1-7　Origin 界面工作表图

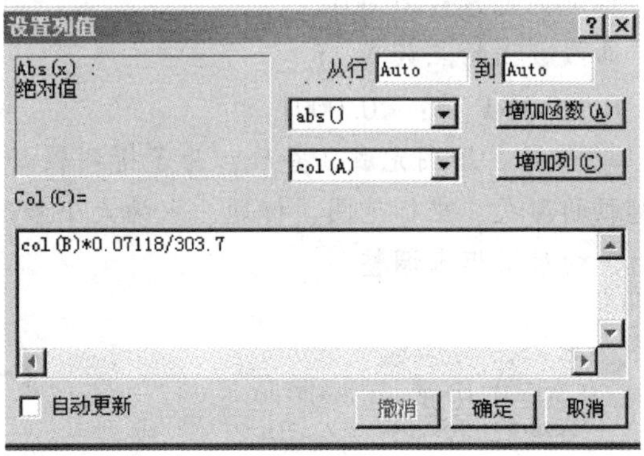

图 1-8　设置列值图

③ 绘图：单击散点图绘制图标，弹出对话框如图 1-9 所示，选择 A 列为 X 轴数据、C 列为 Y 轴数据，单击“Add”将选择的数据添加到层 1(Layer1)列表中，单击“确定”后即绘出散点图。

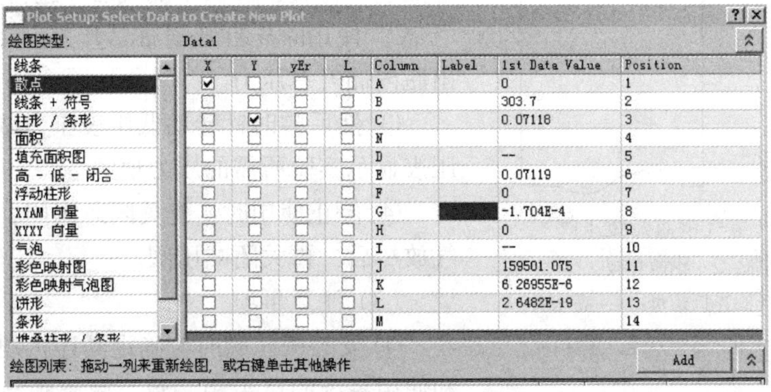

图 1-9　选择绘图数据源图

④ 拟合：单击“工具”菜单中的“多项式拟合”，在弹出的对话框中单击“拟合”，即得如图 1-10 所示的表面张力 γ-浓度 C 图。

⑤ 结果显示：多项式拟合的结果显示如 1-11 所示。

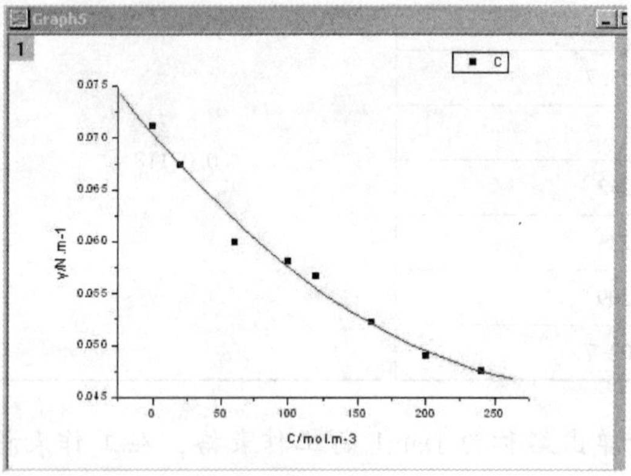

图 1-10　γ-C 图

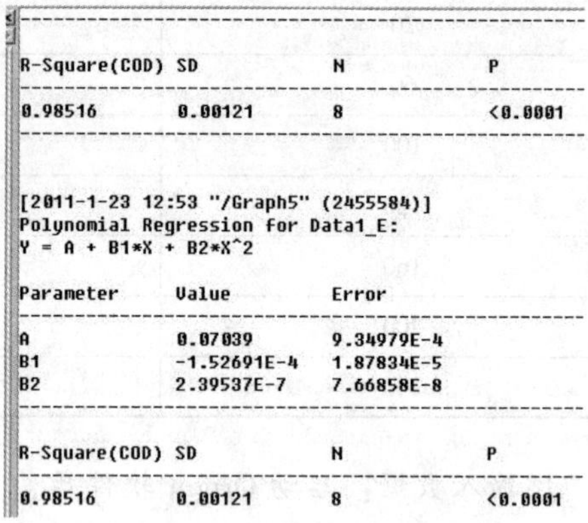

```
R-Square(COD) SD        N       P
0.98516       0.00121   8       <0.0001

[2011-1-23 12:53 "/Graph5" (2455584)]
Polynomial Regression for Data1_E:
Y = A + B1*X + B2*X^2

Parameter     Value          Error
A             0.07039        9.34979E-4
B1            -1.52691E-4    1.87834E-5
B2            2.39537E-7     7.66858E-8

R-Square(COD) SD        N       P
0.98516       0.00121   8       <0.0001
```

图 1-11　γ-C 图的结果显示图

拟合的多项式公式为：$Y=0.07039-1.52691\times10^{-4}X+2.39537\times10^{-7}X^{2}$

相关系数 R：0.98516

标准偏差 SD：0.00121

曲线数据的点数 N：8

$R_2=0$ 的 P 值：<0.0001

⑥ 修饰：绘图完成任务后，为了得到较好的效果，常常需要对图形进行编辑修饰。如坐标轴的形式、坐标范围、标题、点的大小和形状、线条粗细等，均可通过双击图中相应位置打开的对话框来调整。

1-8　氧气钢瓶及减压阀

（1）氧气钢瓶及减压阀装置图

氧气钢瓶及减压阀如图 1-12 所示。

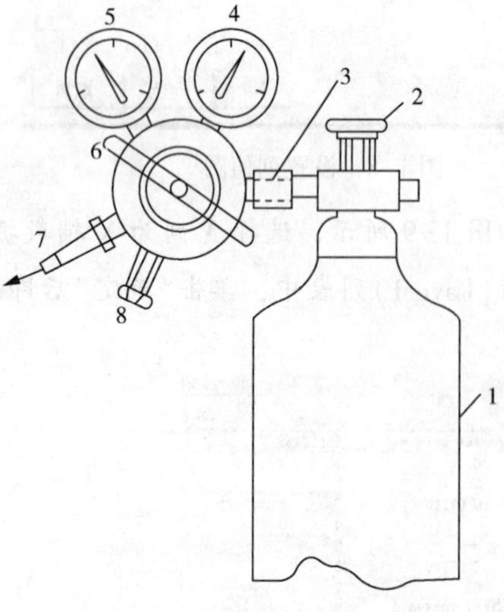

图 1-12　氧气钢瓶及减压阀

1—钢瓶；2—钢瓶总阀；
3—钢瓶与减压阀连接螺母；4—高压表；
5—低压表；6—低压表调节螺杆；
7—出口；8—安全阀

（2）氧气钢瓶及减压阀的使用

① 使用前要检查连接部位是否漏气，可涂上肥皂液进行检查，确认不漏气后才进行实验。

② 使用时先打开钢瓶总开关，此时高压表显示出瓶内储气总压力。

③ 然后顺时针转动低压表压力调节螺杆，至低压表显示实验所需的压力值。

④ 停止使用时，先关闭总阀门，等减压阀中余气放尽后，再关闭减压阀。

（3）注意事项

① 安装减压阀时应确定其连接规格是否与钢瓶和使用系统的接头相一致。减压阀与钢瓶采用半球

面连接，靠旋紧螺母使二者完全吻合。因此，在使用时应保持两个半球面的光洁，以确保良好的气密效果。安装前可用高压气体吹除灰尘。必要时也可用聚四氟乙烯等材料作垫圈。

② 氧气减压阀应严禁接触油脂，以免发生火灾事故。

③ 停止工作时，应将减压阀中余气放净，然后拧松调节螺杆以免弹性元件长久受压变形。

④ 减压阀应避免撞击振动，不可与腐蚀性物质相接触。

1-9 DP-AF 精密数字(真空)压力计

(1) DP-AF 精密数字(真空)压力计示意图

精密数字(真空)压力计示意图如图 1-13 所示。

(2) DP-AF 精密数字(真空)压力计的使用

① 开电源：打开电源开关，预热 2min。按“单位”键，使“kPa”指示灯亮，LED 显示的压力值单位为 kPa。

② 采零：测试前，通大气，待压力计示数稳定后，按“采零”键，以消除仪表系统的零点漂移，此时 LED 显“0000”。

③ 检漏：对系统进行抽气 2min，停止抽气。若压力计示数 1min 内无变化，说明系统密封性良好。若压力计示数逐渐变小，则说明系统漏气，此时应对各接口进行检查，找出漏气原因，并设法消除。

④ 测试：仪器连接实验系统，此时压力计显示的压力值为 $p_{表}$(系统压力 $=p_0+p_{表}$)。

⑤ 关机：泄压后，再关掉电源开关。

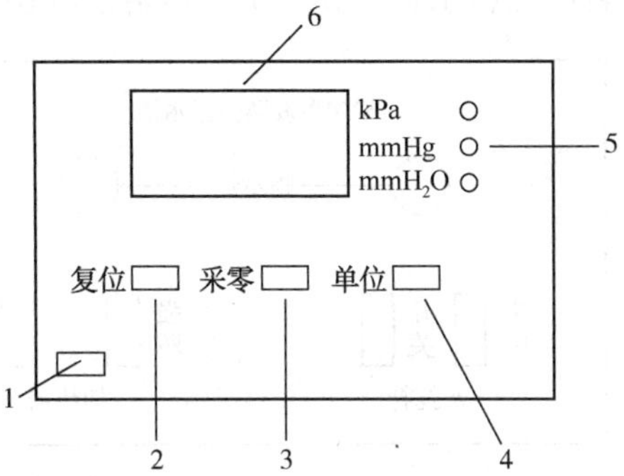

图 1-13 精密数字(真空)压力计

1—电源开关；2—校正；3—采零；4—单位选择；5—单位指示；6—压力显示

1-10 SHBⅢ型循环水式多用真空泵

(1) SHBⅢ型循环水式多用真空泵

SHBⅢ型循环水式多用真空泵如图 1-14 所示。

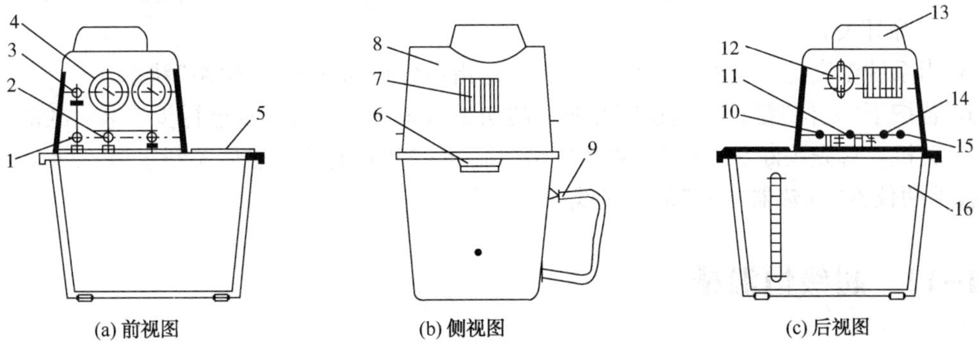

图 1-14 循环水式多用真空泵

1—电源开关；2—抽气嘴；3—电源指示灯；4—真空表；5—水箱上盖；6—扣手；7—散热窗；8—上帽；9—放水软管；10—循环水进水嘴；11—循环水出水嘴；12—循环水转动开关；13—电机风罩；14—电源进线；15—保险座；16—水箱

(2) SHBⅢ型循环水式多用真空泵的使用

① 准备工作：首次使用时，打开水箱盖注入清洁水至水箱后面的溢水嘴下，重复开机可不再加水，最长每周更换一次，保持箱内水质清洁。

② 抽真空：将需要抽真空的设备的抽气管按在真空泵抽气嘴上，关闭循环开关，接通电源，打开电源开关，即可抽真空，可通过真空表观察真空度。

1-11 玻璃恒温装置

(1) 玻璃恒温装置示意图

玻璃恒温装置由 SYP 型玻璃恒温水浴和 SWQ-ⅠA 智能数字恒温控制器两部分组成。两者的面板示意图如图 1-15 和图 1-16 所示。

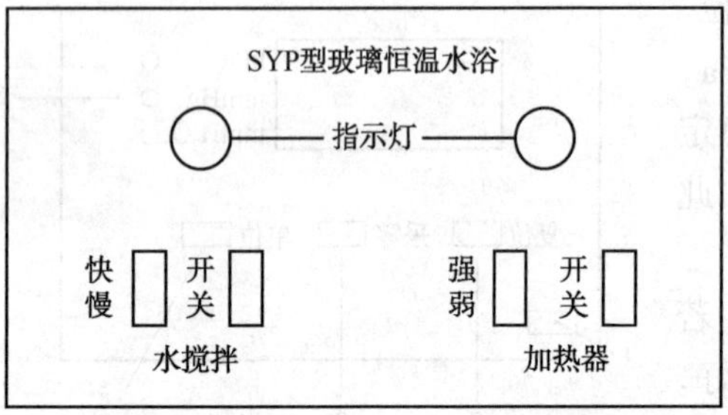

图 1-15 玻璃恒温水浴面板示意图

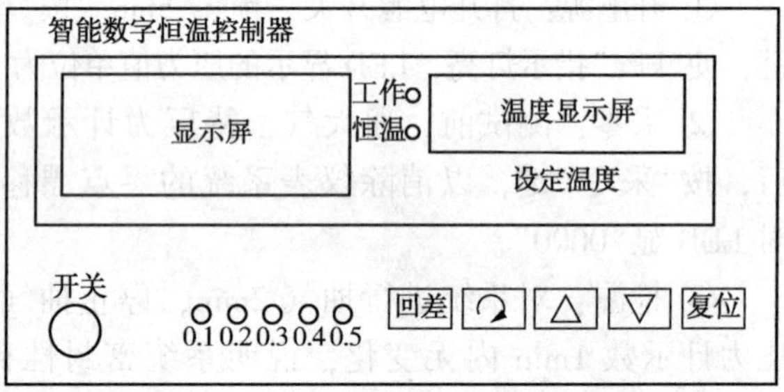

图 1-16 SWQ-ⅠA 智能数字恒温控制器面板示意图

(2) 玻璃恒温装置的使用

① 开启恒温控制器的电源开关，显示初始状态。左侧窗口显示的是当前恒温水浴槽中水的温度，右侧窗口显示出厂设定的“0℃”。

② 温度设置控制：按[↷] [▲] [▼]键，依次调整“设定温度”的数值至所需温度值，设置完毕再将按键[↷]转换到工作状态(“工作”指示灯亮)。

③ 按“回差”键，回差将依次显示为 0.5→0.4→0.3→0.2→0.1，选择所需的回差值即可。

④ 接通玻璃恒温水浴的电源“开”，根据所需选择“水搅拌”“加热器”的“快”“慢”“强”“弱”等开关。

⑤ 当系统温度达于“设定温度”值时，工作指示灯自动转换到“恒温”状态。

⑥ 若按下“复位”键，仪器返回开机时的初始状态，此时可重复进行步骤②、③的操作。

⑦ 关机：首先关断 SWQ 智能数字恒温控制器~220V 电源，然后关断水浴~220V 电源，最后拔下两仪器“加热器电源”的对接线。

1-12 超级恒温槽

(1) 超级恒温槽的构造

超级恒温槽的基本结构和工作原理如图 1-17 所示。

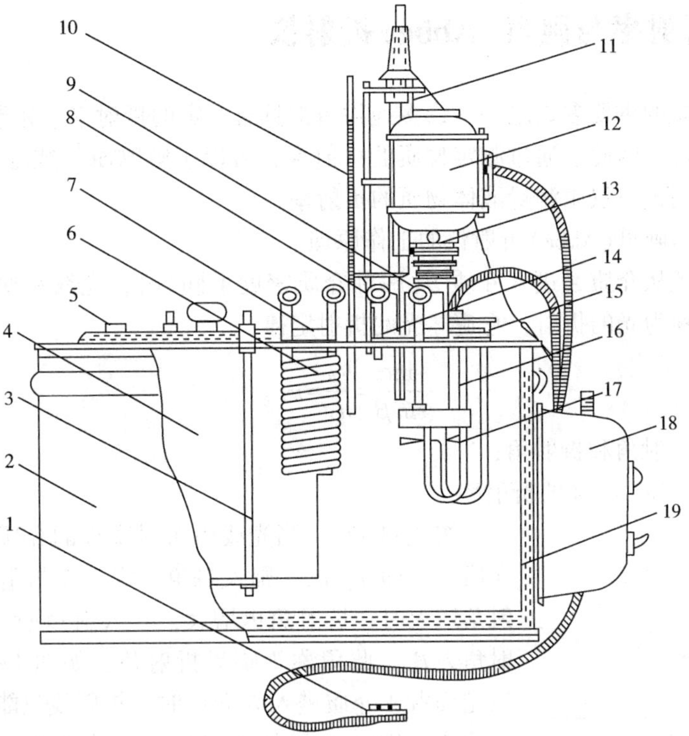

图 1-17　超级恒温槽

1—电源插头；2—外壳；3—恒温筒支架；4—恒温筒；5—恒温筒加水口；6—冷凝管；
7—恒温筒盖子；8—水泵进水口；9—水泵出水口；10—温度计；11—电接点温度计；
13—电动机；14—水泵；14—加水口；15—加热元件；16—两组加热元件；
17—搅拌叶；18—电子继电器；19—保温层

（2）超级恒温槽的使用

① 接好循环水→开启电源开关→开启电动泵开关，使加热介质做循环（为节约加热时间，加热介质在使用前最好经过预热，接近使用温度约为5～6℃，再注入超级恒温器内）。

② 将电接点温度计调至所需温度，或比希望值低1～2℃。

③ 开启加热开关，直到恒温指示灯开始呈明灭状态，表示恒温器内的温度已进入恒温，观察槽中精密温度计的温度，据其与所需温度的差异，再旋动电接点温度计上的调整帽，顺时针为调节器调高，逆时针为调低（注意微调），反复进行调节，直到指示灯频繁交替呈明灭状态时的温度为所需温度值。

④ 将固定螺丝旋紧。

⑤ 如需要用低于环境室温时，可外加一只与超级恒温器相同的电动泵，将冰水引入冷凝管内，同时在引进冰水的橡皮管上加一只管子夹，控制冰水流量。此时，电加热器开关应按温度控制要求决定其通断。

（3）注意事项

恒温器加热介质最好使用蒸馏水。禁止用河水和硬水，若用自来水，则应在每次使用后，对恒温器内进行一次清洗工作，防止加热器上因积聚水垢而影响恒温灵敏度。

1-13　折射率与阿贝(Abbe)折射仪

折射率是物质的重要参数之一，许多纯物质都具有一定的折射率，如果其中含有杂质则折射率将发生变化。因此，通过测定物质的折射率，可以了解物质的纯度、浓度及其结构，在实验室中可使用折射仪来测量液体物质的折射率。

(1) 折射率与阿贝(Abbe)折射仪的工作原理

当一束单色光从介质 A 进入介质 B(两种介质密度不同)时，光线在通过界面时改变了方向，这一现象称为光的折射，它遵守光的折射定律：

$$\frac{\sin\alpha}{\sin\beta}=\frac{n_B}{n_A}=n_{A,B} \tag{1-2}$$

式中　α、β——入射角和折射角；

n_A、n_B——介质 A、B 的折射率。

按式(1-2)，当光线由折射率小的介质进入折射率大的介质时，即 $n_B>n_A$，则入射角一定大于折射角即 $\alpha>\beta$，当入射角增大时，折射角也增大，当入射角增大到 90°时，则折射角为 β_c，此角称为临界折射角，如图 1-18 所示。因此，当光线由 A 介质进入 B 介质时，折射线只能落在临界折射角 β_c 之内，即 $\beta<\beta_c$，故大于折射角处构成了暗区，所以临界角 β_c 决定明暗两区分界线的位置，具有特征意义。因 $\sin 90°=1$，式(1-2)可简化为

$$n_A=n_B\sin\beta_c \tag{1-3}$$

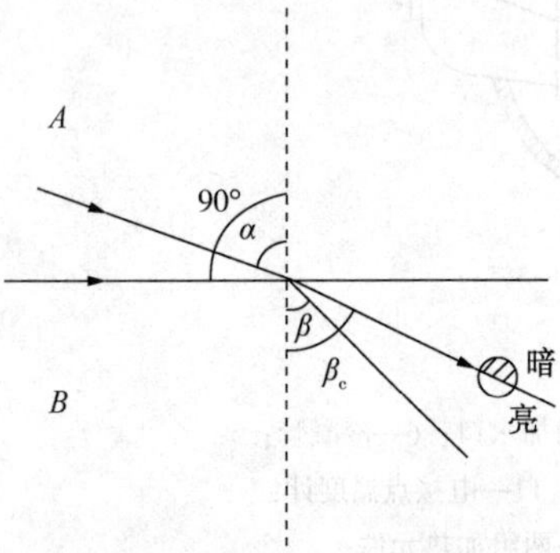

图 1-18　光的折射

若 B 介质为棱镜，则其折射率 n_B 是已知的，只要测出临界折射角 β_c，则可通过式(1-3)计算出被测样品的折射率 n_A。阿贝折射仪就是根据这一原理设计的。

(2) 阿贝折射仪的构造

阿贝折射仪的构造如图 1-19 所示。

(3) 阿贝折射仪的使用

① 仪器安装：将阿贝折射仪安放在光亮处，但应避免阳光的直接照射，以免液体试样受热迅速蒸发。将超级恒温槽与其相连接使恒温水通入棱镜夹套内，检查棱镜上温度计的读数是否符合要求，一般选用(20±0.1)℃或(25±0.1)℃。

② 清洗：用纯乙醇清洗上下棱镜→用擦镜纸擦干(不可来回擦)。

③ 加样：旋开测量棱镜和辅助棱镜的闭合旋钮，使辅助棱镜的磨砂斜面处于水平位置，用滴管滴加数滴试样于辅助棱镜的毛镜面上，迅速合上辅助棱镜，旋紧闭合旋钮。

④ 对光：转动手柄，使刻度盘标尺上的示值为最小，于是调节反射镜，使入射光进入棱镜组。同时，从测量望远镜中观察，使视场最亮。调节目镜，使视场准丝最清晰。

⑤ 粗调：转动手柄，使刻度盘标尺上的示值逐渐增大，直到观察到视场中出现彩色光带或黑白分界线为止。

⑥ 消色散：转动消色散手柄，使视场内呈现一条清晰的明暗分界线。

⑦ 精调：再转动手柄，使分界线正好处于×形准丝交点上。

⑧ 读数：从读数望远镜中读出刻度盘上的折射率数值，如图 1-20 所示。常用的阿贝折射仪可读至小数点后的第 4 位，为了使读数准确，一般应将试样重复测量 3 次，每次相差不超过 0.0002，然后取平均值。

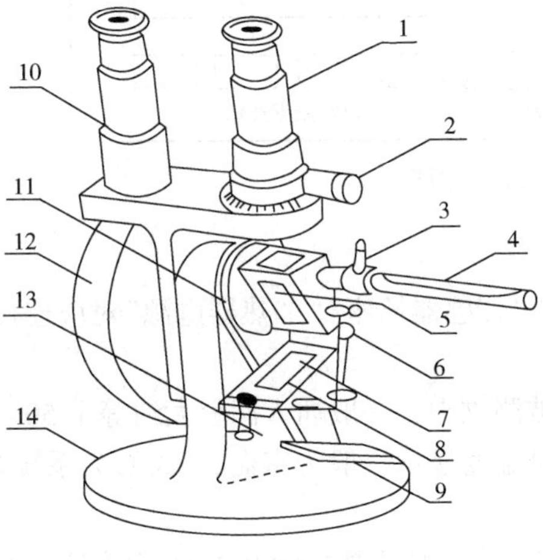

图 1-19　阿贝折射仪

1—测量望远镜；2—消色散手柄；3—恒温水入口；4—温度计；5—测量棱镜；6—铰链；7—辅助棱镜；8—加液槽；9—反射镜；10—读数望远镜；11—转轴；13—刻度盘罩；13—闭合旋钮；13—底座

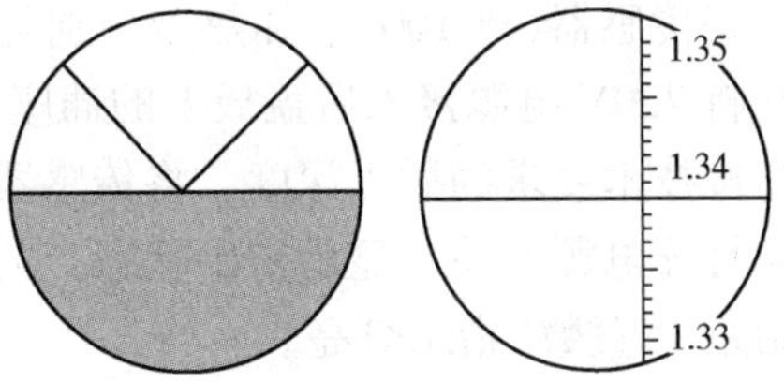

图 1-20　读数时目镜下的视野与测量值

⑨ 仪器校正：折射仪刻度盘上标尺的零点有时会发生移动，须加以校正。校正的方法是用一种已知折射率的标准液体，一般是用纯水，按上述的方法进行测定，将平均值与标准值比较，其差值即为校正值。纯水在 20℃时折射率为 1.3325，在 15~30℃之间的温度系数为$-0.0001℃^{-1}$。在精密的测量工作中，须在所测范围内用几种不同折射率的标准液体进行校正，并画出校正曲线，以供测试时对照校核。

（4）注意事项

① 使用时要注意保护棱镜，清洗时只能用擦镜纸而不能用滤纸等。加样时不能将滴管口触及镜面。对酸碱等腐蚀性液体进行检测时不得使用阿贝折射仪。

② 每次测定时，试样不可加得太多，一般只需加 2~3 滴即可。

③ 要注意保持仪器清洁，保护刻度盘。每次实验完毕，要在镜面上加几滴丙酮，并用擦镜纸擦干。最后用两层擦镜纸夹在两棱镜镜面之间，以免镜面破坏。

④ 读数时，有时在目镜中观察不到清晰的明暗分界线，而是畸形的，这是由于棱镜间未充满液体，若出现弧形光环，则可能是由于光线未经过棱镜而直接照射到聚光透镜上造成的。

1-14　SWKT 数字控温仪

（1）SWKT 数字控温仪面板示意图

面板示意图如图 1-21 所示。

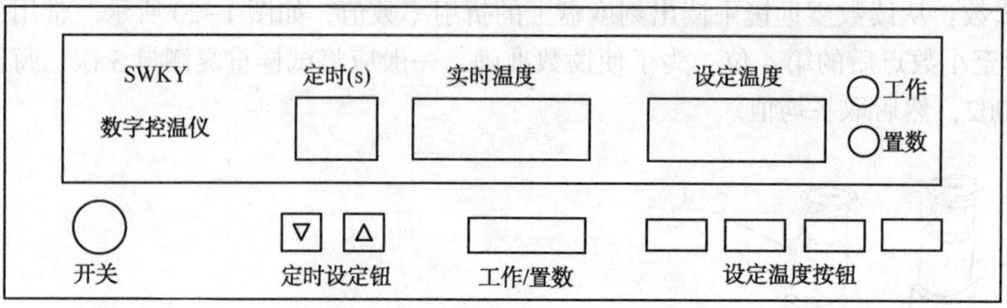

图 1-21　SWKT 数字控温仪面板

(2)SWKT 数字控温仪的使用

① 将传感器(Pt 100)、加热器分别与后盖板的“传感器插座”“加热器电源”对应连接。

② 将 220V 电源接入后盖板上的插座。

③ 按技术要求的插入深度，将传感器插入到被测物中，一般插入深度大约等于 50mm。

④ 打开电源开关，显示初始状态，其中，实时温度显示一般为室温，320℃为系统初始设置温度，“置数”指示灯亮。

⑤ 设置控制温度。按“工作/置数”钮，“置数”灯亮。依次按“×100”“×10”“×1”“×0.1”设置“设定温度”的百、十、个及小数位数字，每按动一次，显示数码按 0~9 依次上翻，至调整到所需“设定温度”的数值。设置完毕，再按“工作/置数”钮，转到工作状态，“工作”指示灯亮。

注意：置数工作状态时，仪器不对加热器进行控制。

⑥ 若需隔一段时间观测记录，可按“工作/参数”钮，“置数”灯亮，按定时上翻、下翻键调节所需间隔的定时时间，有效调节范围为 10~99s。时间倒数至零，蜂鸣器鸣响，鸣响时间为 5s。若无需定时提醒功能，可将时间调至 0~9s。时间设置完毕，再按“工作/参数”钮，切换到工作状态(“工作”指示灯亮)。

⑦ 使用结束后，切断电源。

1-15　KWL-08 可控升降电炉

(1) KWL-08 可控升降电炉面板示意图

面板示意图如图 1-22 所示。

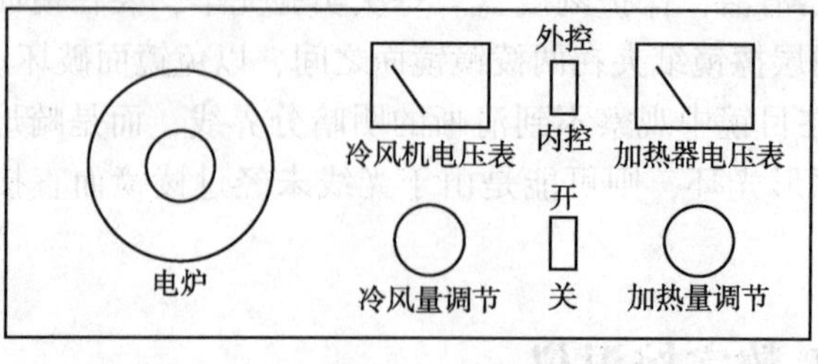

图 1-22　KWL-08 可控升降电炉面板

(2) KWL-08 可控升降电炉的使用

采用“外控”系统控温的使用方法

用“内控”虽可实现对炉温的控制，但易产生较大的温度过控；采用外控(即用控温仪)

实现自动控温就较理想。一般采用SWKT数字控温仪与之配套使用。

① 按SWKT数字控温仪使用方法将控温仪表与KWL-08可控升降电炉进行连接。同时，将冷风量调节逆时针旋转到底(最小)；“加热量调节”顺时针旋转到底(最大)，“内控”“外控”开关置于“外控”。电源开关置于“开”。

② 采用SWKT数字控温仪控温时，由于玻璃试样料管内温度较炉膛内的温度滞后，故当设置完成进行加热时，必须将温度传感器置于炉膛内。系统需降温时，再将温度传感器置于玻璃试样料管内。

③ 在对KWL-08电炉进行降温操作的过程中，如需要提高温度速度，可关掉炉子的加热电源；亦可按SWKL数字控温仪的“工作/置数”按钮，将其处于置数状态，调节电炉“冷风量调节”按钮，将冷风机电压调节到6~8V，这时一般可降温达7~8℃/min。

采用“内控”系统控制温度的方法

① 将面板控制开关置于“内控”位置。

② 将温度传感器置于炉膛或样品管中，放置高度以传感器高温端点与试样高度距离最近为佳。

③ 将电炉面板开关置于“开”位置，接通电源，调节“加热量调节”按钮，对炉子进行升温。

④ 炉温接近所需温度时，适当调节“加热量调节”旋钮，降低加热电压，使炉内升温趋缓，必要时开启“冷风量调节”。使炉膛升温平缓，以保证达到所用温度时基本稳定。

⑤ 降温时，首先将“加热量调节”按钮逆时针旋转至底位(关断炉子的加热电源)，然后调节“冷风量调节”按钮来控制降温速度。

说明：温度较高时，降温明显；当炉温接近室温时，则降温效果不明显。

⑥ 为使炉内降温均匀，请耐心用“加热量调节”和“冷风量调节”两旋钮配合调节来实现。

1-16　DDS-307A电导率仪

(1) DDS-307A电导率仪示意图

DDS-307A电导率仪如图1-23所示。

(2) DDS-307A电导率仪的使用

① 开机：

- 将电导电极和温度电极安装在电极架上，用蒸馏水清洗电极。
- 连接电源线，打开仪器开关，仪器进入测量状态，预热20min后，可进行测量。

② 设置参数：

- 按“电导率/TDS”键切换显示电导率和TDS。
- 按“温度”键设置当前温度值(在插入温度电极的情况下不设置温度值，由温度电极测量当前温度)。
- 按“电极常数”和“常数调节”键进行电极常数设置。

③ 电导率或TDS的测量：

- 按“电导率/TDS”键，仪器进入电导率或TDS测量状态。
- 用蒸馏水清洗电极头部，再用被测溶液清洗一次，将温度电极、电导电极浸入被测溶

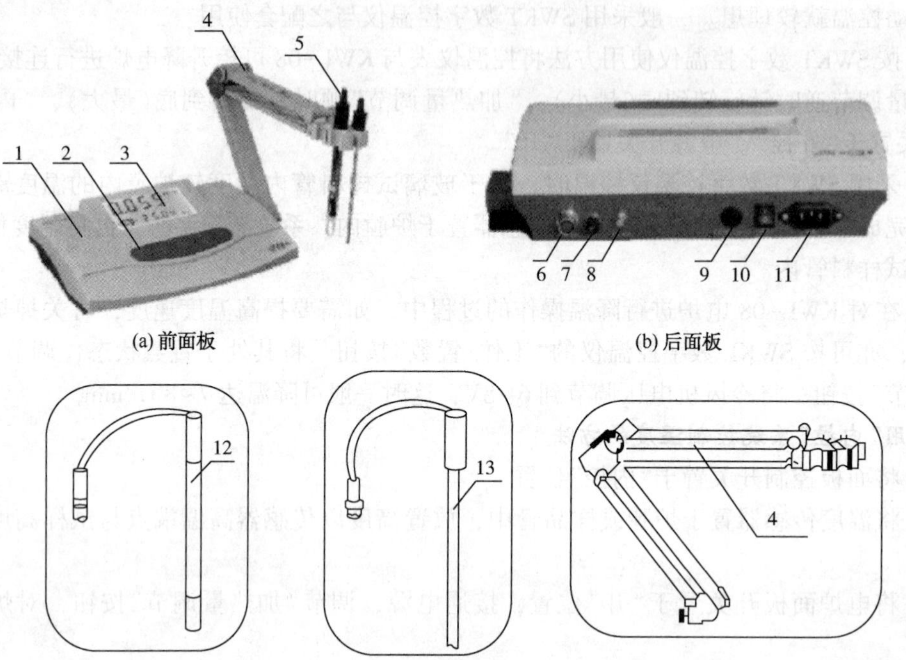

(a) 前面板　　(b) 后面板

(c) 附件

图 1-23　DDS-307A 电导率仪

1—机箱；2—键盘；3—显示屏；4—多功能电极架；5—电极；6—测量电极插座；7—接地插座；8—温度电极插座；9—保险丝；10—电源开关；11—电源插座；12—DJS-1C 电导电极；13—T-818-B-6 温度电极

液中，用玻璃棒搅拌溶液使溶液均匀，在显示屏上读取电导率或 TDS 值。

- 测定完毕后，将样品弃去，并清洗电极，用滤纸吸干电极头部水分，将电极放在(储存)在蒸馏水中。

(3) 注意事项

① 电极引线不得潮湿，否则将引入测量误差；

② 电极连续插入不同的溶液前，要用蒸馏水清洗，轻甩电极上残留水液，用滤纸吸干，注意不要刮碰到铂黑涂层；

③ 注意读数的单位为“mS/cm”或“μS/cm”。

1-17　SDC-ⅡA 型数字电位差综合测试仪

(1) SDC-ⅡA 型数字电位差综合测试仪面板示意图

面板示意图如图 1-24 所示。

(2) SDC-ⅡA 型数字电位差综合测试仪的使用

① 开机：用电源线将仪表后面板电源插座与 220V 电源连接，打开面板上电源开关(ON)，预热 15min。

② 标准电池的校正：

- 根据室温，按公式 $E_S/V = 1.01845 - 4.05 \times 10^{-5}(t/℃ - 20)$，计算室温下标准电池的电动势 E_S。

- 将“测量选择”旋钮置于“外标”。
- 用测试线将已知电动势的标准电池按“+”极接“+”极，“-”极接“-”极的原则，与电位差综合测试仪面板上的“外标插孔”相连接。

注意：标准电池在使用中要避免振动及倒置。

- 调节面板上“$10^0 \sim 10^{-4}$”五个旋钮和“补偿”旋钮，使“电位指示”显示的数值与计算出的标准电池电动势 E_S 数值相同。
- 待“检零指示”数值稳定后，调节“调零”旋钮，使“检零指示”显示为“0000”。

注意：用标准电池修正后，在测量电动势过程中，“调零”旋钮不用再动。

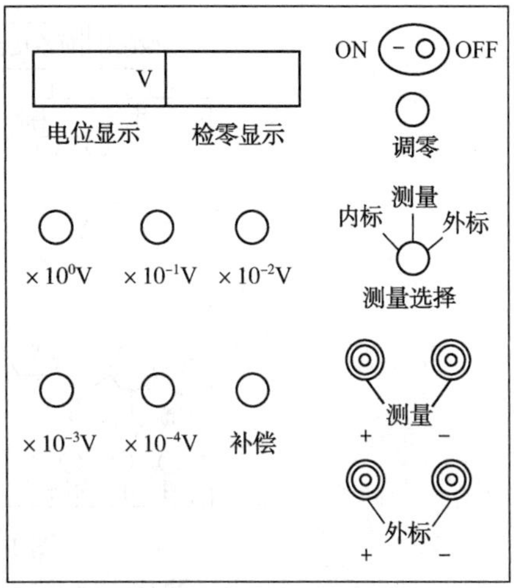

图 1-24　SDC-ⅡA 型数字电位差综合测试仪面板

③ 测量：

- 拔出“外标插孔”的测试线，再用测试线将被测电池按正、负极对应插入“测量插孔”。
- 将“测量选择”旋钮置于“测量”，将“$10^0 \sim 10^{-4}$”五个旋钮和“补偿”旋钮逆时针旋到最小。
- 调节面板上“$10^0 \sim 10^{-4}$”五个旋钮，使“电位指示”显示的数值负且绝对值最小。
- 调节“补偿旋钮”，使“检零指示”显示为“0000”，此时“电位指示”数值即为被测电池电动势的值。

注意：测量过程中若“检零指示”显示溢出符号“OU. L”，说明“电位指示”显示的数值与被测电池电动势相差过大。调节“$10^0 \sim 10^{-4}$”五个旋钮，当差值减少到一定程度时就会正常显示数字了。

④ 关机：实验结束后关闭电源。

1-18　UJ-25 型电位差计

(1) UJ-25 型电位差计面板示意图

仪器面板如图 1-25 所示。电位差计使用时都配用灵敏检流计和标准电池以及工作电源。UJ-25 型电位差计测电动势的范围其上限为 600V，下限为 0.000001V，但当测量高于 1.911110V 以上电压时，就必须配用分压箱来提高上限。

(2) UJ-25 型电位差计的使用

下面说明测量 1.911110V 以下电压的方法。

① 连接线路：先将(N、X_1、X_2)转换开关放在“断”的位置，并将左下方三个电计按钮(粗、细、短路)全部松开，然后依次将检流计、标准电池、被测电池以及工作电源按正、负极性接在相应的接线端钮上，检流计无极性的要求。

② 工作电流校正(标准化)：调好检流计零点，根据室温按公式 $E_S/\mathrm{V} = 1.0185-4.06\times10^{-5}(t/℃-20)-9.5\times10^{-7}(t/℃-20)^2$，计算室温下标准电池的电动势 E_S。调节温度补偿旋钮(A，B)，使数值为校正后的标准电池电动势。将(N、X_1、X_2)转换开关放在 N(标准)位置上，按“粗”电计按钮，旋动右下方(粗、中、细、微)四个工作电流调节旋钮，使检流计

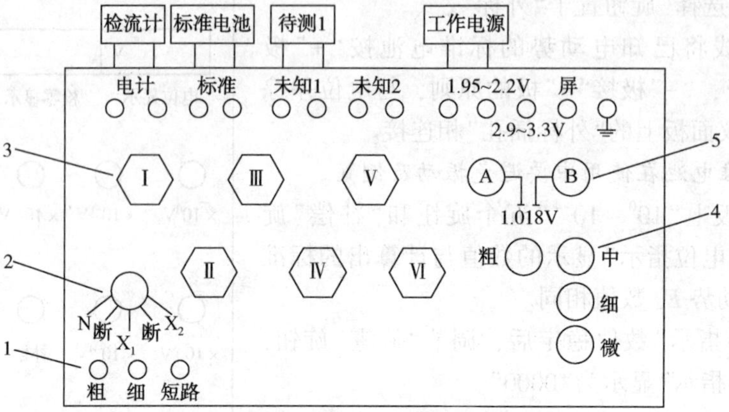

图 1-25　UJ-25 型电位差计面板

1—电计按钮(共 3 个)；2—转换开关；3—电势测量旋钮(共 6 个)；
4—工作电流调节旋钮(共 4 个)；5—标准电池温度补偿旋钮

指示零。然后再按“细”电计按钮，旋动右下方(粗、中、细、微)四个工作电流调节旋钮，使检流计指示零。注意按电计按钮时，每次约 2s，不能长时间按住不放，以免电池放电量过大影响测量，需要“按”和“松”交替进行。注意按下按钮前旋钮调整的方向与按键时检流计光点偏移方向和速度的关系。

③ 测量未知电动势：将(N、X_1、X_2)转换开关放在 X_1 或 X_2(未知)的位置上，按下电计“粗”按钮，由左向右依次调节六个测量旋钮，使检流计示零。然后再按下电计“细”按钮，重复以上操作使检流计示零。读出六个旋钮下方小孔示数的总和即为待测电池的电动势。

(3) 注意事项

① 由于工作电源的电压会发生变化，故在测量过程中要经常标准化。

② 标准电池在使用中要避免振动和倒置。

③ 检流计的光点在使用中振荡不已时，要使用短路开关使之停于零点，以保护检流计。

④ 在测定过程中，若检流计一直向一边偏转，这可能是由工作电池、标准电池或待测电池中某一个电池的正负极接错，线路接触不良，导线有断路，工作电源电压不够或按错位置、待测电池电动势超过仪器当前的量程等原因引起，应仔细检查。

1-19　HDV-7C 晶体管恒电位仪

(1) HDV-7C 晶体管恒电位仪面板示意图

面板示意图如图 1-26 所示。

(2) HDV-7C 晶体管恒电位仪的使用

① 仪器预热：恒电位仪开机前，将“电流量程”选择在“2A”(在测量时再选适当的量程)，“电位量程”置“20V”挡，“补偿衰减”置“0”位，“补偿增益”置“2”位，“工作选择置”“恒电位”。“电位测量选择”置“外控”，“电源开关”置“自然”挡，预热 15min。

② 接线：仪器面板的“研究”接线柱，“接地”接线柱分别用两根导线接电解池的研究电极，“参比”接线柱接电解池参比电极。“辅助”接线柱接电解池辅助电极。

③ 测量：将“电位测量选择”置于“参比”，这时电势表指示的电势为参比电极相对于研

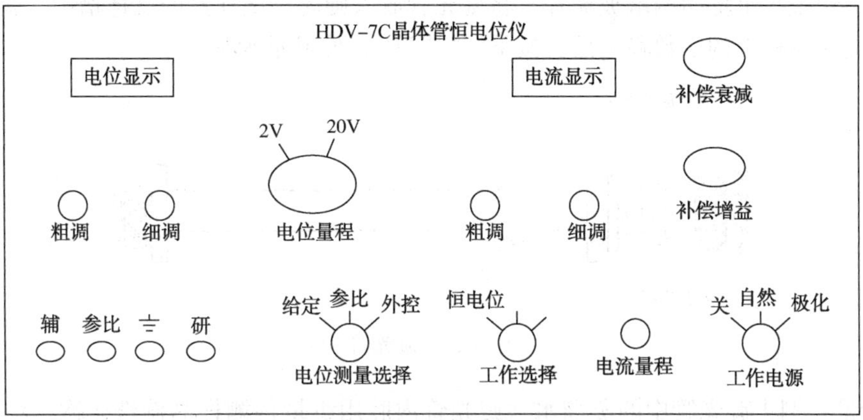

图 1-26　HDV-7C 晶体管恒电位仪面板

究电极的稳定电势，即开路电势(自腐蚀电势)，将“电位测量选择”置于“给定”，转动恒电势“粗调”和“细调”旋钮，使“给定电势”等于“开路电势”，即调节仪器，使研究电极从开路电势为起点开始极化来进行测量。

把电源开关置“极化”，适当地转动恒电势“粗调”和“细调”，记下相应的电势和电流值。

④ 结束：实验完成后，“电源开关”置于“关”。

1-20　WZZ-2S 数字式旋光仪

(1) WZZ-2S 数字式旋光仪

WZZ-2S 数字式旋光仪如图 1-27 所示。WZZ-2S 数字式旋光仪的面板示意图如图 1-28 所示。

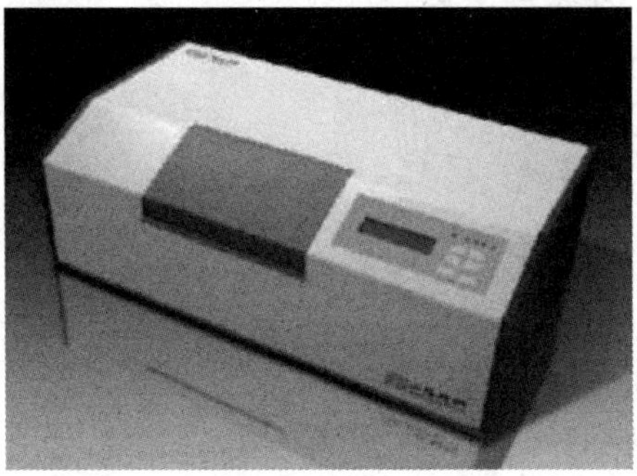

图 1-27　WZZ-2S 数字式旋光仪

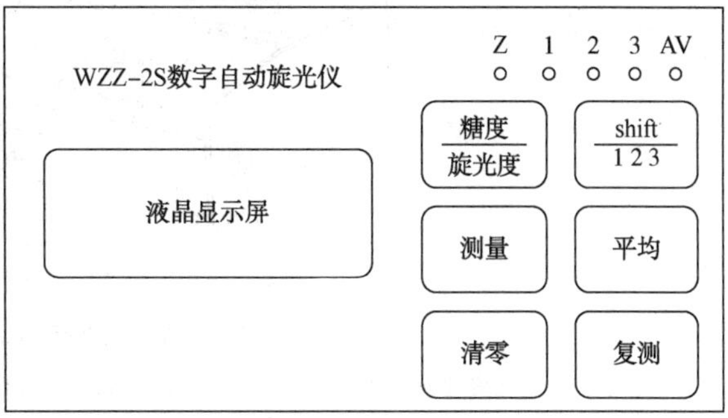

图 1-28　WZZ-2S 数字式旋光仪面板

(2) WZZ-2S 数字式旋光仪的使用

① 零点校正：打开电源开关，预热 5min，液晶显示屏有数字显示，这时显示屏上“Z”灯不亮。将干净的旋光管(图 1-29)，一端的套盖旋紧，由另一端注满蒸馏水(空白试剂)并使其呈凸液面，取玻璃盖片沿管口轻轻推入盖好，再旋紧套盖，勿使漏液或有较大气泡产生。旋紧套盖时注意用力适当，若用力过大，易压碎玻璃盖片，或使玻璃片产生应力，影响旋光度。若管中液体有微小气泡，可将其赶至管一端的“凸肚”部分。用干布或滤纸擦干旋

光管表面，用镜头纸擦净两端玻璃片，将旋光管放入旋光仪试样室的试样槽中，盖上仪器面盖。待旋光仪面板上的示数稳定后，按下“清零”键，使显示为零。

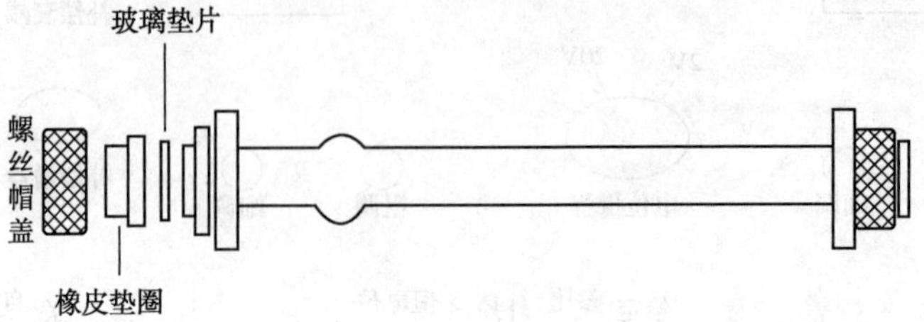

图 1-29　旋光管

② 测量：倒去旋光管中的蒸馏水，旋光管内腔用少量待测样品淌洗 3 次，注入待测样品，然后放入仪器试样室的试样槽中，指示灯“1”亮，液晶屏上显示的值为所测的旋光度值(如果所测旋光度随时间变化时，则指示灯“1”亮时，先记录时间，再记录旋光度值)。

按“复测”键一次，指示灯“2”点亮，表示仪器显示第二次测量结果，再次按“复测”键，指示灯“3”点亮，表示仪器显示第三次测量结果。按“shift/123”键，可切换显示各次测量的旋光度值。按“平均键”显示平均值，指示灯“AV”点亮。

1-21　722 型分光光度计

(1) 722 型分光光度计

722 型分光光度计如图 1-30 所示。

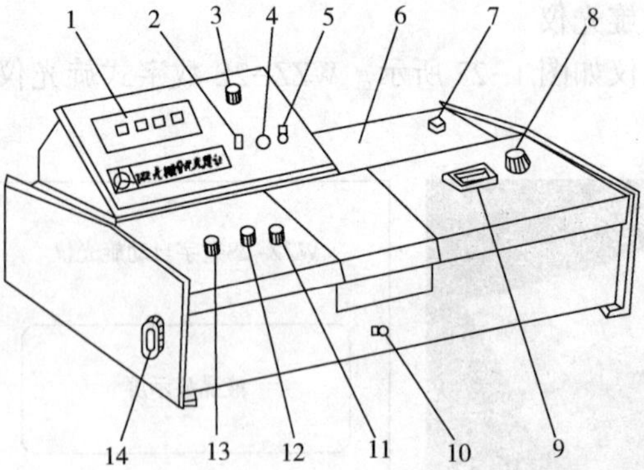

图 1-30　722 型分光光度计

1—数字显示器；2—吸光度调零旋钮；3—选择开关；4—吸光度调斜率电位器；
5—浓度旋钮；6—光源室；7—电源开关；8—波长手轮；9—波长刻度窗；
10—试样架拉手；11—100%T 旋钮；12—0T 旋钮；13—灵敏度调节旋钮；14—干燥器

(2) 722 型分光光度计的使用

① 预热仪器。将选择开关置于“T”，打开电源开关，使仪器预热 20min。为防止光电管疲劳，不要连续光照，预热仪器时和不测定时应将试样室盖打开，使光路切断。

② 选定波长。根据实验要求，转动波长手轮，调至所需要的单色波长。

③ 固定灵敏度挡。在能使空白溶液很好地调到“100%”的情况下，尽可能采用灵敏度较低的挡，使用时，首先调到“1”挡，灵敏度不够时再逐渐升高。但换挡改变灵敏度后，须重

新校正“0%”和“100%”。选好的灵敏度，实验过程中不要再变动。

④ 调节 $T=0\%$。轻轻旋动“0%”旋钮，使数字显示为“00.0”(此时试样室是打开的)。

⑤ 调节 $T=100\%$。将盛蒸馏水(或空白溶液，或纯溶剂)的比色皿放入比色皿座架中的第一格内，并对准光路，把试样室盖子轻轻盖上，调节透过率“100%”旋钮，使数字显示正好为“100.0”。

⑥ 吸光度的测定。将选择开关置于“A”，盖上试样室盖子，将空白液置于光路中，调节吸光度调节旋钮，使数字显示为“.000”。将盛有待测溶液的比色皿放入比色皿座架中的其他格内，盖上试样室盖，轻轻拉动试样架拉手，使待测溶液进入光路，此时数字显示值即为该待测溶液的吸光度值。读数后，打开试样室盖，切断光路。重复上述测定操作 1~2 次，读取相应的吸光度值，取平均值。

⑦ 浓度的测定。选择开关由“A”旋置“C”，将已标定浓度的样品放入光路，调节浓度旋钮，使得数字显示为标定值，将被测样品放入光路，此时数字显示值即为该待测溶液的浓度值。

⑧ 关机。实验完毕，切断电源，将比色皿取出洗净，并将比色皿座架用软纸擦净。

(3) 注意事项

① 为了防止光电管疲劳，不测定时必须将试样室盖打开，使光路切断，以延长光电管的使用寿命。

② 取拿比色皿时，手指只能捏住比色皿的毛玻璃面，而不能碰比色皿的光学表面。

③ 比色皿不能用碱溶液或氧化性强的洗涤液洗涤，也不能用毛刷清洗。比色皿外壁附着的水或溶液应用擦镜纸或细而软的吸水纸吸干，不要擦拭，以免损伤它的光学表面。

1-22 DP-AW 精密数字(微差压)压力计

(1) DP-AW 精密数字(微差压)压力计

DP-AW 精密数字(微差压)压力计如图 1-31 所示。

(2) DP-AW 精密数字(微差压)压力计的使用

① 开电源：打开电源开关，预热 2min。按“单位”键，使“kPa”指示灯亮，LED 显示的压力值单位为 kPa。

② 检漏：旋开分液漏斗，使压差计显示一定的数值，旋紧分液漏斗，此值保持 1min 不变，说明系统无泄漏，泄压为零。

③ 采零：泄压为零，使系统通大气，按一下“采零”键，以消除仪表系统的零点漂移，此时 LED 显示为“0000”。

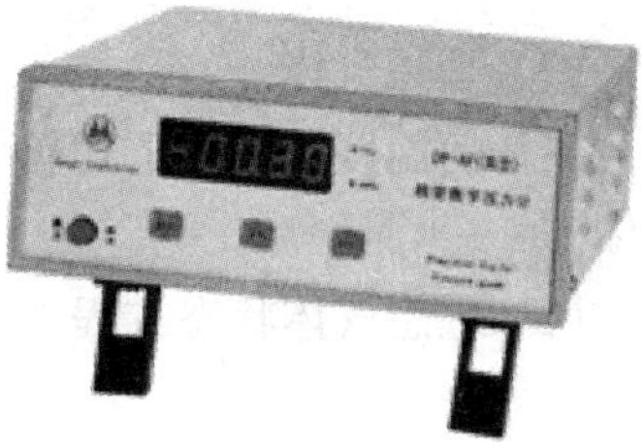

图 1-31 精密数字(微差压)压力计

④ 测试：仪表采零后接通被测系统，此时仪表显示被测系统的压力值。

⑤ 关机：泄压后，再关掉电源开关。

注意：按“复位”键，可重新启动 CPU，仪表即可返回初始状态。一般用于死机时，在正常测试中，不应按此键。

模块二 化学热力学

对一个化学反应，人们最关心的两个问题，一是在一定条件下它能否发生，以及变化过程的有关能量问题；二是变化的速率及机理问题。前者是化学热力学的研究范畴，后者是化学动力学的研究范畴。

热力学是研究各种形式能量相互转化规律的学科。热力学的主要研究对象是含有大量质点的宏观系统，其主要理论体系是基于三个定律，即热力学第一、第二和第三定律。热力学第一定律即能量守恒定律，是解决各种变化过程中的能量衡算问题；热力学第二定律是解决变化的方向、限度问题；热力学第三定律，可以由热性质计算物质在一定状态下的规定熵，从而判断化学变化的方向。热力学基本定律是人类在长期生产经验和科学实验的基础上总结出来的，虽然它们不能用其他理论方法加以证明，但它真实地反映了客观事实，正确性毋庸置疑。

第一部分 基础知识

2-1 理想气体

（1）理想气体

在任何温度、压力下均符合理想气体模型，或服从理想气体状态方程的气体称为理想气体。

（2）理想气体状态方程

$$pV=nRT \tag{2-1}$$

式中 R——摩尔气体常数，对各种气体均适用，其值为 8.3145J·mol^{-1}·K^{-1}。

（3）理想气体微观模型

分子间无相互作用力且分子本身不占有体积。显然，压力越低的气体，其性质越趋于理想状态。

（4）混合理想气体状态方程：

$$pV=\frac{m}{\overline{M}_{\text{mix}}}RT \tag{2-2}$$

$$\overline{M}_{\text{mix}}=\sum_B y_B M_B \tag{2-3}$$

即混合气体的平均摩尔质量$\overline{M}_{mix}$等于混合物中的各物质的摩尔质量与其摩尔分数的乘积之和。

2-2 道尔顿分压定律

(1) 分压力

每一种气体在混合气体中对总压力的贡献。

$$p_B = y_B p \tag{2-4}$$

(2) 道尔顿分压定律

$$p = \sum p_B = \sum \frac{n_B RT}{V} \tag{2-5}$$

即混合气体的总压力等于各组分单独存在于混合气体的温度、体积条件下所产生压力的总和。道尔顿分压定律严格讲只适用于理想气体混合物，不过对于低压下的真实气体混合物也可近似适用。

2-3 真实气体

(1) 范德华方程

描述真实气体的状态方程很多，用得较多的是范德华方程。范德华方程认为由于真实气体分子间有相互作用力，使气体对器壁的压力减小；由于分子本身的占体积，使气体自由活动的空间减小。从这两方面对理想气体状态方程进行修正。

$$\left(p+\frac{a}{V_m^2}\right)(V_m-b)=RT \tag{2-6}$$

式中　a、b——范德华常数，是物质的特性常数。

一般情况，分子间引力越大，a 越大；分子本身体积越大，b 越大。a 和 b 的单位分别为 $Pa \cdot m^6 \cdot mol^{-2}$ 和 $m^3 \cdot mol^{-1}$。某些物质的范德华常数见附录六。

(2) 压缩因子

描述真实气体与理想气体的偏差最直接的方式就是引入一校正因子称为压缩因子 Z。

$$Z \overset{\text{def}}{=} \frac{pV}{nRT} = \frac{pV_m}{RT} = \frac{V_m(\text{真实})}{V_m(\text{理想})} \tag{2-7}$$

R1 范德华

相同温度、压力下，对于真实气体，当 $Z<1$ 时，表示真实气体比理想气体易于压缩，当 $Z>1$ 时，表示真实气体比理想气体难于压缩。对于理想气体有 $Z=1$。由于 Z 的大小反映了真实气体比理想气体压缩的难易程度，故称 Z 为压缩因子。

2-4 临界参数

实验证明：每一种气体都存在一个特殊的温度，在该温度以上，无论施加多大的压力，气体都不用液化，这个温度称为临界温度。临界温度(T_c)：使气体能够液化所允许的最高温度。临界压力(p_c)：临界温度下使气体液化所需要的最低压力。临界摩尔体积($V_{m,c}$)：在临界温度和临界压力下，物质的摩尔体积。

R2 民用液化气的液化与临界温度

物质处于临界温度、临界压力下的状态称为临界状态。T_c、p_c、$V_{m,c}$ 统称为物质的临界参数，是物质的特性参数，某些物质的临界参数列于附录五中。

超临界萃取见拓展阅读 2.1。

2-5 对应状态原理

将真实气体的温度、压力及摩尔体积与其临界值相比得到对比温度(T_r)、对比压力(p_r)、对比体积(V_r)。

$$T_r=\frac{T}{T_c} \qquad p_r=\frac{p}{p_c} \qquad V_r=\frac{V_m}{V_{m,c}} \tag{2-8}$$

对应状态原理：当不同气体有两个对比参数相等时，第三个对比参数也将(大致)相等。数学表达式为

$$f(p_r,\ T_r,\ V_r)=0$$

将式(2-8)代入到式(2-7)中，得到

$$Z=\frac{pV_m}{RT}=\frac{p_cV_{m,c}}{RT_c}\cdot\frac{p_rV_r}{T_r}=Z_c\frac{p_rV_r}{T_r}$$

Z_c 为临界压缩因子，大多数气体的 Z_c 可看作常数。又因 $f(p_r,\ T_r,\ V_r)=0$，因此有

$$Z=f(p_r,\ T_r) \tag{2-9}$$

前人根据大多数气体的实验数据，描绘出 Z 与 T_r、p_r 的关系图，称为普通化压缩因子图，如图 2-1 所示，利用该图求出 Z，代入式(2-7)对真实气体进行计算。

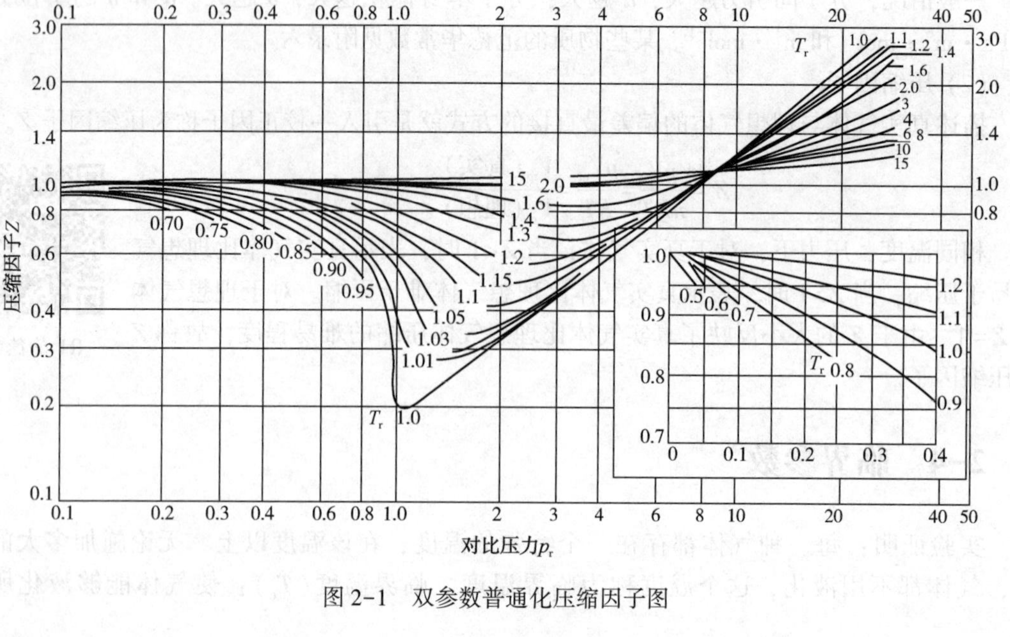

图 2-1 双参数普通化压缩因子图

2-6　系统与环境

(1) 系统

热力学的研究对象，包括物质及空间。

(2) 环境

系统以外与之相联系的那部分物质或空间则称为环境。

(3) 系统的分类

根据系统与环境交换物质和能量的不同将系统分为三类。

敞开系统：系统与环境之间既有物质交换又有能量交换。

封闭系统：系统与环境之间只有能量交换没有物质交换。

隔离系统：系统与环境之间既没有物质交换，也没有能量交换。

在热力学中，有时将所研究的系统与其环境作为一个整体来对待，这个整体就是隔离系统。

2-7　状态函数

(1) 状态函数

描述系统状态的热力学性质，如质量 m、体积 V、压力 p、物质的量 n、温度 T、密度 ρ、热容 C 等称为状态函数。

(2) 状态函数的特征

① 系统从始态 1 变化到末态 2，状态函数的变化只与始末态有关，与变化的具体途径无关。即“状态一定，值一定，殊途同归变化等，周而复始变化零”；

② 状态函数 X 的微小变化可以用全微分 $\mathrm{d}X$ 表示。

那么要描述一个系统的状态要不要将系统所有的状态函数都罗列出来呢？答案肯定是不需要。因状态函数间是相互有联系的。对于一定量的、组成不变的均相流体(气体或液体)系统，只需要指定两个可以独立变化的性质，系统的状态就随之确定。例如：对于一定量的纯理想气体，$V=f(T, p)$，当系统状态发生微小变化时，引起系统体积的变化可用全微分表示为

$$\mathrm{d}V=\left(\frac{\partial V}{\partial T}\right)_p \mathrm{d}T+\left(\frac{\partial V}{\partial p}\right)_T \mathrm{d}p$$

(3) 状态函数的分类

状态函数按有无加和性分为以下两类：

① 广度性质：与系统中所含物质的量成正比，有加和性。如系统物质的量、体积、热力学能等。

② 强度性质：与系统中所含物质的量无关，无加和性。如温度、压力等。

需要注意，由任何两种广度性质之比得出的物理量则为强度性质，如摩尔体积、密度等。

2-8　平衡态

热力学平衡态是指在一定的条件下，系统中各个相的热力学性质不随时间变化，且将系统与环境隔离后，系统的性质仍不改变的状态。平衡态应同时包括以下四种平衡：

热平衡：若无绝热壁存在，系统内各部分的温度相同。

力平衡：若无刚性壁存在，系统内各部分的压力相同。

相平衡：系统中各相的组成和数量不随时间而变化。

化学平衡：系统中化学反应达平衡时，系统的组成不随时间而变化。

2-9　几种典型的变化过程

（1）过程

系统的状态变化。系统过程的变化类型分为单纯 pVT 变化、相变化和化学变化三大类。假设系统从始态 1 变化到末态 2，常见的过程有：

恒温过程：$T_1=T_2=T_{环境}$ = 定值。

恒压过程：$p_1=p_2=p_{环境}$ = 定值。

恒容过程：$V_1=V_2$ = 定值。

绝热过程：$Q=0$（系统与环境间无热量交换的过程）。

对抗恒外压过程：$p_{环境}$ = 定值。

循环过程：系统经变化后又回到始态。所有状态函数 X 的变化值均为 0，即 $\Delta X=0$。

自由膨胀过程（向真空膨胀过程）：$p_{环境}=0$。

可逆过程：系统从一个状态变到另一状态，若所经历的是无穷多个热力学平衡态，则此过程称为可逆过程。否则为不可逆过程。

可逆过程既要不断变化，又要保证所经历的状态都是平衡态，因此相邻两个平衡态的强度性质的变化必须是无限小的，例如 $T \to T \pm dT$，$p \to p \pm dp$。

因此可逆过程也是推动力无限小、系统内部及系统与环境之间在无限接近平衡条件下进行的过程。

注意，这里所讲的“可逆过程”并不是简单即可以向右进行又可以向左进行的过程。在物理化学中的可逆过程非常重要，一些重要的热力学函数增量只有通过可逆过程才能求得。

（2）可逆过程的特点

① 可逆过程的推动力无限小，期间经过一系列平衡态，过程进行得无限慢；

② 可逆过程结束后，系统若沿原途径逆向进行恢复到原状态（所有状态函数复原），则环境也同时恢复到原状态（系统和环境无任何能量即热量和功的交换）；

③ 可逆过程系统对环境做最大功，其公式见式（2-12），$W_r=-\int_{V_1}^{V_2} p dV$。

可逆过程是一种理想过程，实际办不到，是一种科学的抽象过程，实际过程只能无限接近它。

可逆过程解析见拓展阅读 2.2。

2-10　热和功

热力学将系统与环境所交换的能量形式分为热和功。

(1) 热(Q)

系统与环境间因温度差而交换的能量形式称为热，单位为 J。并规定：系统从环境吸热为正，放热为负。

(2) 功(W)

除热以外系统与环境间交换的能量形式称为功，单位为 J。并规定：环境对系统做功为正，系统对环境做功为负。功分为体积功和非体积功两类。

体积功——因其体积变化而引起的体系与环境交换的能量，用 W 表示。

非体积功——除了体积功以外的功，如电功、表面功，用 W'表示。

说明：① Q 和 W 不是状态函数，是途径函数，其微小量不能用 dQ、dW 表示，而用 δQ、δW 表示。若系统从相同的始态出发，通过不同途径到达相同的末态，其功和热的数值是不同的。

② 功和热存在于变化过程中，不能说系统的某个状态有多少热和功。

③ 体系与环境交换的总功 $W=W+W'$。

(3) 体积功

体积功本质上就是机械功。如图 2-2 所示，气缸内气体的体积为 V，活塞的截面积为 A，活塞在外力 F 的作用下膨胀(或压缩)的位移为 dl，系统的体积改变为 dV，假设活塞无质量、与气缸壁无摩擦，则系统对环境所做体积功为

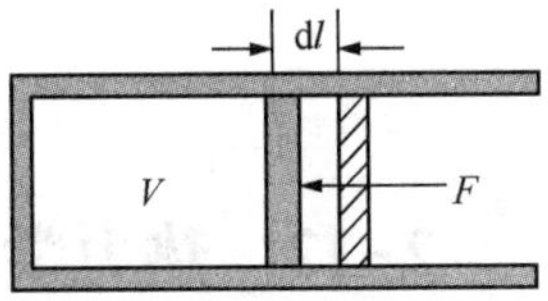

图 2-2　体积功示意图

$$\delta W \overset{\text{def}}{=\!=\!=} -F\,\mathrm{d}l=-p_{\mathrm{e}}A\mathrm{d}l=-p_{\mathrm{e}}\mathrm{d}V \qquad [2\text{-}10(\mathrm{a})]$$

式中 $p_{\mathrm{e}}=p_{环}$，当系统的体积从 V_1变到 V_2时，体系与环境交换的体积功为

$$W=\int_{V_1}^{V_2}-p_{\mathrm{e}}\mathrm{d}V \qquad [2\text{-}10(\mathrm{b})]$$

式(2-10)为体积功通式。若 dV>0，系统膨胀，W<0，体系对环境做功。若 dV<0，系统压缩，W>0，环境对体系做功。若环境的压力恒定为一常数时，式[2-10(b)]简化为

$$W=-p_{\mathrm{e}}(V_2-V_1) \qquad (2\text{-}11)$$

可见，过程的功不是状态函数或状态函数的增量，它与过程的具体途径有关，故称其为途径函数。后面的热也是途径函数。

由于前面已提到可逆过程是系统内部及系统与环境间无限接近平衡，即有 $p_{\mathrm{e}}=p\pm\mathrm{d}p$，因此可逆体积功为

$$W_r=-\int_{V_1}^{V_2}p_{\mathrm{e}}\mathrm{d}V=-\int_{V_1}^{V_2}(p\pm\mathrm{d}p)\,\mathrm{d}V=-\int_{V_1}^{V_2}p\mathrm{d}V+\int_{V_1}^{V_2}\mathrm{d}p\mathrm{d}V=-\int_{V_1}^{V_2}p\mathrm{d}V \qquad (2\text{-}12)$$

2-11 热力学能

系统在某一状态下的总能量包括系统整体运动的动能、在外场中的势能和系统内部的能量。

(1) 热力学能(U)

系统内部所有能量(系统内部分子的平动、转动、分子内部各原子间的振动、电子的运动、核运动的能量以及分子间相互作用的势能)的总和，单位为J。

(2) 热力学能的性质

热力学能 U 是广度性质的状态函数，绝对值无法确定。

U=分子本身能量=($\varepsilon_{平}+\varepsilon_{转}+\varepsilon_{振}+\varepsilon_{电}+\varepsilon_{核}$)+分子间相互作用的势能等，因 $\varepsilon_{平}$ 与温度有关，分子间作用的势能与分子间距离(V)有关，故 $U=f(T, V)$

其全微分为
$$dU=\left(\frac{\partial U}{\partial T}\right)_V dT+\left(\frac{\partial U}{\partial V}\right)_T dV \tag{2-13}$$

(3) 理想气体的热力学能只是温度的函数

因理想气体无分子间的相互作用，因此其 $U=f(T)$

$$\left(\frac{\partial U}{\partial p}\right)_T=0 \quad 或 \quad \left(\frac{\partial U}{\partial V}\right)_T=0 \tag{2-14}$$

2-12 热力学第一定律

热力学第一定律的本质：能量守恒定律。

文字表达：隔离系统无论经历何种变化，其能量守恒。或第一类永动机(不消耗能量而不断对外做功的机器)是不能实现的。

封闭系统热力学第一定律的数学形式：

$$\Delta U=Q+W(封闭系统) \quad 或 \quad dU=\delta Q+\delta W \tag{2-15}$$

焦耳实验见拓展阅读2.3。

R3 第一类永动机

R4 焦耳

2-13 焓、恒容热及恒压热

(1) 焓(H)

$$H=U+pV \tag{2-16}$$

焓的性质：焓为广度性质的状态函数，单位为J，绝对值无法预测。

因为理想气体有 $H=U+pV=U+nRT=f(T)$，所以理想气体的焓只是温度的函数。

$$\text{表述为}\quad \left(\frac{\partial H}{\partial p}\right)_T=0 \quad \text{或} \left(\frac{\partial H}{\partial V}\right)_T=0 \tag{2-17}$$

(2) 恒容热(Q_V)

系统在恒容，W'为 0 的条件下，系统与环境交换的热。

$$dU=\delta Q+\delta W=\delta Q-p_{amb}dV+\delta W'$$

$$\delta Q_V=dU \text{ 或 } Q_V=\Delta U \tag{2-18}$$

式(2-18)表明：在恒容且 $W'=0$ 的过程中，封闭系统从环境吸的热在量值上等于系统热力学能的增加。只与始末态有关。

(3) 恒压热(Q_p)

系统在恒压，$W'=0$ 的过程中与环境交换的热，在量值上等于系统焓的增加，只与始末态有关(用与恒容热相似的方法可导出)：

$$dH=\delta Q_p \quad \text{或} \quad \Delta H=Q_p \tag{2-19}$$

2-14 热容

热容是热力学中很重要的一种基础热数据，用来计算系统发生单纯 pVT 变化(无相变化、无化学变化)时过程的热及这类变化中系统的 ΔU 和 ΔH。

(1) 摩尔恒容热容($C_{V,m}$)

1mol 的某物质，在无相变、无化学变化及 $W'=0$ 的恒容条件下，系统每升高单位热力学温度所吸收的热量，单位为 $J \cdot mol^{-1} \cdot K^{-1}$

$$C_{V,m}=\frac{\delta Q_V}{ndT}=\frac{1}{n}\left(\frac{\partial U}{\partial T}\right)_V=\left(\frac{\partial U_m}{\partial T}\right)_V \tag{2-20}$$

由式(2-20)可知：

$$\Delta U=Q_V=\int_{T_1}^{T_2} nC_{V,m}dT \text{ (恒容，} W'=0\text{，封闭系统)} \tag{2-21}$$

(2) 摩尔恒压热容($C_{p,m}$)

1mol 的某物质，在无相变、无化学变化及 $W'=0$ 的恒压条件下，系统每升高单位热力学温度所吸收的热量，单位为 $J \cdot mol^{-1} \cdot K^{-1}$

$$C_{p,m}=\frac{\delta Q_p}{ndT}=\frac{1}{n}\left(\frac{\partial H}{\partial T}\right)_p=\left(\frac{\partial H_m}{\partial T}\right)_p \tag{2-22}$$

由式(2-22)可知：

$$\Delta H=Q_p=\int_{T_1}^{T_2} nC_{p,m}dT \text{ (恒压，} W'=0\text{，封闭系统)} \tag{2-23}$$

(3) 摩尔热容与温度的关系

$C_{V,m}$和 $C_{p,m}$都是温度的函数，且二者之间存在一定关系，因此，一般手册只给出了 $C_{p,m}$ 与温度的关系式，常用的关系式为

$$C_{p,m}=a+bT+cT^2 \tag{2-24}$$

式中 a，b，c——物质的特性参数，可查表得到。

对于理想气体

$$C_{p,m}-C_{V,m}=R \tag{2-25}$$

由统计热力学可以计算出单原子分子理想气体和双原子分子理想气体的 $C_{V,m}$ 和 $C_{p,m}$ 数据为：单原子分子理想气体(如 He 等) $C_{V,m}=\frac{3}{2}R$，$C_{p,m}=\frac{5}{2}R$；双原子分子理想气体(如 H_2 等)，$C_{V,m}=\frac{5}{2}R$，$C_{p,m}=\frac{7}{2}R$。对于液体或固体，$C_{p,m}\approx C_{V,m}$。

2-15 理想气体热力学能变及焓变的计算

若 $C_{V,m}$ 和 $C_{p,m}$ 是与温度无关的常数，而理想气体的热力学能及焓都只是温度的函数，那么对于理想气体无论经过怎样的过程，只要始末态的温度确定，其 ΔU 和 ΔH 的计算为

$$\Delta U=\int_{T_1}^{T_2} nC_{V,m}\mathrm{d}T=nC_{V,m}(T_2-T_1) \tag{2-26}$$

$$\Delta H=\int_{T_1}^{T_2} nC_{p,m}\mathrm{d}T=nC_{p,m}(T_2-T_1) \tag{2-27}$$

2-16 $Q_V=\Delta U$ 及 $Q_p=\Delta H$ 两式的意义

$Q_V=\Delta U$ 及 $Q_p=\Delta H$ 两式的意义：一是通过恒容或恒压下对热的测量，可获得一些重要的基础热数据(比热容、相变焓、生成焓等)从而解决了 ΔU 和 ΔH 的测定、计算及应用问题；二是利用两公式右侧的状态函数的改变量仅与始末态有关、与途径无关的特性，热原本是途径函数，但这两种特殊情况下的热却只与始末态有关，与途径无关，为其热的计算提供了方便。

2-17 理想气体绝热可逆过程方程式

理想气体经绝热、$W'=0$ 的可逆过程，且若 $C_{V,m}$ 是常数时，T、p、V 之间的方程式为

$$\frac{T_2}{T_1}=\left(\frac{p_2}{p_1}\right)^{\frac{R}{C_{p,m}}}=\left(\frac{V_1}{V_2}\right)^{\frac{R}{C_{V,m}}} \tag{2-28}$$

适用条件：理想气体的绝热可逆过程。

理想气体绝热可逆方程式的推导见拓展阅读 2.4；焦耳-汤姆逊实验与节流膨胀见拓展阅读 2.5。

2-18 自发过程

自发过程：在自然条件(不需外力帮助)下能够自动发生的过程。

自发过程的特征：单向的，不可逆的。

自发过程举例：①水自动由高处向低处流动，直到水位相等；②气体自动从高压向低压扩散，直到压力相等；③热自动由高温物体传给低温物体，直到温度相等；④溶质自动从高浓度向低浓度扩散，直到浓度相等；⑤锌与硫酸铜溶液的化学反应。

以上 5 个例子都是自发的，其逆过程不能自动发生，注意并不是说自发过程的逆过程不能发生，但必须在外力的帮助(外界对之做功)下才能发生，只是不能自发。以上 5 个例子的逆过程通过对系统做电功，均可发生。

2-19　热力学第二定律

违背热力学第一定律的变化与过程是一定不能发生的，但不违背热力学第一定律的变化与过程却未必能自动发生。例如，两个温度不同的物体相接触，最后两物体具有相同的温度达到平衡态。但其逆过程即具有相同温度的两个物体，自动回到温度不同的状态是不可能发生的，尽管该逆过程不违背热力学第一定律。可见，利用热力学第一定律并不能解决过程方向与限度的判断问题，就需要用到热力学第二定律。关于热力学第二定律的描述有很多，但较经典的有如下两种。

克劳修斯说法："不可能将热从低温物体传到高温物体，而不产生其他变化"。

开尔文说法："不可能从单一热源吸热使之全部变为功，而不产生其他变化"或"第二类永动机是不可能造成的"。

第二类永动机是一种从单一热源吸热使之全部变为功，而不产生其他变化的机器。它并不违反能量守恒定律，但事实证明这种机器永远造不成。

两种说法在表述上，虽略有不同，但本质是一致的，都说明自发过程的逆过程是不能自动进行的。

R5 克劳修斯　　R6 开尔文

2-20　卡诺循环

热机：通过工作介质从高温(T_1)热源吸热(Q_1)，向低温(T_2)热源放热(Q_2)，并对外做功($-W$)的循环操作的机器。其工作原理如图 2-3 所示。

热机效率：

$$\eta=\frac{-W}{Q_1}=\frac{Q_1+Q_2}{Q_1} \tag{2-29}$$

为论证热功转化的极限效率，法国工程师卡诺设想了一部理想的热机模型——卡诺热机。该热机以理想气体为工作介质，经过如图 2-4 所示的四个可逆步骤构成一个循环，即恒温可逆膨胀、绝热可逆膨胀、恒温可逆压缩、绝热可逆压缩，人们称之为卡诺循环。由于卡诺热机是以可逆方式运行的，所以它是一种可逆热机。

① 恒温可逆膨胀($A\to B$)，因 $\Delta U_1=0$

$$Q_1=-W_1=\int_{V_1}^{V_2}p\mathrm{d}V=nRT_1\ln\frac{V_2}{V_1}$$

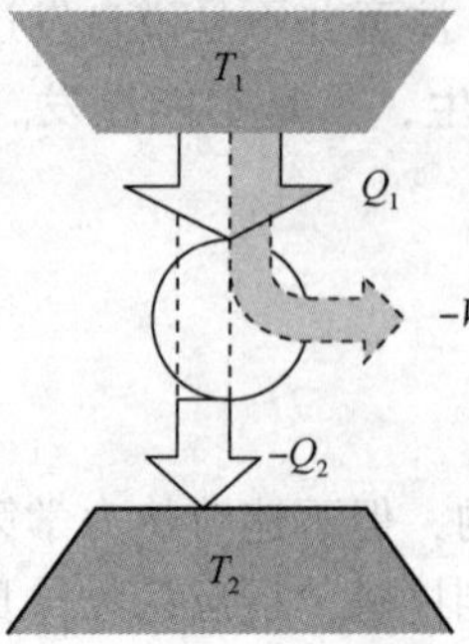

图 2-3　热机工作原理图

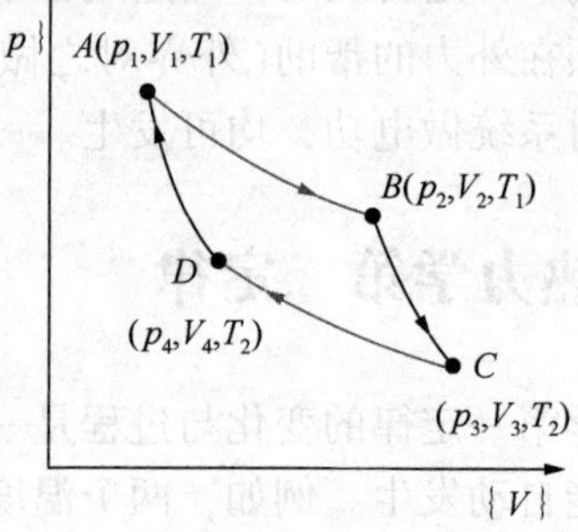

图 2-4　卡诺循环的 p-V 图

② 绝热可逆膨胀($B \to C$)，因过程绝热，$Q'=0$

$$W_2=\Delta U_2=nC_{V,m}(T_2-T_1)$$

③ 恒温可逆压缩($C \to D$)，因 $\Delta U_2=0$

$$Q_2=-W_3=\int_{V_3}^{V_4} p\mathrm{d}V=nRT_2\ln\frac{V_4}{V_3}$$

④ 绝热可逆压缩($D \to A$)，因过程绝热，$Q''=0$

$$W_4=\Delta U_4=nC_{V,m}(T_1-T_2)$$

整个循环过程 $\Delta U=0$

$$-W=Q=Q_1+Q_2=nRT_1\ln\frac{V_2}{V_1}+nRT_2\ln\frac{V_4}{V_3}$$

因 $B \to C$ 过程和 $D \to A$ 过程为绝热可逆过程，两过程应用式(2-28)，整理后

$$\frac{V_4}{V_3}=\left(\frac{V_2}{V_1}\right)^{-1}$$

R7 卡诺

有

$$-W=Q_1+Q_2=nR(T_2-T_1)\ln\frac{V_2}{V_1}$$

整理得卡诺热机的效率

$$\eta=\frac{-W}{Q_1}=\frac{Q_1+Q_2}{Q_1}=\frac{T_1-T_2}{T_1} \qquad (2\text{-}30)$$

由此可见，卡诺热机的热机效率仅与两个热源的温度有关，且两个热源的温差越大，效率越高。

2-21　卡诺定理

前已述及在相同的始末态间，可逆过程系统对环境做最大功。因此，一个可逆循环过程的总结果是热机以极限的做功能力向外界提供了最大功，因而，其效率是最大的。

卡诺定理：在两个不同温度的热源间工作的所有热机，以可逆(卡诺)热机的效率最大。

$$\eta_{卡}=\frac{T_1-T_2}{T_1}\geqslant\frac{Q_1+Q_2}{Q_1} \quad \begin{matrix}\text{不可逆热机}(>)\\ \text{可逆热机}(=)\end{matrix} \qquad (2\text{-}31)$$

卡诺定理的推论：在两个不同温度的热源间工作的所有可逆热机，其效率都相等，且与工作介质和变化的种类无关。

2-22 熵

熵的定义式

$$dS=\frac{\delta Q_r}{T} \tag{2-32}$$

说明：① S 为状态函数、广度量，单位为 $J \cdot K^{-1}$。

② 一定状态下熵的绝对值是未知的，但可规定一相对标准，用于熵变 ΔS 的计算。

③ 由定义可知，系统经一变化后，其 ΔS 等于可逆过程的热温熵之和。

④ 绝热可逆过程的 $\Delta S=0$。

⑤ S 有明确的物理意义，熵可以看成是系统无序度的量度。

同一物质有 $S_m(s)<S_m(l)<S_m(g)$。熵是热力学中非常重要的状态函数，对于熵变的计算是本模块的重点之一。

熵的推导见拓展阅读 2.6。

2-23 克劳修斯不等式及熵增加原理

(1) 克劳修斯不等式

$$\Delta S \geqslant \int_1^2 \frac{\delta Q}{T} \begin{matrix}\text{不可逆}\\ \text{可逆}\end{matrix} \quad \text{或} \quad dS \geqslant \frac{\delta Q}{T} \begin{matrix}\text{不可逆}\\ \text{可逆}\end{matrix} \tag{2-33}$$

式(2-33)称为克劳修斯不等式，可作为热力学第二定律的数学表达式。它表明：封闭系统中进行的任一过程，若熵差等于热温熵之和，则为可逆过程，若熵差大于热温熵之和，则为不可逆过程，永远不可能发生熵差小于热温熵之和的过程。

克劳修斯不等式的推导见拓展阅读 2.7。

(2) 熵增加原理

若过程绝热，则克劳修斯不等式就变为

$$\Delta S \geqslant 0 \begin{matrix}\text{不可逆}\\ \text{可逆}\end{matrix} \quad \text{或} \quad dS \geqslant 0 \begin{matrix}\text{不可逆}\\ \text{可逆}\end{matrix} \tag{2-34}$$

式(2-34)称为熵增原理。它表明：在绝热条件下，若发生不可逆过程，系统的熵增大，若发生可逆过程，系统的熵值不变(绝热可逆过程又称为“恒熵过程”，不可能发生熵值减少的过程)。

通常，系统与环境间并不绝热，可将原系统与原环境组成的隔离系统作为一个整体，满足绝热的条件。因此有“即隔离系统的熵不可能减小”，这也是熵增原理的一种说法。又因为隔离系统和环境间无任何的能量交换(功和热)，它的不可逆，必然是自发的。可逆过程就是达到了平衡。因此，可写成：

$$\Delta S_{iso}=\Delta S+\Delta S_e \geqslant 0 \begin{matrix}\text{自发}\\ \text{平衡}\end{matrix} \quad \text{或} \quad dS_{iso}=dS+dS_e \geqslant 0 \begin{matrix}\text{自发}\\ \text{平衡}\end{matrix} \tag{2-35}$$

式(2-35)称为熵判据，是利用隔离系统的熵差来判断过程的方向与限度。

说明：用式(2-35)判断原系统的自发性，原环境一定不能对系统做功。

2-24 单纯 pVT 变化过程 ΔU、ΔH、ΔS 的计算

(1) 理想气体单纯 pVT 变化过程

前面基础知识 2-15 中已述及对 $C_{V,m}$ 是常数的理想气体单纯 pVT 变化，$\Delta U=nC_{V,m}(T_2-T_1)$，$\Delta H=nC_{p,m}(T_2-T_1)$，而 Q 和 W 视具体过程进行计算。

对于 $\delta W'=0$ 的可逆过程，有 $\delta Q_r=\mathrm{d}U+p\mathrm{d}V$，代入熵的定义式

$$\mathrm{d}S=\frac{\delta Q_r}{T}=\frac{\mathrm{d}U+p\mathrm{d}V}{T}$$

$\mathrm{d}U=nC_{V,m}\mathrm{d}T$ 及 $\frac{p}{T}=\frac{nR}{V}$，有

$$\mathrm{d}S=\frac{nC_{V,m}\mathrm{d}T}{T}+\frac{nR\mathrm{d}V}{V}$$

积分可得

$$\Delta S=nC_{V,m}\ln\left(\frac{T_2}{T_1}\right)+nR\ln\left(\frac{V_2}{V_1}\right) \qquad [2\text{-}36(\mathrm{a})]$$

将 $\frac{V_2}{V_1}=\frac{T_2\cdot p_1}{T_1\cdot p_2}$ 代入上式可得

$$\Delta S=nC_{p,m}\ln\left(\frac{T_2}{T_1}\right)+nR\ln\left(\frac{p_1}{p_2}\right) \qquad [2\text{-}36(\mathrm{b})]$$

说明：由于 S 是状态函数，无论过程可逆与否，只要始末态相同，其熵变是相等的。因此，以上两式是计算理想气体单纯 pVT 变化过程熵变的通式。典型例题见【例 2-1】~【例 2-4】。

(2) 凝聚态物质单纯 pVT 变化过程

由于 p 对液体、固体等凝聚态物质的影响一般很小，故无论其过程恒压与否，近似看作恒压过程。

$$Q_p=\Delta H=nC_{p,m}(T_2-T_1)=\Delta U$$

$$\Delta S=\int_1^2\frac{\delta Q_r}{T}=\int_1^2\frac{\delta Q_p}{T}=\int_1^2\frac{\mathrm{d}H}{T}=\int_1^2\frac{nC_{p,m}}{T}\mathrm{d}T=nC_{p,m}\ln\left(\frac{T_2}{T_1}\right) \qquad (2\text{-}37)$$

(3) 理想气体、凝聚态物质的混合或传热过程

这里的混合仅限两种或两种以上不同理想气体的混合，或不同温度的两部分或多部分同一种液态物质的混合，而不涉及不同液体物质之间的混合。对于上述混合过程熵变，总的计算原则是分别计算各组成部分的熵变，然后求和。典型例题见【例 2-5】。

2-25 液体的饱和蒸气压与沸点

(1) 液体的饱和蒸气压

在一定温度 T 下，气-液共存达平衡时(液体的蒸发速度与气体的凝结速度相同)如图 2-5所示，蒸气的压力是恒定的，称为该温度下该液体的饱和蒸气压，以 p^* 表示。上标 * 表示纯物质。表 2-1 列出水、乙醇和苯在不同温度下的饱和蒸气压。从表中数据可以看出，饱和蒸气压与物质的本性和温度有关。通常，饱和蒸气压随温度的升高而增大。

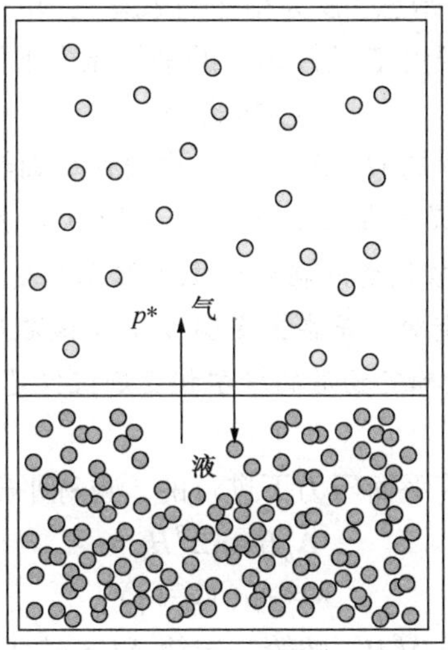

图 2-5　气-液平衡示意图

表 2-1　水、乙醇和苯在不同温度下的饱和蒸气压

水		乙醇		苯	
t/℃	p/kPa	t/℃	p/kPa	t/℃	p/kPa
20	2. 338	20	5. 671	20	9. 9712
40	7. 376	40	17. 395	40	24. 411
60	19. 916	60	46. 008	60	52. 993
80	47. 343	78. 4	101. 325	80. 1	101. 325
100	101. 325	100	222. 48	100	182. 44
120	198. 54	120	422. 35	120	308. 11

(2)沸点

沸点：饱和蒸气压等于外界压力时的温度。

正常沸点：外压为 101. 325kPa 时的沸点。所以水的正常沸点是 100℃。

2-26　相变焓及相变熵

(1) 相变

相：系统中物理性质和化学性质完全相同的均匀部分。

相变：物质不同相态之间的转变，常见的相变过程有蒸发(vap)、凝结(液化)、熔化(fus)、凝固、升华(sub)、凝华、不同晶型之间的转变(trs)等。

可逆相变：在无限接近两相平衡温度和平衡压力下发生的相变，否则为不可逆相变。

即如果在恒定温度 T 及该温度平衡压力下发生相变就是可逆相变。例如，水在 100℃及饱和蒸气压 101. 325kPa 下蒸发为水蒸气的过程就是可逆相变。

(2) 摩尔相变焓与相变焓

摩尔相变焓：单位物质的量的物质在恒定温度 T 及该温度平衡压力下发生相变时对应

的焓变，记作$\Delta_{\alpha}^{\beta}H_m$（$\alpha$ 为相变的始态，β 为相变的末态），单位为 $J \cdot mol^{-1}$或 $kJ \cdot mol^{-1}$。

若物质的量为 n 的物质在温度 T 及该温度的平衡压力下发生相变，则其相变焓为

$$\Delta_{\alpha}^{\beta}H = n\Delta_{\alpha}^{\beta}H_m \tag{2-38}$$

摩尔相变焓是计算相变过程的 Q、ΔU、ΔH 常用到基础热数据。

说明：① 因定义中的相变是在恒温、恒压且 $W'=0$ 的条件下进行的，因此，有 $Q_{p,m}=\Delta_{\alpha}^{\beta}H_m$，也就是说摩尔相变焓在量值上和摩尔相变热相等。

② 纯物质达两相平衡时，是在恒定温度 T 及该温度平衡压力下进行的，而这个压力是温度的函数，故确定物质的摩尔相变焓仅仅是温度的函数，即 $\Delta_{\alpha}^{\beta}H_m=f(T)$。

（3）可逆相变熵变的计算

可逆相变是在某一温度及其平衡压力下进行的，也称平衡相变。

$$\Delta_{\alpha}^{\beta}H = n\Delta_{\alpha}^{\beta}H_m$$

$$W=-p(V_2-V_1)$$

$$Q_p=\Delta_{\alpha}^{\beta}H \quad \text{按第一定律 } \Delta U=\Delta_{\alpha}^{\beta}H+W$$

$$\Delta_{\alpha}^{\beta}S=\int_1^2\frac{\delta Q_r}{T}=\int_1^2\frac{\delta Q_p}{T}=\frac{n\Delta_{\alpha}^{\beta}H_m}{T}$$

$$\Delta_{\alpha}^{\beta}S=\frac{n\Delta_{\alpha}^{\beta}H_m}{T} \tag{2-39}$$

典型例题见【例 2-6】。

（4）摩尔相变焓、摩尔相变熵随温度的变化

要计算不可逆相变过程的熵变，需要借助状态函数法，在不可逆相变过程的始末态间，设计一包含可逆相变及单纯 pVT 变化的途径，利用基础热数据可逆摩尔相变焓及摩尔热容来进行计算。

例如：若有 1mol 物质 A 在 p，T_1条件下由 α 相转变为 β 相，已知其摩尔相变焓为 $\Delta_{\alpha}^{\beta}H_m(T_1)$，求在 p，T_2条件下由 α 相转变为 β 相的摩尔相变焓 $\Delta_{\alpha}^{\beta}H_m(T_2)$。

解：

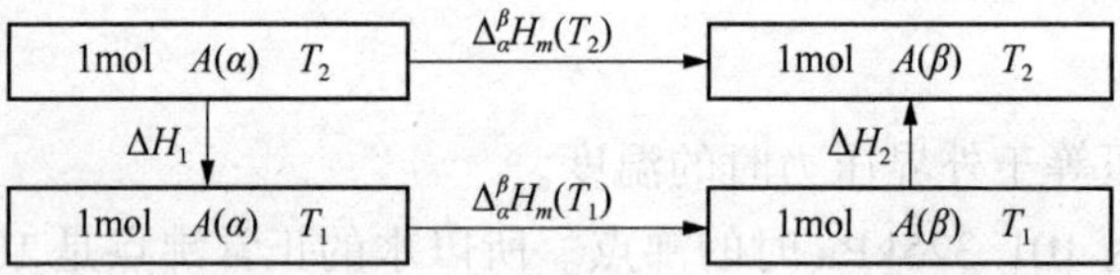

$$\Delta_{\alpha}^{\beta}H_m(T_2)=\Delta H_1+\Delta_{\alpha}^{\beta}H_m(T_1)+\Delta H_2=\Delta_{\alpha}^{\beta}H_m(T_1)+\int_{T_2}^{T_1}C_{p,m}(\alpha)\,dT+\int_{T_1}^{T_2}C_{p,m}(\beta)\,dT$$

$$\Delta_{\alpha}^{\beta}H_m(T_2)=\Delta_{\alpha}^{\beta}H_m(T_1)+\int_{T_1}^{T_2}[C_{p,m}(\beta)-C_{p,m}(\alpha)]\,dT$$

令 $\Delta_{\alpha}^{\beta}C_{p,m}=[C_{p,m}(\beta)-C_{p,m}(\alpha)]$，则上式为

$$\Delta_{\alpha}^{\beta}H_m(T_2)=\Delta_{\alpha}^{\beta}H_m(T_1)+\int_{T_1}^{T_2}\Delta_{\alpha}^{\beta}C_{p,m}dT \tag{2-40(a)}$$

其微分关系式为

$$\left[\frac{\partial\Delta_{\alpha}^{\beta}H_m(T)}{\partial T}\right]_p=\Delta_{\alpha}^{\beta}C_{p,m} \tag{2-40(b)}$$

同理可以证明：

$$\Delta_{\alpha}^{\beta}S_m(T_2)=\Delta_{\alpha}^{\beta}S_m(T_1)+\int_{T_1}^{T_2}\frac{\Delta_{\alpha}^{\beta}C_{p,m}}{T}dT \tag{2-41(a)}$$

$$\left[\frac{\partial \Delta_{\alpha}^{\beta} S_m(T)}{\partial T}\right]_p = \frac{\Delta_{\alpha}^{\beta} C_{p,m}}{T} \qquad [2\text{-}41(b)]$$

式(2-40)和式(2-41)给出了摩尔相变焓、摩尔相变熵随温度的变化关系。典型例题见【例2-7】。

2-27 化学反应的焓变

标准摩尔生成焓和标准摩尔燃烧焓是计算标准摩尔反应焓 $\Delta_r H_m^{\ominus}$ 的基础热数据。通过 $\Delta_r H_m^{\ominus}$ 就可计算化学反应过程的 Q、ΔU 及 ΔH。

(1) 化学计量数

一般化学反应的通式为 $0=\sum_B \nu_B B$。即将任意化学反应 $aA+bB =\!=\!= yY+zZ$，移项写成 $0=yY+zZ-aA-bB$ 的形式。式中 B 代表任一反应组分，ν_B 表示其化学计量数，规定产物的 ν_B 为正值，反应物的 ν_B 为负值，ν_B 的量纲为1。

(2) 反应进度(ξ)

描述反应进行程度的物理量，单位为mol。

对于反应 $0=\sum_B \nu_B B$，反应进度的定义式如下：

$$\mathrm{d}\xi = \frac{\mathrm{d}n_B}{\nu_B} \qquad (2\text{-}42)$$

式中 n_B——反应方程式中任一物质 B 的物质的量。

式(2-42)的积分式为

$$\xi = \frac{n_{B,(\xi)} - n_{B,(0)}}{\nu_B} = \frac{\Delta n_B}{\nu_B} \qquad (2\text{-}43)$$

式中 $n_{B,(0)}$——反应前 B 物质的量；

$n_{B,(\xi)}$——反应进度为 ξ 时 B 物质的量。

说明：① 同一反应的 ξ 与物种无关；

② 当实际反应量一样时，同一反应的 ξ 与计量方程的写法有关。

因此，应用反应进度时须指明化学方程式。

(3) 摩尔反应焓($\Delta_r H_m$)

在一定的温度和压力下，化学反应按给定的方程式进行1mol反应进度时引起系统的焓变，单位为 $\mathrm{J \cdot mol^{-1}}$。

(4) 标准摩尔反应焓($\Delta_r H_m^{\ominus}$)

反应中的各个组分均处在温度 T 的标准态下，其摩尔反应焓就称为该温度下的标准摩尔反应焓。

标准态：由于纯物质的摩尔反应焓是温度和压力的函数，因此物理化学中规定了标准态。

气体的标准态：在温度 T，标准压力 $p^{\ominus}$ 下具有理想气体性质的纯气体状态。

液体或固体的标准态：在温度 T，标准压力 $p^{\ominus}$ 下的纯液体或纯固体状态。

(5) 标准摩尔生成焓[$\Delta_f H_m^{\ominus}(B, \beta, T)$]

在温度为 T 的标准态下，由稳定相态的单质生成1mol β 相化合物 B 时的标准摩尔反应

焓变作为物质 $B(\beta)$ 的标准摩尔生成焓，单位为 $kJ \cdot mol^{-1}$。

例如，298.15K 时，反应 C(石墨) $+O_2(g) \longrightarrow CO_2(g)$ 的 $\Delta_r H_m^{\ominus}(298K)=-393.5kJ \cdot mol^{-1}$

$$\Delta_f H_m^{\ominus}(CO_2, g, 298K)=\Delta_r H_m^{\ominus}(298K)=-393.5kJ \cdot mol^{-1}$$

说明：① 没有规定温度，一般 298.15K 时的数据有表可查。参见附录七。

② 几种常见稳定单质：$O_2(g)$、$N_2(g)$、$H_2(g)$、$Br_2(l)$、C(石墨)、S(正交)(s)。

③ 由定义可知：稳定相态单质的 $\Delta_f H_m^{\ominus}=0$。而不稳定相态的单质的 $\Delta_f H_m^{\ominus}$ 不为零。例如 298.15K 时 C(金刚石)的 $\Delta_f H_m^{\ominus}=1.895kJ \cdot mol^{-1}$。

(6) 标准摩尔燃烧焓 $[\Delta_c H_m^{\ominus}(B, \beta, T)]$

在温度为 T 的标准态下，1mol β 相的物质 B 与氧进行完全氧化反应时的标准摩尔反应焓变作为物质 $B(\beta)$ 的标准摩尔燃烧焓，单位为 $kJ \cdot mol^{-1}$。

例如，298.15K 时，反应 C(石墨) $+O_2(g) \longrightarrow CO_2(g)$ 的 $\Delta_r H_m^{\ominus}(298K)=-393.5kJ \cdot mol^{-1}$

$$\Delta_c H_m^{\ominus}(\text{石墨}, s, 298K)=\Delta_r H_m^{\ominus}(298K)=-393.5kJ \cdot mol^{-1}$$

说明：①没有规定温度，一般 298.15K 时的数据有表可查。参见附录九。

②"完全氧化"是指在没有催化剂的作用下的自然燃烧。通常是 $C \longrightarrow CO_2(g)$；$H \longrightarrow H_2O(l)$；$S \longrightarrow SO_2(g)$；$N \longrightarrow N_2(g)$；$Cl \longrightarrow HCl(aq)$。

③由定义可知：各元素完全氧化产物的燃烧热为零，不完全氧化产物的燃烧热不为零。例如：$\Delta_c H_m^{\ominus}(CO_2, g, 298K)=0$，$\Delta_c H_m^{\ominus}(H_2O, l, 298K)=0$。

(7) 298.15K 下化学反应的标准摩尔反应焓的计算

$$\Delta_r H_m^{\ominus}=\sum \nu_B \Delta_f H_m^{\ominus}(B)=-\sum \nu_B \Delta_c H_m^{\ominus}(B) \tag{2-44}$$

298.15K 下化学反应的标准摩尔反应焓既可以用该温度下各物质的 $\Delta_f H_m^{\ominus}(B, \beta, T)$ 来计算，也可以用该温度下的各物质的 $\Delta_c H_m^{\ominus}(B, \beta, T)$ 来计算。典型例题见【例 2-9】。

(8) 标准摩尔反应焓变与温度的关系

若反应组分在 T_1 和温度 T_2 之间无相变化，采用与摩尔相变焓与温度关系同样的设计方法，可以得出

$$\Delta_r H_m^{\ominus}(T_2)=\Delta_r H_m^{\ominus}(T_1)+\int_{T_1}^{T_2}\sum_B \nu_B C_{p,m}(B)\,dT$$

令 $\sum_B \nu_B C_{p,m}(B)=\Delta_r C_{p,m}(B)$，则上式为

$$\Delta_r H_m^{\ominus}(T_2)=\Delta_r H_m^{\ominus}(T_1)+\int_{T_1}^{T_2}\Delta_r C_{p,m}(B)\,dT \tag{2-45(a)}$$

其微分式为

$$\left[\frac{\partial_r H_m^{\ominus}(T)}{\partial T}\right]_p=\Delta_r C_{p,m} \tag{2-45(b)}$$

式(2-45)给出了摩尔反应焓随温度的变化关系，称为基希霍夫(Kirchhoff)公式。典型例题见【例 2-10】。

说明：若在两个温度之间有物质发生相变化要分段积分。

(9) $Q_{p,m}$ 与 $Q_{V,m}$ 的关系

$$Q_{p,m}=Q_{V,m}+\sum \nu_B(g)RT \text{ 或 } \Delta_r H_m=\Delta_r U_m+\sum \nu_B(g)RT \tag{2-46}$$

上式中 $\sum \nu_B(g)$ 仅为参与反应的气态物质计量数代数和，如

$$C_6H_6(l)+7\frac{1}{2}O_2(g) \longrightarrow 6CO_2(g)+3H_2O(l) \quad \sum \nu_B(g)=-1.5$$

2-28 化学反应的熵变

由于通常化学反应在一定条件下是不可逆的，化学反应热也是不可逆热，所以不能用式 $\Delta S=\dfrac{Q_r}{T}$ 计算化学反应的熵变，必须寻找其他途径来计算其熵变。由于熵的绝对值得不到，只能人为规定一个参考点作为零点，计算熵的相对值，从而计算化学变化过程的熵变。

（1）热力学第三定律

1906 年，能斯特(Nerns W. H.)在研究低温下凝聚系统反应的基础上提出了能斯特热定理：凝聚系统在恒温过程中的熵，随温度趋于 0K 而趋于零，即

$$\lim_{T\to 0\mathrm{K}}\Delta_T S^* = 0$$

1911 年，在不违背能斯特热定理的前提下，普朗克(Planck P. M.)对热定理做了进一步的假定：在 0K 时，纯凝聚态物质的熵值为零。

$$S^*(0\mathrm{K}，凝聚态)=0$$

1920 年，经路易斯(Lewis G. E.)和吉布森(Gibson G. N.)对普朗克的假定做了更加严谨的修正，得出了热力学第三定律：纯物质的完美晶体在 0 K 时的熵值为零。即

$$S^*(0\mathrm{K}，完美晶体)=0 \tag{2-47}$$

完美晶体是指无任何缺陷的晶体。玻璃体是凝聚态但不是完美晶体。

（2）规定熵与标准熵

摩尔规定熵：以第三定律为基准，计算出 1mol 物质在某状态(T，p)下的熵值称为摩尔规定熵。

$$\Delta S = S_m(B，\beta，T) - S(0\mathrm{K}) = S_m(B，\beta，T) = \int_{0\mathrm{K}}^{T}\frac{C_{p,m}}{T}\mathrm{d}T$$

标准摩尔熵：在标准状态下的摩尔规定熵称为标准摩尔熵，记作 $S_m^{\ominus}(B，\beta，T)$。

（3）化学反应熵变的计算

化学反应的标准摩尔熵变为

$$\Delta_r S_m^{\ominus}(T) = \sum \nu_B S_m^{\ominus}(B，T) \tag{2-48}$$

（4）化学反应熵变与温度的关系

若反应组分在 T_1 和温度 T_2 之间无相变化，采用与摩尔相变熵与温度的关系同样的设计方法，可以得出

$$\Delta_r S_m^{\ominus}(T_2) = \Delta_r S_m^{\ominus}(T_1) + \int_{T_1}^{T_2}\frac{\Delta_r C_{p,m}(B)}{T}\mathrm{d}T \qquad [2\text{-}49(\mathrm{a})]$$

其微分式为

$$\left[\frac{\partial_r \Delta S_m^{\ominus}(T)}{\partial T}\right]_p = \frac{\Delta_r C_{p,m}}{T} \qquad [2\text{-}49(\mathrm{b})]$$

式(2-49)给出了摩尔反应熵随温度的变化关系。典型例题见【例 2-10】。

说明：若在两个温度之间有物质发生相变化要分段积分。

2-29　环境熵变的计算

一般所指的环境往往是大气或很大的热源，当系统与环境间发生有限量的热量交换时，仅引起环境温度、压力无限小的变化，环境可认为时刻处于无限接近平衡的状态。这样，整个热交换过程对环境而言可看成是在恒温下的可逆过程，则由熵的定义，有

$$\Delta S_e = \frac{Q_e}{T_e}$$

式中　T_e——环境温度。

又因 $Q_e = -Q_{sys}$，代入上式，得

$$\Delta S_e = \frac{-Q_{sys}}{T_e} \tag{2-50}$$

此式即为环境熵变计算公式。上式表明，系统与环境交换热量的负值与环境温度的商即为环境的熵变。典型例题见【例 2-8】。

2-30　赫姆霍兹函数和吉布斯函数

应用熵判据判断过程可能性时，需要计算系统和环境的熵变，这很不方便。而大多数的化学反应是在恒温恒容或恒温恒压，且非体积功为零的条件下进行的，若在此条件下，从克劳修斯不等式出发，导出能用状态函数(赫姆霍兹函数和吉布斯函数)的变化来判断相应过程的可能性，就会方便很多。

(1) 赫姆霍兹函数(A)

根据熵判据式(2-35)：

$$dS + dS_e \geqslant 0 \quad \begin{matrix}自发\\平衡\end{matrix}$$

即

$$dS + \frac{\delta Q_e}{T_e} \geqslant 0 \quad \begin{matrix}自发\\平衡\end{matrix}$$

若系统进行一个恒温恒容，且 $W'=0$ 的过程 则有 $T_e = T$，$\delta Q_e = -\delta Q_V = -dU$，代入上式，则有

$$dS - \frac{dU}{T} \geqslant 0 \quad \begin{matrix}自发\\平衡\end{matrix}$$

因过程恒温，上式可整理成

$$d(U-TS) \leqslant 0 \quad \begin{matrix}自发\\平衡\end{matrix}$$

因为 U、T、S 均为状态函数，所以它们的组合仍然是一个状态函数，定义为 A。

$$A = U - TS \tag{2-51}$$

式中　A——亥姆霍兹(Helmholtz)函数，它是一个广度性质，J。

(2) 赫姆霍兹判据

将赫姆霍兹函数的定义式代入前面的式子，有

$$\mathrm{d}A_{T,V}\leqslant 0\quad \begin{matrix}\text{自发}\\ \text{平衡}\end{matrix}(W'=0)\quad \text{或}\quad \Delta A_{T,V}\leqslant 0\quad \begin{matrix}\text{自发}\\ \text{平衡}\end{matrix}(W'=0)\tag{2-52}$$

R8 赫姆霍兹

上式称为赫姆霍兹函数判据，该式表明：恒温恒容且 $W'=0$ 条件下，系统的自发过程总是向着赫姆霍兹函数减小方向进行，直到系统达平衡。

（3）吉布斯函数（G）

根据熵判据式（2-35）有

$$\mathrm{d}S+\frac{\delta Q_{\mathrm{e}}}{T_{\mathrm{e}}}\geqslant 0\quad \begin{matrix}\text{自发}\\ \text{平衡}\end{matrix}$$

若系统进行一个恒温恒压，且 $W'=0$ 的过程，则有 $T_{\mathrm{e}}=T$，$\delta Q_{\mathrm{e}}=-\delta Q_{\mathrm{p}}=-\mathrm{d}H$，代入上式，则有

$$\mathrm{d}S-\frac{\mathrm{d}H}{T}\geqslant 0\quad \begin{matrix}\text{自发}\\ \text{平衡}\end{matrix}$$

因过程恒温，上式可整理成

$$\mathrm{d}(H-TS)\leqslant 0\quad \begin{matrix}\text{自发}\\ \text{平衡}\end{matrix}$$

因为 H、T、S 均为状态函数，所以它们的组合仍然是一个状态函数，定义为 G。

$$G=H-TS\tag{2-53}$$

式中 G——吉布斯（Gibbs）函数，它是一个广度量，J。

R9 吉布斯

（4）吉布斯函数判据

将吉布斯函数的定义式代入前面的式子，有

$$\mathrm{d}G_{T,p}\leqslant 0\quad \begin{matrix}\text{自发}\\ \text{平衡}\end{matrix}(W'=0)\quad \text{或}\ \Delta G_{T,p}\leqslant 0\quad \begin{matrix}\text{自发}\\ \text{平衡}\end{matrix}(W'=0)\tag{2-54}$$

上式称为吉布斯判据，该式表明：恒温恒压且 $W'=0$ 条件下，系统的自发过程总是向着吉布斯函数减小方向进行，直到系统达平衡。

若系统恒温恒压，根据 G 的定义有

$$\begin{aligned}\Delta G&=\Delta H-\Delta(TS)\\&=\Delta U+p\Delta V-T\Delta S\end{aligned}$$

而 $T\Delta S$ 等于可逆热，即 $T\Delta S=Q_{\mathrm{r}}$，又由可逆、恒压过程，热力学第一定律，有

$$\begin{aligned}\Delta U&=Q_{\mathrm{r}}+W_{\mathrm{r}}=T\Delta S-\int_{V_1}^{V_2}p\mathrm{d}V+W'_{\mathrm{r}}\\&=T\Delta S-p\Delta V+W'_{\mathrm{r}}\end{aligned}$$

将上式代入到前面的式子，有

$$\Delta G_{T,p}\leqslant W'_{\mathrm{r}}\ \begin{matrix}\text{自发}\\ \text{平衡}\end{matrix}\quad \text{或}\quad \mathrm{d}G_{T,p}\leqslant \delta W'_{\mathrm{r}}\ \begin{matrix}\text{自发}\\ \text{平衡}\end{matrix}\tag{2-55}$$

上式表明：恒温恒压下，系统的吉布斯函数变化小于可逆非体积功，系统可自发进行，若等于可逆非体积功系统达平衡。

2-31　热力学基本方程

在前面介绍的状态函数中 p、V、T 为可直接测量的函数，U、H、S、A、G 为不可直接测量的函数，而在热力学第一定律的应用中，经常要计算 ΔU、ΔH，在热力学第二定律的应用中，经常要计算 ΔS、ΔA、ΔG，这就需要找出各函数间的关系。从热力学第一定律和第二定律出发，可导出这些函数间的关系：

$$dU=TdS-pdV \qquad [2-56(a)]$$

$$dH=TdS+Vdp \qquad [2-56(b)]$$

$$dA=-SdT-pdV \qquad [2-56(c)]$$

$$dG=-SdT+Vdp \qquad [2-56(d)]$$

这个四个公式统称为热力学基本方程，适用条件为 $W'=0$ 的封闭系统。

热力学基本方程的推导见拓展阅读 2.8。

2-32　热力学基本方程的应用

从式[2-56(a)]可以看出 U 的特征变量为 S 和 V，即 $U=f(S, V)$，对 U 进行全微分，可得

$$dU=\left(\frac{\partial U}{\partial S}\right)_V dS-\left(\frac{\partial U}{\partial V}\right)_S dV$$

将上式与热力学基本方程式中的式[2-56(a)]进行比较，有

$$\left(\frac{\partial U}{\partial S}\right)_V=T,\ \left(\frac{\partial U}{\partial V}\right)_S=-p$$

同理，由其他三个基本方程可得出

$$\left(\frac{\partial H}{\partial S}\right)_p=T,\ \left(\frac{\partial H}{\partial p}\right)_S=V$$

$$\left(\frac{\partial A}{\partial T}\right)_V=-S,\ \left(\frac{\partial A}{\partial V}\right)_T=-p$$

$$\left(\frac{\partial G}{\partial T}\right)_p=-S,\ \left(\frac{\partial G}{\partial p}\right)_T=V$$

由上面八个关系式等号右边的正负，判断等号左边变化率的正负；可用来计算等号左边的变化率。还可由式 $\left(\frac{\partial G}{\partial T}\right)_p=-S$，导出

$$\left[\frac{\partial(G/T)}{\partial T}\right]_p=\frac{1}{T}\left(\frac{\partial G}{\partial T}\right)-\frac{G}{T^2}=-\frac{S}{T}-\frac{G}{T^2}=-\frac{TS+G}{T^2}=-\frac{H}{T^2}，即$$

$$\left[\frac{\partial(G/T)}{\partial T}\right]_p=-\frac{H}{T^2} \qquad [2-57(a)]$$

同理有

$$\left[\frac{\partial(A/T)}{\partial T}\right]_p=-\frac{U}{T^2} \qquad [2-57(b)]$$

式(2-57)称为吉布斯-赫姆霍兹方程，将在模块四中讨论温度对平衡的影响中用到。

2-33 麦克斯韦关系式

从式[2-56(a)]可知，有 $U=f(S, V)$，并利用状态函数的二阶偏导数与求导顺序无关的性质，可导出

$$-\left(\frac{\partial T}{\partial V}\right)_S=\left(\frac{\partial p}{\partial S}\right)_V \qquad [2\text{-}58(a)]$$

同理，由其他三个基本方程可得出

$$\left(\frac{\partial T}{\partial p}\right)_S=\left(\frac{\partial V}{\partial S}\right)_p \qquad [2\text{-}58(b)]$$

$$\left(\frac{\partial S}{\partial V}\right)_T=\left(\frac{\partial p}{\partial T}\right)_V \qquad [2\text{-}58(c)]$$

$$-\left(\frac{\partial S}{\partial p}\right)_T=\left(\frac{\partial V}{\partial T}\right)_p \qquad [2\text{-}58(d)]$$

R10 麦克斯韦

这四个公式统称为麦克斯韦关系式，其意义在于将不能或不易直接测量的量换成可以或容易直接测量的量。这些公式在热力学公式的推导和热力学函数的计算中有广泛应用。因此，麦克斯韦关系式在热力学中占有极其重要的地位。

麦克斯韦关系式的推导见拓展阅读 2.9。

2-34 克拉佩龙(Clapeyron)方程

根据热力学基本方程，法国的工程师克拉佩龙导出克拉佩龙方程。数学表达式为

$$\frac{\mathrm{d}T}{\mathrm{d}p}=\frac{T\Delta_\alpha^\beta V_m}{\Delta_\alpha^\beta H_m} \qquad [2\text{-}59(a)]$$

或

$$\frac{\mathrm{d}p}{\mathrm{d}T}=\frac{\Delta_\alpha^\beta H_m}{T\Delta_\alpha^\beta V_m} \qquad [2\text{-}59(b)]$$

R11 克拉佩龙

式(2-59)描述的是纯物质任意两相(α 和 β)平衡温度与平衡压力之间的关系称为克拉佩龙方程。

克拉佩龙方程的推导见拓展阅读 2.10。

2-35 克劳修斯-克拉佩龙(Clausius-Clapeyron)方程

克拉佩龙方程适用于纯物质任意两相(α 和 β)平衡，将其用于气-液、气-固两相平衡，并做出合理的近似，可导出克劳修斯-克拉佩龙方程。以液体蒸发为例：

微分式

$$\frac{\mathrm{d}\ln p}{\mathrm{d}T}=\frac{\Delta_l^g H_m}{RT^2} \qquad (2\text{-}60)$$

不定积分式

$$\ln p = -\frac{\Delta_l^g H_m}{R} \cdot \frac{1}{T} + C \tag{2-61}$$

定积分式

$$\ln \frac{p_2}{p_1} = -\frac{\Delta_l^g H_m}{R}\left(\frac{1}{T_2} - \frac{1}{T_1}\right) \tag{2-62}$$

以上三个公式称为克劳修斯-克拉佩龙方程，简称克-克方程。克-克方程适用于有气相参加的两相平衡，若实验测得某液体不同温度 T 下的饱和蒸气压数据时，可利用式(2-61)，将 $\ln p$ 对 $\frac{1}{T}$ 作图，得一直线，由直线斜率可求得液体的摩尔蒸发焓 $\Delta_l^g H_m$。若已知两个不同温度下液体的饱和蒸气压，利用定积分式(2-62)，可计算液体的摩尔蒸发焓 $\Delta_l^g H_m$；若已知液体的摩尔蒸发焓 $\Delta_l^g H_m$ 及一个温度下的饱和蒸气压则可计算另一温度下的饱和蒸气压。

克劳修斯-克拉佩龙(Clausius-Clapeyron)方程的推导见拓展阅读 2.11。

第二部分　典型例题

【例 2-1】 1mol 某单原子理想气体恒容下，从 298K 升温到 398K，求过程的 Q、W、ΔU、ΔH 和 ΔS。

解： ∵ 理想气体的恒容

$\therefore \Delta U = Q_V = nC_{V,m}(T_2 - T_1) = 1\times\frac{3}{2}\times 8.314\times(398-298)\,\text{J} = 1247\text{J}$

$\Delta H = nC_{p,m}(T_2 - T_1) = 1\times\frac{5}{2}\times 8.314\times(398-298)\,\text{J} = 2078\text{J}$

恒容，$W=0$

$\Delta S = nC_{V,m}\ln\frac{T_2}{T_1} = \left(1\times\frac{3}{2}\times 8.314\ln\frac{398}{298}\right)\text{J}\cdot\text{K}^{-1} = 3.609\text{J}\cdot\text{K}^{-1}$

【例 2-2】 2mol 某双原子理想气体恒压 100kPa 下，从 300K 升温到 400K，求过程的 Q、W、ΔU、ΔH 和 ΔS。

解： ∵ 理想气体的恒压

$\therefore \Delta U = nC_{V,m}(T_2 - T_1) = 2\times\frac{5}{2}\times 8.314(400-300)\,\text{J} = 4157\text{J}$

$Q_p = \Delta H = nC_{p,m}(T_2 - T_1) = 2\times\frac{7}{2}\times 8.314(400-300)\,\text{J} = 5820\text{J}$

$W = \Delta U - Q_p = (4157-5820)\,\text{J} = -1663\text{J}$

$\Delta S = nC_{p,m}\ln\frac{T_2}{T_1} = (2\times\frac{7}{2}\times 8.314\ln\frac{400}{300})\,\text{J}\cdot\text{K}^{-1} = 16.74\text{J}\cdot\text{K}^{-1}$

【例 2-3】 某 1mol 双原子理想气体从始态 300K，100kPa，经过如下三个不同过程达到各自的平衡态，求各过程的 Q、W、ΔU、ΔH、ΔS 和 ΔG。

① 恒温可逆膨胀到 50kPa；

② 恒温反抗 50kPa 恒外压膨胀到 50kPa；

③ 恒温真空膨胀到 50kPa。

解：① ∵ 理想气体恒温，$\Delta U_1=\Delta H_1=0$

$$W_1=nRT\ln\frac{p_2}{p_1}=\left(1\times8.314\times300\ln\frac{50}{100}\right)\text{J}=-1729\text{J}$$

$$Q_1=-W_1=1729\text{J}$$

$$\Delta S_1=nR\ln\frac{p_1}{p_2}=\left(1\times8.314\ln\frac{100}{50}\right)\text{J}\cdot\text{K}^{-1}=5.763\text{J}\cdot\text{K}^{-1}$$

$$\Delta A_1=\Delta G_1=-T\Delta S_1=(-300\times5.763)\text{J}=-1729\text{J}$$

② ∵ 理想气体恒温，$\Delta U_2=\Delta H_2=0$

$$W_2=-p_2(V_2-V_1)=-p_2\left(\frac{nRT}{p_2}-\frac{nRT}{p_1}\right)=-nRTp_2\left(\frac{1}{p_2}-\frac{1}{p_1}\right)=-nRT\left(1-\frac{p_2}{p_1}\right)$$

$$W_2=-1\times8.314\times300\times\left(1-\frac{50}{100}\right)\text{J}=-1247\text{J}$$

$$Q_2=-W_2=1247\text{J}$$

$$\Delta S_2=\Delta S_1=5.763\text{J}\cdot\text{K}^{-1}$$

$$\Delta A_2=\Delta G_2=-T\Delta S_2=-1729\text{J}$$

③ ∵ 理想气体恒温，$\Delta U_3=\Delta H_3=0$

$$W_3=-p_3(V_3-V_1)=0$$

$$Q_3=-W_3=0$$

$$\Delta S_3=\Delta S_1=5.763\text{J}\cdot\text{K}^{-1}$$

$$\Delta A_3=\Delta G_3=-T\Delta S_3=-1729\text{J}$$

【例 2-4】 某双原子理想气体 1mol 从始态 300K，100kPa，经过如下两个不同过程达到各自的平衡态，求各过程的 Q、W、ΔU 和 ΔH。

① 绝热可逆膨胀到 50kPa；

② 绝热反抗 50kPa 恒外压不可逆膨胀到 50kPa。

解：① ∵ 理想气体的绝热可逆过程，$Q_1=0$

$$\left(\frac{T_2}{T_1}\right)=\left(\frac{p_2}{p_1}\right)^{\frac{R}{C_{p,m}}}\quad\left(\frac{T_2}{300}\right)=\left(\frac{50}{100}\right)^{\frac{2R}{7R}}\ T_2=246\text{K}$$

$$\therefore\ W_1=\Delta U_1=nC_{V,m}(T_2-T_1)=1\times\frac{5}{2}\times8.314(246-300)\text{J}=-1122.4\text{J}$$

$$\Delta H_1=nC_{p,m}(T_2-T_1)=1\times\frac{7}{2}\times8.314(246-300)\text{J}=-1571.3\text{J}$$

② ∵ 理想气体的绝热恒外压属于不可逆过程，$Q_2=0$，$W_2=\Delta U_2$

$$-p_2(V_2'-V_1)=nC_{V,m}(T_2'-T_1)$$

$$-p_2\left(\frac{nRT_2'}{p_2}-\frac{nRT_1}{p_1}\right)=n\frac{5R}{2}(T_2'-T_1)$$

$$-p_2\left(\frac{T_2'}{p_2}-\frac{T_1}{p_1}\right)=\frac{5}{2}(T_2'-T_1)$$

$$-50\left(\frac{T_2'}{50}-\frac{300}{100}\right)=\frac{5}{2}(T_2'-300)$$

$T_2' = 257.1\text{K}$

$\therefore W_2 = \Delta U_2 = nC_{V,m}(T_2' - T_1) = 1 \times \frac{5}{2} \times 8.314(257.1 - 300)\text{J} = -891.7\text{J}$

$\Delta H_2 = nC_{p,m}(T_2' - T_1) = 1 \times \frac{7}{2} \times 8.314(257.1 - 300)\text{J} = -1248.3\text{J}$

【例 2-5】 始态为 0℃、100kPa 的 2mol 单原子理想气体 B 与 150℃，100kPa 的 5mol 双原子理想气体 C，在恒压 100kPa 下绝热混合达到平衡态，求过程的 W、ΔU 及 ΔS。

解：因混合过程绝热、恒压，即 $Q_p = \Delta H = 0$，则有

$$\begin{aligned}\Delta H &= n_B C_{p,m,B}(T - T_{B0}) + n_C C_{p,m,C}(T - T_{C0}) \\ &= 2 \times 2.5 \times 8.314(T/\text{K} - 273.15) + 5 \times 3.5 \times 8.314(T - 423.15) = 0\end{aligned}$$

代入数值，解得末态温度

$$T = 389.82\text{K}$$

混合气体中各组分的分压

$$p_B = py_B = \frac{2}{7} \times 100\text{kPa} = 28.57\text{kPa}$$

$$p_C = py_C = \frac{5}{7} \times 100\text{kPa} = 71.43\text{kPa}$$

则过程的熵变

$$\begin{aligned}\Delta S &= \Delta S_B + \Delta S_C \\ &= \left(n_B C_{p,m,B} \ln \frac{T}{T_{B0}} + n_B R \ln \frac{p_0}{p_B}\right) + \left(n_C C_{p,m,C} \ln \frac{T}{T_{B0}} + n_C R \ln \frac{p_0}{p_C}\right) \\ &= \left(2 \times 2.5 \times 8.314 \times \ln \frac{389.82}{273.15} + 2 \times 8.314 \times \ln \frac{100}{28.75}\right) + \\ &\quad \left(5 \times 3.5 \times 8.314 \times \ln \frac{389.82}{423.15} + 5 \times 8.314 \times \ln \frac{100}{71.43}\right) \text{J} \cdot \text{K}^{-1} \\ &= 37.67\text{J} \cdot \text{K}^{-1}\end{aligned}$$

而 $Q = 0$，故有

$$\begin{aligned}W &= \Delta U = \Delta U_B + \Delta U_C = n_B C_{V,m,B}(T - T_{B0}) + n_C C_{V,m,C}(T - T_{C0}) \\ &= [2 \times 1.5 \times 8.314 \times (389.82 - 273.15) + 5 \times 2.5 \times 8.314 \times (389.82 - 423.15)]\text{J} \\ &= -554\text{J}\end{aligned}$$

过程绝热，$\Delta S_{绝热} > 0$，故过程不可逆。

【例 2-6】 已知甲苯在正常沸点 110℃、101.325kPa 下的汽化焓为 33.5kJ · mol^{-1}，现将 2mol 甲苯蒸气在 110℃，101.325kPa 下冷凝为液体甲苯，计算整个过程的 Q、W、ΔU、ΔH、ΔS、ΔA 和 ΔG（甲苯蒸气可视为理想气体，液体的体积可忽略不计）。

解：此相变为可逆过程。

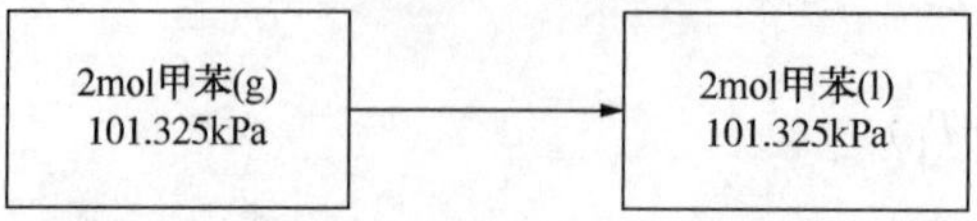

可逆相变，$\Delta G = 0$

$Q_p=\Delta_g^l H=-n\Delta_l^g H_m=-2\times33.5\text{kJ}=-67\text{kJ}$

$$\Delta S=\frac{-n\Delta_l^g H_m}{T}=\left(\frac{-67000}{383.15}\right)\text{J/K}=-174.86\text{J/K}$$

$W=-p_e(V_l-V_g)\approx pV_g=nRT=2\times8.314\times383.15\text{J}=6371\text{J}$

$\Delta U=Q+W=\Delta H+W=(-67000+6371)\text{J}=-60629\text{J}$

$\Delta A=\Delta U-T\Delta S=-60629-383.15\times(-174.86)\text{J}=6368\text{J}$

【例 2-7】 已知水在 100℃、101.325kPa 下的汽化焓为 40.67kJ · mol^{-1}，现将 2mol 液体水在 25℃、101.325kPa 下蒸发为水蒸气，计算整个过程的 Q、W、ΔU、ΔH、ΔS 和 ΔG。已知液体水和水蒸气的平均摩尔定压热容分别为 75.3J · K^{-1} · mol^{-1}和 33.6J · K^{-1} · mol^{-1}(水蒸气可视为理想气体，液体的体积可忽略不计)。

解：

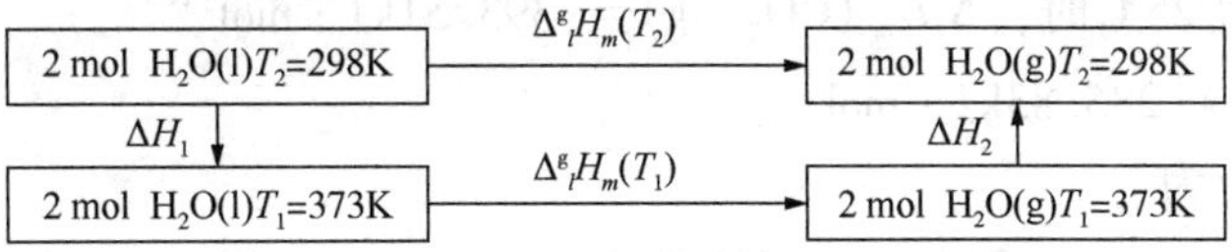

$$\Delta_l^g H_m(T_2)=\Delta_l^g H_m(T_1)+\int_{T_1}^{T_2}[C_{p,m}(g)-C_{p,m}(l)]\,dT$$

$$=40.67+\int_{373}^{298}(33.6-75.3)\times10^{-3}dT=43.76\text{kJ}$$

$Q_p=\Delta_l^g H(T_2)=2\times\Delta_l^g H_m(T_2)=2\times43.76\text{kJ}=87.52\text{kJ}$

$W=-p\Delta V=-pVg=-nRT=(-2\times8.314\times298)\text{J}=-4.96\text{kJ}$

$\Delta U=Q+W=(87.52-4.96)\text{kJ}=82.56\text{kJ}$

$$\Delta_l^g S_m(T_2)=\Delta_l^g S_m(T_1)+\int_{T_1}^{T_2}\frac{C_{p,m}(g)-C_{p,m}(l)}{T}dT$$

$$=\frac{40.67\times10^3}{373}+(33.6-75.3)\ln\frac{298}{373}=118.4\text{J}\cdot\text{K}^{-1}$$

$\Delta_l^g S(T_2)=2\times\Delta_l^g S_m(T_2)=2\times118.4\text{J}\cdot\text{K}^{-1}=236.8\text{J}\cdot\text{K}^{-1}$

$\Delta G=\Delta H-T\Delta S=(87.52-298\times236.8\times10^{-3})\text{kJ}=16.95\text{kJ}$

$\Delta A=\Delta U-T\Delta S=(82.56-298\times236.9\times10^{-3})\text{kJ}=11.99\text{kJ}$

【例 2-8】 试判断：在 90℃、常压下，水变为同温、同压水蒸气的过程是否可以实际发生？

已知：水在 100℃的摩尔汽化焓为 40.67kJ · mol^{-1}，水和水蒸气的摩尔定压热容分别为 75.3J · K^{-1} · mol^{-1}和 33.6J · K^{-1} · mol^{-1}。

解： 常压下水在 100℃变为水蒸气是正常相变，而上述过程则是一个非正常相变过程，因此设

计上述过程按以下途径进行：

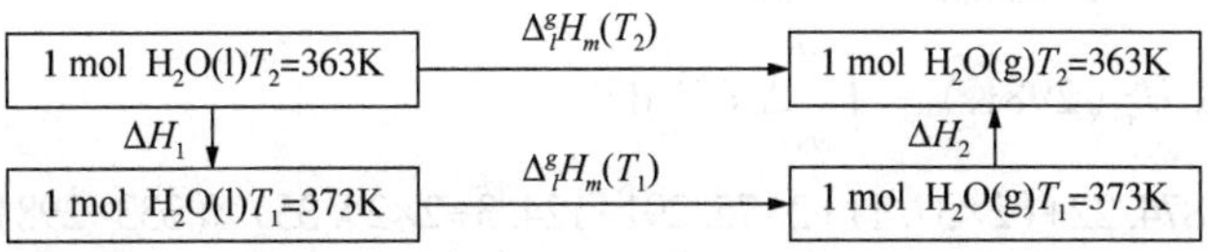

$$\Delta_l^g S_m(T_2)=\Delta_l^g S_m(T_1)+\int_{T_1}^{T_2}\frac{C_{p,m}(g)-C_{p,m}(l)}{T}dT$$

$$=\frac{40.67\times10^3}{373}+(33.6-75.3)\ln\frac{363}{373}=110\text{J}\cdot\text{K}^{-1}$$

$$Q_p=\Delta_l^g H_m(T_2)=\Delta_l^g H_m(T_1)+\int_{T_1}^{T_2}[C_{p,m}(g)-C_{p,m}(l)]\,dT$$

$$=40.67+(363-373)(33.6-75.3)\times10^{-3}=41.087\text{kJ}$$

$$\Delta S_e=\frac{-Q_p}{T}=\frac{-41087}{363}=-113\text{J}\cdot\text{K}^{-1}$$

$\Delta S_{iso}=\Delta S_{sys}+\Delta S_e=(110-113)\text{J}\cdot\text{K}^{-1}=-3\text{J}\cdot\text{K}^{-1}<0$，故该过程不能发生。

【例 2-9】 已知 25℃时乙醇（C_2H_5OH）的 $\Delta_c H_m^{\ominus}=-1366.8\text{kJ}\cdot\text{mol}^{-1}$ 求乙醇在 25℃时的 $\Delta_f H_m^{\ominus}$。

解：由附录查得 25℃时，$\Delta_f H_m^{\ominus}(CO_2，g)=-393.51\text{kJ}\cdot\text{mol}^{-1}$

$\Delta_f H_m^{\ominus}(H_2O，l)=-285.83\text{kJ}\cdot\text{mol}^{-1}$

乙醇的燃烧反应为

$$C_2H_5OH(l)+3O_2(g)\xlongequal{\quad}2CO_2(g)+3H_2O(l)$$

$$\Delta_r H^{\ominus}=\Delta_c H_m^{\ominus}(C_2H_5OH，l)=\sum_B \nu_B\Delta_f H_m^{\ominus}(B)$$

$$\Delta_c H_m^{\ominus}(C_2H_5OH，l)=2\Delta_f H_m^{\ominus}(CO_2，g)+3\Delta_f H_m^{\ominus}(H_2O，l)-\Delta_f H_m^{\ominus}(C_2H_5OH，l)$$

$$\Delta_f H_m^{\ominus}(C_2H_5OH，l)=2\Delta_f H_m^{\ominus}(CO_2，g)+3\Delta_f H_m^{\ominus}(H_2O，l)-\Delta_c H_m^{\ominus}(C_2H_5OH，l)$$

$$=[2\times(-393.51)+3\times(285.83)-(-1366.8)]\text{kJ}\cdot\text{mol}^{-1}$$

$$=-277.71\text{kJ}\cdot\text{mol}^{-1}$$

【例 2-10】 298K 时，各物质的热力学数据见表 2-2。已知乙酸的沸点为 118℃。

表 2-2 各物质的热力学数据(298K)

物 质	$CH_3COOH(l)$	O_2	$CO_2(g)$	$H_2O(l)$
$\Delta_f H_m^{\ominus}(B,298\text{K})/\text{kJ}\cdot\text{mol}^{-1}$	-484.5	0	-393.51	-285.85
$C_{p,m}/\text{J}\cdot\text{K}^{-1}\cdot\text{mol}^{-1}$	124.3	29.35	37.11	75.291
$S_m^{\ominus}(B,298\text{K})/\text{J}\cdot\text{K}^{-1}\cdot\text{mol}^{-1}$	159.8	205.138	213.64	69.96

计算反应 $CH_3COOH(l)+2O_2(g)\longrightarrow2CO_2(g)+2H_2O(l)$ 在 60℃下的 $\Delta_r H_m^{\ominus}$、$\Delta_r S_m^{\ominus}$、$\Delta_r G_m^{\ominus}$ 和 $\Delta_r U_m^{\ominus}$。

解：$\Delta_r H_m^{\ominus}(298\text{K})=\sum_B \nu_B\Delta_f H_m^{\ominus}(B)=2\times(-393.51)+2\times(-285.85)-(-484.5)\text{kJ}\cdot\text{mol}^{-1}$

$$=-874.22\text{kJ}\cdot\text{mol}^{-1}$$

$\Delta_r S_m^{\ominus}(298\text{K})=\sum_B \nu_B S_m^{\ominus}(B,298\text{K})=(2\times213.64+2\times69.96-159.8-2\times205.138)\text{J}\cdot\text{K}^{-1}\cdot\text{mol}^{-1}$

$$=-2.876\text{J. K}^{-1}\cdot\text{mol}^{-1}$$

$$\Delta_r H_m^{\ominus}(333\text{K})=\Delta_r H_m^{\ominus}(298\text{K})+\int_{298}^{333}\Delta_r C_{p,m}^{\ominus}dT$$

$$=-874.22+(2\times37.11+2\times75.291-124.3-2\times29.35)\times(333-298)\times10^{-3}\text{kJ}\cdot\text{mol}^{-1}$$

$$=-872.76\text{kJ}\cdot\text{mol}^{-1}$$

$$\Delta_r U_m^{\ominus}(333\text{K})=\Delta_r H_m^{\ominus}(333\text{K})-\sum\nu_B(g)RT=\Delta_r H_m^{\ominus}=-872.76\text{kJ}$$

$$\Delta_r S_m^{\ominus}(333\text{K}) = \Delta_r S_m^{\ominus}(298\text{K}) + \int_{298}^{333} \frac{\Delta_r C_{p,m}^{\ominus} \mathrm{d}T}{T}$$

$$= -2.876 + (2\times37.11 + 2\times75.291 - 124.3 - 2\times29.35)\ln\frac{333}{298}\text{J}\cdot\text{K}^{-1}\cdot\text{mol}^{-1} = 1.76\text{J}\cdot\text{K}^{-1}\cdot\text{mol}^{-1}$$

$$\Delta_r G_m^{\ominus}(333\text{K}) = \Delta_r H_m^{\ominus}(333\text{K}) - T\Delta_r S_m^{\ominus}(333\text{K}) = (-875.6 - 333\times1.76\times10^{-3})\text{kJ}\cdot\text{mol}^{-1} = 16.95\text{kJ}\cdot\text{mol}^{-1}$$

第三部分　实验内容

实验一　燃烧热的测定

1. 必备知识

① 什么是燃烧热？摩尔恒压燃烧热和摩尔恒容燃烧热有何关系？

② 写出苯甲酸及肉桂酸的燃烧反应方程式。实验中苯甲酸、肉桂酸及水的量各为多少？

③ 恒温式微机量热计的使用方法是什么？

④ 说明公式 $-\left(\frac{m_1}{M_1}Q_{V,m} + Q_2\right) = K\Delta T$ 中每个物理量的意义？

⑤ 测定肉桂酸的燃烧热为什么要燃烧苯甲酸？

S1 燃烧热的测定

⑥ 在按量热计面板上的“点火”键前，点火指示灯应该是亮的还是灭的？

⑦ 水桶中的水温为什么要选择比外筒水温低1℃？

⑧ 内桶中加入的自来水为什么要准确量取其体积？

⑨ 使用氧气钢瓶需注意哪些问题？

⑩ 如何用肉桂酸的燃烧热计算肉桂酸的标准摩尔生成热？

2. 实验目的

① 明确燃烧热的定义，了解恒压燃烧热和恒容燃烧热的差别及关系。

② 了解恒温式微机量热计的原理、构造及使用方法。

③ 了解燃烧热的测定的有关应用。

3. 实验原理

直接测定 $Q_{p,m}$ 或 $Q_{V,m}$ 的实验方法称为量热法。通常能直接测定的热效应，除了燃烧热外，还有中和热、溶解热、稀释热和物质的比热容等。这些热数据属于基础热数据，常用于其他热力学量的计算，并对化工设计和实际生产都有重要的指导意义。

测量热效应的仪器称为量热计。量热计的种类很多，本实验采用 BH-ⅢS 型微机量热计，是一种环境恒温式量热计，其仪器如图 2-6 所示。图 2-7 为量热计内部及氧弹示意图。

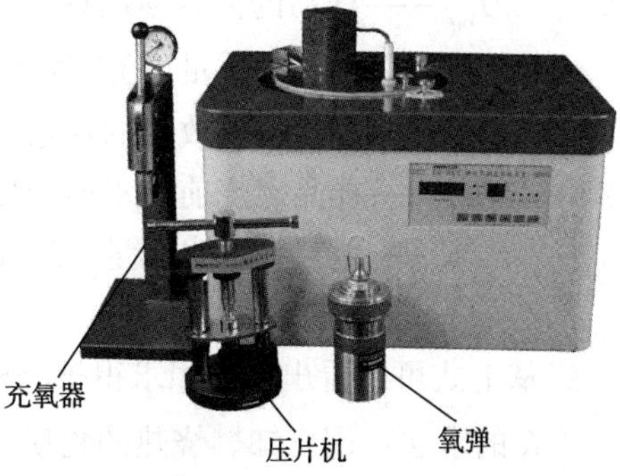

图 2-6　燃烧热测量实验仪器示意图

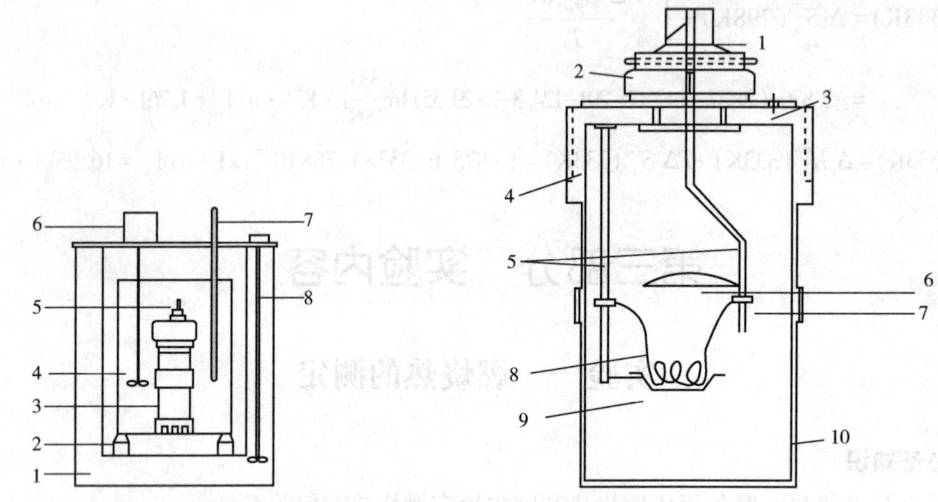

(a) 量热计内部示意图

1—外筒；2—绝热定位圈；3—氧弹；
4—水桶；5—电极；6—内桶搅拌器；
7—测温探头；8—外筒搅拌器

(b) 氧弹剖面图

1—氧弹头，即充放气头；2—吊环；
3—插电极的小孔；4—氧弹盖；5—两电极；
6—燃烧挡板；7—卡套；8—引火丝；
9—燃烧皿；10—氧弹体

图 2-7　量热计内部及氧弹示意图

氧弹是一个具有良好密封性能，耐高压、抗腐蚀的不锈钢容器。为了保证样品在氧弹中完全燃烧，氧弹中应充以高压氧气或其他氧化剂，氧弹放置在盛放工作介质的水桶中，水桶是高度抛光的，以减少热辐射和空气的对流。

氧弹量热计的测量原理是能量守恒定律。样品完全燃烧时放出的热量使氧弹及周围的介质和量热计有关的附件温度升高，测量燃烧前后量热计的温度变化值，按式(2-63)求出样品的恒容燃烧热。

$$-\left(\frac{m_1}{M_1}Q_{V,m}+Q_2\right)=K\Delta T \tag{2-63}$$

式中　$Q_{V,m}$——样品的恒容燃烧热，$J \cdot mol^{-1}$；

m_1，M_1——样品的质量(g)和摩尔质量($g \cdot mol^{-1}$)；

Q_2——燃烧丝的放出的热量，J；

ΔT——样品燃烧前后水温的变化，K；

K——量热计的水当量，$J \cdot K^{-1}$，即量热计(包括介质)在当时环境下每升高 1K 所需热量。

从上式可以看出，要想求得被测样品的 $Q_{V,m}$，首先要求出量热计的水当量 K。

K 的求法：用已知燃烧热的物质(本实验用苯甲酸 $Q_{V,m}=-3228.12 kJ \cdot mol^{-1}$)燃烧，通过测其燃烧前后的 ΔT，利用式(2-63)便可求出 K 值，本实验通过计算机处理，实验完成后直接给出 K 值。

常见燃烧丝的燃烧热值为：铁丝 $6700 J \cdot g^{-1}$，镍铬丝 $1400 J \cdot g^{-1}$。

4. 仪器及药品

仪器：BH-ⅢS 型燃烧热测定实验装置(微机量热计)、A2004 电子天平 1 台、台秤 1 台、氧气钢瓶 1 只、氧气减压阀 1 只、充氧装置 1 台、压片机 2 台、容量瓶 2000mL、1000mL 各 1 个、点火丝。

药品：苯甲酸(AR)、肉桂酸(AR)。

5. 实验步骤

(1) 量热计水当量的测定

① 仪器预热：依次打开 BH-ⅢS 型燃烧热测定实验装置(微机量热计)的电源开关(电脑→打印机，预热仪器)。

② 压片：用台秤粗称约 1.0g 的苯甲酸，在压片机上压成片状，然后用电子天平精确称量。

③ 绑点火丝：将引火丝如图 2-8 绑好，将其中段缠绕成螺旋状，两端固定在两个电极上(紧密接触)，然后把样品放入燃烧皿(注意引火丝是 V 形，不能接触燃烧皿，与样品距离是小于 5mm 或接触到)。拧紧氧弹盖。

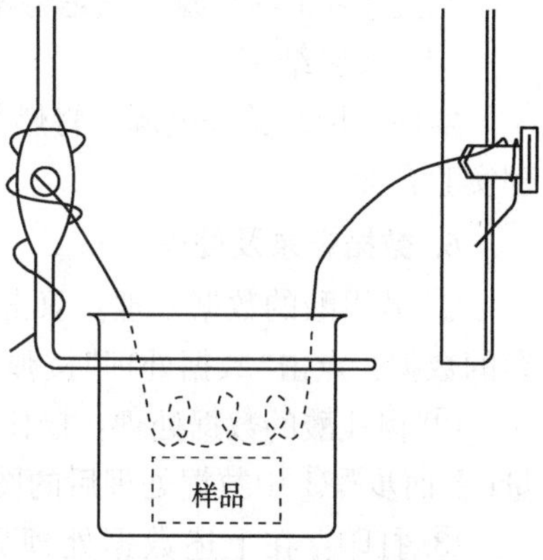

图 2-8　引火丝安装法

④ 充氧：打开氧气钢瓶总阀(其使用参见 1-8 氧气钢瓶及减压阀)，调节减压阀至压力为 1.5~2.5MPa，将氧弹放在充氧器底座上，使氧弹顶部的充气孔对准充氧装置的出气口，拉下操纵杆，充氧装置上的压力表指针上升，保持 30s，推回操纵杆，充氧完成。若指针未动，右手推回操纵杆再压下，直到指针上升。

⑤ 搭建实验装置：将氧弹放入内桶固定架上，将一电极头插入氧弹盖上插孔中，另一电极夹夹住氧弹盖上的吊环。此时微机量热计面板(图 2-9)上的“点火”指示灯是亮的，否则电路没通，然后精确量取 3000mL 水(低于外桶温度 1℃)倒入内桶，盖好盖子，放好搅拌杆，将测温探头放入外桶，在仪器面板上按下“搅拌”按钮，搅拌指示灯亮。

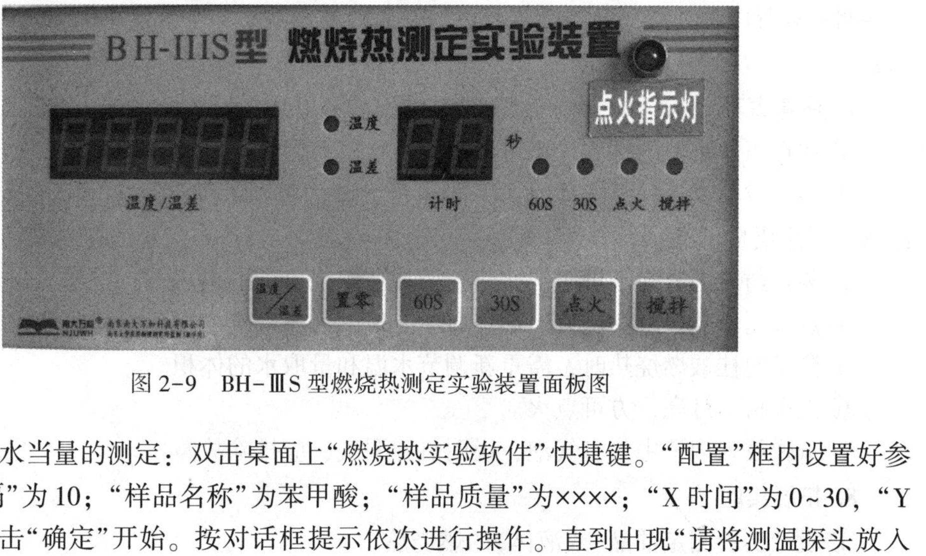

图 2-9　BH-ⅢS 型燃烧热测定实验装置面板图

⑥ 量热计水当量的测定：双击桌面上“燃烧热实验软件”快捷键。“配置”框内设置好参数，“记录间隔”为 10；“样品名称”为苯甲酸；“样品质量”为××××；“X 时间”为 0~30，“Y 温差”为 5，点击“确定”开始。按对话框提示依次进行操作。直到出现“请将测温探头放入

内桶”，按“温度温差”键(在仪器面板上)，使面板显示为温差值，待面板温差示数稳定后，按“置零”键(长按3s)，温差显示为0。再按电脑上的“确定”，即实验开始。当温差曲线平稳(大约3min)，且点火指示灯亮，即表明可以点火(点火指示灯若不亮，则短路，需检查或请示老师)，按仪器面板上的“点火”键(长按3s)，然后点火指示灯熄灭，温差曲线上升。表明点火成功。当温差曲线较平时(大概15min)，点击操作框的“结束”按钮，保存数据到桌面。

⑦ 退出：退出实验软件，依次取出测温探头，搅拌杆，拔下电极，取出氧弹，用放气阀放掉余气。打开氧弹盖，检查样品燃烧是否完全。若不完全，应重做实验。将燃烧后剩余点火丝取下，称量。将燃烧皿、氧弹擦洗干净，用洗球将其中水分吹出备用。倒掉量热计水桶中的水，将其擦干，待用。

(2) 肉桂酸燃烧热的测定

重复②~⑦的步骤，只是将苯甲酸换成肉桂酸，且粗称质量为0.85~0.90g。

(3) 实验结束

实验完毕，关好电源，将燃烧皿擦洗干净，氧弹洗干净，量热计水桶的水倒掉擦干，整理实验台面。

6. 数据记录及处理

① 苯甲酸的数据处理：双击图标“燃烧热数据处理系统”，点击“文件”→“打开”，已保存的数据，点击“数据处理”按弹出的窗口提示输入相应数据。

② 肉桂酸的数据处理：操作步骤与苯甲酸的数据处理相似，需多输一项量热计的水当量(上面步骤①中数据处理后的图上有显示)。

③ 打印：在上述数据处理界面，直接打印。也可以同时按下电脑键盘上的“Alt”和“PrtSc”键进行截图，将两张图粘贴到一页word文档上，然后打印。

④ 计算此燃烧反应恒压下的 Q、ΔU、ΔH 和 W。

⑤ 已知肉桂酸在298.15K时的 $Q_{p,m}=4477\text{kJ}\cdot\text{mol}^{-1}$，计算测定的相对误差。

说明：实验时苯甲酸和肉桂酸不分先后，但数据处理为得到水当量，要先处理苯甲酸，然后再处理肉桂酸。将电脑上的两个处理数据图截屏到一页word文档上，再打印。两组学生共用一台打印机，打印时要看清打印机侧面的选择键，1号对应单号仪器，2号对应双号仪器。

7. 注意事项

① 注意压片机上的标签，不可混用，防止药品污染。

② 药品应干燥；样品压片时，不能压得太紧，否则不易点燃；也不宜太松，否则样品脱落，样品质量不准。

③ 装好药片的氧弹不可倾斜，防止药片从燃烧皿中滑出。

④ 点火丝不能接触燃烧皿，燃烧皿不能接触另一电极，以免引起短路。

⑤ 测量肉桂酸燃烧热时，需重新调节水温和量取水的体积。

⑥ 点火指示灯亮，方可点火。

⑦ 氧弹放入内桶中如有气泡，说明氧弹漏气，应排除故障。

8. 拓展实验

① 设计实验测定油品(或液体)的燃烧热。

【提示】对沸点高的油脂类可直接置于坩埚中，用引燃物引燃测定，对沸点较低的物质，一般将液体装入医用胶囊中，用引燃物引燃测定。

② 测定小麦、玉米、大米、高粱米等几种物质的燃烧热，比较其热值的大小。

【提示】样品使用前磨细，烘干。

实验二　乙醇饱和蒸气压的测定

1. 必备知识

① 简述饱和蒸气压、沸点及摩尔蒸发焓的定义。温度升高时，饱和蒸气压应如何变化？

② 简述克劳修斯-克拉佩龙公式的意义及适用范围。

③ 简述本实验采用测定液体饱和蒸气压的原理及方法。

④ 如何检查测量系统是否漏气？

⑤ 实验过程中，为什么 A 球上方的空气要排净？怎样判断空气已排净？若空气放多致使 C 管的液面低于 B 管液面应如何操作？

⑥ 开始实验后一旦空气进入管 A 和管 B 的上方怎么办？

⑦ 某温度 T 下，要想使已沸腾的液体停止沸腾，应当怎样操作？

⑧ 本实验方法可否用于测定溶液的饱和蒸气压？

S2 乙醇饱和蒸气压的测定

2. 实验目的

① 明确纯液体饱和蒸气压的定义和气、液两相平衡的概念。

② 了解纯液体饱和蒸气压和温度的关系——克劳修斯-克拉佩龙方程。

③ 学会用图解法求纯液体在所测温度范围内的平均摩尔蒸发焓及正常沸点。

3. 实验原理

测定液体饱和蒸气压常用以下三种方法：

① 静态法：该法是把待测物质放在一个密闭体系中，在不同温度下直接测量液体的饱和蒸气压，此法适用于蒸气压较大的易挥发液体。

② 动态法：该法是在不同外界压力下直接测定被测物质的沸点(沸点所对应的外界压力就是液体的饱和蒸气压)，从而得到液体在不同温度下的饱和蒸气压，该法适用于高沸点液体蒸气压的测定。

③ 饱和气流法：在一定的温度及压力下，使干燥的、一定流量的惰性气流缓慢通过液体待测物，使气体被待测液体的蒸气所饱和，然后测定所通过混合气体中被测液体蒸气的含量，再根据道尔顿分压定律算出混合气体中蒸气的分压，即是被测液体在此温度下的饱和蒸气压。该法的缺点是不易获得真正的饱和状态，导致实验值偏低。

本实验采用静态法测定不同温度下乙醇的饱和蒸气压。本实验成功的关键要求体系一定要密闭。通常使用饱和蒸气压测定仪进行测定，其装置如图 2-10 所示。等压计由 A 球和 U 形管 B、C 组成。A 球中盛有被测样品乙醇，U 形管内用乙醇作液封。将等压计和抽气系统、压力计相连，在某一温度下，若 A 球液面上方纯粹是被测物质的蒸气，当 U 形管中两臂 B、C 液面处于同一水平时，则表示 B 管液面上的压强(即 A 球液面上的蒸气压)与加在 C 管液面上的外压相等，此时用压力计测量 C 管液面上的压力即可得到该液体的饱和蒸气压。此时，体系气、液两相平衡的温度称为该液体在此外压下的沸点。

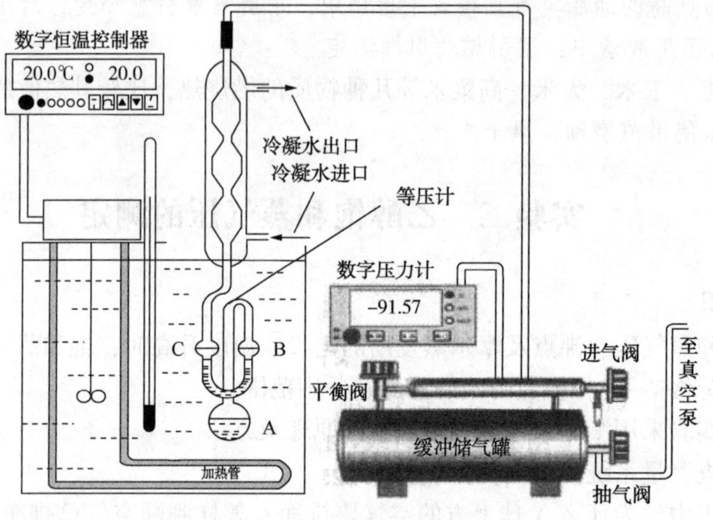

图 2-10　饱和蒸气压测量装置

4. 仪器及药品

仪器：饱和蒸气压测定仪(缓冲压力罐、冷凝器、等压计)1 套、恒温槽(SYP 玻璃恒温水浴和 SWQ-ⅠA 智能数字恒温控制器组成)1 套、DP-AF 精密数字压力计 1 台、SHBⅢ型循环水式多用真空泵 1 台。

药品：无水乙醇(AR)。

5. 实验步骤

(1) 装样

按图 2-10 接好测量仪器，将乙醇从等压计与冷凝管的接口处注入，使 A 球中装有 2/3 体积的液体，U 形管两臂 B、C 管也有约 2/3 左右的液体。

(2) 压力计采零

开启 DP-AF 精密数字(真空)压力计[其使用参见 1-9 DP-AF 精密数字(真空)压力计]，打开进气阀通大气(顺时为关，逆时为开)，按单位选择按钮至显示单位“kPa”，待压力计示数稳定后，按“采零”键，此时 LED 显“0000”。此时压力计显示的压力值为表压(系统压力-大气压力)。记录实验开始时的大气压力 p_0。

(3) 检查系统密封性

① 关闭进气阀和抽气阀，打开平衡阀。

② 开启真空泵(其使用参见 1-10 SHBⅢ型循环水式多用真空泵)，打开抽气阀系统开始抽气，对系统进行抽气 2min，关闭抽气阀。观察数字压力计示数，若数字下降值<0.01kPa/4s，说明系统整体密封性能好。若压力计示数逐渐变小，则说明系统漏气，此时应对各接口进行检查，找出漏气原因，并设法消除。

③ 观察数字压力计示数，若压力计示数 1min 内无变化，说明系统密封性良好。

(4) 液体饱和蒸气压的测定

调节恒温槽(其使用参见 1-11 玻璃恒温装置)的温度为 25.00℃，接通冷凝水，关闭进气阀，打开平衡阀，开启抽气阀，使 A 球与 U 形管之间的空气呈一个个气泡通过 U 形管液封乙醇逸出，至压力减至约为-90kPa 后，液体再沸腾 3min，使 A 球中的空气全部排净，此时 A 球和 B 管之间全部是乙醇气体，关闭平衡阀及抽气阀，并停止气泵工作。这时 C 管液面高于 B 管液面，小心微调(垫一毛巾)进气阀(注意防止空气倒灌)，直至 B、C 两管液面等高，立即记录温度及压力计的压力 $p_{表}$，$p_{0+}p_{表}$ 即为该温度 T 下乙醇的饱和蒸气压。重复 3 次，然后取平均值。

调节水浴温度每次上升 3℃，重复以上操作 5~6 次为止。

(5) 实验结束

先缓慢将空气放入，使被测系统泄压至零，关闭冷凝水和所有电源。

6. 数据记录及处理

① 将所测实验数据填入表 2-3 中。

室温________℃；初始大气压：________kPa；实验后大气压：________kPa。

表 2-3　乙醇液体饱和蒸气压测定实验数据

t/℃	T/K	$(1/T)$/$K^{-1}\times10^3$	$p_{表}$/kPa	乙醇蒸气压 p/kPa=$(p_0+p_{表})$kPa	$\ln p$

② 用 $\ln p$ 对 $1/T$ 作图，求乙醇的平均摩尔蒸发焓，并与文献值 40.3kJ·mol^{-1} 比较，计算相对误差。

③ 从图中求出乙醇的正常沸点。

7. 注意事项

① 升温、降温时要随时注意调节进气阀，抽气速度不要太快，谨防等压计内液体剧烈沸腾，致使 U 形管内的液体被抽干。

② 调节 U 形管液面平衡时，进气不要过快，谨防空气倒灌；否则需要重新抽真空。

③ 饱和蒸气压与温度有关，因此实验过程中恒温槽的温度应保持恒定。

④ 整个实验过程中，应保持 A、B 间的空气排净。

⑤ 实验结束后，要先通大气，再关闭真空泵，否则可能使真空泵中的内倒灌入系统。

实验过程中若出现气泡成串逸出过快的暴沸现象时，可关闭平衡阀，稍稍开启进气阀缓慢漏入少量空气。(注意漏气须十分缓慢，否则空气会倒灌入 A、B 管之间，若不慎空气倒灌，则必须重新启动真空抽气)。

8. 拓展实验

① 设计实验测定正丙醇、异丙醇及丙酮的饱和蒸气压，计算其蒸发焓，分析蒸发焓的大小与分子结构和物质性质之间的关系。

【提示】物质的稳定性与其分子结构有关，蒸发焓与稳定性有关。

② 设计实验测定 25℃时 NaCl 水溶液的活度和活度因子。

【提示】利用拉乌尔定律 $p_B=p_B^* \cdot a_B$。

第四部分　习　题

习题 2-1　1mol 的液态水在其正常沸点 100℃，101.325kPa 下全部蒸发为水蒸气，求过程的功。假设水蒸气为理想气体，液态水的体积可忽略不计。

答案：$W=-3.1\text{kJ}$

习题 2-2　在 298K、2mol 某单原子理想气体经①恒容升温到 398K，②恒压升温到 398K，试计算上述各过程的 Q、W、ΔU 和 ΔH。

答案：①$W=0$，$Q=\Delta U=2.49\text{kJ}$，$\Delta H=4.16\text{kJ}$

②$W=-1.67\text{kJ}$，$\Delta U=2.49\text{kJ}$，$Q=\Delta H=4.16\text{kJ}$

习题 2-3　2mol 某单原子理想气体由 600K、1MPa，反抗恒外压 100kPa 绝热膨胀至平衡，求该过程的 Q、W、ΔU 和 ΔH。

答案：$\Delta U=W=-5387\text{J}$，$Q=0$，$\Delta H=-8979\text{J}$

习题 2-4　1mol 某双原子理想气体始态为 100kPa，41.57dm^3，经 pT=常数的可逆过程，压缩到终态压力为 200kPa，试计算：①终态温度；②该过程的 Q、W、ΔU 和 ΔH。

答案：①$T_2=250\text{K}$；②$\Delta U=-5196\text{J}$，$W=4157\text{J}$，$Q=-9353\text{J}$，$\Delta H=-7275\text{J}$

习题 2-5　现有 1mol 理想气体恒温下由 10dm^3，反抗恒外压 101.325kPa 膨胀至平衡，其 $\Delta S=2.2\text{J}\cdot\text{K}^{-1}$，求 W。

答案：$W=-304\text{J}$

习题 2-6　现有 2mol 某单原子理想气体从始态 300K、50dm^3，先恒容加热至 400K，再恒压加热到 800K，求整个过程的 Q、W、ΔU 和 ΔH。

答案：$W=-6.65\text{kJ}$，$Q=19.12\text{kJ}$，$\Delta U=12.47\text{kJ}$，$\Delta H=20.79\text{kJ}$

习题 2-7　2mol 理想气体经恒温可逆膨胀，体积变为原来的 10 倍，对外做功 41.85kJ，若气体的起始压力为 202.65kPa。求①始态体积；②求气体的温度。

答案：$V_1=89.69\text{dm}^3$，$T=1093\text{K}$

习题 2-8　2mol 理想气体从始态 400K、100kPa 经恒容可逆过程升压到 300kPa。始态的熵为 125.52J·K^{-1}，C_V 为 64.35J·K^{-1}，求整个过程的 Q、W、ΔU、ΔH、ΔS 和 ΔG。

答案：$W=0$，$Q=\Delta U=51.48\text{kJ}$，$\Delta H=64.78\text{kJ}$，$\Delta S=70.70\text{J.K}^{-1}$，$\Delta G=-120.5\text{kJ}$

习题 2-9　将 0.4mol、300K、200kPa 的双原子理想气体绝热压缩到 1000kPa，此过程环境做功 4988.4J。已知该理想气体在 300K、200kPa 时的摩尔熵 S_m 为 205.0J·K^{-1}·mol^{-1}，求此过程的 ΔU、ΔH、ΔS、ΔA 和 ΔG。

答案：$Q=0$，$W=\Delta U=4988.4\text{J}$，$\Delta H=6983.8\text{J}$，

$\Delta S=7.435\text{J}\cdot\text{K}^{-1}$，$\Delta A=-50903.1\text{J}$，$\Delta G=-48907.7\text{J}$

习题 2-10　现有液态甲醇 2mol 在 101.325kPa、64.65℃条件下，全部汽化为甲醇蒸气(可视为理想气体)时的 Q、W、ΔU、ΔH 及 ΔS。已知甲醇在正常沸点为 64.65℃下的摩尔汽化焓为 35.32kJ·mol^{-1}。

答案：$W=-5.617\text{kJ}$，$\Delta U=65.02\text{kJ}$，$Q=\Delta H=70.64\text{kJ}$，$\Delta S=209\text{J}\cdot\text{K}^{-1}$

习题 2-11　苯在正常沸点 353K 下的 $\Delta_{\text{vap}}H_m=30.77\text{kJ}\cdot\text{mol}^{-1}$，苯(1)和苯(g)的 $\overline{C}_{p,m}$ 分别为 135.1J·mol^{-1}·K^{-1}和 81.76J·mol^{-1}·K^{-1}，现将 2mol 的苯(1)在 300K、101.325kPa 下

全部等温等压蒸发为苯(g)，求此过程的 Q、W、ΔU 和 ΔH。

答案：$W=-4.99\text{kJ}$，$Q=\Delta H=67.19\text{kJ}$，$\Delta U=62.2\text{kJ}$

习题 2-12 卡诺热机在 $T_1=600\text{K}$ 的高温热源和 $T_2=300\text{K}$ 的低温热源间工作。求：① 热机效率 η；② 当向环境做功 $-W=100\text{kJ}$ 时，系统从高温热源吸收的热 Q_1 及向低温热源放出的热 Q_2。

答案：①$\eta=0.5$；②$Q_1=200\text{kJ}$，$Q_2=-100\text{kJ}$

习题 2-13 现有 200mol、25℃的液体邻二甲苯恒定于常压下在蒸发器中蒸发，成为 170℃的邻二甲苯蒸气。已知邻二甲苯在常压下正常沸点为 144.4℃时的摩尔蒸发焓为 36.6kJ · mol，液相及气相邻二甲苯的摩尔定压热容近似为常数，分别 $C_{p,m}(1)=0.203\text{kJ}\cdot\text{mol}^{-1}\cdot\text{K}^{-1}$，$C_{p,m}(g)=0.160\text{kJ}\cdot\text{mol}^{-1}\cdot\text{K}^{-1}$，试求上述蒸发过程的 Q、W、ΔU、ΔH 及 ΔS。

答案：$W=-736\text{kJ}$，$\Delta U=12.254\text{kJ}$，$Q=\Delta H=12.99\times10^3\text{kJ}$，$\Delta S=76.3\text{kJ}\cdot\text{K}^{-1}$

习题 2-14 对反应 $C_2H_5OH(g)═══C_2H_4(g)+H_2O(g)$，已知各物质在 298K 时的热力学函数数据见表 2-4。

表 2-4　热力学函数

物　质	$C_2H_5OH(g)$	$C_2H_4(g)$	$H_2O(g)$
$\Delta_f H_m^{\ominus}(B,\ 298\text{K})/\text{kJ}\cdot\text{mol}^{-1}$	-235.30	52.283	-241.80
$C_{p,m}/\text{J}\cdot\text{K}^{-1}\cdot\text{mol}^{-1}$	65.44	43.56	33.577

求此反应在 398K 时，标准压力下，$\xi=1\text{mol}$ 时的 $\Delta_r H_m^{\ominus}$ 和 $\Delta_r U_m^{\ominus}$。

答案：$\Delta_r H_m^{\ominus}=46.95\text{kJ}$，$\Delta_r U_m^{\ominus}=43.64\text{kJ}$

习题 2-15 0.500g 的正庚烷(C_7H_{16})，298K 时在氧弹中进行充分燃烧，结果使量热计的温度升高 2.94K，若量热计的热容量为 $8180\text{J}\cdot\text{K}^{-1}$。试计算正庚烷在 298K 时的标准摩尔燃烧焓(已知元素的相对原子质量：H 为 1.0079；C 为 12.011)。

答案：$\Delta_c H_m^{\ominus}=-4.83\times10^3\text{kJ}\cdot\text{mol}^{-1}$

习题 2-16 已知水在 100℃时的饱和蒸气压为 101.325kPa，汽化热为 $40.668\text{kJ}\cdot\text{mol}^{-1}$，试计算：①水在 95℃时的饱和蒸气压；②水在 $1.1\times10^5\text{Pa}$ 时的沸点。

答案：①$p_2=84.80\text{kPa}$；②$T_2=375.5\text{K}$

习题 2-17 现有 1mol 理想气体由 1013.25kPa、5dm^3、609.4K 恒外压 101.325kPa 膨胀至 40dm^3，压力等于外压。求此过程的 Q、W、ΔU、ΔH、ΔS 和 ΔG。已知 $C_{V,m}=12.5\text{J}\cdot\text{mol}^{-1}\cdot\text{K}^{-1}$，始态值 $S_1=200\text{J}\cdot\text{K}^{-1}$。

答案：$W=-3.55\text{kJ}$，$\Delta U=-1.52\text{kJ}$，$Q=2.02\text{kJ}$，
$\Delta H=-2.54\text{kJ}$，$\Delta S=14.5\text{J}\cdot\text{K}^{-1}$，$\Delta G=14.77\text{kJ}$

习题 2-18 某双原子理想气体 1mol 从始态 350K、200kPa 经过如下 5 个不同的过程达到各自的平衡态，求各过程的功 W：①恒温可逆膨胀到 50kPa；②恒温反抗 50kPa 恒外压不可逆膨胀；③恒温向真空膨胀到 50kPa；④绝热可逆膨胀到 50kPa；⑤绝热反抗 50kPa 恒外压不可逆膨胀。

答案：①-4.034kJ；②-2.182kJ；③0；④-2.379kJ；⑤-1.559kJ

习题 2-19 某系统如图所示。O_2 和 N_2 均可当作理想气体，且其 $C_{V,m}$ 均为 $20.8\text{J}\cdot\text{mol}^{-1}\cdot\text{K}^{-1}$，容器是绝热的。试计算抽去隔板后之 ΔS，并判断过程的自发性。

1mol $O_2(g)$　10℃	1mol $N_2(g)$　20℃

答案：$\Delta S=11.5J\cdot K^{-1}$，可以自发

习题 2-20　在 298.15K、$p^{\ominus}$时，环丙烷、石墨及氢的 $\Delta_c H_m^{\ominus}$ 分别为$-2092kJ\cdot mol^{-1}$，$-393.5kJ\cdot mol^{-1}$及$-285.84kJ\cdot mol^{-1}$，若已知丙烯(g)的 $\Delta_f H_m^{\ominus}=20.5kJ\cdot mol^{-1}$，试求：①环丙烷的 $\Delta_f H_m^{\ominus}$；②环丙烷异构化变为丙烯的 $\Delta_r H_m^{\ominus}$。

答案：①$\Delta_f H_m^{\ominus}=54.1kJ\cdot mol^{-1}$；②$\Delta_r H_m^{\ominus}=-33.6kJ\cdot mol^{-1}$

习题 2-21　在恒温 300K 下，将 1mol $N_2(g)$从 $40dm^3$压缩到 $10dm^3$，试问进行此过程所需要消耗的最小功：① 假设 $N_2(g)$为理想气体；② 假设 $N_2(g)$为范德华气体，其范德华参数见附录。

答案：①$W_r=3.458kJ$；②$W_r=3.447kJ$

习题 2-22　某容器中含有一种未知气体，可能是氮气或氩气。在 25℃时取出一些样品气体，经绝热可逆膨胀后体积从 $5cm^3$变到 $6cm^3$，气体温度降到 21℃。试问能否判断容器中是何种气体？

答案：氮气

习题 2-23　已知在 0℃、100kPa 下水的熔化焓为 $6.009kJ\cdot mol^{-1}$，水和冰的摩尔恒压热容分别为 $75.3J\cdot mol^{-1}\cdot K^{-1}$和 $36.4J\cdot mol^{-1}\cdot K^{-1}$。试计算：-5℃时 1mol 过冷水凝结成冰的过程的 ΔS 和 ΔG，并判断过程的可逆性。

答案：$\Delta S=-21.28J\cdot K^{-1}$，$\Delta G=-302.77J$，不可逆

习题 2-24　某理想气体 3.45mol 从始态 15℃、100kPa 出发，先经过一恒熵过程压缩到 700kPa，然后经一恒容过程中降到 15℃，求整个过程的 W、ΔU、Q、ΔH 和 ΔS。已知$C_{V,m}=20.785J\cdot mol^{-1}\cdot K^{-1}$

答案：$\Delta U=\Delta H=0$，$W=-Q=15.36kJ$，$\Delta S=-39.87J\cdot K^{-1}$

习题 2-25　计算反应 $CaCO_3(s)$ ══ $CaO(s)+CO_2(g)$，$\Delta_r H_m^{\ominus}=f(T)$ 的方程式及在 1000℃，100kPa 反应进行时的 Q、W、$\Delta_r U_m$ 和 $\Delta_r H_m$。相关的热力学数据请在附录中查找。

答案：$\Delta_r H_m=Q=162.8kJ\cdot mol^{-1}$，$W=-10.6kJ$，$\Delta_r U_m=152.3kJ\cdot mol^{-1}$

第五部分　拓展阅读

2.1　超临界萃取

超临界流体，是介于气液之间的一种既非气态又非液态的物态，这种物质只能在其温度和压力超过临界点时才能存在。超临界流体兼有液体和气体的双重特性，如具有与液体相接近的密度，同时有与气体接近的黏度及较高的扩散系数，故具有很强的溶解能力和良好的流动、传递性能。因此超临界流体是一种十分理想的萃取剂。

超临界流体能通过分子间的相互作用和扩散作用将许多物质溶解，是一种优良的溶剂。在超临界状态，很小的压力变化，可引起密度的很大变化，从而引起溶解度的变化(因物质的溶解能力在一定压力范围内与溶剂的密度成比例，而溶剂的密度又与 T、P 有关)。利用

这种性质提取和分离某些物质的技术称为超临界萃取。

超临界流体萃取分离过程的原理是利用超临界流体的溶解能力与其密度的关系，即利用压力和温度对超临界流体溶解能力的影响而进行的。在超临界状态下，将超临界流体与待分离的物质接触，使其有选择性地把极性大小、沸点高低和相对分子质量大小的成分依次萃取出来。当然，对应各压力范围所得到的萃取物不可能是单一的，但可以控制条件得到最佳比例的混合成分，然后借助减压、升温的方法使超临界流体变成普通气体，被萃取物质则完全或基本析出，从而达到分离提纯的目的。所以超临界萃取过程是由萃取和分离过程组合而成的。

超临界 CO_2 萃取的特点决定了其应用范围十分广阔。如在医药工业中，可用于中草药有效成分的提取，热敏性生物制品药物的精制，及脂质类混合物的分离；在食品工业中，啤酒花的提取，色素的提取等；在香料工业中，天然及合成香料的精制；化学工业中混合物的分离等。具体应用可以分为以下几个方面：

① 从药用植物中萃取生物活性分子，生物碱萃取和分离；

② 来自不同微生物的类脂脂类，或用于类脂脂类回收，或从配糖和蛋白质中去除类脂脂类；

③ 从多种植物中萃取抗癌物质，特别是从红豆杉树皮和枝叶中获得紫杉醇防治癌症；

④ 维生素，主要是维生素 E 的萃取；

⑤ 对各种活性物质(天然的或合成的)进行提纯，除去不需要分子(比如从蔬菜提取物中除掉杀虫剂)或"渣物"以获得提纯产品；

⑥ 对各种天然抗菌或抗氧化萃取物的加工，如罗勒、串红、百里香、蒜、洋葱、春黄菊、辣椒粉、甘草和茴香子等。

2.2 可逆过程解析

下面以一定量理想气体在气缸内恒温膨胀和恒温压缩过程为例讨论可逆过程的特点。

设 1mol 理想气体置于一带活塞的理想气缸内，恒温下由始态($3p_0$，V_0)经过如下三个不同的恒温过程膨胀到末态(p_0，$3V_0$)。

(a)恒外压 p_0 一次膨胀到末态，如图 2-11 所示。此时体系对环境所做功为

$$W_a=-p_e(V_2-V_1)=-p_0(3V_0-V_0)=-2p_0V_0$$

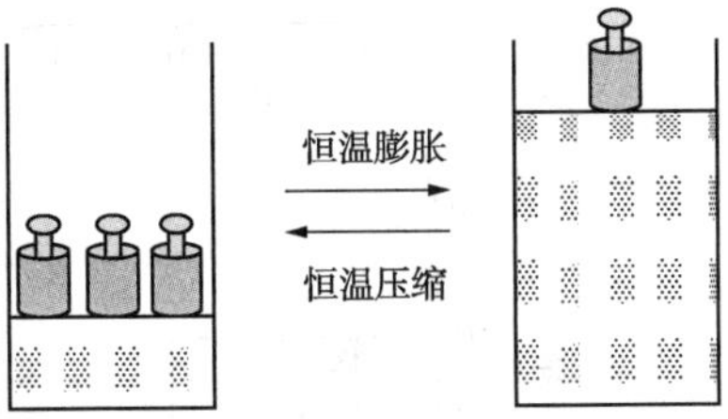

图 2-11　气体恒外压一次恒温膨胀和压缩过程示意图

其功的大小如图 2-14(a)中阴影部分的面积。

(b)系统先反抗恒外压 $2p_0$ 膨胀至平衡，体积为 $V'=1.5V_0$，然后再反抗恒外压 p_0 膨胀到末态；如图 2-12 所示，此时系对环境所做功为

$$W_b=-2p_0(1.5V_0-V_0)-p_0(3V_0-1.5V_0)=-\frac{5}{2}p_0V_0$$

其功的大小如图 2-14(b)中阴影部分的面积。

(c)用一堆细砂代表 $3p_0$ 的压力，然后每次拿掉一无限小的砂子，体系膨胀无限小达平衡，如此重复下去，直到体系膨胀到压力为 p_0 末态(可逆过程)。如图 2-13 所示，此时系统对环境所做功为

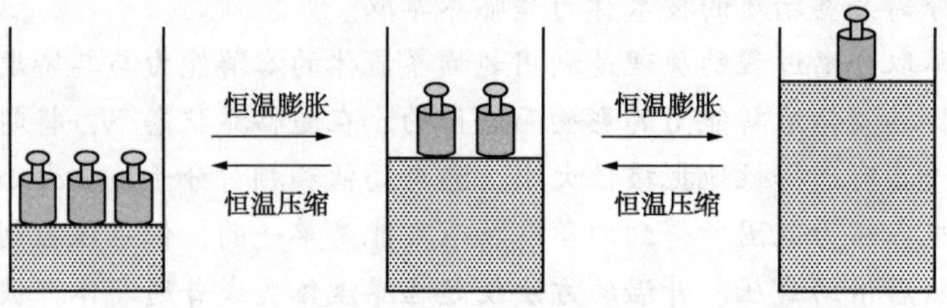

图 2-12　气体恒外压两次恒温膨胀和压缩过程示意图

$$W_c = -\int_{V_0}^{3V_0} p_e \mathrm{d}V = -\int_{V_0}^{3V_0} (p - \mathrm{d}p)\mathrm{d}V = -\int_{V_0}^{3V_0} p\mathrm{d}V$$

其功的大小如图 2-14(c)中阴影部分的面积。

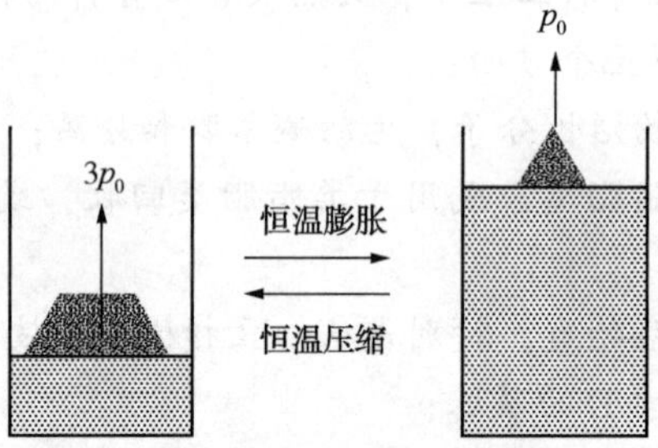

图 2-13　气体恒外压恒温可逆膨胀和压缩过程示意图

与过程(a)、(b)相比，过程(c)中，无论是系统内部，还是系统与环境之间，均是在无限接近平衡条件下进行的，变化过程的任何瞬间均无限接近平衡，因而过程可认为是可逆过程，而过程(a)、(b)则是不可逆过程。比较过程的功，有$|W_a|<|W_b|<|W_c|$，即恒温膨胀中可逆功最大，或说恒温可逆膨胀时，系统对环境做最大功。

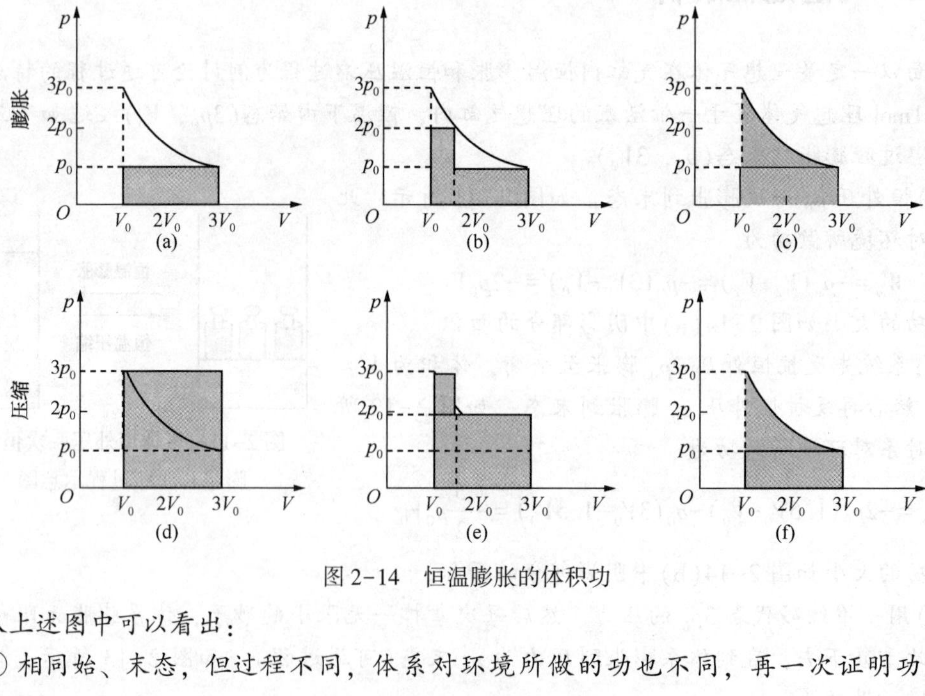

图 2-14　恒温膨胀的体积功

从上述图中可以看出：

① 相同始、末态，但过程不同，体系对环境所做的功也不同，再一次证明功是途径函数。

② 系统膨胀的次数越多，系统对环境所做功也越大。

③ 可逆过程系统对环境做最大功，$W_r=-\int_{V_1}^{V_2} p\mathrm{d}V$

若体系从上述三种情况的末态(p_0，$3V_0$)出发，恒温 300K 下沿原途径压缩返回到初始状态($3p_0$，V_0)。

(a')恒外压 $3p_0$ 一次压缩回到始态，如图 2-11 所示。此时体系与环境交换的功为

$$W'_a=-3p_0(V_0-3V_0)=6p_0V_0$$

其功的大小如图 2-14(d′)中阴影部分的面积。

(b')恒外压 $2p_0$，$3p_0$ 二次压缩回到始态。如图 2-12 所示。此时体系与环境交换的功为

$$W'_b=-2p_0(1.5V_0-3V_0)-3p_0(V_0-1.5V_0)=4.5p_0V_0$$

其功的大小如图 2-14(e)中阴影部分的面积。

(c')可逆压缩回到始态。如图 2-13 所示。此时体系与环境交换的功为

$$W'_c=-\int_{3V_0}^{V_0} p_e\mathrm{d}V=\int_{3V_0}^{V_0}-(p+\mathrm{d}p)\,\mathrm{d}V=-\int_{3V_0}^{V_0} p\mathrm{d}V$$

其功的大小如图 2-14(f)中阴影部分的面积。与过程 c 类似，该压缩过程也可视为可逆过程。

比较三个被压缩过程功的大小，有 $W_{a'}>W_{b'}>W_{c'}$，说明在恒温可逆压缩过程中，环境对系统作最小的功。

现将上述各途径的膨胀与压缩过程的功相加，即得各途径进行一循环后的总功，有

$a+a'$途径的总功：　　$W=-2p_0V_0+6p_0V_0=4p_0V_0$

$b+b'$途径的总功：　　$W=-2.5p_0V_0+4.5p_0V_0=2p_0V_0$

$c+c'$途径的总功：　　$W=-\int_{V_0}^{3V_0} p\mathrm{d}V-\int_{3V_0}^{V_0} p\mathrm{d}V=0$

可见，只有可逆循环过程的 $W=0$，又因循环过程的 $\Delta U=0$，由热力学第一定律 $\Delta U=Q+W$ 可知，可逆循环过程的 $Q=0$，这表明系统经可逆膨胀及沿原途径的可逆压缩这一循环过程后，总的结果是：系统与环境即没有得功，也没有失功；既没有吸热，也没有放热。系统与环境完全复原，没有留下任何“能量痕迹”，这正是“可逆”二字含义所在。而不可逆过程 $a+d$ 及 $b+b'$，经循环过程后，系统复原，环境的功转化为等量的热，留下了“痕迹”，所不同的是 $a+d$ 的功损失更大，即不可逆程度更大。

需要指明的是，可逆过程在客观世界中是不存在的，是从实际过程抽象出来的理想化过程。因为过程要想在无限接近平衡条件下进行，过程的推动力应无限小，过程进行应无限缓慢，而实际过程往往都是在有限时间内以一定速度进行的，故实际存在的过程严格意义上讲均是不可逆过程。但这不影响以后将一些过程按可逆过程处理，如恒定 T 及其平衡压力下的相变、平衡态下的化学反应等，因经典热力学没有考虑时间因素，这点特予以说明。

2.3 焦耳实验

1843 年焦耳设计了如下实验，其装置如图 2-15 所示：在一水浴槽放有一容器，其左侧充入低压气体，右侧抽成真空，中间以旋塞连接。打开旋塞，使气体向真空膨胀，直至平

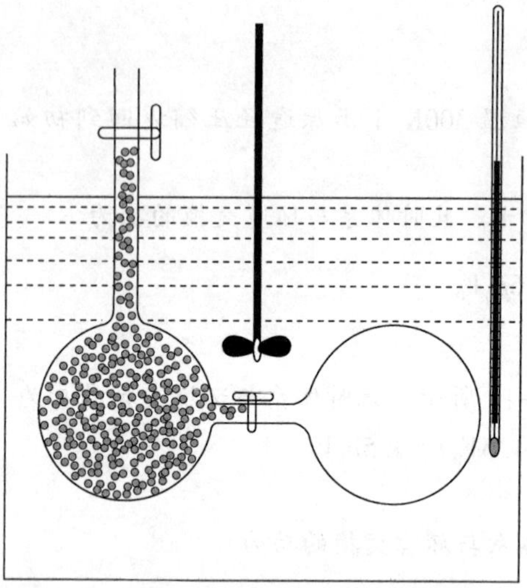

图 2-15　焦耳实验示意图

衡，观察水浴中的温度计发现水温维持不变。在向真空膨胀过程中，因 $p_e=0$，则 $W=0$；又因水温没变，说明气体膨胀时，系统与环境没有热交换，即 $Q=0$。根据热力学第一定律，该过程的 $\Delta U=Q+W=0$，即热力学能保持不变。将式 $dU=\left(\frac{\partial U}{\partial T}\right)_V dT+\left(\frac{\partial U}{\partial V}\right)_T dV$，应用于此过程，其中 $dU=0$，$dT=0$，则有

$$dU=\left(\frac{\partial U}{\partial T}\right)_V dT+\left(\frac{\partial U}{\partial V}\right)_T dV=0$$

有
$$\left(\frac{\partial U}{\partial V}\right)_T=0$$

实验中采用的由于是低压气体，因而可看成理想气体。上式表明，只要温度 T 恒定，理想气体的热力学能 U 就恒定，它不随体积 V 而变化。换句话说，理想气体的热力学能 U 只是温度 T 的函数即 $U=f(T)$。

2.4　理想气体绝热可逆方程式的推导

对绝热、$W'=0$ 的过程，由热力学第一定律，有

$$dU=\delta W$$

对理想气体进行可逆变化时，有

$$nC_{V,m}dT=-pdV=-\frac{nRT}{V}dV$$

整理后积分，得 $\int_{T_1}^{T_2}\frac{C_{V,m}}{T}dT=-\int_{V_1}^{V_2}\frac{R}{T}dV$

若其 $C_{V,m}$ 为常数，则有 $C_{V,m}\ln\frac{T_2}{T_1}=R\ln\frac{V_1}{V_2}$

即 $\frac{T_2}{T_1}=\left(\frac{V_1}{V_2}\right)^{\frac{R}{C_{V,m}}}$

将 $\frac{V_1}{V_2}=\frac{T_1}{T_2}\cdot\frac{p_2}{p_1}$ 及 $C_{p,m}-C_{V,m}=R$，代入上式共可导出三个方程式。式(2-64)称之为理想气体绝热可逆过程方程式。之所以称为过程方程式，是因为该方程描述了理想气体绝热可逆过程始末态状态变量 p、V、T 间的关系。

$$\frac{T_2}{T_1}=\left(\frac{p_2}{p_1}\right)^{\frac{R}{C_{p,m}}}=\left(\frac{V_1}{V_2}\right)^{\frac{R}{C_{V,m}}} \tag{2-64}$$

将上述绝热可逆过程方程式进行整理还会得到其他形式，如：

$$\frac{T_2}{T_1}=\left(\frac{V_1}{V_2}\right)^{\gamma-1} \quad 或 \quad TV^{\gamma-1}=常数 \tag{2-65}$$

$$\frac{T_2}{T_1}=\left(\frac{p_1}{p_2}\right)^{\frac{1-\gamma}{\gamma}} \quad 或 \quad TP^{\frac{1-\gamma}{\gamma}}=常数 \tag{2-66}$$

$$\frac{p_2}{p_1}=\left(\frac{V_1}{V_2}\right)^{\gamma} \quad 或 \quad PV^{\gamma}=常数 \tag{2-67}$$

式中　$\gamma=\dfrac{C_{p,m}}{C_{V,m}}$——理想气体热容比。

以上三式也称为理想气体绝热可逆过程方程式。

2.5　焦耳-汤姆逊实验与节流膨胀

(1) 焦耳-汤姆逊实验

如图 2-16 所示，在一绝热筒中有两个绝热活塞，其中间置有一刚性多孔塞。实验前，作为研究对象的气体(p_1，V_1，T_1)全部在多孔塞左侧如图 2-16(a)所示，在维持左、右两侧压力分别保持 p_1，p_2($p_1>p_2$)不变的前提下，将左侧气体通过多孔塞逐渐压入其右侧如图 2-16(b)所示，直至气体全部通过多孔塞如图 2-16(c)所示。这种在绝热条件下，气体的始态、末态压力分别保持恒定情况下的膨胀过程，称为节流膨胀。

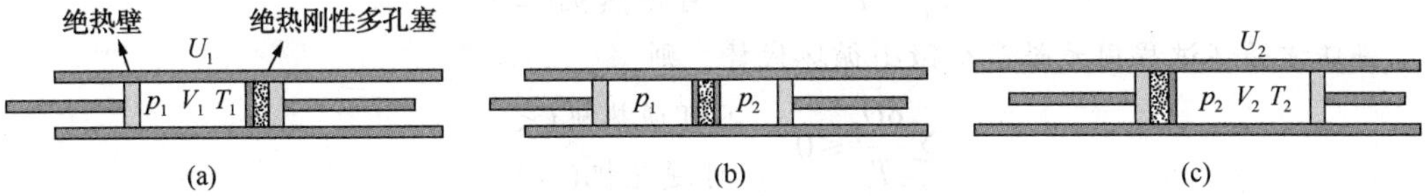

图 2-16　焦耳-汤姆逊实验示意图

实际工业生产中，当稳定流动的气体在流动时突然受阻而使压力下降的情况，即可认为是节流膨胀。

通过焦耳-汤姆逊实验结果发现：当始态为室温、常压时，多数气体经节流膨胀后温度下降，产生致冷效应；而氢、氦等少数气体经节流膨胀后温度却升高，产生致热效应。实验还发现，各种气体在压力足够低时，经节流膨胀后温度基本不变。

(2) 节流膨胀的热力学特征

节流膨胀过程因绝热，有

$$Q=0$$

过程的功由两部分组成：因左侧活塞运动至多孔塞处的过程中，环境对系统做功 $W_1=-p_1(0-V_1)=p_1V_1$；同时，右侧活塞由多孔塞处移动至末态位置时，系统对环境也做了功 $W_2=-p_2(V_2-0)=-p_2V_2$，故整个节流膨胀过程的功为

$$W=p_1V_1-p_2V_2$$

将 Q、W 表达式代入热力学第一定律表达式，有

$$U_2-U_1=p_1V_1-p_2V_2$$

整理得　$$U_2+p_2V_2=U_1+p_1V_1$$

即　$$H_2=H_1$$

由上式可知，节流膨胀为恒焓过程，故节流膨胀过程是一个绝热、等焓、降压的过程。真实气体经节流膨胀后产生致冷（T 降低）或致热效应（T 升高）。

为了描述气体节流膨胀致冷或致热能力的大小，引入如下的焦耳-汤姆逊系数，又称节流膨胀系数：

$$\mu_{J\text{-}T}=\left(\frac{\partial T}{\partial p}\right)_H$$

显然，理想气体的 $\mu_{J\text{-}T}=0$；对真实气体，若节流膨胀后产生致冷效应，其 $\mu_{J\text{-}T}>0$（因 $\mathrm{d}p<0$，$\mathrm{d}T<0$），若节流膨胀后产生致热效应，其 $\mu_{J\text{-}T}<0$（因 $\mathrm{d}p<0$，$\mathrm{d}T>0$，异号）。$|\mu_{J\text{-}T}|$ 越大，表明其致冷或致热效应能力越强。

2.6 熵的推导

整理式 $\eta_{卡}=\dfrac{T_1-T_2}{T_1}\geqslant\dfrac{Q_1+Q_2}{Q_1}\quad\begin{matrix}\text{不可逆热机}(>)\\ \text{可逆热机}(=)\end{matrix}$，可得

$$\frac{Q_1}{T_1}+\frac{Q_2}{T_2}\leqslant 0\quad\begin{matrix}\text{不可逆热机}(<)\\ \text{可逆热机}(=)\end{matrix}$$

对于工作于两个恒温热源之间的任意一个微小的循环，则

$$\frac{\delta Q_1}{T_1}+\frac{\delta Q_2}{T_2}\leqslant 0\quad\begin{matrix}\text{不可逆热机}(<)\\ \text{可逆热机}(=)\end{matrix}$$

将任意循环过程用无限多个微小循环代替，则

$$\sum\frac{\delta Q_i}{T_i}\leqslant 0\quad\begin{matrix}\text{不可逆热机}(<)\\ \text{可逆热机}(=)\end{matrix}$$

极限情况下可写成

$$\oint\frac{\delta Q_i}{T}\leqslant 0\quad\begin{matrix}\text{不可逆热机}(<)\\ \text{可逆热机}(=)\end{matrix}$$

积分定理：若沿封闭曲线的环积分为零，则所积变量应当是某个状态函数的全微分。Clausius 将此状态函数定义为熵。以 S 表示，即

$$\mathrm{d}S=\frac{\delta Q_r}{T}$$

2.7 克劳修斯不等式的推导

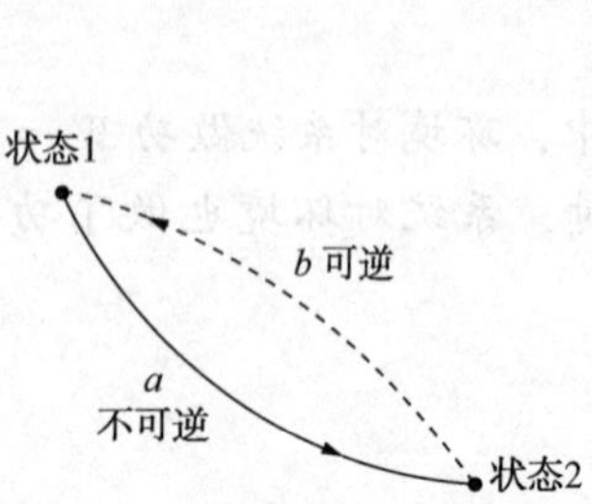

图 2-17　不可逆循环过程示意图

设有一不可逆循环，由不可逆途径 a 和可逆 b 途径组成，如图 2-17 所示。应用式 $\mathrm{d}S=\dfrac{\delta Q_r}{T}$ 并将循环分成可逆和不可逆两部分组成，有

$$\int_1^2\frac{\delta Q_{ir}}{T}+\int_2^1\frac{\delta Q_r}{T}<0$$

整理后有

$$\int_1^2\frac{\delta Q_r}{T}>\int_1^2\frac{\delta Q_{ir}}{T}$$

结合熵的定义，$\int_1^2 \frac{\delta Q_r}{T} = \Delta S$，可得

$$\Delta_1^2 S \geqslant \int_1^2 \frac{\delta Q}{T} \quad \begin{matrix} \text{不可逆}(>) \\ \text{可逆}(=) \end{matrix}$$

$$\text{或} \quad dS \geqslant \frac{\delta Q}{T} \quad \begin{matrix} \text{不可逆}(>) \\ \text{可逆}(=) \end{matrix}$$

上式称为克劳修斯不等式，可作为热力学第二定律的数学表达式。它表明：封闭系统中进行的任一过程，若熵差等于热温熵之和，则为可逆过程，若熵差大于热温熵之和，则为不可逆过程，永远不可能发生熵差小于热温熵之和的过程。

2.8 热力学基本方程的推导

到此为止，我们已介绍了8个基本的热力学状态函数即 p、V、T、S、U、H、A、G，其中3个状态函数 p、V、T 可由实验直接测量；5个状态函数 S、U、H、A、G 不可通过实验直接测定。U、H 用于能量恒算，S、A、G 用于判断过程的方向与限度，U、S 是第一、二定律基本函数，H、A、G 是组合函数，这3个函数间的关系为

$$H=U+pV$$
$$A=U-TS$$
$$G=H-TS=A+pV$$

这8个状态函数之间还存在许多关系式，包括热力学基本方程、麦克斯韦关系式、吉布斯-赫姆霍兹方程等。其中最重要的是热力学基本方程。

将封闭系统热力学第一定律应用于可逆、$W'=0$ 的过程，有 $dU=\delta Q_r-pdV$，由熵的定义式有 $dS=\delta Q_r/T$，两式联立，得

$$dU=TdS-pdV \tag{2-68}$$

由焓的定义式 $H=U+pV$，因 $dH=dU+pdV+Vdp$，将式(2-68)代入得

$$dH=TdS+Vdp \tag{2-69}$$

由赫姆霍兹函数的定义式 $A=U-TS$，因 $dA=dU-TdS-SdT$，将式(2-68)代入得

$$dA=-SdT-pdV \tag{2-70}$$

由吉布斯函数的定义式 $G=H-TS$，因 $dG=dH-TdS-SdT$，将式(2-69)代入得

$$dG=-SdT+Vdp \tag{2-71}$$

式(2-68)~式(2-71)称为热力学基本方程。适用条件为单组分，单相，$W'=0$ 的封闭系统。

2.9 麦克斯韦关系式的推导

根据高等数学全微分的性质及二阶偏导数与求导次序无关的原则，若 $z=z(x, y)$，

有 $$dz=\left(\frac{\partial z}{\partial x}\right)_y dx+\left(\frac{\partial z}{\partial y}\right)_x dy=Mdx+Ndy$$

则有 $$\left(\frac{\partial M}{\partial y}\right)_x=\left(\frac{\partial N}{\partial x}\right)_y$$

将其用于热力学基本方程，如 $dU=TdS-pdV$ 中，有

$$-\left(\frac{\partial T}{\partial V}\right)_S=\left(\frac{\partial p}{\partial S}\right)_V \tag{2-72}$$

同理有

$$\left(\frac{\partial T}{\partial p}\right)_S=\left(\frac{\partial V}{\partial S}\right)_p \tag{2-73}$$

$$-\left(\frac{\partial S}{\partial p}\right)_T=\left(\frac{\partial V}{\partial T}\right)_p \tag{2-74}$$

$$\left(\frac{\partial S}{\partial V}\right)_T=\left(\frac{\partial p}{\partial T}\right)_V \tag{2-75}$$

式(2-72)~式(2-75)称为麦克斯韦(Maxwell)关系式。

2.10 克拉佩龙方程的推导

设在恒定 T、恒 p 及 $W'=0$ 的条件下，纯物质 B 在 α 相与 β 相间达平衡：

根据吉布斯函数判据有 $\Delta G_m=[G_m(\beta)-G_m(\alpha)]=0$

$$G_m(\alpha)=G_m(\beta) \tag{2-76}$$

现在此平衡基础上，温度由 T 变为 $T+dT$，使系统仍维持两相平衡，则压强由 p 相应的变为 $p+dp$，两相在新的温度($T+dT$)、压力($p+dp$)下处于新的平衡，此时两相的摩尔吉布斯函数仍应相等即

$$G_m(\alpha)+dG_m(\alpha)=G_m(\beta)+dG_m(\beta) \tag{2-77}$$

比较式(2-76)和式(2-77)，有

$$dG_m(\alpha)=dG_m(\beta) \tag{2-78}$$

将热力学基本方程代入上式，有

$$-S_m(\alpha)dT+V_m(\alpha)dp=-S_m(\beta)dT+V_m(\beta)dp$$

移项整理得

$$\frac{dT}{dp}=\frac{S_m(\beta)-S_m(\alpha)}{V_m(\beta)-V_m(\alpha)}=\frac{\Delta_\alpha^\beta S_m}{\Delta_\alpha^\beta V_m}$$

又因可逆相变有 $\Delta_\alpha^\beta S_m=\Delta_\alpha^\beta H_m/T$，代入上式得

$$\frac{dT}{dp}=\frac{\Delta_\alpha^\beta H_m}{T\Delta_\alpha^\beta V_m}$$

此式称为克拉佩龙(Clapeyron)方程。

2.11 克劳修斯-克拉佩龙(Clausius-Clapeyron)方程的推导

克劳修斯将克拉佩龙方程用于有气相参加的两相平衡(以气-液平衡为例)，

$$\frac{dp}{dT}=\frac{\Delta_l^g H_m}{T\Delta_l^g V_m}=\frac{\Delta_l^g H_m}{T[V_m(g)-V_m(l)]}$$

做了两点近似：①$\Delta_l^g V_m=V_m(g)-V_m(l)\approx V_m(g)$；②气体可看作理想气体，$V_m(g)=RT/p$。代入上式有

$$\frac{dp}{dT}\approx\frac{\Delta_l^g H_m}{TV_m(g)}=\frac{\Delta_l^g H_m}{T\cdot RT/p}=\frac{\Delta_l^g H_m}{RT^2}p$$

即
$$\frac{d\ln p}{dT}=\frac{\Delta_l^g H_m}{RT^2}$$

此式即为克劳修斯-克拉佩龙方程(简称克-克方程)的微分式。

假设摩尔蒸发焓 $\Delta_l^g H_m$ 不随温度 T 变化，将上式积分，可得

不定积分式
$$\ln p=-\frac{\Delta_l^g H_m}{R}\cdot\frac{1}{T}+C$$

定积分式
$$\ln\frac{p_2}{p_1}=-\frac{\Delta_l^g H_m}{R}\left(\frac{1}{T_2}-\frac{1}{T_1}\right)$$

模块三　多组分系统热力学与相平衡

大千世界中的物质很少是纯物质，大多是多种物质共存，称为多组分系统。前面介绍的热力学内容仅适用于纯物质或组成不变的系统。那么，对于实际中经常遇到的多组分系统或组成可变系统，比如有相变或化学变化的系统，原有的热力学知识就有待于进一步完善。本模块从多组分单相系统热力学出发加以研究。多组分单相系统是由两种或两种以上物质在分子水平上混合而成的均匀系统。按照规律性来划分，把它区分为混合物和溶液。混合物可分为理想混合物及真实混合物，溶液可分为理想稀溶液及真实溶液。理想混合物在全部浓度范围内，理想稀溶液在适当小的浓度范围内，均有着简单的规律性。而真实混合物和真实溶液则与理想混合物和理想稀溶液有一定程度的偏差。因此，掌握理想混合物与理想稀溶液的性质对于了解真实混合物与真实溶液的性质有很大帮助。

在化工生产过程中，原料和产品都要求具有较高的纯度，而分离和提纯这些物质，最常用的方法有蒸馏、精馏、萃取和重结晶等，这些分离方法的基本原理就是利用物质在相变过程中的浓度变化。此外，在化工产品的运输和存储过程中，物质的稳定相态也是影响安全的重要因素。另外，对于许多金属材料或无机非金属材料，它们的物理、化学性能与材料的组成以及各组成的相态息息相关。因此，研究系统的相平衡具有重要的理论意义和实际价值。研究相平衡的方法之一就是相图，以图形的形式描述组成、温度和压力三者之间的关系。

第一部分　基础知识

3-1　偏摩尔量

单组分单相系统的广度量(V、U、H、S、A 和 G)只与系统的温度和压力有关，而多组分单相系统的广度量不仅与系统的温度和压力有关，还与系统的组成有关。

一个典型的例子是水(H_2O, l)和乙醇(C_2H_5OH, l)的混合。用 B, C 分别代表 $H_2O(l)$ 和 $C_2H_5OH(l)$。在 25℃ 及常压下，两纯液体的摩尔体积分别为 $V_{m,B}^{*}=18.09\ cm^3\cdot mol^{-1}$，$V_{m,C}^{*}=58.35\ cm^3\cdot mol^{-1}$。实验表明，这两种液体以任意比例相互混合后体积均缩小。例如，$n_B=n_C=0.5mol$ 的水和乙醇，混合后的体积 $V\neq(0.5\times18.09+0.5\times58.35)=38.22cm^3$ 而是 $V=37.2cm^3$。又如在 25℃ 及常压下，将 $50cm^3$ 水和 $50cm^3$ 乙醇混合，混合后的体积不是 $100cm^3$，而是 $97cm^3$，如图 3-1 所示。而且这种体积的偏差还会随浓度的不同而不同。

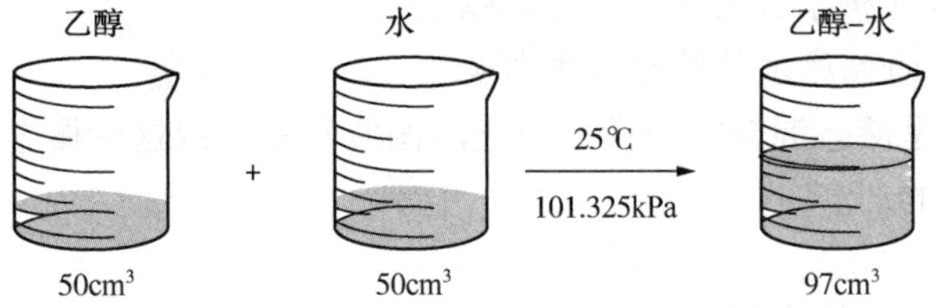

图 3-1　水和乙醇的混合

这一现象说明，真实多组分系统的体积与混合前各纯组分的摩尔体积不再具有简单的线性关系，需要引入新的物理量才能进行相应的计算，这就是偏摩尔量。下面将进行推导，真实液态混合物的体积在引入偏摩尔量后可通过下式来计算：$V=n_BV_B+n_CV_C$，式中 V_B、V_C 分别为组分 B 和 C 的偏摩尔体积。

对于一个由 B、C、D、…组成的单相多组分系统，设各组分物质的量分别为 n_B、n_C、n_D、…。系统的任一广度量 X(可以是 V、U、H、S、A、G)不仅为温度、压力的函数，还是各组分的物质的量的函数，即

$$X=X(T,\ p,\ n_B,\ n_C,\ n_D,\ \cdots) \tag{3-1}$$

当系统的状态发生一微小变化时，X 的变化为

$$\mathrm{d}X=\left(\frac{\partial X}{\partial T}\right)_{p,n_B}\mathrm{d}T+\left(\frac{\partial X}{\partial p}\right)_{T,n_B}\mathrm{d}p+\sum_B\left(\frac{\partial X}{\partial n_B}\right)_{T,p,n_C}\mathrm{d}n_B \tag{3-2}$$

式中　n_B——所有各组分的量均保持不变；

n_C——除某组分 B 以外其余各组分的量均保持不变。

将上式右端加和项中的$(\partial X/\partial n_B)_{T,p,n_C}$用 X_B 表示，并定义为系统 B 组分的偏摩尔量 X_B：

$$X_B\overset{\mathrm{def}}{=}\left(\frac{\partial X}{\partial n_B}\right)_{T,p,n_C} \tag{3-3}$$

根据该定义，偏摩尔量 X_B 的物理意义为：在恒温、恒压及除组分 B 以外其余各组分的量均保持不变的条件下，系统广度量 X 随组分 B 物质的量的变化率；或在恒温恒压下，在大量的系统中，除了 B 组分外，保持其他组分的量不变(即 n_C 不变)，加入 1mol B 时所引起系统广度量 X 的改变。

按定义式(3-3)，对多组分系统中的组分 B，可以有如下偏摩尔量：

偏摩尔体积：$V_B=(\partial V/\partial n_B)_{T,p,n_C}$

偏摩尔热力学能：$U_B=(\partial U/\partial n_B)_{T,p,n_C}$

偏摩尔焓：$H_B=(\partial H/\partial n_B)_{T,p,n_C}$

偏摩尔熵：$S_B=(\partial S/\partial n_B)_{T,p,n_C}$

偏摩尔赫姆霍兹函数：$A_B=(\partial A/\partial n_B)_{T,p,n_C}$

偏摩尔吉布斯函数：$C_B=(\partial G/\partial n_B)_{T,p,n_C}$

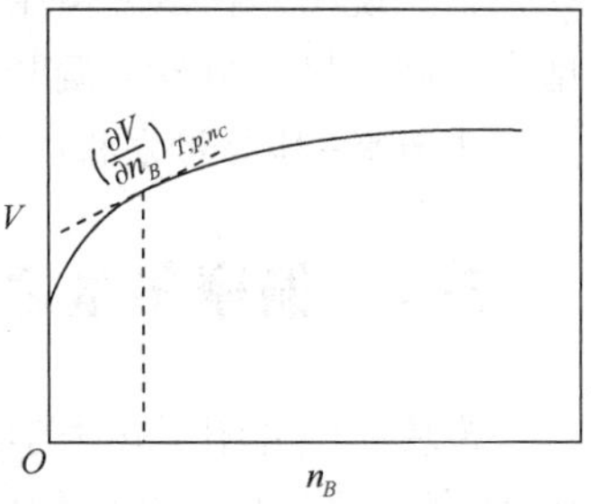

图 3-2　偏摩尔体积示意图

偏摩尔体积示意图如图 3-2 所示。

说明：① 只有广度量才有偏摩尔量，强度量是不存在偏摩尔量的；

② 只有恒温、恒压下系统的广度量随某一组分物质的量的变化率才能称为偏摩尔量，任何其他条件(如恒温、恒容或恒熵、恒压等)下的变化率均不能称为偏摩尔量；

③ 偏摩尔量和摩尔量一样，也是强度量；

④ 纯组分的偏摩尔量等于其摩尔量。

上面讨论的虽然是液态混合物中任一组分的偏摩尔量，但这些概念及公式对于溶液中的溶剂和溶质也是适用的。

3-2 偏摩尔量的加和公式

将式(3-3)代入式(3-2)有

$$dX = \left(\frac{\partial X}{\partial T}\right)_{p,n_B} dT + \left(\frac{\partial X}{\partial p}\right)_{T,n_B} dp + \sum_B X_B dn_B \tag{3-4}$$

在恒温恒压条件下积分上式可得

$$X = \sum_B n_B X_B \tag{3-5}$$

即系统广度量 X 为系统各组分的物质的量 n_B 与其偏摩尔量 X_B 乘积的加和，故式(3-5)称为偏摩尔量的加和公式。

3-3 吉布斯-杜赫姆方程

恒温恒压下，结合式(3-4)和式(3-5)，可得出

$$\sum_B n_B dX_B = 0 \qquad [3\text{-}6(a)]$$

$$\sum_B x_B dX_B = 0 \qquad [3\text{-}6(b)]$$

式(3-6)称为吉布斯-杜赫姆(Gibbs-Duhem)方程。吉布斯-杜赫姆方程表明，恒温、恒压下，混合物的组成发生变化时，各组分的偏摩尔量也要发生变化，但其变化的相互依赖关系服从吉布斯-杜赫姆方程。

若为二组分混合物，则式[3-6(b)]为

$$x_B dX_B = -x_C dX_C$$

上式说明，在恒温恒压下，当混合物的组成发生微小变化时，如果一个组分的偏摩尔量增大，则一另一组分的偏摩尔量必然减小。

吉布斯-杜赫姆方程的推导见拓展阅读 3.1。

3-4 偏摩尔量之间的函数关系

模块二中介绍了热力学函数之间存在着一定的函数关系，如 $H=U+pV$，$A=U-TS$，$G=H-TS$ 等，将这些公式中的广度量换成相应的偏摩尔量，即可用于多组分单相系统。

$$H_B = U_B + pV_B;\quad A_B = U_B - TS_B;\quad G_B = H_B - TS_B$$

3-5 化学势

将混合物(或溶液)中组分 B 的偏摩尔吉布斯函数 G_B 定义为 B 的化学势，并用符号 μ_B 表示：

$$\mu_B \overset{\text{def}}{=\!=\!=} G_B = \left(\frac{\partial G}{\partial n_B}\right)_{T,p,n_C} \tag{3-7}$$

对于纯物质，其化学势就是其摩尔吉布斯函数：$\mu_B = G_B^*$。

3-6 多组分单相系统的热力学基本方程

对于多组分单相系统，将式(3-2)中的 X 分别换成 U、H、A 和 G，通过推导可得

$$\mathrm{d}U = T\mathrm{d}S - p\mathrm{d}V + \sum_B \mu_B \mathrm{d}n_B \qquad [3-8(\mathrm{a})]$$

$$\mathrm{d}H = T\mathrm{d}S + V\mathrm{d}p + \sum_B \mu_B \mathrm{d}n_B \qquad [3-8(\mathrm{b})]$$

$$\mathrm{d}A = -S\mathrm{d}T - p\mathrm{d}V + \sum_B \mu_B \mathrm{d}n_B \qquad [3-8(\mathrm{c})]$$

$$\mathrm{d}G = -S\mathrm{d}T + V\mathrm{d}p + \sum_B \mu_B \mathrm{d}n_B \qquad [3-8(\mathrm{d})]$$

以上四个公式即为多组分单相系统的热力学基本方程，不仅适用于组成可变的封闭系统，也适用于开放系统。

由以上四个公式可以得出

$$\mu_B = \left(\frac{\partial G}{\partial n_B}\right)_{T,p,n_C} = \left(\frac{\partial U}{\partial n_B}\right)_{S,V,n_C} = \left(\frac{\partial H}{\partial n_B}\right)_{S,p,n_C} = \left(\frac{\partial A}{\partial n_B}\right)_{T,V,n_C} \tag{3-9}$$

这四个偏导数中只有$(\partial G/\partial n_B)_{T,p,n_C}$是偏摩尔量，其余三个均不是。

多组分单相系统的热力学基本方程的推导见拓展阅读 3.2。

3-7 多组分多相系统的热力学基本方程

多组分多相系统是由若干个单相多组分系统组成。对于系统中的每一个相，均符合式[3-8(a)]~式[3-8(d)]，然后将各相相加，可得

$$\mathrm{d}U = T\mathrm{d}S - p\mathrm{d}V + \sum_\alpha \sum_B \mu_B(\alpha)\mathrm{d}n_B(\alpha) \qquad [3-10(\mathrm{a})]$$

$$\mathrm{d}H = T\mathrm{d}S + V\mathrm{d}p + \sum_\alpha \sum_B \mu_B(\alpha)\mathrm{d}n_B(\alpha) \qquad [3-10(\mathrm{b})]$$

$$\mathrm{d}A = -S\mathrm{d}T - p\mathrm{d}V + \sum_\alpha \sum_B \mu_B(\alpha)\mathrm{d}n_B(\alpha) \qquad [3-10(\mathrm{c})]$$

$$\mathrm{d}G = -S\mathrm{d}T + V\mathrm{d}p + \sum_\alpha \sum_B \mu_B(\alpha)\mathrm{d}n_B(\alpha) \qquad [3-10(\mathrm{d})]$$

以上四个公式即为多组分多相系统的热力学基本方程，适用于封闭的多组分系统发生 pVT 变化、相变和化学变化过程，当然也适用于开放系统。

多组分单相系统的热力学基本方程的推导见拓展阅读 3.3。

3-8 化学势判据

对于一个封闭多相多组分系统，如果 $W'=0$，恒温、恒容过程有 $\mathrm{d}A_{T,V} \leqslant 0$（赫姆霍兹函数判据），恒温、恒压过程有 $\mathrm{d}G_{T,p} \leqslant 0$（吉布斯函数判据），结合式[3-10(c)]和式[3-10(d)]有

$$\sum_{\alpha}\sum_{B}\mu_B(\alpha)\mathrm{d}n_B(\alpha)\leqslant 0\begin{cases}<\text{自发}\\=\text{平衡}\end{cases}\quad(\text{恒}\,T,\ \text{恒}\,p,\ W'=0)\tag{3-11}$$

上式为多相多组分系统的化学势判据。

现假定在恒温、恒压下有 $\mathrm{d}n_B(\beta)$ 的 B 组分由 β 相迁移至 α 相，则 $\mathrm{d}n_B(\alpha)=-\mathrm{d}n_B(\beta)$。由化学势判据给出

$$\sum_{\alpha}\sum_{B}\mu_B(\alpha)\mathrm{d}n_B(\alpha)=\mu_B(\alpha)\mathrm{d}n_B(\alpha)+\mu_B(\beta)\mathrm{d}n_B(\beta)$$

$$=[\mu_B(\beta)-\mu_B(\alpha)]\mathrm{d}n_B(\beta)\leqslant 0$$

由于 $\mathrm{d}n_B(\beta)<0$，故

$$\mu_B(\beta)\geqslant\mu_B(\alpha)\tag{3-12}$$

式(3-12)表明，在恒温、恒压、$W'=0$ 的条件下，物质总是从其化学势高的相向化学势低的相迁移，直至物质达平衡时为止。

假定系统处于相平衡，在有化学反应发生的情况下，由于系统任一组分 B 在每个相中的化学势相等，可用 μ_B 表示 B 组分的化学势，式中 $\sum\mathrm{d}n_B(\alpha)$ 为系统中 B 组分在每个相中物质的量的变化量之和，用 $\mathrm{d}n_B$ 表示，故

$$\sum_{\alpha}\sum_{B}\mu_B(\alpha)\mathrm{d}n_B(\alpha)=\sum_{B}\mu_B\Big[\sum_{\alpha}\mathrm{d}n_B(\alpha)\Big]=0$$

化学平衡条件表示为

$$\sum_{B}\mu_B\mathrm{d}n_B=0\tag{3-13}$$

从上面的讨论可以看出，化学势决定了系统的物质平衡。

理想气体组分的化学势见拓展阅读 3.4；真实气体组分的化学势与逸度、逸度因子见拓展阅读 3.5。

3-9　组成表示

(1) 质量摩尔浓度(molality) b_B

1kg 溶剂中所含溶质的物质的量。其数学表达式为

$$b_B=\frac{n_B}{m_A}\tag{3-14}$$

式中　m_A——溶剂的质量。b_B 的单位为 $\mathrm{mol\cdot kg^{-1}}$。

(2) 体积摩尔浓度(molarlity) c_B

单位体积的溶液中所含溶质的物质的量。其数学表达式为

$$c_B=\frac{n_B}{V}\tag{3-15}$$

式中　V——溶液的体积。

c_B 的单位为 $\mathrm{mol\cdot m^{-3}}$。

3-10　拉乌尔定律

1886 年拉乌尔(Raoult F M)根据实验得出结论：稀溶液中溶剂的蒸气压等于同一温度下

纯溶剂的饱和蒸气压与溶液中溶剂的摩尔分数的乘积，此即拉乌尔定律。其数学表达式为

$$p_A = p_A^* x_A \tag{3-16}$$

式中 p_A——稀溶液中溶剂的蒸气压；

p_A^*——在同样温度下纯溶剂的饱和蒸气压；

x_A——溶液中溶剂的摩尔分数。

拉乌尔定律适用于稀溶液中的溶剂或者理想液态混合物(基础知识第3-12节中有详细介绍)中的任一组分。

R12 拉乌尔

3-11 亨利定律

亨利定律：在一定温度下，稀溶液中挥发性溶质在气相中的平衡分压与其在溶液中的摩尔分数(或质量摩尔浓度、体积摩尔浓度)成正比。比例系数称为亨利系数。其数学表达式为

$$p_B = k_{x,B} x_B = k_{b,B} b_B = k_{c,B} c_B \tag{3-17}$$

其中 x_B、b_B、c_B——溶质 B 在液相中的摩尔分数、质量摩尔浓度和体积摩尔浓度，$k_{x,B}$、$k_{b,B}$、$k_{c,B}$分别为不同组成标度下的亨利系数。

对于同一系统，当使用不同的组成标度时，亨利系数的数值不同，单位也不同。$k_{x,B}$、$k_{b,B}$、$k_{c,B}$的单位分别为 Pa、$\mathrm{Pa \cdot kg \cdot mol^{-1}}$和 $\mathrm{Pa \cdot m^3 \cdot mol^{-1}}$。

说明：① 亨利系数与 T、p 及溶剂、溶质的性质有关；

② $k_{x,B}$、$k_{b,B}$、$k_{c,B}$的数值不同，单位也不同；

③ 亨利定律的应用条件与对象是稀溶液中的挥发性溶质，且溶质在两相中的分子形态必须相同；

④ 当稀溶液中含有多种挥发性溶质时，亨利定律分别适用于每一种挥发性溶质；

⑤ 亨利系数与温度有关，温度升高，亨利系数增大，即同样分压下，温度升高，气体的溶解度减小；

⑥ 尽管拉乌尔定律与亨利定律形式相似，但常数项的意义不同，p_A^* 是同温度下纯溶剂的饱和蒸气压，$k_{x,B}$并不是同温度下纯溶质的饱和蒸气压。

R13 亨利

R14“神舟七号”宇航员在出舱前要吸氧排氮——亨利定律的应用

R15 可燃冰——亨利定律的应用

3-12 理想液态混合物

若液态混合物中每个组分在全部浓度范围内都符合拉乌尔定律，则该混合物称为理想液态混合物，简称理想混合物。

设有 A、B 两组分理想液态混合物，有

$$p_A=p_A^*x_A,\ p_B=p_B^*x_B,\ p=p_A+p_B,\ y_A=\frac{p_A}{p},\ y_B=\frac{p_B}{p}$$

式中 p_A、p_B、p——A、B 在气相中蒸气分压和总压。

严格的理想液态混合物在客观上是不存在的，即使是由对映体所形成的外消旋混合物亦如此。但是，某些物质结构异构体的混合物如 σ-二甲苯和 p-二甲苯，σ-二甲苯和 m-二甲苯，可以近似认为是理想液态混合物；紧邻同系物的混合物，如苯和甲苯，甲醇和乙醇等，也可近似认为是理想液态混合物。

理想液态混合物中任一组分的化学势见拓展阅读 3.6。

3-13 理想液态混合物的混合性质

理想液态混合物的混合性质指的是在恒温、恒压下由物质的量分别为 n_B、n_C、n_D、…的纯液体 B、C、D、…相互混合形成组成为 x_B、x_C、x_D、…的理想液态混合物这一过程中，系统的广度量如 V、H、S 和 G 等的变化。

由热力学原理可导出如下关系式：

$$\Delta_{\text{mix}}V=0 \qquad [3\text{-}18(\text{a})]$$

$$\Delta_{\text{mix}}H=0 \qquad [3\text{-}18(\text{b})]$$

$$\Delta_{\text{mix}}U=0 \qquad [3\text{-}18(\text{c})]$$

$$\Delta_{\text{mix}}S=-R\sum_B n_B\ln x_B>0 \qquad [3\text{-}18(\text{d})]$$

$$\Delta_{\text{mix}}A=RT\sum_B n_B\ln x_B<0 \qquad [3\text{-}18(\text{e})]$$

$$\Delta_{\text{mix}}G=RT\sum_B n_B\ln x_B<0 \qquad [3\text{-}18(\text{f})]$$

由于上述混合过程是在恒温、恒压下进行的，有 $Q=\Delta_{\text{mix}}H=0$，表明混合过程没有吸(或放)热现象。

理想液态混合物混合性质的推导见拓展阅读 3.7。

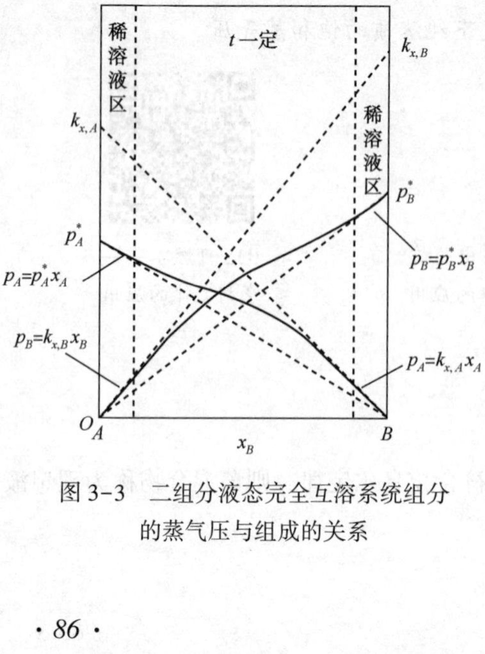

图 3-3　二组分液态完全互溶系统组分的蒸气压与组成的关系

3-14 理想稀溶液

理想稀溶液即无限稀溶液，指的是溶质的相对含量趋于零的溶液。溶剂的蒸气压遵从拉乌尔定律，而溶质的蒸气压遵从亨利定律，如图 3-3 所示。

设有 A、B 两组分理想稀溶液，A 为溶剂，B 为溶质，溶剂 A 的蒸气压依然遵从拉乌尔定律，而溶剂 B 的蒸气压则遵从亨利定律：$p_A=p_A^*x_A$；$p_B=k_{x,B}x_B=k_{b,B}b_B=k_{c,B}c_B$。

理想稀溶液中溶剂和溶质的化学势见拓展阅读 3.8。

3-15 理想稀溶液的依数性

理想稀溶液的依数性，是指理想稀溶液的性质只依赖于溶液中溶质分子的数量，而与溶质分子本性无关的性质。依数性包括理想稀溶液中溶剂的蒸气压下降、凝固点降低(析出固态纯溶剂)、沸点升高(溶质不挥发)和渗透压的数值。

(1) 溶剂蒸气压下降

理想稀溶液中溶剂的蒸气压 p_A 低于同温度下纯溶剂的饱和蒸气压 p_A^*，这一现象称为溶剂的蒸气压下降，如图 3-4 所示。

溶剂的蒸气压下降值为 $\Delta p_A = p_A^* - p_A$。对于理想稀溶液，将拉乌尔定律 $p_A = p_A^* x_A$ 代入上式，得

$$\Delta p_A = p_A^* - p_A = p_A^* - p_A^* x_A = p_A^*(1 - x_A)$$

故

$$\Delta p_A = p_A^* x_B \tag{3-19}$$

即理想稀溶液中溶剂的蒸气压下降值与溶液中溶质的摩尔分数成正比，比例系数即同温度下纯溶剂的饱和蒸气压。上式还可表示为

$$\Delta p_A / p_A^* = x_B \tag{3-20}$$

即理想稀溶液中溶剂蒸气压的相对下降值等于溶液中溶质的摩尔分数，与溶质的种类无关。

(2) 凝固点降低(析出固态纯溶剂)

理想稀溶液的凝固点不仅与溶液的组成有关，还与析出固相的组成有关。在 A 与 B 不形成固态溶液的条件下，当溶剂 A 中溶有少量溶质 B 形成理想稀溶液，则从溶液中析出固态纯溶剂 A 的温度即溶液的凝固点 T_f 就会低于纯溶剂在同样外压下的凝固点 T_f^*，并且遵循一定的公式，这就是凝固点降低现象，如图 3-5 所示。

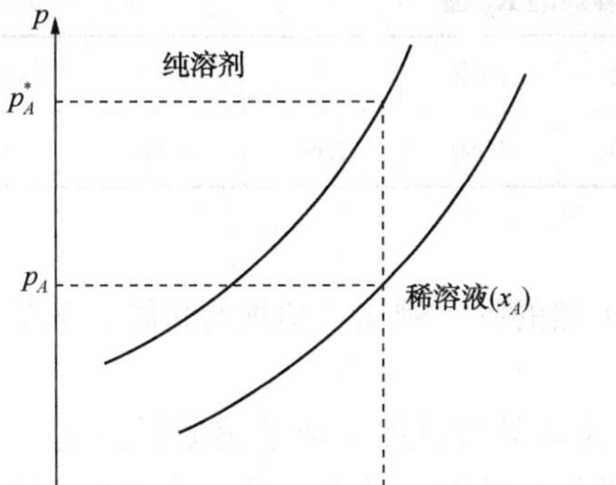

图 3-4 稀溶液的蒸气压下降

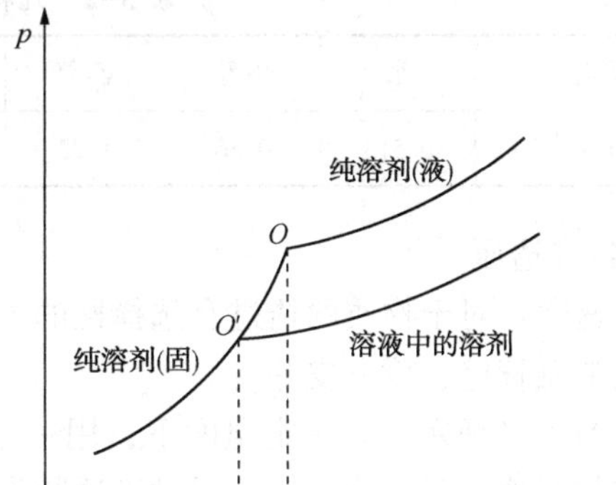

图 3-5 稀溶液的凝固点降低

理想稀溶液的凝固点降低公式为

$$\Delta T_f = T_f^* - T_f = K_f b_B \tag{3-21}$$

式中 $K_f = \dfrac{R(T_f^*)^2 M_A}{\Delta_{fus} H_{m,A}^{\ominus}}$，$\Delta_{fus} H_{m,A}^*$——纯固体溶剂 A 的摩尔熔化焓；

M_A——溶剂 A 的摩尔质量。

R16 北方的冬天在汽车的水箱中要加防冻液——凝固点降低的应用

所以，K_f 的量值仅与溶剂的性质有关，称为凝固点降低系数。表 3-1 列出了一些溶剂的 K_f 值。

表 3-1　几种常见溶剂的 K_f 值

溶剂	水	醋酸	苯	环己烷	环己醇	萘	三溴甲烷
T_f^* /K	273.15	289.75	278.65	279.65	297.05	383.5	280.95
K_f/K · kg · mol^{-1}	1.86	3.90	5.12	20.0	39.3	6.9	14.4

若已知 K_f 值，通过实验测定一定组成溶液的 ΔT_f 后，就可计算出溶质的摩尔质量。

(3) 沸点升高(溶质不挥发)

沸点是液体饱和蒸气压等于外压时的温度。若纯溶剂 A 中加入不挥发的溶质 B，则溶液的沸点 T_b 必高于纯溶剂的沸点，即有 $T_b > T_b^*$。这种现象称为沸点升高。$\Delta T = T_b - T_b^*$ 称为沸点升高值，如图 3-6 所示。

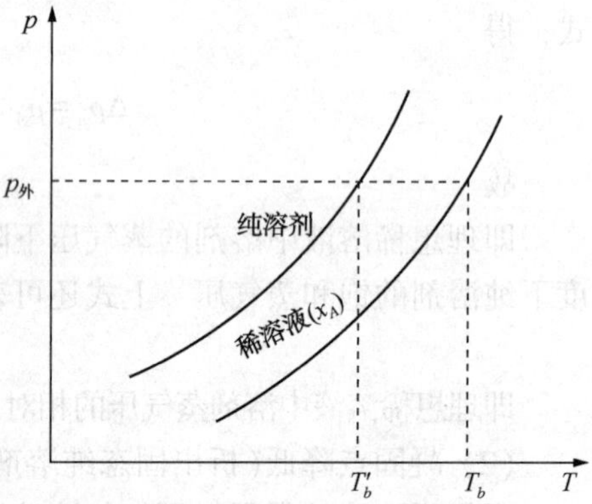

图 3-6　稀溶液的沸点升高

理想稀溶液的沸点升高公式为

$$\Delta T_b = K_b b_B \tag{3-22}$$

式中，$K_b = \dfrac{R(T_b^*)^2 M_A}{\Delta_{\text{vap}} H_{m,A}^{\ominus}}$ 称为沸点升高系数，K_b 的量值仅与溶剂的性质有关。表 3-2 列出了一些溶剂的 K_b 值。

表 3-2　几种常见溶剂的 K_b 值

溶剂	水	甲醇	乙醇	乙醚	丙酮	苯	氯仿	四氯化碳
K_b/K · mol^{-1} · kg	0.513	0.86	1.23	2.20	1.80	2.64	3.80	5.26

(4)渗透压

半透膜：对于物质的透过有选择性的人造或天然的膜。例如：动物的膀胱、细胞壁、肠衣、毛细血管壁、萝卜皮等。

如图 3-7 所示，在一定温度下，用一个只能使溶剂透过而不能使溶质透过的半透膜把纯溶剂与溶液隔开，溶剂就会通过半透膜渗透到溶液中使溶液液面上升，直到溶液液面升到一定高度达到平衡状态。

渗透：溶剂分子自动地从纯溶剂中转移至溶液中的现象。

渗透平衡：对于溶剂的膜平衡，叫作渗透平衡。

渗透压(Π)：渗透平衡时，溶剂液面和同一水平溶液截面上所受的压力差称为渗透压，或在溶液一侧加一额外压力，使两液面相平，此额外压力即为渗透压，单位为 Pa。

注意：任何溶液都有渗透压，但没有半透膜无法体现，渗透压的大小与溶液的浓度有关。

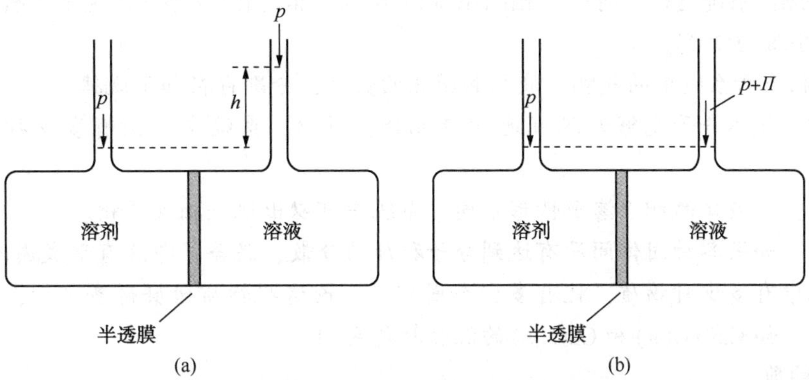

图 3-7　渗透平衡示意图

理想稀溶液的渗透压公式为

$$\Pi V=n_B RT \qquad [3-23(a)]$$

$$\Pi=c_B RT \qquad [3-23(b)]$$

式中　c_B——溶液中溶质的浓度。

由此式可以看出，溶液渗透压的大小只由溶液中溶质的浓度决定，而与溶质本性无关，故渗透压也是溶液的依数性质。从形式上看，渗透压公式与理想气体状态方程式是相似的。

根据上述理论，若稀溶液上方增加的压力大于渗透压，则溶剂分子将从溶液进入溶剂，这种现象称为反渗透。

R17 血液透析治疗尿毒症的原理——渗透压的应用

R18 反渗透技术的由来与应用

3-16　真实液态混合物和真实溶液

真实液态混合物：若液态混合物中每个组分在全部浓度范围内不都符合拉乌尔定律的混合物。

真实溶液：指的是溶质的相对含量不趋于零的溶液。溶剂的蒸气压不遵从拉乌尔定律，而溶质的蒸气压不遵从亨利定律的溶液。

真实液态混合物的化学势和活度见拓展阅读 3.9；真实溶液中溶剂和溶质的化学势见拓展阅读 3.10。

3-17　基本概念

(1) 相数

系统中所包含相的个数，即为相数，用 P 表示；系统中有几个相，则 P 等于几。

单相(均相)系统是指只有一个相的系统($P=1$)。非均相(多相)系统是指有两个或两个以上的相的系统($P\geqslant2$)。

说明：相平衡系统中的气相、液相和固相的数目，分别存在如下规律。

① 气相：气体分子能够无限制地均匀混合，所以，系统中不论有多少种气体，只有一相。

② 液相：按液体的相互溶解情形不同，系统中可以出现一相或多相。

③ 固相：如果各种固体间没有达到分子程度的分散、混合，即没有形成固溶体，那么，系统中有多少种物质，就有多少个固相，不论这些物质研磨得多么细，混合得多么均匀。如 $CaCO_3(s)$ 和 $CaO(s)$ 的混合物是两相。

(2) 物种数

系统中所有化学物质的种类数，用 S 表示；系统中有几种物质，则 S 等于几。

说明：化学物质是指能够单独分离出来而且稳定存在的物质，与聚集状态无关。

(3) 独立反应

相互之间没有线性组合关系的反应。

(4) 独立反应数

系统中存在的独立反应的个数，用 R 表示；系统中有几个独立的反应，则 R 等于几。例如下面四个反应中，只有两个是独立的，则 $R=2$。

$$C(s)+1/2O_2(g)=\!=\!=CO(g) \quad C(s)+O_2(g)=\!=\!=CO_2(g)$$
$$CO(g)+1/2O_2(g)=\!=\!=CO_2(g) \quad CO_2(g)+C(s)=\!=\!=CO(g)$$

(5) 独立组分数(组分数)

对于平衡系统，确定其中所有相中物质组成所需要的最少物种数，即为独立组分数，用 C 表示。C 的计算方法：

$$C=S-R-R'$$

式中 R——平衡系统中独立化学反应的个数；

R'——达到化学平衡时在同一相中的浓度限制条件数。

R'包括：当规定系统中部分物种只通过化学反应由另外物种生成时，由此可能带来的同一相的组成关系。例如，仅由 $NH_4HCO_3(s)$ 部分分解，建立如下反应平衡：$NH_4HCO_3(s)=\!=\!=NH_3(g)+H_2O(g)+CO_2(g)$ 有 $y(NH_3)=y(H_2O)=y(CO_2)$，则 $R'=2$。

(6) 自由度(数)

在不改变多相平衡系统相数的情况下，在一定范围内可以独立改变的强度变量(温度、压力、组成等)的个数，用符号 F 表示。例如，在 101.325kPa、100℃下水与水蒸气两相平衡共存。若将温度降为 90℃，如果仍要保持水与水蒸气两相平衡共存，压力必须降低到该温度下水的饱和蒸气压 70.12kPa。同理，若将压力降低到 70.12kPa，如果仍要保持水与水蒸气两相平衡共存，温度必须降低到 90℃。由此可见，对于单组分两相系统，要保持两相平衡共存，温度与压力两者只有一个可以独立变动，即自由度数 $F=1$。

3-18 吉布斯相律

相律是揭示相平衡系统中相数、独立组分数和自由度数之间关系的规律。可用来计算自由度数 F。

$$F=C-P+2 \tag{3-24}$$

说明：① 相律只适用于平衡系统。

② 公式 $F=C-P+2$ 中的 2 指温度和压力这两个变量，如果其中一个变量恒定，则相律的形式为 $F=C-P+1$；如果两个变量都恒定，则相律的形式为 $F=C-P+0$；若外界除 T、P 外还要考虑其他因素(重力场、电场)对平衡系统的影响，则相律的形式为 $F=C-P+n$。

③ 对于凝聚相物质，压力因素可忽略，相律为 $F=C-P+1$。

④ 在一个给定的系统中，物种数可以因分析问题的角度不同而不同，但独立组分数是一个确定的数。

相图：描述相平衡时系统的温度、压力、组成和相态之间关系的图形。

相律的推导见拓展阅读 3.11。

3-19 单组分系统相图(水的相图)

(1) 相图的绘制

单组分系统的相律为 $F=1-P+2=3-P$。

当 $P=1$ 时，$F=2$，称为双变量系统，双变量为温度 T 和压力 p，在一定范围内 T 和 p 可同时改变，在 $p-T$ 图上可用面来表示这类系统。

当 $P=2$ 时，$F=1$，称为单变量系统，系统的 T 和 p 只有一个可以独立改变，二者之间存在某种函数关系，在 $p-T$ 图上可用线来表示这类系统。

当 $P=3$ 时，$F=0$，称为无变量系统，系统的 T 和 p 均为定值，无法改变，在 $p-T$ 图上可用点来表示这类系统。具体情况见表 3-3。

表 3-3 水的各平衡系统

双变量系统	单变量系统	无变量系统
冰 水 水蒸气	冰 $\rightleftharpoons$ 水 冰 $\rightleftharpoons$ 水蒸气 水 $\rightleftharpoons$ 水蒸气	水 $\rightleftharpoons$ 水蒸气 $\rightleftharpoons$ 冰 $\rightleftharpoons$ 水

由于 F 不可能为负值，所以单组分系统不可能有四相共存。由于单组分系统最大自由度为 2，可用平面图表示相平衡时 $p-T$ 关系。

水是人们最熟悉的物质之一，因此其相图也是最早获得研究的相图之一。测定不同温度下水的相平衡数据，实验数据如表 3-4 所示。

表 3-4 水的压力-温度平衡数据

温度/℃	体系的水蒸气压力/kPa		水 $\rightleftharpoons$ 冰/kPa
	水 $\rightleftharpoons$ 水蒸气	冰 $\rightleftharpoons$ 水蒸气	
-20	0.126	0.103	1.935×10^5
-15	0.191	0.165	1.560×10^5
-10	0.287	0.260	1.104×10^5
-5	0.422	0.414	5.98×10^4

续表

温度/℃	体系的水蒸气压力/kPa		水⇌冰/kPa
	水⇌水蒸气	冰⇌水蒸气	
0.01	0.610	0.610	0.610
20	2.338	—	—
100	101.325	—	—
200	1554.4	—	—
300	8590.3	—	—
374	2.206×10^4	—	—

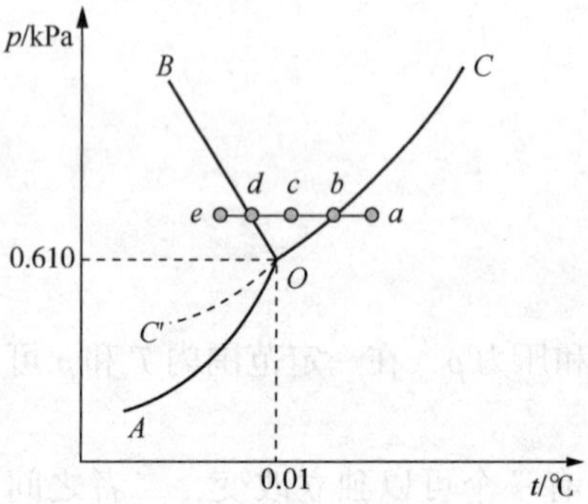

图 3-8　水的相图

根据表 3-3 的数据，以温度为横坐标，压力为纵坐标，可画出水的 p-T 图，如图 3-8 所示。

说明：① 两相平衡线。OC 线表示水和水蒸气的平衡，称为水的饱和蒸气压曲线。OA 线表示冰和水蒸气的平衡，称为冰的饱和蒸气压曲线。OB 线表示冰和水的平衡，称为冰的熔点曲线。OB 线切线的斜率小于 0，说明压力增大，冰的熔点降低。这是因为当冰融化成水时，体积缩小，由克拉佩龙方程：

$$\frac{dp}{dT}=\frac{\Delta_s^l H_m}{T\Delta_s^l V_m} \tag{3-25}$$

式中，冰的摩尔熔化焓 $\Delta_s^l H_m>0$，而 $\Delta_s^l V_m<0$，即$\frac{dp}{dT}<0$，所以压力增大会导致冰的熔点降低。而 OA 线和 OC 线切线的斜率均大于 0，说明随温度的升高，水和冰的饱和蒸气压都升高。三种两相平衡的 $P=2$，$F=1-2+2=1$，表示要指明单组分两相系统的状态，只需指明 T 或 P 中的一个量，二者有依赖关系。

三条两相平衡线将相区分为三部分。AOC 扇面区为气相区，BOC 扇面区为液相区，AOB 扇面区为固相区。三个单相区的 $P=1$，$F=1-1+2=2$，表示要指明单组分单相系统的状态，必须同时指明 T 和 P 两个变量。

② 三相点与冰点。O 点被称为三相点，水的三相点是水在它自己的蒸气压下的凝固点。此时系统内冰、水、水蒸气三相平衡，自由度为 0，系统的温度为 0.01℃、压力为 0.610kPa。水的三相点与冰点不同，冰点是在 101.325kPa 压力下被空气饱和了的水的凝固点，温度为 0℃。冰点比三相点温度低主要是由于压力从 0.610kPa 增加到 101.325kPa，使凝固点降低 0.0075℃；此外，空气在水中具有一定的浓度又使凝固点(根据稀溶液的依数性)降低 0.0023℃；这两种效应的叠加使得水的冰点比三相点低 0.0098℃，约等于 0.01℃。

③ 亚稳平衡。从相图可以看出，H_2O 在−20℃至 0.01℃间的稳定相态为冰，但有时液态水降温至此区间时不结冰，而是以过冷水的形式出现，其相图为图 3-8 中的 OC' 线，这条线表示过冷水的饱和蒸气压曲线。过冷水的饱和蒸气压曲线和前面讲的水的饱和蒸气压曲线实际上是一条曲线。过冷水的化学势大于冰的化学势，故过冷水能自发的转变成冰。过冷水与其饱和蒸气的平衡不是稳定平衡，但它又可以在一定时间内相对稳定存在，故称之为亚稳平

衡，并以虚线 OC' 表示。

④ 临界状态。OC 线不能无限延长，终于临界点(C 点)，如果越过 C 点，H_2O 不再是液态或者气态，而是超临界状态，是一种新的相态。

R19 神秘的超临界二氧化碳
——单组分系统相图的应用

R20 黄子卿

(2) 相图的应用

应用相图可以说明指定系统在外界条件改变时相变化的情况。例如，在一个带活塞的气缸内盛有 120℃、101.325kPa 的水蒸气，此系统的状态相当于图 3-8 中的 a 点。在相图中这种表示系统状态的点称为系统点。在恒定 101.325kPa 压力下，将系统冷却，最后达到 -10℃，即图中的点 e。在冷却过程中，系统点将沿 ae 线移动。由于压力恒定，ae 线为水平线。由图可知，当缓慢冷却至水的正常沸点 100℃，系统点到达 b 点时，水蒸气开始凝结。此时两相平衡，因压力已固定，故温度保持不变，直到水蒸气全部凝结成水。继续冷却，系统点进入水的相区，如到达 c 点时，表示为水。冷却到达 d 点时，温度为 0.0025℃，水开始凝固，在凝固过程中，系统的温度不变，直到水全部凝固成冰。再冷却系统点进入冰的相区，最后到达 -10℃ 的 e 点。

分析水的相图，填写各区域 H_2O 的稳定相态和自由度于表 3-5 中。

表 3-5 水在各区域的稳定相态及自由度

区域	OA 线	OB 线	OC 线	O 点	AOC 面	BOC 面	AOB 面
稳定相态							
自由度							

3-20 二组分理想液态混合物的气-液平衡相图

将相律应用于二组分系统，$F=2-P+2$，$0 \leqslant F \leqslant 3$，$1 \leqslant P \leqslant 4$，二组分系统最多可四相共存，描述二组分系统的变量有 T、p 和 x，需要用三个坐标的立体图描述二组分系统的相平衡状态。为了使用方便，通常恒定一个变量 T 或 p，相律变为 $F=2-P+1$，F 最大为 2，可以用平面图来表示。例如温度恒定时的 $p-x$ 图，压力恒定时的 $T-x$ 图。

(1) 理想液态混合物气-液平衡的 $p-x$ 图

如果 A 和 B 两种液体是完全互溶的理想液态混合物，则 A 和 B 在全部组成范围内的平衡分压均符合拉乌尔定律。则各组分的分压、气相总压与气、液相组成的关系如下：

A 组分分压：
$$p_A = p_A^* x_A = p_A^* (1-x_B) \tag{3-26}$$

B 组分分压：
$$p_B = p_B^* x_B \tag{3-27}$$

气相总压：
$$p = p_A + p_B = p_A^* (1-x_B) + p_B^* x_B = p_A^* + (p_B^* - p_A^*) x_B \tag{3-28}$$

$$y_A=\frac{p_A}{p}=\frac{p_A^*(1-x_B)}{p_A^*+(p_B^*-p_A^*)x_B} \tag{3-29}$$

$$y_B=\frac{p_B}{p}=\frac{p_B^* x_B}{p_A^*+(p_B^*-p_A^*)x_B} \tag{3-30}$$

p_A-x_A，p_B-x_B，$p-x_B$ 均为直线关系。现以甲苯(A)和苯(B)组成的理想液态混合物系统为例，已知在100℃时，$p_A^*=74.17\text{kPa}$，$p_B^*=180.1\text{kPa}$，即 $p_A^*<p_B^*$，以组成为横坐标、压力为纵坐标，将上述关系作图，如图 3-9 所示。

图中气相总压 p 随液相组成 x_B 变化的线称为液相线($p-x$ 线)，此线为直线。气相总压 p 与气相组成 y_B 的线称为气相线($p-y_B$线)。由式(3-30)可知，总压 p 与 y_B 成曲线关系。将这两条线绘于一张图上，如图 3-10 所示。

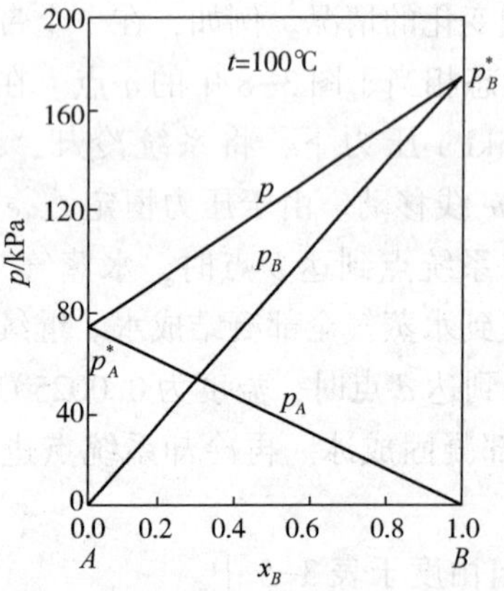

图 3-9　理想液态混合物甲苯(A)-苯(B)系统蒸气总压与液相组成的关系

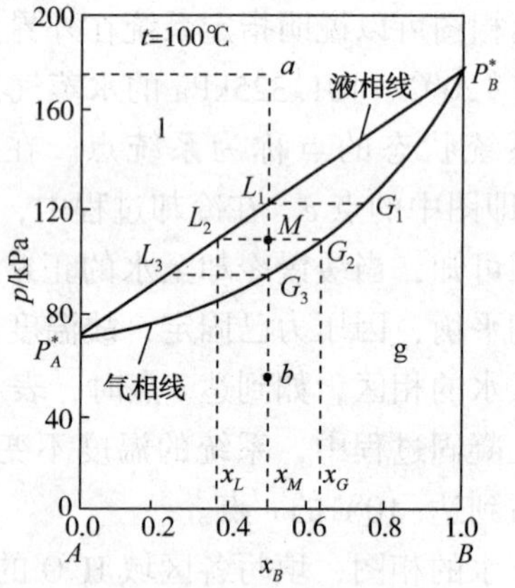

图 3-10　理想液态混合物的压力-组成图(甲苯-苯系统)

分析图 3-10 可知，液相线以上区域为液相区；气相线以下区域为气相区；液相线和气相线之间为气、液两相平衡共存区。

由于 T 恒定，$F=C-P+1$，可知，在单相区内 $F=2$，压力和组成可以在一定范围内独立改变。在两相区内 $F=1$，压力和气相组成、液相组成只有一个是独立改变的。

二组分理想液态混合物的压力-组成图的液相线是直线，气相线是曲线；$p_B^*>p>p_A^*$，即蒸气总压介于两纯组分的饱和蒸气压之间；由式 $p_B^*>p>p_A^*$，结合式(3-26)～式(3-30)可知，$y_B=\frac{p_B}{p}=\frac{p_B^* x_B}{p}$，$y_A=\frac{p_A}{p}=\frac{p_A^* x_A}{p}$，$y_B>x_B$，$y_A<x_A$，即理想液态混合物中易挥发组分在平衡气相中的组成总是大于它在液相中的组成。

应用相图可以了解指定系统在外界条件改变时的相变化情况。例如，将总组成为x_M的 A、B 二组分系统置于一带活塞的导热气缸中，气缸置于100℃恒温槽中恒温，系统压力为175kPa，系统的状态点相当于图 3-10 中的 a 点(描述系统状态的点称为系统点)。压力逐渐降低，系统点在到达 L_1点之前始终是液相。到达L_1点后，系统进入气-液平衡两相区，液体开始蒸发，最初形成的蒸气相的状态如图中的G_1点所示，在两相区内，随着压力的不断降低，液体不断蒸发，液相状态点沿液相线向 L_2点移动，气相状态点沿气相线向 G_2点移动。当系统点到达 M 点时，液相状态点为 L_2点，气相状态点为 G_2点，L_2点和G_2点都称为相点。

两相平衡相点的连接线称为结线，例如 L_2G_2 线。当压力继续降低，系统点到达 G_3 点时，液相全部蒸发为蒸气，最后一滴液体的状态点如 L_3 点所示。之后系统进入气相区，从 G_3 点至 b 点的过程为气相减压过程。

应当指出，当系统点由 L_1 点变化到 G_3 点的整个过程中，系统内部始终是气、液两相共存，但平衡两相的组成和两相的相对数量均随压力而改变。平衡两相相对数量的计算，可依据杠杆规则。

(2) 理想液态混合物气-液平衡相图(沸点-组成图)

恒定压力下表示二组分系统气-液平衡时的温度与组成关系的相图，叫作温度-组成图($T-x$)，如图 3-11 所示。$T-x$ 图可通过实验测定气-液平衡时的 T 及气、液两相组成直接绘制。

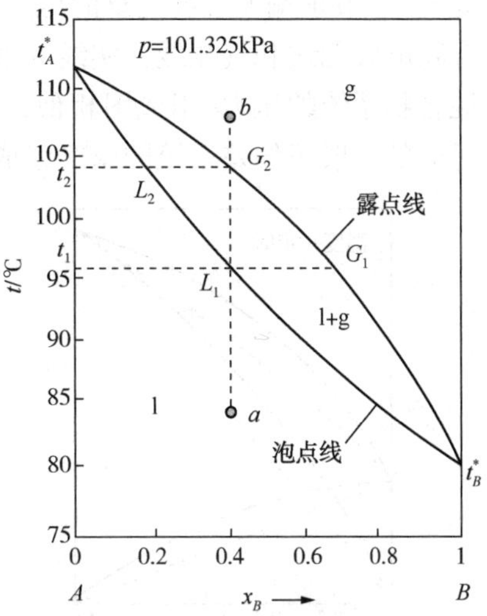

图 3-11 理想液态混合物的温度-组成图(甲苯-苯系统)

$T-x$ 图与 $p-x$ 图图形刚好相反，$T-x$ 图液相线在下，气相线在上，两线之间为气液两相平衡共存区。两线相交于 t_A^* 和 t_B^* 两点。难挥发组分 A 的饱和蒸气压小，沸点高；易挥发组分 B 的饱和蒸气压大，沸点低。

液相线也称泡点线，一定组成的溶液加热达到线上温度可沸腾起泡。

气相线也称露点线，一定组成的气体冷却达到线上温度时开始出现像露珠一样的液体。

3-21 杠杆规则

杠杆规则：描述多组分系统两相平衡时，两相数量之比与两相组成、系统总组成之间的关系。图 3-10 中的系统点为 M(对应系统总组成为 x_M)，液相点为 L_2(对应液相组成为 x_L)，气相点为 G_2(对应气相组成为 x_G)，两相物质的量分别为 n_L 和 n_G。则杠杆规则为

$$\frac{n_G}{n_L}=\frac{x_M-x_L}{x_G-x_M} \tag{3-31}$$

杠杆规则中若用质量分数代替摩尔分数时，则式(3-31)中各物质的量也要替换成相应的质量。

3-22 二组分真实液态混合物的气-液平衡相图

绝大多数二组分液态完全互溶系统并不完全符合理想液态混合物行为，其组分的蒸气压对拉乌尔定律产生偏差，此类系统称为真实液态混合物。对于真实液态混合物，如果组分的蒸气压大于按拉乌尔定律计算的值，则属于正偏差。反之，则属于负偏差。根据实际测得的蒸气总压与按拉乌尔定律计算的平衡蒸气总压的偏差程度，真实液态混合物可分为一般正偏差、一般负偏差、最大正偏差和最大负偏差四种类型。

(1) 一般正偏差系统

若在全部组成范围内(0~1 之间)，实际蒸气总压($p_{实际}$)比按拉乌尔定律计算的蒸气总

压($p_{理想}$)大，且 $p_{实际}$ 均介于两个纯组分的饱和蒸气压之间，这样的系统即为一般正偏差。

一般正偏差系统，其压力-组成图的液相线如图 3-12(a)所示，图中下面两条虚线为按拉乌尔定律计算的两个组分的蒸气分压值，最上面一条虚线为各浓度下按拉乌尔定律计算的蒸气总压值；图中三条实线为相应的实验值(本节后面几个图中的虚线、实线意义与此相同)。一般正偏差系统完整的压力-组成图，如图 3-12(b)所示，两虚线分别为理想液态混合物的液相线和气相线，实线为根据实验值绘制的液、气相线。一般正偏差系统与理想液态混合物系统的压力-组成图相似；主要的差别是液相线不是直线，而是略向上凸起的曲线。对应的一般正偏差系统的温度组成图如图 3-12(c)所示。

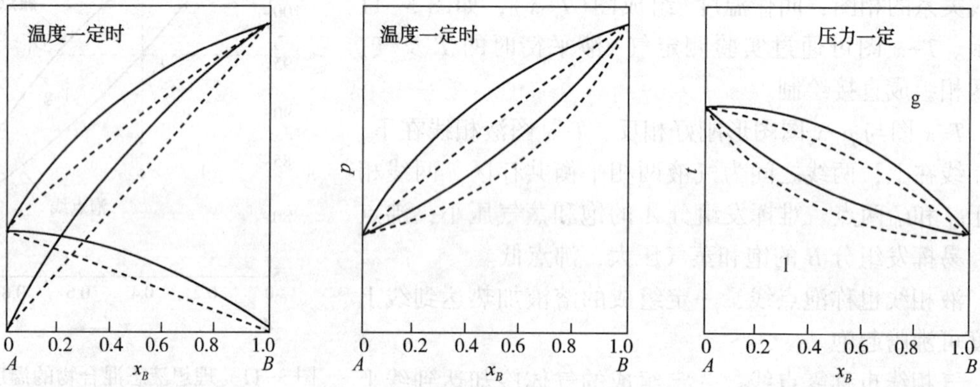

(a) p与$x_{B,L}$的关系　(b) 压力-组成图　(c) 温度-组成图

图 3-12　一般正偏差系统

(2) 一般负偏差系统

若在全部组成范围内(0~1 之间)，实际蒸气总压 $p_{实际}$ 比按拉乌尔定律计算的蒸气总压 $p_{理想}$ 小，且 $p_{实际}$ 均介于两个纯组分的饱和蒸气压之间，这样的系统即为一般负偏差。

一般负偏差系统，其压力-组成图的液相线如图 3-13(a)所示。一般负偏差系统完整的压力-组成图，如图 3-13(b)所示。一般负偏差系统与理想液态混合物系统的压力-组成图相似；主要的差别是液相线不是直线，而是略向下凹的曲线。对应的一般负偏差系统的温度组成图如图 3-13(c)所示。

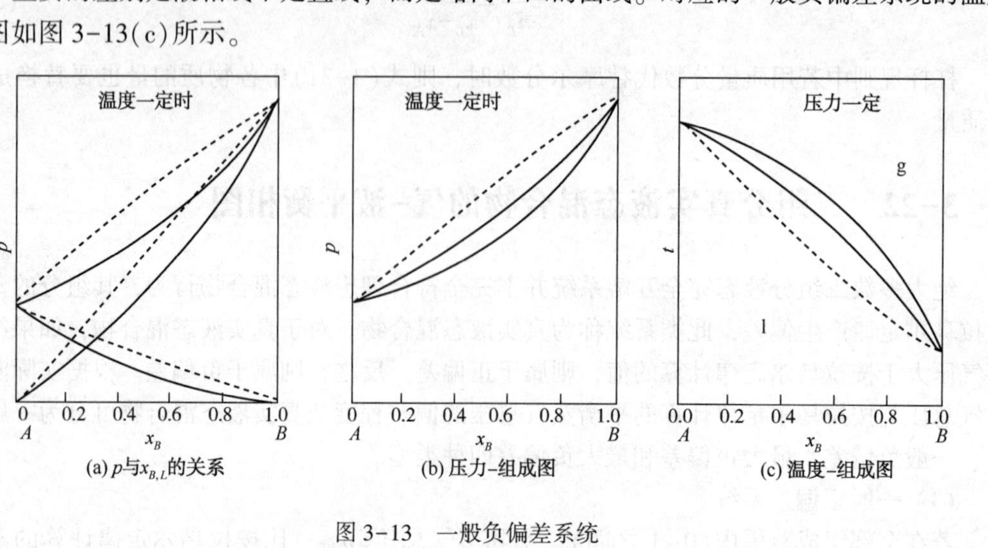

(a) p与$x_{B,L}$的关系　(b) 压力-组成图　(c) 温度-组成图

图 3-13　一般负偏差系统

(3) 最大正偏差系统

若在某一组成范围内蒸气总压比任一组分的饱和蒸气压还大，在 $p-x$ 图上有最高点的系统称为最大正偏差系统。

最大正偏差系统的蒸气压与液相组成的关系如图 3-14(a)所示；完整的压力-组成图如图 3-14(b)所示，液相线和气相线在最高点处相切。B 比 A 易挥发，在最高点左侧，易挥发组分在气相中的含量大于它在液相中的含量($x_B<y_B$)；在最高点右侧，易挥发组分在气相中的含量小于它在液相中的含量($x_B>y_B$)。对应的最大正偏差系统的温度组成图如图 3-14(c)所示。最大正偏差系统的温度-组成图上出现最低点，在此点气相线和液相线相切。对于此点组成的液相，在该指定压力下沸腾时产生的气相与液相组成相同，故沸腾时温度恒定，称为最低恒沸点，该组成的混合物称为恒沸混合物。

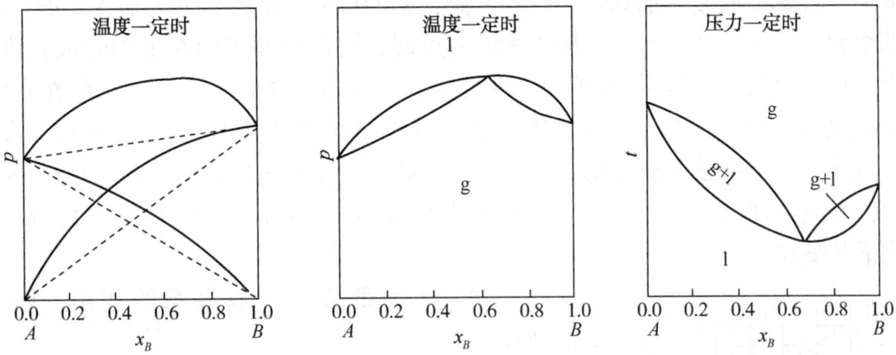

(a) p与$x_{B,L}$的关系　(b) 压力-组成图　(c) 温度-组成图

图 3-14　最大正偏差系统

(4) 最大负偏差系统

若在某一组成范围内蒸气总压比任一组分的饱和蒸气压还小，在 $p-x$ 图上有最低点的系统称为最大负偏差系统。

最大负偏差系统的蒸气压与液相组成的关系如图 3-15(a)所示；完整的压力-组成图如图 3-15(b)所示，液相线和气相线在最低点处相切。B 比 A 易挥发，在最低点左侧，易挥发组分在气相中的含量小于它在液相中的含量($x_B>y_B$)；在最低点右侧，易挥发组分在气相中的含量大于它在液相中的含量($x_B<y_B$)。

对应的最大负偏差系统的温度组成图如图 3-15(c)所示，最高点称为最高恒沸点。

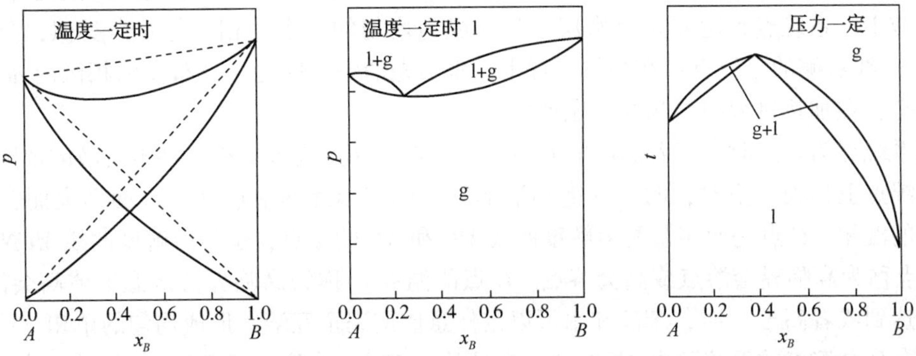

(a) p与$x_{B,L}$的关系　(b) 压力-组成图　(c) 温度-组成图

图 3-15　最大负偏差系统

对于纯组分液体而言，其沸点在恒定压力下保持恒定不变。恒沸混合物的组成取决于压力，压力一定，则恒沸混合物的组成一定。压力改变，恒沸混合物的组成改变，甚至恒沸点可以消失。

精馏原理及应用见拓展阅读 3.12。

3-23　二组分液态部分互溶系统的气-液平衡相图

(1) 部分互溶液体的相互溶解度

根据相似相溶原理，当两种液体性质相差较大时，它们不能完全互溶，只能部分互溶，具有一定的饱和溶解度。下面以水-苯酚二组分部分互溶系统为例介绍此类系统的相图。在恒定温度下，将苯酚慢慢滴加到水中，一开始，苯酚可完全溶解。继续加入苯酚，水中苯酚浓度逐渐增大，当达到苯酚在水中的饱和溶解度时，可以得到苯酚在水中的饱和溶液(苯酚的浓度为 l_1)。此后，如果再加入苯酚，系统就会出现两个液层：一层是苯酚在水中的饱和溶液(简称水层)，另一层是水在苯酚中的饱和溶液(简称苯酚层)。这两个平衡共存的液层，称为共轭溶液。如果继续滴加苯酚，苯酚层越来越多，水层越来越少，整个系统中水的浓度越来越少，当其浓度刚好达到水在苯酚中的饱和溶解度时(苯酚的浓度为 l_2)，水层刚好消失，只剩下苯酚层。

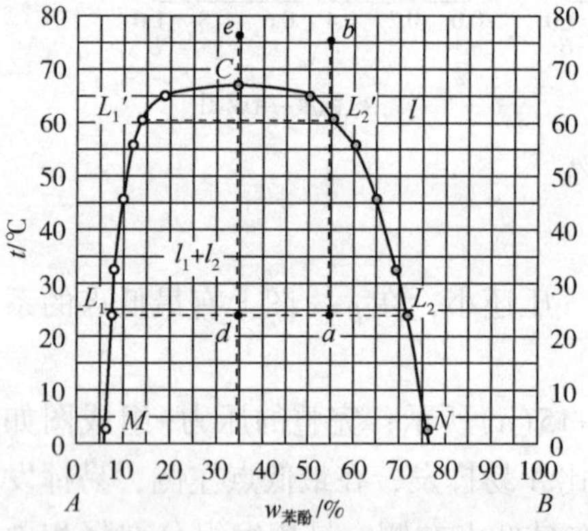

图 3-16　水(A)-苯酚(B)系统的部分互溶相图

水-苯酚部分互溶双液系的相图，如图 3-16 所示。

图中 MC 为苯酚在水中的饱和溶解度曲线，NC 为水在苯酚中的饱和溶解度曲线。溶解度曲线以外($w_B < l_1$ 和 $w_B > l_2$)为单液相区，曲线以内($l_1 < w_B < l_2$)为液-液两相平衡区。当系统点为图中的 a 点时，两个液相(共轭溶液)平衡共存，其组成分别为 L_1 和 L_2 两个相点对应的组成。

若对系统加热，随着温度的升高，系统点由 a 点逐渐上移至 b 点，在此过程中，两液体的相互溶解度增加，共轭溶液的两个相点分别沿各自的溶解度曲线 MC 和 NC 改变，同时两个液层的相对量可以根据杠杆规则计算。可以看出，苯酚层的量逐渐增多，水层的量逐渐减少。系统点到达 L_2' 点时水层消失，成为均匀的一个液相。与 a 点类似，分布在两相区内 de 线右侧的系统点，在加热过程中，水层先消失。反之，分布在两相区内 de 线左侧的系统点，在加热过程中，苯酚层先消失。

当系统点为 d 点时，随着温度的升高，系统点由 d 点逐渐上移，共轭溶液的浓度逐渐接近；系统点上移到 C 点时，两相的饱和溶解度相同，因此两液层间的界面消失而合并成一个均匀的液相。C 点是两相苯酚溶解度曲线 MC 和 NC 的交点，也是溶解度曲线 MCN 的极高点，C 点称为高临界会溶点或高会溶点。C 点的温度 t_c 称为高临界会溶温度或高会溶温度。当温度达到或者高于 t_c 时，苯酚和水可以按任意比例完全互溶，形成均匀的单相。

具有高会溶点的系统除水-苯酚外，常见的还有水-苯胺，正己烷-硝基苯，水-正丁醇等系统。

此外，二组分部分互溶系统还有以下几种类型：

① 对于一些系统，两液体相互溶解度随温度升高而降低。水-三乙基胺系统属于此类型。常压时，水-三乙基胺在18℃以下两组分能按任意比例完全互溶，但在18℃以上却只能部分互溶，成为两个共轭溶液。18℃是这两个液体的会溶温度，也就是低临界会溶点或低会溶点，如图3-17(a)所示。

② 对于一些系统，两液体具有两个会溶温度。水-烟碱系统属于此类型。常压时，水-烟碱在60.8℃以下完全互溶，在208℃以上也完全互溶，但在60.8~208℃之间却部分互溶。这样的系统的溶解度曲线是闭合的，有高会溶点和低会溶点两个会溶点，如图3-17(b)所示。

③ 对于一些系统，两液体具有两个会溶温度，但溶解度曲线不是闭合的。例如苯-硫系统，在163℃以下部分互溶，在226℃以上也部分互溶，但在这两个温度之间却完全互溶。此类系统的低会溶点位于高会溶点的上方，如图3-17(c)所示。

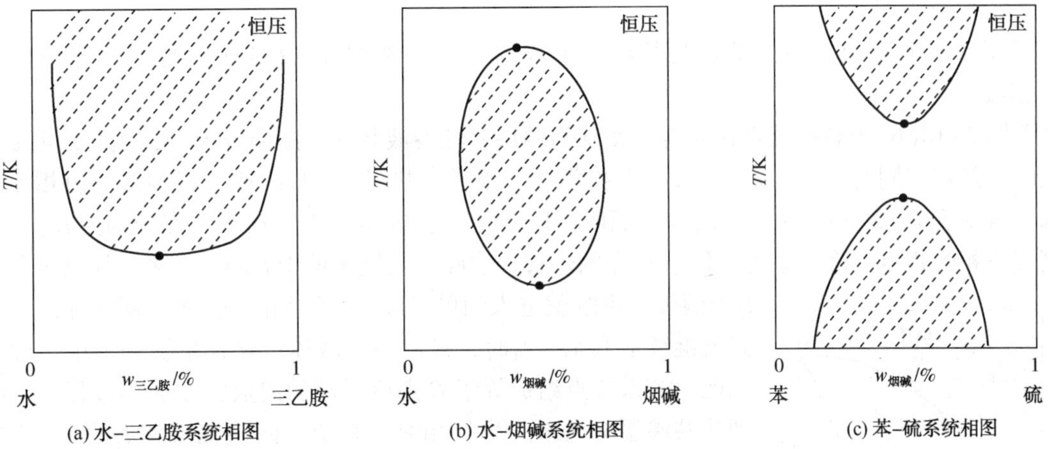

图3-17 部分互溶系统相互溶解度图

(2) 部分互溶系统的温度-组成图

在温度恒定条件下，将适量的共轭溶液置于一真空容器中，溶液会发生汽化，系统最终达到气相、液相、另一液相三相平衡。气相既与这一液相达到平衡，又与另一液相达到平衡；系统的压力，同为两共轭液相的饱和蒸气压。此时，两液相组成(两相浓度是各自的饱和溶解度)、气相组成和系统的压力均为定值。

水-正丁醇系统也属于部分互溶系统，如果持续加热，系统温度继续升高，则系统达到一定温度后其饱和蒸气压等于外压，出现气相，其相图如图3-18(a)所示。该相图可以看成是具有最低共沸点的相图与部分互溶双液系相图的组合。若降低系统压力，溶液的沸点降低，图3-18(a)中的气液两相平衡的梭形区域将下压，最终部分互溶液-液相图与气-液相图汇合，例如在102.325kPa下将水-正丁醇系统的相图如图3-18(b)所示。

在图3-18(b)中，P点和Q点分别为纯水和纯正丁醇的沸点，L_1、L_2和G点分别为三相平衡时正丁醇在水中的饱和溶液、水在正丁醇中的饱和溶液和饱和蒸气三个相点。L_1M线和L_2N线为两液体的相互溶解度曲线。PL_1线表示正丁醇溶于水所形成溶液的沸点与其液相组成关系的液相线，PG线为与PL_1线相对应的气相线；QL_2线表示水

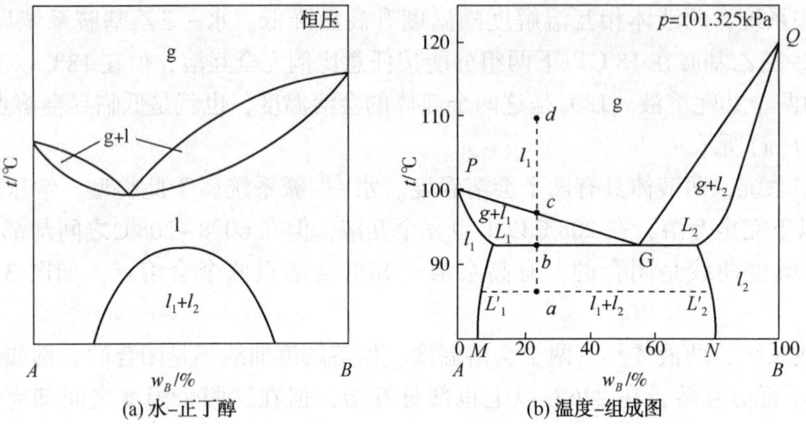

图 3-18　水(*A*)-正丁醇(*B*)系统的温度-组成图

溶于正丁醇所形成溶液的沸点与其液相组成的关系的液相线，QG 线为与 QL_2 线对应的气相线。

图 3-18(b)中若系统点在 a 点，系统为两层共轭溶液共存。随温度上升，当系统到达 b 点时，两液层同时沸腾，系统内 l_1、l_2 和蒸气三相平衡共存，L_1L_2 线称为三相线。由相律可知，自由度 $F=2-3+1=0$，所以 l_1、l_2 和蒸气三相的组成确定，L_1、L_2 和 G 点分别为 l_1、l_2 和蒸气三相的相点。因为系统点位于 G 点的左边，意味着共轭溶液中 l_1 的量较多，加热过程中 l_2 先消失，系统就进入到单一液相与气相的气-液平衡共存区。当温度继续上升至 c 点时，最后一滴液体汽化，系统进入单一的气相区。若系统点组成等于 G 点所对应的组成，在加热过程中，刚到达共沸温度尚未产生气相时，系统内两共轭液相 l_1 的量、l_2 的量之比等于线段长度 GL_2 与 L_1G 之比，共沸时，两液相也正是按照这一比例转变为气相 G，因此，两液相最终同时消失而成为单一的气相。

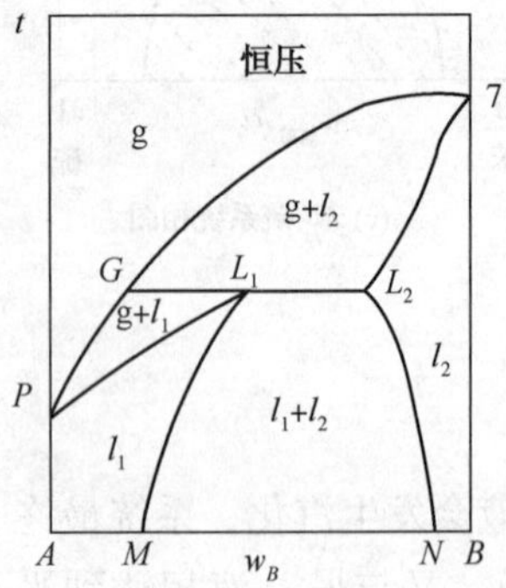

图 3-19　部分互溶系统的温度-组成图

部分互溶系统的温度-组成图有两种类型，图 3-18(b)为气相组成介于两液相组成之间，还有一类是气相组成位于两液相组成的同一侧的系统如图 3-19 所示。各区域的稳定相与 3-18(b)中一致。只是当 l_1、l_2 的共轭溶液加热至三相平衡线所示温度时，l_1 转变为气相(相点为 G)和 l_2(相点为 L_2)。

$$l_1 \underset{\text{冷却}}{\overset{\text{加热}}{\rightleftharpoons}} g+l_2$$

3-24　二组分液态完全不互溶系统的气-液平衡相图

根据相似相溶原理，当两种液体的性质相差极大时，它们之间的相互溶解度非常之小，这两种液体形成的系统称为完全不互溶系统。水和一些极性很小的有机液体形成的系统就属于这一类。下面我们将介绍二组分完全不互溶液体的温度-组成图。

在一定外压下，将两个完全不互溶液体组成的二组分系统加热，当温度升高，系统蒸气压 $p=p_A^*+p_B^*$ 也将增大；当在某一温度下 p 等于外压时，两液体层同时沸腾，这一温度称为共沸点。因为 p 大于 p_A^* 和 p_B^*，所以，在同样外压下，不互溶液体系统共沸点低于两纯液体各自的沸点。在恒定外压下，完全不互溶系统的温度-组成图如图 3-20 所示。各区域的稳定相态已在图中标注。若系统点位于 G 点的左侧如 a 点，加热过程中液体 B 先消失。若系统点位于 G 点的右侧，则加热过程中液体 A 先消失。若系统点恰好对应 G 点所示组成，则加热过程中液体 A 和液体 B 同时消失。

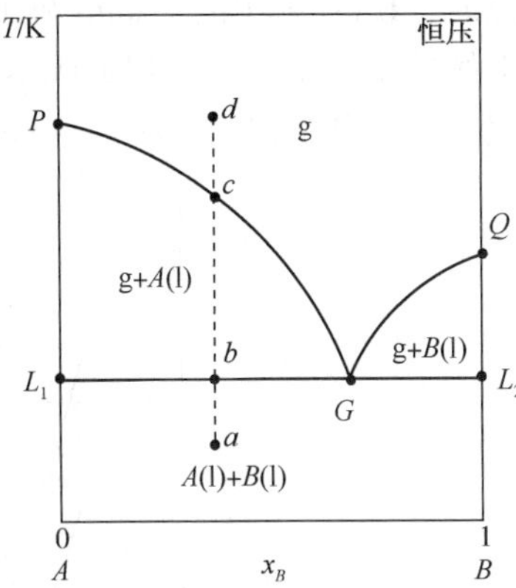

图 3-20　完全不互溶系统的温度-组成图

完全不互溶系统气液平衡相图的应用——水蒸气蒸馏见拓展阅读 3.13。

3-25　二组分液态完全互溶而固态完全不互溶系统的液-固平衡相图

对于仅由液相和固相构成的凝聚系统，可忽略压力的影响，其相律形式为 $F=C-P+1$。二组分凝聚系统相图，一般均较复杂，本节中只介绍几种最典型的二组分凝聚系统相图，即二组分固态完全不互溶、液态完全互溶系统相图，以及生成稳定化合物系统相图。读者可在此基础上参考其他文献了解凝聚态复杂的相图。

热分析法是绘制凝聚系统相图的常用方法，其原理是根据系统在冷却过程中温度随时间的变化情况来判断系统中是否发生了相变。具体操作为将不同组成的二元固体混合物加热成熔融状态，然后让其缓慢冷却，记录温度随时间变化的曲线（称为步冷曲线或冷却曲线）。测出若干个组成不同的系统的冷却曲线，就可绘制出相图。

下面以 Bi-Cd 系统（液态完全互溶而固态完全不互溶）为例予以说明。

图 3-21(a) 中的 a 线是纯 Bi 的步冷曲线，aa_1 段是液体 Bi 的降温过程，相律为 $F=1-1+1=1$。达 a_1 点时，Bi(s) 开始析出，此过程凝固热补偿向环境散热，故温度不变，其相律为 $F=1-2+1=0$，a_1 点对应的温度 273℃ 是纯 Bi 的凝固点。a_1a_1' 段表示 Bi(s) 不断析出，直到液相完全凝固。a_1' 点为液相消失的点。a_1' 点以后为 Bi(s) 的降温过程，其相律为 $F=1-1+1=1$。e 线是纯 Cd 的步冷曲线，其形状与 a 线相似，水平段对应的温度是纯 Cd 的凝固点为 323℃。

b 线是含 20 %Cd 的 Bi-Cd 混合物的步冷曲线，bb_1 段表示液体混合物的降温过程，相律为 $F=2-1+1=2$。达 b_1 点时，Bi(s) 开始析出，此过程凝固热部分补偿了向环境散热，冷却速率变慢，步冷曲线的斜率变小，其相律为 $F=2-2+1=1$。由于 Bi(s) 的不断析出，故液相中 Bi 的含量不断减少，Cd 的含量不断增加，温度到达 b_2 点 140℃ 时，Cd(s) 也达饱和状态，Bi(s) 和 Cd(s) 同时析出（低共熔混合物），此时三相平衡，$F=2-3+1=0$。继续冷却，温度和三相组成不会改变，直到液相消失。b_2' 点为液相消失的点。b_2' 点以后为 Bi(s)-Cd(s) 混合物的降温过程，其相律为 $F=2-2+1=1$。

d 线是含 70 %Cd 的 Bi-Cd 混合物的步冷曲线，其形状与 b 线相似，不同的是达 d_1 点时，析出的是 Cd(s)，三相共存的温度也是 140℃。

c 线是含 40 %Cd 的 Bi-Cd 混合物的步冷曲线，cc_1 段表示液体混合物的降温过程，达 c_1

点时，Bi(s)和 Cd(s)同时析出，此时三相共存，其相律为 $F=2-3+1=0$，温度也是 140℃。继续冷却，温度和三相组成不会改变，直到液相消失。c_1'点以后为 Bi(s)-Cd(s)混合物的降温过程，其相律为 $F=2-2+1=1$。

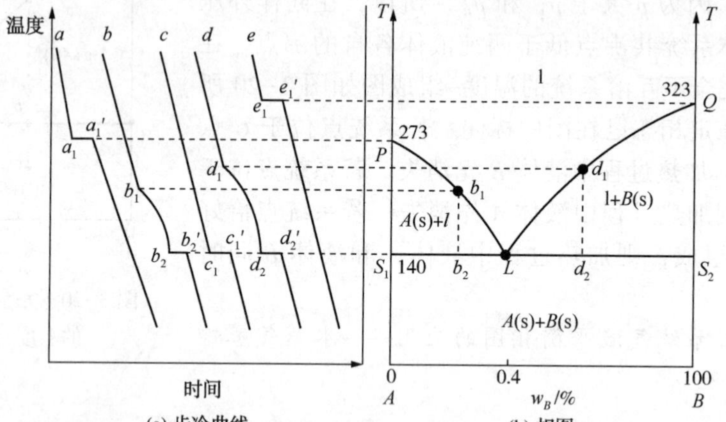

图 3-21　Bi-Cd 系统的步冷曲线与相图

由系统各步冷曲线的拐点和水平段的温度及相应的系统组成描绘在 $T-x$ 图，众多实验点的合理连接就可得到二组分系统的液-固平衡相图。

图 3-21(b)中 P 点为纯 A 的凝固点，Q 点为纯 B 的凝固点。PL 线和 QL 线以上区域为单一液相区，此时 $F=2$。PL 线表示析出固体 A 的温度(凝固点)与液相组成的关系，也就是 A 的凝固点降低曲线。两组分熔融态中析出固体意味着某组分在溶液中达到饱和，所以 PL 线也可以理解为固体 A 在液态 B 中的溶解度曲线。同理，QL 线为 B 的凝固点降低曲线，或固体 B 在液体 A 中的溶解度曲线。

L 点是 PL 线和 QL 线的交点，若对与 L 点组成一样的液相降温，当系统点下移至 L 点时，液相对 Bi 和 Cd 均达到饱和，此时的液相即按一固定比例(此温度下的溶解度)同时析出固体 Bi 和固体 Cd。此时，系统三相共存，所以 S_1S_2 线称为三相线。根据相律 $F=2-3+1=0$，温度和三个相的组成都保持不变，只有冷却到液相 L 完全凝固为固体后，温度才会下降。反之，若对与 L 点组成一样的固相加热，当系统点上移至 L 点时，固相中的固体 Bi 和固体 Cd 同时熔化。因此，L 点对应的温度称为低共熔点，对应的两相固体混合物称为低共熔混合物。不难看出，低共熔点是此类液相能够存在的最低温度，亦是固相 Bi 和固相 Cd 能够同时熔化的最低温度。

PL 线、S_1L 线和左边纵坐标围成的封闭区域是固体 Bi 和液相的两相区。同理，QL 线、LS_2 线和右边纵坐标围成的封闭区域是固体 Cd 和液相的两相区。S_1S_2 线以下的区域的温度已经低于低共溶点，液体已经全部凝固，所以该区域是固体 Bi 和固体 Cd 的两相区。根据相律，在这三个两相区内 $F=2-2+1=1$，温度为独立变量。

结晶法分离盐类——溶解度法绘制的水盐系统相图的应用见拓展阅读 3.14；生成稳定化合物的二组分凝聚系统相图见拓展阅读 3.15；生成不稳定化合物的二组分凝聚系统相图见拓展阅读 3.16；锡焊技术——二组分固态部分互溶系统相图的应用见拓展阅读 3.17；二组分固态完全互溶系统的相图见拓展阅读 3.18。

R21 氯苯硝化产物对硝基氯苯和
邻硝基氯苯的分离——两个相图的综合应用

R22 为什么化工园区
不用管道输送纯硫酸

第二部分　典型例题

【例 3-1】 有一水和乙醇形成的溶液，其中水的摩尔分数为 0.4，乙醇的偏摩尔体积为 $57.50\text{cm}^3\cdot\text{mol}^{-1}$，溶液的密度为 $0.8494\text{g}\cdot\text{cm}^{-3}$，计算此溶液中水的偏摩尔体积。

解： 取含有 0.4mol 水和 0.6mol 乙醇的溶液为系统，其体积可通过下式进行计算：

$$V=\frac{n_{\text{水}}M_{\text{水}}+n_{\text{乙醇}}M_{\text{乙醇}}}{\rho}=\frac{0.4\text{mol}\times18.02\text{g}\cdot\text{mol}^{-1}+0.6\text{mol}\times46.05\text{g}\cdot\text{mol}^{-1}}{0.8494\text{g}\cdot\text{cm}^{-3}}=40.97\text{cm}^3$$

则
$$40.97\text{cm}^3=0.4\text{mol}\times V_{\text{水}}+0.6\text{mol}\times57.50\text{cm}^3\cdot\text{mol}^{-1}$$

解得
$$V_{\text{水}}=\left(\frac{40.97-0.6\times57.50}{0.4}\right)\text{cm}^3\cdot\text{mol}^{-1}=16.18\ \text{cm}^3\cdot\text{mol}^{-1}$$

【例 3-2】 在 25℃下，1kg 水(A)中溶解有醋酸(B)，当醋酸的质量摩尔浓度 b_B 介于 $0.16\text{mol}\cdot\text{kg}^{-1}$ 和 $2.5\text{mol}\cdot\text{kg}^{-1}$ 之间时，溶液的总体积 $V/\text{cm}^3=1002.935+51.832\{b_B/(\text{mol}\cdot\text{kg}^{-1})\}+0.1394\{b_B/\text{mol}\cdot\text{kg}^{-1}\}^2$。①把水($A$)和醋酸($B$)的偏摩尔体积分别表示成 b_B 的函数关系式；②求 $b_B=1.5\text{mol}\cdot\text{kg}^{-1}$ 时水和醋酸的偏摩尔体积。

解： ①根据题意，取含有 1kg 水(A)和 $b_B$mol 的醋酸(B)为系统，则

$$V_B=\left(\frac{\partial V}{\partial n_B}\right)_{T,p,n_C}=\left(\frac{\partial V}{\partial b_B}\right)_{T,p,n_C}=\{51.832+0.2788[b_B/(\text{mol}\cdot\text{kg}^{-1})]\}\text{cm}^3\cdot\text{mol}^{-1}$$

由偏摩尔量的集合公式：$V=n_AV_A+n_BV_B$

$$V_A=\frac{V-n_BV_B}{n_A}=\frac{\{1002.935+51.832[b_B/(\text{mol}\cdot\text{kg}^{-1})]+0.1394\,[b_B/(\text{mol}\cdot\text{kg}^{-1})]^2\}\text{cm}^3-}{\dfrac{1000\text{g}}{18.02\text{g}\cdot\text{mol}^{-1}}}$$

$$\frac{\{[b_B/(\text{mol}\cdot\text{kg}^{-1})]\cdot\{51.832+0.2788[b_B/(\text{mol}\cdot\text{kg}^{-1})]\}\text{cm}^3}{\dfrac{1000\text{g}}{18.02\text{g}\cdot\text{mol}^{-1}}}$$

$$V_A=\{18.0681-0.0025\,[b_B/(\text{mol}\cdot\text{kg}^{-1})]^2\}\text{cm}^3\cdot\text{mol}^{-1}$$

② 将 $b_B=1.5\text{mol}\cdot\text{kg}^{-1}$ 分别代入 V_A 和 V_B 的函数关系式得

$$V_A=\{18.0681-0.0025[1.5/(\text{mol}\cdot\text{kg}^{-1})]^2\}\text{cm}^3\cdot\text{mol}^{-1}=18.0625\text{cm}^3\cdot\text{mol}^{-1}$$

$$V_B=\{51.832+0.2788[1.5/(\text{mol}\cdot\text{kg}^{-1})]^2\}\text{cm}^3\cdot\text{mol}^{-1}=52.250\text{cm}^3\cdot\text{mol}^{-1}$$

【例 3-3】 97.11℃时，纯水的饱和蒸气压为 91.3kPa。在此温度下，乙醇的质量分数为 3%的乙醇水溶液上，蒸气总压为 101.325kPa。今有另一乙醇的摩尔分数为 0.02 的乙醇水溶液，求此水溶液在 97.11℃下的蒸气总压。

解：两溶液均按乙醇在水中的稀溶液考虑。水(A)适用于拉乌尔定律，乙醇(B)适用于亨利定律。在97.11℃下纯水的饱和蒸气压p_A^*已知，乙醇在水中的亨利系数需要由题给质量分数3%的乙醇水溶液蒸气总压求出。所求溶液的组成以乙醇的摩尔分数表示，故要将题给质量分数换算成摩尔分数，求出。

以m_A、m_B分别代表溶液中水和乙醇的质量，M_A、M_B分别代表水和乙醇的摩尔质量。$M_A=18.015\text{g. mol}^{-1}$，$M_B=46.069\text{g. mol}^{-1}$。由质量分数换算成摩尔分数：

$$x_B=\frac{m_B/M_B}{m_A/M_A+m_B/M_B}=\frac{w_B/M_B}{w_A/M_A+w_B/M_B}$$

将$w_B=3\%$，$w_A=97\%$代入求得

$$x_B=\frac{3/46.069\text{g}\cdot\text{mol}^{-1}}{97/18.015\text{g}\cdot\text{mol}^{-1}+3/46.069\text{g}\cdot\text{mol}^{-1}}=0.01195$$

稀溶液蒸气总压与溶液中各组分摩尔分数的关系为

$$p=p_A+p_B=p_A^*x_A+k_Bx_B$$

对题给$w_B=3\%$的溶液，将$p_A=101.325\text{kPa}$，$p_A^*=91.3\text{kPa}$，$x_B=0.01195$，$x_A=1-x_B=1-0.01195=0.98805$代入，求得

$$k_B=(101.325\text{kPa}-91.3\text{kPa}\times0.98805)/0.0095=930\text{kPa}$$

再按上述由摩尔分数求总压公式，将$x_A=0.98$、$x_B=0.02$及p_A^*、$k_{x,B}$值代入，得所求溶液的总压为

$$p=p_A^*x_A+k_Bx_B=91.3\text{kPa}\times0.98+930\text{kPa}\times0.02=108.1\text{kPa}$$

【例3-4】 假定$C_6H_5Cl(A)$和$C_6H_5Br(B)$构成理想液态混合物。若该混合物在413.15K下，液态混合物上的平衡蒸气总压为101.325kPa，测得蒸气中组分A的摩尔分数$y_A=0.737$，而在液相中组分A的摩尔分数$x_A=0.596$，求在该温度下两种纯液体的饱和蒸气压。

解：

$$p_A=p_A^*x_A=p_{总}y_A,\ p_B=p_B^*x_B=p_{总}y_B$$

$$p_A^*=\frac{p_{总}y_A}{x_A}=\frac{101.325\text{kPa}\times0.737}{0.596}\text{kPa}=125.30\text{kPa}$$

$$p_B^*=\frac{p_{总}y_B}{x_B}=\frac{101.325\text{kPa}\times0.263}{0.404}\text{kPa}=65.96\text{kPa}$$

【例3-5】 由A和B形成的某真实液态混合物的正常沸点是60℃，A和B的活度因子分别是$f_A=1.3$，$f_B=1.6$，$a_A=0.6$，$p_A^*=53.33\text{kPa}$，试计算组分A的气相摩尔分数y_A和组分B的饱和蒸气压p_B^*。

解：

$$p_A=p_A^*a_A=py_A$$

得

$$y_A=\frac{p_A^*a_A}{p}=\frac{53.33\text{kPa}\times0.6}{101.325\text{kPa}}=0.32$$

由于

$$p_B=p_B^*a_B=p_B^*f_Bx_B$$

因此

$$p_B^*=\frac{p_B}{f_Bx_B}=\frac{p-p_A}{f_B(1-x_A)}=\frac{p-p_A^*a_A}{f_B\left(1-\frac{a_A}{f_A}\right)}=\frac{101.325\text{kPa}-53.33\text{kPa}\times0.6}{1.6\times\left(1-\frac{0.6}{1.3}\right)}\text{kPa}=80.04\text{kPa}$$

【例3-6】 当0.245g的苯甲酸溶解在25.0g苯中，测得溶液的凝固点降低了0.2048℃，试求苯甲酸在苯中的分子式。已知苯的$K_f=5.10\text{K}\cdot\text{mol}^{-1}\cdot\text{kg}$。

解： $$\Delta T_f=\frac{K_f m_B/M_B}{m_A}$$

$$0.2048\text{K}=\frac{5.10\text{K}\cdot\text{mol}^{-1}\cdot\text{kg}\times 0.245\text{g}}{25.0\text{g}\times 0.2048\text{K}}=0.244\text{kg}\cdot\text{mol}^{-1}$$

已知苯甲酸 C_6H_5COOH 的摩尔质量为 0.122kg · mol^{-1}，故苯甲酸在苯中的分子式为 $(C_6H_5COOH)_2$。

【例 3-7】 在 85℃，101.325kPa 下，苯(A)与甲苯(B)组成的液态混合物沸腾，该液态混合物可视为理想液态混合物，试计算该液态混合物的液相和气相组成。已知 85℃时甲苯的饱和蒸气压为 46kPa，苯的正常沸点为 80.1℃，摩尔汽化焓为 31.1kJ · mol^{-1}。

解： 先根据克-克方程求出 85℃时苯的饱和蒸气压

$$\ln\frac{p_A^*(358.15)}{p_A^*(353.25)}=-\frac{\Delta_l^g H_m}{R}\left(\frac{1}{358.15/\text{K}}-\frac{1}{353.25/\text{K}}\right)$$

$$\ln\frac{p_A^*(358.15)/\text{kPa}}{101.325}=-\frac{31100}{8.314}\left(\frac{1}{358.15}-\frac{1}{353.25}\right)$$

$$p_A^*(358.15)=117.12\text{kPa}$$

因为苯与甲苯形成理想液态混合物，因此二者均遵守拉乌尔定律。85℃时该液态混合物上方的蒸气压可用下式进行计算：

$$p_{总}=p_A^*(1-x_B)+p_B^*x_B$$

苯与甲苯的液态混合物在 101.325kPa、85℃时沸腾，表明此时 $p=101.325$kPa。

$$101.325=117.12(1-x_B)+46x_B$$

$$x_B=0.22 \qquad x_A=0.78$$

设气相中苯的摩尔分数为 $y_{苯}$，则由道尔顿分压定律和拉乌尔定律得

$$y_A=\frac{p_A^*x_A}{p}=\frac{116.924\text{kPa}\times 0.78}{101.325\text{kPa}}=0.90$$

$$y_B=1-y_B=1-0.90=0.10$$

【例 3-8】 仅由 $NaHCO_3(s)$ 部分分解，建立如下反应平衡：

$$2NaHCO_3(s)=\!=\!=Na_2CO_3(s)+CO_2(g)+H_2O(g)$$

试求系统的组分数 C 和自由度数 F。

解： 根据公式 $C=S-R-R'=4-1-1=2$

相律 $F=C-P+2=2-3+2=1$

【例 3-9】 碳酸钠和水可形成 $NaCO_3\cdot H_2O(s)$、$NaCO_3\cdot 7H_2O(s)$、$NaCO_3\cdot 10H_2O(s)$ 三种水合物。请回答下列问题：①在常压下，该系统共存的相数最多为多少？②在 303K 和常压下，与水蒸气平衡共存的含水盐最多有几种？

解： ①根据公式 $C=S-R-R'=5-3-0=2$

相律 $F=C-P+1=2-P+1=3-P$ 当 $F=0$ 时，P 最大为 3。

所以常压下该系统共存的相数最多为 3。

②$C=2$ 不变，相律 $F=C-P=2-P$，当 $F=0$ 时，P 最大为 2，那么水蒸气已有 1 相，与水蒸气平衡共存的含水盐(固相)最多只能有 1 种。

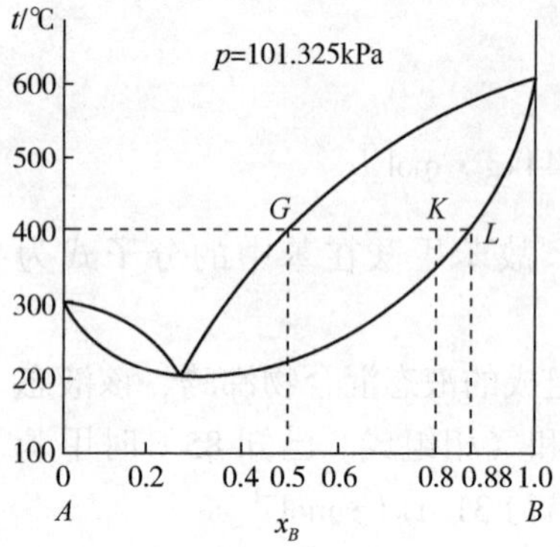

图 3-22

【例 3-10】 A 和 B 两种物质的混合物在 101325Pa 下沸点-组成图如图 3-22 所示，若将 1mol A 和 4mol B 混合，在 101325Pa 下先后加热到 $t_1=200℃$，$t_2=400℃$，$t_3=600℃$，根据沸点-组成图回答下列问题：

① 上述 3 个温度中，什么温度下平衡系统是两相平衡？哪两相平衡？各平衡相的组成是多少？各相的量是多少(mol)？

② 上述 3 个温度中，什么温度下平衡系统是单相？是什么相？

解：①$t_2=400℃$时，平衡系统是两相平衡。此时是液-气两相平衡。各平衡相的组成，如图 3-22 所示，为

$$x_{B(l)}=0.88,\ y_B=0.50$$

$$\frac{n_{(l)}}{n_{(g)}}=\frac{\overline{GK}}{\overline{KL}}=\frac{0.8-0.50}{0.88-0.8}$$

$$n(g)+n(l)=5\text{mol}$$

得
$$n(l)=4.0\text{mol};\ n(g)=1.0\text{mol}$$

② $t_1=200℃$时，处于液相；$t_3=600℃$时，处于气相。

【例 3-11】 某二组分凝聚系统相图如图 3-23 所示。①说明各区的相态及成分；②分别绘出 a、b、c、d 各点开始冷却的步冷曲线，并注明冷却曲线转折处的相态变化及曲线各段的相态。

解：① 各区的相态及成分见表 3-6。

表 3-6　相态及成分

相区	1	2	3	4	5	6
相态及成分	l(A+B)	l+s(A)	l+s(C)	l+s(B)	s(A)+s(C)	s(C)+s(B)

② 绘制 a、b、c、d 的步冷曲线如图 3-24 所示。

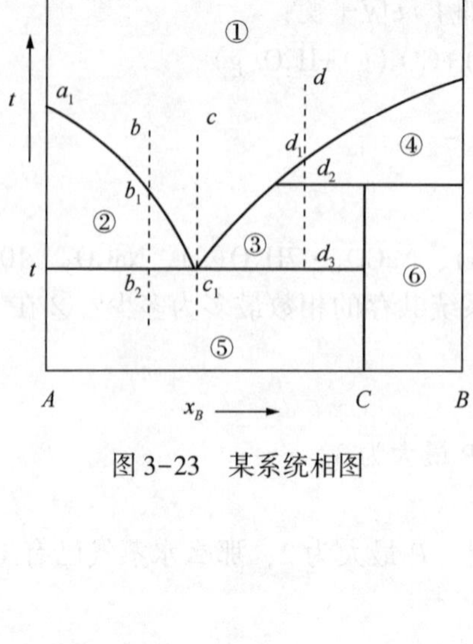

图 3-23　某系统相图

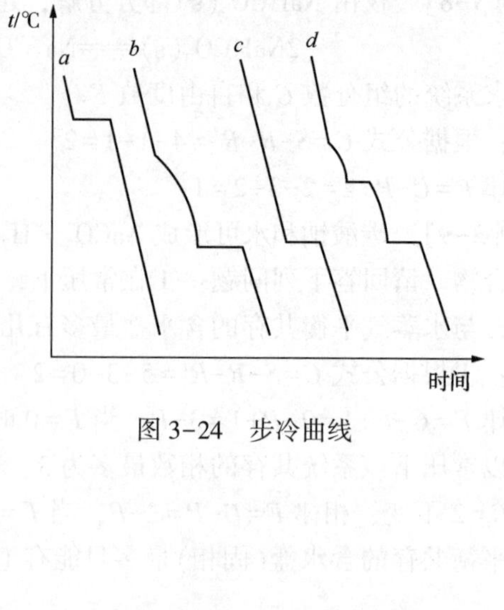

图 3-24　步冷曲线

第三部分　实验内容

实验三　凝固点降低法测定摩尔质量

1. 必备知识

① 纯溶剂与溶液凝固点的定义分别是什么?

② 与纯溶剂的凝固点相比，溶液的凝固点为什么会降低?

③ 凝固点降低值 ΔT_f 与哪些量有关?

④ 凝固点降低系数 K_f 与哪些量有关?

⑤ 为了提高实验的准确度是否可用增加溶质浓度的方法增加 ΔT_f 值?

⑥ 冰浴温度过高或过低有什么不好?

⑦ 搅拌速度过快和过慢对实验有何影响?

⑧ 根据什么原则考虑加入溶质的量，太多或太少会有何影响?

⑨ 凝固点降低法测定摩尔质量的使用范围如何?

⑩ 为什么要用空气套管，若不使用对实验结果会有何影响?

⑪ 若溶质在溶液中有离解现象，对摩尔质量的测定值有何影响?

⑫ 为什么要初测物质的凝固点?

⑬ 为什么会产生过冷现象? 如何控制过冷程度?

⑭ 测定溶液的凝固点时必须减少过冷现象吗?

⑮ 测定凝固点时，纯溶剂温度回升后有一恒定阶段，而溶液没有，为什么?

⑯ 选择溶剂时，K_f 大的灵敏度高还是 K_f 小的灵敏度高?

⑰ 测定溶液凝固点时，过冷温度不能超过多少度?

⑱ 溶剂和溶质的纯度与实验结果有关吗?

⑲ 如不用外推法求凝固点，一般 ΔT_f 会偏大还是偏小?

⑳ 一般冰浴温度要求不低于溶液凝固点几度为宜?

㉑ 测定溶液的凝固点时析出固体较少，测得的凝固点准确吗?

㉒ 若溶质在溶液中有缔合现象，对摩尔质量的测定值有何影响?

㉓ 测定溶液的凝固点时析出固体较多，测得的凝固点准确吗?

S3 凝固点降低法测定摩尔质量

2. 实验目的

① 用凝固点降低法测定萘的摩尔质量。

② 掌握用凝固点降低法测定溶质摩尔质量的原理。

③ 加深对稀溶液依数性的理解。

3. 实验原理

物质的摩尔质量是了解物质的一个最基本且重要的物理化学数据，其测定方法有许多种。其中凝固点降低法测定物质的摩尔质量是一个简单而比较准确的测定方法，在溶液理论研究和实际应用方面都具有重要意义。

前面式(3-21)已给出稀溶液的凝固点降低公式，即 $\Delta T_f = T_f^* - T_f = K_f b_B$。

将 $b_B = m_B/(m_A M_B)$ 代入上式则

$$M_B = \frac{K_f \cdot m_B}{\Delta T_f \cdot m_A} \tag{3-32}$$

式中　M_B——溶质的摩尔质量，$kg \cdot mol^{-1}$；

m_A——溶剂的质量，kg；

m_B——溶质的质量，kg。

若已知某溶剂的凝固点降低系数 K_f 值，通过实验测定此溶液的凝固点降低值 ΔT_f，即可通过上式计算溶质的摩尔质量 M_B。

需要注意的是，如果溶质在溶液中有解离、缔合、溶剂化和配合物形成等情况时，不能简单地运用上式计算溶质的摩尔质量。

通常测凝固点的方法是将已知浓度的溶液逐渐冷却，但冷却到凝固点，并不析出晶体，往往成为过冷溶液。然后由于搅拌或加入晶种促使溶液结晶，当晶体生成时，放出的凝固热补偿了热损失，使体系温度回升，当放热与散热达到平衡时，温度不再改变，此固、液两相共存的平衡温度即为溶液的凝固点。本实验测定纯溶剂和溶液的凝固点之差。

纯溶剂的凝固点是指它的液相和固相平衡共存时的温度。若将纯溶剂逐步冷却，理论上其步冷曲线应如图 3-25(Ⅰ)所示，水平段对应的温度为凝固点。但实际过程中液体在开始凝固前常出现过冷现象，即温度降至凝固点以下一定值后才开始析出固体，同时由于放出的凝固热使体系的温度回升到液固相平衡温度，待液体全部凝固后温度再逐渐下降。其步冷曲线如图 3-25(Ⅱ)的形状。但过冷太厉害或寒剂温度过低，则凝固热抵偿不了散热，此时温度不能回升到凝固点，在温度低于凝固点时完全凝固，就得不到正确的凝固点。其步冷曲线如图 3-25(Ⅲ)的形状。

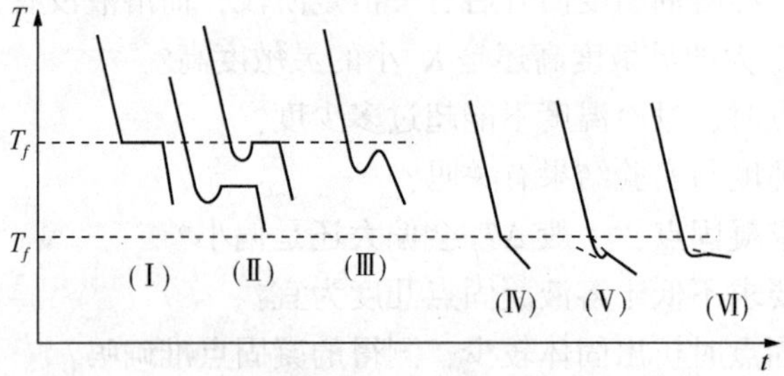

图 3-25　步冷曲线

稀溶液的凝固点是液相混合物与溶剂的纯固相共存的平衡温度。若将溶液逐步冷却，其步冷曲线与纯溶剂不同，如图 3-25(Ⅳ)(Ⅴ)(Ⅵ)所示。由于随着固态纯溶剂从溶液中的不断析出，剩余溶液的浓度逐渐增大，因而剩余溶液与溶剂固相的平衡温度也在逐渐下降，在步冷曲线上得不到温度不变的水平段，只出现折点，如图 3-25(Ⅳ)所示，图中转折点对应的温度应为溶液的凝固点。实际溶液冷却过程也出现过冷现象，若过冷现象不严重，则出现如图 3-25(Ⅴ)的形状，此时可将温度回升的最高值外推至与液相段相交点温度作为溶液的凝固点。若过冷严重，则出现如图 3-25(Ⅵ)的形状，测得的凝固点会偏低。

也可以从相律来分析溶剂与溶液冷却曲线形状的不同。对纯溶剂两相共存时，自由度 $F=1-2+1=0$，冷却曲线出现水平线段，其形状如图 3-25(Ⅱ)所示。对溶液两相共存时，自由度 $F=2-2+1=1$，温度仍要下降，但由于溶剂凝固时放出凝固热，使得温度下降的速率减慢，图中步冷曲线的斜率变小，因此而出现折点。由于溶剂析出后，剩余溶液浓度变大，所以溶液浓度已不是起始浓度，而应大于起始浓度，显然回升的最高温度不是原浓度溶液的凝固点。理论上每次测定的凝固点应该一致，但实际上会有差异，因为体系温度可能不均匀，尤其是过冷过程不同，结晶析出量不一致时，回升的温度不尽相同。因此，在测定浓度一定的溶液的凝固点时，析出的固体越少，测得的凝固点才越准确。同时过冷程度应尽量减小，一般可采用在开始结晶时，加入少量溶剂的微小晶体作为晶种的方法，以促使晶体生成。因此溶液凝固点的精确测量，难度较大。在测量过程中一般可通过控制冷浴温度、搅拌速度等方法来控制过冷程度。

4. 仪器及药品

仪器：SWC-LG_B凝固点实验装置 1 套、电脑及打印机 1 套、普通温度计(0~50℃)1 支、电子天平(0.001g)1 台(共用)、KQ-C 型气流烘干器 1 台(共用)、移液管(25mL)1 支。

药品：环己烷(AR)、萘(AR)、碎冰。

5. 实验步骤

(1) 实验准备

① 实验装置：如图 3-26 所示的是 SWC-LG_B凝固点测定装置图。

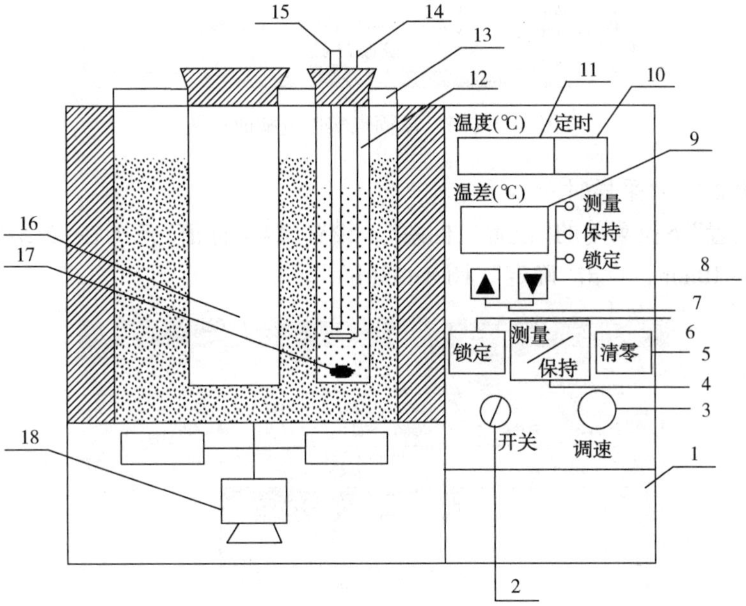

图 3-26　凝固点测定装置图

1—机箱；2—电源开关；3—磁力搅拌器调速旋钮；4—测量与保持状态的转换；5—温差清零键；6—锁定键；7—定时设置按键；8—状态指示灯；9—温差显示窗口；10—定时显示窗口；11—温度显示窗口；12—凝固点测定管；13—冰浴槽(保温筒)；14—手动搅拌器 15—温度传感器；16—空气套管；17—搅拌磁子；18—磁力搅拌器

② 开机：打开电脑开关和凝固点实验装置的电源开关，此时装置“温度”显示初始状态(实时温度)，“温差”初始显示以 20℃ 为基础温度的温差值，即(t-20)。预热 5min，使输出信号稳定。

③寒剂调配：将冰浴槽(保温不锈钢水桶)装入 1/3 体积自来水，2/3 体积碎冰，使冰水混合物的液面距桶顶 3cm 高度，然后放入凝固点实验装置中。

(2) 溶剂凝固点测定

① 安装仪器：用移液管移取 30mL 环己烷放入干净的凝固点测定管中，同时，放入搅拌磁子，插入温度传感器，塞紧胶塞。注意，温度传感器应尽量处于测定管圆心位置，且温度传感器下顶端离凝固点测定管底部 5mm 为宜。速将凝固点测定管插入空气缓冲套管中，空气缓冲套管直接插入寒剂中，空气缓冲套管尽量靠近并对齐凝固点实验装置仪后部的"▼"处。

② 调节搅拌速度：将凝固点实验装置右下角的调速旋钮先向左旋到最小，慢慢由左向右旋旋钮，同时贴近测定管听，直到听到旋转声为止。此时，溶剂(环己烷)缓缓降温。

③ 设置：双击桌面"凝固点实验数据采集处"图标，进入凝固点数据采集系统界面。

a. 点击电脑菜单如图 3-27(a)中所示的"设置"→"通讯口"选择通讯口，3 号机的同学选择"COM3"；4 号机的同学选择"COM4"，此时"通讯口"窗口处，显示 COM3(在凝固点实验装置上贴有几号机的标签)。

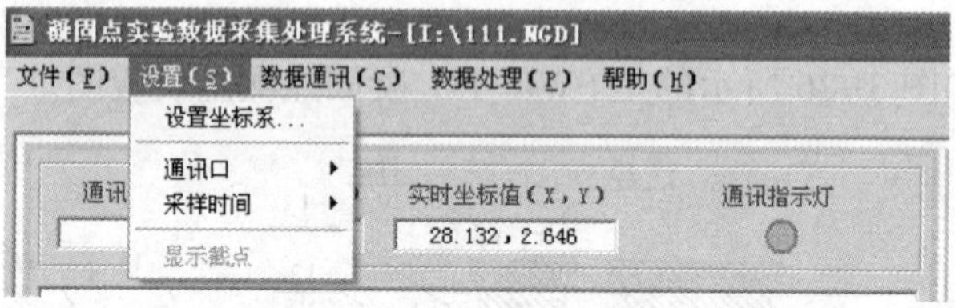

图 3-27(a)　凝固点实验电脑面板图

b. 点击"设置"→"采样时间"：1s。

c. 点击"设置"下拉菜单的"设置坐标系"，设置"纵坐标值"范围在-2.5~0℃，"时间坐标值"范围在 0~10min，点击"确定"[图 3-27(b)]。

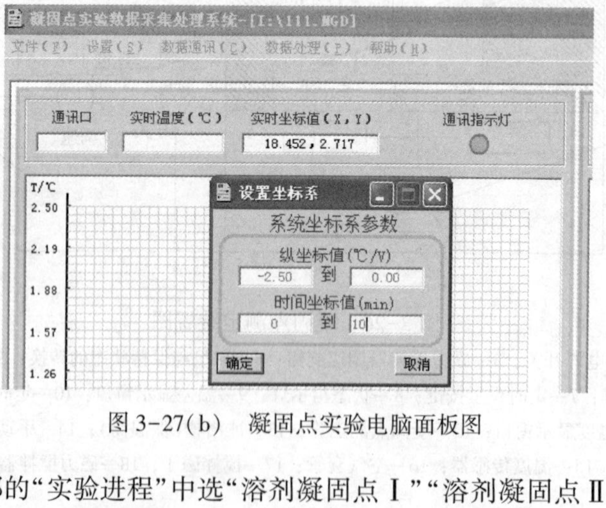

图 3-27(b)　凝固点实验电脑面板图

d. 选中电脑下部的"实验进程"中选"溶剂凝固点Ⅰ""溶剂凝固点Ⅱ"(即第一次测溶剂的凝固点，第二次就选)[图 3-27(c)]。

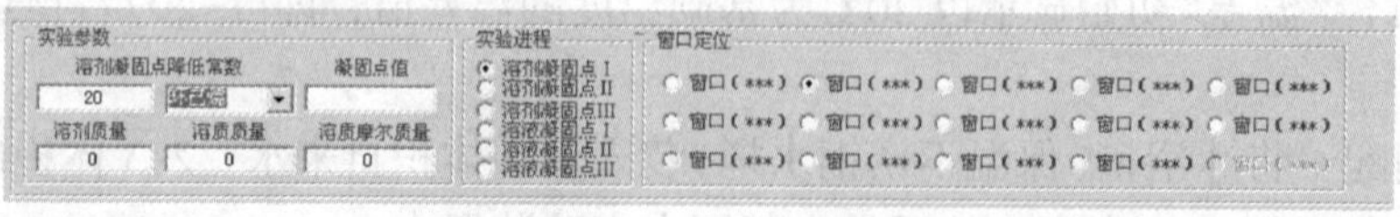

图 3-27(c)　凝固点实验电脑面板图

e. 点击电脑菜单中“数据通讯”下拉菜单的“开始通讯”，弹出“是否开始实验”的对话框，此时注意千万不要点击“是”，等下面清零锁定后再点击[图 3-27(c)和图 3-27(d)]。

图 3-27(d) 凝固点实验电脑面板图

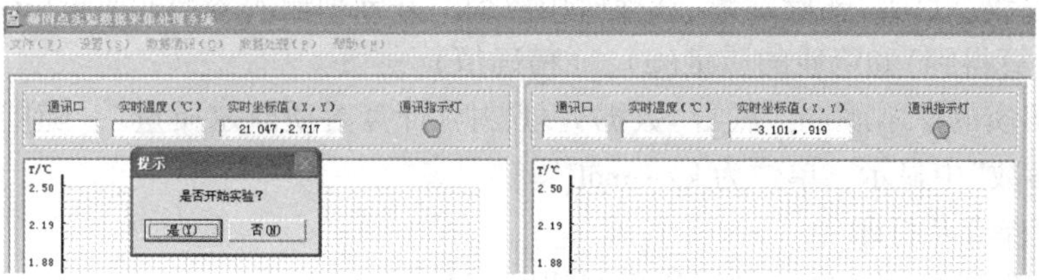

图 3-27(e) 凝固点实验电脑面板图

④ 清零及锁定：观察凝固点实验装置的“温度显示窗口”，待溶剂(环己烷)的温度降至 8.0℃左右时，即刻相继按“清零”键和“锁定”键。同时，点击凝固点数据采集系统界面的“是”开始实验。此时菜单下方的“通讯指示灯”亮，电脑上会自动记录温差与时间的关系。

注：例在 8.002℃时按清零，此时表示以 8.002℃为基温 0，清零后，“温差显示窗口”显示“0”，锁定此记录的温度 8.002℃为基温，仪器将不会改变基温。“温差显示窗口”显示的温差值=温度显示窗口的温度-8.002℃。

⑤ 停止实验：实验 8min 后，点击“数据通讯”的下拉菜单的“停止通讯”。

⑥ 重复测定溶剂的凝固点：选中电脑下部“实验进程”中“溶剂凝固点Ⅱ”，取出凝固点测定管，用掌心捂住管壁片刻，使凝固点测定管内固体完全熔化后，再将测定管直接插入冰浴槽中，此时，“温度显示窗口”显示溶液的温度最好不超过 10℃。将凝固点测定管插入空气缓冲套管中，重复步骤③⑤操作。待温度差显示为 0 时，点击步骤⑤凝固点数据采集系统界面的“是”开始实验，重复两次。

⑦ 分别选择曲线及计算溶剂凝固点：

a. 分别点击“实验进程”中“溶剂凝固点Ⅰ、Ⅱ、Ⅲ”，并相应点击“数据处理”中“计算溶剂凝固点”，这时凝固点值栏中显示相应的凝固点值，比如 $T_f=-1.594$。(实际是与设定基础温度的差值)。要求每两次的测定凝固点值偏差不超过 0.006℃，否则需要重做，直到取得 3 次所测凝固点值达到要求为止。

b. 如果在第 n 次“溶剂凝固点”测量中数据不理想，需要重新实验，则：

- 点击打开不理想曲线：即点击“实验进程”中“溶剂凝固点 n”；
- 点击“数据通讯”中“清屏”，之后，重复步骤⑥操作步骤即可。

(3) 溶液凝固点测定

① 选择实验内容：选中“实验进程”中“溶液凝固点Ⅰ”。

② 设置：取出凝固点测定管，如前将管中固体完全熔化，取出(连同胶塞)温度传感器(避免溶剂损失)，精确称量 0.1300g 左右的萘放入管中，使其完全溶解。选择纵坐标及时间坐标范围并重复溶剂凝固点测定中的步骤⑤~⑦。但“纵坐标值”要设置为-3.5~0℃。点击“数据处理”中的“溶液的凝固点”。注意不用再“清零及锁定”。

③ 重复测定溶液的凝固点：再重复精确测定溶液的凝固点2次。

④ 分别选择溶液凝固点曲线及计算溶液凝固点：分别点击“实验进程”中“溶液凝固点Ⅰ、Ⅱ、Ⅲ”。并相应点击“数据处理”中“计算溶液凝固点”。这时凝固点值栏中显示相应的凝固点值(实际是与设定基础温度的差值)。要求每两次的测定凝固点值偏差不超过0.006℃，否则需要重做，直到取得3次所测凝固点偏差不超过0.006℃的数据为止。即按溶剂凝固点测定中的步骤⑦操作，只需将“溶剂凝固点”改“溶液凝固点”即可。

(4) 数据处理

① 输入参数：点击“实验参数”选择所用溶剂，并分别输入溶剂的质量(g)，(用溶剂的体积和密度计算得到)和溶质的质量(g)，(精确值)。

② 计算溶质的摩尔质量：点击“数据处理”中“计算溶质摩尔质量”，随即‘溶质摩尔质量’在“实验参数”中显示，单位为 $kg \cdot mol^{-1}$。

(5) 数据保存及打印

点击电脑菜单中“文件”→“保存”到电脑桌面上。

点击电脑菜单中“文件”→“打印”，打印出所要页数。

(6) 实验结束

实验完毕后，关掉凝固点实验装置上“电源开关”。待两组同学均做完时，关闭电脑。清洗实验测试管，倒掉寒剂，清理实验台面。

6. 数据记录及处理

① 将所测实验数据填入表3-7中。

室温________℃；大气压________kPa；m_A________kg；m_B________kg；

K_f________$K \cdot kg \cdot mol^{-1}$。

表3-7　凝固点降低实验数据

试样	测量次数	T_f/K	$\overline{T}_f$/K	ΔT_f/K	M_B/$kg \cdot mol^{-1}$
溶剂	1				
	2				
	3				
溶液	1				
	2				
	3				

② 打印出环已烷和溶液的冷却曲线(以温度读数为纵坐标，时间为横坐标)。得出环已烷和溶液的凝固点分别填入表3-7中。

③ 据表3-7中平均值之差求出凝固点降低值 ΔT_f。

④ 由环已烷的密度，计算所取环已烷的重量 m_A。

⑤ 由所得数据根据式(3-32)，计算萘的摩尔质量，并计算与理论值的相对误差。

7. 注意事项

① 搅拌速度的控制是做好本实验的关键，每次测定应按要求的速度搅拌，并且测溶剂

与溶液凝固点时搅拌条件要完全一致。

② 寒剂温度对实验结果也有很大影响，过高会导致冷却太慢，过低则测不出正确的凝固点。实验过程发现寒剂中的冰融化太多，冷却曲线降温太慢，可在测下一条曲线前加冰，正常情况下一般测三条曲线后按要求加一次冰。冰浴温度不低于溶液凝固点3℃为宜。在高温高湿季节不宜做此实验，因为溶剂易吸水，水蒸气进入测量体系如同增加溶质的质点数，导致所测结果偏低。

③ 操作中每次将凝固点测定管取出来用手握住加热熔化晶体时，时间不要过长，最好是以晶体刚熔化为度，以免升温太高，再冷却需很长时间。

④ 实验中只需一次“清零”“锁定”，如多次“清零”“锁定”，前后实验的温差无法比较，实验需重做。若中途关机，必须重新“清零”“锁定”，实验重新开始。

⑤ 冰浴槽中寒剂的高度应超过凝固点测定管中待测液的高度。

8. 拓展实验

① 设计实验测定乙酸在苯中的缔合度(4学时)。

【提示】凝固点降低法测定的是物质的表观摩尔质量。通过表观摩尔质量与单分子的摩尔质量之间的关系，即可确定缔合度。

② 设计实验鉴定物质(乙醇、乙酸乙酯、水)的纯度(4学时)。

【提示】杂质导致物质的凝固点降低，通过凝固点降低的数值即可确定杂质的含量。

实验四　双液系气-液平衡相图的绘制及应用

1. 必备知识

预习双液系气-液平衡相图的分类及绘制方法；预习超级恒温槽、阿贝折射仪、气压计等仪器的使用方法，并回答以下问题：

① 什么样的液体混合可以形成理想液态混合物?

② 为什么要测试并绘制标准溶液的组成-折射率曲线?

③ 阿贝折射仪的基本测试原理是什么？测试时有什么注意事项?

④ 当阿贝折射仪的目镜中出现什么视野时可以读数？如何读取折射率数据?

⑤ 如何判断体系已达到气-液平衡?

⑥ 蒸馏瓶中残余的样品液对下一个试样的测定有无影响?

⑦ 收集气相冷凝液的小槽容积过大对实验结果有无影响?

⑧ 本实验实际需要测量哪些数据?

S4 双液系的气-液平衡相的绘制及应用

2. 实验目的

① 绘制在标准压力下乙醇-丙醇体系的沸点组成图。

② 熟练掌握测定双组分液体沸点的方法及用折射率确定二组分物系组成的方法。

③ 掌握超级恒温槽、阿贝折射仪、气压计等仪器的使用方法。

3. 实验原理

(1) 气液平衡相图

液体的沸点是指液体的蒸气压等于外界压力时的温度。在一定外压下，纯液体的沸点有其确定值。但双液系的沸点不仅与外压有关，而且还与双液系的组成有关。通常用几何作图的方法将双液系的沸点对其气相和液相的组成作图，所得图形称为双液系的沸点-组成图，即 T(或 t)-x 图。

一个完全互溶双液系的沸点-组成图，表明在气、液两相平衡时，沸点和两相组成的关系，它对于了解这一体系的行为及精馏过程都有很大的实用价值。定压下，完全互溶双液系统的沸点-组成(t-x)图分为三类，如图 3-28 所示，混合液的沸点介于 A、B 两纯组分沸点之间的体系如图 3-28(a)所示，本次实验要测得乙醇-正丙醇系统相图属于此类型。有最高恒沸点体系图 3-28(b)所示。有最低恒沸点体系如图 3-28(c)所示。

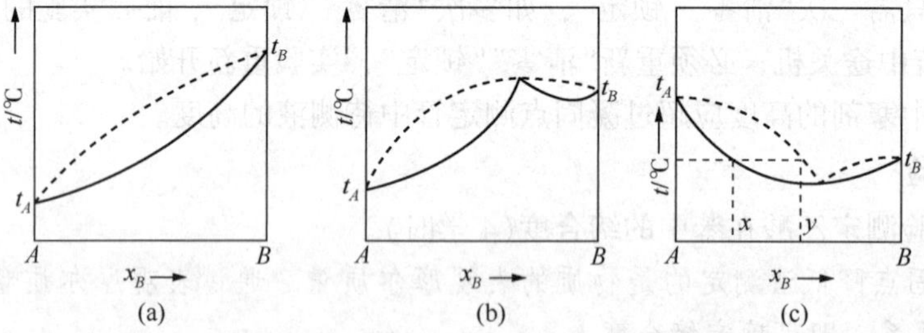

图 3-28　二组分完全互溶双液系统的相图

本实验是用回流冷凝法测定乙醇-丙醇系统的沸点-组成图。其方法是在大气压下利用沸点测定仪直接测定一系列不同组成混合物的气、液平衡温度(即沸点)，并收集少量液相和气相冷凝液，分别用阿贝折射仪测定气相、液相的折射率，再从折射率-组成工作曲线上查得相应的组成，然后绘制 t-x 图。

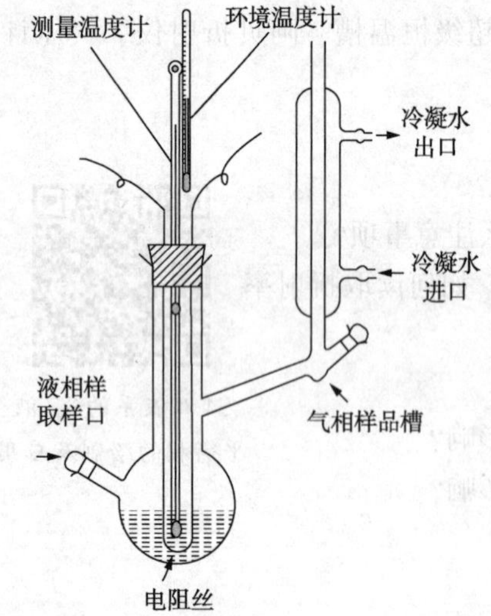

图 3-29　沸点测定仪

(2) 沸点测定仪

测定沸点的装置叫沸点测定仪，各种沸点测定仪的具体构造虽各有特点，但其设计构思都集中在如何正确地测定沸点、便于取样分析及防止过热等方面。本实验所用沸点测定仪如图 3-29 所示。这是一个带回流冷凝管的长颈圆底烧瓶。冷凝管底部有一凹形小槽，用以收集少量冷凝下来的气相样品。电流经变压器和粗导线通过浸入溶液中的电阻丝，这样可以减少溶液沸腾时的过热现象。测定时，温度计水银球要一半在液面下，一半在气相中，以便准确测出平衡温度。用弯头取样滴管从气相冷凝小槽中取样分析气相组成，用短滴管从侧磨口取样分析液相组成。

(3) 混合物的组成分析

本实验不能直接测出气、液相组成，由于乙醇-丙醇的折射率相差较大，且它们液态混合物的折射率与其浓度呈线性关系，而折射率的测定又只需少量样品，所以，可用折射率-组成工作曲线来求得平衡体系的两相组成。

4. 仪器及药品

仪器：沸点测定仪 1 套、超级恒温槽 1 台、阿贝折射仪 1 台、调压器 1 台、温度计(最小分度 0.1℃)1 支、弯头及短滴管各 5 支、移液管 1mL 、10mL 各 1 支、量筒(30mL)1 个、烧杯(250mL)1 个；小滴瓶若干个。

药品：丙醇(AR)；无水乙醇(AR)；丙酮(AR) ；摩尔分数为 20%、40%、60%、80%的丙醇-乙醇标准溶液。

5. 实验步骤

(1) 测定标准溶液的折射率

① 将超级恒温槽(其使用参见 1-12 超级恒温槽)与阿贝折射仪[其使用参见 1-13 折射率与阿贝(Abbe)折射仪]间的循环水管接好。调节超级恒温槽的温度为 25℃(或 30℃)。

② 分别用阿贝折射仪测量纯丙醇、纯乙醇和丙醇摩尔分数为 20%、40%、60%、80%的乙醇-丙醇标准液的折射率。

(2) 安装沸点测定仪

将干燥的沸点测定仪按图 3-29 安装好，检查带有温度计的橡皮塞是否塞紧。加热用的电热丝要靠近底部中心，温度计的水银球不能接触电阻丝，离电热丝至少 0.8cm，而且每次更换溶液后，要保证测定条件尽量平行(包括水银温度计和电阻丝的相对位置)。

(3) 测定乙醇-丙醇系列样品液的沸点及气、液相折射率

粗略配制丙醇摩尔分数 x 分别为 0.1、0.3、0.5、0.7、0.9 的乙醇-丙醇溶液(或由老师预先配制)，依次从沸点仪支管中分别加入所要测定的溶液(30mL)，调整温度计的位置，使液面在水银球中部为宜。加入沸石 2~3 粒，通冷凝水，通电加热，用调压器将电压控制在 20~50V 之间至沸腾，控制回流速度为 1 滴/(1~2s)。使蒸气在冷凝管中回流高度不宜太高，以 2cm 左右为好。凹形小槽中最初的冷凝液不能代表平衡时的气相组成，用弯头滴管将其滴回到蒸馏瓶中，并反复两三次。待温度稳定后再维持 1min 左右，使体系达到平衡，再记录沸点温度。然后停止加热，电压回零。用盛有自来水的 250mL 烧杯套在沸点测定仪底部，使体系冷却至与恒温槽温度相近。打开气相取样口的磨口塞，迅速用干燥弯头滴管吸取凹形小槽中的冷凝液，测其折射率(重复测 3 次)。再打开液相取样口的磨口塞，用另一支直形滴管吸取圆底烧瓶内的溶液测其折射率(重复测 3 次)。

注意：每个样品测定完毕，用移液管将混合物从液相取样口吸出，倒回回收瓶中，不必干燥(为什么?)，再用相同方法分别测定其他溶液的沸点及对应的气-液两相的折射率。

(4) 纯乙醇和丙醇的沸点测定

洗干净沸点测定仪，干燥后再分别测定纯乙醇和纯丙醇的沸点[或用式(3-36)进行计算]。

(5) 实验结束

回收样品，清洗仪器，注意关电，关水!

6. 数据记录及处理

(1)数据记录

将所测实验数据填入表 3-8 和表 3-9 中。

室温________℃；实验温度________℃；大气压________kPa 。

表 3-8　乙醇-丙醇标准溶液的折射率

x(丙醇)	0	20%	40%	60%	80%	100%
n(折光率)						

表 3-9　乙醇-丙醇样品液沸点及组成

样品序号	近似 x（丙醇）	沸点 t/℃	折射率 n								x（丙醇）		
			气相				液相				气相	液相	沸点 t/℃
			1	2	3	平均	1	2	3	平均			
1													
2													
3													
4													
5													
6													

（2）沸点的校正及计算

① 沸点的压力校正。液体在标准压力下沸腾的温度为其正常沸点。然而，通常外界压力并不恰好等于标准压力，因此，应对实验大气压 p_t 下测得的沸点温度 $t_{测}$ 作压力校正，根据特鲁顿规则和克-克方程，可导出温度的压力校正公式为

$$\Delta t_{压}/℃=\left(\frac{273.15+t/℃}{10}\right)\times\left(\frac{101.325-p_t/\text{kPa}}{101.325}\right) \tag{3-33}$$

式中　$\Delta t_{压}$——由于压力不等于 101.325kPa 而带来的误差，℃；

t——实验测得的沸点，℃；

p_t——所测室温下的大气压力值，kPa。

② 沸点的露颈校正。由于全浸式温度计不能全部浸没在被测体系中，露出部分与被测体系温度不同，因此有必要对水银温度计做露颈校正，校正值计算公式为

$$\Delta t_{露}=Kh(t_{测}-t_{环}) \tag{3-34}$$

式中　$K=1.6\times10^{-4}$——水银对玻璃的相对膨胀系数；

h——露出被测液体的温度计上的读数，℃；

$t_{环}$——环境温度，℃；可用辅助温度计读出，其水银球置于测量温度计露茎的中部（即 h 的一半处），见图 3-30。

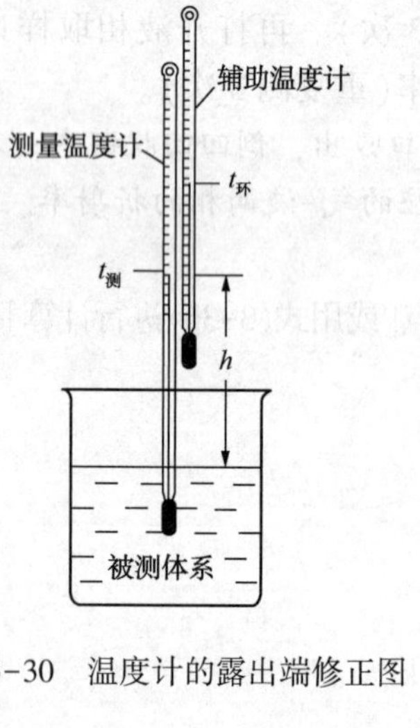

图 3-30　温度计的露出端修正图

经压力校正和露颈校正后，得到校正后溶液的沸点计算公式为

$$t_{沸}=t_{测}+\Delta t_{压}+\Delta t_{露} \tag{3-35}$$

按式（3-35）计算各乙醇-丙醇系列溶液校正后的沸点。

（3）纯组分沸点的计算

纯乙醇和丙醇的沸点可以由实验测定，也可以用下式计算：

$$\lg p=A-\frac{B}{t+C}+D \tag{3-36}$$

式中　p——大气压，Pa；

A、B、C——物质的特性常数，其值见附录十二；

t——温度,℃；

D——压力单位的换算因子，其值为 2.1249。

（5）绘制曲线

根据表 3-8 中的数据，绘制 $n \sim x$(丙醇)图，得到标准工作曲线。

（6）确定组成

将表 3-9 中丙醇-乙醇系列溶液的折射率数据，对照标准工作曲线，确定气液组成，并填入表 3-9 中。

7. 注意事项

① 测定折射率时，动作应迅速，以避免样品中易挥发组分的损失，确保数据准确。

② 电热丝不能露出液面，一定要浸在溶液中，方可加热，否则电热丝易烧断或有机物会燃烧起火。

③ 在每一份样品的蒸馏过程中，由于整个体系的成分不可能保持恒定，因此平衡温度会略有变化，特别是当溶液中两种组成的量相差较大时，变化更为明显。为此每加入一次样品后，只要待溶液沸腾，正常回流 1~2min 后，即可取样测定，不宜使等待时间过长。

④ 要控制好液体的回流速度 1 滴/(1~2s)，不宜过快或过慢。

⑤ 每次取样量不宜过多，取样时毛细滴管一定要干燥，不能留有上次的残液，气相取样口的残液要擦干净。

⑥ 整个实验过程中，通过折射仪的水温要恒定，使用折射仪时，棱镜不能触及硬物(如滴管)，擦拭棱镜用擦镜纸。

⑦ 只能在停止通电加热后，待温度降至实验温度左右才能取样分析。

⑧ 由于整个体系并非绝对恒温，气、液两相的温度会有少许差别，因此沸点仪中，温度计水银球的位置应一半浸在溶液中，另一半露在蒸气中。

8. 拓展实验

已知环己烷与正丁醇能形成最低恒沸点系统，请同学们查数据并设计实验绘制常压下环己烷-正丁醇系统的最低恒沸点的组成-温度相图(4 学时)。若常压下对正丁醇含量为 20% 的环己烷-正丁醇混合物进行分馏，请根据自己绘制的相图估测系统的初始沸点及初始馏出液的含量。

实验五　二组分金属相图的绘制及应用

1. 必备知识

预习两组分液态完全互溶金属的相图、步冷曲线的绘制方法、KWL-08 可控升降温电炉的使用方法、热分析法测绘金属液-固平衡相图的原理和方法。回答以下问题：

① 为什么步冷曲线会出现折点？纯金属及金属混合物的转折点各有几个？步冷曲线的形状为何不同？不同组分最低共熔点的水平段长度为何不同？

② 步冷曲线的斜率及水平段的长短与哪些因素有关？

③ 是否可以用加热曲线来作相图？

④ 对所作相图进行相律分析，指出最低共熔点、曲线、各区的相数和自由度？

⑤ 如何控制合金熔液的降温速度？

2. 实验目的

① 用热分析法测绘 Bi-Sn 二元合金相图，了解其相图的基本特点。

② 掌握热分析法测绘金属液-固平衡相图的原理和方法。

3. 实验原理

二组分相图已经得到广泛的研究和应用，多应用于冶金、化工等行业。前已述及对于二组分凝聚体系其相律为：$F=C-P+1$。

本实验采用热分析法绘制 Bi-Sn 二元金属的温度-组成图，相关热分析法的原理见基础知识 3-25。

用热分析法(步冷曲线法)绘制相图时，被测系统必须处于或接近相平衡状态，因此冷却速率要足够慢才能得到较好的结果。

4. 仪器及药品

仪器：SWKY 数字控温仪 1 台、KWL-08 可控升降温电炉 1 台、炉膛保护筒 1 个、传感器 1 个、样品管 5 个。

药品：纯铅、纯锡、石墨粉等。

5. 实验步骤

(1) 样品的配制

用台秤称量，分别配制含 Bi 分别为 0、25%、57%、75%、100%(质量分数)的铋、锡混合物各 50g，分别置于不锈钢样品管中，用少量石墨粉覆盖样品，以防加热过程中样品接触空气而氧化，并贴上标签。

(2) 测步冷曲线

① 安装装置：按图 3-31 所示连接 SWKY 数字控温仪(其使用参见 1-14 SWKT 数字控温仪)和 KWL-08 可控升降温电炉(参见 1-15 KWL-08 可控升降电炉)。

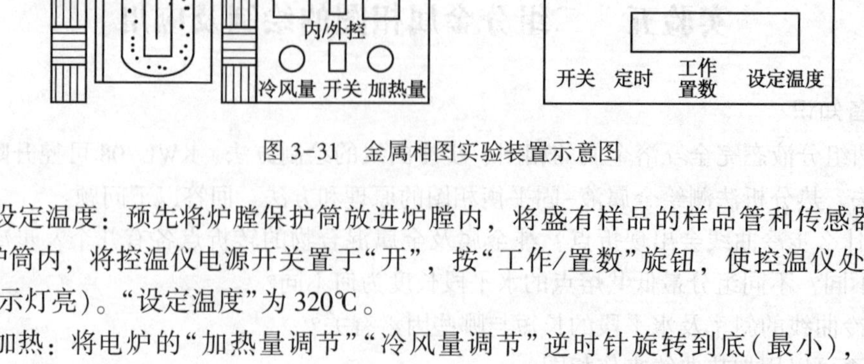

图 3-31　金属相图实验装置示意图

② 设定温度：预先将炉膛保护筒放进炉膛内，将盛有样品的样品管和传感器(PT100)放入保护筒内，将控温仪电源开关置于“开”，按“工作/置数”旋钮，使控温仪处于“置数”状态(指示灯亮)。“设定温度”为 320℃。

③ 加热：将电炉的“加热量调节”“冷风量调节”逆时针旋转到底(最小)，将电炉置

于“外控”状态(电炉只受控温仪控制)。打开电炉的电源开关，将控温仪调节到“工作”状态(指示灯亮)。系统开始升温，控温仪的“实时温度”窗口显示电炉的实际温度，达到设定温度并稳定后，从炉膛插孔内取出传感器，插入样品管内。

④ 冷却：将控温仪处于“置数”状态，按“定时”键，将置于蜂鸣器定时提醒的时间间隔设置为 1min。调节“冷风量调节”旋钮，使体系冷却速度保持在 5~8℃ · min^{-1}(电压在 5V 以下)，控制冷却速度。

说明：温度较高时，降温明显，但当炉温接近室温时，则降温效果不明显，为了使炉内降温均匀，需将“加热量调节”和“冷风量调节”两旋钮配合使用。

⑤ 记录：从 300℃开始记录，纯 Bi、纯 Sn 两样品冷却降温到 200℃，其他各样品降温到 120℃。

⑥ 重复：更换其他样品，重复步骤③~⑤，依次测定所配样品的步冷曲线数据。

⑦ 结束：关闭电炉和控温仪电源。

6. 数据记录及处理

① 记录不同组成样品在冷却过程中的温度-时间对应数据。

② 绘制步冷曲线。

③ 将步冷曲线中的转折点或平台温度及对应组成数据填入表 3-10 中。

室温________℃；大气压________ kPa 。

表 3-10　Bi-Sn 系统的步冷转折温度数据

w_{Bi}/%	0	25	57	75	100
第一折点温度/℃					
第二折点温度/℃					
平台温度/℃					

④ 根据表 3-10 中的数据，绘制 Bi-Sn 体系的相图，并在相图中标明各区域的相态。

⑤ 将步冷曲线转折点与标准相图的相变温度进行对比，评价实验结果，并根据实验结果讨论各步冷曲线的降温速率控制是否得当。

7. 注意事项

① 样品上应覆盖适量石墨粉，以隔离空气，防止氧化。

② 不要用手触摸炉体或被加热的样品管。

③ 电炉加热时注意温度应高出熔点近 50℃，可以保证样品完全熔化及有时间调节降温速度。

④ 冷却速度不宜过快，以保证测量体系应尽量接近相平衡状态。保持 5~8℃ · min^{-1}，否则有可能看不到折点温度。

8. 拓展实验

锡铅焊条广泛应用于集成电路、电子、汽车等行业的焊接。某焊条由锡和铅两种金属组成，现有一锡铅焊条的标签模糊，其含量未知，仅知道该焊条的熔点为 132℃。请尝试设计实验绘制锡-铅二组分相图，并根据自己的相图估测该焊条的组成(5 学时)。

第四部分　习　题

习题 3-1　25℃，101.325kPa 时 NaCl(B)溶于 1kg $H_2O(A)$中所形成溶液的 V 与 n_B 的关系如下：$V=[1001.38+16.6253(n_B/\text{mol})+1.7738\ (n_B/\text{mol})3/2+0.1194\ (n_B/\text{mol})^2]\text{cm}^3$。

求：①H_2O 和 NaCl 的偏摩尔体积与 n_B 的关系；②$n_B=0.5\text{mol}$ 时 H_2O 和 NaCl 的偏摩尔体积。

答案：①$V_{NaCl}=(16.6253+2.6607n_B^{1/2}+0.2388n_B)\text{cm}^3$，

$V_{H_2O}=(18.03-0.01596n_B^{3/2}-0.002149n_B^2)\text{cm}^3$；

② $V_{H_2O}=18.01\text{cm}^3$，$V_{NaCl}=18.63\text{cm}^3$。

习题 3-2　80℃时苯(A)和甲苯(B)形成理想液态混合物，已知 $p_A{}^*$ 和 $p_B{}^*$ 分别为 100kPa 和 38.7kPa，若有苯和甲苯的气-液平衡混合物，气相中苯的摩尔分数为 $y(A)=0.500$，求液相中苯和甲苯的摩尔分数。

答案：$x_A=0.279$，$x_B=0.721$

习题 3-3　在 35.17℃时，丙酮(A)与氯仿(B)完全互溶，$x_B=0.0588$ 时，测得溶液的蒸气总压为 44.32kPa。试求：①$x_B=0.1232$ 时的 p_A、p_B 及 p，假定该溶液为理想稀溶液；②$x_B=0.1232$ 时的 f_A 和 f_B，标准态分别选纯液体 A 和 B。已知 35.17℃时 $p_A=45.93\text{kPa}$，$p_B=39.08\text{kPa}$，$x_B=0.1232$ 时 p_A、p_B 的实测值分别为 39.24kPa 和 2.213kPa。

答案：①$p_A=40.27\text{kPa}$，$p_B=2.285\text{kPa}$，$p_B=42.555\text{kPa}$；

②$f_A=0.9744$，$f_B=0.4596$

习题 3-4　空气中氧气的摩尔分数为 0.21，计算 298K 下，1dm^3的水中溶解的氧气的体积。已知 298K 下，O_2在水中的亨利系数 $k_{x,B}=4.4\times10^6\text{kPa}$。

答案：6.431dm^3

习题 3-5　25℃时，1000g 水中溶入 10g 某非挥发性溶质，溶液的蒸气压为 3.16kPa，求：①溶质的分子量；②溶液的凝固点；③水的摩尔蒸发热；④溶液的渗透压。已知该溶液的密度为 $1.054\times10^3\ \text{kg}\cdot\text{m}^3$，沸点为 100.064℃，水的 $K_f=1.86\text{K}\cdot\text{mol}^{-1}\cdot\text{kg}$，25℃时 $p^*_水=3.167\text{kPa}$。

答案：①$M_B=81.35\text{g}\cdot\text{mol}^{-1}$；②$t_f=-0.229$℃；

③$\Delta_{vap}H=40.07\text{kJ}\cdot\text{mol}^{-1}$；④$\pi=318.0\text{kPa}$

习题 3-6　在 25℃，101325Pa 下，将 1mol 苯从纯苯中转移到 $x_苯=0.2$ 的大量苯和甲苯的理想液态混合物中去，试计算此过程的 ΔG。

答案：$\Delta G=-3990\text{J}\cdot\text{mol}^{-1}$

习题 3-7　在某一温度下，将碘溶解于 CCl_4 中。当碘的摩尔分数 x_{I_2} 在 0.01~0.04 范围内时，此溶液符合稀溶液规律。今测得平衡时气相中碘的蒸气压与液相中碘的摩尔分数的两组数据见表 3-11。

表 3-11

$p_{I_2(g)}/\text{kPa}$	1.638	16.72
x_{I_2}	0.03	0.5

求 $x_{I_2}=0.5$ 时溶液中碘的活度及活度因子。

答案：0.3062；0.6124

习题 3-8 在 40℃时，液体 A 的饱和蒸气压是液体 B 的 21 倍，A、B 两液体形成理想液态混合物。若气相中 A 和 B 的摩尔分数相等，试求液相中 A 和 B 的摩尔分数。

答案：$x_A=0.05$，$x_B=0.95$

习题 3-9 已知 A、B 两液体能形成理想液态混合物，在温度 t 时于气缸中将组成为 $y(A)=0.4$ 的 A、B 混合气体恒温缓慢压缩，求：①凝结出第一滴微小液滴时系统的总压及该液滴的组成；②若将 A、B 两液体混合，并使此混合物在 100kPa，t 下开始沸腾，求该液态混合物的组成及沸腾时饱和蒸气的组成。

答案：①$p_{总}=66.7\text{kPa}$，$x_A=0.667$，$x_B=0.333$；

②$x_A=0.25$，$x_B=0.75$，$y_A=0.1$，$y_B=0.9$

习题 3-10 在 20℃下 HCl 溶于苯中达平衡，气相中 HCl 的分压为 101.325kPa 时，溶液中 HCl 的摩尔分数为 0.0425。已知 20℃时苯的饱和蒸气压为 10.0kPa。若 20℃时 HCl 和苯蒸气的总压为 101.325kPa，求此时 100g 苯中溶解多少克 HCl。

答案：1.867g

习题 3-11 在 25℃时，从大量质量摩尔浓度为 $0.01\text{mol}\cdot\text{kg}^{-1}$ 的溶液中转移 1mol 溶质于另一大量的浓度为 $0.001\text{mol}\cdot\text{kg}^{-1}$ 的溶液中。试计算此过程的 ΔG。

答案：-5.71kJ

习题 3-12 在 298K 时，水的饱和蒸气压为 3.17kPa，某水溶液上水蒸气的平衡压力为 2.73kPa，若选 298K 下与 0.133kPa 水蒸气达平衡的假想的纯水为标准态，试求该溶液中水的活度。若选用同温下纯水的真实状态为标准态，该溶液中水的活度又为多少？

答案：$a_{水}=20.5$，$a'_{水}=0.861$

习题 3-13 某水溶液含有非挥发性溶质，在-15℃时凝固。求该溶液的：①正常沸点；②在 25℃时的蒸气压(已知该温度时水的饱和蒸气压为 3.17kPa)；③在 25℃时的渗透压。已知 0℃时冰的摩尔熔化热为 $6.03\text{kJ}\cdot\text{mol}^{-1}$，100℃时水的摩尔蒸发热为 $40.6\text{kJ}\cdot\text{mol}^{-1}$，设二者均不随温度变化。

答案：① 104.2℃；② 0.403kPa；③ 20078.435kPa

习题 3-14 已知 A 与 B 能形成理想液态混合物，在 101.325kPa 下，A 的沸点为 65℃，摩尔汽化热为 $41.84\text{kJ}\cdot\text{mol}^{-1}$。今将 0.5mol A 和 9.5mol B 混合，测得其正常沸点为 60℃。试计算在 60℃时，9mol A 和 1mol B 混合，其总蒸气压为多少？气相组成 y_A 和 y_B 为多少？

答案：$p_{总}=83.18\text{kPa}$，$y_A=0.88$，$y_B=0.12$

习题 3-15 工业制水煤气过程中，系统中有五种物质，分别为：$H_2O(g)$、$C(s)$、$CO(g)$、$H_2(g)$ 和 $CO_2(g)$，并发生如下三个平衡反应：

$$H_2O(g)+C(s)=\!=\!=H_2(g)+CO(g)$$

$$CO_2(g)+H_2(g)=\!=\!=H_2O(g)+CO(g)$$

$$CO_2(g)+C(s)=\!=\!=2CO(g)$$

求该系统的独立组分数。

答案：$C=3$

习题 3-16 在一个抽真空的容器中，放入过量的 $NH_4I(s)$ 和 $NH_4Cl(s)$，并发生下列分解反应：

$$NH_4I(s) \rightleftharpoons NH_3(g) + HI(g)$$

$$NH_4Cl(s) \rightleftharpoons NH_3(g) + HCl(g)$$

当该系统平衡时，求系统的组分数 C 和自由度 F。

答案：$C=2$，$F=1$

习题 3-17 A 与 B 可形成液态部分互溶的二组分系统，其相图如图 3-32 所示。今将 40kg B 与 60kg A 混合，求：

① 当系统温度为 53℃，系统为________相；

② 若所得液体冷却至 20℃，系统为________相，各相中 B 的质量分数分别为________和________；两相的质量分别为________g 和________g。

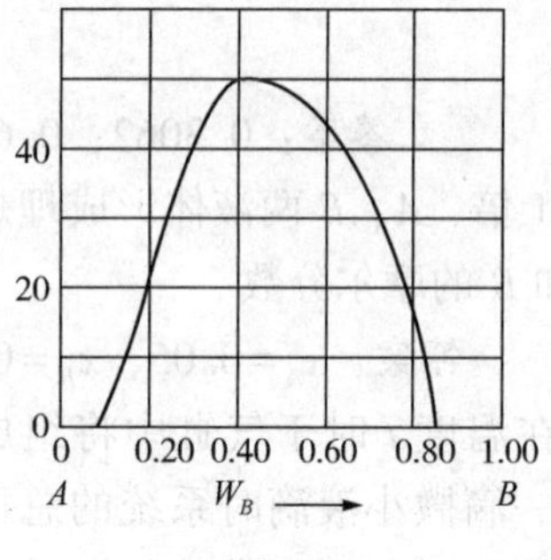

图 3-32

答案：①一个液；②两个液，0.2，0.78，65.52，34.48

习题 3-18 已知 CCl_4 与 $SnCl_4$ 可以形成近似理想液态混合物，测得两种液体不同温度下的饱和蒸气压见表 3-12。

表 3-12

T/K	350	353	363	373	383	387
$p^*_{(CCl_4)}$/kPa	101.325	111.458	148.254	193.317	250.646	—
$p^*_{(SnCl_2)}$/kPa	—	34.397	48.263	66.261	89.726	101.325

① 绘制 CCl_4(A) - $SnCl_4$(B)系统的沸点-组成图；

② 若对 CCl_4 含量为 0.2 的溶液在 101.35kPa 下蒸馏，请问该系统的初始沸点大约为多少？初始馏出液中 CCl_4 的摩尔分数是多少？

答案：①略；②约为 376.5K，$y(CCl_4)=0.42$

习题 3-19 已知甲苯(A)和苯(B)可以形成理想液态混合物，A 和 B 在 90℃的饱和蒸气压分别为 $p_A^*=54.22$kPa 和 $p_B^*=136.12$kPa。现有一系统，总的物质的量为 10mol，苯含量(x_B)为 0.3，在 90℃达到气-液平衡，若平衡气相组成 y_B 为 0.46。① 试画出甲苯(A)-苯(B)系统气液平衡相图的草图，并标出特殊点的纵坐标；② 计算平衡时液相组成 x_B 及系统的压力 p；③ 计算平衡时气、液相的物质的量 $n(g)$、$n(l)$。

答案：①略；②$x_B=0.25$，$p=74.69$kPa；

③$n(g)=7.62$mol，$n(l)=2.38$mol

习题 3-20 已知 A, B 两种液体完全互溶，且 $p_B^*>p_A^*$，在常压下具有最低恒沸混合物组成为 D。① 试画出该系统 T-x 图，p-x 图的草图；② 若有一组成介于 B 与 D 之间的 A，B 两组分溶液，经精馏后，在塔顶和塔底各得什么产物？

答案：①略；②塔顶为恒沸混合物 D，塔底为纯 B

习题 3-21 水-苯酚体系在 60℃分层为两个液相，水相中含 16.8%(质量分数)的苯酚，苯酚相中含 55.1%的苯酚，① 如果体系中含 90g 水和 60g 苯酚，那么每相质量为多少？②如果要是 200g 溶液(苯酚含量为 85%)变浑浊，至少加多少水？

答案：①酚相 90.86g，水相 59.14g；②108.53g

习题 3-22 溴苯与水完全不互溶，已知溴苯与水在 80℃时的饱和蒸气压分别为

8.825kPa 和 47.335kPa，溴苯的正常沸点为 156℃。计算：① 101.325kPa 下，溴苯在水蒸气蒸馏时的沸点；② 101.325kPa 下，溴苯在水蒸气蒸馏的蒸气中溴苯的摩尔分数（$M_{溴苯}=156.9g/mol$）。

答案：①95.2℃；②0.154

习题 3-23 101.325kPa 下对不同浓度的乙醇和乙酸乙酯系统蒸馏，测定气液平衡时的温度、液相组成、气相组成，如表 3-13 所示。

表 3-13

T/K	350.3	348.15	344.96	344.75	345.95	349.55	351.45
$x_{乙醇}$	0	0.100	0.360	0.462	0.710	0.942	1
$y_{乙醇}$	0	0.164	0.398	0.462	0.600	0.880	1

① 根据上表中的数据绘制乙醇（A）-乙酸乙酯（B）系统的温度-组成图。

② 对于乙醇起始浓度为 80%的溶液进行蒸馏，第一滴馏出液体的浓度为多少？

③ 对于乙醇起始浓度为 80%的溶液进行精馏，能否同时分离出纯的乙醇和乙酸乙酯？在塔顶得到什么？塔底得到什么？

答案：①略；②$y_{乙醇}=0.70$；③不能，塔顶为恒沸混合物，塔底为纯乙醇

习题 3-24 已知 A、B 两组分液态完全互溶，固态完全不互溶，且纯 A 的熔点高于纯 B 的熔点，A-B 系统的低共熔混合物中 B 的含量为 60%（质量分数）。画出 A-B 系统固液相图的草图；②现有 180g 的液态混合物，其中 B 的含量为 40%，问在冷却过程中最多得到多少纯 A 固体？

答案：①略；②60g

习题 3-25 已知 A 和 B 两种液体形成具有最高恒沸点的相图，且纯 A 的沸点高于纯 B 的沸点，两者混合系统的沸点-组成图如图 3-33 所示。①请标明各区域的稳定相态和自由度；②尝试在旁边的坐标图中画出 A-B 系统的压力-组成图，并标出各区域的稳定相态和自由度。

答案：①略；②略

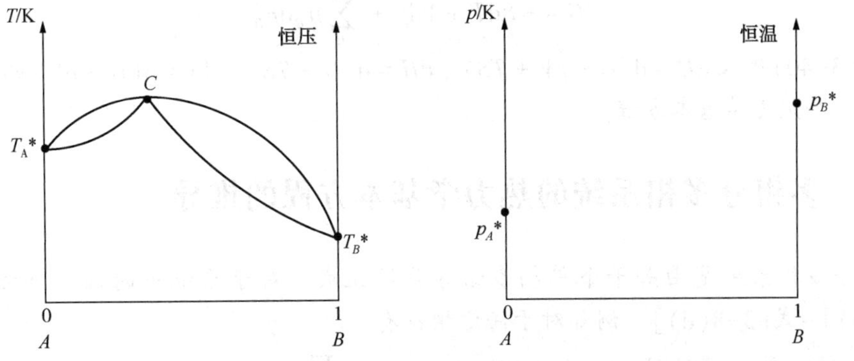

图 3-33

第五部分 拓展阅读

3.1 吉布斯-杜亥姆方程的推导

式(3-4)在恒温恒压下，有

$$dX = \sum_B X_B dn_B$$

另一方面，由于 $X = \sum_B n_B X_B$，恒温、恒压条件下对其求全微分有

$$dX = \sum_B n_B dX_B + \sum_B X_B dn_B$$

温度、压力恒定下，比较以上两式，有

$$\sum_B n_B dX_B = 0 \tag{3-37}$$

将此式除以 $n = \sum_B n_B$，可得

$$\sum_B x_B dX_B = 0 \tag{3-38}$$

式(3-37)和式(3-38)均称为吉布斯-杜亥姆(Gibbs-Duhem)方程。

3.2 多组分单相系统的热力学基本方程的推导

对于多组分单相系统，将式(3-2)中的 X 换成 G，有

$$dG = \left(\frac{\partial G}{\partial T}\right)_{p,n_B} dT + \left(\frac{\partial G}{\partial p}\right)_{T,n_B} dp + \sum_B \left(\frac{\partial G}{\partial n_B}\right)_{T,p,n_C} dn_B \tag{3-39}$$

由于 G 对 T 和 p 的偏导数是在系统组成不变的条件下进行的，因此

$$\left(\frac{\partial G}{\partial T}\right)_{p,n_B} = -S,\quad \left(\frac{\partial G}{\partial p}\right)_{T,n_B} = V$$

结合化学势的定义式(3-7)，可得

$$dG = -SdT + Vdp + \sum_B \mu_B dn_B \tag{3-40}$$

将式(3-40)代入 $dU = d(G - pV + TS)$，$dH = d(G - TS)$，$dA = d(G - pV)$ 的展开式中，可得其他三个热力学基本方程。

3.3 多组分多相系统的热力学基本方程的推导

多组分多相系统是由若干个单相多组分系统组成。对于系统中的每一个相，均符合式[3-8(a)]~式[3-8(d)]。例如对于任意相 α 有

$$dG(\alpha) = -S(\alpha)dT + V(\alpha)dp + \sum_B \mu_B(\alpha) dn_B(\alpha)$$

如果忽略相与相之间的界面现象，则系统总的吉布斯函数应为各相的吉布斯函数之和：

$$\sum_\alpha dG(\alpha) = -\sum_\alpha S(\alpha)dT + \sum_\alpha V(\alpha)dp + \sum_\alpha \sum_B \mu_B(\alpha) dn_B(\alpha)$$

由于系统处于热平衡及力平衡，系统中各相的温度 T 和压力 p 相同。此外，有

$$\sum_{\alpha} \mathrm{d}G(\alpha) = \mathrm{d}\sum_{\alpha} G(\alpha) = \mathrm{d}G\,,\ \sum_{\alpha} S(\alpha) = S\,,\ \sum_{\alpha} V(\alpha) = V$$

故

$$\mathrm{d}G = -S\mathrm{d}T + V\mathrm{d}p + \sum_{\alpha}\sum_{B}\mu_B(\alpha)\mathrm{d}n_B(\alpha) \tag{3-41}$$

类似同样的推导，可得其他三个多组分多相系统的热力学基本方程。

3.4 理想气体组分的化学势

给出化学势的表达式，对于理论研究或实际应用都有重要的意义。由于化学势的绝对值不知道，所以要选择一个标准态作为计算的基准。气体在其标准态下的化学势称为标准化学势，以符号 $\mu_B^{\ominus}(\mathrm{g})$ 表示。对于纯气体则省略下标 B。显然，气体的标准化学势只是温度的函数。

① 纯理想气体的化学势：

$$\mu^*(\mathrm{pg}) = \mu^{\ominus}(\mathrm{g}) + RT\ln\frac{p}{p^{\ominus}} \tag{3-42}$$

② 理想气体混合物中任一组分的化学势

由于理想气体混合物中任一组分 B 的状态不受其他组分存在的影响，因此，温度为 T、总压为 p 的理想气体混合物中，当组分 B 的摩尔分数为 y_{B}、分压为 $p_B = y_B p$ 时，其化学势相当于纯组分 B 在该温度及分压为 p_B 时的化学势，即

$$\mu_{B(\mathrm{pg})} = \mu_{B(\mathrm{g})}^{\ominus} + RT\ln\frac{y_B p}{p^{\ominus}} = \mu_{B(\mathrm{g})}^{\ominus} + RT\ln\frac{p_B}{p^{\ominus}} \tag{3-43}$$

其标准态为该气体单独存在于该混合物的温度及标准压力下的状态。

3.5 真实气体组分的化学势与逸度、逸度因子

为使纯真实气体及真实气体混合物中任一组分 B 的化学势表达式具有与理想气体化学势表达式同样简单的形式，1908 年路易斯(Lewis G. N.)提出了逸度及逸度因子的概念。

(1) 真实气体混合物中任一组分的化学势

真实气体混合物中任一组分 B 的化学势公式为

$$\mu_{B(\mathrm{g})} = \mu_{B(\mathrm{g})}^{\ominus} + RT\ln\left(\frac{\varphi_B p_B}{p^{\ominus}}\right) = \mu_{B(\mathrm{g})}^{\ominus} + RT\ln\left(\frac{\tilde{p}_B}{p^{\ominus}}\right) \tag{3-44}$$

式中 $\tilde{p}_B$ ——气体组分 B 的逸度；

φ_B ——气体组分 B 的逸度因子；

p_B ——气体组分 B 的分压。

标准态仍然与纯理想气体的标准态相同。定义逸度因子：

$$\varphi_B \overset{\mathrm{def}}{=} \frac{\tilde{p}_B}{p_B} \tag{3-45}$$

逸度因子 φ_B 起到修正真实气体对理想气体偏差的作用。

对理想气体混合物而言，$\tilde{p}_B \equiv p_B$，$\varphi_B \equiv 1$。即，理想气体混合物中任一组分的逸度等于其分压，而逸度因子恒等于1。

(2) 纯真实气体的化学势

类似地，修正后的纯真实气体的化学势公式为

$$\mu_{(g)} = \mu_{(g)}^{\ominus} + RT\ln\left(\frac{\tilde{p}}{p^{\ominus}}\right) = \mu_{(g)}^{\ominus} + RT\ln\left(\frac{\varphi p}{p^{\ominus}}\right) \tag{3-46}$$

式中 $\tilde{p}$——气体的逸度；

φ——气体的逸度因子。

标准态与纯理想气体的标准态相同。

(3) 逸度因子的计算及普遍化逸度因子图

逸度的计算归根结底是逸度因子的计算，因为知道了逸度因子后，即可按定义式(3-45)计算出逸度。

① 纯真实气体逸度因子的计算：在实际应用中，人们通常使用普遍化的逸度因子图来求 φ。在之前的对应状态原理中曾经指出，不同气体在同样的对比温度 T_r、对比压力 p_r 下，具有大致相同的压缩因子。类似地人们发现，不同气体在同样的对比温度 T_r、对比压力 p_r 下，具有大致相同的逸度因子。图 3-34 绘出了不同 T_r 下的 φ-p_r 曲线。因此图对任何真实气体均适用，故称为普遍化逸度因子图。

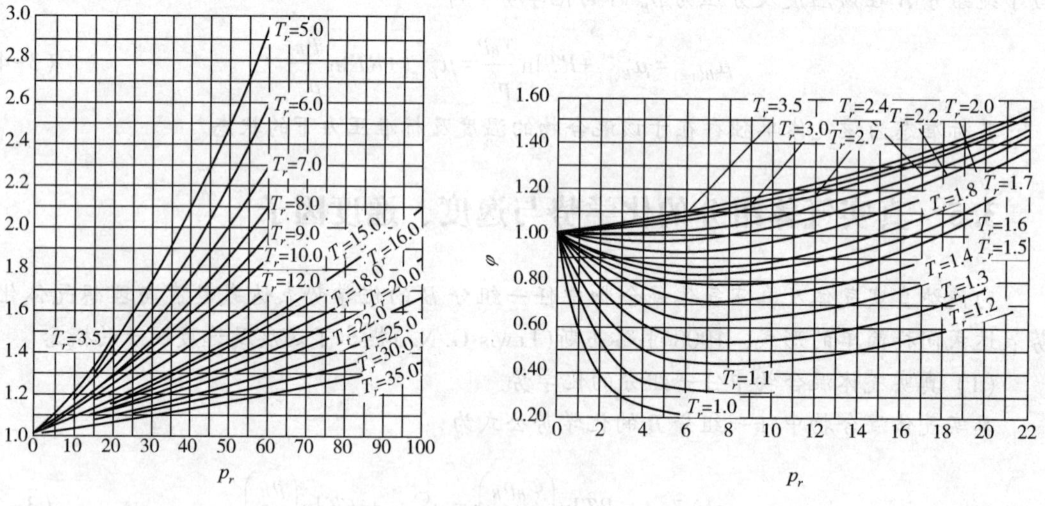

图 3-34 普遍化逸度因子图

② 真实气体混合物逸度的计算：混合气体中组分 B 的逸度因子等于该组分 B 在混合气体温度及总压下单独存在时的逸度因子，于是

$$\tilde{p}_B = \varphi_B p_B = \varphi_B y_B p = \varphi_B^* p y_B = \tilde{p}_B^* y_B \tag{3-47}$$

此式表明，真实气体混合物中组分 B 的逸度等于该组分处在混合气体的温度和总压下单独存在时的逸度与该组分在混合物中摩尔分数的乘积。这就是路易斯-兰德尔(Lewis-Randall)逸度规则。它可用于计算气体混合物中各组分的逸度，因为纯组分的逸度因子可以从普遍化逸度因子图查出。不过，这一规则是近似的。

3.6 理想液态混合物中任一组分的化学势推导

利用气、液两相平衡时任一组分在两相的化学势相等的原理，结合气体化学势表达式及理想液态混合物的定义式，可推导出理想液态混合物中任一组分的化学势与混合物组成的关系式。

设在温度 T 下，组分 B、C、D、…形成理想液态混合物。各组分的摩尔分数分别为 x_B、x_C、x_D、…。气、液两相平衡时，理想液态混合物中任一组分 B 在液相中的化学势 $\mu_{B(1)}$ 等于它在气相中的化学势 $\mu_{B(g)}$，即

$$\mu_{B(1)}=\mu_{B(g)}$$

当与理想液态混合物成平衡的蒸气压力 p 不大时，气相可以近似认为是理想气体混合物，则按照

$$\mu_{B(pg)}=\mu_{B(g)}^{\ominus}+RT\ln\frac{y_B p}{p^{\ominus}}=\mu_{B(g)}^{\ominus}+RT\ln\frac{p_B}{p^{\ominus}}$$

有
$$\mu_{B(1)}=\mu_{B(g)}=\mu_{B(g)}^{\ominus}+RT\ln\frac{p_B}{p^{\ominus}}$$

对于理想液态混合物，$p_B=p_B^* x_B$，将其代入上式，得

$$\mu_{B(1)}=\mu_{B(g)}^{\ominus}+RT\ln\frac{p_B^*}{p^{\ominus}}+RT\ln x_B \tag{3-48}$$

显然，上式右边前两项之和等于相同温度 T、压力 p 下纯液体 B 的化学势，即

$$\mu_{B(1)}^*=\mu_{B(g)}^{\ominus}+RT\ln\frac{p_B^*}{p^{\ominus}} \tag{3-49}$$

因此
$$\mu_{B(1)}=\mu_{B(1)}^*+RT\ln x_B \tag{3-50}$$

上式即理想液态混合物中任一组分 B 的化学势表达式。因液态混合物中组分 B 的标准态规定为同样温度 T，压力为标准压力 $p^{\ominus}$ 下的纯液体，其标准化学势为 $\mu_{B(1)}^{\ominus}$，故要由热力学基本方程求出 $\mu_{B(1)}^*$ 与 $\mu_{B(1)}^{\ominus}$ 的关系。对纯液体 B，应用 $dG_m=-S_m dT+V_m dp$，因 $dT=0$，故当压力从 $p^{\ominus}$ 变至 p 时，纯液体 B 化学势 $\mu_{B(1)}^{\ominus}$ 变至 $\mu_{B(1)}^*$，于是

$$\mu_{B(1)}^*=\mu_{B(1)}^{\ominus}+\int_{p^{\ominus}}^{p}V_{m,B(1)}^*\,dp \tag{3-51}$$

式中 $V_{m,B(1)}^*$ 为纯液态 B 在温度 T 下的摩尔体积。

将式(3-51)代入式(3-50)，最后得到一定温度下理想液态混合物中任一组分 B 的化学势与混合物组成的关系式：

$$\mu_{B(1)}=\mu_{B(1)}^{\ominus}+RT\ln x_B+\int_{p^{\ominus}}^{p}V_{m,B(1)}^*\,dp \tag{3-52}$$

通常情况下，p 与 $p^{\ominus}$ 相差不大，上式中的积分项可以忽略，故该式可近似写作

$$\mu_{B(1)}=\mu_{B(1)}^{\ominus}+RT\ln x_B \tag{3-53}$$

此式为常用公式。

3.7 理想液态混合物混合性质的推导

对于由各纯液体混合形成理想液态混合物的混合过程，分别用下角标 1 和 2 表示混合过

程的始态和末态，则

$$G_1=\sum_B n_B G_{m,B}^*=\sum_B n_B\mu_{B(1)}^*$$

即系统始态的吉布斯函数为各纯组分吉布斯函数的代数和。

而对于末态，由于是理想液态混合物，根据$\mu_{B(1)}=\mu_{B(1)}^*+RT\ln x_B$，有

$$G_2=\sum_B n_B\mu_{B(1)}=\sum_B n_B[\mu_{B(1)}^*+RT\ln x_B]$$

故混合过程的吉布斯函数变化：

$$\Delta_{\text{mix}}G=G_2-G_1=\sum_B n_B[\mu_{B(1)}^*+RT\ln x_B]-\sum_B n_B\mu_{B(1)}^*$$

即
$$\Delta_{\text{mix}}G=RT\sum_B n_B\ln x_B$$

将$0<x_B<1$代入上式，得$\Delta_{\text{mix}}G=RT\sum_B n_B\ln x_B<0$。因为混合过程是在恒温、恒压下进行的，这表明该过程是一个自发过程。

由于$S=-(\partial G/\partial T)_p$，$V=(\partial G/\partial p)_T$

故有
$$\Delta_{\text{mix}}S=-\left(\frac{\partial\Delta_{\text{mix}}G}{\partial T}\right)_p=-R\sum_B n_B\ln x_B$$

$$\Delta_{\text{mix}}V=\left(\frac{\partial\Delta_{\text{mix}}G}{\partial p}\right)_T=0$$

根据定义
$$\Delta_{\text{mix}}A=\Delta_{\text{mix}}G-p\Delta_{\text{mix}}V=\Delta_{\text{mix}}G=RT\sum_B n_B\ln x_B$$

$$\Delta_{\text{mix}}H=\Delta_{\text{mix}}G+T\Delta_{\text{mix}}S=0$$

$$\Delta_{\text{mix}}U=\Delta_{\text{mix}}A+T\Delta_{\text{mix}}S=0$$

3.8 理想稀溶液中溶剂和溶质的化学势

(1) 溶剂的化学势

由于理想稀溶液的溶剂遵循拉乌尔定律，可知其化学势表达式与理想液态混合物中任一组分B的化学势表达式形式相同，即

$$\mu_{A(1)}=\mu_{A(1)}^*+RT\ln x_A \tag{3-54}$$

$$\mu_{A(1)}=\mu_{A(1)}^\ominus+RT\ln x_A \tag{3-55}$$

与液态混合物中任一组分B一样，溶液中溶剂A的标准态为温度T、标准压力$p^\ominus$下的纯液态A。

(2) 溶质的化学势

当气、液两相达平衡时，溶质在气、液两相的化学势应相等，且压力不太高时，近似按理想气体处理，理想稀溶液中挥发性溶质的分压服从亨利定律，得

$$\begin{aligned}\mu_{B(\text{溶质})}&=\mu_{B(g)}=\mu_{B(g)}^\ominus+RT\ln\frac{p_B}{p^\ominus}\\&=\mu_{B(g)}^\ominus+RT\ln\frac{k_{b,B}b_B}{p^\ominus}\\&=\mu_{B(g)}^\ominus+RT\ln\frac{k_{b,B}b^\ominus}{p^\ominus}+RT\ln\frac{b_B}{b^\ominus}\end{aligned} \tag{3-56}$$

$b^{\ominus}=1\text{mol}\cdot\text{kg}^{-1}$称为溶质的标准质量摩尔浓度。

上式中令 $b_B=b^{\ominus}$，则 $RT\ln(b_B=b^{\ominus})=0$，因此 $\mu_{B(g)}^{\ominus}+RT\ln(k_{b,B}b^{\ominus}/p^{\ominus})$ 为温度 T、压力 p 下，$b_B=b^{\ominus}$ 时溶质 B 符合亨利定律的状态下的化学势。

规定溶质 B 的标准态为在标准压力 $p^{\ominus}$，标准质量摩尔浓度 $b^{\ominus}$ 下具有理想稀溶液性质(即 B 符合亨利定律)的状态(假想态)，并将标准态的化学势记为 $\mu_{B(\text{溶质})}^{\ominus}$，则

$$\mu_{B(g)}^{\ominus}+RT\ln(k_{b,B}b^{\ominus}/p^{\ominus})=\mu_{B(\text{溶质})}^{\ominus}+\int_{p^{\ominus}}^{p}V_{B(\text{溶质})}^{\infty}\,\mathrm{d}p$$

$V_{B(\text{溶质})}^{\infty}$ 为温度 T 下无限稀的溶液中溶质 B 的偏摩尔体积，在一定温度下它应是压力的函数。忽略积分项，并将之代入式(3-56)，即得到理想稀溶液中溶质 B 的化学势表达式：

$$\mu_{B(\text{溶质})}=\mu_{B(\text{溶质})}^{\ominus}+RT\ln\frac{b_B}{b^{\ominus}} \tag{3-57}$$

这是常用的公式。

(3) 其他组成标度表示的溶质的化学势

现对以组成标度 c_B、x_B 表示的化学势表达式做一简单介绍。

根据式(3-18)，对理想稀溶液用不同的组成标度 b_B、c_B 和 x_B 时，亨利定律具有完全相同的形式(c_B 标度下亨利定律可写作 $p_B=k_{c,B}c_B$)。类似于组成标度为 b_B 时溶质 B 的化学势表达式的推导，容易得到组成标度为 c_B 和 x_B 时理想稀溶液中溶质 B 的化学势表达式：

$$\mu_{B(\text{溶质})}=\mu_{c,B(\text{溶质})}^{\ominus}+RT\ln\frac{c_B}{c^{\ominus}} \tag{3-58}$$

$$\mu_{B(\text{溶质})}=\mu_{x,B(\text{溶质})}^{\ominus}+RT\ln x_B \tag{3-59}$$

$c^{\ominus}=1\text{mol}\cdot\text{dm}^{-3}$称为溶质的标准体积摩尔浓度。在式(3-58)和式(3-59)中分别令 $c_B=c^{\ominus}$，$x_B=1$ 即可推知用 c_B 和 x_B 组成标度时各自标准态的含义。

组成标度以 c_B 表示时，规定溶质的标准态为在标准压力 $p^{\ominus}$ 及标准浓度 $c^{\ominus}=1\text{mol}\cdot\text{dm}^{-3}$ 下具有理想稀溶液性质($p_B=k_{c,B}c_B$)的状态，其标准化学势记作 $\mu_{c,B(\text{溶质})}^{\ominus}$。若溶质的组成标度以 x_B 表示时，标准态规定为在标准压力 $p^{\ominus}$ 及 $x_B=1$ 且具有理想稀溶液性质($p_B=k_{x,B}x_B$)的状态。这种状态是指在温度 T、标准压力 $p^{\ominus}$ 下的一种假想的纯液体 B，它在同一温度 T 及系统压力 $p^{\ominus}$ 下的“饱和蒸气压”应等于 $k_{x,B}$，即在 T、p 下亨利定律在 $x_B=1$ 仍适用的液体状态的纯 B。这种标准化学势记作 $\mu_{x,B(\text{溶质})}^{\ominus}$。

注意，在使用组成的不同标度时，溶质 B 的标准态、标准化学势及化学势表达式不同，但对于同一溶液，在相同条件下其化学势的值是唯一的。

3.9 真实液态混合物的化学势和活度

路易斯(Lewis G. N.)通过引入活度及活度因子来修正真实液态混合物、真实溶液对理想液态混合物、理想溶液的偏差。

按下式定义真实液态混合物中组分 B 的活度 a_B 及活度因子 f_B：

$$\mu_{B(l)}\overset{\text{def}}{=}\mu_{B(l)}^{*}+RT\ln a_B \tag{3-60}$$

$$\mu_{B(l)}\overset{\text{def}}{=}\mu_{B(l)}^{*}+RT\ln x_B f_B \tag{3-61}$$

式中

$$f_B=a_B/x_B \tag{3-62}$$

因$\mu_{B(1)}^*$为纯液态B在一定温度T、压力p下的化学势，当$x_B \to 1$时，必然$a_B \to 1$，于是有

$$\lim_{x_B \to 1} f_B = \lim_{x_B \to 1}(a_B/x_B) = 1 \tag{3-63}$$

由于标准态压力定为$p^{\ominus}$，故压力p下的化学势：

$$\mu_{B(1)} = \mu_{B(1)}^{\ominus} + RT\ln a_B + \int_{p^{\ominus}}^{p} V_{m,B(1)}^* \mathrm{d}p \tag{3-64}$$

在常压下，积分项近似为零，故近似有

$$\mu_{B(1)} = \mu_{B(1)}^{\ominus} + RT\ln a_B \tag{3-65}$$

真实液态混合物中组分B的标准化学势$\mu_{B(1)}^{\ominus}$与理想液态混合物的相同。组分B的活度可由真实液态混合物的亨利定律求出，$p_B = p_B^* a_B$，因此，$a_B = \dfrac{p_B}{p_B^*}$。

3.10 真实溶液中溶剂和溶质的化学势

为了使真实溶液中溶剂和溶质的化学势表达式分别与理想稀溶液中的形式相同，也是以溶剂的活度a_A代替x_A，以溶质的活度a_B代替$b_B/b^{\ominus}$。

对于溶剂A，在温度T、压力p下

$$\mu_{A(1)} = \mu_{A(1)}^{\ominus} + RT\ln a_A \tag{3-66}$$

对溶剂A也与液态混合物中任一组分一样，A的活度因子f_A，有

$$a_A = f_A x_A$$

对于溶质B，在温度T、压力p下真实溶液中化学势的表达式规定为

$$\mu_{B(溶质)} = \mu_{B(溶质)}^{\ominus} + RT\ln a_B + \int_{p^{\ominus}}^{p} V_{B(溶质)}^{\infty} \mathrm{d}p \tag{3-67}$$

$$\mu_{B(溶质)} = \mu_{B(溶质)}^{\ominus} + RT\ln(\gamma_B b_B/b^{\ominus}) + \int_{p^{\ominus}}^{p} V_{B(溶质)}^{\infty} \mathrm{d}p \tag{3-68}$$

式中

$$\gamma_B = a_B/(b_B/b^{\ominus}) \tag{3-69}$$

称为溶质B的活度因子(或称为活度系数)。并且

$$\lim_{\sum b \to 0} \gamma_B = \lim_{\sum b \to 0} [a_B/(b_B/b^{\ominus})] = 1 \tag{3-70}$$

式中极限条件$\sum_B b_B \to 0$，不仅所要讨论的那种溶质B的b_B趋于零，还要求溶液中其他溶质的b也同时趋于零。

在p和$p^{\ominus}$相差不大时，式(3-67)及式(3-68)可分别表示为

$$\mu_{B(溶质)} = \mu_{B(溶质)}^{\ominus} + RT\ln a_B \tag{3-71}$$

$$\mu_{B(溶质)} = \mu_{B(溶质)}^{\ominus} + RT\ln\left(\frac{\gamma_B b_B}{b^{\ominus}}\right) \tag{3-72}$$

同理，在p和$p^{\ominus}$相差不大时，组成标度用c_B表示时，则有

$$\mu_{B(溶质)} = \mu_{c,B(溶质)}^{\ominus} + RT\ln a_{c,B} \tag{3-73}$$

及

$$\mu_{B(溶质)} = \mu_{c,B(溶质)}^{\ominus} + RT\ln(\gamma_B c_B/c^{\ominus}) \tag{3-74}$$

式中

$$\mathrm{y}_B = \mathrm{a}_{c,B}/(\mathrm{c}_B/\mathrm{c}^{\ominus}) \tag{3-75}$$

也称为溶质B的活度因子(或称活度系数)。并且

$$\lim_{\sum c \to 0} \gamma_B = \lim_{\sum c \to 0} [a_{c,B}/(c_B/c^{\ominus})] = 1 \tag{3-76}$$

式中极限条件是$\sum_{B}c_B \to 0$，即不仅所要讨论的那种溶质B的c_B趋于零，还要求溶液中其他溶质c也同时趋于零。

3.11 相律的推导

在相律的推导中应用的代数定理是n个方程限制n个变量。自由度数=系统中的总变量数-关联变量的方程式数。

(1) 系统状态的总变量数

系统中的变量T、p、x_B。设一平衡系统中有S种物质分布于P个相的每一相中，且任一物质在每一相中有相同的分子形式。要确定一个相的状态，须知其T、P及该相中$(S-1)$种物质的相对含量，即须知$(S-1)+2$个变量。现有P个相，总变量数应为$P[(S-1)+2]$，但在相平衡系统中，所有各相的T相等，P相等，所以要知整个系统的状态，只需知道系统整体的T、P及$P(S-1)$个相对含量的数值。即须知$P(S-1)+2$个变量。因而确定系统状态的总变量数为$P(S-1)+2$。

(2) 系统中各变量间的独立关系数

因有S种物质分布于P个相的每一相中，由相平衡的条件，每一物质在各相中的化学势相等，$\mu_B^\alpha=\mu_B^\beta=\cdots\mu_B^p$这样关联变量的方程式数就有$S(P-1)$个。若系统中还有$R$个独立的化学平衡反应存在，据化学平衡条件，$\sum \nu_B\mu_B=0$，有一个独立的化学平衡反应存在就有一个关联变量的方程式，共有R个方程式。若还有R'个除化学反应外其他的独立限制条件，则有R'个方程式。

所以平衡时，关联变量的方程式数为$S(P-1)+R+R'$。则

$$F=P(S-1)+3-S(P-1)-R-R'=S-R-R'-P+2$$

令$C=S-R-R'$，则有

$$F=C-P+2$$

该式称为吉布斯相律。

3.12 精馏原理及应用

(1) 蒸馏原理

从前面的沸点-组成图可以明显看出，当液体混合物加热至沸腾时，易挥发组分在蒸气中得到增浓，难挥发组分在剩余液中也得到增浓，这在一定程度上实现了两组分的分离，这是蒸馏的基本原理。下面我们以无最高、最低恒沸点系统的T-x图3-35来说明简单蒸馏原理。

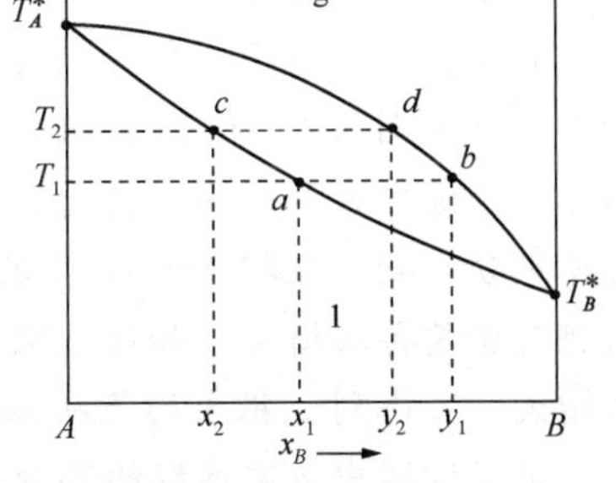

图3-35 简单蒸馏原理示意图

在外压恒定条件下，液体从开始沸腾到蒸发完毕，纯液体的沸点始终恒定，而混合物的沸点不是恒定的，会逐渐升高。若将原始组成为x_1的溶液进行蒸馏分离，当温度升至T_1时系统开始沸腾，此时产生的第一个气泡的组成为y_1，显然气相中B组分(低沸点物质)含量显著增加。继续加热，系统保持沸腾且沸点逐渐升高，液相中B含量逐渐下降，组成沿ac线上升。当温度升至T_2时，对应的

气相组成为 y_2。若接收 $T_1 \sim T_2$ 间的馏出物，其组成在 $y_1 \sim y_2$ 之间，而蒸馏瓶中剩下的液体组成为 x_2，其中的 A 含量较原始混合物明显增加。如此，一次简单蒸馏可以让低沸点的 B 物质在馏出液中富集，同时也可以让高沸点物质 A 在剩余液中富集。A 与 B 的沸点相差越大，简单蒸馏的分离效果越好。

(2) 精馏原理

如前所述，蒸馏只能在蒸气中浓缩易挥发组分，在剩余液中浓缩难挥发组分，不能得到纯组分。而精馏则是多次蒸馏，将液态混合物经多次部分气化和部分冷凝而使之浓缩和分离，得到纯组分或者恒沸混合物。下面以沸点介于两纯组分沸点之间的二组分混合物系统的恒压精馏为例，其温度–组成图如图 3–36 所示。

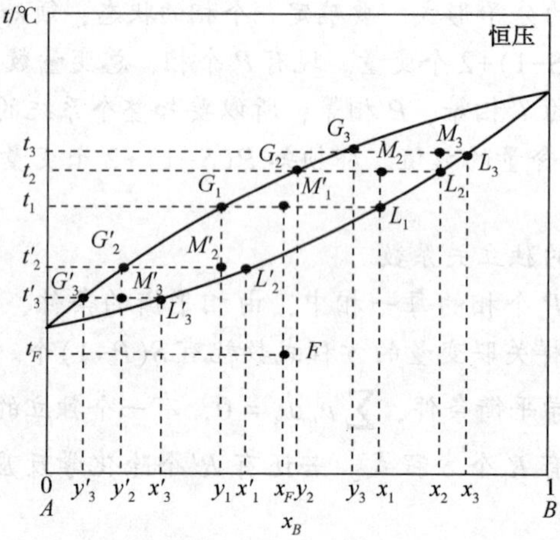

图 3–36　精馏原理相关二组分系统的温度–组成图

设液态混合物的系统点为 F 点，原始组成为 x_F，温度为 t_F。在恒压下，将系统的温度升高到 t_1，此时混合物部分气化，系统点为 M_1 点，平衡时气、液两相的相点分别为 G_1 和 L_1，其组成分别为 y_1 和 x_1。分开气、液两相后，将得到的液相(系统点为 L_1)加热至 t_2，此时系统点为 M_2 点，液体又部分气化，气相点和液相点分别为 G_2 和 L_2，组成分别为 y_2 和 x_2。从相图可以看出 $x_2>x_1$，说明 B 在液相中的相对含量增大了一些。再使气、液两相分开，将液相 L_2 加热到 t_3(系统点为 M_3)，液体又部分气化成气相 G_3 和液相 L_3，其组成分别为 y_3 和 x_3。从相图可以看出 $x_3>x_2$，说明 B 在液相中的相对含量又增大了一些。如果多次重复以上分离液相并加热气化的步骤，B 在液相中的含量逐渐增大，可得到 x_B 很大(x_A 很小)的液相，最后可分离得到纯 B。

此外，将 t_1 温度下分离出的气相 G_1 冷却到 t'_2(系统点为 M'_2 点)，气体部分冷凝，气相点和液相点分别为 G'_2 和 L'_2，组成分别为 y'_2 和 x'_2。从相图可以看出 $y'_2 < y_1$，说明 A 在气相中的相对含量增大了一些。使气、液两相再次分开，将气相 G'_2 冷却到 t'_3(系统点为 M'_3 点)，气体部分冷凝，气相点为 G'_3，其组成分别为 y'_3。从相图可以看出 $y'_3 < y'_2$，说明 A 在气相中的相对含量再次增大。如果多次重复以上分离气相并冷却液化的步骤，A 在气相中的含量逐渐增大，可得到 x_A 很大的气相，最后可分离得到纯 A。

上述过程中多次连续的部分气化和部分冷凝可通过精馏塔来实现。

(3) 精馏的应用

精馏过程所用的设备称为精馏塔，利用混合物中各组分具有不同的挥发度，即在同一温度下各组分的蒸气压不同这一性质，使液相中的轻组分(低沸物)转移到气相中，而气相中的重组分(高沸物)转移到液相中，从而实现分离的目的。精馏塔也是石油化工生产中应用极为广泛的一种传质传热装置。大体上可以分为两大类：①板式塔，气液两相总体上做多次逆流接触，每层板上气液两相一般做交叉流。②填料塔，气液两相做连续逆流接触[图 3-37(a)和图 3-37(b)]。

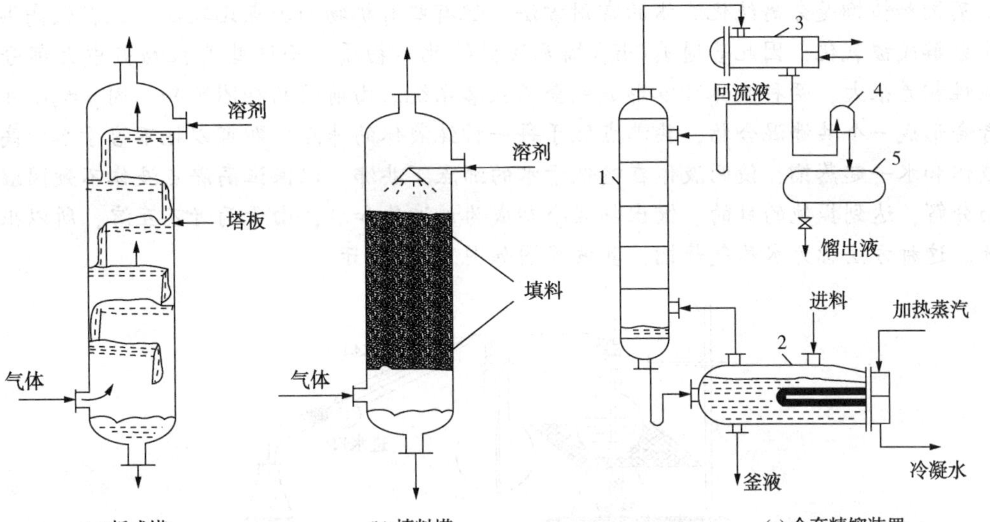

图 3-37　精馏塔

一般的精馏装置由精馏塔塔身、冷凝器、回流罐以及再沸器等设备组成[图 3-37(c)]。沿塔身越往上温度越低，越往下，温度越高。位于塔底的再沸器使液体部分汽化，蒸气沿塔上升，余下的液体作为塔底产品。进料加在塔的中部，进料中的液体和上塔段来的液体一起沿塔下降，进料中的蒸气和下塔段来的蒸气一起沿塔上升。在整个精馏塔中，汽液两相逆流接触，进行相际传质。液相中的易挥发组分进入汽相，汽相中的难挥发组分转入液相。对不形成恒沸物的物系，只要设计和操作得当，馏出液将是高纯度的易挥发组分，塔底产物将是高纯度的难挥发组分。进料口以上的塔段，把上升蒸气中易挥发组分进一步提浓，称为精馏段；进料口以下的塔段，从下降液体中提取易挥发组分，称为提馏段。两段操作的结合，使液体混合物中的两个组分较完全地分离，生产出所需纯度的两种产品。

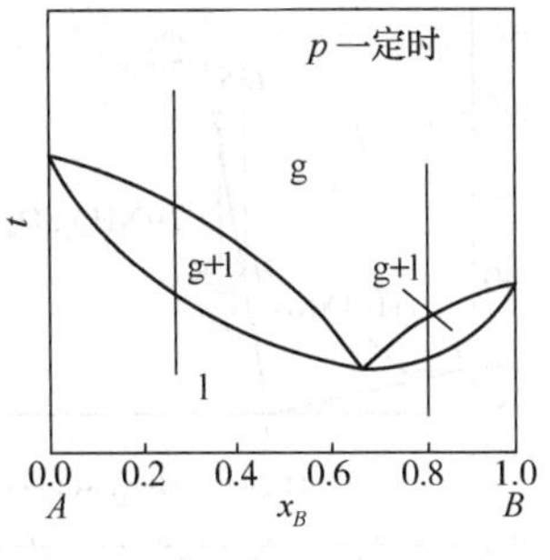

图 3-38　二组分系统具有最低恒沸点的温度-组成图

精馏的结果：塔顶得到的是沸点低的轻组分，塔底得到的是沸点高的重组分。

对于具有最低恒沸点和最高恒沸点的二组分系统，其相图可看作是以恒沸混合物为界的左、右两个相图的组合。由于恒沸混合物沸腾时气相组成与液相组成相同，部分汽化或部分液化均不能改变混合物的组成，故在指定压力下具有恒沸点的二组分液态混合物经过精馏后只能得到一个纯组分和恒沸混合物，而不能同时得到两个纯组分。对于图3-38所示系统，当组成在最低点的左侧，塔顶得到的是恒沸混合物，塔底得到的是纯A，若组成在最低点的右侧，则塔顶得到的是恒沸混合物，塔底得到的是纯B。

3.13 完全不互溶系统气液平衡相图的应用——水蒸气蒸馏

蒸馏和精馏是分离纯化液体的常用方法。但有些有机物的沸点比较高，且在较高温度有可能分解或被氧化，因此普通蒸(精)馏无法提纯此类物质。而这些有机物当中大部分与水的极性相差很大，两种液体可以形成完全不互溶系统。由前面的相图可知，因$p=p_A^*+p_B^*$，两者会形成一个共沸混合物，共沸点低于每一种纯液体的沸点，即可以把不溶于水的高沸点的液体和水一起蒸馏，使两液体在略低于水的沸点下共沸，以保证高沸点液体不致因温度过高而分解，达到提纯的目的。馏出物经冷却成为该液体和水，由于两者不互溶，所以很容易分开。这种方法称为水蒸气蒸馏，其装置图如图3-39所示。

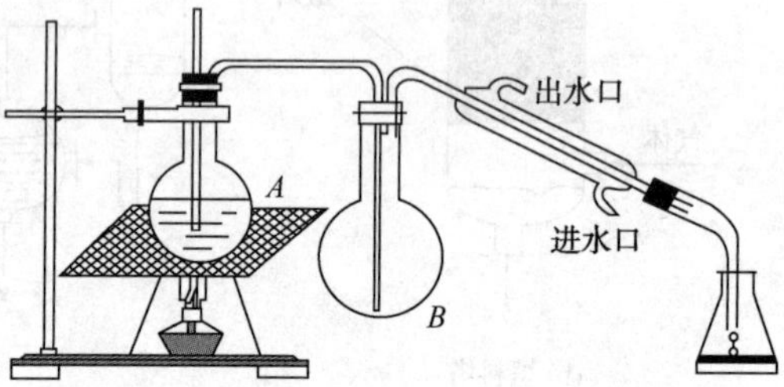

图3-39 水蒸气蒸馏装置图

3.14 结晶法分离盐类——溶解度法绘制的水盐系统相图的应用

相比于二组分金属相图，水-无机盐系统的温度不是很高，常用溶解度法绘制相图。下面以$H_2O-(NH_4)_2SO_4$系统为例进行介绍。

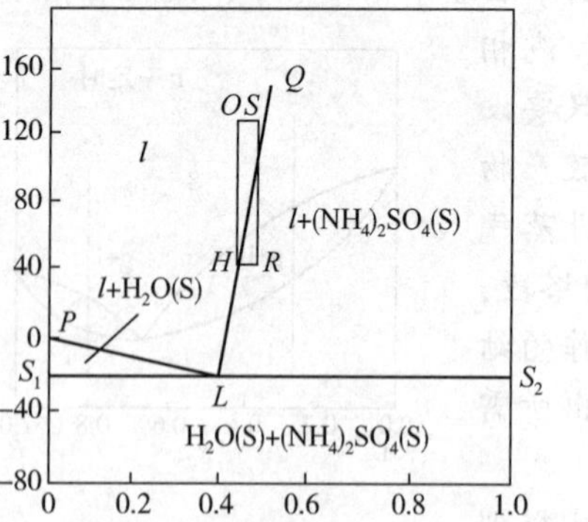

图3-40 $H_2O-(NH_4)_2SO_4$系统相图

测定不同温度下$(NH_4)_2SO_4$的溶解度，绘制$H_2O-(NH_4)_2SO_4$系统的$T-x$图如图3-40所示。由图可以看出，对于$(NH_4)_2SO_4$质量分数小于39.75 %的水溶液，水的含量较多，系统冷却至0℃以下的某个温度时会析出冰。对于$(NH_4)_2SO_4$质量分数大于39.75 %的水溶液，$(NH_4)_2SO_4$在水中的溶解度随温度的降低而减小，当系统冷却到一定温度时$(NH_4)_2SO_4$达到饱和并开始析出。对于$(NH_4)_2SO_4$质量分数等于39.75 %的溶液，在冷却到-18.50℃时，冰和固体$(NH_4)_2SO_4$同时析出，所以-18.50℃是$H_2O-(NH_4)_2SO_4$系统中液相能够存在的最低温度。

各个相区的稳定相已于图中注明。图中P点是水的凝固点。由于硫酸铵的加入，水的凝固点沿PL线由0℃降至-18.50℃，所以PL线是水的凝固点下降曲线。LQ线是$(NH_4)_2SO_4$的溶解度曲线，LQ线不能随意延长，将终止于溶液的

沸点 Q 点。组成为 L 点的溶液在冷却到-18.50℃时析出冰和固体 $(NH_4)_2SO_4$，此时析出的冰和 $(NH_4)_2SO_4$ 称为固体低共熔混合物或低熔冰盐合晶，L 点所对应的温度即低共熔点，通过 L 点的 S_1S_2 水平线是三相线。

水-盐系统相图，对利用结晶法分离和提纯无机盐具有重要意义。粗盐提纯的质量分数一般不高，低于低共熔混合物的质量分数，由图 3-40 可知，此时直接冷却首先会析出冰，然后是低共熔混合物，得不到纯的 $(NH_4)_2SO_4$ 晶体。所以对于粗盐，应先浓缩，使系统点向右移动越过低共熔点 L 点所示组成，再进行冷却，即可获得纯 $(NH_4)_2SO_4$ 固体。如果提纯含少量杂质的 $(NH_4)_2SO_4$，可采用水溶液重结晶法：在较高温度下，将粗盐配制成系统点在 O 点的溶液，加入 $(NH_4)_2SO_4$ 的粗产品，使系统点移至 S 点，趁热过滤除去不溶性杂质，然后冷却，当系统进入两相区就不断析出纯 $(NH_4)_2SO_4$ 晶体，当冷至 R 点时，纯 $(NH_4)_2SO_4$ 晶体结晶分离出去，而滤液的组成如 H 点所示，再加热至 O 点，再加入粗盐，冷却结晶进行重复操作，如此循环操作即可将 $(NH_4)_2SO_4$ 晶体分离提纯出来。

3.15 生成稳定化合物的二组分凝聚系统相图

稳定化合物是指无论在固相还是液相均能稳定存在的化合物。不稳定化合物是指只能在固态中存在，而不能在液态中存在的化合物，当把这种化合物加热至熔化时，该物质将分解为与化合物不同的液相和固相。本节只介绍相对简单的生成稳定化合物的二组分凝聚系统相图。在所有的生成稳定化合物系统中，最简单的系统当属两物质之间只能生成一种化合物的情况，且这种化合物与两物质在固态时完全不互溶，液体完全互溶。

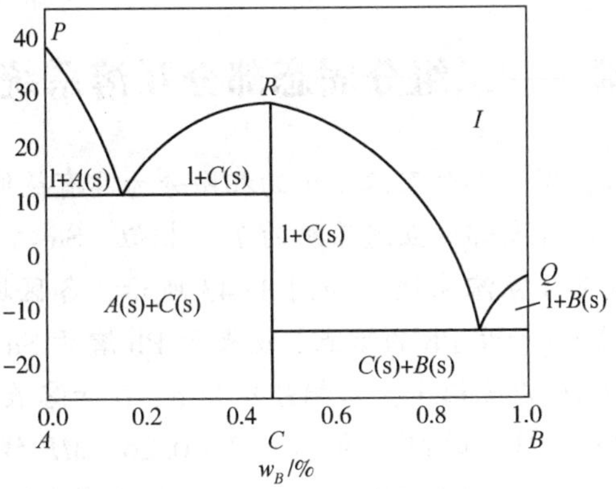

图 3-41　苯酚(A)-苯胺(B)系统相图

我们以苯酚(A)-苯胺(B)系统为例介绍此类相图。A 和 B 混合可以 1∶1 的比例生成化合物 $C_6H_5OH \cdot C_6H_5NH_2(C)$。常压下，$A$ 的熔点为40℃，B 的熔点为-6℃，C 的熔点为31℃。此系统的液-固平衡相图如图 3-41 所示，各区域稳定相态已在图中标注。此相图可以看成是由两个相图(液态完全互溶而固态完全不互溶的二组分液-固平衡相图[图(3-20)]组合而成。相应的相图分析与之前类似，在横坐标50%的左边是 A-C 系统的相图；在右边是 C-B 系统相图。

属于这种类型相图的系统还有苯酚-苯胺、$CuCl_3$-KCl、Au-Fe、Mg-Si 等系统。

3.16 生成不稳定化合物的二组分凝聚系统相图

有时组分 A 和组分 B 生成的固体化合物 C 在未达到其熔融温度前就已经分解，我们称之为不稳定化合物。其相图如图 3-42 所示，各区域稳定相态已在图中标注。当化合物 C 被加热到 D 点所对应的温度时，C 就分解生成固体 B 和相点为 P 的溶液 。反应式如下：

$$C(s)\underset{冷却}{\overset{加热}{\rightleftharpoons}}B(s)+l$$

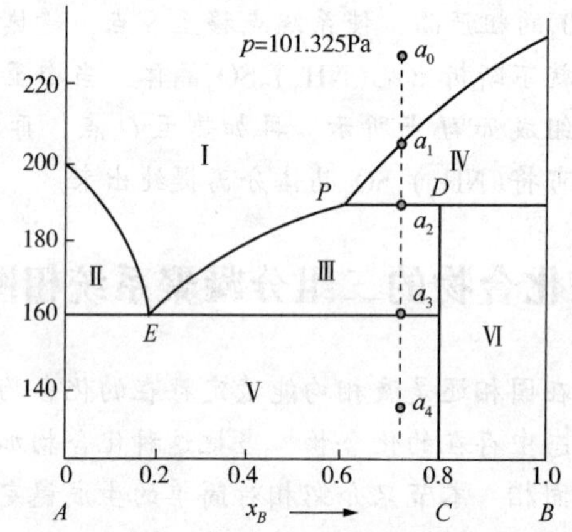

图 3-42 生成不稳定化合物系统的相图

3.17 锡焊技术——二组分固态部分互溶系统相图的应用

二组分液态完全互溶、固态部分互溶系统的相图分为具有最低共熔点和具有转变温度的两类。其相图分别与相应的液态部分互溶系统的 $T-x$ 相似。Sn 与 Pb 系统属于具有最低共熔点的液态完全互溶、固态部分互溶系统。如图 3-43 所示，各区域稳定相态已在图中标注。其中 P 点和 Q 点分别为纯 Sn 和纯 Pb 的熔点，α 表示 Pb 溶于 Sn 中的固态溶液，β 表示 Sn 溶于 Pb 中的固态溶液。EGF 为三相线，三相分别为 α、β 和溶液，相点对应于 E、F 和 G。低共熔点的温度为 183.3℃，对应的组成为 $x(\mathrm{Pb})=0.26$。ME 线和 NF 线分别表示两固体 Pb 和 Sn 的相互溶解度曲线，PG 线和 QG 线分别为 α 和 β 固态溶液的熔点与液相组成关系的液相线，PE 线和 QF 线分别对应上述液相线的固相线。

"锡焊"是电子行业将电子元件焊接于电路中的重要技术。为了便于在较低温度下进行熔融焊接，所用"焊锡"的组成，是按图 3-43 中所示的最低共熔点对应的组成，即 $x(\mathrm{Pb})=0.26$ 进行配比。该组成的"焊锡"可以在 183.3℃下熔化，比纯锡的熔点 232℃低了近 50℃。

另一类具有转变温度的液-固相图如图 3-44 所示，各区域稳定相态已在图中标注。转变温度是指一种固态溶液转变为另一种固态溶液的温度。如果对图中的系统点 a 点进行加热，当温度达到 b 点时，α 固态溶液就转化为 β 固态溶液和溶液。其反应式如下：

$$\alpha(s)\underset{冷却}{\overset{加热}{\rightleftharpoons}}\beta(s)+l$$

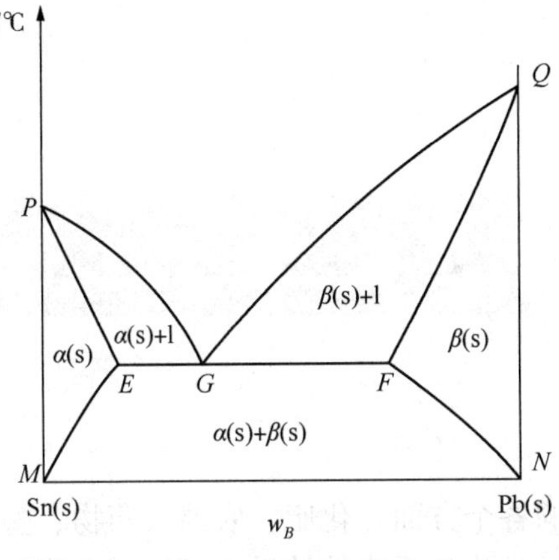

图 3-43　具有最低共熔点的二组分固态部分互溶系统相图

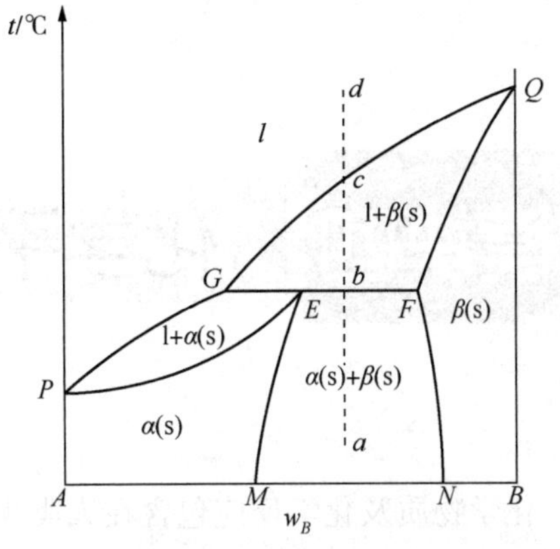

图 3-44　具有转变温度的二组分固态部分互溶系统相图

3.18　二组分固态完全互溶系统的相图

二组分液态、固态都完全互溶系统的液-固相图，分为固态混合物的熔点介于两纯组分熔点之间和具有最低、最高熔点三种类型。由于其相图类似于二组分液态完全互溶系统的气-液平衡相图，这里只给出各类型的相图，各区域的稳定相态已在图中标注，其他讨论不再累述。图 3-45 是固态混合物的熔点介于两纯组分熔点之间的二组分固态完全互溶系统的相图。

图 3-46(a)和图 3-46(b)分别是具有最低、最高熔点的二组分固态完全互溶系统的相图。

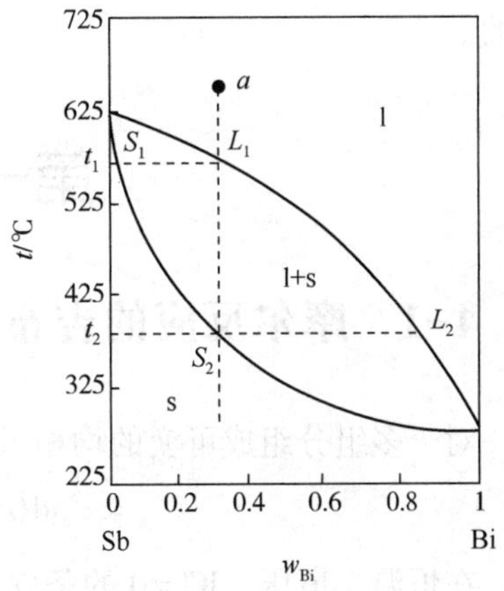

图 3-45　固态混合物的熔点介于两纯组分熔点之间的二组分固态完全互溶系统相图

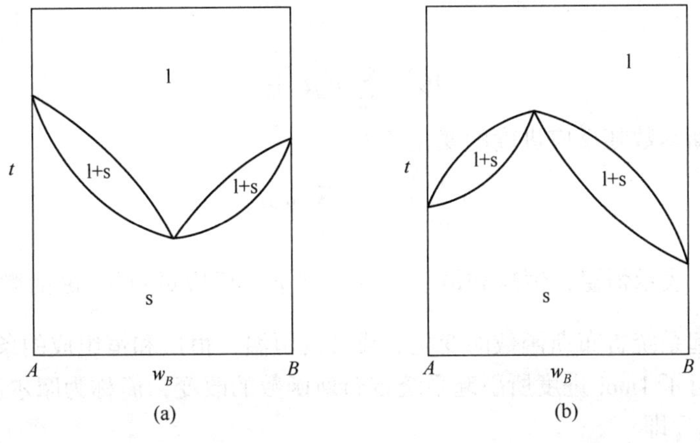

图 3-46　具有最低、最高熔点的二组分固态完全互溶系统相图

模块四 化学平衡

化学物质及化学反应包含在人类生产和生活的各个方面。化肥、农药、药物、塑料、合成纤维、洗涤剂和化妆品等日常生活用品，无一不是化学反应的结果，可以说，我们生活在化学的世界里。在有关化学反应的研究中，人们最关心的问题就是化学反应的方向及平衡时的产率，因为它关系到在一定条件下，反应能否按所希望的方向进行，最终能得到多少产物，反应的经济效益如何。此外，外界条件对反应的影响也很重要。本章就是研究这些问题的。

第一部分 基础知识

4-1 摩尔反应的吉布斯函数变 $\Delta_r G_m$

对于多组分组成可变的均相系统的热力学基本方程式[3-8(d)]已述及为

$$dG = -SdT + Vdp + \sum_B \mu_B dn_B$$

在恒温，恒压，$W'=0$ 的条件下，则有

$$dG = \sum_B \mu_B dn_B$$

对于一任意化学反应，$0 = \sum_B \nu_B B$，由反应进度的定义式(2-42)可知，$dn_B = \nu_B d\xi$，代入上式得

$$dG = \sum_B \nu_B \mu_B d\xi \tag{4-1}$$

移项得吉布斯函数随反应进度的变化率为

$$\left(\frac{\partial G}{\partial \xi}\right)_{T,p} = \sum_B \nu_B \mu_B \tag{4-2}$$

式中 $\left(\frac{\partial G}{\partial \xi}\right)_{T,p}$ 表示恒温，恒压和恒组成的条件下，反应进行了 $d\xi$ 的微量进度折合成每摩尔进度时所引起系统吉布斯函数的变化。或者说恒温，恒压和恒组成的条件下，反应系统为无限大量时进行了 1mol 进度所引起系统吉布斯函数的改变，简称为摩尔反应吉布斯函数，通常以 $\Delta_r G_m$ 表示。即

$$\Delta_r G_m = \left(\frac{\partial G}{\partial \xi}\right)_{T,p} = \sum_B \nu_B \mu_B \tag{4-3}$$

4-2 化学反应方向与限度的判据

结合恒温，恒压，$W'=0$ 条件下的吉布斯函数判据式(2-54)可知：

$$\Delta_r G_m = \left(\frac{\partial G}{\partial \xi}\right)_{T,p} = \sum_B \nu_B \mu_B \leqslant 0 \quad \begin{cases} 自发 \\ 平衡 \end{cases} \tag{4-4}$$

式(4-4)是恒温、恒压、$W'=0$ 条件下，化学反应方向与限度的判据。该式表明：恒温、恒压、$W'=0$ 条件下，化学反应总是向着吉布斯函数减小方向进行，直到反应达平衡时吉布斯函数降到最小值。

4-3 化学反应的等温方程

化学反应通常发生在多相多组分系统中，下面为了研究问题的方便，先从最简单的情形-理想气体反应入手，建立其等温方程。在此基础上，再进一步推广到较为复杂的情形，如真实气体反应、多相反应、混合物和溶液中反应，建立其等温方程。

(1) 理想气体反应的等温方程

对于恒温、恒压 $W'=0$ 下的理想气体化学反应：

$$aA+bB \longrightarrow yY+zZ$$

$$\Delta_r G_m = \Delta_r G_m^{\ominus} + RT\ln J_p \tag{4-5}$$

式(4-5)即为理想气体反应的等温方程。式中 $\Delta_r G_m^{\ominus}$ 为各反应组分均处于标准态($p^{\ominus}=100\text{kPa}$ 的纯理想气体)时的摩尔反应吉布斯函数变化，称为标准摩尔反应吉布斯函数。据式(4-4)可知

$$\Delta_r G_m^{\ominus} = \sum_B \nu_B \mu_B^{\ominus} \tag{4-6}$$

式(4-5)中 J_p 称为反应系统中各组分的压力商，$\prod_B \left(\frac{p_B}{p}\right)^{\nu_B}$ 表示各组分的连乘积，J_p 的表达式为

$$J_p = \prod_B \left(\frac{p_B}{p^{\ominus}}\right)^{\nu_B} = \frac{(p_Y/p^{\ominus})^y \cdot (p_Z/p^{\ominus})^z}{(p_A/p^{\ominus})^a \cdot (p_B/p^{\ominus})^b} \tag{4-7}$$

已知反应温度 T 时的 $\Delta_r G_m^{\ominus}$ 及各气体的分压 p_B，即可求得该温度下反应的 $\Delta_r G_m$，从而判断化学反应的方向和限度。

理想气体反应等温方程的推导见拓展阅读 4.1。

(2) 有纯凝聚态物质参加的理想气体反应的等温方程

对于有纯固态或纯液态物质参加的理想气体化学反应，如：

$$aA(\text{g})+bB(\text{l}) \longrightarrow yY(\text{g})+zZ(\text{s})$$

$$\Delta_r G_m = \Delta_r G_m^{\ominus} + RT\ln J_p(\text{g}) \tag{4-8}$$

此式即为有纯凝聚态物质参加的理想气体反应的等温方程。式中 $\Delta_r G_m^{\ominus}$ 为各反应组分均处于标准态(对于气体为 $p^{\ominus}=100\text{kPa}$ 的纯理想气体；对于液体、固体为 $p^{\ominus}=100\text{kPa}$ 的纯液体、纯固体)时摩尔反应吉布斯函数变化。

其中

$$J_p = \prod_B \left[\frac{p_B(\text{g})}{p^{\ominus}}\right]^{\nu_B} = \frac{(p_Y/p^{\ominus})^y \cdot}{(p_A/p^{\ominus})^a} \tag{4-9}$$

由式(4-9)可知，对于有纯凝聚态物质参加的理想气体反应，$J_p(\text{g})$ 中只包括了气体组分的分压。

有纯凝聚态物质参加的理想气体反应等温方程的推导见拓展阅读 4.2。

4-4 理想气体化学反应的标准平衡常数 $K^{\ominus}$

对于恒温、恒压 $W'=0$ 下的理想气体化学反应达平衡时，有 $\Delta_r G_m=0$，由式(4-5)可得

$$\Delta_r G_m^{\ominus}=-RT\ln J_p^{eq} \tag{4-10}$$

式中 J_p^{eq}——反应达平衡时的压力商，称为平衡压力商。

对确定的化学反应来说，$\Delta_r G_m^{\ominus}$ 只是温度的函数(因 $\Delta_r G_m^{\ominus}=\sum_B \nu_B\mu_B^{\ominus}$，$\mu_B^{\ominus}$ 只与 T 有关)，故平衡压力商 J_p^{eq} 也只是温度的函数，当温度确定后，$\Delta_r G_m^{\ominus}$ 为一确定值，J_p^{eq} 也为一确定值，与系统的压力和组成无关。即只要温度一定，J_p^{eq} 即为定值。将 J_p^{eq} 定义为标准平衡常数，并以 $K^{\ominus}$ 表示，其表达式为

$$K^{\ominus}=J_p^{eq}=\prod_B\left(\frac{p_B^{eq}}{p^{\ominus}}\right)^{\nu_B} \tag{4-11}$$

式中 $K^{\ominus}$ 也只是温度的函数，其量纲为 1，p_B^{eq} 为化学反应中任一组分 B 的平衡分压；结合(4-10)和式(4-11)，可得

$$\Delta_r G_m^{\ominus}=-RT\ln K^{\ominus} \tag{4-12}$$

即

$$K^{\ominus}=\exp\left(-\frac{\Delta_r G_m^{\ominus}}{RT}\right) \tag{4-13}$$

式(4-13)称为标准平衡常数的定义式。它表达了标准平衡常数 $K^{\ominus}$ 与标准摩尔吉布斯函数 $\Delta_r G_m^{\ominus}$ 之间的关系。这是一个普遍的公式，不仅适用于理想气体反应，也适用于有纯凝聚态物质参加的理想气体反应，此时 $K^{\ominus}=\prod_B\left[\frac{p_B^{eq}(\mathrm{g})}{p^{\ominus}}\right]^{\nu_B}$。同时，上式还适用于真实气体、液态混合物及溶液中的化学反应，只不过在最后这三种情况下 $K^{\ominus}$ 不再是平衡压力商，而是平衡逸度商或平衡活度商(拓展阅读 4.4 和 4.5 中有证明)。

将式(4-12)代入式(4-5)中有

$$\Delta_r G_m=-RT\ln K^{\ominus}+RT\ln J_p=RT\ln\frac{J_p}{K^{\ominus}} \tag{4-14}$$

对于恒温、恒压 $W'=0$ 下的理想气体化学反应：

当 $J_p<K^{\ominus}$ 时，$\Delta_r G_m<0$，反应正向自发

当 $J_p=K^{\ominus}$ 时，$\Delta_r G_m=0$，反应处于平衡状态

当 $J_p>K^{\ominus}$ 时，$\Delta_r G_m>0$，反应逆向自发

因此，对于上述反应不仅可以通过化学反的等温方程计算 $\Delta_r G_m$，来判断反应方向和限度，也可通过比较 J_p 和 $K^{\ominus}$ 的大小来判断反应方向和限度。

4-5 分解压力和分解温度

例如碳酸钙的分解反应：

$$CaCO_3(s)=\!=\!=CaO(s)+CO_2(g)$$

$$K^{\ominus} = p(CO_2)/p^{\ominus}$$

温度一定时，$K^{\ominus}$ 一定，因此平衡时 $p(CO_2)$ 一定，与固体 $CaCO_3(s)$ 的量的多少无关。称 $CO_2(g)$ 的平衡压力 $p(CO_2)$，为 $CaCO_3(s)$ 的分解压力。升高温度会使分解压力升高，当分解压力等于环境压力时(通常为 101. 325kPa)，所对应的温度称为分解温度。

通常以分解压力的大小来衡量固体化合物的稳定性，分解压力越小，稳定性越高。例如在 600K 下，$CaCO_3(s)$ 的分解压力是 45. 3×10-3Pa，$MgCO_3(s)$ 的分解压力是 28. 4Pa，由于前者小于后者，故 $CaCO_3(s)$ 要比 $MgCO_3(s)$ 稳定。

4-6　理想气体反应标准平衡常数 $K^{\ominus}$ 和 $\Delta_r G_m^{\ominus}$ 计算

由于 $\Delta_r G_m^{\ominus} = -RT\ln K^{\ominus}$，因此，如何利用热力学方法计算 $K^{\ominus}$ 的问题，实际上是如何用热力学方法计算 $\Delta_r G_m^{\ominus}$ 的问题。计算 $\Delta_r G_m^{\ominus}$ 的方法有以下三种：

（1）通过计算化学反应的 $\Delta_r H_m^{\ominus}$ 和 $\Delta_r S_m^{\ominus}$ 计算 $\Delta_r G_m^{\ominus}$

$$\Delta_r G_m^{\ominus} = \Delta_r H_m^{\ominus} - T\Delta_r S_m^{\ominus}$$

式中 $\Delta_r H_m^{\ominus} = \sum \nu_B \Delta_f H_m^{\ominus}(B) = -\sum \nu_B \Delta_c H_m^{\ominus}(B)$，$\Delta_r S_m^{\ominus}(T) = \sum \nu_B S_m^{\ominus}(B,\ T)$

（2）通过物质的 $\Delta_f G_m^{\ominus}$ 计算 $\Delta_r G_m^{\ominus}$

$$\Delta_r G_m^{\ominus} = \sum \nu_B \Delta_f G_m^{\ominus}(B) \tag{4-15}$$

式中 $\Delta_f G_m^{\ominus}(B)$ 为物质 B 的标准摩尔生成吉布斯函数，指在温度为 T 的标准态下，由稳定相态的单质生成 1molβ 相化合物 B 时的标准摩尔反应吉布斯函数变作为物质 $B(\beta)$ 的标准摩尔生成吉布斯函数。单位 $kJ \cdot mol^{-1}$。与 $\Delta_f H_m^{\ominus}$ 一样，稳定态单质的 $\Delta_f G_m^{\ominus} = 0$。

（3）通过相关反应计算 $\Delta_r G_m^{\ominus}$

如果一个反应可由其他反应线性组合得到，那么该反应的 $\Delta_r G_m^{\ominus}$ 可直接由相应反应的 $\Delta_r G_m^{\ominus}$ 线性组合得到。进一步地，根据关系式 $\Delta_r G_m^{\ominus} = -RT\ln K^{\ominus}$，还可得出相关反应 $K^{\ominus}$ 之间的关系。例如以下三个反应：

① $C(s) + O_2(g) \xlongequal{} CO_2(g)$　　$\Delta_r G_{m,1}^{\ominus} = -RT\ln K_1^{\ominus}$

② $CO(g) + \frac{1}{2}O_2(g) \xlongequal{} CO_2(g)$　　$\Delta_r G_{m,2}^{\ominus} = -RT\ln K_2^{\ominus}$

③ $C(s) + CO_2(g) \xlongequal{} 2CO(g)$　　$\Delta_r G_{m,3}^{\ominus} = -RT\ln K_3^{\ominus}$

由于反应③反应①–2×反应②，因此有 $\Delta_r G_{m,3}^{\ominus} = \Delta_r G_{m,1}^{\ominus} - 2\Delta_r G_{m,2}^{\ominus}$，由此可得，$K_3^{\ominus} = \dfrac{K_1^{\ominus}}{(K_2^{\ominus})^2}$。

说明：① $\Delta_r G_m^{\ominus}$ 和 $K^{\ominus}$ 与方程式的写法有关；

② 标准平衡常数 $K^{\ominus}$ 也可以通过测定平衡时各组分的分压，利用式(4–11)进行计算。

4-7　理想气体反应平衡常数的不同表示法

气体混合物中某一组分的量可用分压 p_B、浓度 c_B、摩尔分数 y_B 或物质的量 n_B 等来表示，为计算方便，人们也经常用这些量来表示化学反应的平衡常数。下面再介绍四个平衡常数的表示法：

$$K_y = \prod_B y_B^{\nu_B} \tag{4-16}$$

$$K_n = \prod_B n_B^{\nu_B} \tag{4-17}$$

$$K_p = \prod_B p_B^{\nu_B} \tag{4-18}$$

$$K_c^{\ominus} = \prod_B (c_B/c^{\ominus})^{\nu_B} \tag{4-19}$$

四个平衡常数与 $K^{\ominus}$ 之间的关系如下：

(1) $K^{\ominus}$ 与 K_p

$$K^{\ominus} = K_p^{\ominus} = \prod_B (p_B/p^{\ominus})^{\nu_B} = K_p (p^{\ominus})^{-\sum \nu_B} \tag{4-20}$$

(2) $K^{\ominus}$ 与 $K_c^{\ominus}$

由于理想气体 $p_B = \frac{n_B}{V}RT = c_B RT = (c_B/c^{\ominus})c^{\ominus}RT$，所以

$$K^{\ominus} = \prod_B (p_B/p^{\ominus})^{\nu_B} = \prod_B (c_B/c^{\ominus})^{\nu_B} \cdot \prod_B (c^{\ominus}RT/p^{\ominus})^{\nu_B}$$

$$K^{\ominus} = K_c^{\ominus} (c^{\ominus}RT/p^{\ominus})^{\sum \nu_B} \tag{4-21}$$

(3) $K^{\ominus}$ 与 K_y

$$K^{\ominus} = \prod_B \left(\frac{p_B}{p^{\ominus}}\right)^{\nu_B} = \prod_B \left(\frac{p y_B}{p^{\ominus}}\right)^{\nu_B} = \prod_B y_B^{\nu_B} \left(\frac{p}{p^{\ominus}}\right)^{\sum \nu_B} = K_y \left(\frac{p}{p^{\ominus}}\right)^{\sum \nu_B} \tag{4-22}$$

(4) $K^{\ominus}$ 与 K_n

$$K^{\ominus} = \prod_B \left(\frac{p_B}{p^{\ominus}}\right)^{\nu_B} = \prod_B \left(\frac{n_B p}{\sum n_B p^{\ominus}}\right)^{\nu_B} = \prod_B n_B^{\nu_B} \left(\frac{p}{\sum n_B p^{\ominus}}\right)^{\sum \nu_B} = K_n \left(\frac{p}{\sum n_B p^{\ominus}}\right)^{\sum \nu_B} \tag{4-23}$$

需要说明的是，在上述平衡常数中，只有 $K^{\ominus}$ 是国际规定的标准平衡常数，是由热力学公式(4-13)定义的，可通过 $\Delta_r G_m^{\ominus}$ 计算得到。其他平衡常数不能直接由热力学函数 $\Delta_r G_m^{\ominus}$ 计算，但由于它们在分析讨论某些外界条件对平衡移动影响时比较方便，所以也经常被人们使用。

上述平衡常数中，$K^{\ominus}$ 、K_p 和 $K_c^{\ominus}$ 都只是温度的函数，在一定温度下为一常数；K_y 和 K_n 除了是温度的函数外，还是总压 p 的函数，即温度一定时，它们会随着总压的变化而改变；而 K_n 还与系统中总的物质的量 $\sum n_B$ 有关。不过当反应方程式中气体的计量系数之和 $\sum \nu_B = 0$ 时：

$$K^{\ominus} = K_p = K_c^{\ominus} = K_y = K_n \tag{4-24}$$

4-8　平衡转化率和产率

活性和选择性是化学反应的重要研究内容。平衡转化率和产率就是描述反应活性和选择性的重要指标。平衡转化率是指某反应物消耗量占该反应物初始量的百分比；产率是指某反应物转化为目标产物的消耗量占该反应物初始量的百分比。例如，对于反应 $aA + bB \longrightarrow yY + zZ$，设 A 的起始浓度为 $C_{A,0}$，A 的平衡浓度为 C_A，则 A 的转化率可用公式表达为

$$\text{转化率}(\alpha) = \frac{A\text{的消耗量}}{A\text{的初始量}} = \frac{C_{A,0} - C_A}{C_{A,0}} \tag{4-25}$$

A 的产率可用公式表达为

$$产率 = \frac{转化为目标产物 A 的消耗量}{A 的初始量} \tag{4-26}$$

从定义不难看出，对于只有一个反应的体系，转化率和产率相等；对于有副反应的体系，产率小于转化率。

4-9 温度对化学反应标准平衡常数 $K^{\ominus}$ 的影响——范特霍夫方程

通常由标准热力学数据求得的 $\Delta_r G_m^{\ominus}$ 多为 25℃下的值，由此计算的 $K^{\ominus}$ 也是 25℃下的值。若要求其他温度下的 $K^{\ominus}(T)$ ，就要知道温度是如何影响标准平衡常数的。

(1) 范特霍夫方程

恒压下，温度对 $K^{\ominus}$ 的影响关系式为

$$\frac{\mathrm{d}\ln K^{\ominus}}{\mathrm{d}T} = \frac{\Delta_r H_m^{\ominus}}{RT^2} \tag{4-27}$$

上式称为范特霍夫方程也称为化学反应的等压方程，它是计算不同温度下 $K^{\ominus}$ 的基本方程。从公式不难看出，温度对标准平衡常数的影响，与反应的标准摩尔反应焓 $\Delta_r H_m^{\ominus}$ 息息相关：

当 $\Delta_r H_m^{\ominus} > 0$ 时，为吸热反应，$K^{\ominus}$ 随 T 的升高而增大，升温对正反应有利；

当 $\Delta_r H_m^{\ominus} < 0$ 时，为放热反应，$K^{\ominus}$ 随 T 的升高而减小，升温对正反应不利；

当 $\Delta_r H_m^{\ominus} = 0$ 时，反应热为零，$K^{\ominus}$ 不随 T 而变，改变温度对反应无影响。

R23 范特霍夫

温度对化学反应标准平衡常数 $K^{\ominus}$ 影响公式——范特霍夫方程的推导见拓展阅读 4.3。

式(4-27)为范特霍夫方程的微分式，利用它可以进行定性判断温度变化对 $K^{\ominus}$ 影响。但若想定量计算某一温度下的 $K^{\ominus}$ ，则还须对范特霍夫方程进行积分。而 $\Delta_r H_m^{\ominus}$ 是否随温度变化，则是影响积分重要因素，下面分情况讨论。

(2) $\Delta_r H_m^{\ominus}$ 不随温度变化时 $K^{\ominus}$ 的计算

由基希霍夫公式(2-45)可知，当 $\Delta_r C_{p,m}^{\ominus} = 0$ 时，该反应的 $\Delta_r H_m^{\ominus}$ 与温度 T 无关，或 T 变化不大时，可近似将 $\Delta_r H_m^{\ominus}$ 看作常数。对式(4-27)进行分离变量并积分，有

$$\int_{K_1^{\ominus}}^{K_2^{\ominus}} \mathrm{d}\ln K^{\ominus} = \int_{T_1}^{T_2} \frac{\Delta_r H_m^{\ominus}}{RT^2}\mathrm{d}T$$

积分结果为

$$\ln\frac{K_2^{\ominus}}{K_1^{\ominus}} = -\frac{\Delta_r H_m^{\ominus}}{R}\left(\frac{1}{T_2} - \frac{1}{T_1}\right) \tag{4-28}$$

式(4-28)表明，若已知两个温度下的 $K^{\ominus}$ ，可求该反应的 $\Delta_r H_m^{\ominus}$ ，若已知该反应的 $\Delta_r H_m^{\ominus}$ 和一个温度下的 $K^{\ominus}$ ，可求另一个温度下的 $K^{\ominus}$ 。

对式 $\frac{\mathrm{d}\ln K^{\ominus}}{\mathrm{d}T} = \frac{\Delta_r H_m^{\ominus}}{RT^2}$ 进行不定积分，结果为

$$\ln K^{\ominus} = -\frac{\Delta_r H_m^{\ominus}}{RT} + C \tag{4-29}$$

可通过实验测定多个温度下的 $K^{\ominus}$，将 $\ln K^{\ominus}$ 对 $1/T$ 作图，由直线斜率求得反应的 $\Delta_r H_m^{\ominus}$。

(3) $\Delta_r H_m^{\ominus}$ 随温度变化时 $K^{\ominus}$ 的计算

若 $\Delta_r C_{p,m}^{\ominus} \neq 0$，则反应焓 $\Delta_r H_m^{\ominus}$ 不是常数，这时在已知 T_1 温度(通常是25℃)下的热力学数据的基础上，可以将 $\Delta_r H_m^{\ominus}$ 与温度的关系式直接代入范特霍夫方程进行积分：

$$\int_{K_1^{\ominus}}^{K_2^{\ominus}} \mathrm{d}\ln K^{\ominus} = \int_{T_1}^{T_2} \frac{\Delta_r H_m^{\ominus}}{RT^2} \mathrm{d}T$$

得

$$\ln \frac{K_2^{\ominus}}{K_1^{\ominus}} = \int_{T_1}^{T_2} \frac{\Delta_r H_m^{\ominus}}{RT^2} \mathrm{d}T$$

上式等式右边的积分结果取决于 $\Delta_r H_m^{\ominus}$ 与温度的具体关系式。

4-10 其他因素对理想气体反应平衡移动的影响

平衡常数 $K^{\ominus}$ 只是温度的函数。因此，改变温度可以改变 $K^{\ominus}$，影响平衡的移动。但在恒温条件下，改变其他反应条件，例如改变总压力或通入惰性气体等，虽不能改变 $K^{\ominus}$，却也可以使平衡发生移动。在化工生产中，人们通常通过改变压力或通入惰性气体等方法是平衡移动，达到降低成本和提高产率等目的。

(1) 总压力对理想气体反应平衡移动的影响

恒温条件下：

$$K^{\ominus} = \prod_B \left(\frac{p_B}{p^{\ominus}}\right)^{\nu_B} = \prod_B \left(\frac{p y_B}{p^{\ominus}}\right)^{\nu_B} = \prod_B y_B^{\nu_B} \left(\frac{p}{p^{\ominus}}\right)^{\sum \nu_B} = K_y \left(\frac{p}{p^{\ominus}}\right)^{\sum \nu_B} \tag{4-30}$$

因为 $K^{\ominus}$ 只与温度有关，恒温下的化学反应 $K^{\ominus}$ 为一常数，从式(4-30)可以看出，$K_y\left(\frac{p}{p^{\ominus}}\right)^{\sum \nu_B}$ 也是一常数，对 $\sum \nu_B \neq 0$ 的反应，若总压 p 发生变化，K_y 也将随之变化，平衡将发生移动。

对 $\sum \nu_B > 0$ 的反应，即气体分子数增加的反应，恒温下 $K^{\ominus}$ 不变，增加总压 p、$\left(\frac{p}{p^{\ominus}}\right)^{\sum \nu_B}$ 增大，K_y 减小，平衡向左移动，不利于正反应进行；减小系统的总压，平衡向右移动，有利于正反应进行。

对 $\sum \nu_B < 0$ 的反应，即气体分子数减小的反应，恒温下 $K^{\ominus}$ 不变，增加总压 p、$\left(\frac{p}{p^{\ominus}}\right)^{\sum \nu_B}$ 减小，K_y 增大，平衡向右移动，有利于正反应进行；减小系统的总压，平衡向左移动，不利于正反应进行。

对 $\sum \nu_B = 0$ 的反应，即气体分子数不变的反应，恒温下 $K^{\ominus}$ 不变，增加总压 p、$\left(\frac{p}{p^{\ominus}}\right)^{\sum \nu_B}$ 不变，K_y 不变，平衡不移动。

结论：增加压力有利于气体分子数减少的反应。对于凝聚相反应，在压力不大时，因体积基本不随压力而改变，故压力的影响可忽略。

(2) 惰性气体对理想气体反应平衡移动的影响

恒温、恒压条件下：

$$K^{\ominus}=\prod_{B}\left(\frac{p_B}{p^{\ominus}}\right)^{\nu_B}=\prod_{B}\left(\frac{n_B p}{\sum n_B p^{\ominus}}\right)^{\nu_B}=\prod_{B} n_B^{\nu_B}\left(\frac{p}{\sum n_B p^{\ominus}}\right)^{\sum \nu_B}=K_n\left(\frac{p}{\sum n_B p^{\ominus}}\right)^{\sum \nu_B} \tag{4-31}$$

惰性气体是指不参加反应的气体。

对 $\sum \nu_B > 0$ 的反应，加入惰性气体($\sum n_B$)，K_n 增大，平衡向右移动，有利于正反应。

对 $\sum \nu_B < 0$ 的反应，加入惰性气体($\sum n_B$)，K_n 减小，平衡向左移动，不利于正反应。

对 $\sum \nu_B = 0$ 的反应，加入惰性气体($\sum n_B$)，K_n 不变，平衡不移动。

结论：恒温，恒压下增加惰性气体有利于气体分子数增大的反应。

R24 在工业中合成氨的反应，原料气循环使用一段时间后一定要放空的原因

R25 乙苯脱氢反应加入水蒸气的目的

R26 哈伯法合成氨

(3) 增加反应物的量对理想气体反应平衡移动的影响

对于有两种及两种以上反应物参加的反应，如：

$$aA+bB \longrightarrow yY+zZ$$

在恒温、恒容的条件下，向已达到平衡的系统中再加入一种或多种反应物的量，都会导致 J_p 减小，使平衡向右移动。

在实际生产过程中，若某一原料气较另一原料气便宜很多，且又易从混合气中分离，为了充分利用该原料气可使其大大过量，以尽量提高另一原料气的转化率，提高经济效益。

在恒温、恒压条件下，向已达到平衡的系统中再加入一些反应物 A；此时，尽管反应物 A 的分压 p_A 增加，而其他组分分压也随之变化，导致平衡不一定向右移动。通常，在维持总压不变的情况下，当 $\frac{n_B}{n_A}=\frac{b}{a}$ 时，产物在混合气中的平衡含量(摩尔分数)最大。这对工业生产中经济合理地从混合气中分离产物有着重要的指导意义。例如，工业生产合成氨时，总是使原料气中 H_2 与 N_2 的摩尔比 $\frac{n_{H_2}}{n_{N_2}}=\frac{3}{1}$ 时，以使氨的含量最高。

真实气体反应的化学平衡见拓展阅读 4.4；常压下液态混合物的化学平衡见拓展阅读 4.5。

第二部分　典型例题

【例 4-1】　在 27℃时，理想气体反应 $A \rightleftharpoons 2B$ 的 $\Delta_r G_m^{\ominus}$ 的为 5.723kJ · mol^{-1}，试计算由 A 从初始压力为 2.02×10^6 Pa，生成 B 的压力为 1.01×10^5Pa 时反应的 $\Delta_r G_m$，并判断反应能否自发进行。

解：反应　　　　$A \rightleftharpoons 2B$

$t=0$	$p_{B,0}$/Pa	2.02×10^6	0
$t=t$	p_B/Pa	$(2.02\times10^6-1.01\times10^5/2)$	1.01×10^5

$$p_A=(2.02\times10^6-1.01\times10^5/2)\ \text{Pa}=1.97\times10^6\text{Pa}$$

将各组分的分压力代入等温方程中有

$$\Delta_r G_m=\Delta_r G_m^{\ominus}+RT\ln J_p=\Delta_r G_m^{\ominus}+RT\ln\frac{(p_B/p^{\ominus})^2}{(p_A/p^{\ominus})}$$

$$\Delta_r G_m=\Delta_r G_m^{\ominus}+RT\ln J_p=5723+8.314\times300\ln\frac{(1.01\times10^5/1\times10^5)^2}{(1.97\times10^6/1\times10^5)}=-1662\text{J}\cdot\text{mol}^{-1}$$

因为 $\Delta_r G_m=-1662\text{J}\cdot\text{mol}^{-1}<0$，所以反应可以正向自发。

【例 4-2】　在真空容器中放入固态 $NH_4HS(s)$，于 25℃下分解为 $NH_3(g)$ 和 $H_2S(g)$，平衡时容器内的压力为 66.66kPa。求：① 当放入 $NH_4HS(s)$ 时容器中已有 39.99kPa 的 $H_2S(g)$，求平衡时容器中的压力；② 容器中原有 6.666kPa 的 $NH_3(g)$，问需加多大压力的 $H_2S(g)$，才能形成 $NH_4HS(s)$ 固体。

解：$K^{\ominus}=\dfrac{p_{NH_3}}{p^{\ominus}}\cdot\dfrac{p_{H_2S}}{p^{\ominus}}=\dfrac{\frac{p}{2}}{p^{\ominus}}\cdot\dfrac{\frac{p}{2}}{p^{\ominus}}=\dfrac{p^2}{4(p^{\ominus})^2}=\dfrac{66.66^2}{4(100)^2}=0.1111$

① $NH_4HS(s) \rightleftharpoons NH_3(g)+H_2S(g)$

$t=0$	0	39.99
$t=t$	p	$p+39.99$

$K^{\ominus}=\dfrac{p_{NH_3}}{p^{\ominus}}\cdot\dfrac{p_{H_2S}}{p^{\ominus}}=\dfrac{p}{p^{\ominus}}\cdot\dfrac{p+39.99}{p^{\ominus}}=0.1111$

$p=18.874$kPa

$p_{总}=p+p+39.9=(2\times18.874+39.99)\text{kPa}=77.74\text{kPa}$

② $NH_4HS(s) \rightleftharpoons NH_3(g)+H_2S(g)$

$t=t$　　　6.666　　p

要形成 NH_4HS 固体，则须 $J_p>K^{\ominus}$，故

$$J_p=\frac{p_{NH_3}}{p^{\ominus}}\cdot\frac{p_{H_2S}}{p^{\ominus}}=\frac{6.666}{p^{\ominus}}\cdot\frac{p}{p^{\ominus}}>0.1111$$

$$p>166.7\text{kPa}$$

【例 4-3】　计算 298K 时反应 $MgCO_3(s) \rightleftharpoons MgO(s)+CO_2(g)$ 反应的标准平衡常数 $K^{\ominus}$，及 $MgCO_3(s)$ 的分解压力。已知各物质的热力学数据见表 4-1。

表 4-1 各物质的热力学数据

物质	$MgCO_3(s)$	$MgO(s)$	$CO_2(g)$
$\Delta_f H_m^\ominus/kJ \cdot mol^{-1}$	−1095.8	−601.6	−393.5
$S_m^\ominus/J \cdot mol^{-1} \cdot K^{-1}$	65.7	27.0	213.8

解：$\Delta_r H_m^\ominus(298) = \sum \nu_B \Delta_f H_m^\ominus(B) = (-601.6 - 393.5 + 1095.8)\ kJ \cdot mol^{-1} = 100.7 kJ \cdot mol^{-1}$

$\Delta_r S_m^\ominus(298) = \sum \nu_B S^\ominus{}_m(B,\ T) = 27.0 + 213.8 - 65.7 = 175.1 J \cdot mol^{-1} \cdot K^{-1}$

$\Delta_r G_m^\ominus = \Delta_r H_m^\ominus - T\Delta_r S_m^\ominus = (100.7 - 298 \times 175.5 \times 10^{-3})\ kJ \cdot mol^{-1} = 48.52 kJ \cdot mol^{-1}$

$\Delta_r G_m^\ominus = -RT\ln K^\ominus$

$\ln K^\ominus = -\Delta_r G_m^\ominus/RT = -\dfrac{48520}{8.314 \times 298} = -19.58$

$K^\ominus = 3.14 \times 10^{-9}$

$K^\ominus = \dfrac{p_{CO_2}}{p^\ominus}$

$p_{CO_2} = K^\ominus \cdot p^\ominus = (3.14 \times 10^{-9} \times 10^5)\ Pa = 3.14 \times 10^{-4} Pa$

【例 4-4】 反应 $NH_4Cl(s) \xlongequal{} NH_3(g) + HCl(g)$，在 250~400K 之间的 $K^\ominus$ 与 T 的关系为 $\ln K^\ominus = 37.32 - \dfrac{21020K}{T}$。计算在 300K 时反应的 $\Delta_r H_m^\ominus$、$\Delta_r S_m^\ominus$ 和 $\Delta_r G_m^\ominus$。

解：$\ln K^\ominus = 37.32 - \dfrac{21020K}{T} = 37.32 - \dfrac{21020}{300} = -32.75$

$\Delta_r G_m^\ominus = -RT\ln K^\ominus = -8.314 \times 300 \times (-32.75) \times 10^{-3} kJ \cdot mol^{-1} = 81.68 kJ \cdot mol^{-1}$

对比式 $\ln K^\ominus = -\dfrac{\Delta_r H_m^\ominus}{RT} + C$ 有

$$\frac{\Delta_r H_m^\ominus}{R} = 21020K$$

$$\Delta_r H_m^\ominus = (21020 \times 8.314 \times 10^{-3})\ kJ \cdot mol^{-1} = 174.76 kJ \cdot mol^{-1}$$

因为 $\Delta_r G_m^\ominus = \Delta_r H_m^\ominus - T\Delta_r S_m^\ominus$

$$\Delta_r S_m^\ominus = \frac{\Delta_r H_m^\ominus - \Delta_r G_m^\ominus}{T} = \left(\frac{174760 - 81680}{300}\right) J \cdot mol^{-1} \cdot K^{-1} = 310.3 J \cdot mol^{-1} \cdot K^{-1}$$

【例 4-5】 已知反应 $CuCl_2 \cdot 2H_2O(s) \xlongequal{} CuCl_2 \cdot H_2O(s) + H_2O(g)$ 的 $K^\ominus$ 见表 4-2。

表 4-2 不同温度下的 $K^\ominus$

t/℃	17.9	80.0
$K^\ominus$	4.9×10^{-3}	0.322

计算：①反应在 17.9 ~ 80.0℃ 之间的平均标准摩尔反应焓变；② 60.0℃ 时的 $K^\ominus$；③60.0℃时 $H_2O(g)$ 的平衡压力（$p^\ominus = 100kPa$）。

解： ① $\ln\dfrac{K_2^{\ominus}}{K_1^{\ominus}}=-\dfrac{\Delta_r H_m^{\ominus}}{RT^2}\left(\dfrac{1}{T_2}-\dfrac{1}{T_1}\right)$

$\ln\dfrac{0.322}{4.9\times10^{-3}}=-\dfrac{\Delta_r H_m^{\ominus}}{8.314}\left(\dfrac{1}{80+273.15}-\dfrac{1}{17.9+273.15}\right)$

$\Delta_r H_m^{\ominus}=57.6\mathrm{kJ\cdot mol^{-1}}$

② $\ln\dfrac{0.322}{K_3^{\ominus}}=-\dfrac{57600}{8.314}\left(\dfrac{1}{80+273.15}-\dfrac{1}{60+273.15}\right)$

$K_3^{\ominus}=0.0992$

③ $K^{\ominus}=\dfrac{p_{H_2O}}{p^{\ominus}}$

$p_{H_2O}=K^{\ominus}\cdot p^{\ominus}=(0.0992\times10^5)\ \mathrm{Pa}=9920\mathrm{Pa}$

【例 4-6】 反应 $N_2O_4(g)=\!=\!=2NO_2(g)$ 在 45℃时的 $K^{\ominus}$ 为 0.647，求反应在 100kPa 和 1000kPa 时的离解度 α。

解：

$$N_2O_4(g)\rightleftharpoons 2NO_2(g)$$

$t=0$	1	0	
$t=t$	$1-\alpha$	2α	$\sum n=1+\alpha$

$$K^{\ominus}=K_y\left(\frac{p}{p^{\ominus}}\right)^{\sum\nu_B}=\left(\frac{2\alpha}{1+\alpha}\right)^2\times\left(\frac{1-\alpha}{1+\alpha}\right)^{-1}\left(\frac{p}{p^{\ominus}}\right)=0.647$$

代入压力值，当 $p=100\mathrm{kPa}$ 时，$\alpha=0.373$，当 $p=1000\mathrm{kPa}$ 时，$\alpha=0.126$。该反应属于 $\sum\nu_B>0$ 的反应，增加总压 p，转化率下降，不利于正反应进行。

【例 4-7】 在 873K 和 100kPa 下，测得乙苯脱氢制苯乙烯反应的标准平衡常数 $K^{\ominus}$ 为 0.178。试求：① 乙苯的转化率 α；② 如果在反应系统中加入水蒸气，使乙苯与 $H_2O(g)$ 的物质的量之比为 1∶9，保持其他条件不变再计算乙苯的转化率 α，分析一下两个转化率为什么有差异。

解： ①设乙苯的转化率为 α，列出不同时刻各物质的数量关系

$$C_6H_5C_2H_5(g)\rightleftharpoons C_6H_5C_2H_3(g)+H_2(g)$$

$t=0$	1	0	0	
$t=t$	$1-\alpha$	α	α	$\sum n=1+\alpha$

$$K^{\ominus}=K_n\left(\frac{p}{\sum n_B p^{\ominus}}\right)^{\sum\nu_B}=\frac{\alpha^2}{1-\alpha}\cdot\left[\frac{100}{(1+\alpha)100}\right]=0.178$$

解得　$\alpha=0.389$

② 若加水蒸气，使乙苯与 $H_2O(g)$ 的物质的量之比为 1：9，则 $\sum n=1+\alpha+9=10+\alpha$，其他条件不变，有

$$K^{\ominus}=K_n\left(\frac{p}{\sum n_B p^{\ominus}}\right)^{\sum\nu_B}=\frac{\alpha^2}{1-\alpha}\cdot\left[\frac{100}{(10+\alpha)100}\right]=0.178$$

解得　$\alpha=0.725$

该反应属于 $\sum\nu_B>0$ 的反应，增加惰性组分，转化率提高了，有利于正反应进行。

【例 4-8】 对于反应 $ZnS(s)+H_2(g)$ ══ $Zn(s)+H_2S(g)$，其 25℃的下的热力学数据见表 4-3（$\bar{C}_{p,m}$为物质在温度 298~1000K 的平均摩尔定压热容）。

表 4-3 25℃时各物质的热力学数据

物质	$\Delta_f H_m^\ominus$/kJ · mol^{-1}	$S_m^\ominus$/J · mol^{-1} · K^{-1}	$\bar{C}_{p,m}^\ominus$/J · mol^{-1} · K^{-1}
$H_2S(g)$	−22.18	205.6	45.7
$Zn(s)$		41.6	29.3
$ZnS(s)$	−184.10	57.7	56.3
$H_2(g)$		130.5	29.0

① 计算反应在 1000K 时的 $\Delta_r G_m^\ominus$；

② 当压力为 101.325kPa 的 H_2通过加热至 1000K 的 ZnS 上时，H_2S 的分压为多少？

解：① $\Delta_r H_m^\ominus(25℃)=\Delta_f H_m^\ominus(H_2S)-\Delta_f H_m^\ominus(ZnS)$

$$=[-22.18-(-184.10)]\text{kJ}\cdot\text{mol}^{-1}=161.92\text{kJ}\cdot\text{mol}^{-1}$$

$$\Delta_r C_{p,m}^\ominus=C_{p,m}(H_2S)+C_{p,m}(Zn)-C_{p,m}(ZnS)-C_{p,m}(H_2)$$

$$=(45.7+29.3-56.3-29.0)\text{J}\cdot\text{mol}^{-1}\cdot\text{K}^{-1}=-10.3\text{J}\cdot\text{mol}^{-1}\cdot\text{K}^{-1}$$

$$\Delta_r H_m^\ominus(1000\text{K})=\Delta_r H_m^\ominus(25℃)+\int_{T_1}^{T_2}\Delta_r C_{p,m}^\ominus dT=\Delta_r H_m^\ominus(25℃)+\Delta_r C_{p,m}^\ominus(T_2-T_1)$$

$$=[161.92+(-10.3)(1000-298.15)\times10^{-3}]\text{kJ}\cdot\text{mol}^{-1}=154.69\text{kJ}\cdot\text{mol}^{-1}$$

$$\Delta_r S_m^\ominus=S_m^\ominus(H_2S)+S_m^\ominus(Zn)-S_m^\ominus(ZnS)-S_m^\ominus(H_2)$$

$$=(205.6+41.6-57.7-130.5)\text{J}\cdot\text{mol}^{-1}\cdot\text{K}^{-1}=59.0\text{J}\cdot\text{mol}^{-1}\cdot\text{K}^{-1}$$

$$\Delta_r S_m^\ominus(1000\text{K})=\Delta_r S_m^\ominus(25℃)+\int_{T_1}^{T_2}\frac{\Delta_r C_{p,m}^\ominus}{T}dT=\Delta_r S_m^\ominus(25℃)+\Delta_r C_{p,m}^\ominus\ln\frac{T_2}{T_1}$$

$$=\left[59.0+(-10.3)\ln\frac{1000}{298.15}\right]\text{J}\cdot\text{mol}^{-1}\cdot\text{K}^{-1}=46.54\text{J}\cdot\text{mol}^{-1}\cdot\text{K}^{-1}$$

$$\Delta_r G_m^\ominus(1000\text{K})=\Delta_r H_m^\ominus(1000\text{K})-T\Delta_r S_m^\ominus(1000\text{K})$$

$$=(154.69\times10^{-3}-1000\times46.54)\text{kJ}\cdot\text{mol}^{-1}=108.15\text{kJ}\cdot\text{mol}^{-1}$$

② 由 1000K 的 $\Delta_r G_m^\ominus$ 计算 $K^\ominus$

$$K^\ominus=\exp\left[-\frac{\Delta_r G_m^\ominus}{RT}\right]=\exp\left(-\frac{108.15\times10^3\text{J}\cdot\text{mol}^{-1}}{8.314\text{J}\cdot\text{mol}^{-1}\cdot\text{K}^{-1}\times1000\text{K}}\right)=2.242\times10^{-6}$$

因 $\Delta_r G_m^\ominus$ 为很大的正值，$K^\ominus$ 很小，可认为正反应几乎不进行。

当 $p(H_2)=101.325$kPa 时，

由 $K^\ominus=\dfrac{p(H_2S)/p^\ominus}{p(H_2)/p^\ominus}$

可得 $p(H_2S)=K^\ominus\cdot p(H_2)=2.242\times10^{-6}\times101.325\times10^3\text{Ps}=0.227\text{Pa}$

通过计算可知，ZnS(s) 是很稳定的化合物，即使是在 1000K 的高温下也很难被氢气还原。

上面的例子中，各组分的 $C_{p,m}$ 是按平均摩尔热容 $\overline{C}_{p,m}$ 计算的，在精确计算时，需要考虑热容与温度的关系。

第三部分　实验内容

实验六　氨基甲酸铵的分解平衡

1. 必备知识

① 分解压力与分解温度的定义分别是什么？

② 如何由分解压力计算分解反应的标准平衡常数 $K^{\ominus}$？

③ 如何由反应的标准平衡常数 $K^{\ominus}$ 计算反应的有关热力学函数 $\Delta_r H_m^{\ominus}$、$\Delta_r S_m^{\ominus}$ 和 $\Delta_r G_m^{\ominus}$？

④ 温度对反应标准平衡常数 $K^{\ominus}$ 影响的微分式和积分式分别是什么？

⑤ 本实验中缓冲压力罐有什么作用？

⑥ 真空泵在开关之前为什么要先通大气？

⑦ 如何判断等压计中的空气已被抽尽？

⑧ 如何判断等压计中的气体和固体已达气固平衡？

⑨ 实验测定时放入空气太多会出现什么情况？出现这种情况应当怎么办？

⑩ 实验开始前为什么要将压力计采零？如何由压力计读数计算氨基甲酸铵的分解压力？

⑪ 实验开始时抽气的目的是什么？

⑫ 发生空气倒灌后为何要重新抽气？

⑬ 如何设定控温仪的温度？该温度与恒温槽的实际温度是否一致？若不一致对本实验有无影响？

⑭ 如何调节恒温槽使其实控温度至指定温度？

⑮ 如何进行开始抽气时缓冲压力罐相关调节操作？

⑯ 如何进行抽气完毕后缓冲压力罐相关调节操作？

⑰ 如何正确控制等压计的抽气速率？为何要控制？

⑱ 如何调平 B、C 两管的液面？

2. 实验目的

① 用等压法测定氨基甲酸铵的分解压力，计算分解反应的有关热力学函数。

② 掌握低真空技术和测定平衡压力的静态法。

3. 实验原理

氨基甲酸铵是合成尿素的中间产物，很不稳定，易分解。在一定温度下它的分解平衡可用下式表示：

$$NH_4CO_2NH_2(S) \rightleftharpoons 2NH_3(g) + CO_2(g)$$

在实验条件下可将气体按理想气体处理，则上式的标准平衡常数可表示为

$$K^{\ominus}=\left(\frac{p_{NH_3}}{p^{\ominus}}\right)^2\left(\frac{p_{CO_2}}{p^{\ominus}}\right)$$

式中　p_{NH_3}，p_{CO_2}——NH_3和CO_2的平衡分压；

$p^{\ominus}$——标准压力。

设平衡总压为 p，则

$$p_{NH_3}=\frac{2}{3}p;\ p_{CO_2}=\frac{1}{3}p$$

代入式(4-11)

$$K^{\ominus}=\frac{4}{24}\left(\frac{p}{p^{\ominus}}\right)^3$$

因此，测得给定温度下的平衡总压力后，即可由上式算出平衡常数 $K^{\ominus}$。

当温度变化不大时，测得不同温度下的 $K^{\ominus}$，可按下式计算：

$$\ln K^{\ominus}=-\frac{\Delta_r H_m^{\ominus}}{RT}+C$$

$\ln K^{\ominus}$ 对 $1/T$ 作图，得一直线，由直线的斜率可以求出实验温度范围内的 $\Delta_r H_m^{\ominus}$。再根据 $\Delta_r G_m^{\ominus}=-RT\ln K^{\ominus}$ 的关系式，可求得给定温度下的 $\Delta_r G_m^{\ominus}$。已知 $\Delta_r H_m^{\ominus}$，根据 $\Delta_r G_m^{\ominus}=\Delta_r H_m^{\ominus}-T\Delta_r S_m^{\ominus}$ 的关系式，求得 $\Delta_r S_m^{\ominus}$。

4. 仪器及药品

仪器：分解压力测定仪(缓冲压力罐、冷凝器、等压计、缓冲瓶)1 套、恒温槽(SYP 玻璃恒温水浴和 SWQ-ⅠA 智能数字恒温控制器组成)1 套 、DP-AF 精密数字压力计 1 台、循环水式真空泵 1 台。

药品：氨基甲酸铵(AR)、液体石蜡。

5. 实验步骤

(1) 读取大气压力

读出 p(大气)，实验前后各读一次取平均值。

(2) 压力计“采零”

按图 4-1、图 4-2 所示接好测量仪器，开启 DP-AF 精密数字(真空)压力计[其使用参见 1-9 DP-AF 精密数字(真空)压力计]电源预热 2min，打开进气阀通大气，按单位选择按钮至显示单位“kPa”待压力计示数稳定后，按“采零”键，以消除仪表系统的零点漂移，此时 LED 显“0000”。仪器采零后连接实验系统，此时压力计显示的压力值为表压，(系统压力=大气压力+表压)。

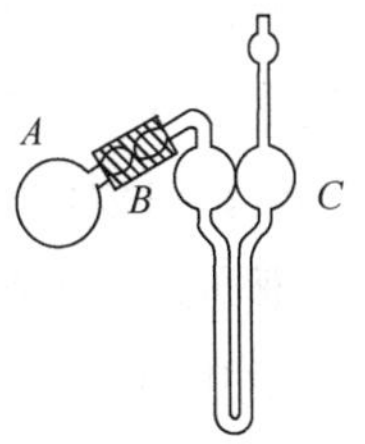

图 4-1　等压管构造图

(3) 检查系统密封性

接通 SHBIII 型循环水式多用真空泵(其使用参见 1-10 SHBIII 型循环水式多用真空泵)的电源，0.5min 后将泵与被测系统连通，接通冷凝水，关闭进气阀，打开抽气阀和平衡阀，系统开始抽气，压力减至约为-100kPa 时，关抽气阀，并停止气泵工作。观察数字压力计示数，若数字下降值<0.01kPa /4s，说明系统整体密封性能好。若压力计示数逐渐变小，则说明系统漏气，此时应对各接口进行检查，找出漏气原因，并设法消除。

关闭平衡阀，调节进气阀，缓慢使压力表读数上升为压力罐的 1/2(-50kPa 左右)，关闭进气阀，观察压力表示数，若数字下降值<0.01kPa /4s，说明微调部分密封性能好。

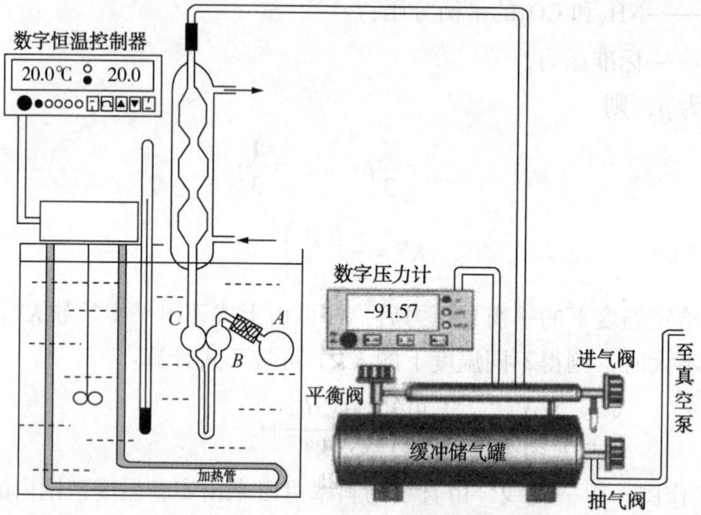

图 4-2　氨基甲酸胺分解平衡测量装置图

(4) 装药品

确定不漏气后，取下等压管，将氨基甲酸铵粉末装入等压管盛样小球 *A* 中，用乳胶管将小球 *A* 与 U 形管连接，U 形管中加入液体石蜡作液封，将等压管小心与真空系统连接好。

(5) 分解压力的测定

调节玻璃恒温装置(其使用参见 1-11 玻璃恒温装置)温度至 25℃，当水浴温度恒定至 25℃时。关闭进气阀，打开抽气阀和平衡阀，继续抽气，压力减至约为-95kPa 时，再抽气 2~3min，关闭抽气阀和平衡阀，并停止气泵工作。这时 *B*、*C* 两管液面不处于同一水平面，缓慢打开(垫一毛巾)进气阀让系统通入少量大气，注意防止空气倒灌入 *A*、*B* 管之间，(如果空气倒灌入 *A*、*B* 管之间后怎么办?)当 *B*、*C* 两管液面处于同一水平，保持稳定 2min 左右，同时记录温度和表压。这时 *A* 球上方的气体的压力和系统压力相等。打开平衡阀至 *B*、*C* 两管液面失去平衡，再次缓慢打开进气阀让系统通大气，重复以上操作，要求 2 次测量压力差小于 0.3kPa，同时准确记录下温度和表压。

按步骤(5)继续测定 30℃、35℃、40℃、45℃和 50℃的分解压力。

(6) 实验结束

将空气放入，使被测系统泄压至零，(缓慢关闭平衡阀，打开进气阀)，取下等压管，关掉所有电源和水源。将盛样球洗净，晾干备用，整理好实验台。

6. 数据记录与处理

① 计算分解压，并用式 $K^{\ominus}=\frac{4}{27}\left(\frac{p}{p^{\ominus}}\right)^{3}$、$\ln K^{\ominus}=-\frac{\Delta_r H_m^{\ominus}}{RT}+C$ 计算 $K^{\ominus}$ 和 $\ln K^{\ominus}$，然后将所测实验数据填入表 4-4 中。

室温______℃；始大气压：______kPa；末大气压：______kPa。

表 4-4　分解压力测定实验数据

温度			压力表读数	平衡压力	平衡常数	
t/℃	T/K	$(1/T)/K^{-1}\times10^3$	p/kPa	p/kPa	$K^{\ominus}$	$\ln K^{\ominus}$

② 以 $\ln K^{\ominus}$ 对 $1/T$ 作图，按式 $\ln K^{\ominus}=-\frac{\Delta_r H_m^{\ominus}}{RT}+C$，由斜率求算该分解反应的 $\Delta_r H_m^{\ominus}$。

③ 按有关的热力学公式，计算 25℃时氨基甲酸铵分解反应的 $\Delta_r S_m^{\ominus}$ 和 $\Delta_r G_m^{\ominus}$。

7. 注意事项

① 真空泵停泵前先使泵与大气相通，以防倒吸。

② 打开进气阀或平衡阀时一定要缓慢进行；关闭进气阀或平衡阀时一定要关紧，不能有泄漏。

③ 测定后面几个温度的分解压时，不需再进行抽气，只需调空气使液面平齐即可。

④ 真空泵关掉后，抽气活塞需要一直关闭。

8. 拓展实验

温度对碳酸钙分解反应平衡常数的影响。

【提示】 测定不同温度下碳酸钙的分解压力，计算不同温度下反应的 $K^{\ominus}$。可按下式：

$$\ln K^{\ominus}=-\frac{\Delta_r H_m^{\ominus}}{RT}+C$$

求得实验温度范围内的 $\Delta_r H_m^{\ominus}$ 及 C 值。

第四部分　习　　题

习题 4-1　反应 $1/2N_2(g)+3/2H_2(g)=\!=\!=NH_3(g)$ 在 298.15K 时的 $\Delta_r G_m^{\ominus}=-16.5kJ\cdot mol^{-1}$。①对于总压为 101.325kPa，$N_2(g)$、$H_2(g)$、$NH_3(g)$ 的摩尔比为 1∶3∶2 的系统，计算其压力商 J_p 和反应的摩尔吉布斯函数 $\Delta_r G_m$，并判断反应方向；②计算反应在该温度下的 $K^{\ominus}$，并通过比较 J_p 和 $K^{\ominus}$ 的大小，判断反应方向。

答案：①2.279，$-14.46KJ\cdot mol^{-1}$，正向自发；②777.7；正向自发

习题 4-2 以甲烷为原料，甲建议按反应 $CH_4(g)+\frac{1}{2}O_2(g)$ ══ $CH_3OH(g)$ 制成甲醇，乙建议按反应 $2CH_4(g)+H_2O(g)$ ══ $C_2H_5OH(g)+2H_2(g)$ 制成乙醇。试问哪个方案更合理，为什么？假设反应都在 298.15K，标准状态下进行，所需数据见表 4-5。

表 4-5 25℃时各物质的热力学数据

物质	$CH_4(g)$	$H_2O(g)$	$C_2H_5OH(g)$	$H_2(g)$	$O_2(g)$	$CH_3OH(g)$
$\Delta_f H_m^{\ominus}$/kJ·mol^{-1}	-74.6	-241.8	-234.8	0	0	-201
$S_m^{\ominus}$/J·mol^{-1}·K^{-1}	186.3	188.8	281.6	130.7	205.2	239.9

答案：甲的方案合理，$\Delta_r G_m^{\ominus} < 0$；乙的方案不合理，$\Delta_r G_m^{\ominus} > 0$

习题 4-3 银可能受到 $H_2S(g)$ 的腐蚀而发生下面的反应：

$$H_2S(g)+2\,Ag(s) \xlongequal{} Ag_2S(s)+H_2(g)$$

在 298.15K 和 101.325kPa 条件下，将 Ag 放在等体积的氢气 $H_2(g)$ 与 $H_2S(g)$ 组成的混合气体中，问：

① 银是否可能发生腐蚀而生成 $Ag_2S(s)$？

② 在混合气体中，$H_2S(g)$ 的百分数低于多少才不致发生银的腐蚀？

已知：$H_2S(g)$ 和 $Ag_2S(s)$ 的标准摩尔生成吉布斯函数 $\Delta_f G_m^{\ominus}$ 分别为-33.4kJ·mol^{-1} 和 -40.25kJ·mol^{-1}。

答案：①可能发生；②$H_2S(g)$ 百分数低于 5.0%。

习题 4-4 已知 25℃ 下，$\Delta_f G_m^{\ominus}$（Fe_2O_3，s）=- 742.2kJ·mol^{-1}，$\Delta_f G_m^{\ominus}$（Fe_3O_4，s）= - 1015kJ·mol^{-1}。试问在 25℃ 的空气中 O_2 占 0.21 时，$Fe_2O_3(s)$ 与 $Fe_3O_4(s)$ 何者更稳定？

答案：$Fe_2O_3(s)$ 更稳定

习题 4-5 已知 298.15K 时：

反应① $CH_4(g)+H_2O(g)$ ══ $CO(g)+3H_2(g)$　$K_1^{\ominus}=1.2\times10^{-25}$

反应② $CH_4(g)+2H_2O(g)$ ══ $CO_2(g)+4H_2(g)$　$K_2^{\ominus}=1.3\times10^{-20}$

求反应 $CH_4(g)+CO_2(g)$ ══ $2CO(g)+2H_2(g)$ 的标准平衡常数 $K_3^{\ominus}$。

答案：1.1×10^{-20}

习题 4-6 $N_2O_4(g)$ 的解离反应为 $N_2O_4(g)$ ══ $2NO_2(g)$，在 50℃、34.8kPa 下，测得 $N_2O_4(g)$ 的解离度为 0.630，求在 50℃ 下反应的标准平衡常数 $K^{\ominus}$。

答案：0.916

习题 4-7 在 300K 和标准压力下、反应 $A(g)+B(g)$ ══ $Y(g)$ 的标准摩尔吉布斯函数的变化值 $\Delta_r G_m^{\ominus}=-8.368$kJ·mol^{-1}。在同样条件下，以 2mol$A$ 和 2mol$B$ 按上述方程式进行反应，试计算：

① 反应的平衡转化率 α；

② 平衡时，混合物中各气体的摩尔分数。

答案：①0.815；② $y_A=y_B=0.156$，$y_Y=0.688$

习题 4-8 利用下表所给 298.15K 的数据计算下列反应 $SO_2(g)+1/2\,O_2(g)$ ══ $SO_3(g)$，在 298.15K 时 $\Delta_r H_m^{\ominus}$ 与 $\Delta_r S_m^{\ominus}$、$\Delta_r G_m^{\ominus}$ 和标准平衡常数 $K^{\ominus}$，所需数据见表 4-6。

表 4-6　25℃时各物质的热力学数据

物质	$SO_3(g)$	$SO_2(g)$	$O_2(g)$
$\Delta_f H_m^\ominus$/kJ·mol^{-1}	−395.7	−296.8	0
$S_m^\ominus$/J·mol^{-1}·K^{-1}	256.8	248.2	205.2

答案：−98.89kJ·mol^{-1}；−94.03 J·mol^{-1}·K^{-1}；−70.87kJ·mol^{-1}；2.65×10^{12}

习题 4-9　某反应在 327℃与 347℃的 $K_1^\ominus$ 与 $K_2^\ominus$ 分别为 1.0×10^{-12} 和 5.0×10^{-12}。计算在此温度范围内反应的 $\Delta_r H_m^\ominus$ 与 $\Delta_r S_m^\ominus$。设反应的 $\Delta_r C_{p,m}=0$。

答案：249.01kJ·mol^{-1}；185.2J·mol^{-1}·K^{-1}

习题 4-10　在 454～475K 的温度范围内，反应 $2C_2H_5OH(g)$ ══ $CH_3COOC_2H_5(g)+2H_2(g)$ 的 $K^\ominus$ 与 T 的关系式如下：$\ln K^\ominus=-\dfrac{4836.3}{T}+10.755$，已知 473K 时，乙醇的 $\Delta_f H_m^\ominus=-235.34$kJ·mol^{-1}，求：①该温度下乙酸乙酯的 $\Delta_f H_m^\ominus$；②473K 该反应的 $\Delta_r S_m^\ominus$

答案：−430.48kJ·mol^{-1}，89.4 J·mol^{-1}·K^{-1}

习题 4-11　反应 $CaCO_3(s)$ ══ $CaO(s)+CO_2(g)$ 在 298.15K 时热力学数据见表 4-7。

表 4-7　25℃时各物质的热力学数据

物　质	$CaCO_3(s)$	$CaO(s)$	$CO_2(g)$
$\Delta_f H_m^\ominus$/kJ·mol^{-1}	−500	−29.00	−393.5
$S_m^\ominus$/J·mol^{-1}·K^{-1}	167.4	121.4	213
$\bar{C}_{p,m}$/J·mol^{-1}·K^{-1}	108.6	68.4	40.20

① 求该反应的 $\Delta_r G_m^\ominus$ 与 T 的关系。

② 设系统的温度为 400K，总压为 101.325kPa，$CO_2(g)$ 的摩尔分数为 0.01 时，$CaCO_3(s)$ 能否分解？

③ 为防止 $CaCO_3(s)$ 在上述系统中分解，则系统的温度应控制在多少？

答案：① $\Delta_r G_m^\ominus=(-167T+77.5\times10^3)$ J·mol^{-1}；

② $\Delta_r G_m=-4571$J·mol^{-1}，能分解；③ $T<377.7$K

习题 4-12　反应 $CO_2(g)+2NH_3(g)\longrightarrow(NH_3)_2CO(s)+H_2O(l)$，所需数据见表 4-8。

表 4-8　25℃时各物质的热力学数据

物　质	$CO_2(g)$	$NH_3(g)$	$(NH_3)_2CO(s)$	$H_2O(l)$
$\Delta_f H_m^\ominus$/kJ·mol^{-1}	−393.51	−46.19	−333.17	−285.85
$S_m^\ominus$/J·mol^{-1}·K^{-1}	213.64	192.51	104.60	69.96

① 在 25℃，标准状态下反应能否自发进行？

② 设 $\Delta_r S_m^\ominus$ 与 $\Delta_r H_m^\ominus$ 均与 T 无关，估算反应在标准状态下能自发进行的最高温度。

答案：①反应能自发进行；②313.9K

习题 4-13　已知反应 $(CH_3)_2CHOH(g)$ ══ $(CH_3)_2CO(g)+H_2(g)$，在 457.4K 时的 $K^\ominus=0.36$，在 400～500K 时的 $\Delta_r H_m^\ominus=64.86$kJ·mol^{-1}，求 500K 时反应的标准平衡常数。

答案：−0.43

习题 4-14　已知 $CaCO_3(s)$ 在 1170K 时的分解压力为 1000KPa，反应 $CaCO_3(s) = CaO(s)+CO_2(g)$ 的 $\Delta_r H_m^\ominus$ 在本题计算范围内恒定为 $170.8kJ \cdot mol^{-1}$。若空气中 $CO_2(g)$ 的物质的量百分数为 0.3%，试计算 $CaCO_3(s)$ 在空气中开始分解的温度是多少？

答案：$T=879K$

习题 4-15　在 630K 时，反应 $2HgO(s) \longrightarrow 2Hg(g)+O_2(g)$ 的 $\Delta_r G_m^\ominus = 44.3kJ \cdot mol^{-1}$。试计算：

① 反应的标准平衡常数 $K^\ominus$；

② 在 630K 时 $HgO(s)$ 的解离压力；

③ 若将 $HgO(s)$ 投入 630K、$O_2(g)$ 的压力为 100kPa 的定体积容器中，在 630K 时达到平衡，求与 $HgO(s)$ 呈平衡的气相中 $Hg(g)$ 的分压力。

答案：① $K^\ominus = 2.12 \times 10^{-4}$；② $p_{总} = 11.28kPa$；③ $p = 0.73kPa$

习题 4-16　在 100℃ 下，下列反应的 $K^\ominus = 8.12 \times 10^{-9}$，$\Delta_r S_m^\ominus = 125.6J \cdot mol^{-1} \cdot K^{-1}$。计算：$COCl_2(g) = CO(g)+Cl_2(g)$

① 100℃，总压为 200kPa 时 $COCl_2(g)$ 的解离度；

② 100℃ 下该反应的 $\Delta_r H_m^\ominus$；

③ 总压为 200kPa，$COCl_2(g)$ 的解离度为 0.1% 时的温度（设 $\Delta_r C_{p,m}=0$）。

答案：① $\alpha = 6.37 \times 10^{-5}$；② $105kJ \cdot mol^{-1}$；③ 446K

习题 4-17　计算 298K，$NH_4HCO_3(s)$ 的分解压及它的分解温度，所需数据见表 4-9，反应方程式为

$$NH_4HCO_3(s) = NH_3(g)+H_2O(g)+CO_2(g)$$

表 4-9　25℃时各物质的热力学数据

物　质	$NH_4HCO_3(s)$	$NH_3(g)$	$H_2O(g)$	$CO_2(g)$
$\Delta_f H_m^\ominus / kJ \cdot mol^{-1}$	-849.4	-46.19	-241.83	393.51
$S_m^\ominus / J \cdot mol^{-1} \cdot K^{-1}$	120.9	192.51	188.72	213.65

答案：2.78kPa，335K

习题 4-18　反应 $C(s)+H_2O(g) = H_2(g)+CO(g)$ 在 1000K 及 1200K 时的 $K^\ominus$ 分别为 2.472 和 37.58，试计算在此温度范围内反应的平均标准摩尔焓及 1100K 时的 $K^\ominus$。

答案：$135.76kJ \cdot mol^{-1}$，10.92

习题 4-19　已知 $NH_4HS(s)$ 在 25℃ 的分解压力为 600kPa，试求 35℃ 时的分解压力。在此温度范围内可设反应 $NH_4HS(s) = NH_3(g)+H_2S(g)$ 的 $\Delta_r H_m^\ominus$ 为常数，其值为 $93.7kJ \cdot mol^{-1}$。

答案：1109kPa

习题 4-20　固体化合物 $A(s)$ 放入抽空的容器中发生分解反应，生成两种气体 $Y(g)$ 和 $Z(g)$：

$$A(s) = Y(g)+Z(g)$$

25℃时测得平衡压力为 66.7kPa，假设 Y、Z 为理想气体，求反应的标准平衡常数 $K^\ominus$。如果在该温度下容器中只有 Y 和 Z，Y 的压力为 13.3kPa，为保证不生成固体，问 Z 的压力应如何控制。

答案：0.111；p_Z 应小于 83.4kPa

习题 4-21　在总压和温度不变时，往下列已达平衡的反应系统中加入惰性气体，能使

平衡向右移动的是哪几个。

① $NH_4HCO_3(s)$ ══ $NH_3(g)+H_2O(g)+CO_2(g)$；

② $H_2(g)+1/2O_2(g)$ ══ $H_2O(g)$；

③ $CO(g)+H_2O(g)$ ══ $CO_2(g)+H_2(g)$；

④ $PCl_5(g)$ ══ $PCl_3(g)+Cl_2$。

答案：①、④

习题 4-22 1000K 时，反应 $C(s)+2H_2(g)$ ══ $CH_4(g)$ 的 $\Delta_r G_m^\ominus=19.397kJ\cdot mol^{-1}$。现有与碳反应的气体混合物，其组成为 $y(CH_4)=0.1$，$y(H_2)=0.8$，$y(N_2)=0.1$。试问：

① $T=1000K$，$p=100kPa$ 时，$\Delta_r G_m^\ominus$ 等于多少，甲烷能否形成？

② 在 $T=1000K$ 下，压力须增加为多少，上述反应才能进行？

答案：①甲烷不能生成；②$p>78.28kPa$

习题 4-23 反应 C(石墨) $+2H_2(g)$ ══ $CH_4(g)$ 在 600℃时，$\Delta_r H_m^\ominus=-88.05kJ\cdot mol^{-1}$，各物质的标准熵见表 4-10。

表 4-10 各物质标准熵

物 质	C(石墨)	H_2	$CH_4(g)$
$S_m^\ominus/J\cdot mol^{-1}\cdot K^{-1}$	14.9	161.6	225.9

① 计算 600℃时的标准平衡常数；②若要获得其他温度下的平衡常数，还需要什么数据？进行什么近似处理？试计算 750℃时的标准平衡常数；③为了获得更大的 $CH_4(g)$ 平衡产率，温度和压力应如何控制？

答案：①0.255；②0.0431；③降温，加压

习题 4-24 已知各物质在 298.15K 时的热力学数据见表 4-11。

表 4-11 25℃时各物质的热力学数据

物 质	$C_2H_5OH(g)$	$C_2H_4(g)$	$H_2O(g)$
$\Delta_f H_m^\ominus/kJ\cdot mol^{-1}$	-235.30	52.283	-241.80
$S_m^\ominus/J\cdot mol^{-1}\cdot K^{-1}$	282.0	219.45	188.74

① 求反应 $C_2H_5OH(g)$ ══ $C_2H_4(g)+H_2O(g)$ 在 298.15K 时的 $\Delta_r H_m^\ominus$、$\Delta_r S_m^\ominus$、$\Delta_r G_m^\ominus$ 及 $K^\ominus$。

② 判断在 298.15K 及各物质的标准态($p^\ominus=100kPa$)下该反应能否向右进行。

③ 求反应 $C_2H_5OH(g)$ ══ $C_2H_4(g)+H_2O(g)$ 在 298.15K、$p[C_2H_5OH(g)]=p[C_2H_4(g)]=p[H_2O(g)]=100kPa$ 时的 $\Delta_r G_m$，此时反应能否向右进行？

答案：①$45.783kJ\cdot mol^{-1}$，$126.19J\cdot mol^{-1}\cdot K^{-1}$，$8.159kJ\cdot mol^{-1}$，0.0373；②不能；③可以

习题 4-25 已知反应 $H_2(g)+Br_2(g)$ ══ $2HBr(g)$ 在 25℃下的 $K^\ominus$ 为 1.7×10^{19}，$\Delta_f H_m^\ominus(Br_2, g)=30.91kJ\cdot mol^{-1}$，$S_m^\ominus(Br_2, g)=245.46J\cdot K^{-1}\cdot mol^{-1}$，$S_m^\ominus(HBr, g)=198.7J\cdot K^{-1}\cdot mol^{-1}$。$S_m^\ominus(H_2, g)=130.68J\cdot K^{-1}\cdot mol^{-1}$。求 25℃下 $\Delta_f H_m^\ominus(HBr, g)$。

答案：$-36.26kJ\cdot mol^{-1}$

习题 4-26 乙苯脱氢制苯乙烯反应 $C_6H_5C_2H_5(g) \rightleftharpoons C_6H_5C_2H_3(g)+H_2(g)$ 在 527℃下，测得该反应的标准平衡常数 $K^{\ominus}$ 为0.0475。如果在反应系统中加入水蒸气，使乙苯与$H_2O(g)$的物质的量之比为 1∶9，计算在 101.325kPa 下，乙苯的转化率 α 和苯乙烯的摩尔分数。

答案：0.497；0.332

习题 4-27 理想气体反应 $2A(g) \rightleftharpoons B(g)$，已知 298K 时数据见表 4-12。

表 4-12 298K 时各物质的热力学数据

物质	$\Delta_f H_m^{\ominus}$/kJ·mol^{-1}	$S_m^{\ominus}$/J·mol^{-1}·K^{-1}	$\Delta_f G_m^{\ominus}$/kJ·mol^{-1}	$C_{p,m}^{\ominus}$/J·mol^{-1}·K^{-1}
A(g)	35	250	20	38
B(g)	10	300	39.6	76

在 310K；101325Pa 时，$y_A = y_B = 0.5$，反应向左进行，欲使反应正向进行，即 $\Delta_r G_m \leqslant 0$。

① 310K 时，改变压力，压力应控制在什么范围?

② 101325Pa 时，改变温度，温度应控制在什么范围?

答案：①$p \geqslant 4.35 \times 10^5$Pa；②$T<292$K

第五部分 拓展阅读

4.1 理想气体反应等温方程的推导

对于恒温、恒压下的理想气体反应，由式(3-43)可知，其中任一反应组分 B 的化学势为

$$\mu_B = \mu_B^{\ominus} + RT\ln(p_B/p^{\ominus})$$

根据式(4-3)有

$$\Delta_r G_m = \sum_B \nu_B \mu_B = \sum_B \nu_B \mu_B^{\ominus} + \sum_B \nu_B RT\ln(p_B/p^{\ominus}) \qquad (4-32)$$

式(4-6)给出，$\Delta_r G_m^{\ominus} = \sum_B \nu_B \mu_B^{\ominus}$。上式中最后一项的加和可用乘积的形式表示：

$$\sum_B \nu_B RT\ln(p_B/p^{\ominus}) = RT\ln\prod_B (p_B/p^{\ominus})^{\nu_B} \qquad (4-33)$$

式(4-7)给出，$J_p = \prod_B \left(\dfrac{p_B}{p^{\ominus}}\right)^{\nu_B}$

将式(4-6)、式(4-7)及式(4-33)代入式(4-32)，就导出了理想气体化学反应的等温方程

$$\Delta_r G_m = \Delta_r G_m^{\ominus} + RT\ln J_p$$

4.2 有纯凝聚态物质参加的理想气体反应等温方程的推导

对于有纯固态或纯液态物质参加的理想气体化学反应，如：

$$aA(g)+bB(l) \longrightarrow yY(g)+zZ(s)$$

在常压下，压力对凝聚态的影响可忽略不计，可认为纯凝聚态物质的化学势就等于其标

准化学势，即$\mu_{B(\text{cd})}=\mu_{B(\text{cd})}^{\ominus}$（cd表示凝聚态）。

因此

$$\begin{aligned}\Delta_r G_m &= (y\mu_Y + z\mu_Z) - (a\mu_A + b\mu_B) \\ &= y[\mu_Y^{\ominus} + RT\ln(p_Y/p^{\ominus})] + z\mu_Z^{\ominus} - a[\mu_A^{\ominus} + RT\ln(p_A/p^{\ominus})] - b\mu_B^{\ominus} \\ &= (y\mu_Y^{\ominus} + z\mu_Z^{\ominus} - a\mu_A^{\ominus} - b\mu_B^{\ominus}) + RT\ln\frac{(p_Y/p^{\ominus})^y}{(p_A/p^{\ominus})^a}\end{aligned}$$

最后得出

$$\Delta_r G_m = \Delta_r G_m^{\ominus} + RT\ln J_p(\text{g})$$

由以上推导可知，对于有纯凝聚态物质参加的理想气体反应，$\Delta_r G_m^{\ominus}$中包含了所有参加反应的物质的$\mu_B^{\ominus}$，但$J_p(g)$中只包括了气体的分压。

4.3 温度对化学反应标准平衡常数$K^{\ominus}$影响公式——范特霍夫方程的推导

温度对化学反应标准平衡常数$K^{\ominus}$影响公式的推导，是由温度对吉布斯函数的影响出发进行推导的。下面就用热力学的方法来推导温度对吉布斯函数和对标准平衡常数的影响。

恒压下，温度对吉布斯函数的影响，

$$\left[\frac{\partial(G/T)}{\partial T}\right]_p = \frac{1}{T}\left(\frac{\partial G}{\partial T}\right)_p - \frac{G}{T^2} \tag{4-34}$$

由热力学基本方程可知，$\left(\frac{\partial G}{\partial T}\right)_p=-S$，将其代入式(4-34)有

$$\left[\frac{\partial(G/T)}{\partial T}\right]_p = -\frac{S}{T} - \frac{G}{T^2} = -\frac{TS+G}{T^2} \tag{4-35}$$

将式$G=H-TS$代入式(4-35)，整理后得

$$\left[\frac{\partial(G/T)}{\partial T}\right]_p = -\frac{H}{T^2} \tag{4-36}$$

式(4-36)称为吉布斯-赫姆霍兹方程。将其用于标准压力下的化学反应，可得到下式

$$\frac{\text{d}(\Delta_r G_m^{\ominus}/T)}{\text{d}T} = -\frac{\Delta_r H_m^{\ominus}}{T^2} \tag{4-37}$$

将$\Delta_r G_m^{\ominus}=-RT\ln K^{\ominus}$代入式(4-37)，整理后得到范特霍夫(van't Hoff)方程：

$$\frac{d\ln K}{\text{d}T} = \frac{\Delta_r H_m^{\ominus}}{RT^2} \tag{4-38}$$

4.4 真实气体反应的化学平衡

将真实气体组分B的化学势公式$\mu_B=\mu_B^{\ominus}+RT\ln(\tilde{p}_B/p^{\ominus})$代入$\Delta_r G_m=\sum\nu_B\mu_B$，可得真实气体反应的等温方程：

$$\Delta_r G_m = \Delta_r G_m^{\ominus} + RT\ln\prod_B(\tilde{p}_B/p^{\ominus})^{\nu_B} \tag{4-39}$$

式中$\Delta_r G_m^{\ominus}=\sum_B\nu_B\mu_B^{\ominus}$为各组分均处于标准态时反应的吉布斯函数变，称为标准摩尔反应吉布斯函数。由式(3-45)可知$\tilde{p}_B=\varphi_B p_B$，$\varphi_B$是温度和总压的函数。

反应达到平衡时，$\Delta_r G_m = 0$，有

$$\Delta_r G_m^{\ominus} = -RT\ln\prod_B (\tilde{p}_B^{eq}/p^{\ominus})^{\nu_B} \tag{4-40}$$

对于一定的反应，$\Delta_r G_m^{\ominus}$ 只是温度的函数。故温度一定，$\Delta_r G_m^{\ominus}$ 是定值，$\prod_B (\tilde{p}_B^{eq}/p^{\ominus})^{\nu_B}$ 为定值，即为标准平衡常数：

$$K^{\ominus} = \prod_B (\tilde{p}_B^{eq}/p^{\ominus})^{\nu_B} \tag{4-41}$$

因此又有

$$\Delta_r G_m^{\ominus} = -RT\ln\prod_B (\tilde{p}_B^{eq}/p^{\ominus})^{\nu_B} = -RT\ln K^{\ominus} \tag{4-42}$$

因 $\tilde{p}_B = \varphi_B p_B$，故有

$$K^{\ominus} = \prod_B \varphi_B^{\nu_B} \cdot \prod_B (p_B^{eq}/p^{\ominus})^{\nu_B} \tag{4-43}$$

若令 $K_\varphi = \prod_B \varphi_B^{\nu_B}$，$K_p^{\ominus} = \prod_B (p_B^{eq}/p^{\ominus})^{\nu_B}$，则上式可简写为

$$K^{\ominus} = K_\varphi \cdot K_p^{\ominus} \tag{4-44}$$

对于理想气体 $K_\varphi = 1$，对于低压下的真实气体 $K_\varphi \approx 1$，故

$$K^{\ominus} = K_p^{\ominus} = \prod_B (p_B^{eq}/p^{\ominus})^{\nu_B} \tag{4-45}$$

而对于高压下的真实气体，一般来说 $K_\varphi \neq 1$，故 $K^{\ominus} \neq K_p^{\ominus}$。

4.5 常压下液态混合物的化学平衡

将式(3-65) $\mu_B = \mu_B^{\ominus} + RT\ln a_B$ 代入 $\Delta_r G_m = \sum \nu_B \mu_B$，可得恒温、恒压下，液态混合物的等温方程为

$$\Delta_r G_m = \Delta_r G_m^{\ominus} + RT\ln\prod_B a_B^{\nu_B} \tag{4-46}$$

式中 $\Delta_r G_m^{\ominus} = \sum_B \nu_B \mu_B^{\ominus}$ 为各组分均处于标准态时反应的吉布斯函数变，称为标准摩尔反应吉布斯函数。$\prod_B a_B^{\nu_B}$ 为反应的活度商。

反应达平衡时，$\Delta_r G_m = 0$，依然有

$$\Delta_r G_m^{\ominus} = -RT\ln\prod_B (a_B^{eq})^{\nu_B} = -RT\ln K^{\ominus} \tag{4-47}$$

以下将 a_B^{eq} 简写成 a_B，其他平衡组成也类似。式中，$K^{\ominus} = \prod_B a_B^{\nu_B}$。

将式(3-62) $a_B = f_B x_B$ 代入上式，则

$$K^{\ominus} = \prod_B f_B^{\nu_B} \cdot \prod_B x_B^{\nu_B} \tag{4-48}$$

令 $K_f = \prod_B f_B^{\nu_B}$，$K_x = \prod_B x_B^{\nu_B}$，上式可简写为

$$K^{\ominus} = K_f \cdot K_x \tag{4-49}$$

若为理想液态混合物的反应，$K_f = 1$，$K^{\ominus} = K_x$。

溶液中的反应类似，大家可以自己推导，这里就不进行推导了。

模块五 电化学

对于一些氧化还原反应，所得失的电子若能定向移动，则可形成电流，实现了化学能转变为电能；反之，在直流电不断作用下，一些不能自发进行的化学反应($\Delta_r G>0$)，可以高活性与高选择性地生成产物，实现了电能转化为化学能。电化学就是研究化学能与电能之间相互转化及其规律的学科，主要研究发生在导体界面上的化学反应，以及电极和电解质的电子传递过程。自1799年伏特发明伏特电堆以来，电化学已经发展为一门物理、化学与材料科学等学科交叉的前沿学科，并出现了电分析化学、有机电化学、熔盐电化学、金属腐蚀电化学、半导体电化学和生物电化学等分支，广泛应用于金属冶炼、金属腐蚀与防护、化学电源、有机合成、污染物鉴定与分析以及医学分析等领域。尤其是近年来可充电锂离子电池的普及生产使用、燃料电池在发电及汽车工业领域的应用研究开发，以及生物电化学的迅速发展，都为电化学这一古老的学科注入了新的活力。而且越来越多地与其他自然科学或技术学科相互交叉、相互渗透，在材料、环保、能源、交通、信息、生命等众多领域发挥着重要的作用。因此，电化学已经成为国民经济和日常生活的重要组成部分。

电化学的主要研究内容包含三个方面：①化学能转换为电能，即原电池；②电能转换为化学能，即电解；③化学能与电能转换的场所和装置，即电解质溶液。本章主要针对以上三部分所涉及的基础规律和理论展开介绍。

第一部分 基础知识

5-1 原电池和电解池

电化学过程须通过一定的装置才能实现。实现化学能转换为电能的装置称为原电池，其主要特点是电极上有能自动发生的反应，当回路接通时，可将化学能转换为电能输出。实现电能转换为化学能的装置称为电解池，其主要特点是回路中具有外加电源，当外加电势高于分解电压时，可使电极上不能自发进行的反应($\Delta_r G < 0$)在电解池中被强制进行。不论是原电池还是电解池，都包含有电极、电极反应和总反应，而电极又分为正/负极和阴/阳极。

R27 电池的雏形发现者
伽尔瓦尼　　　R28 伏特

5-2　电极反应和电池反应

电极反应：当电路接通时，电极与溶液的界面上有电子得失的反应发生，溶液内部有离子做定向迁移运动。这种在极板与溶液界面上进行的化学反应称为电极反应。

电池/电解反应：两个电极反应之和为总的化学反应，对原电池则称为电池反应，对电解池则称为电解反应。

5-3　电极的名称

阴/阳极：电化学装置中发生氧化反应的电极为阳极，发生还原反应的电极为阴极。

正/负极：电化学装置中电势高的电极为正极，电势低的电极为负极。

原电池的正极是阴极，负极是阳极；电解池的正极是阳极，负极是阴极。

注意：阴/阳极和正/负极的判断标准不是相同的，阴/阳极是根据电极反应的类型来判断的；正/负极是根据电势的高低来进行判断的，所以阳极不一定是正极，阴极也不一定是负极。无论电解池还是原电池都有阴/阳极也都有正/负极。

原电池和电解池的电极见拓展阅读 5.1。

5-4　导体的分类

所有能导电的物质称为导体，可分为第一类导体与第二类导体。

第一类导体：依靠自由电子的定向运动而导电的导体，又称为电子导体，如金属、石墨和某些金属氧化物等。

第二类导体：依靠内部离子的定向运动而导电的导体，又称为离子导体，如电解质溶液或熔融电解质等。其中，电解质水溶液是应用最广泛的第二类导体。本章主要讨论第二类导体。

第一类导体与第二类导体的区别见拓展阅读 5.2；离子的迁移数见拓展阅读 5.3。

5-5　电解质溶液的导电机理

如图 5-1 所示，电解池由联结外电源的铜电极和铂电极插入 $CuCl_2$ 溶液构成，在外电场的作用下，溶液中的 Cl^- 向正极移动，并在正极与溶液界面处失去电子发生氧化反应，变成氯分子。与此同时，Cu^{2+} 向负极移动，并在负极与溶液界面处得到电子发生还原反应，变成

铜原子，即

正极(阳极)　　　$2Cl^- \longrightarrow Cl_2 + 2e^-$

负极(阴极)　　　$Cu^{2+} + 2e^- \longrightarrow Cu$

电池反应　　　$Cu^{2+} + 2Cl^- \longrightarrow Cu + Cl_2$

由此可见，电解质溶液的导电机理包括了溶液中正、负离子的定向移动和电极反应两个方面。

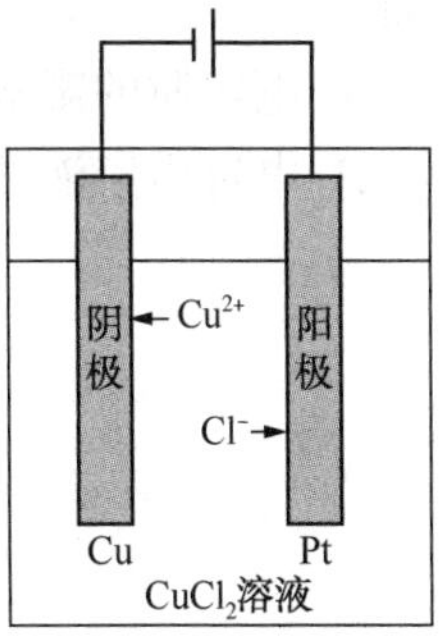

图 5-1　电解质溶液的导电机理

5-6　法拉第定律

若溶液中通过 1mol 电子电量时，任一电极上发生得失 1mol 电子的电极反应。电极上析出或溶解的物质的量与之相应。1mol 电子电量，称为法拉第常数，用 F 表示，即

$$F = Le = 6.023 \times 10^{23}(mol^{-1}) \times 1.602 \times 10^{-19}(库仑，C)$$
$$= 96485C \cdot mol^{-1} \approx 96500C \cdot mol^{-1}$$

法拉第定律：当电极反应的电荷数为 Z，反应进度为 ξ 时，电极上所发生化学反应的物质的量与通过电解池的电荷量 Q 成正比。数学表达式为

$$Q = zF\xi \tag{5-1}$$

式中　F——法拉第常数，其物理意义为 1mol 电子的电荷量，具体数值为 96485C/mol；

Q——通过的电荷量，C；

z——电极反应的电荷数(即转移电子数)，取正值，量纲为一。

法拉第定律说明，无论是原电池还是电解池，在恒电流的情况下，同一时间内流过电路中各点的电荷量是相等的。根据这一原理，可以通过测量电流流过后电极反应的物质的量的变化(通常测量阴极上析出的物质的量)来计算电路中通过的电荷量。相应的测量装置称为库仑计。最常用的库仑计为银库仑计和铜库仑计。该定律不受 T、P、电解质浓度、电极材料的影响，是自然科学中最准确定律之一。

R29 法拉第

5-7　电导、电导率和摩尔电导率

电导：导体的导电能力可以用电导来描述，其符号为 G，电导定义为电阻的倒数。即

$$G = \frac{1}{R} \tag{5-2}$$

单位为 S(西门子)，由定义式可知 $1S = 1\Omega^{-1}$。

电导率：为了方便不同电解质溶液导电能力的比较，引出电导率的概念。对于电解质溶液，其电导与截面积 A 成正比，与长度 l 成反比，比例系数用 k 表示，有

$$G = \kappa \frac{A}{l} \tag{5-3}$$

κ 称为电导率，单位为 S/m。显然，导体电导率即为电阻率的倒数，其物理意义为单位截面积、单位长度时的电导。可以这样理解：相距为 1m，面积为 $1m^2$ 的两个平行板电极之间充满电解质溶液时的电导。如图 5-2 所示。电解质溶液的电导率的影响因素主要有以下两

方面：

① 电解质的影响。电解质的运动速率越大，κ 越大；离子所带电荷越多，κ 越大。

② 电解质溶液的电导率还与其浓度 c 有关。

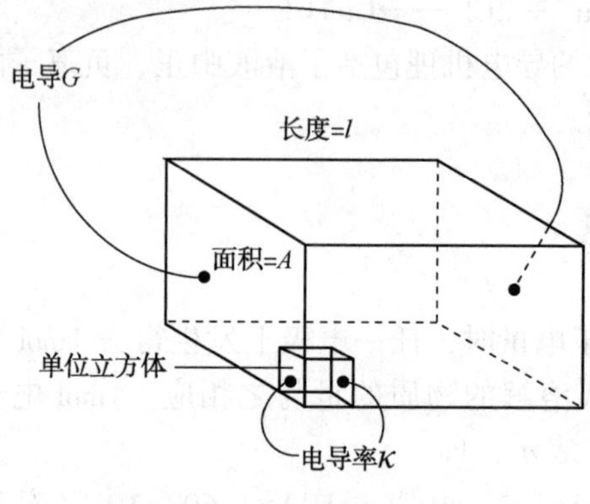

图 5-2　电导率的物理意义

电导率与浓度的关系见拓展阅读 5.4。

摩尔电导率：由于电解质溶液的浓度不同所含的离子数不同，因此不能用电导率来比较电解质溶液的导电能力，所以为了比较不同浓度、不同类型电解质溶液的电导率，提出了摩尔电导率的概念。单位浓度的电导率为摩尔电导率，用 Λ_m 表示，即

$$\Lambda_m = \kappa / c \tag{5-4}$$

Λ_m 的单位为 $S \cdot m^2 \cdot mol^{-1}$。摩尔电导率与电导率的关系如图 5-3 所示。

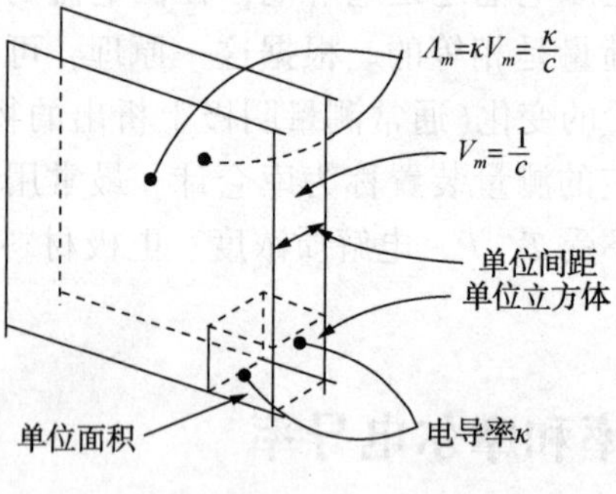

图 5-3　摩尔电导率与电导率的关系

5-8　摩尔电导率与浓度的关系

电解质溶液的摩尔电导率与浓度的关系。柯尔劳施（Kohlrausch）根据实验结果得出结论：在强电解质极稀的溶液中，电解质的摩尔电导率与其浓度的平方根呈直线关系。用公式表示为

$$\Lambda_m = \Lambda_m^{\infty} - A\sqrt{c} \tag{5-5}$$

式中 Λ_m^{∞} 和 A 都是常数。

图 5-4 为几种电解质的摩尔电导率与溶液量浓度的平方根关系图，从图中可看出：①对于所有的电解质，其摩尔电导率均随电解质浓度的降低而增大，这是因为随着浓度的降

低，离子间引力减小，粒子的运动速度增加，所以摩尔电导率增大；②对于强电解质如 HCl、NaOH 和 $AgNO_3$ 等，在低浓度时，如图 5-4 中的曲线接近一条直线，将直线外推至纵坐标，所得截距即为 Λ_m^∞ 称为无限稀释的摩尔电导率；③对弱电解质来说，溶液浓度降低时，摩尔电导率也增加。在溶液极稀时，随着溶液浓度的降低，摩尔电导率急剧增加。因为弱电解质的解离度随溶液的稀释而增加，因此，浓度越低，离子越多，摩尔电导率也越大。由图 5-4 可知，弱电解质无限稀释时的摩尔电导率无法用外推法求得，故式(5-5)不适用于弱电解质。

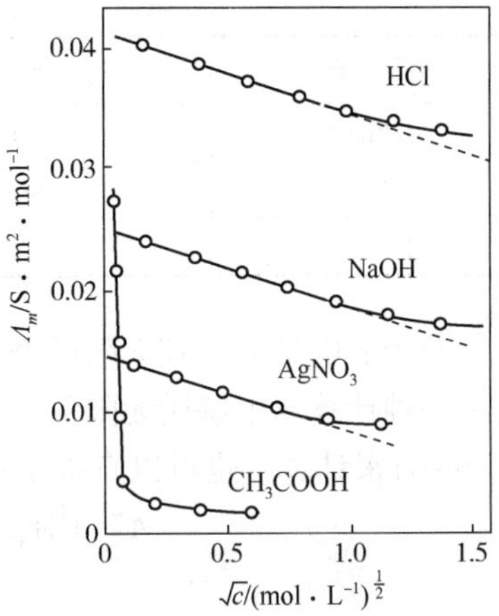

图 5-4　几种电解质的摩尔电导率对浓度的平方根图

5-9　离子独立运动定律

离子独立运动定律：对于无限稀释溶液，离子彼此独立运动，互不影响；无限稀释电解质的摩尔电导率等于其中阴、阳离子的摩尔电导率之和。例如 K_2SO_4的无限稀释溶液，其中的 K^+ 和 SO_4^{2-} 独立运动，互不影响；K_2SO_4的无限稀释摩尔电导率等于其中阴、阳离子的摩尔电导率之和，即

$$\Lambda_m^\infty(K_2SO_4)=2\Lambda_m^\infty(K^+)+\Lambda_m^\infty(SO_4^{2-})$$

若电解质 $C_{\nu_+}A_{\nu_-}$ 在水中完全解离

$$C_{\nu_+}A_{\nu_-} \longrightarrow \nu_+ C^{z+} + \nu_- A^{z-}$$

式中　ν_+，ν_-——阳、阴离子的化学计量数。

若以 Λ_m^∞ 表示无限稀释时电解质 $C_{\nu_+}A_{\nu_-}$ 的摩尔电导率，以 $\Lambda_{m,+}^\infty$ 及 $\Lambda_{m,-}^\infty$ 分别表示无限稀释时阳离子 C^{z+} 和阴离子 A^{z-} 的摩尔电导率，则有

$$\Lambda_m^\infty=\nu_+\Lambda_{m,+}^\infty+\nu_-\Lambda_{m,-}^\infty \tag{5-6}$$

此式为柯尔劳施离子独立运动定律的数学表达式。表 5-1 列出了 298. 15K 时一些常见离子的无限稀释摩尔电导率。

表 5-1　25℃无限稀释水溶液中离子的摩尔电导率

阳离子	$\Lambda_{m,+}^\infty$/S · m^2 · mol^{-1}	阴离子	$\Lambda_{m,+}^\infty$/S · m^2 · mol^{-1}
H^+	349. 65×10^{-4}	OH^-	198×10^{-4}
Li^+	38. 66×10^{-4}	Cl^-	76. 61×10^{-4}
Na^+	50. 08×10^{-4}	Br^-	78. 1×10^{-4}
K^+	73. 48×10^{-4}	I^-	76. 8×10^{-4}
NH_4^+	73. 5×10^{-4}	NO_3^-	71. 42×10^{-4}
Ag^+	61. 9×10^{-4}	CH_3COO^-	40. 9×10^{-4}
1/2Mg^{2+}	53. 0×10^{-4}	ClO_4^-	67. 3×10^{-4}
1/2Ca^{2+}	59. 47×10^{-4}	MnO_4^-	62. 0×10^{-4}
1/2Sr^{2+}	59. 4×10^{-4}	1/2SO_4^{2-}	80. 0×10^{-4}

续表

阳离子	$\Lambda_{m,+}^{\infty}$/S · m² · mol⁻¹	阴离子	$\Lambda_{m,+}^{\infty}$/S · m² · mol⁻¹
$1/2Ba^{2+}$	63.6×10^{-4}	$1/2CO_3^{2-}$	69.3×10^{-4}
$1/3Fe^{3+}$	68×10^{-4}	$1/3Fe(CN)_6^{3-}$	101.0×10^{-4}
$1/3La^{3+}$	69.7×10^{-4}	$1/4Fe(CN)_6^{4-}$	110.5×10^{-4}

对于弱电解质，其无限稀释摩尔电导率是不能由外推法来得到的。但离子独立运定律提供了一种计算弱电解质无限稀释摩尔电导率的方法。弱电解质的无限稀释摩尔电导率可以用式(5-6)来计算，也可以直接用强电解质的无限稀释摩尔电导率来计算。例如

$$\Lambda_m^{\infty}(CH_3COOH)=\Lambda_m^{\infty}(H^+)-\Lambda_m^{\infty}(CH_3COO^-)$$
$$=\Lambda_m^{\infty}(HCl)+\Lambda_m^{\infty}(CH_3COONa)-\Lambda_m^{\infty}(NaCl)$$

电导的测定及其应用见拓展阅读5.5。

5-10　电解质溶液的活度、活度因子

在电解质溶液中，由于正、负离子间及正、负离子与溶剂间都有强烈的相互作用，即使溶液很稀，也偏离理想稀溶液的热力学规律。所以研究电解质溶液的热力学性质时，必须引入电解质及离子的活度和活度因子的概念。本节以强电解质 $C_{\nu+}A_{\nu-}$ 为例，解释电解质的活度 α_B 和离子活度 α_+、α_-，电解质的活度因子 γ_B 和离子活度 γ_+、γ_-，设其在水中全部解离：

$$C_{\nu+}A_{\nu-}=\nu_+C^{z+}+\nu_-A^{z-}$$

设溶液中电解质的质量摩尔浓度为 b，则阳离子和阴离子的质量摩尔浓度分别为 $b_+=\nu_+b$，$b_-=\nu_-b$，对于电解质，其整体活度与离子活度与各自浓度的关系为(B 指电解质)：

电解质整体活度
$$\alpha_B=\gamma_B\frac{b_B}{b^{\ominus}} \tag{5-7}$$

阳离子活度
$$\alpha_+=\gamma_+\frac{b_+}{b^{\ominus}} \tag{5-8}$$

阴离子活度
$$\alpha_-=\gamma_-\frac{b_-}{b^{\ominus}} \tag{5-9}$$

没有任何一种溶液，只有阴离子或者阳离子。所以，我们无法测定单独一种离子的活度因子，只能使用其总体的平均值，定义电解质的平均离子活度为 $\alpha_{\pm}$，相应也有平均离子浓度 $b_{\pm}$和平均离子活度因子 $\gamma_{\pm}$，有

$$\alpha_{\pm}=\gamma_{\pm}\frac{b_{\pm}}{b^{\ominus}} \tag{5-10}$$

$$\alpha_B=\alpha^{\nu_{\pm}} \tag{5-11}$$

$$\alpha_{\pm}=(\alpha_+^{\nu_+}\cdot\alpha^{\nu_-})^{1/\nu} \tag{5-12}$$

$$b_{\pm}=(b_+^{\nu_+}\cdot b^{\nu_-})^{1/\nu} \tag{5-13}$$

$$\gamma_{\pm}=(\gamma_+^{\nu_+}\cdot\gamma^{\nu_-})^{1/\nu} \tag{5-14}$$

式中 $\nu=\nu_++\nu_-$，$b^{\ominus}=1mol\cdot kg^{-1}$。

25℃时水溶液中一些电解质在不同浓度时的平均离子活度因子 $\gamma_{\pm}$ 见表5-2，由此可知：

① 电解质平均离子活度因子 $\gamma_\pm$ 与溶液的质量摩尔浓度 b 有关。在稀溶液范围内，$\gamma_\pm$ 随质量摩尔浓度增加而降低。但当浓度达一定值后，随浓度的增加反而增加。例如，HCl 溶液。这是因为当浓度增大到一定程度时，水合作用使较多的溶剂被束缚在离子周围的水化层中而不能自由运动，使未发生水合的能自由运动的水分子随电解质浓度的增大而迅速减小，相当于溶质的有效浓度即活度的增幅大于其实际浓度的增幅，即 $\gamma_\pm$ 随浓度的增大而增大。

② 在稀溶液范围内，对相同价型的电解质而言，当质量摩尔浓度 b 相同时，其 $\gamma_\pm$ 近乎相等。而不同价型的电解质，随质量摩尔浓度相同，其 $\gamma_\pm$ 并不相同，正负离子价数相乘越大的高价型电解质的 $\gamma_\pm$ 较小。因此，在稀溶液范围内，影响 $\gamma_\pm$ 值的主要是浓度和价型。

表 5-2　25℃时水溶液中电解质的平均离子活度因子 $\gamma_\pm$

电解质	b/mol · kg^{-1}								
	0. 001	0. 005	0. 01	0. 05	0. 10	0. 50	1. 0	2. 0	4. 0
HCl	0. 965	0. 928	0. 904	0. 830	0. 796	0. 757	0. 809	1. 009	1. 762
NaCl	0. 966	0. 929	0. 904	0. 823	0. 778	0. 682	0. 658	0. 671	0. 783
KCl	0. 965	0. 927	0. 901	0. 815	0. 769	0. 650	0. 605	0. 575	0. 582
HNO_3	0. 965	0. 927	0. 902	0. 823	0. 785	0. 715	0. 720	0. 783	0. 982
NaOH	0. 965	0. 927	0. 899	0. 818	0. 766	0. 693	0. 679	0. 700	0. 890
$CaCl_2$	0. 887	0. 783	0. 724	0. 574	0. 518	0. 448	0. 500	0. 792	2. 934
K_2SO_4	0. 885	0. 78	0. 71	0. 52	0. 43	0. 251			
H_2SO_4	0. 830	0. 639	0. 544	0. 340	0. 265	0. 154	0. 130	0. 124	0. 171
$CdCl_2$	0. 819	0. 623	0. 524	0. 304	0. 228	0. 100	0. 066	0. 044	
$BaCl_2$	0. 88	0. 77	0. 72	0. 56	0. 49	0. 39	0. 393		
$CuSO_4$	0. 74	0. 53	0. 41	0. 21	0. 16	0. 068	0. 047		
$ZnSO_4$	0. 734	0. 477	0. 387	0. 202	0. 148	0. 063	0. 043	0. 053	

5-11　离子强度

为综合反映浓度和价型这两个因素对 $\gamma_\pm$ 的影响。路易斯提出了离子强度的概念，用符号 I 来表示，单位为 mol · kg^{-1}。

定义式为

$$I \overset{\text{def}}{=} \frac{1}{2}\sum b_B z_B^2 \tag{5-15}$$

式中　b_B——溶液中每种离子的质量摩尔浓度；

z_B——离子的价数。

强电解质的互吸理论见拓展阅读 5. 6。

5-12　德拜-休克尔公式

平均离子活度因子 $\gamma_\pm$ 不仅可以从实验测定获得，还可以由理论计算获得，德拜和休克尔根据强电解质互吸理论推导出平均离子活度因子 $\gamma_\pm$ 计算公式——德拜-休克尔公式：

$$\lg\gamma_\pm = -Az_+ \mid z_- \mid \sqrt{I} \tag{5-16}$$

式中 A——与溶剂性质、温度等有关的常数，在 25℃ 水溶液中 $A = 0.509(\text{mol}\cdot\text{kg}^{-1})^{-1/2}$。

注意：德拜-休克尔公式只适用于强电解质稀溶液。

5-13 可逆电池

原电池是实现化学能转换为电能的装置，这种装置的能量转换效率有多高呢？对于相同的反应，如果利用反应释放的热量以热机形式转换为功，目前实际能达到最高能量转化率不超过 50%。但如果将此反应放在电池中进行，化学能转化为电能的理论能量转换效率 η 可以提高很多，例如 H_2/O_2 燃料电池（状态为 101.325kPa，298.15K）的最高能量转换效率为 82.96%。根据热力学理论可知，可逆过程的效率最高，对于电池亦是如此。

可逆电池须满足以下三方面的要求：

① 化学可逆性，即物质可逆。要求两个电极在充电时的电极反应必须是放电时的逆反应。

② 热力学可逆性，即能量可逆。要求电池在无限接近平衡的状态下工作，电池在充电时吸收的能量严格等于放电时放出的能量，并使系统和环境都能够复原。要满足能量可逆的要求，电池必须在电流趋于无限小、即 $I\rightarrow 0$ 的状态下工作。

③ 实际可逆性，即电池内没有由液接电势等因素引起的实际过程中的不可逆。严格来说，由两个不同电解质溶液构成的具有液体接界的电池，都是热力学不可逆的，因为在液体接界处存在着不可逆的离子扩散。不过在一般精度要求许可范围内，为研究方便有时可忽略一些较小的不可逆性。

现以图 5-5 所示的电池为例加以说明。

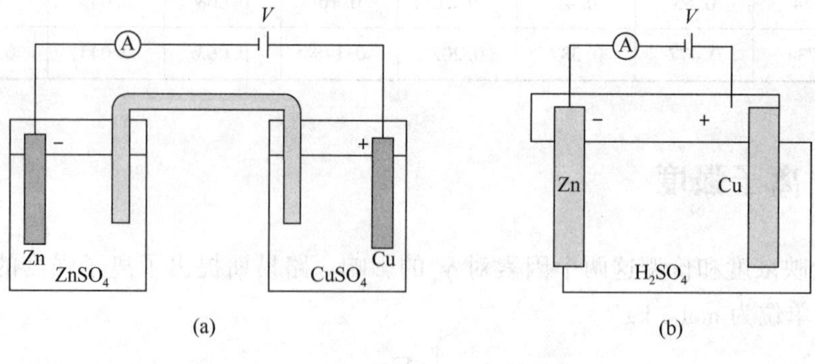

图 5-5 电池的充放电

图 5-5(a) 中 V 是一外加电动势，当电池电动势 $E>V$ 时为原电池，电池对外放电。其电极及电池反应为

负极 $$Zn \longrightarrow Zn^{2+} + 2e^-$$

正极 $$Cu^{2+} + 2e^- \longrightarrow Cu$$

电池反应 $$Zn + Cu^{2+} = Zn^{2+} + Cu$$

当电池电动势 $E<V$ 时为电解池，外加电源对电池充电，其电极及电池反应为

阴极　　　　$Zn^{2+}+2e^- \longrightarrow Zn$

阳极　　　　$Cu \longrightarrow Cu^{2+}+2e^-$

电池反应　　$Zn^{2+}+Cu \longrightarrow Zn+Cu^{2+}$

图 5-5(b)中将 Zn、Cu 直接放入 H_2SO_4 中，放电时的电极及电池反应为

负极　　　　$Zn \longrightarrow Zn^{2+}+2e^-$

正极　　　　$2H^++2e^- \longrightarrow H_2$

电池反应　　$Zn+2H^+ \longrightarrow Zn^{2+}+H_2$

充电时的电极及电池反应为

阴极　　　　$2H^++2e^- \longrightarrow H_2$

阳极　　　　$Cu \longrightarrow Cu^{2+}+2e^-$

电池反应　　$2H^++Cu \longrightarrow H_2+Cu^{2+}$

由此可见，电池[图 5-5(a)]在充放电时的反应互为可逆，满足化学可逆性，若还能满足其他两个条件即热力学可逆性和实际可逆性，则电池[图 5-5(a)]为可逆电池。电池[图 5-5(b)]在充放电时的反应不互为可逆反应，不满足化学可逆性，因而电池[图 5-5(b)]是不可逆电池。

5-14　电池图示

为书写方便，人们通常用图式的方法来表示一个电池。IUPAC 规定了电池图示的格式：

① 原电池中阳极写在左边，阴极写在右边，并按顺序用化学式从左到右依次排列各个相的物质、组成(α 或 p)及相态(g、l、s)；

② 用单实垂线"|"表示相与相之间的界面；用单虚垂线"⋮"表示两液体之间的接界面，用双实垂线"‖"表示盐桥(也可以是双虚垂线)；

③ 同一相中的物质用逗号隔开；

④ 气体、非金属不能直接作电极，必须吸附在不活泼金属(铂、金)上，铂、金只起到传递电子的作用，不参与反应。下面以丹尼尔电池为例介绍电池图示的表达。

丹尼尔电池是一种铜-锌双液电池，它是一个典型的原电池，装置结构如图 5-6 所示。该电池是由锌电极(将锌片插入 $ZnSO_4$ 水溶液中)和铜电极(将铜片插入 $CuSO_4$ 水溶液中)组成，其电极和电池反应为

阳极　　　　$Zn \longrightarrow Zn^{2+}+2e^-$

阴极　　　　$Cu^{2+}+2e^- \longrightarrow Cu$

电池反应　　$Zn+Cu^{2+} = Zn^{2+}+Cu$

为了防止左右两个半电池中溶液直接混合，而让离子仍能通过，通常双液电池中间用盐桥或多孔隔板隔开。根据 IUPAC 的规则，图 5-6 中丹尼尔电池的图式表示如下：

$$Zn \mid ZnSO_4(aq) \vdots CuSO_4(aq) \mid Cu$$

IUPAC 还定义，电流趋于零的极限情况下，电池电动势 E 等于图式表示中右侧的电极电势 $E_{右}$ 与左侧的电极电势 $E_{左}$ 的差值，即

$$E=E_{右}-E_{左} \tag{5-17}$$

对于丹尼尔电池 $E=E_{右}-E_{左}=E_{(Cu^{2+}|Cu)}-E_{(Zu^{2+}|Zu)}$

韦斯顿标准电池见拓展阅读 5.7。

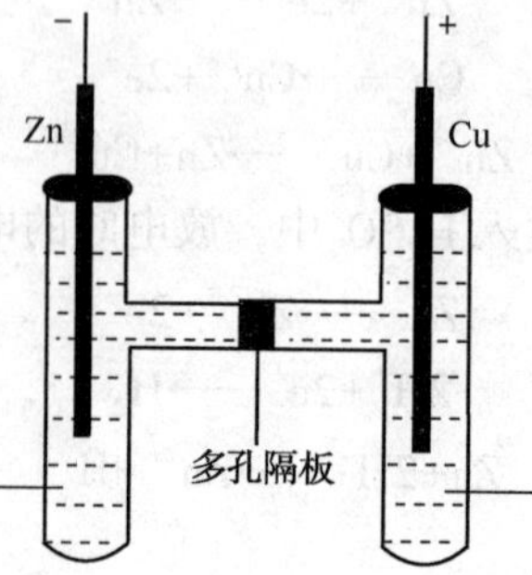

图 5-6　丹尼尔电池示意图

5-15　可逆电池电动势的测定

可逆电池电动势的测定必须在电流无限小($I \to 0$)的情况下进行。因此，不能用伏特计直接测量，因伏特计有电流通过时才有显示，且当有电流通过时，电池中要发生反应，使溶液的浓度不断变化，电动势也随之改变，同时有极化现象发生，测得不是可逆电池电动势，详见基础知识 5-22 极化。

通常采用波根多夫对消法测量电池电动势，其原理是用一个方向相反，数值相等的外电势来抵消原电池的电动势，使连接两电极的导线上 $I \to 0$，这时所测的电动势就等于可逆电池的电动势 E。

图 5-7 是对消法测量电池电动势原理图。

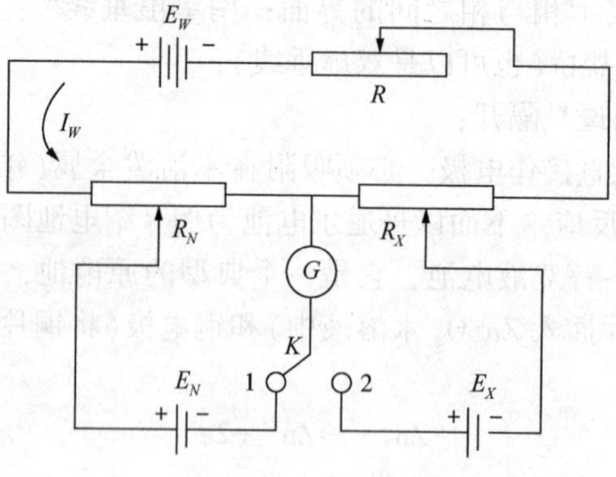

图 5-7　对消法测量电池电动势的原理图

图 5-7 中 E_W 是工作电池；E_N 是标准电池；E_X 是待测电池；G 是检流计；R 是调节电阻；R_X 是待测电池电动势补偿电阻(粗细均匀的且有刻度的滑线电阻)；K 是转换开关；R_N 是标准电池电动势补偿电阻(粗细均匀的且有刻度的滑线电阻)。先按公式 $E/\mathrm{V} = 1.01845 - 4.05 \times 10^{-5}(t/℃ - 20)$ 计算出在实验温度下，标准电池电动势的值。将转 K 扳向“1”与标准电池相连，先调节 R_N，使标准电池电动势值与前面计算出的一致，通过调节 R 使 G 中电流为零，此时产生的电位降 V 与标准电池的电动势 E_N 相抵消。校准后的工作电流 I 为某一定值 I_0。然后，将 K 扳向“2” 与待测电池相连，在保证校准后的工作电流 I_0 不变，即固定 R 的条件下，调节电阻 R_X，使得 G 中电流为零。此时产生的电位降 V 与待测电池的电动势 E_X 相抵消。

其公式为

$$E_X = \frac{R_X}{R_N} E_N \tag{5-18}$$

由于是 R_X 和 R_N 均是粗细均匀的且有刻度的滑线电阻，因此二者的比值 $\frac{R_X}{R_N}$ 和导线的长度成正比，是已知值，E_N 是实验前通过计算得出的，故未知电池电动势 E_X 可通过式(5-18)求出。

5-16 电池电动势测定的应用

(1) 判断反应趋势

对于一个给定的反应(或过程)，可将其设计到电池中，通过计算或测定其电池电动势，即可判断反应的趋势。在恒温，恒压下，由公式 $\Delta_r G_m = -zFE$ 和吉布斯判据可知：

当 $E>0$，$\Delta_r G_m<0$，反应正向自发；

当 $E<0$，$\Delta_r G_m>0$，反应逆向自发；

当 $E=0$，$\Delta_r G_m=0$，反应达平衡。

典型例题见【例 5-12】。

(2) 原电池热力学(电池反应的，$\Delta_r S_m$，$\Delta_r H_m$，可逆热 $Q_{r,m}$ 的计算)

利用电化学方法可以求电池反应的 $\Delta_r G_m$，$\Delta_r S_m$，$\Delta_r H_m$ 和 $Q_{r,m}$ 等热力学数据。具体公式为

$$\Delta_r G_m = -zFE \tag{5-19}$$

$$\Delta_r S_m = zF\left(\frac{\partial E}{\partial T}\right)_p \tag{5-20}$$

$$\Delta_r H_m = \Delta_r G_m + T\Delta_r S_m \tag{5-21}$$

$$Q_r = T\Delta_r S_m \tag{5-22}$$

$\left(\frac{\partial E}{\partial T}\right)_p$ 称为原电池电动势的温度系数，它表示恒压下电动势随温度的变化率，单位为 $V \cdot K^{-1}$，其值可通过实验测定一系列不同温度下的电动势求得。典型例题见【例 5-8】。

原电池热力学公式推导见拓展阅读 5.8。

(3) 求化学反应的平衡常数

根据公式 $\ln K^{\ominus} = \frac{zFE^{\ominus}}{RT}$ 可知，只要知道了标准电池电动势 $E^{\ominus}$，就可求电池反应的平衡常数 $K^{\ominus}$(包括难溶盐的溶度积 K_{sp}，水的离子积 K_w，弱电解质的解离常数和络合物的解离常数)。见典型例题【例 5-10】。

(4) 求电解质的平均活度因子

根据能斯特方程，电池电动势与参与反应的各物质的活度有关，因此，测定电池电动势可计算活度和活度因子。典型例题见【例 5-10】。

(5) 测定溶液的 pH 值

醌氢醌($Q \cdot H_2Q$)电极见拓展阅读 5.9。

若电池电动势与 H^+ 或 OH^- 的活度有关，则可用测定电动势方法测定溶液的 pH 值。组

成电池的两个电极，一个是参比电极，一般为甘汞电极；另一个是对 H^+ 可逆的电极，常用氢电极、醌氢醌电极和玻璃电极。醌氢醌（ $Q \cdot H_2Q$ ）电极是一种氢离子指示电极，主要用于溶液 pH 值的测定。其电池图示为

$$Hg(l)-Hg_2Cl_2(s) \mid 饱和 KCl 溶液 \parallel 待测 pH 溶液(H^+),\ Q \cdot H_2Q \mid Pt(s)$$

通过推导得出

$$pH=\frac{E^{\ominus}_{Q \cdot H_2Q}-E-E_{饱和甘汞}}{\dfrac{2.303RT}{F}} \tag{5-23}$$

其中，$E^{\ominus}_{Q \cdot H_2Q}/V=0.699-7.4\times10^{-4}(t/℃-25)$；$E_{饱和甘汞}/V=0.24240-7.6\times10^{-4}(t/℃-25)$。

5-17 电池的能斯特方程

对于通式为 $0=\sum_B \nu_B B$ 的化学反应，一定温度下，将式 $\Delta_r G_m=-zFE$ 和 $\Delta_r G^{\ominus}_m=-zFE^{\ominus}$ 代入化学反应的等温方程 $\Delta_r G_m=\Delta_r G^{\ominus}_m+RT\ln\frac{a_Y^y \cdot a_Z^z}{a_A^a \cdot a_B^b}$ 中，得

$$E=E^{\ominus}-\frac{RT}{zF}\ln\prod_B a_B^{\nu_B} \tag{5-24}$$

式(5-24)称为电池的能斯特(Nernst)方程，式中 $E^{\ominus}$ 为原电池的标准电动势(参加电池反应的各物质均处于各自标准态时的电动势)。298.15K 时有

$$E=E^{\ominus}-\left(\frac{0.05916}{z}\lg\prod_B a_B^{\nu_B}\right) \tag{5-25}$$

同时，在化学平衡中有 $\Delta_r G^{\ominus}_m=-RT\ln K^{\ominus}$，在电化学中有 $\Delta_r G^{\ominus}_m=-zFE^{\ominus}$，将二者联立，可得

$$E^{\ominus}=\frac{RT}{zF}\ln K^{\ominus} \tag{5-26}$$

由式(5-26)可知，如能求得原电池的标准电动势 $E^{\ominus}$，可求得该反应的标准平衡常数 $K^{\ominus}$。

“原电池的电动势 E 与方程式写法有关吗?”见拓展阅读 5.10。

R30 能斯特

5-18 电极电势

单个电极电势的绝对值无法直接测定。为了方便计算和理论研究，科学家选择一个电极作为共同的参考标准，并规定将所研究的电极与参考电极构成一个电池，电池的电动势即为研究电极的电极电势。利用这样得到的电极电势数值，人们根据 $E=E_{右}-E_{左}$，就可方便地计算由任意两个电极所组成的电池电动势了。

通常，人们以标准氢电极(图 5-8)为参考电极，其表达式为

$$Pt \mid H_2(g,\ 100kPa) \mid H^+(\alpha_{H^+}=1)。$$

以标准氢电极为阳极，待测电极为阴极，组成如下电池：

$$Pt \mid H_2(g,\ 100kPa) \mid H^+(\alpha_{H^+}=1) \parallel \text{待测电极}$$

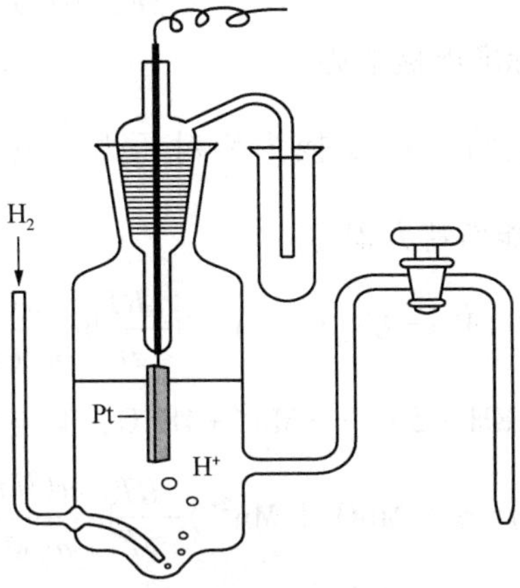

图 5-8 标准氢电极装置示意图

注意：① 标准氢电极要求其中 $p_{H_2}=100kPa$，溶液中 $\alpha_{H^+}=1$。

② 规定此电池的电动势为待定电极的电极电势，以 E(电极)表示。因为规定待测电极作为阴极，所以测得的电极电势为还原电极电势，这与电极实际发生的反应无关(有些电极实际发生的是氧化反应)。

③ 当待定电极中各组分均处在各自的标准态时，测得的电极电势称为标准电极电势，以 $E^{\ominus}$(电极)表示。显然，任意温度下，$E^{\ominus}\{H^+ \mid H_2(g)\}=0$。

5-19 电极的能斯特方程

下面介绍锌电极的电极电势(还原)的测定方法，我们以锌电极作为阴极与标准氢电极组成如下电池：

$$Pt \mid H_2(g,\ 100kPa) \mid H^+\{a(H^+)=1\} \parallel Zn^{2+}\{a(Zn^{2+})\} \mid Zn$$

测得该电池电动势即为锌电极的还原电极势，且锌电极的还原电极电势 $E(Zn^{2+} \mid Zn)$ 可用电极的能斯特方程计算，电池的标准电动势 $E^{\ominus}$ 即为锌电极的标准电极电势 $E^{\ominus}(Zn^{2+} \mid Zn)$，因此上式可写作：

$$E_{\text{电池}}=E^{\ominus}_{\text{电池}}-\frac{RT}{2F}\ln\frac{a_{Zn}\cdot a^{+}_{H^+}}{a_{Zn^{2+}}\cdot p_{H_2}/p^{\ominus}}$$

$$E(Zn^{2+} \mid Zn)-0=[E^{\ominus}(Zn^{2+} \mid Zn)-0]-\frac{RT}{2F}\ln\frac{a_{Zn}}{a_{Zn^{2+}}}$$

$$E(Zn^{2+} \mid Zn)=E^{\ominus}(Zn^{2+} \mid Zn)-\frac{RT}{2F}\ln\frac{a_{Zn}}{a_{Zn^{2+}}}$$

将上述方法推广到任意电极。由于待定电极在测试电池中作为阴极，所以电极反应均假定为还原反应，以符号 O 表示氧化态、R 表示还原态，电荷转移数为 z，电极反应为

$$\text{氧化态}[\alpha(O)]+ze^- \longrightarrow \text{还原态}[\alpha(R)]$$

电极的能斯特方程为

$$E(电极)=E^{\ominus}(电极)-\frac{RT}{zF}\ln\frac{\alpha(\mathrm{R})}{\alpha(\mathrm{O})} \tag{5-27}$$

式中　$E^{\ominus}$(电极)——电极的标准电极电势。

如有气体参加反应时，应将活度 α 换为相对压力 $\frac{p}{p^{\ominus}}$ 进行计算。例如氯电极反应为 $Cl_2(g)+2e^- \rightleftharpoons 2Cl^-$，电极的能斯特方程为

$$E(Cl_2 \mid Cl^-)=E^{\ominus}(Cl_2 \mid Cl^-)-\frac{RT}{zF}\ln\frac{\{a(Cl^-)\}^2}{p(Cl_2)/p^{\ominus}}$$

再例如电极反应为 $MnO_4^-+8H^++5e^- \longrightarrow Mn^{2+}+4H_2O$，其电极的能斯特方程为

$$E(MnO_4^- \mid Mn^{2+})=E^{\ominus}(MnO_4^- \mid Mn^{2+})-\frac{RT}{5F}\ln\frac{a(Mn^{2+})\{a(H_2O)\}^4}{a(MnO_4^-)\{a(H^+)\}^8}$$

说明：①该结果说明式(5-27)中还原态并不单纯指的 Mn^{2+}，氧化态也不是单纯的 MnO_4^-，而是电极反应中还原态一侧的物质及氧化态一侧的物质。

② 在稀溶液中可近似认为 $\alpha(H_2O)\approx 1$；此外，金属、纯固体和纯液体的活度也约等于 1。

表 5-3 中列出了 25℃ 时水溶液中一些电极的标准电极电势。

表 5-3　常见电极的标准电极电势(水溶液，298.15K)

电极	电极反应	$E^{\ominus}$/V
	第一类电极	
$Li^+ \mid Li$	$Li^++e^- \rightleftharpoons Li$	-3.0403
$K^+ \mid K$	$K^++e^- \rightleftharpoons K$	-2.931
$Ba^{2+} \mid Ba$	$Ba^{2+}+2e^- \rightleftharpoons Ba$	-2.912
$Ca^{2+} \mid Ca$	$Ca^{2+}+2e^- \rightleftharpoons Ca$	-2.868
$Na^+ \mid Na$	$Na^++e^- \rightleftharpoons Na$	-2.71
$Mg^{2+} \mid Mg$	$Mg^{2+}+2e^- \rightleftharpoons Mg$	-2.372
$H_2O，OH^- \mid H_2(g) \mid Pt$	$2H_2O+2e^- \rightleftharpoons H_2(g)+2OH^-$	-0.8277
$Zn^{2+} \mid Zn$	$Zn^{2+}+2e^- \rightleftharpoons Zn$	-0.7620
$Cr^{3+} \mid Cr$	$Cr^{3+}+3e^- \rightleftharpoons Cr$	-0.744
$Cd^{2+} \mid Cd$	$Cd^{2+}+2e^- \rightleftharpoons Cd$	-0.4032
$Co^{2+} \mid Co$	$Co^{2+}+2e^- \rightleftharpoons Co$	-0.28
$Ni^{2+} \mid Ni$	$Ni^{2+}+2e^- \rightleftharpoons Ni$	-0.257
$Sn^{2+} \mid Sn$	$Sn^{2+}+2e^- \rightleftharpoons Sn$	-0.1377
$Pb^{2+} \mid Pb$	$Pb^{2+}+2e^- \rightleftharpoons Pb$	-0.1264
$Fe^{3+} \mid Fe$	$Fe^{3+}+3e^- \rightleftharpoons Fe$	-0.037
$H^+ \mid H_2(g) \mid Pt$	$2H^++2e^- \rightleftharpoons H_2(g)$	0.0000
$Cu^{2+} \mid Cu$	$Cu^{2+}+2e^- \rightleftharpoons Cu$	+0.3417
$H_2O，OH^- \mid O_2(g) \mid Pt$	$O_2(g)+2H_2O+4e^- \rightleftharpoons 4OH^-$	+0.401

续表

电极	电极反应	$E^{\ominus}/V$
	第一类电极	
$Cu^{+} \mid Cu$	$Cu^{+}+e^{-} \rightleftharpoons Cu$	+0.521
$I^{-} \mid I_2(s) \mid Pt$	$I_2(s)+2e^{-} \rightleftharpoons 2I^{-}$	+0.5353
$Hg_2^{2+} \mid Hg$	$Hg_2^{2+}+2e^{-} \rightleftharpoons 2Hg$	+0.7971
$Ag^{+} \mid Ag$	$Ag^{+}+e^{-} \rightleftharpoons Ag$	+0.7994
$Hg^{2+} \mid Hg$	$Hg^{2+}+2e^{-} \rightleftharpoons Hg$	+0.851
$Br^{-} \mid Br_2(l) \mid Pt$	$Br_2(l)+2e^{-} \rightleftharpoons 2Br^{-}$	+1.066
$H_2O, H^{+} \mid O_2(g) \mid Pt$	$O_2(g)+4H^{+}+4e^{-} \rightleftharpoons 2H_2O$	+1.229
$Cl^{-} \mid Cl_2(g) \mid Pt$	$Cl_2(g)+2e^{-} \rightleftharpoons 2Cl^{-}$	+1.3579
$Au^{+} \mid Au$	$Au^{+}+e^{-} \rightleftharpoons Au$	+1.692
$F^{-} \mid F_2(g) \mid Pt$	$F_2(g)+2e^{-} \rightleftharpoons 2F^{-}$	+2.866
	第二类电极	
$SO_4^{2-} \mid PbSO_4(s) \mid Pb$	$PbSO_4(s)+2e^{-} \rightleftharpoons Pb+SO_4^{2-}$	−0.3590
$I^{-} \mid AgI(s) \mid Ag$	$AgI(s)+e^{-} \rightleftharpoons Ag+I^{-}$	−0.15241
$Br^{-} \mid AgBr(s) \mid Ag$	$AgBr(s)+e^{-} \rightleftharpoons Ag+Br^{-}$	+0.07116
$Cl^{-} \mid AgCl(s) \mid Ag$	$AgCl(s)+e^{-} \rightleftharpoons Ag+Cl^{-}$	+0.22216
$Cl^{-} \mid Hg_2Cl_2(s) \mid Hg$	$Hg_2Cl_2(s)+2e^{-} \rightleftharpoons 2Hg+2Cl^{-}$	+0.26791
	第三类电极	
$Cr^{3+}, Cr^{2+} \mid Pt$	$Cr^{3+}+e^{-} \rightleftharpoons Cr^{2+}$	−0.407
$Sn^{4+}, Sn^{2+} \mid Pt$	$Sn^{4+}+2e^{-} \rightleftharpoons Sn$	+0.151
$Cu^{2+}, Cu^{+} \mid Pt$	$Cu^{2+}+e^{-} \rightleftharpoons Cu^{+}$	+0.153
H^{+}，醌，氢醌 $\mid Pt$	$C_6H_4O_2+2H^{+}+2e^{-} \rightleftharpoons C_6H_4(OH)_2$	+0.6990
$Fe^{3+}, Fe^{2+} \mid Pt$	$Fe^{3+}+e^{-} \rightleftharpoons Fe^{2+}$	+0.771
$Tl^{3+}, Tl^{+} \mid Pt$	$Tl^{3+}+2e^{-} \rightleftharpoons Tl^{+}$	+1.252
$Ce^{4+}, Ce^{3+} \mid Pt$	$Ce^{4+}+e^{-} \rightleftharpoons Ce^{3+}$	+1.72
$Co^{3+}, Co^{2+} \mid Pt$	$Co^{3+}+e^{-} \rightleftharpoons Co^{2+}$	+1.92

注：表中数据取自 CRC Handbook of Chemistry and Physics，87 版，2006—2007 年，手册中原为 $p=101.325kPa$ 下的电极电势，现已换算成 $p^{\ominus}=100kPa$ 下的值。

说明：① 由于规定了标准电极电势对应的反应均为还原反应，所以若 $E^{\ominus}$ 为正值，例如 $E^{\ominus}(Cu^{2+} \mid Cu)=0.3400V$，表示电池反应 $Cu^{2+}+H_2(g) \longrightarrow Cu+2H^{+}$ 能自发进行，电池自然放电时，铜电极上实际进行的确为还原反应。相反，若 $E^{\ominus}$ 为负值，如 $E^{\ominus}(Zn^{2+} \mid Zn)=-0.7630V$，则表明电池反应 $Zn^{2+}+H_2(g) \longrightarrow Zn+2H^{+}$ 不能自发进行，即在该条件下，$H_2(g)$ 不能还原 Zn^{2+}，而其逆反应则能自发进行，电池自然放电时，锌电极上实际进行的不是还原反应，而是氧化反应。

② 还原电极电势的高低，反映了电极氧化态物质获得电子变成还原态物质趋向的大小。随电势的升高，氧化态物质获得电子变为还原态物质的能力在增强；易被还原，即电极的氧

化能力强。而反过来，随电势的降低，还原态物质失去电子变成氧化态物质的趋势在增强；易被氧化，即电极的还原能力强。

③ 原电池的电动势是两个电极电势之差，即 $E=E_{右}-E_{左}$；所以，原电池的标准电动势是两个电极标准电极电势之差，即 $E^{\ominus}=E^{\ominus}_{右}-E^{\ominus}_{左}$。

④ 针对设计的电池，根据能斯特方程计算出的 E 若为正值，根据式 $\Delta_r G_m=-zFE$，则 $\Delta_r G_m<0$，表示在该条件下电池反应能自发进行。

5-20 液体接界电势(盐桥)

(1) 液体接界电势

两种不同溶液的界面上存在的电势差称为液体接界电势。由于溶液中离子扩散速度不同，导致正、负离子在两种不同溶液的界面上存在浓度差，进而导致界面两侧存在电势差，这种电势差称为液体接界电势或扩散电势。例如，两种浓度不同的 HCl 溶液界面上，HCl 从高浓度一侧向低浓度一侧扩散；在扩散过程中，由于 H^+ 比 Cl^- 的运动速度要快，所以在稀溶液的一侧将出现 H^+ 过剩并使稀溶液带正电，同时在浓溶液的一侧由于 Cl^- 过剩并使浓溶液带负电。如此，在界面的两侧便会产生电势差。由于这种电势差的存在，同种电荷排斥会使 H^+ 运动速度降低，异种电荷吸引会使 Cl^- 运动速度增加。最后达到稳定状态，两种离子以相同的速度通过界面，电势差保持恒定，这就是液体接界电势。

通常，液体接界电势数值不是太小，不能忽略，因此必须设法降低。通常用盐桥减少液体接界电势。

(2) 盐桥的构成

一般在倒置的 U 形管中充满含饱和 KCl 溶液的琼脂胶冻(这样溶液不会流出，而离子则可以在其中迁移)，将 U 形管放在两种溶液之间，以代替原来两种溶液直接接触。由于盐桥中溶液浓度一般高于连接的电解质溶液，所以溶液中的扩散作用主要来自盐桥，而盐桥中正负离子的迁移速率极为接近，所以在盐桥与连接的两种电解质溶液界面上产生的液接电势数值最小且符号相反，其代数和比未加盐桥的液接电势小得多，因此加有盐桥的双液电池可将液接电势忽略。

(3) 盐桥中的电解质须满足的条件

① 盐桥中电解质的阴、阳离子须有极为接近的迁移数，常用的有 KCl、KNO_3 和 NH_4NO_3 等；由于没有迁移数完全一致的阴阳离子，所以盐桥不能完全消除液接电势，只能降低。

② 盐桥中电解质的浓度一般为饱和，主要让扩散作用出自盐桥，若盐桥中阴、阳离子有近似相同的迁移数，则液体接界电势就会降低到最小值。

③ 盐桥溶液不能与原溶液发生作用，例如对 $AgNO_3$ 溶液来说，就不能用 KCl 溶液作为盐桥，而必须改用其他合适的电解质溶液。

5-21 电极的分类

(1) 第一类电极

这一类电极由单质及其相同元素的离子组成。这类电极具备以下几个特点：①电极是单质，如金属或者气体；电解质溶液中含有与单质相同元素的离子。②单质与它的离子溶液直接接触，且体系有明显相界面，且参与反应的反应物分布于不同的相。③若单质是气体，完整电极通常需借助惰性金属电极（常用的有铂电极和钯电极）来共同组成，惰性金属电极只起电子传输作用，不参加反应。常见的第一类电极有：

金属电极和卤素电极：Zn^{2+} | Zn，Cu^{2+} | Cu，Na^+ | Na(Hg)，Pt | Cl_2 | Cl^-等。

气体电极：Pt | H_2 | H^+，Pt | H_2 | OH^-，Pt | O_2 | H^+，Pt | O_2 | OH^-等。

（2）第二类电极

第二类电极由金属以及含该金属的难溶物组成。这类电极具备以下几个特点：①此类电极金属-难溶盐和金属-难溶氧化物两类电极。②这类电极含有金属、金属难溶物（难溶盐或氧化物）、电解质溶液，参与反应的物质分别存在于三个相中，电极有多个相界面。这两个电极是目前应用最广泛的参比电极。

金属-难溶盐电极：在金属上覆盖一层该金属的难溶盐，然后将它浸入含有与该难溶盐具有相同负离子的易溶盐溶液中而构成的。常见的金属-难溶盐电极有：银-氯化银电极、甘汞电极。

甘汞电极的装置结构如图 5-9 所示，金属为 Hg，金属难溶物为 Hg_2Cl_2，电解质溶液为 KCl 水溶液。电极表达式为 Cl^- | $Hg_2Cl_2(s)$ | Hg；电极反应为 $Hg_2Cl_2(s)+2e^- \rightleftharpoons 2Hg+2Cl^-$。

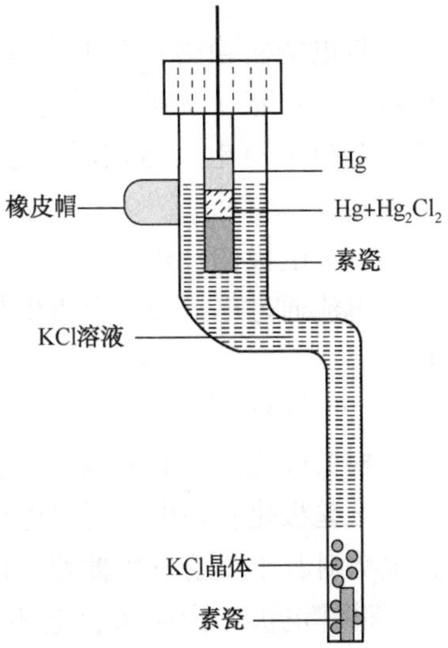

图 5-9　甘汞电极结构示意图

由能斯特方程计算该电极的电极电势：

$$E=E^{\ominus}-\frac{RT}{F}\ln\alpha_{Cl^-}$$

不难看出，温度一定时，甘汞电极电势只与氯离子活度有关。表 5-4 中列出不同浓度 KCl 溶液的甘汞电极的电极电势。

表 5-4　不同浓度 KCl 溶液的甘汞电极的电极电势

C_{KCl}/mol·L^{-1}	E_t/V	E(298.15K)/V
0.1	$0.3335-7\times10^{-5}(t/℃-25)$	0.3335
1	$0.2799-2.4\times10^{-4}(t/℃-25)$	0.2799
饱和	$0.2410-7.6\times10^{-4}(t/℃-25)$	0.2410

甘汞电极的优点是容易制备，电极电势稳定，常作为参比电极测定电池电动势和极化曲线。

金属-难溶氧化物电极：在金属表面覆盖一层该金属的难溶氧化物，然后将它浸入含有 H^+或 OH^-的溶液中而构成的。常见的金属-难溶盐电极有：锑-氧化锑电极、铁-氧化铁电极、银-氧化银电极等。例如锑-氧化锑电极。

酸性 H^+，H_2O | $Sb_2O_3(s)$ | Sb　　电极反应 $Sb_2O_3(s)+6H^++6e^-\longrightarrow 2Sb+3H_2O(g)$

碱性 OH^-，H_2O | $Sb_2O_3(s)$ | Sb　　电极反应 $Sb_2O_3(s)+3H_2O+6e^-\longrightarrow 2Sb+6OH^-$

(3) 第三类电极

第三类电极又称为氧化还原电极，由惰性电极(常用的有铂电极、钯电极和石墨电极)和含有多种某金属离子(相同金属，但价态不同)的电解质溶液组成。这类电极具备以下几个特点：①惰性电极仅作为导体，不参与反应。②电极反应发生于不同价态离子之间的氧化还原反应。常见的第三类电极有 Pt | Fe^{3+}，Fe^{2+}、Pt | Sn^{4+}，Sn^{2+}、Pt | Cu^{2+}，Cu^{+}和醌氢醌电极等。如：

$$\text{Pt} \mid Fe^{3+}, Fe^{2+} \quad \text{电极反应}\ Fe^{3+}+e^{-} \longrightarrow Fe^{2+}$$

电池的类型见拓展阅读 5.11；原电池的设计步骤见拓展阅读 5.12。

5-22 极化

将电能转换为化学能，即为电解。在电解装置中，外加电源促使 $\Delta G>0$ 的非自发反应进行。当电极上无电流通过时，电极处于平衡状态，与之相对应的是平衡(可逆)电极电势。当电极有电流通过时，电极上发生的过程不再可逆，电极电势相对平衡电极电势发生偏离。

(1) 电极的极化

电流通过电极时，电极电势偏离平衡电极电势的现象称为电极极化。且电流越大，偏差越大。

(2) 极化原因

根据极化产生的原因主要有浓差极化和电化学极化。

浓差极化：在电流通过电极时，由于电极反应的反应物或生成物迁移速度缓慢，导致电极电势对其平衡值发生偏差。以 Zn^{2+} | Zn 为例加以解释。

若锌电极作为阴极，电极反应为 $Zn^{2+}+2e^{-} \longrightarrow Zn$。当电流通过电极时，电极附近的 Zn^{2+}发生反应，如果溶液本体中的 Zn^{2+}迁移速率小于电极附近 Zn^{2+}的反应速率，则将导致阴极附近液层中 Zn^{2+}的浓度(α')低于它在本体溶液中的浓度(α_0)。

平衡电极电势是依据溶液本体浓度来计算，所以平衡电极电势 E_R的能斯特方程为

$$E_R = E^{\ominus}(Zn^{2+} \mid Zn) - \frac{RT}{2F}\ln\frac{1}{\alpha_0}$$

阴极实际电极电势是根据其附近的实际浓度来计算，所以实际电极电势 E_{iR}的能斯特方程为

$$E_{iR} = E^{\ominus}(Zn^{2+} \mid Zn) - \frac{RT}{2F}\ln\frac{1}{\alpha'}$$

显然，$E_{iR}<E_R$，电极电势将低于平衡值。

若锌电极作为阳极，电极反应为 $Zn-2e^{-} \longrightarrow Zn^{2+}$。当电流通过电极时，锌电极反应并释放出 Zn^{2+}，如果电极附近溶液中的 Zn^{2+}迁移速率小于电极附近 Zn^{2+}的生成速率，则将导致阴极附近液层中 Zn^{2+}的浓度(α')高于它在本体溶液中的浓度(α_0)。根据能斯特方程不难看出，$E_{iR}>E_R$，电极电势将大于平衡值。

用搅拌的方法可使浓差极化减小，但由于电极表面扩散层的存在，不可能将其完全除去。

浓差极化的结果：阴极极化使阴极电势更负；阳极极化使阳极电势更正。

电化学极化：在电流通过电极时，由于电极反应进行缓慢，导致电极电势对其平衡值发

生偏差。以 $Zn^{2+} | Zn$ 为例加以解释。

如果锌电极作为阴极，由于电极反应的速率较慢，使得输入阴极的电子来不及消耗并在电极上累积，导致电极电势下降，小于平衡电极电势。若为阳极，同样由于电极反应的速率较慢，反应产生的电子已传输出去，而产生的 Zn^{2+} 依然停留在阳极附近，导致电极电势升高，大于平衡电极电势。

浓差极化的结果：阴极极化使阴极电势更负；阳极极化使阳极电势更正。

上述结果也可以推广至其他电极，总的极化结果为阴极电极电势变得更负；阳极电极电势变得更正，极化的程度(电极电势)与电流密度息息相关。

(3) 极化曲线及超电势

超电势：某一电流密度下，电极电势与其平衡电极电势之差的绝对值称为超电势，符号为 η。

描述电流密度与电极电势间关系的曲线称为极化曲线。具体实验方法见实验部分(极化曲线的测定)。在不同电流密度下测得电极电势，以电极电势为横坐标，电流密度 J 为纵坐标，将测量结果绘制成图，即得到阴极极化曲线，如图 5-10 所示。

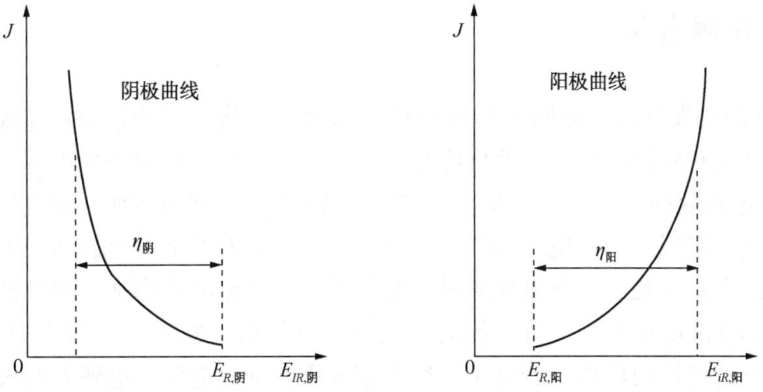

图 5-10　极化曲线示意图

图 5-10 中，$E_{R,阴}$ 表示根据能斯特方程计算得到的阴极平衡电极电势，$E_{iR,阴}$ 表示实验测得的阴极电势。超电势的表达为

$$\eta_{阴} = E_{阴,平} - E_{阴} \tag{5-28}$$

$$\eta_{阳} = E_{阳} - E_{阳,平} \tag{5-29}$$

影响超电势的因素很多，如电极材料、电极表面状态、电流密度、温度、电解质性质和浓度，以及溶液中的杂质等。一般电极反应涉及气体的氧化或还原时，η 通常较高，而金属-金属离子的电极氧化-还原过程，η 通常忽略不计。

(4) 电解池与原电池极化的差别

如前所述，阴极极化的结果是电极电势变得更负，阳极极化的结果是电极电势变得更正。当两个电极组成电解池时，由于电解池的阳极是正极，阴极是负极，阳极电势的数值大于阴极电势的数值，所以电解池的极化曲线如图 5-11(a)所示。随着电流密度的增加，电解池端电压增大，也就是说在电解时电流密度若增加，则消耗的能量也增多。

原电池的阳极是负极，阴极是正极，阳极电势的数值比阴极的小，因此原电池的极化曲线如图 5-11(b)所示。原电池的端点的电势差随着电流密度的增大而减小，即随着电池放电电流密度的增大，原电池对外做的电功减小。

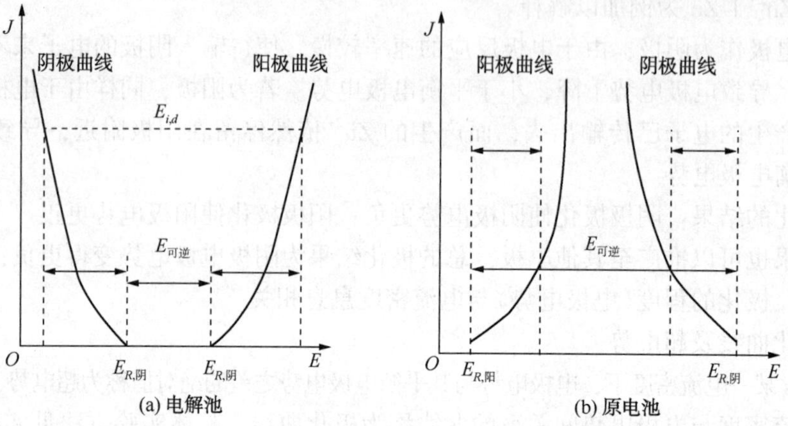

图 5-11　极化曲线示意图

5-23　分解电压

对于$\Delta G<0$ 的自发反应，原则上都可设计成原电池，输出电功，而对于$\Delta G>0$ 的非自发反应，则环境必须对系统做功方可使反应进行。例如电解反应则须外加电源，方可进行。

用 Pt 电极电解硫酸水溶液，实验装置如图 5-12 所示。逐渐增加外加电压，由安培计 G 和伏特计 V 分别测定线路中的电流强度 I 和电压 E，画出 I-E 曲线如图 5-13 所示。开始时外加电压较小，电路中几乎没有电流通过。电压增加，电流略有增加。当外加电压增加到某一数值后，电流就随电压直线上升，同时看到两极有气泡不断逸出。图中 D 点所示的电压是使电解反应不断进行的最小外加电压，称为电解质的分解电压。电解时两极的反应如下：

阴极　　$2H^+ + 2e^- \longrightarrow H_2(g)$

阳极　　$H_2O \longrightarrow 1/2O_2(g) + 2H^+ + 2e^-$

总的电解反应　　$H_2O \longrightarrow H_2(g) + 1/2O_2(g)$

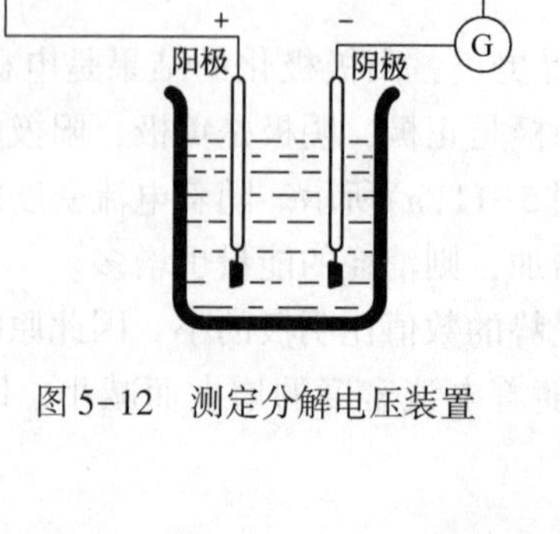

图 5-12　测定分解电压装置

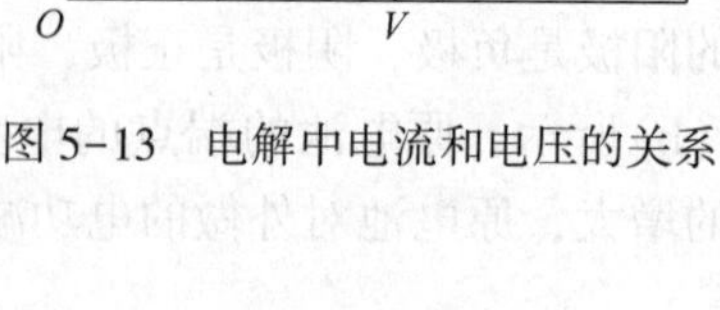

图 5-13　电解中电流和电压的关系

上述电解产物与溶液中的相应离子在阴极和阳极上分别形成了氢电极和氧电极，而构成如下原电池：

$$\mathrm{Pt} \mid \mathrm{H_2(g)} \mid \mathrm{H_2SO_4(aq)} \mid \mathrm{O_2(g)} \mid \mathrm{Pt}$$

这个电池产生了一个与外电源方向相反的电动势 $E_{反}$ 的表达式为

$$E = E^{\ominus} - \frac{RT}{2F}\ln\frac{a_{H_2O}}{\{p(H_2)/p^{\ominus}\}\{p(O_2)/p^{\ominus}\}^{1/2}}$$

随着电压的增加，气体不断产生，当氢气和氧气的压力达到最大 100kPa 时，气体逸出，上式为

$$E = E^{\ominus} = E^{\ominus}(H^+ \mid O_2) - E^{\ominus}(H^+ \mid H_2) = 1.229\mathrm{V}$$

原则上只要外加电压大于该电池的电动势，电解就能发生，这个最小的外加电压称为理论分解电压 $E_{理论}$，理论分解电压等于电池的可逆电动势。但在实际分解电压 $E_{分解}$ 要比 $E_{理论}$ 大得多，一方面因为导线、接触点以及电解质溶液的电阻，将产生电势降 IR，另一方面是由于电极极化从而产生超电势，所以实际分解电压应当是 $E_{理论}$ 加上阴阳极的超电势，公式表达为

$$E_{分解} = E_{理论} + \eta_{阴} + \eta_{阳} \qquad (5-30)$$

表 5-5 列出了几种电解质溶液的分解电压的实验数据。可能看出大多数电解质的实际分解电压与理论分解电压不同。

表 5-5　几种电解质溶液的分解电压(室温，铂电极)

电解质	$c/\mathrm{mol \cdot dm^{-3}}$	电解产物	$E_{分解}/\mathrm{V}$	$E_{理论}/\mathrm{V}$
HCl	1	H_2 和 Cl_2	1.31	1.37
HNO_3	1	H_2 和 O_2	1.69	1.23
H_2SO_4	0.5	H_2 和 O_2	1.67	1.23
NaOH	1	H_2 和 O_2	1.69	1.23
$CdSO_4$	0.5	Cd 和 O_2	2.03	1.26
$NiCl_2$	0.5	Ni 和 Cl_2	1.85	1.64

5-24　电解时的电极反应

电解时，电解质溶液中通常含有多种离子，所有的阳离子都向阴极移动，所有的阴离子都向阳极移动，即在同一电极上有几种反应可能发生，但实际谁能优先反应呢?

在前面我们就已经分析，分解电压 $E_{分解} = E_{理论} + \eta_{阴} + \eta_{阳}$，当外加电压大于或等于此电压时，则该反应可以进行，所以，我们也不难理解，对于电解反应，其所需分解电压越小，则越容易进行。所以，在电解时，阳极上发生的是氧化反应，阳极总是优先发生极化电极电势较低的反应；阴极上发生的是还原反应，阴极总是优先发生极化电极电势较高的反应。当然，如果外加电压很大，其他的电极反应也可能同时进行。

R31 混合动力汽车

R32 海南打响禁售燃油车第一炮

化学电源见拓展阅读 5.13；燃料电池见拓展阅读 5.14；金属的腐蚀与防护见拓展阅读 5.15。

第二部分　典型例题

【例 5-1】 通电于 $Au(NO_3)_3$ 溶液，通以 0.025A 的电流为 20min。已知 $M(Au)=197.0g\cdot mol^{-1}$。求：阴极上析出金的质量是多少？

解：溶液中通过的电量为

$$Q=It=0.025A\times20\times60s=30C$$

金电解反应为　　$Au^{3+}+3e^{-}\longrightarrow Au$

根据法拉第定律，析出金的物质的量为

$$n=Q/zF=30C/(3\times96500C\cdot mol^{-1})=1.036\times10^{-4}mol$$

析出金的质量为

$$m(Au)=n(Au)M(Au)=1.036\times10^{-4}mol\times197.0g\cdot mol^{-1}=0.0204g$$

【例 5-2】 25℃时，在一电导池中盛以浓度为 $0.02mol\cdot dm^{-3}$ KCl 溶液，测得其电阻为 82.4Ω。若在同一电导池中盛以浓度为 $0.0025mol\cdot dm^{-3}$ 的 K_2SO_4 溶液，测得其电阻为 326.0Ω。已知 25℃时 $0.02mol\cdot dm^{-3}$ 的 KCl 溶液的电导率为 $0.2768S\cdot m^{-1}$。试求：①电导池系数 K_{cell}；②$0.0025mol\cdot dm^{-3}$ 的 K_2SO_4 溶液电导率和摩尔电导率。

解：①根据式 $\kappa=G\times K_{cell}$，电导池系数

$$K_{cell}=\kappa(KCl)\times\frac{1}{G(KCl)}=\kappa(KCl)\times R(KCl)=0.2768S\cdot m^{-1}\times82.4\Omega=22.81m^{-1}$$

② 根据公式，$0.0025mol\cdot dm^{-3}$ 的 K_2SO_4 溶液电导率为

$$\kappa(K_2SO_4)=\frac{K_{cell}}{R(K_2SO_4)}=\frac{22.81m^{-1}}{326.0\Omega}=0.06997s\cdot m^{-1}$$

$0.0025mol\cdot dm^{-3}$ 的 K_2SO_4 溶液摩尔电导率为

$$\Lambda_m(K_2SO_4)=\frac{\kappa(K_2SO_4)}{c(K_2SO_4)}=\frac{0.06997s\cdot m^{-1}}{2.5mol\cdot m^{-3}}=0.02799s\cdot m^2\cdot mol^{-1}$$

【例 5-3】 已知 298K 时，$15.81mol\cdot m^{-3}$ 的乙酸溶液的电导率为 $0.0209s\cdot m^{-1}$，试计算该乙酸溶液的解离度及解离常数。

解：从表 5-1 中查得

$$\Lambda_m^{\infty}=(H^+)=349.65\times10^{-1}s\cdot m^2\cdot mol^{-1},\ \Lambda_m^{\infty}(CH_3COO^-)=40.9\times10^{-4}s\cdot m^2\cdot mol^{-1}$$

乙酸的解离平衡为

$$CH_3COOH \rightleftharpoons H^+ + CH_3COO^-$$

$$\Lambda_m^\infty(CH_3COOH) = \Lambda_m^\infty(CH_3COO^-) + \Lambda_m^\infty(H^+) = (349.65\times10^{-4}+40.9)\,s\cdot m^2\cdot mol^{-1}$$

$$= 390.5\times10^{-4}\,s\cdot m^2\cdot mol^{-1}$$

$$\Lambda_m(CH_3COOH) = \frac{\kappa}{c} = \left(\frac{0.0209}{15.81}\right)s\cdot m^2\cdot mol^{-1} = 1.32\times10^{-3}\,s\cdot m^2\cdot mol^{-1}$$

$$\alpha = \frac{\Lambda_m}{\Lambda_m^\infty} = \frac{1.32\times10^{-3}}{390.5\times10^{-4}} = 3.38\times10^{-2}$$

$$K^\ominus = \frac{\frac{c}{c^\ominus}\alpha^2}{1-\alpha} = \frac{\frac{15.81}{1}(3.38\times10^{-2})^2}{1-3.38\times10^{-2}} = 1.87\times10^{-5}$$

【例 5-4】 25℃，AgBr 饱和水溶液的电导率为 $1.664\times10^{-5}s\cdot m^{-1}$，水的电导率为 $5.5\times10^{-6}s\cdot m^{-1}$，求 AgBr 在25℃时的溶解度 c 及 $K_{sp}(AgBr)$。已知 $\Lambda_m^\infty(Ag^+) = 61.9\times10^{-4}s\cdot m^2\cdot mol^{-1}$，$\Lambda_m^\infty(Br^-) = 78.1\times10^{-4}s\cdot m^2\cdot mol^{-1}$。

解： $\Lambda_m \approx \Lambda_m^\infty = \Lambda_m^\infty(Ag^+) + \Lambda_m^\infty(Br^-)$

$$= (61.9\times10^{-4}+78.1\times10^{-4})\,s\cdot m^2\cdot mol^{-1} = 140.0\times10^{-4}\,s\cdot m^2\cdot mol^{-1}$$

$\kappa(AgBr) = \kappa(AgBr\text{溶液}) - \kappa(H_2O)$

$$= (16.64\times10^{-6}-5.5\times10^{-6})\,s\cdot m^{-1} = 1.114\times10^{-5}\,s\cdot m^{-1}$$

$$c = \frac{\kappa}{\Lambda_m} = \left(\frac{1.114\times10^{-5}}{140.0\times10^{-4}}\right)mol\cdot m^{-3} = 7.957\times10^{-4}mol\cdot m^{-3} = 7.957\times10^{-7}mol\cdot dm^{-3}$$

$$K_{sp}(AgBr) = c(Ag^+)\cdot c(Br^-) = c^2(Ag^+) = (7.957\times10^{-7})^2 = 6.33\times10^{-13}$$

【例 5-5】 试利用表 5-1 数据计算 25℃时 $0.1mol\cdot kg^{-1}\,H_2SO_4$ 水溶液中 $b_\pm$、$a_\pm$ 及 a。

解： $b_\pm = (b_+^{\nu+}b_-^{\nu-})^{1/\nu} = [(2b)^2 2b]^{1/3} = 4^{1/3}b = 0.1587mol\cdot kg^{-1}$

查表 5-1 得 25℃、$0.1mol\cdot kg^{-1}\,H_2SO_4$ 的 $\gamma_\pm = 0.265$

$$a_\pm = \gamma_\pm b_\pm / b^\ominus = 0.265\times0.1587/1 = 0.0421$$

$$a = a_\pm^\nu = 0.0421^3 = 7.462\times10^{-5}$$

【例 5-6】 25℃，含 $0.1mol\cdot kg^{-1}$ 的 KNO_3 和 $0.01mol\cdot kg^{-1}\ Mg(NO_3)_2$ 的混合水溶液其离子强度为多少？

解： $I = \frac{1}{2}\sum b_B z_B^2 = \frac{1}{2}[b(K^+)z^2(K^+) + b(Mg^{2+})z^2(Mg^{2+}) + b(NO_3^-)z^2(NO_3^-)]mol\cdot kg^{-1}$

$$= \frac{1}{2}[0.1\times(1)^2+0.01\times(2)^2+(0.1+2\times0.01)\times(-1)^2]mol\cdot kg^{-1}$$

$$= 0.13mol\cdot kg^{-1}$$

【例 5-7】 试用德拜-休克尔极限公式计算 25℃时 $b = 0.005mol\cdot kg^{-1}$，$MgCl_2$ 水溶液中，$MgCl_2$ 平均离子活度因子。

解： $I = \frac{1}{2}\sum b_B z_B^2 = \frac{1}{2}[0.005\times(2)^2 + 0.01\times(-1)^2]\,mol\cdot kg^{-1}$

$$= 0.015mol\cdot kg^{-1}$$

$\lg\gamma_{\pm}=-AZ_{+}\mid Z_{-}\mid\sqrt{I}=-0.509\times2\times1\sqrt{0.015}=-0.125$

$\gamma_{\pm}=0.750$

【例 5-8】 已知电池 $Zn(s)\mid Zn^{2+}\{a(Zn^{2+})=1\}\parallel Cu^{2+}\{a(Cu^{2+})=1\}\mid Cu(s)$ 在 25℃时的电动势 $E_1=1.1030V$，40℃时电动势 $E_2=1.0961V$，实验测得该电池在 25~40℃时的 $(\partial E/\partial T)_p=a$（$a$ 为常数）。求：①电动势 E 与温度 T 关系；② 求该电池在 30℃时的 Δ_rG_m、Δ_rS_m、Δ_rH_m、$G_{r,m}$（设得失电子数位 2）。

解：①$(\partial E/\partial T)_p=a\Rightarrow dE=a dT$

两边同时积分：$E=aT+b$

而 $T_1=298.15K$ 时 $E_1=1.1030V$；$T_2=313.15K$ 时 $E_2=1.0961V$，将两组数据代入上式可求得

$$a=-4.6\times10^{-4}V\cdot K^{-1};\ b=1.24V$$

所以 $E=-4.6\times10^{-4}T+1.24$

② 因为 $E=-4.6\times10^{-4}T+1.24$

所以 30℃时，$E=-4.6\times10^{-4}T+1.24=-4.6\times10^{-4}\times303.15+1.24=1.1006V$

$$\Delta_rG_m=-zFE=-2\times96500\times1.1006=-212.416kJ\cdot mol^{-1}$$

$$\Delta_rS_m=zF(\partial E/\partial T)_P=2\times96500\times(-4.6\times10^{-4})=-88.78J\cdot K^{-1}\cdot mol^{-1}$$

$$\begin{aligned}\Delta_rH_m&=\Delta_rG_m+T\Delta_rS_m\\&=-212.416+303.15\times(-88.78\times10^{-3})kJ\cdot mol^{-1}\\&=-239.33kJ\cdot mol^{-1}\end{aligned}$$

$$Q_{r,m}=T\Delta_rS_m=-88.78\times303.15=-26.91kJ\cdot mol^{-1}$$

【例 5-9】 计算 25℃时下列电池的电动势

$$Zn\mid ZnSO_4(b=0.001mol\cdot kg^{-1})\parallel CuSO_4(b=1.0mol\cdot kg^{-1})\mid Cu$$

解法一：本题可采用由两电极的电极电势求电池的电动势。先写出电极反应：

阳极反应 $Zn\longrightarrow Zn^{2+}+2e^-$

阴极反应 $Cu^{2+}+2e^-\longrightarrow Cu$

由于单个离子的活度因子无法测定，故常近似认为 $\gamma_+=\gamma_-=\gamma_{\pm}$。

查表可得：25℃，0.001mol·kg^{-1} 的 $ZnSO_4$ 水溶液 $\gamma_{\pm}=0.734$，1.00mol·kg^{-1} 的 $CuSO_4$ 水溶液 $\gamma_{\pm}=0.047$。

查表可得：$E^{\ominus}(Zn^{2+}\mid Zn)=-0.7620V$，$E^{\ominus}(Cu^{2+}\mid Cu)=0.3417V$。电极反应 $z=2$，于是

$$\begin{aligned}E_{左}&=E(Zn^{2+}\mid Zn)=E^{\ominus}(Zn^{2+}\mid Zn)-\frac{0.05916V}{2}\lg\frac{a(Zn)}{a(Zn^{2+})}\\&=E^{\ominus}(Zn^{2+}\mid Zn)-\frac{0.05916V}{2}\lg\frac{1}{\gamma(Zn^{2+})\cdot\{b(Zn^{2+})/b^{\ominus}\}}\\&=-0.7620V-\frac{0.05916V}{2}\lg\frac{1}{0.734\times0.001}\\&=-0.8547V\end{aligned}$$

$$E_{右}=E(Cu^{2+}\mid Cu)=E^{\ominus}(Cu^{2+}\mid Cu)-\frac{RT}{zF}\ln\frac{\alpha(Cu)}{\alpha(Cu^{2+})}$$

$$= E^{\ominus}(Cu^{2+} \mid Cu) - \frac{RT}{zF}\ln\frac{1}{\gamma(Cu^{2+}) \cdot \{b(Cu^{2+})/b^{\ominus}\}}$$

$$= 0.3417 - \frac{0.05916V}{2}\lg\frac{1}{0.047\times 1.0}$$

$$= 0.3024V$$

最后，得电池电动势：

$$E = E_{右} - E_{左} = 0.3024 - (-0.8547) = 1.1571V$$

解法二：利用电池的能斯特方程求电池的电动势。写出电池反应：

$$Zn + Cu^{2+}(1.0mol \cdot kg^{-1}) \longrightarrow Zn^{2+}(0.001mol \cdot kg^{-1}) + Cu$$

电池的标准电池电动势为

$$E^{\ominus} = E^{\ominus}(Cu^{2+} \mid Cu) - E^{\ominus}(Zn^{2+} \mid Zn) = 0.3417 + 0.7620 = 1.1037V$$

代入电池的能斯特方程

$$E = E^{\ominus} - \frac{RT}{2F}\ln\frac{a(Zn^{2+})}{a(Cu^{2+})} = E^{\ominus} - \frac{0.05916}{2}\lg\frac{\gamma(Zn^{2+}) \cdot \{b(Zn^{2+})/b^{\ominus}\}}{\gamma(Cu^{2+}) \cdot \{b(Cu^{2+})/b^{\ominus}\}}$$

$$= \left(1.1037 - \frac{0.05916}{2}\lg\frac{0.734\times 0.001}{0.047\times 1.0}\right)V = 1.1571V$$

两种算法结果相同，且 $E>0$，电池反应能自发进行。

【例 5-10】 在 25℃时，电池 $Zn \mid ZnSO_4(b=0.01mol \cdot kg^{-1},\ \gamma_{\pm}=0.38) \mid PbSO_4(s) \mid Pb$ 的电动势 $E=0.5477V$，$E^{\ominus}(Zn^{2+} \mid Zn)=-0.7620V$，$E^{\ominus}(SO_4^{2-} \mid PbSO_4 \mid Pb)=-0.3590V$。①计算反应的标准平衡常数 $K^{\ominus}$；②求 $ZnSO_4$的平均离子活度因子 $\gamma_{\pm}$。

解：① $$\ln K^{\ominus} = \frac{zFE^{\ominus}}{RT} = \frac{2\times 96500\times[E^{\ominus}(SO_4^{2-} \mid PbSO_4 \mid Pb) - E^{\ominus}(Zn^{2+} \mid Zn)]}{8.314\times 298.15}$$

$$= \frac{2\times 96500\times(-0.3590+0.7620)}{8.314\times 298.15} = 31.38$$

$$K^{\ominus} = 4.25\times 10^{13}$$

② 电池 $Zn \mid ZnSO_4(b) \mid PbSO_4 \mid Pb$

负极 $Zn = Zn^{2+} + 2e^-$

正极 $PbSO_4 + 2e^- = Pb + SO_4^{2-}$

电池反应 $Zn(s) + PbSO_4(s) = Pb(s) + ZnSO_4(b)$

所以 $$E = E^{\ominus} - \frac{RT}{2F}\ln\frac{a(Pb)a(ZnSO_4)}{a(Zn)a(PbSO_4)} = E^{\ominus} - \frac{RT}{2F}\ln a(ZnSO_4)$$

其中 $$a(ZnSO_4) = a_{\pm}^2 = \left(\frac{b}{b^{\ominus}}\right)^2 \cdot \gamma_{\pm}^2$$

$$E^{\ominus} = E^{\ominus}(SO_4^{2-} \mid PbSO_4 \mid Pb) - E^{\ominus}(Zn^{2+} \mid Zn) = (-0.3590+0.7620)V = 0.403V$$

$$E = E^{\ominus} - \frac{RT}{2F}\ln a(ZnSO_4) = 0.403 - \frac{2\times 0.05916}{2}\lg\left(\frac{b}{b^{\ominus}} \cdot \gamma_{\pm}\right)$$

$$0.5477 = 0.403 - 0.05916\lg(0.01 \cdot \gamma_{\pm})$$

$$\gamma_{\pm} = 0.358$$

【例 5-11】 将下列反应设计成电池：

① $Ag^+ + H_2(g) \longrightarrow Ag(s) + H^+$；

② $Ag+1/2Cl_2(p) \longrightarrow AgCl(s)$；

③ $H_2+1/2O_2 \longrightarrow H_2O(l)$；

④ $H^+ + OH^- \longrightarrow H_2O$；

⑤ $Ag^+ + Cl^- \longrightarrow AgCl(s)$；

⑥ $H_2(g, p_1) \longrightarrow H_2(g, p_2)$。

解：① $Ag^+ + H_2(g) \longrightarrow Ag(s) + H^+$

该反应是一个氧化还原反应，且有氧化数的升高和降低，遵循设计规则，氧化数升高的氧化还原对为 $H^+ | H_2(g)$ 作为负极，放在电池图示的左边；氧化数降低的氧化还原对为 $Ag^+ | Ag(s)$作为正极，放在电池图示的右边。由于是双液电池，要用盐桥连接。电池图示如下：

$$Pt \mid H_2(g) \mid H^+ \parallel Ag^+ \mid Ag(s)$$

② $Ag(s)+1/2Cl_2(p) \longrightarrow AgCl(s)$

该反应有关元素有氧化数的升高和降低，Ag(s)的氧化产物是难溶盐 AgCl(s)，应选第二类电极中金属难溶盐电极，该电极要有三种物质金属、金属难溶盐及难溶盐的负离子。此方程式中有金属 Ag(s)、难溶盐 AgCl(s)，但缺难溶盐的负离子 Cl^-，因此可在方程式的两边同时加一个 Cl^-，造一个氧化还原对，$Cl^- | AgCl | Ag$。同时，另一个氧化还原对也造了出来 $Cl^- | Cl_2$。且二者 Cl^-是相同的，是单液电池，不用加盐桥。电池图示如下：

$$Ag(s) \mid AgCl(s) \mid Cl^- \mid Cl_2(g) \mid Pt$$

③ $H_2+1/2O_2 \longrightarrow H_2O(l)$

该反应有关元素有氧化数的升高和降低，但缺少电解质溶液，氢气电极有酸性电极，有碱性电极，本题中既无 H^+也无 OH^-。依然要采用造氧化还原对的办法，就要在方程式的两边同时加一个 H^+或 OH^-，本题加 H^+。那么两个氧化还原对就造出来了，一个是 $H^+ | H_2$，另一个是 $H^+ | O_2$，电池图示如下：

$$Pt \mid H_2(g) \mid H^+ \mid O_2(g) \mid Pt$$

④ $H^+ + OH^- \longrightarrow H_2O$

该反应有关元素无氧化数的升高和降低，是一个中和反应。但要使之在电池中进行，必须使电极发生氧化还原反应。即要造出两个氧化还原对。有 H^+很容易想到 H_2，在方程式的两边同时加 $1/2H_2$，造出一个 $H^+ | H_2$氧化还原对，另一个 $OH^- | H_2$氧化还原对。H^+和 OH^-分别在两种不同电解质溶液中，因此要用盐桥连接。根据氧化数的升高降低原则，电池图示如下：

$$Pt \mid H_2(g) \mid OH^- \parallel H^+ \mid H_2(g) \mid$$

当然，此题也可在方程式的两边同时加 $1/4O_2$。

⑤ $Ag^+ + Cl^- \longrightarrow AgCl(s)$

该反应有关元素无氧化数的升高和降低，是一个沉淀反应。同样要造出两个氧化还原对。方程式中有 AgCl(s)，属于金属难溶盐电极，参照本题例①，方程式中有难溶盐 AgCl(s)、难溶盐的负离子 Cl^-，但缺金属 Ag(s)，因此可在方程式的两边同时加一个 Ag(s)，造一个氧化还原对，$Cl^- | AgCl | Ag$。同时，另一个氧化还原对也造了出来 $Ag^+ | Ag$。且 Ag^+和 Cl^-不可能同时存在在一个电解质溶液中，属于双液电池，要用盐桥连接。根据氧化数的升高降低原则，电池图示如下：

$$Ag(s) \mid AgCl(s) \mid Cl^- \parallel Ag^+ \mid Ag(s)$$

⑥ $H_2(g, p_1) \longrightarrow H_2(g, p_2)$

该反应属浓差电池的反应，电池反应不发生化学变化，只是浓度的迁移。也要造出氧化还原对，可在方程式的两边同时加一个 H^+，造出两个氧化还原对。电池图示如下：

$$Pt \mid H_2(g, p_1) \mid H^+ \mid H_2(g, p_2) \mid Pt$$

【例 5-12】 用电动势法判断在 298K 时下列反应能否自发进行？

$$AgCl(s) + Br^-(a=0.1) \longrightarrow AgBr(s) + Cl^-(a=0.01)$$

解：将反应设计成如下电池

$$Ag(s) \mid AgBr(s) \mid Br^-(a=0.1) \parallel Cl^-(a=0.01) \mid AgCl(s) \mid Ag(s)$$

查表 $E^{\ominus}(Cl^- \mid AgCl \mid Ag) = 0.22216$；$E^{\ominus}(Br^- \mid AgBr(s) \mid Ag) = 0.07116$，代入电池的能斯特方程

$$E = E^{\ominus}(Cl^- \mid AgCl \mid Ag) - E^{\ominus}[Br^- \mid AgBr(s) \mid Ag] - 0.05916\lg\frac{a(Cl^-)}{a(Br^-)}$$

$$= 0.22216 - 0.07116 - 0.05916 \times \lg\frac{0.01}{0.1} = 1.151V$$

$E>0$，反应可以自发进行。

第三部分 实验内容

实验七 电导测定及应用

1. 必备知识

预习电导定义、测量技术，DDS-307A 电导率仪的使用方法。回答以下问题：

① 什么是电导？什么是电导率？电导率与浓度的关系？

② 为什么要测定纯水的电导率？

③ 为什么测定溶液的电导率时要用交流电？

④ 强、弱电解质溶液的摩尔电导率与浓度的关系有何不同？

⑤ 强、弱电解质的无限稀释摩尔电导率如何得到？

⑥ 测定 HAC 的电导率，如何计算的解离度和解离常数？

2. 实验目的

① 学会电导率仪的使用方法。

② 测定弱电解质的电导率，计算其解离度 a 和电离平衡常数 $K_c^{\ominus}$。

③ 测定强电解质的电导率，计算其无限稀释摩尔电导率 Λ_m^{∞}。

3. 实验原理

参见拓展阅读 5.5 电导的测定及其应用。

4. 仪器及药品

仪器：DDS-307A 电导率仪 1 台、超级恒温槽 1 套、铂黑电极 1 支、电导池 1 个、容量瓶(50mL)8 个、移液管 25mL、50mL 各 1 个。

试剂：$0.0100mol \cdot L^{-1}$ KCl 溶液 、$0.100mol \cdot L^{-1}$ HAC 溶液、二次蒸馏水。

5. 实验步骤

(1) 配制 KCl 溶液

于 50mL 容量瓶中配制浓度为原始标准 KCl 溶液($0.0100mol \cdot L^{-1}$)浓度的 1/2、1/4、1/8、1/16 的溶液 4 份。

(2) 配制 HAC 溶液

于 50mL 容量瓶中配制浓度为原始标准 HAC 溶液($0.100mol \cdot L^{-1}$)浓度的 1/2、1/4、1/8、1/16 的溶液 4 份。

(3) 调节超级恒温槽的温度

调节超级恒温槽(其使用参见 1-12 超级恒温槽)的温度至(25.0 ± 0.1)℃或(30.0 ± 0.1)℃,按图 5-14 所示使恒温水流经电导池夹层。

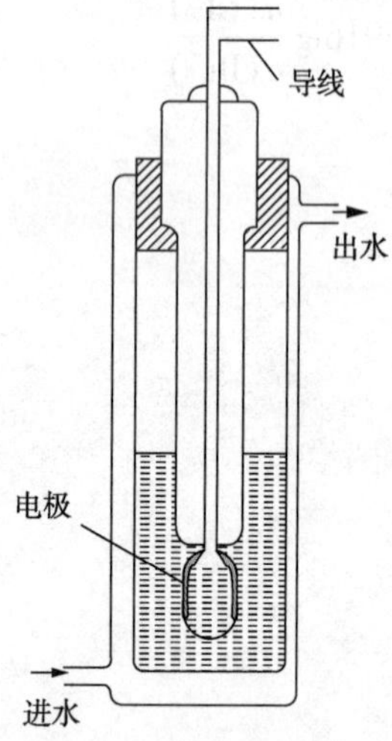

图 5-14　电导池

(4) DDS-307A 雷磁电导率仪

其使用参见 1-16 DDS-307A 电导率仪,开机、预热和校正。

(5) 测定 KCl 系列溶液的电导率

用蒸馏水淌洗电导池和铂电极 3 次,(注意不要直接冲洗电极,以保护铂黑),再用待测的 KCl 溶液洗涤 3 次后,将待测 KCl 溶液倒入电导池中恒温 15min,用电导率仪测 KCl 溶液的电导率,要求每种浓度重复测 3 次。

按照浓度从稀到浓的顺序,测定各种不同浓度 KCl 溶液的电导率。

(6) 测定蒸馏水的电导率

倾去电导池中的 KCl 溶液,用蒸馏水洗净电导池和铂电极,然后注入蒸馏水,恒温后测其电导率值,重复测 3 次。

(7) 测定 HAC 系列溶液的电导率

倾去电导池中的蒸馏水,将电导池和铂电极用少量待测 HAC 溶液洗涤 2~3 次,最后注入待测 HAC 溶液。恒温后,测其电导率值,每种浓度重复测 3 次。

按照浓度从稀到浓的顺序,测定各种不同浓度 HAC 溶液的电导率。

(8) 实验结束

电极要浸在蒸馏水中,关闭电导率仪和超级恒温槽。

6. 数据记录及处理

① 将所测实验数据填入表 5-6 和表 5-7 中。

室温________℃;实验温度________℃;大气压________kPa;$\kappa_{水}$________$S \cdot m^{-1}$。

表 5-6　不同浓度 KCl 溶液电导率

$c(KCl) \times 10^{-3}$/ $mol \cdot m^{-3}$	次数	κ_{KCl}/ $S \cdot m^{-1}$	$\overline{\kappa_{KCl}}$/ $S \cdot m^{-1}$	Λ_m/ $S \cdot m^2 \cdot mol^{-1}$	$\sqrt{c}$/ $mol^{1/2} \cdot m^{-3/2}$
0.0100	1				
	2				
	3				

续表

c(KCl)×10^{-3}/ mol·m^{-3}	次数	κ_{KCl}/ S·m^{-1}	$\overline{\kappa_{KCl}}$/ S·m^{-1}	Λ_m/ S·m^2·mol^{-1}	$\sqrt{c}$/ $mol^{1/2}$·$m^{-3/2}$
0. 0 050	1				
	2				
	3				
0. 0025	1				
	2				
	3				
0. 00125	1				
	2				
	3				
0. 000625	1				
	2				
	3				

表 5-7 不同浓度 HAC 溶液电导率

C(HAC)×10^{-3}/ mol·m^{-3}	次数	κ_{HAC}/ S·m^{-1}	$\overline{\kappa_{HAC}}$/ S·m^{-1}	Λ_m/ S·m^2·mol^{-1}	Λ_m^{-1}/ S^{-1}·m^{-2}·mol	$c\Lambda_m$/ S·m^{-1}
0. 100	1					
	2					
	3					
0. 050	1					
	2					
	3					
0. 025	1					
	2					
	3					
0. 0125	1					
	2					
	3					
0. 00625	1					
	2					
	3					

② 在实验温度下，以 Λ_m 为纵坐标，$\sqrt{c}$ 为横坐标，作 $\Lambda_m \sim \sqrt{c}$ 图，将 $\Lambda_m \sim \sqrt{c}$ 外推至 $\sqrt{c}$

为 0，求出 KCl 的 Λ_m^∞，将 KCl 的实验 Λ_m^∞ 与理论值进行比较，并计算相对误差。

③ 写出 KCl 溶液的摩尔电导率与浓度的关系式，$\Lambda_m = \Lambda_m^\infty - A\sqrt{c}$

在实验温度下，以 $\frac{c\Lambda_m}{c^\ominus}$ 对 $\frac{1}{\Lambda_m}$ 作图，其直线的斜率为 $K^\ominus(\Lambda_m^\infty)^2$，求出 HAC 的 Λ_m^∞、α 及 $K^\ominus$。将 HAC 的实验 $K^\ominus$ 与理论 $K^\ominus$ 进行比较，并计算相对误差。

注：25℃ 时，HAC 溶液的 $K^\ominus = 1.76\times10^{-5}$ 及表 5-8 给出了 25℃ 和 30℃ 时的 Λ_m^∞ 文献参考值。

表 5-8　一些离子在 25℃和 30℃时的 Λ_m^∞ 值

25℃	Λ_m^∞ S · m² · mol⁻¹	30℃	Λ_m^∞ S · m² · mol⁻¹
H^+	0.03498	H^+	0.03743
AC^-	0.00409	AC^-	0.004417
K^+	0.007352	K^+	0.008164
Cl^-	07634	Cl^-	0.00824

7. 注意事项

① 温度对电导率影响较大，所以测量必须在同一温度下进行；

② 测定纯水的电导率时，应迅速测量，以减少溶入二氧化碳和氨等杂质带来的误差；

③ 电极引线不得潮湿，否则将引入测量误差；

④ 电极连续插入不同的溶液前，要用蒸馏水清洗，轻甩电极上残留水液，用滤纸吸干，注意不要刮碰到铂黑涂层；

⑤ 注意读数的单位"mS/cm"或"μS/cm"。

8. 拓展实验

已知氯化银是一种难溶于水的强电解质。请根据所学知识，设计实验测定微溶盐氯化银的溶度积和溶解度。

【提示】参见拓展阅读 5.5 电导的测定及其应用。

实验八　原电池热力学

1. 必备知识

预习可逆电池的定义、对消法测量原理，电池电动势测定的应用，SDC-ⅡA 型数字电位差综合测试仪的使用方法。回答以下问题：

① 什么是热力学第二定律？吉布斯函数的求法有哪些？

② 写出丹尼尔电池的图式及相关的能斯特方程？

③ 对消法测电动势的原理是什么？

④ 通过测定电池电动势如何求得电池反应的 $\Delta_r G_m$，$\Delta_r S_m$，$\Delta_r H_m$ 及 $Q_{r,m}$？

⑤ 利用醌氢醌电极与饱和甘汞电极组成电池测溶液 pH 值的计算公式如何？

S5 原电池热力学

2. 实验目的

① 掌握对消法测定电池电动势的原理和方法。

② 了解通过原电池电动势的测定求算化学反应的热力学函数的原理。

③ 熟悉数字电位差综合测试仪的使用方法。

3. 实验原理

参见基础知识 5-15 可逆电池电动势的测定及 5-16 电池电动势测定的应用。

4. 仪器及药品

仪器：玻璃恒温装置 1 套、SDC-ⅡA 型数字电位差综合测试仪(或 UJ-25 型电位差计)1 台、标准电池 1 个、饱和甘汞电极 1 支、银电极 1 支、铂电极 1 支、银-氯化银电极 1 支、盐桥 2 个。

试剂：醌氢醌、饱和 KCl 溶液、未知 pH 值溶液、0.1000mol · kg^{-1} 的 HCl 溶液、0.1000mol · kg^{-1}的 $AgNO_3$溶液。

5. 实验步骤

(1) 实验准备

① 接通 SDC-ⅡA 型数字电位差综合测试仪(其使用参见 1-17 玻璃恒温装置)的电源，打开面板上电源开关(ON)，预热 15min(也可用 1-18 UJ-25 型电位差计)。

② 接通玻璃恒温装置(其使用参见 1-11 玻璃恒温装置)的电源，调节恒温槽温度为 25℃，误差为±0.1℃。

③ 按下面的电池图式将电池 1 和电池 2 准备好，要放置 15min 左右，待电极和溶液界面达到平衡后方可测量电动势。

电池 1：(-)Ag(s) | AsCl(s) | HCl(0.1000mol · kg^{-1}) ‖ $AgNO_3$(0.1000mol · kg^{-1}) | Ag(s)(+)

将 0.1000mol · kg^{-1}的 $AgNO_3$溶液倒入小烧杯 1 中，然后插入银电极组成电池的正极，将 0.1000mol · kg^{-1}的 HCl 溶液倒入小烧杯 2 中，然后插入银-氯化银电极组成电池的负极(注意电极下部的胶囊要取下)，两电极中间插入盐桥，电池 1 准备完毕，将电池 1 放入恒温槽中进行恒温 15min。

电池 2：(-)Hg(1)-$HgCl_2$(s) | 饱和 KCl 溶液 ‖ 待测 pH 溶液(H^+)，Q · H_2Q | Pt(s)(+)

将未知溶液倒入小烧杯 3 中，再加入少量(约绿豆大小)的醌氢醌粉末，搅拌使之充分溶解达饱和，且保持溶液中有少量固体，然后插入铂电极组成电池的正极。将饱和 KCl 溶液倒入小烧杯 4 中，然后插入甘汞电极组成电池的负极，两电极中间插入盐桥，电池 2 准备完毕，电池 2 放在室温即可。

(2) 标准电池的校正

① 根据室温，按公式 $E_s/V=1.0183-4.06\times10^{-5}(t/℃-20)-9.5\times10^{-7}(t/℃-20)^2$，计算室温下标准电池的电动势 E_s。

② 将“测量选择”旋钮置于“外标”。

③ 用测试线将已知电动势的标准电池按“+”极接“+”极，“-”极接“-”极的原则，与电位差综合测试仪面板上的“外标插孔”相连接。

注意：标准电池在使用中要避免振动及倒置。

④ 调节面板上“10^0-10^{-4}”五个旋钮和“补偿”旋钮，使“电位指示”显示为数位与①中计算的标准电池电动势 E_s 数值相同。

⑤ 待“检零指标”数值稳定后，调节“调零”旋钮，使“检零指标”显示为“0000”。

注意：用标准电池修正后，在测量电动势过程中，“调零”旋钮不用再动。

(3) 按理论值计算各电池的电动势

测定每组电池电动势之前，要将电位差综合测定仪上的电势读数(V)调整到电动势的计算值附近后，再进行精密测量。

(4) 测量电池1在不同温度时的电池电动势

用SDC-ⅡA型数字电位差综合测试仪在25~35℃间选择5个温度，测量电池1在这5个温度下的电动势。每个温度的电动势测量三次，要求相邻两次的测量值之差在0.0005V之内，否则隔2min后重测。

(5) 测量电池2的电动势

测量电池2在室温下的电动势，操作步骤与电池1相同。

(6) 实验完毕

关上各仪器电源，将电极和盐桥用蒸馏水洗净擦干放好。

6. 数据记录及处理

① 将所测实验数据填入表5-9中。

室温______℃；大气压______kPa。

表5-9 E-T实验数据表

	t/℃	T/K	E/V			
			1	2	3	平均
电池1						
电池2						

② 将电池1的电动势E对T作图，由所得E-T曲线分别求得25℃和35℃的电动势E及温度系数$(\partial E/\partial T)_p$，并分别计算该电池反应在25℃和35℃时的$\Delta_r G_m$、$\Delta_r S_m$及$\Delta_r H_m$。

③ 据式$E^{\ominus}_{Q\cdot H_2Q}/V=0.699-7.4\times10^{-4}(t/℃-25)$

$E_{饱和甘汞}/V=0.24240-7.6\times10^{-4}(t/℃-25)$，求出室温下的$E^{\ominus}_{Q\cdot H_2Q}$和$E_{饱和甘汞}$。再利用式$pH=\dfrac{E^{\ominus}_{Q\cdot H_2Q}-E-E_{饱和甘汞}}{\dfrac{2.303RT}{F}}$求出室温下该待测溶液的pH值。

④ 将计算结果与文献值(通过查文献求出此化学反应在298.15K时的$\Delta_r G_m$、$\Delta_r S_m$、$\Delta_r H_m$，待测溶液的pH值由老师给出)进行比较，计算相对误差。

7. 注意事项

① 连接仪器时，防止将正负极接错。

② 标准电池在使用中要避免振动及倒置。

③ 电池在恒温时不要与测试线的电钳相接，要断开，防止通电时间过长，引起电极的极化，导致测量结果有误差。

④ 测量过程中若"检零指示"显示溢出符号"OU. L"，说明"电位指示"显示的数值与被测电池电动势相差过大。调节"$10^0 \sim 10^{-4}$"五个旋钮，当差值减少到一定程度时就会正常显示数字了。

⑤ 盐桥内不能有气泡。

⑥ 电池 2 中醌氢醌加入量不能太多或太少，应使其处于饱和态，一般以溶液呈淡黄色、液面上有少量醌氢醌粉末为宜。

⑦ 测完每个 E 值后，一定要读取恒温槽中温度计的读数，作为实验温度。

8. 拓展实验

① 根据所学知识，查表并计算丹尼尔电池的标准电动势(25℃)，并设计实验测定丹尼尔电池反应在25℃时的 $\Delta_r G_m^{\ominus}$、$\Delta_r H_m^{\ominus}$ 及 $\Delta_r S_m^{\ominus}$ 变化(4 学时)。

② 现有一化工厂污水酸性样品，请设计电池和实验测定 25℃时溶液的 pH 值(2 学时)。

实验九　阳极极化曲线的测定

1. 必备知识

预习极化作用、极化曲线的测定方法和原理、恒电位法测定原理，恒电位仪的使用方法。回答以下问题：

① 比较恒电流法和恒电位法测定极化曲线有何异同，并说明原因。

② 测定阳极钝化曲线为何要用恒电位法？

③ 极化曲线测定时，为什么要使盐桥尖端与研究电极表面接近？

④ 什么是极化现象？

⑤ 什么是金属的钝化？

⑥ 何为恒电位法的静态法和动态法？

⑦ 三电极体系指哪三电极？哪两者构成原电池？哪两者构成电解池？

⑧ 何为致钝电势、致钝电流密度、维钝电势范围及维钝电流密度？

S6 阳极极化曲线的测定

2. 实验目的

① 掌握恒电位法测定金属极化曲线的基本原理和测试方法。

② 了解极化曲线的意义和应用。

③ 掌握恒电位仪的使用方法。

3. 实验原理

(1) 金属的钝化

为了探索电极过程机理及影响电极过程的各种因素，必须对电极过程进行研究，其中极化曲线的测定是重要方法之一。在研究电池时，当有电流明显通过电池时会产生极化现象，其极化曲线如图 5-15 所示。

在以金属作阳极的电解池中通过电流时，通常将发生阳极的电化学溶解过程，如阳极极化不大，阳极过程的速度随电势变正而逐渐增大，这是金属的正常溶解。

但对某些金属，当电极电势正移到某一数值时，其溶解速率达到最大，而后其阳极溶解

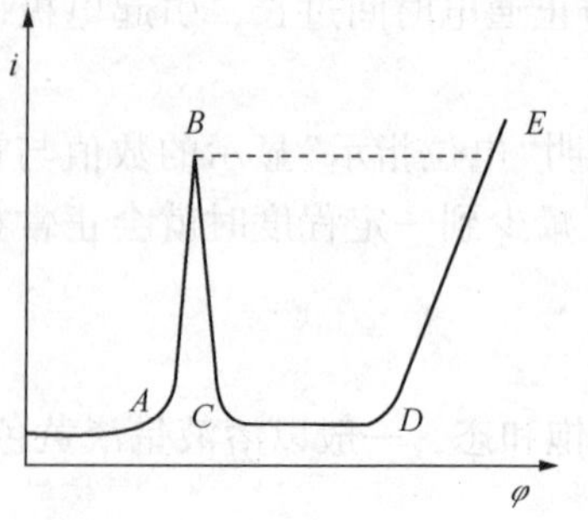

图 5-15　极化曲线

速率反而随着电势变大而大幅降低，这种现象称为金属的钝化。处于钝化状态的金属溶解速度很小，这在金属防腐及作为电镀的不溶性阳极时，正是人们所需要的。而在另外的情况如化学电源、电冶金和电镀中的可溶性阳极，金属的钝化就非常不利。

利用阳极钝化，使金属表面生成一层耐腐蚀的钝化膜来防止金属腐蚀的方法，称为阳极保护。

(2) 极化曲线的测定

测定极化曲线实际上是测定有电流流过电极时电极电势与电流的关系，极化曲线的测定可以用恒电流和恒电位两种方法。

恒电流法是控制通过电极的电流密度(或电流)，测定各电流密度时的电极电势，从而得到极化曲线。由于在同一电流密度下，碳钢电极可能对应有不同的电极电势，因此用恒电流法不能完整地描述出电流密度与电势间的全部复杂关系。

恒电位法是将研究电极的电势恒定地维持在所需的数值，然后测定相应的电流密度，从而得出极化曲线。在实际测量中，常用的恒电位方法有静态法和动态法两种。

静态法是将电极电势较长时间地维持在某一恒定值，同时测量电流密度随时间的变化直到电流基本上达到某一稳定值。如此逐点测量在各个电极电势下的稳定电流密度，以得到完整的极化曲线。

动态法是控制电极电势以较慢的速度连续地改变或扫描，测量对应电极电势下的瞬时电流密度，并以瞬时电流密度值与对应的电势作图就得到完整的极化曲线。改变电势的速度或扫描速度可根据所研究体系的性质而定。一般说来，电极表面建立稳态的速度越慢，电势改变也应越慢，这样才能使所得的极化曲线与采用静态法测得的结果接近。

从测量结果的比较看，静态法测量的结果虽然接近稳定值，但测量时间太长。有时需要在某一个电位下等待几个甚至几十个小时，所以在实际测量中常采用动态法。本实验用的是动态法，利用恒电位仪，采用手动逐点调电极电势，测量其相对稳定的电流值。

实验采用三电极(研究电极、参比电极、辅助电极)体系测定金属(碳钢)电极的阳极极化曲线(即测量研究电极电势随电流密度的变化曲线)。测量原理如图 5-16 所示，被研究的电极称为工作电极或研究电极，与研究电极构成电流回路的电极称为辅助电极，研究电极与辅助电极构成电解池，辅助电极的面积通常要比研究电极大，以降低该电极上的极化。参比电极是测量研究电极电势的比较标准，与研究电极组成原电池。参比电极应是一个电极电势已知且稳定的可逆电极，该电极的稳定性和重现性要好。为减少电极电势测试过程中的溶液电位降，通常两者之间以鲁金毛细管相连。鲁金毛细管应尽量但也不能无限制靠近研究电极表面，以在降低溶液电位降的同时，避免对电极表面的电力线分布造成屏蔽效应。

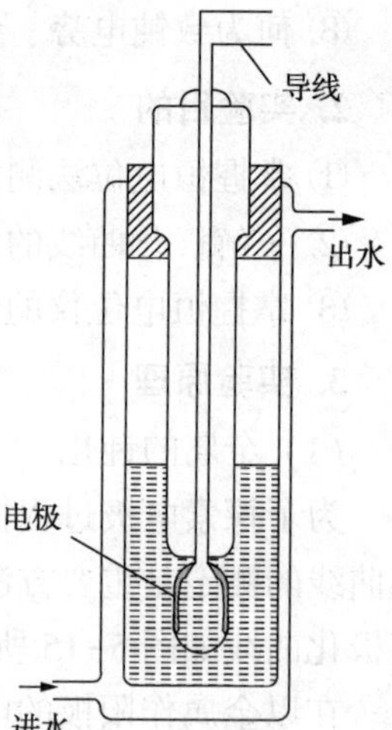

图 5-16　三电极法

通常将研究电极接地，研究电极和电源的正极相接，进行氧化反应，随着阳极极化，研究电极的电极电势正向移动。电极电势是以标准氢电极为基准来表示的，电位仪显示的电势是参比电极相对于研究电极的电势。

阳极极化曲线可直接由电位仪显示的电势与测量电流密度作图得到。测定阳极极化曲线的目的在于确定阳极保护的可能性及所需的主要参数。由实验所得的阳极极化曲线如图 5-15 所示，从 *A* 点开始，随着电势向正方向移动，电流密度也随之增加，电势超过 *B* 点后，电流密度随电势增加迅速减至最小，这是因为在金属表面产生了一层电阻高，耐腐蚀的钝化膜。*B* 点对应的电势称为致钝电势，对应的电流称为致钝电流密度。电势到达 *C* 点以后，随着电势的继续增加，电流却保持在一个基本不变的很小的数值上，该电流称为维钝电流密度，*BC* 段对应的电势称为维钝电势范围，直到电势升到 *D* 点，电流才又随着电势的上升而增大，表示阳极又发生了氧化过程，可能是高价金属离子产生，也可能是水分子放电析出氧气。*AB* 段称为活性溶解区；*BC* 段称为过渡钝化区；*CD* 段称为稳定钝化区；*DE* 段称为过钝化区。

(3) 恒电位仪

恒电位仪是一种电化学测试仪器，可广泛应用于电极过程动力学、电镀、金属腐蚀、电化学分析及有机电化学合成等方面的研究。在恒电位方式工作时，它使电化学体系的两个电极(研究电极和参比电极)之间的电位保持恒定，或者准确随着给定的指令信号变化，而不受到研究电极电流变化的影响。

4. 仪器及药品

仪器：HDV-7C 晶体管恒电位仪 1 台、稳压稳流电源 1 台、饱和甘汞电极(参比电极)1 个、铂电极(辅助电极)1 个、碳钢电极(1.0cm^2)2 个(研究电极和电解使用)、H 形电解池 1 套 、秒表 1 块、带鲁金毛细管的盐桥 1 个、游标卡尺 1 个、250mL 烧杯 3 个、零号砂纸。

试剂：饱和 KNO_3溶液、25%氨水被$(NH_4)HCO_3$饱和的溶液、0.5mol/L 的 H_2SO_4溶液。

5. 实验步骤

(1) 电极处理

先用零号砂纸将碳钢电极粗磨，再用金相砂纸擦至镜面光亮，以除去其表面的氧化膜，用丙酮去除表面油污，再放入蒸馏水中清洗，用滤纸擦干，放入熔化的石蜡中均匀蜡封，取出，稍干后，将碳钢电极的一面下部留下 1cm^{2}面积不封石蜡，用刀片切去，用棉签蘸丙酮擦洗没蜡封的地方，备用。

开启稳压稳流电源，将右下角档位置于 CC 档，向 50mL 小烧杯中注入 30mL 0.5mol/L 硫酸溶液，以一铁板为阳极，研究电极为阴极与稳压稳流电源连接，控制电流密度为 5mA · cm^{-2}进行电解，电解时间为 10min，以除去电极氧化膜(注意两电极不能接触上)。最后用蒸馏水洗净备用，不用时可浸在无水乙醇中。

(2) 测量准备

向 100mL 小烧杯中注入 37mL 蒸馏水加入 2 药勺$(NH_4)HCO_3$晶体，搅拌 10min，制成饱和溶液，然后再加入 13mL 的氨水，混匀，倒入 H 形电解池中，先后插入研究电极和铂电极，分别与 HDV-7C 晶体管恒电位仪(其使用参见 1-19 HDV-7C 晶体管恒电位仪)的“研究”“辅助”端相接。加 75mL 饱和的 KCl 倒入另一小烧杯，插入饱和甘汞电极，接入“参比”端。架入盐桥，盐桥的鲁金毛细管小嘴距研究电极约 2mm。恒电位测定连接示意如图 5-17 所示。

(3) 测量

用恒电位仪使研究电极从开路电势为起点开始极化来进行测量。适当地转动恒电势“粗

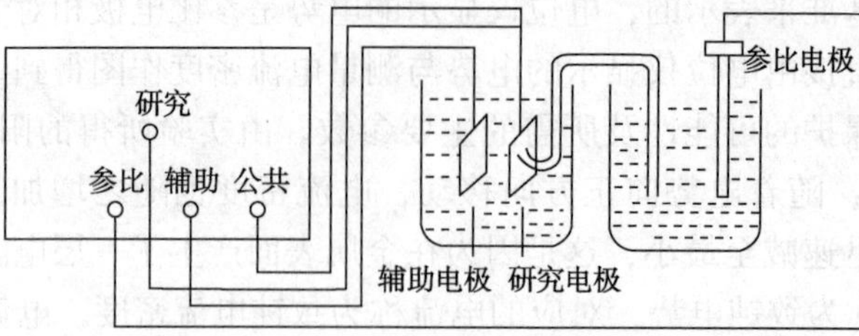

图 5-17　恒电位测定连接示意图

调”和“细调”，每次改动 50mV，记录一次相应的电流值，时间间隔可为 2~3min。使电势向正方向移动到 1V，记下相应的电势和电流值。直到 O_2 在阳极上大量析出为止。

注意：电压量程是 2V 时的有效数字多比 20V 时多一位，电流量程是 2mA 比 20mA 时多一位，当用低档量程时，出现数字闪烁时，说明此数已超出量程，要及时调换高一档的量程。为避免电流表超载打针，在调电位时应把电流量程调到 20mA 档，读电流时再选择适当的低档量程。

(4) 实验完毕

将电源开关打向“关”，关掉恒电位仪电源，再取出电极，清洗仪器。

6. 数据记录及处理

① 将实验数据填入表 5-10 中。

实验温度________℃；大气压________kPa；环境温度________℃；

电极面积________cm^2；自腐蚀电势________V。

表 5-10　碳钢阳极极化曲线测定的实验数据

E(显示)/V	
i/mA	
E(显示)/V	
i/mA	

②以极化电流密度为纵坐标，给定电压为横坐标，绘出碳钢在碳酸氢铵溶液中的钝化曲线。

③ 求出实验条件下碳钢电极的致钝电势、致钝电流密度和维钝电势范围及维钝电流密度。

④ 计算金属的腐蚀速率 r，一般以每单位表面积(m^2)，在单位时间内(h)金属的失重(g)来表示，即

$$r(g \cdot m^{-2} \cdot h^{-1}) = (3.6 \times 10^7)\, i \frac{M}{zF}$$

在此实验中，i 以维钝电流密度代替，A/cm^2；M 为金属的摩尔质量，g；z 为金属离子的价数，F 为法拉第常数(其值为 96500C·mol^{-1})。

7. 注意事项

① 将研究电极置于电解池时，要注意与鲁金毛细管之间的距离每次应保持一致。研究电极与鲁金毛细管应尽量靠近，但管口离电极表面的距离不能小于毛细管本身的直径。

② 测量时电流量程按需要分别调到 2mA 和 20mA 档。

③ 每次做完测试后，应在确认恒电位仪或电化学综合测试系统在非工作的状态下，将电源开关打向“关”，关闭电源，取出电极。

④ 碳钢电极必须进行活化处理，处理后要求其自腐蚀电势在-0.8V 左右，否则要重新处理研究电极。

⑤ 数据用 Excel 软件处理。

⑥ 40℃时碳钢在饱和$(NH_4)HCO_3$(工业品)溶液中的致钝电流密度为：$240A\cdot m^{-2}$，维持钝化电流密度为：$0.08A\cdot cm^{-2}$，钝化区间和致钝电位分别是 0~+8.5V 和-0.5V(相对于饱和甘汞电极)。

8. 拓展实验

① 现有一块 3.5cm×3.5cm 的 ABS 塑料。请查询资料，在该塑料片上均匀镀上一层铜(5 学时)。

② 现有根直径为 3cm，长度为 5cm 输油管道，现要在其内外镀上一层金属镍防腐层，请查询资料并设计实验(4 学时)。

第四部分　习　　题

习题 5-1　用铂电极电解 $AgNO_3$溶液。电解 10min 后，通过的电流为 10A，求：①阴极析出 Ag 的质量；②阳极析出氧气的质量。

答案：① 6.69g；② 0.50g

习题 5-2　25℃，$5.000mmol\cdot dm^{-3}$的 $SrCl_2$水溶液的电导率为 $1.242\times10^{-3}S\cdot m^{-1}$。试计算此溶液的摩尔电导率 $\Lambda_m(SrCl_2)$和 $\Lambda_m\left(\frac{1}{2}SrCl_2\right)$。

答案：$0.02484s\cdot m^2\cdot mol^{-1}$；$0.01242s\cdot m^2\cdot mol^{-1}$

习题 5-3　25℃时在一电导池中盛以 c 为 $0.01mol\cdot dm^{-3}$ KCl 溶液，测得其电阻为 150.00Ω。若在同一电导池中盛以 c 为 $0.01mol\cdot dm^{-3}$的 HCl 溶液，测得其电阻为 51.40Ω。已知 25℃时 $0.01mol\cdot dm^{-3}$的 KCl 溶液的电导率为 $0.140877S\cdot m^{-1}$。试求：① 电导池系数 K_{cell}；② $0.01mol\cdot dm^{-3}$ HCl 溶液的电导率和摩尔电导率。

答案：①$K_{cell}=21.13cm^{-1}$；②$\kappa_{HCl}=0.411s\cdot m^{-1}$，$\Lambda_m=0.0411s\cdot m^2\cdot mol^{-1}$

习题 5-4　已知 298.15K 时，0.0275mol/L 碳酸水溶液的电导率为 $3.86\times10^{-3}S/m$。求碳酸(H_2CO_3)在该浓度下离解为 H^+和 HCO_3^- 时的解离度 α 及解离平衡常数 $K^{\ominus}$。

答案：$\alpha=3.561\times10^{-3}$，$K^{\ominus}=3.50\times10^{-7}$

习题 5-5　已知 25℃，$PbSO_4(s)$的溶度积 $K_{sp}=1.6\times10^{-8}$。$1/2Pb^{2+}$和 $1/2\ SO_4^{2-}$ 的无限稀释摩尔电导率分别为 $7.0\times10^{-4}S\cdot m^2\cdot mol^{-1}$和 $79.8\times10^{-4}S\cdot m^2\cdot mol^{-1}$。配制此溶液所用水的电导率为 $1.60\times10^{-4}S\cdot m^{-1}$。试计算 25℃时 $PbSO_4$饱和溶液的电导率。

答案：$39.5\times10^{-4}S\cdot m^{-1}$

习题 5-6　25℃，测出 AgCl 饱和溶液电导率为配制此溶液所用水的电导率为 $3.41\times10^{-4}S\cdot m^{-1}$，配制此溶液所用水的电导率为 $1.60\times10^{-4}S\cdot m^{-1}$，试求 AgCl 在 25℃时的浓度和溶

度积。

答案：$c=1.31\times10^{-5}mol\cdot dm^{-3}$，$K_{sp}=1.72\times10^{-10}$

习题 5-7 在 0.01mol·kg⁻¹的 $SnCl_2$溶液中，已知 $SnCl_2$的 $\gamma_\pm=0.40$，试问 $SnCl_2$的 $b_\pm$和 $a_\pm$各为多少？

答案：$b_\pm(SnCl_2)=0.0524mol\cdot kg^{-1}$；$a_\pm(SnCl_2)=0.02096$

习题 5-8 应用德拜-休克尔极限定律，计算 25℃时，0.01mol·kg^{-1}的 $BaCl_2$水溶液离子平均活度因子 $\gamma_\pm$ 和 $BaCl_2$的活度 a。

答案：$\gamma_\pm=0.666$；$a=1.18\times10^{-6}$

习题 5-9 写出下列电池的电池反应，应用表 5-3 中的数据计算时各电池的电动势，并指明电池反应能否自发进行。

① Cd(s) | $Cd^{2+}(a=0.01)$ ‖ $Cl^-(a=0.5)$ | Cl_2(g，100kPa) | Pt

② Zn(s) | $Zn^{2+}(a=0.0004)$ ‖ $Cd^{2+}(a=0.2)$ | Cd(s)

答案：① 1.8380V；② 0.4398V

习题 5-10 已知电池 Ag(s) | AgCl(s) | HCl(0.01mol·kg^{-1}) | Cl_2(100kPa) | Pt，298K 时，电池电动势为 1.136V，电池的温度系数$(\partial E/\partial T)_p=-5.95\times10^{-4}V\cdot K^{-1}$，回答以下问题：

① 写出电极反应和电池反应；

② 试计算在 298K 时当通过 1mol 电荷电量时，反应的 $\Delta_r G_m$、$\Delta_r S_m$、$\Delta_r H_m$及电池定温可逆放电时的可逆热 $Q_{r,m}$；

③ 如果该反应在烧瓶中进行，向环境放热多少？

答案：①略；②$\Delta_r G_m=-109.6kJ\cdot mol^{-1}$，$\Delta_r S_m=-57.4J\cdot mol^{-1}\cdot K^{-1}$，$\Delta_r H_m=-127\,kJ\cdot mol^{-1}$，$Q_{r,m}=-17.1kJ\cdot mol^{-1}$；③ $Q_{p,m}=\Delta_r H_m=-127kJ\cdot mol^{-1}$

习题 5-11 已知 298K 时，

$$Hg_2Cl_2+2e^-=2Hg+2Cl^-\quad E_1^\ominus=0.2676V$$

$$AgCl+e^-=Ag+Cl^-\quad E_2^\ominus=0.2224V$$

计算电池反应为 $Hg_2Cl_2+2Ag=2AgCl+2Hg$ 时，其电池的标准电动势。

答案：0.0452V

习题 5-12 电池 Ag(s) | AgCl(s) | KCl(aq) | Hg_2Cl_2(s) | Hg 的电池反应为

$$Ag+1/2\,Hg_2Cl_2(s)\longrightarrow AgCl(s)+Hg$$

已知 25℃时此反的标准摩尔反应焓 $\Delta_r H_m^\ominus=5435kJ\cdot mol^{-1}$，标准摩尔反应熵 $\Delta_r S_m^\ominus=33.15J\cdot mol^{-1}\cdot K^{-1}$。试计算：①25℃时此电池的电动势 E；②电动势的温度系数$(\partial E/\partial T)_p$；③标准平衡常数 $K^\ominus$。

答案：① 0.04611V；② $3.646\times10^{-4}V\cdot K^{-1}$；③ 6.018

习题 5-13 电池 Zn | $ZnSO_4$($b=0.01mol\cdot kg^{-1}$，$\gamma_\pm=0.38$) | $PbSO_4$(s) | Pb 在 25℃时，$E=0.5477V$。

① 已知 $E^\ominus(Zn^{2+}|Zn)=-0.762V$，求 $E^\ominus(SO_4^{2-}|PbSO_4|Pb)$；

② 当 $ZnSO_4$的浓度为 0.05mol·kg^{-1}时，$E=0.523V$，求该浓度下 $ZnSO_4$的平均离子活度因子(系数)$\gamma_\pm$ 为多少？

答案：① −0.3574V；② 0.1984

习题 5-14 电池 $Zn|ZnCl_2(b=0.555mol\cdot kg^{-1})|AgCl(s)|Ag$，测得 25℃时电动势 $E=1.015V$。已知：$E^{\ominus}(Zn^{2+}|Zn)=-0.763V$，$E^{\ominus}(Cl^-|AgCl|Ag)=0.2223V$。

① 写出电池反应(得失电子数为 2)；

② 求上述反应的标准平衡常数 $K^{\ominus}$；

③ 求溶液 $ZnCl_2$ 的平均离子活度因子(系数)$\gamma_{\pm}$。

答案：①略；②$K=2.067\times10^{33}$；③$\gamma_{\pm}=0.4077$

习题 5-15 设下列电池产生 1F 的电量，写出电极反应和电池反应以及计算其电动势 E。已知 $E^{\ominus}(Cl^-|Cl_2)=1.36V$。$Pt|H_2(p^{\ominus})|HCl(0.1mol\cdot kg^{-1})|Cl_2(p^{\ominus})|Pt$

答案：$E=1.419V$

习题 5-16 已经 25℃时醌氢醌电极的标准电极电势为 0.6996V，$1.0mol\cdot dm^{-3}$ 甘汞电极的电极电势为 0.2799V。25℃条件下，现有一溶液的 pH 值待测，在其中加入醌氢醌构成醌氢醌电极，并和甘汞电极组成电池以测定溶液的 pH 值，该电池图示如下：

$$(-)Pt|Q\cdot H_2Q,\ H^+(pH)\|KCl(1.0mol\cdot mol^{-3})|Hg_2Cl_2(s)|Hg(+)$$

① 若测得该溶液的 pH 为 5.5 时，则该电池的电动势是多少？

② 若上述溶液电池的电动势为-0.1200V 时，则该待测溶液的 pH 值为多少？

答案：①-0.094V；②pH=5.06

习题 5-17 298.15K 时，两种不同浓度的 $AgNO_3$ 溶液(浓度分别为 $0.1mol\cdot kg^{-1}$ 和 $0.01mol\cdot kg^{-1}$)形成浓差电池，求下列浓差电池的电动势(假设该电池的液体接界电势已完全消除)，该电池图示为

$$Ag(s)|AgNO_3(0.01mol\cdot kg^{-1},\ \gamma_{\pm}=0.899)|AgNO_3(0.1mol\cdot kg^{-1},\ \gamma_{\pm}=0.719)|Ag(s)$$

答案：0.1126V

习题 5-18 铅酸蓄电池的电池图示为

$$Pb(s)|PbSO_4(s)|H_2SO_4(1.0mol\cdot kg^{-1},\ H_2O)|PbSO_4(s),PbO_2(s)|Pb(s)$$

在 25℃时的电动势 $E=1.9283V$，标准电动势 $E^{\ominus}=2.0501V$。

① 写出电池反应和电极反应。

② 计算该电池中硫酸溶液的活度、平均活度和平均离子活度因子；

若实验测得该电池在 298.15K 时的温度系数为 $5.664\times10^{-5}V\cdot K^{-1}$，计算该电池反应的 Δ_rG_m，Δ_rS_m，Δ_rH_m 及 $Q_{r,m}$。

答案：①略；②$\alpha=8.73\times10^{-3}$；$\alpha_{\pm}=0.2059$；$\gamma_{\pm}=0.1297$；③$\Delta_rG_m=-3.72\times10^5\ J\cdot mol^{-1}$，$\Delta_rS_m=10.93J\cdot K^{-1}$，$\Delta_rH_m=-3.69\times10^5J\cdot mol^{-1}$，$Q_{r,m}=3.259\times10^3J\cdot mol^{-1}$

习题 5-19 25℃时，已知 $E^{\ominus}(Hg_2^{2+}|Hg)=0.798V$，$E^{\ominus}(Hg^{2+}|Hg)=0.854V$。试计算 25℃时电极 $Hg^{2+}|Hg_2^{2+}$ 的标准电极电势 $E^{\ominus}(Hg^{2+}|Hg_2^{2+})$。

答案：0.91V

习题 5-20 写出下列电池中各电极上的反应和电池反应。

① $Pt|H_2(g,\ p_1)|HCl(a)|Cl_2(g,\ p_2)|Pt$

② $Pt|H_2(g,\ p_1)|H^+(a_1)\|Ag^+(a_2)|Ag(s)$

③ $Ag(s)|AgI(s)|I^-(a_1)\|Cl^-(a_2)|AgCl(s)|Ag(s)$

④ $Pb(s)|PbSO_4(s)|SO_4^{2-}(a_1)\|Cu^{2+}(a_2)|Cu(s)$

⑤ $Pt|H_2(g,\ p_1)|NaOH(a)|HgO(s)|Hg(l)$

⑥ Pt | $Fe^{3+}(a_1)$，$Fe^{2+}(a_2)$ ‖ $Ag^+(a_3)$ | Ag(s)

答案：略

习题 5-21　现将下列反应设计成原电池，写出电池图示。

(1) $Zn + H_2SO_4(aq) \longrightarrow H_2(g) + ZnSO_4(aq)$

(2) $Sn^{2+} + Pb^{2+} \longrightarrow Sn^{4+} + Pb$

(3) $H^+ + OH^- \longrightarrow H_2O$

(4) $Ag^+(a_2) \longrightarrow Ag^+(a_1)$

(5) $Hg_2SO_4(s) \longrightarrow Hg_2^{2+} + SO_4^{2-}$

(6) $H_2 + HgO(s) \longrightarrow Hg(l) + H_2O(l)$

答案：略

习题 5-22　根据表 5-3 中的数据，计算 298K 时 AgCl(s)的活度积。

答案：$K_{sp} = 1.76\times10^{-10}$

习题 5-23　现有一原电池，其电池反应为：$Ag + 1/2Cl_2(p^\ominus) \longrightarrow AgCl(s)$。已知 25℃时，$E^\ominus(Ag^+ \mid Ag) = 0.7994V$，$E^\ominus[Cl^- \mid Cl_2(g) \mid Pt] = 1.3579V$，假设该电池中 Ag(s)、AgCl(s)和 $Cl_2(g)$的活度系数都为 1。

① 写出该电池的电极反应和电池图示；

② 已知 25℃时 $\Delta_f H_m^\ominus(AgCl, s) = -127.07kJ \cdot mol^{-1}$，求该电池反应在 25℃时的电动势 E 和 $\Delta_r G_m$，$\Delta_r S_m$，$\Delta_r H_m$，及 $Q_{r,m}(z=1)$。

答案：①略；②$E = 0.5585V$，$\Delta_r G_m = -53.9kJ \cdot mol^{-1}$，$\Delta_r H_m = -127.07kJ \cdot mol^{-1}$，$\Delta_r S_m = -245.4J \cdot K^{-1}$，$Q_{r,m} = -73.2\ kJ \cdot mol^{-1}$

习题 5-24　298K、100kPa 时，用 Pt 作电极电解 $SnCl_2$ 水溶液，在阴极上因 H_2 有超电势，故先析出 Sn(s)，在阳极上析出 O_2。已知 $a(Sn^{2+}) = 0.1$，$a(H^+) = 0.01$，O_2 在阳极上析出的超电势为 0.50V，$E^\ominus(Sn^{2+} \mid Sn) = -0.137V$，$E^\ominus(H_2O, H^+ \mid O_2) = 1.230V$。计算实际分解电压。

答案：1.779V

习题 5-25　298K、标准压力下，用石墨电极电解浓度为 $1.0mol \cdot kg^{-1}$ 的 $CuCl_2$ 水溶液，假设 Cu^{2+} 和 H^+ 的活度系数均为 1，已知氢在石墨电极的超电势为 0.10V，析出铜的超电势可以忽略。若当前溶液 pH = 4.0，请预测阴极此时发生哪个反应[已知 $E^\ominus(Cu^{2+} \mid Cu) = 0.3417V$]。

答案：铜先析出

习题 5-26　298K、标准压力下，用电解法分离 Cd^{2+} 和 Zn^{2+} 的混合溶液，两种金属离子浓度均为 $0.10mol \cdot kg^{-1}$，活度系数均为 1，已知 $E^\ominus(Cd^{2+} \mid Cd) = -0.403V$，$E^\ominus(Zn^{2+} \mid Zn) = -0.762V$。若不考虑氢气的析出，请问：

① 阴极首先析出哪种金属？

② 当第二种金属开始析出时，第一种金属离子的浓度是多少？

答案：① Cd 先析出；② $c(Cd^{2+}) = 10^{-13}mol \cdot kg^{-1}$

习题 5-27　电池 Pt | H_2(100kPa) | HCl($0.1mol \cdot kg^{-1}$) | AgCl(s) | Ag(s)，在 298K 时的电动势为 0.3524V。

① 写出电极反应和电池反应；

② 计算浓度为 0.10mol · kg^{-1}的 HCl 溶液的离子平均活度系数 $\gamma_{\pm}$。

答案：① 略；② $\gamma_{\pm}=0.795$

习题 5-28 电池 Ag(s) | $Ag_2O(s)$ | $OH^-(aq)$ | $O_2(g)$ | Pt，在 298K 时的标准电池电动势为 $E^{\ominus}=0.057V$。

① 写出电极反应和电池反应；

② 计算 298K 时反应的标准平衡常数 $K^{\ominus}$；

③ 计算 298K 时 $Ag_2O(s)$分解反应的平衡常数 $K'^{\ominus}$。

答案：① 略；② $K^{\ominus}=84.74$；③$K'^{\ominus}=0.0118$

习题 5-29 已知 25℃时 AgBr(s)的溶度积 $K_{sp}=4.88\times10^{-13}$，$E^{\ominus}(Ag^+ \mid Ag)=0.7994V$，$E^{\ominus}[Br^- \mid Br_2(l) \mid Pt]=1.006V$，试计算 25℃时：

① 银-溴化银电极的标准电极电势 $E^{\ominus}[Br^- \mid AgBr(s) \mid Ag(s)]$；

② AgBr(s)的标准摩尔生成吉布斯函数。

答案：① 0.0710V；② −96.0kJ · mol^{-1}

习题 5-30 298.15K 下，电池 Cu(s) | $Cu(Ac)_2$(b=0.1mol · kg^{-1}) | AgAc(s) | Ag(s) 的电动势 E=0.372V，温度升至 308K 时 E=0.374V，又已知 298.15K 时 $E^{\ominus}(Ag+ \mid Ag)=0.799V$，$E^{\ominus}(Cu^{2+} \mid Cu)=0.337V$。

① 写出电极反应和电池反应；

② 298K 时，当电池可逆输出 2mol 电子的电量时，求电池反应的 $\Delta_r G_m$、$\Delta_r S_m$和$\Delta_r H_m$，设在所给温度范围内，电动势 E 随 T 的变化率为常数。

③ 求 298.15K 时醋酸银 AgAc(s)的溶度积 $K_{sp}^{\ominus}$，设活度系数均为 1。

答案：① 略；② $\Delta_r G_m=-71.78kJ/mol$，$\Delta_r S_m=38.59J/K/mol$，

$\Delta_r H_m=-60.28kJ/mol$；③$K_{sp}^{\ominus}=1.90\times10^{-3}$

第五部分　拓展阅读

5.1　原电池和电解池的电极

下面分别以 H_2/O_2燃料电池和电解水装置为例分别介绍原电池和电解池中的电极反应和总反应、正/负极和阴/阳极。

图 5-18 为 H_2/O_2燃料电池(原电池)装置示意图，氢气在阳极自动被氧化，失去的电子输出到外电路中；氧气在阴极从外电路得到电子被还原，电极反应和电池反应如下：

H_2电极反应　　$H_2 \longrightarrow 2H^+ + 2e^-$；

O_2电极反应　　$1/2O_2 + 2H^+ + 2e^- \longrightarrow H_2O$；

上面两式相加，可得电池反应：$H_2 + 1/2O_2 \longrightarrow H_2O$。根据上面的阴/阳极和正/负极的定义式，$H_2$电极发生氧化反应，为阳极；$O_2$电极发生还原反应，为阴极。$H_2$电极由于失去电子发生氧化反应，在电极附近电子囤积，电势低，所以 H_2电极是负极；O_2电极正极。推广至所有原电池，正极是阴极，负极是阳极。

图 5-19 为酸性环境电解水装置示意图，在外加电源作用下，电极反应和电解反应如下：

氢电极反应 $$2H^+ + 2e^- \longrightarrow H_2$$

氧电极反应 $$H_2O \longrightarrow 1/2O_2 + 2H^+ + 2e^-$$

上面两式相加，可得电解反应：$H_2O \longrightarrow H_2 + 1/2O_2$。根据上面的阴/阳极和正/负极的定义式，氢电极发生还原反应，为阴极；氧电极发生氧化反应，为阳极。氧电极和电源的正极相连电势高，所以氧电极是正极；氢电极和电源的负极相连电势低，氢电极负极。推广至所有电解池，正极是阳极，负极是阴极。

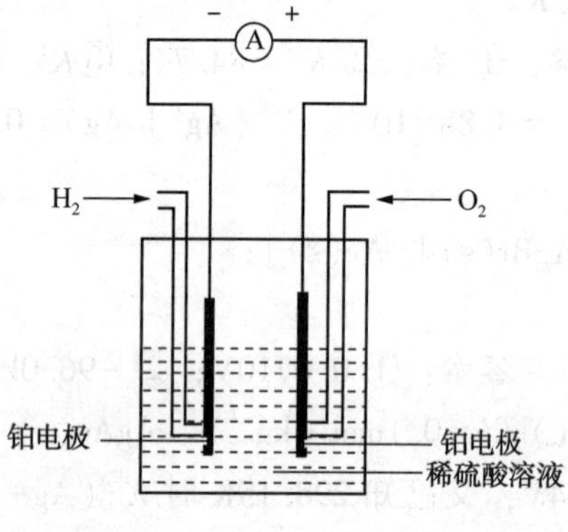

图 5-18　H_2/O_2燃料电池装置示意图

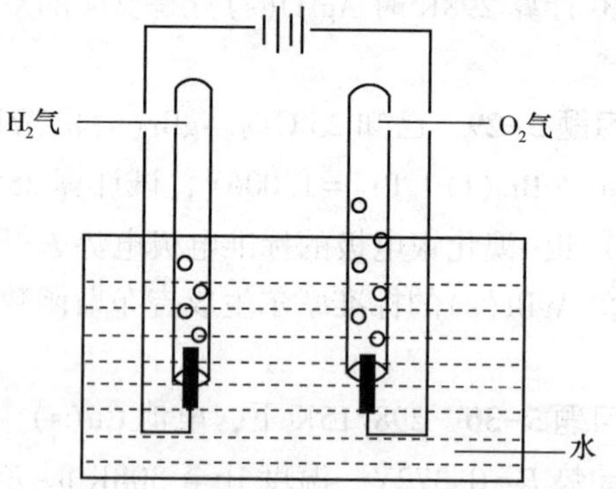

图 5-19　电解水装置示意图

5.2　第一类导体与第二类导体的区别

两类导体主要区别有：

① 第一类导体依靠自由电子的定向运动而导电，而第二类导体依靠离子的定向运动而导电，二者的导电机理不同。

② 当电流通过时，第一类导体本身不发生化学变化，第二类导体通常伴随有反应。

③ 如果温度升高，第一类导体的导电能力会降低，而电解质溶液的导电能力会增大。

5.3　离子的迁移数

离子的电迁移：通电于电解质溶液后，电解质溶液中正、负离子分别向两极定向移动，这种由外加电场作用下发生的定向移动现象即为离子的电迁移。

离子的迁移速率：溶液中的离子一方面受到电场力的作用，获得加速度；另一方面离子在运动过程中还受到阻滞其移动的黏性摩擦力，两力均衡时，离子以恒定的速率运动，此时的离子速率即为离子的迁移速率，用符号 ν_B 表示。

离子的迁移数：溶液中传递的总电量为阴离子运载的电荷量和阳离子运载的电荷量之和。由于阴阳离子的迁移速率不同，导致阴离子和阳离子运载的电量不一致。因此定义每种离子运载电量占总电量的百分比为迁移数，用符号 t 表示。若溶液中只有一种正离子(+)和一种负离子(-)，根据定义式有：

$$t_- = \frac{Q_-}{Q_{总}} = \frac{Q_-}{Q_+ + Q_-} \tag{5-31}$$

式中　Q_+，Q_-——正离子，负离子所运载的电量；

$Q_{总}$——通过溶液的总电量。

显然

$$t_{+}+t_{-}=1 \tag{5-32}$$

5.4 电导率与浓度的关系

电解质溶液的电导率与其浓度有关。如图5-20所示，对于强电解质，溶液较低时电导率随浓度增加而增大；当浓度增加到一定程度后，离子相互作用增大，离子运动速率降低，电导率也降低，最后出现一极大值。对于弱电解质溶液，当其浓度增大时，虽然单位体积中弱电解质的量增加，但解离度减小，导致离子的数量增加不多，所以弱电解质溶液的导电率改变不大，一直比较小。中性盐由于受饱和溶解度的限制，浓度不能太高。

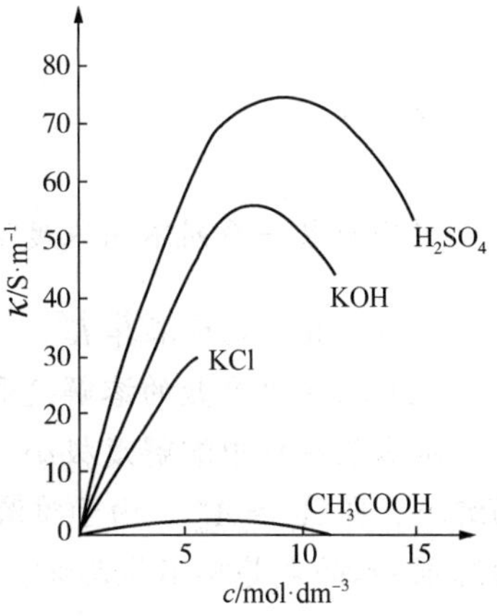

图5-20　电导率与浓度的关系

5.5 电导的测定及其应用

目前，已经开发了携带方便、测试快捷和数据准确的电导率仪，用于测定溶液的电导率 κ，然后通过式 $\Lambda_m=\kappa/c$ 可以算出摩尔电导率 Λ_m。

在实际测定中，电解质溶液要装入一个电导池中进行测量，对于一个固定的电导池，其电极面积 A 和两极间的距离 l 都是定值，所以 l/A 是个常数，称为电导池常数，用符号 K_{cell} 表示，单位为 m^{-1}。则有

$$\kappa=G\times(l/As)=K_{cell}G \tag{5-33}$$

由于电极的 l 和 A 不易精确测定，通常用已知电导率 κ 的 KCl 标准溶液先测一次电导 G，利用式(5-33)求出 K_{cell}，然后再用同一个电导池测待测液的电导 G，求出电导率 κ 和摩尔电导率 Λ_m。

电导的测定主要有以下几方面的应用：

(1) 测定弱电解质的解离度 α 及解离常数 $K^{\ominus}$

由于弱电解质的解离度较小，解离出的离子浓度较低，可忽略离子间的相互作用和浓度对离子运动速率的影响。因此，一定浓度下弱电解质的摩尔电导率 Λ_m 反映了该电解质部分解离的离子的导电能力，而弱电解质的无限稀释摩尔电导率 Λ_m^{∞} 反映了该电解质全部解离的离子的导电能力。弱电解质的解离度为

$$\alpha=\frac{\Lambda_m}{\Lambda_m^{\infty}} \tag{5-34}$$

其中，$\Lambda_m=\dfrac{\kappa}{c}$（$\kappa$ 由电导率仪测得），Λ_m^{∞} 由离子独立运动定律计算得出。对于 AB 型的弱电解质(1-1价型或2-2价型)，可用解离度 α 计算该电解质的解离平衡常数 $K^{\ominus}$ 计算公式为

$$K^{\ominus}=\frac{\alpha^2}{1-\alpha}\times\frac{c}{c^{\ominus}} \tag{5-35}$$

$K^{\ominus}$ 也可通过溶液的电导率，以作图的方式求得。

将式(5-34)代入式(5-35)中得

$$K^{\ominus}=\frac{\Lambda_m^2}{\Lambda_m^{\infty}(\Lambda_m^{\infty}-\Lambda_m)}\times\frac{c}{c^{\ominus}} \tag{5-36}$$

整理得

$$\frac{c\Lambda_m}{c^{\ominus}}=\frac{K_c^{\ominus}(\Lambda_m^{\infty})^2}{\Lambda_m}-K_c^{\ominus}(\Lambda_m^{\infty}) \tag{5-37}$$

实验测定一系列不同浓度溶液的电导率，以$\frac{c\Lambda_m}{c^{\ominus}}$对$\frac{1}{\Lambda_m}$作图，其直线的斜率为$K_c^{\ominus}(\Lambda_m^{\infty})^2$，若已知$\Lambda_m^{\infty}$值，就可求算$K^{\ominus}$。

(2) 测定难溶盐的溶解度和溶度积

难溶盐在水中溶解度极小，即使是饱和溶液的浓度也非常低，可以近似认为是无限稀释的溶液，即$\Lambda_m\approx\Lambda_m^{\infty}$。由于难溶盐本身的溶解度低，导致其电导率也很低，难溶盐饱和溶液的溶剂-水的电导率不能忽略，因此，难溶盐饱和溶液的电导率应是难溶盐和水的电导率之和。则难溶盐溶解度为：

$$c=\frac{\kappa(\text{难溶盐})}{\Lambda_m^{\infty}(\text{难溶盐})}=\frac{\kappa(\text{难溶盐溶液})-\kappa(\text{水})}{\Lambda_m^{\infty}(\text{难溶盐})} \tag{5-38}$$

求得溶解度后，则可根据解离方程计算溶度积K_{sp}。

(3) 电导滴定

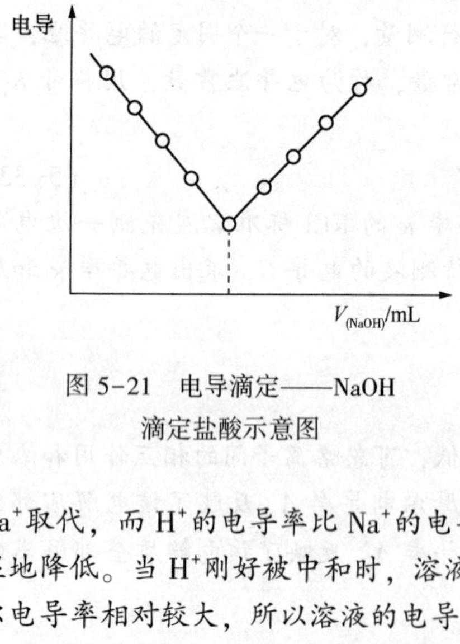

图 5-21　电导滴定——NaOH 滴定盐酸示意图

分析化学中的普通滴定一般用指示剂的变色来判断滴定的终点；然而，当溶液本身浑浊或有颜色时，溶液的变色过程可能不会明显，从而影响滴定的准确性。电导滴定需要指示剂。电导滴定的原理就是测定滴定过程中溶液的电导或电导率，利用溶液电导变化的拐点，从而确定滴定终点。电导滴定可用于酸碱的中和反应、氧化-还原反应、沉淀反应等各类滴定反应。下面以 NaOH 溶液对盐酸的酸碱滴定对电导滴定原理加以解释，其滴定大致曲线如图 5-21 图所示。

当用 NaOH 溶液滴定盐酸时，溶液中的H^+逐渐被Na^+取代，而H^+的电导率比Na^+的电导率要大，所以溶液的电导将随 NaOH 溶液的滴加而明显地降低。当H^+刚好被中和时，溶液的电导降至最低点；若再加入滴定液，由于OH^-的摩尔电导率相对较大，所以溶液的电导又会增加。

电导测定除以上三种应用之外，还可判别化合物的纯度、测定反应速率、医学上依据电导区分人的健康皮肤和不健康皮肤、工业上利用电导信号实现自动控制等，此处不一一陈述。

5.6　强电解质的互吸理论

电解质的平均活度因子不仅可以由实验测定获得，也可以由理论计算获得。1923 年，德拜和休克尔从离子互吸和离子热运动的观点出发，提出了离子互吸理论。该理论认为，在稀溶液中，强电解质是完全电离的，电解质溶液与理想稀溶液的偏离主要来源于离子间相互作用，而离子间相互作用又以库仑力为主。基于上述观点，他们提出了“离子氛”模型(图 5-22)。一方面正、负离子间的静电引力使离子有规则地排列；另一方面热运动又要使离子无序分布。两者相互作用，结果造成在一定时间内，每个离子的周围，异电性离子的密度大于同电性离子的密度。也就是任一离子(可称为中心离子)周围都一层异号电荷包围着，这层异号电荷的总电荷在数值上等于中心离子的电荷，且是球形对称的，被称为离子氛。在正离子周围有一个负离子氛，在负离子周围又有一个正离子氛。

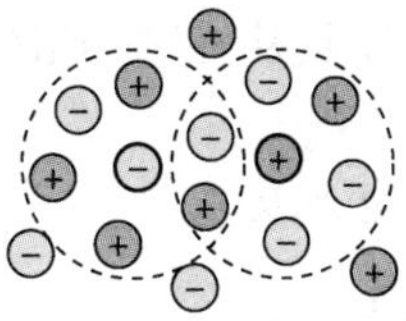

图 5-22 “离子氛”模型

离子氛：中心离子周围其他正、负离子球形分布的集合体，与中心离子电性相反，电量相等。

离子氛的特点：

① 正离子周围，负离子出现机会多，反之亦然，但溶液整体为电中性；

② 每个离子既是中心离子，又是离子氛中的一员；

③ 从统计平均看，离子氛是球形对称的；

④ 离子氛不固定，是瞬息万变的。

德拜和休克尔通过离子氛模型，形象地把电解质溶液中众多离子间复杂的相互作用归结为中心离子和离子氛之间的作用，从而简化了理论推导，又引入了一些适当的假定，推导出在强电解质溶液中，单个离子活度因子的计算公式，由于单个离子的活度因子无实际意义，所以根据离子平均活度因子的定义式，又推导出了离子平均活度因子的计算公式——德拜-休克尔公式。

5.7 韦斯顿标准电池

韦斯顿标准电池是一个高度可逆的电池，其结构如图 5-23 所示。

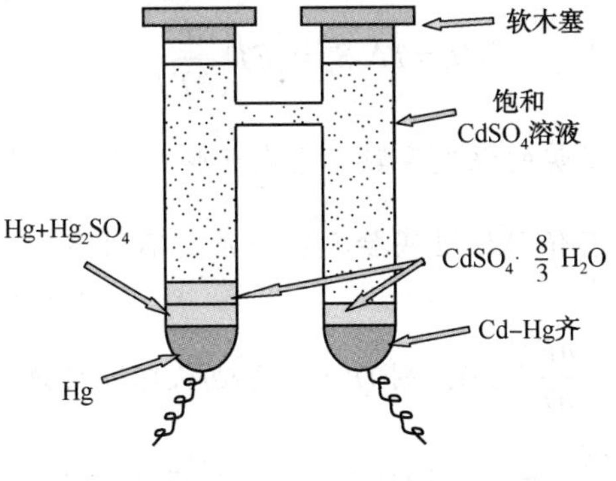

图 5-23 韦斯顿标准电池结构示意图

其电池图示为

$$Cd(汞齐) \mid CdSO_4\cdot 8/3H_2O(s) \mid CdSO_4饱和溶液 \mid Hg_2SO_4(s) \mid Hg$$

电极及电池反应为

阴极反应 $\quad Hg_2SO_4(s)+2e^- \longrightarrow 2Hg(l)+SO_4^{2-}$。

阳极反应　$Cd(Hg) + SO_4^{2-} + \frac{8}{3}H_2O(l) - 2e^- \longrightarrow CdSO_4 \cdot \frac{8}{3}H_2O(s) + Hg$

电池反应　$Hg_2SO_4(s) + Cd(Hg)(\alpha) + \frac{8}{3}H_2O(l) \longrightarrow CdSO_4 \cdot \frac{8}{3}H_2O(s) + Hg(l)$

韦斯顿标准电池的电动势稳定，随温度变化很小，常用于配合电位计测定原电池的电动势。

韦斯顿标准电池电动势随温度的变化关系为

$$E/V = 1.01845 - 4.05 \times 10^{-5}(t/℃ - 20)$$

5.8　原电池热力学公式推导

由热力学第二定律可知，恒温、恒压下，可逆过程的 $\Delta_r G = W'_r$，可逆电池的电功即为 W'_r，对于一个微小过程，有

$$dG = \delta W'_r = -\delta QE = -(ZF d\xi)E = -ZFE d\xi \tag{5-39}$$

上式两边同时除以反应进度微变 $d\xi$，可得：

$$\Delta_r G_m = \left(\frac{\partial G}{\partial \xi}\right)_{T,P} = -zFE \tag{5-40}$$

同时，就应有

$$\Delta_r G_m^{\ominus} = -zFE^{\ominus} \tag{5-41}$$

式中　$\Delta_r G_m$，$\Delta_r G_m^{\ominus}$——摩尔反应吉布斯函数和标准摩尔反应吉布斯函数；

$E^{\ominus}$——标准电池电动势。

由热力学基本方程可得

$$\Delta_r S_m = -\left(\frac{\partial \Delta_r G_m}{\partial T}\right) = zF\left(\frac{\partial E}{\partial T}\right)_p \tag{5-42}$$

$$\Delta_r H_m = \Delta_r G_m + T\Delta_r S_m = -zFE + zFT\left(\frac{\partial E}{\partial T}\right)_p \tag{5-43}$$

$$Q_r = T\Delta_r S_m = zFT\left(\frac{\partial E}{\partial T}\right)_p \tag{5-44}$$

式中　$\left(\frac{\partial E}{\partial T}\right)_p$——原电池电动势的温度系数，它表示恒压下电动势随温度的变化率，单位为 $V \cdot K^{-1}$，其值可通过实验测定一系列不同温度下的电动势求得。

由式(5-44)可知：

$\left(\frac{\partial E}{\partial T}\right)_p > 0$，则 $Q>0$，电池从环境吸热

$\left(\frac{\partial E}{\partial T}\right)_p = 0$，则 $Q=0$，电池不吸热也不放热

$\left(\frac{\partial E}{\partial T}\right)_p < 0$，则 $Q<0$，电池向环境放热

5.9　醌氢醌($Q \cdot H_2Q$)电极

醌氢醌 $Q \cdot H_2Q$ 是醌($C_6H_4O_2$ 以 Q 表示)与氢醌[$C_6H_4(OH)_2$ 以 H_2Q 表示]的等摩尔混

合物，醌氢醌为深褐色固体粉末，微溶于水。醌氢醌电极的电极反应为

$$C_6H_4O_2+2H^++2e^-\longrightarrow C_6H_4(OH)_2$$

其电极电势为

$$E_{Q\cdot H_2Q}=E^{\ominus}_{Q\cdot H_2Q}-\frac{RT}{2F}\ln\frac{\alpha_{H_2Q}}{\alpha^2_{H^+}\alpha_Q} \tag{5-45}$$

由于醌氢醌是醌和氢醌的等分子复合物，在水中溶解度很小，所以在溶液中醌和氢醌的浓度相等且很低，故可认为 $\alpha_{H_2Q}=\alpha_Q$，则

$$E_{Q\cdot H_2Q}=E^{\ominus}_{Q\cdot H_2Q}-\frac{RT}{F}\ln\frac{1}{\alpha_{H^+}}=E^{\ominus}_{Q\cdot H_2Q}-\frac{2.303RT}{F}\text{pH} \tag{5-46}$$

通常将待测 pH 值的溶液用醌氢醌饱和后，再插入一辅助电极(一般为 Pt 电极)就构成了 Q · H_2Q 电极。Q · H_2Q 电极与一个参比电极(一般为甘汞电极)相连构成如下电池：

$$Hg(l)-Hg_2Cl_2(s)\mid 饱和\ KCl\ 溶液 \parallel 待测\ pH\ 溶液(H^+),\ QH_2Q\mid Pt(s)$$

其电池电动势为

$$E=E_{Q\cdot H_2Q}-E_{饱和甘汞} \tag{5-47}$$

将式(5-46)代入式(5-47)，整理得

$$\text{pH}=\frac{E^{\ominus}_{Q\cdot H_2Q}-E-E_{饱和甘汞}}{\dfrac{2.303RT}{F}} \tag{5-48}$$

其中，$E^{\ominus}_{Q\cdot H_2Q}/V=0.699-7.4\times10^{-4}(t/℃-25)$；$E_{饱和甘汞}/V=0.24240-7.6\times10^{-4}(t/℃-25)$。

应当注意：醌氢醌电极不能用于碱性溶液。因为醌氢醌在碱性溶液中易氧化，当 pH>8.5 时，由于氢醌大量电离，使 $\alpha_{H_2Q}\neq\alpha_Q$，从而使测量结果产生很大偏差。

5.10 原电池的电动势 *E* 与方程式写法有关吗?

原电池的电动势 E 是强度量。对于同一原电池，若电池反应计量式的写法不同，则反应的 Δ_rG_m 就不同；但根据能斯特方程，只要组成电池的温度、组分的浓度等条件确定了，电池电动势就是个定值，不会因为反应计量式的写法不同而改变。

下面以丹尼尔电池为例加以说明，该电池的反应式可写作以下两种形式

$$Zn+Cu^{2+}=\!=\!=Zn^{2+}+Cu \qquad E_1,\ \Delta_rG_{m,1}$$

$$\frac{1}{2}Zn+\frac{1}{2}Cu^{2+}=\!=\!=\frac{1}{2}Zn^{2+}+\frac{1}{2}Cu \qquad E_2,\ \Delta_rG_{m,2}$$

根据能斯特方程有

$$E_1=E^{\ominus}-\frac{RT}{2F}\ln\frac{a(Zn^{2+})a(Cu)}{a(Zn)a(Cu^{2+})}$$

$$E_2=E^{\ominus}-\frac{RT}{F}\ln\frac{\{a(Zn^{2+})\}^{1/2}\{a(Cu)\}^{1/2}}{\{a(Zn)\}^{1/2}\{a(Cu^{2+})\}^{1/2}}$$

由此可得 $E_1=E_2=E$

所以 Δ_rG_m 与反应计量式写法有关，而 E 与反应计量式写法无关。

5.11 电池的类型

电极电势不同的两个可逆电极，可组成一个可逆电池。可逆电池分为化学电池和浓差电池。

化学电池：电池总反应发生了化学变化或组成电池的两个电极不同。化学电池又分为单液化学电池和双液化学电池。若只有一种电解质称为单液化学电池，若有两种电解质溶液则称为双液化学电池。

例 1：电池 $Pt \mid H_2(g) \mid HCl(a) \mid Cl_2(g) \mid Pt$，组成电池的两个电极是两个不同的电极 $Pt \mid H^+ \mid H_2(g)$ 和 $Cl^- \mid Cl_2 \mid Pt$ 或电池的总反应为 $H_2+Cl_2 \longrightarrow HCl$ 是一个化学变化，且只有一种电解质溶液，因此是单液化学电池。

例 2：电池 $Zn(s) \mid Zn^{2+} \| Cd^{2+} \mid Cd(s)$，组成电池的两个电极是两个不同的电极 $Zn^{2+} \mid Zn(s)$ 和 $Cd^{2+} \mid Cd(s)$ 或电池的总反应为 $Zn(s)+Cd^{2+} \longrightarrow Zn^{2+}+Cd(s)$ 是一个化学变化，且有两种电解质溶液，因此是双液化学电池。

浓差电池：电池反应不发生化学变化，只是浓度的迁移(扩散过程)或组成电池的两个电极相同。浓差电池又分为电解质浓差电池和电极浓差电池。若电解质浓度不同则称为电解质浓差电池，若电极的浓度不同则称为电极浓差电池。

例 3：电池 $Ag(s) \mid AgNO_3(a_1) \mid AgNO_3(a_2) \mid Ag(s)$，组成电池的两个电极相同，都是 $Ag^+ \mid Ag(s)$，或电池总反应 $Ag^+(a_2) \longrightarrow Ag^+(a_1)$ 不发生化学变化，只是电解质浓度的迁移，因此是电解质浓差电池。

例 4：电池 $Pt \mid H_2(g, p_1) \mid H^+ \mid H_2(g, p_2) \mid Pt$，组成电池的两个电极相同，都是 $H^+ \mid H_2(g)$，或电池总反应 $H_2(g, p_1) \longrightarrow H_2(g, p_2)$，不发生化学变化，只是电极压力(浓度)的迁移，因此是电极浓差电池。

对于例 3 的浓差电池，电池反应为 $Ag^+(a_2) \longrightarrow Ag^+(a_1)$，其能斯特方程为

$$E=-\frac{RT}{F}\ln\frac{\alpha_1}{\alpha_2}$$

由于组成浓差电池的两个电极相同，因此，其标准电池电动势为 0，这是浓差电池的共同特点。

5.12 原电池的设计步骤

原电池是实现化学能转换为电能的装置，何种化学能可以转换为电能也是电化学的研究重点。此外，将化学反应或物理化学过程设计在原电池中进行，就可以测定其电动势、电极电势等电化学数据，并利用他们来计算离子浓度、离子活度和反应热力学数据等。所以，原电池的设计是研究原电池热力学的一个重要内容。下面将通过一些实例，分类介绍如何将一些化学反应和物理化学过程设计成原电池。原电池设计的一般步骤如下：

① 据氧化数的变化确定电极反应的氧化-还原对。

有氧化数变化的：氧化数升高者为负极放在电池图示的左侧；氧化数降低者为正极放在

电池图示的右侧。

无氧化数变化的：在方程式的两边同加一种物质或离子，“造”出氧化–还原对。

② 按 IUPAC 要求写电池图示，若构成的电池有两种溶液，则加盐桥。

③ 根据写出的电池表达式，列出电极反应和电池反应，检验设计是否正确。

5.13 化学电源

能用来对外做功的是电池，因为在放电时电路中有电流通过，就不是可逆电池了。因此，把这些实际对外做功的电池称为化学电源。化学电源在民用、工业、农业、航空、航天、航海等领域应用十分广泛，下面介绍几种典型的化学电源。

(1) 一次电池

一次电池是指将电力耗尽后，不能再生不能重复使用的电池。日常使用的干电池，如 1 号、5 号、7 号电池及纽扣电池都属于一次电池。1887 年，英国人赫勒森发明了最早的干电池；至今，锌锰干电池已发展成为产量最大的电池。锌锰干电池的表达式为 $(-)Zn \mid ZnCl_2$、NH_4Cl(糊状) $\parallel MnO_2 \mid C$(石墨)(+)。

负极反应 $$Zn-2e^- \longrightarrow Zn^{2-}$$

正极反应 $$2MnO_2+2NH_4^++2e^- \longrightarrow Mn_2O_3+2NH_3+H_2O$$

电池反应 $$Zn+2MnO_2+2NH_4^+ \longrightarrow Zn^{2+}+Mn_2O_3+2NH_3+H_2O$$

锌锰干电池的结构如图 5–24 所示，电池外壳为锌片，中间有一根炭棒，电池内填充有 MnO_2、炭黑、NH_4Cl、$ZnCl_2$和少量水形成的糊状物。该电池以锌外壳为负极，以炭棒为正极，以糊状氯化铵取代传统的电解质溶液，具有输出电压稳定，不溢漏，便于携带等优点。

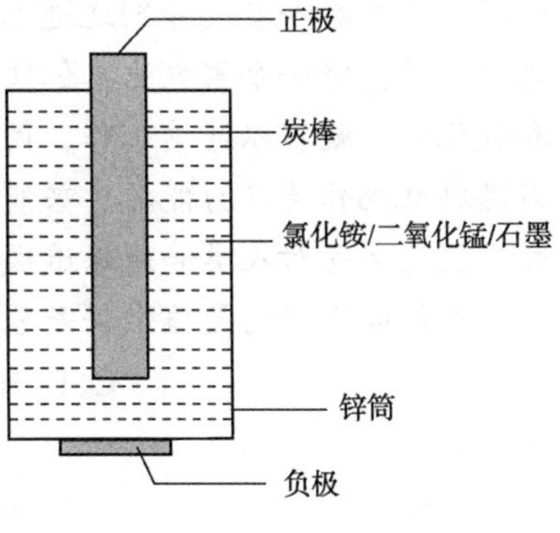

图 5–24 干电池结构示意图

(2) 二次电池

二次电池是指可通过外电源充电使之再生的电池，可以反复多次使用。因其兼有储存电能的作用，又称为可充电电池或蓄电池。例如常用的有铅酸蓄电池、锂离子电池、Ni–Cd 电池和 Ni–H_2电池等。

现介绍目前价格便宜、应用广泛的铅酸蓄电池。该电池以铅板作为负极，以涂有PbO_2的铅板作为正极，以硫酸溶液为电解质溶液，电池表达式为

$$(-)Pb \mid PbSO_4(s) \mid H_2SO_4(c) \mid PbSO_4(s) \mid PbO_2 \mid Pb(+)$$

负极反应 $$Pb+HSO_4^--2e^- \longrightarrow PbSO_4(s)+H^+$$

正极反应 $$PbO_2(s)+HSO_4^-+3H^+-2e^- \longrightarrow PbSO_4(s)+2H_2O$$

电池反应 $$Pb+PbO_2(s)+2H_2SO_4 \longrightarrow 2PbSO_4(s)+2H_2O$$

铅酸蓄电池的电动势为 2.0V，当电压下降至一定数值时，电池需要充电，充电反应是以上反应的可逆过程。该蓄电池可逆性好，输出电压稳定，造价低，主要用于交通工具的动力电源或启动电源。但该电池也具有笨重、腐蚀性硫酸易溢出、不环保和能量密度低等缺点。

(3) 锂离子电池

锂离子电池是目前应用广泛的可充电电池。负极是嵌入焦炭或石墨的锂离子，正极是锰酸锂、磷酸铁锂和钴酸锂等材料。在锂离子电池中，放电时，锂离子从负极迁移到正极；充电时，锂离子又从正极迁移到负极，因此也被称为“摇椅式电池”。其中，磷酸铁锂电池放电时的电极反应和电池反应如下：

正极反应　$Li_{1-x}FePO_4+xLi+xe^- \longrightarrow LiFePO_4$

负极反应　$Li_xC_6 \longrightarrow xLi+xe^-+6C$

电池反应　$Li_{1-x}FePO_4+Li_xC_6 \longrightarrow LiFePO_4+6C$

充电时，电池反应为以上反应的逆反应(图 5-25)。锂离子电池的工作电压可达 3.6V。锂离子电池具有重量轻、内阻小、能量密度较高和无记忆效应等优点，被广泛应用于手机、电脑、医疗装置等方面。

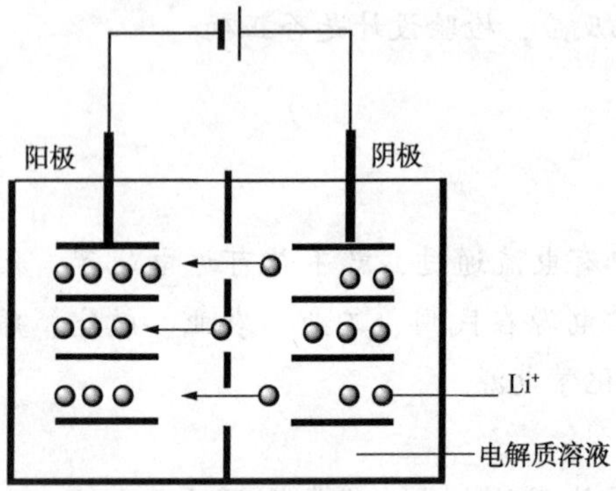

图 5-25　锂离子电池装置充电示意图

5.14　燃料电池

燃料电池是 20 世纪 60 年代出现的一种新型能源，燃料电池(Fuel Cell)是一种将存在于燃料与氧化剂中的化学能直接转化为电能的发电装置。它不同于一次、二次电池，电容量不受限制，燃料和空气分别送进燃料电池，电就被奇妙地生产出来。它从外表上看有正负极和电解质等，像一个蓄电池，但实质上它不能“储电”而是一个“发电厂”。只要不断供给燃料和氧化剂，就可以连续工作。因此航天事业中主要采用氢氧燃料电池。汽车工业中也开始采用燃料电池作为动力能源。若能大规模推广使用燃料电池作为能源，将会大大降低燃油汽车和飞机的尾气对人类和地球造成的污染。

燃料电池中的最佳燃料是氢，氢-氧燃料电池的电池图示和电池的反应为

$$C \mid H_2(g) \mid NaOH(aq) \mid O_2(g) \mid C$$

负极　$H_2(g)+2OH^- = 2H_2O+2e^-$

正极　$1/2O_2(g)+H_2O+2e^- = 2OH^-$

总反应　$H_2(g)+1/2O_2(g) = 2H_2O$

燃料电池涉及化学热力学、电化学、电催化、材料科学、电力系统及自动控制等学科的有关理论，具有发电效率高、环境污染少等优点。燃料电池具有以下特点：

① 能量转化效率高。它直接将燃料的化学能转化为电能，中间不经过燃烧过程，因而不受卡诺循环的限制。燃料电池系统的燃料-电能转换效率在 45%~60%，而火力发电和核电的效率大约在 30%~40%。

② 安装地点灵活。燃料电池电站占地面积小，建设周期短，电站功率可根据需要由电池堆组装，十分方便。燃料电池无论作为集中电站还是分布式电站，或是作为小区、工厂、大型建筑的独立电站都非常合适。

③ 负荷响应快，运行质量高。燃料电池在数秒钟内就可以从最低功率变换到额定功率。

由于燃料电池能将燃料的化学能直接转化为电能，因此，它没有像通常的火力发电机那样通过锅炉、汽轮机、发电机的能量形态变化，可以避免中间的转换的损失，达到很高的发电效率。

燃料电池作为一种高效且环境友好的发电方式，备受瞩目，目前已用于航天飞机、宇宙飞船和潜水艇。但目前燃料电池价格昂贵，且腐蚀严重，影响了燃料电池的推广使用。

5.15 金属的腐蚀与防护

(1) 金属的腐蚀

金属腐蚀一般分为两类：若金属的腐蚀是因为直接与化学物质发生反应从而导致的金属表面破坏，这种腐蚀为化学腐蚀，化学腐蚀没有电流产生；若是金属与其环境中其他物质形成原电池，金属作为阳极发生氧化反应而使金属受到破坏，这类腐蚀称为电化学腐蚀。金属的电化学腐蚀对金属的危害更大，下面讨论铁的电化学腐蚀情况。

析氢腐蚀：在酸性介质中，金属及制品发生析出氢气的腐蚀。例如：将铁浸入无氧的酸性介质中，发生如下电池反应：

阳极 $Fe \longrightarrow Fe^{2+} + 2e^-$

阴极 $2H^+ + 2e^- \longrightarrow H_2(g)$

总反应 $Fe + 2H^+ \longrightarrow Fe^{2+} + H_2(g)$

耗氧腐蚀：在金属腐蚀过程中由于要消耗氧而发生的腐蚀。例如：铁板处于弱酸性或中性介质中，在氧气存在下，发生如下电池反应：

阳极 $Fe \longrightarrow Fe^{2+} + 2e^-$

阴极 $1/2O_2(g) + H_2O + 2e^- \longrightarrow 2OH^-$

总反应 $Fe + 1/2O_2(g) + H_2O \longrightarrow Fe^{2+} + 2OH^-$

浓差腐蚀：当金属插入水或泥沙中时，由于金属与含氧量不同的液体或杂质接触，而氧电极的电势与氧的分压息息相关，导致金属各部分的电极电势不一样，从而导致金属腐蚀，这种腐蚀称为浓差腐蚀。浓差腐蚀在金属腐蚀中属比较常见的情况，例如，埋在沙土和黏土中的输油管，沙土干燥疏松，含氧量高，而黏土湿润紧密，含氧量少，形成浓差腐蚀，导致埋入黏土部分的钢管腐蚀加快。

(2) 金属腐蚀的防护

金属腐蚀的防护核心是防止腐蚀电池的形成，主要的方法有如下几种。

涂保护层防腐：在金属的表面覆盖一层紧密的保护层(如导电性差的金属氧化物、涂料、搪瓷和高分子材料等)，阻断腐蚀电池的形成。

金属镀层防腐：用电镀的方法在金属表面镀上一层耐腐蚀金属，如镀镍、锡和锌等。

牺牲阳极保护法：将电极电势较低的金属与被保护金属紧密连接起来，一旦形成腐蚀电池，电势较低的金属作为阳极被氧化，被保护金属作为阴极不被腐蚀。例如，在海船底上镶嵌含有少量铝或镉的锌合金，在形成微电池时，锌作为阳极而被氧化溶解，铁的船体作为阴极而不被腐蚀。

钝化保护法：将被保护金属作为电解池的阳极，插在一定的介质中使其氧化，并采用一定的设备不断使阳极电势升高，极化越来越严重，当电极电势增加到某一数值后，金属的表面生成一层耐腐蚀的钝化膜，使金属免受腐蚀的方法。化肥厂中的碳化塔就是用这种方法进行防腐的。

缓蚀剂法：对于那些不得不与介质接触的金属，设法改变介质的性质，防止或延缓金属的腐蚀，就是在介质中加缓蚀剂。缓蚀剂可大大降低金属的腐蚀速度，且缓蚀剂的用量很少，使用方便又经济，是一种常见的防腐方法。

模块六 化学动力学

对于化学反应，除了获得目标产物，我们还需要研究许多问题，例如：化学反应的速率有多大？从反应物到生成物的详细机理究竟如何？温度、压力、浓度和催化剂等各种外界因素对反应速率有何影响？如何控制反应条件，提高主反应的速率，以增加化工产品的产量？如何抑制或减慢副反应的速率，以减少原料的消耗，简化分离操作的过程，并提高产品的质量？如何避免危险品的爆炸、材料的腐蚀或产品的老化、变质？这些问题属于化学动力学的研究范畴。本模块将介绍动力学的一些基本概念、各类反应的特点及温度、压力、浓度等外界因素对反应速率的影响，认识和了解反应机理，使化学反应得以驾驭而造福于人类。

第一部分　基础知识

对一个化学反应，人们最关心的两个问题，一是在一定条件下它能否发生也就是变化的方向，以及变化的限度问题；二是变化的速率及机理问题。前者是化学热力学的研究范畴，后者是化学动力学的研究范畴。

通过热力学的研究，解决了化学反应的可能性问题，但无法解决化学反应的可行性。例如：在 298.15K 下，合成氨的反应 $\Delta_r G_m^{\ominus}<0$，按热力学的判据，在标准状态下此反应可以正向自发(可能性)，但实际上人们却无法在常温常压下合成氨(不可行性)。要将化学反应的可能性变成可行性，就要研究完成这个变化过程所需要的时间以及实现这一过程的具体步骤-机理。研究化学反应的速率和各种影响反应速率的因素，这就是化学动力学要讨论的主要内容。

在实际生产中，对化学反应的研究，动力学和热力学是相辅相成的。如果一个反应在热力学上已经判断是不可能发生的，再研究动力学的可行性是徒劳的。如果一个反应在热力学上判断是可能发生的，但速率太小，我们就可在动力学范畴采用一些手段使反应能顺利进行，并使之具备工业生产价值。

6-1　反应速率

(1) 反应速率

对于恒容反应，反应速率是指单位时间和单位体积内的反应进度，用符号 v 表示。单位为 $\mathrm{mol\cdot m^{-3}\cdot s^{-1}}$。

$$v \overset{\text{def}}{=} \frac{1}{V}\cdot\frac{\mathrm{d}\xi}{\mathrm{d}t}=\frac{1}{\nu_B V}\cdot\frac{\mathrm{d}n_B}{\mathrm{d}t}=\frac{1}{\nu_B}\cdot\frac{\mathrm{d}c_B}{\mathrm{d}t} \tag{6-1}$$

对于反应 $$aA+bB \longrightarrow yY+zZ$$

$$v=-\frac{1}{a}\cdot\frac{dc_A}{dt}=-\frac{1}{b}\cdot\frac{dc_B}{dt}=\frac{1}{y}\cdot\frac{dc_Y}{dt}=\frac{1}{z}\cdot\frac{dc_Z}{dt} \tag{6-2}$$

例如反应 $$N_2+3H_2 \longrightarrow 2NH_3$$

$$-\frac{dc_{N_2}}{dt}=-\frac{dc_{H_2}}{3dt}=\frac{dc_{NH_3}}{2dt}$$

说明：反应速率是强度量，与反应组分 B 的选取无关，但与计量式的写法有关。

(2) 反应物 A 的消耗速率及生成物 Z 的生成速率

为了研究方便，常采用：

反应物 A 的消耗速率 $$v_A \overset{\text{def}}{=} -\frac{dc_A}{dt} \tag{6-3}$$

生成物 Z 的生成速率 $$v_Z \overset{\text{def}}{=} -\frac{dc_Z}{dt} \tag{6-4}$$

说明：消耗速率和生成速率与反应组分 B 的选取有关。

(3) 用气体组分的分压表示的速率

对于理想气体的反应，有时也用压力随时间的变化来表示反应速率，

$$v_p=\frac{1}{v_B}\cdot\frac{dp_B}{dt}=\frac{RT}{v_B}\cdot\frac{dc_B}{dt}=RTv \tag{6-5}$$

6-2　反应速率的实验测定

要测定一个反应在某一时刻的反应速率，需要监测不同时刻反应物或产物的浓度，然后绘制 $c\sim t$ 曲线。如图 6-1 所示，曲线上某一点切线的斜率为 dc_B/dt，由此斜率即可求得相应时刻的反应速率。反应混合物浓度的测定有化学法和物理法。

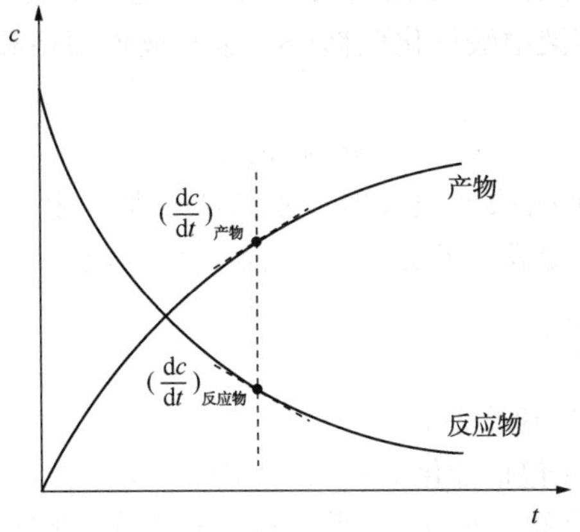

图 6-1　浓度随时间的变化

化学法：是在不同时刻取出一定量的样品通过骤冷、移去催化剂、稀释、加入阻化剂等方法使反应立即停止，再利用滴定、色谱、光谱等方法进行分析。优点：可直接测得浓度。缺点：要中止反应，操作烦琐。

物理法：是在反应过程中连续测定某种与反应组分浓度有关的物理量（如旋光度、折射率、电导率、压力、体积等），然后通过它们之间的关系换算成不同时刻的浓度。优点：不需中止实验，能快速实时监测。因而在动力学研究中得到广泛应用。

6-3 速率方程

速率方程又称动力学方程：表示反应速率与浓度等参数之间关系或浓度（转化率）等参数与时间关系的方程。前者称为速率方程的微分式或微分速率方程，后者称为速率方程的积分式或积分速率方程。

对于反应 $$aA+bB \longrightarrow yY+zZ$$

经实验测定，其速率方程为

$$v=-\frac{\mathrm{d}c_A}{a\mathrm{d}t}=kc_A^{\alpha}c_B^{\beta} \text{ 微分式} \tag{6-6}$$

$$c=f(k,\ t) \text{ 积分式} \tag{6-7}$$

6-4 反应级数

式（6-6）中的 α、β 称为 A 和 B 的分级数，反应的总级数 n 为各分级数的代数和：

$$n=\alpha+\beta+\cdots\cdots$$

说明：①反应级数 n 表示浓度对速率的影响程度。它可以是正数、负数、整数、分数及0。也有的反应速率方程较复杂，其浓度项的方次无法简单加和，则无法说出其反应级数的数值。例如 $\mathrm{d}[\mathrm{HBr}]/\mathrm{d}t=\dfrac{k[\mathrm{H_2}][\mathrm{Br_2}]^{1/2}}{1+k'[\mathrm{HBr}]/[\mathrm{Br_2}]}$，无法说出反应级数。$\alpha$、$\beta$ 与反应计量方程中的计量系数 a、b 没有必然的联系。

② 某些反应，当反应物之一的浓度很大，在反应过程中其浓度基本不变，则表现出的级数将有所改变。例如水溶液中酸催化蔗糖（S）水解成葡萄糖和果糖的反应：$S+H_2O \longrightarrow$ 产物，其速率方程为

$$v=kc_{\mathrm{s}}c_{\mathrm{H_2O}}$$

但当蔗糖浓度很小，水的浓度很大时，水的浓度基本上不变，有 $v=k'c_{\mathrm{s}}$，式中 $k'=kc_{\mathrm{H_2O}}$，则原来的二级反应，变成一级反应，称为假一级反应。

6-5 反应速率系数

式（6-6）中的 k 称为反应速率系数。

说明：①当反应确定后（包括催化剂），$k=f(T)$，k 只与温度有关，与浓度无关。

② 不同级数的反应 k 的单位不同。因此，可由 k 的单位推知反应的级数。

③ 如果用不同反应组分的浓度随时间的变化表示反应速率时，式（6-6）就变形为

$$v_A=-\frac{\mathrm{d}c_A}{\mathrm{d}t}=\alpha kc_A^{\alpha}c_B^{\beta}=k_Ac_A^{\alpha}c_B^{\beta} \tag{6-8}$$

式中 k_A——反应物 A 的速率系数，由式（6-8）可知，k_A 与 k 的关系为 $k=\dfrac{k_A}{a}$。

同理，对于反应 $aA+bB \longrightarrow yY+zZ$

有

$$\frac{k_A}{a}=\frac{k_B}{b}=\frac{k_Y}{y}=\frac{k_Z}{z} \tag{6-9}$$

对于合成氨的反应 $N_2+3H_2 \longrightarrow 2NH_3$

有

$$\frac{k_{N_2}}{1}=\frac{k_{H_2}}{2}=\frac{k_{NH_3}}{3}$$

6-6　零级反应

若反应的速率与反应物浓度的零次方成正比，则该反应为零级反应。常见的零级反应有光化学反应、表面催化反应和酶催化反应这几种类型，这些反应的速率通常由固体催化剂的有效表面活性位或酶的浓度决定，与反应物的浓度无关。例如：光化学反应，不管反应物 A 的浓度为若干，单位时间 A 反应速率是一个常数。

① 微分式：

$$-\frac{dc_A}{dt}=kc_A^0=k \tag{6-10}$$

② 积分式：对微分式转移变量，式(6-10)可转化为 $-\int_{c_{A,0}}^{c_A} d\,c_A = k\int_0^t dt$ 。整理积分可得零级反应的积分式：

$$c_A=c_{A,0}-kt \tag{6-11}$$

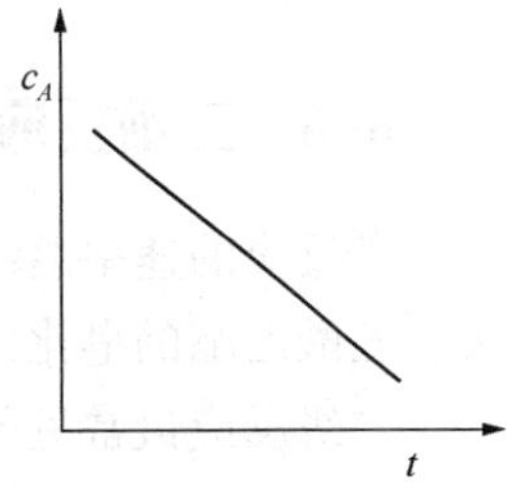

图 6-2　零级反应浓度与时间的关系

③ 四个重要特征：

k 的单位：$[c][t]^{-1}$；

直线关系：$c_A \sim t$，见图 6-2；

半衰期($t_{1/2}$)：反应物反应掉一半所需要的时间。将 $c_A=\frac{c_{A,0}}{2}$ 代入式(6-11)得

$$t_{1/2}=\frac{c_{A,0}}{2k} \tag{6-12}$$

式(6-12)表明：零级反应半衰期与反应物的初始浓度成正比。

速率与时间无关

$$-\frac{dc_A}{dt}=k \tag{6-13}$$

6-7　一级反应

对于只有一种反应物的反应，若反应的速率与反应物浓度的一次方成正比，则该反应为一级反应。常见的一级反应有放射性元素的蜕变、分子重排、五氧化二氮的分解等。

对于一级反应：$aA \longrightarrow$ 产物

① 微分式：

$$-\frac{dc_A}{dt}=k_Ac_A \tag{6-14}$$

② 积分式：对微分式转移变量，式(6-14)可转化为 $-\int_{c_{A,0}}^{c_A}\frac{\mathrm{d}c_A}{c_A}=k_A\int_0^t\mathrm{d}t$ 。整理积分可得一级反应的积分式：

$$\ln\frac{c_{A,0}}{c_A}=k_At \tag{6-15}$$

或

$$\ln\frac{1}{1-x_A}=k_At \tag{6-16}$$

或

$$c_A=c_{A,0}\mathrm{e}^{-k_At} \tag{6-17}$$

式中　x_A——某一时刻反应物 A 反应掉的分数称为该时刻反应物 A 的转化率。

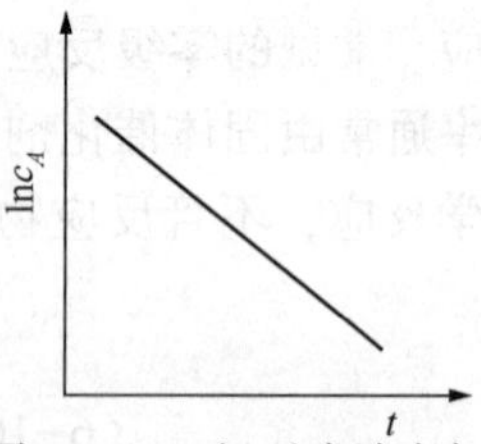

图 6-3　一级反应浓度与时间的关系

③ 三个重要特征：

k 的单位：$[t]^{-1}$；

直线关系：$\ln c_A \sim t$ ，见图 6-3；

将 $c_A=\frac{c_{A,0}}{2}$ 代入式(6-15)得

半衰期($t_{1/2}$)：

$$t_{1/2}=\frac{\ln 2}{k_A}=\frac{0.6931}{k_A} \tag{6-18}$$

式(6-18)表明：一级反应的半衰期与反应物的初始浓度无关。

6-8　二级反应

若反应的速率总级数 $n=2$，则该反应为二级反应。常见的二级反应有乙烯、丙烯的二聚，乙酸乙酯的皂化，碘化氢的热分解反应等。

二级反应最常见的速率方程有两种形式：

$$-\frac{\mathrm{d}c_A}{\mathrm{d}t}=kc_A^2,\quad -\frac{\mathrm{d}c_A}{\mathrm{d}t}=k_Ac_Ac_B$$

① $-\frac{\mathrm{d}c_A}{\mathrm{d}t}=k_Ac_A^2$ 型二级反应

分离变量：

$$-\int_{c_{A,0}}^{c_A}\frac{\mathrm{d}c_A}{c_A^2}=k_A\int_0^t\mathrm{d}t$$

整理后得

$$\frac{1}{c_A}-\frac{1}{c_{A,0}}=k_At \tag{6-19}$$

将 $c_A=c_{A,0}(1-x_A)$ 代入式(6-19)得

$$\frac{x_A}{c_{A,0}(1-x_A)}=kAt \tag{6-20}$$

式(6-19)和式(6-20)均为 $-\frac{\mathrm{d}c_A}{\mathrm{d}t}=k_Ac_A^2$ 型二级反应的积分方程。

三个重要特征：

k 的单位：$[c]^{-1}[t]^{-1}$；

直线关系：$\frac{1}{c_A}\sim t$ ，见图 6-4；

将 $c_A=\dfrac{c_{A,0}}{2}$ 代入式(6-19)得

半衰期($t_{1/2}$)：
$$t_{1/2}=\frac{1}{k_A c_{A,0}} \tag{6-21}$$

式(6-21)表明：二级反应的半衰期与反应物的初始浓度成反比。

② $-\dfrac{\mathrm{d}c_A}{\mathrm{d}t}=k_A c_A c_B$ 型二级反应

对于反应 $aA+bB \longrightarrow yY+zZ$，若反应物的起始浓度 $c_{A,0}$ 和 $c_{B,0}$ 满足 $\dfrac{c_{B,0}}{c_{A,0}}=\dfrac{b}{a}$，则任一时刻就会有 $\dfrac{c_B}{c_A}=\dfrac{b}{a}$，即 $c_B=\dfrac{b}{a}c_A$，将该式代入式 $-\dfrac{\mathrm{d}c_A}{\mathrm{d}t}=k_A c_A c_B$ 中，则有

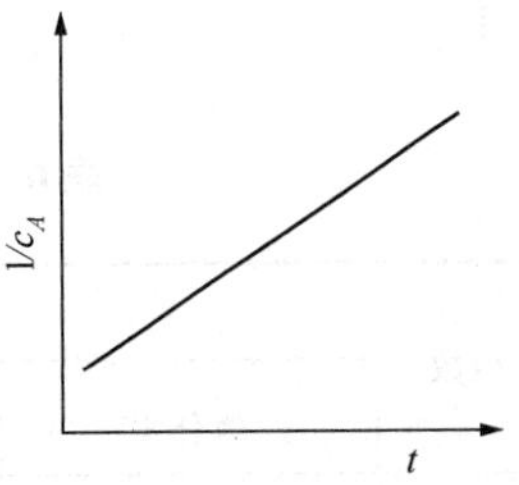

图 6-4　二级反应浓度与时间的关系

$$-\frac{\mathrm{d}c_A}{\mathrm{d}t}=k_A\left(\frac{b}{a}\right)c_A^2=k_A' c_A^2 \tag{6-22}$$

其中，$k_A'=k_A\left(\dfrac{b}{a}\right)$。式(6-22)的积分式为 $\dfrac{1}{c_A}-\dfrac{1}{c_{A,0}}=k_A' t$。形式与式(6-19)相似，包括其特征也与 $-\dfrac{\mathrm{d}c_A}{\mathrm{d}t}=k_A c_A^2$ 型的相似，只是速率系数不同而已。

说明：若反应物的起始浓度不满足 $\dfrac{c_{B,0}}{c_{A,0}}=\dfrac{b}{a}$，则式(6-22)不成立，比较复杂，在此不再讨论。

6-9　*n* 级反应

速率方程可以写成 $-\dfrac{\mathrm{d}c_A}{\mathrm{d}t}=k_A c_A^n$，且 $n\neq 1$ 的 n 级反应

① 微分式：
$$-\frac{\mathrm{d}c_A}{\mathrm{d}t}=k_A c_A^n \tag{6-23}$$

分离变量得 $-\displaystyle\int_{c_{A,0}}^{c_A}\frac{\mathrm{d}c_A}{c_A^n}=k_A\int_0^t \mathrm{d}t$；整理后得积分式。

② 积分式：
$$\frac{1}{n-1}\left(\frac{1}{c_A^{n-1}}-\frac{1}{c_{A,0}^{n-1}}\right)=k_A t \tag{6-24}$$

③ 三个重要特征：

k 的单位 $[c]^{1-n}[t]^{-1}$；

直线关系：
$$\frac{1}{c_A^{n-1}}\sim t$$

半衰期($t_{1/2}$)通式：
$$t_{1/2}=\frac{2^{n-1}-1}{(n-1)k_A c_{A,0}^{n-1}}\quad n\neq 1 \tag{6-25}$$

式(6-25)表明：n 级反应的半衰期与 $c_{A,0}^{n-1}$ 成反比。

说明：以下三种情况符合 $-\dfrac{\mathrm{d}c_A}{\mathrm{d}t}=k_A c_A^n$ 的条件：

① 一种反应物的情况；

② 多种反应物，但反应物的初始浓度与其计量系数成正比；

③ 反应 $aA+bB+\cdots \longrightarrow yY+zZ$(除 A 以外，其他反应物都大量或过量时)。

小结：将速率方程可以写成 $-\frac{dc_A}{dt}=k_A c_A^n$，且 $n\neq 1$ 的 n 级反应速率方程及特征小结列于表 6-1。

表 6-1　符合通式 $-\frac{dc_A}{dt}=k_A c_A^n$ 的各级反应的速率方程及其特征

级数	速率方程		特征		
	微分式	积分式	k_A 的单位	直线关系	$t_{1/2}$
0	$-\frac{dc_A}{dt}=k_A$	$c_A=c_{A,0}-k_A t$	$mol\cdot m^{-3}\cdot s^{-1}$	$c_A\sim t$	$\frac{c_{A,0}}{2k_A}$
1	$-\frac{dc_A}{dt}=k_A c_A$	$\ln\frac{c_{A,0}}{c_A}=k_A t$	s^{-1}	$\ln c_A\sim t$	$\frac{\ln 2}{k_A}$
2	$-\frac{dc_A}{dt}=k_A c_A^2$	$\frac{1}{c_A}-\frac{1}{c_{A,0}}=k_A t$	$(mol\cdot m^{-3})^{-1}\cdot s^{-1}$	$\frac{1}{c_A}\sim t$	$\frac{1}{k_A c_{A,0}}$
3	$-\frac{dc_A}{dt}=k_A c_A^3$	$\frac{1}{2}\left(\frac{1}{c_A^2}-\frac{1}{c_{A,0}^2}\right)=k_A t$	$(mol\cdot m^{-3})^{-2}\cdot s^{-1}$	$\frac{1}{c_A^2}\sim t$	$\frac{1}{2k_A c_{A,0}^2}$
n	$-\frac{dc_A}{dt}=k_A c_A^n$	$\frac{1}{n-1}\left(\frac{1}{c_A^{n-1}}-\frac{1}{c_{A,0}^{n-1}}\right)=k_A t$	$(mol\cdot m^{-3})^{1-n}\cdot s^{-1}$	$\frac{1}{c_A^{n-1}}\sim t$	$\frac{2^{n-1}-1}{(n-1)k_A c_{A,0}^{n-1}}$

6-10　速率方程的确定

(1) 积分法

先讨论 $v=-\frac{dc_A}{dt}=kc_A^n$ 形式的速率方程的确定。主要是确定 n 和 k 两个常数。

积分法又称尝试法，是利用速率方程的积分形式来确定速率方程的方法。积分法包括计算法和作图法。

计算法就是先假定反应为某一级数反应，将测得的 c-t 数据直接代入这个级数的积分速率方程中计算速率系数 k。如果符合，则假设准确，否则重新假设。

作图法是先假定反应为某一级数反应，将测得的 c-t 数据，代入该级数的速率方程的不定积分式中看是否呈线性关系，如果符合，则假设准确，否则重新假设。这种方法很烦琐，需要一次一次的作图。

积分法的优点是只要一次实验数据即可。缺点是不够灵敏，只适用于简单的整数级反应。

(2) 微分法

是利用速率方程的微分形式来确定速率方程的方法。微分法包括计算法和作图法。对式

$v=-\frac{dc_A}{dt}=kc_A^n$，两边取对数，有

$$\ln v=\ln\left(-\frac{dc_A}{dt}\right)=\ln k+n\ln c_A \tag{6-26}$$

计算法：如果由实验测定了在不同时刻的 v 和 c_A 值，则可以取两组数据，代入式(6-26)得

$$\ln v_1=\ln k+n\ln c_{A,1}$$
$$\ln v_2=\ln k+n\ln c_{A,2}$$

两式相减得

$$n=\ln(v_2/v_1)/\ln(c_{A,2}/c_{A,1}) \tag{6-27}$$

由式(6-27)解出 n，再将 v 和 c_A 数据代入式(6-26)就可求出 k。

作图法：从式(6-26)可知，通过实验测定不同时刻的 v 和 c_A 值，利用 $\ln v \sim \ln c_A$ 作图应为一直线，直线的斜率为 n，截距为 $\ln k$，从而求出 n 和 k。

微分法的优点不仅可适用整数级的反应，也适用分数级数的反应。缺点是利用 $c-t$ 图上某点切线的斜率求反应速率，可能引起误差较大。

(3) 半衰期法

$n(n\neq1)$级反应的半衰期为 $t_{1/2}=\frac{2^{n-1}-1}{(n-1)k_Ac_{A,0}^{n-1}}$，对其两边取对数，得

$$\ln t_{1/2}=\ln\frac{2^{n-1}-1}{(n-1)k_A}+(1-n)\ln c_{A,0} \tag{6-28}$$

由式(6-28)可知，对同一反应测得一系列不同 $c_{A,0}$ 下(其他条件相同)的半衰期 $t_{1/2}$，并用 $\ln t_{1/2}\sim\ln c_{A,0}$ 作图，应得一直线，直线的斜率为$(1-n)$，求得 n，再代入其积分式中，即可求得 k。

同样也可以从实验数据中任取两组 $t_{1/2}\sim c_{A,0}$ 数据，代入式(6-28)中，整理后得

$$n=1-\frac{\ln\{t'_{1/2}/t_{1/2}\}}{\{c'_{A,0}/c_{A,0}\}} \tag{6-29}$$

此方法适用于$(n\neq1)$的任何整数级及分数级的反应。且此方法并不仅限于半衰期，也可适用于反应物反应 1/4、1/3、2/3 等的时间代替半衰期。

(4) 隔离法

以上三种方法适用于 $v=-\frac{dc_A}{dt}=kc_A^n$ 形式的速率方程，对于 $v=-\frac{dc_A}{dt}=kc_A^{\alpha}c_B^{\beta}c_C^{\gamma}\cdots$形式的速率方程，为确定各组分的分级数常采用隔离法和初速率法。

除了要确定反应分级数的组分，如 A 外，还应使其他组分均保持大量过剩，即 $c_{B,0}\gg c_{A,0}$，$c_{C,0}\gg c_{A,0}$等，其余组分的浓度在反应过程中可视为常数，速率方程可写成

$$v=-\frac{dc_A}{dt}=kc_A^{\alpha}c_B^{\beta}c_C^{\gamma}\cdots=(kc_B^{\beta}c_C^{\gamma}\cdots)c_A^{\alpha}=k'c_A^{\alpha}$$

$k'=(kc_B^{\beta}c_C^{\gamma}\cdots)$，于是采用前述三种方法之一，确定分级数 α。同理，确定组分 B 和 $C\cdots$等的分级数 β 和 $\gamma\cdots$等。

（5）初速率法

要确定$\upsilon=-\frac{dc_A}{dt}=kc_A^{\alpha}c_B^{\beta}c_C^{\gamma}\cdots$的速率方程，还可采用初速率法。

除了组分 A 的浓度 $c_{A,0}$外，其他组分的浓度 $c_{B,0}$、$c_{C,0}\cdots$均保持不变，测得两种不同 $c_{A,0}$下的反应初始速率υ_0，代入$\upsilon=-\frac{dc_A}{dt}=kc_A^{\alpha}c_B^{\beta}c_C^{\gamma}\cdots$，可得

$$\upsilon_0(1)=kc_{A,0}^{\alpha}(1)c_{B,0}^{\beta}c_{C,0}^{\gamma}\cdots$$
$$\upsilon_0(2)=kc_{A,0}^{\alpha}(2)c_{B,0}^{\beta}c_{C,0}^{\gamma}\cdots$$

两式相除，得

$$\frac{\upsilon_0(1)}{\upsilon_0(2)}=\left[\frac{c_{A,0}(1)}{c_{A,0}(2)}\right]^{\alpha}$$

两边取对数，整理后有

$$\alpha=\frac{\ln[\upsilon_0(1)/\upsilon_0(2)]}{\ln[c_{A,0}(1)/c_{A,0}(2)]} \tag{6-30}$$

同样方法，确定组分B和$C\cdots$等的分级数β和$\gamma\cdots$等。然后将υ_0、$c_{A,0}$、$c_{B,0}$、$c_{C,0}\cdots$以及α、β、$\gamma\cdots$等数据代入，可求出速率系数k。

6-11　基元反应和非基元反应

如果一个化学反应的反应物分子在碰撞过程中的直接作用，并即刻转化为产物分子，这种通过一步就完成的化学反应称为基元反应(或基元过程)，否则就是非基元反应(也称为总包反应或表观反应)。例如，氢气与碘的气相反应，其计量方程为

$$H_2+I_2 \longrightarrow 2HI$$

经研究证明，该反应不是一步完成的，而要经历了以下几个反应步骤：

$$①I_2+M^0\longrightarrow I\cdot+I\cdot+M_0$$
$$②H_2+I\cdot+I\cdot\longrightarrow HI+HI$$
$$③I\cdot+I\cdot+M_0\longrightarrow I_2+M^0$$

式中，M^0为气体中存在的高能分子；M_0为低能分子，I·代表自由碘原子，反应①~③都是一步完成的，每个都是一个基元反应，而总的反应 $H_2+I_2\longrightarrow 2HI$ 为非基元反应。

反应机理(或反应历程)：所有基元反应加在一起，表明了从反应物到产物所经历的过程称为反应机理(或反应历程)。例如上述三个基元反应就构成了 $H_2+I_2\longrightarrow 2HI$ 反应的反应机理。

说明：①反应机理中各基元反应的代数和应等于总的计量方程，这是判断一个机理是否正确的先决条件。

②化学反应方程，除非特别注明，一般都属于化学计量方程，只代表计量关系而不代表基元反应。

6-12　反应分子数和质量作用定律

反应分子数：在基元反应中，反应物分子的总数。

质量作用定律：基元反应的速率与各反应物浓度积成正比，其中各浓度项的方次即为反

应方程中反应物的计量系数。例如，基元反应的计量方程大致有以下三类：

$A \longrightarrow$ 产物	单分子反应	$v=kc_A$
$A+B \longrightarrow$ 产物　或　$2A \longrightarrow$ 产物	双分子反应	$v=kc_Ac_B$ 或 $v=kc_A^2$
$A+B+C \longrightarrow$ 产物　或　$2A+B \rightarrow$ 产物	三分子反应	$v=kc_Ac_Bc_C$ 或 $v=kc_A^2c_B$

说明：①反应分子数和质量作用定律只有基元反应才有的概念。

② 反应分子数的分子是指广义上的微观粒子，可是分子、原子、离子、自由基等。

③ 反应分子数是一个微观的概念，其数值一般只有 1、2 或 3。因为不可能有零分子反应，暂时还没有见过 4 分子反应，3 个分子碰在一起反应已经是很少见了。基元反应可分为三类：单分子反应，双分子反应和三分子反应。大多数的基元反应为双分子反应；在分解反应或异构化反应中，可能出现单分子反应；三分子反应数目更少，一般只出现在原子复合或自由基复合反应中。

④ 对于基元反应，其反应方程计量关系是不能随意按比例扩大缩小的。

6-13　温度对反应速率的影响

实验证明，大多数反应的速率随温度的升高而增大(也有个例)。从速率方程 $v=kc_A^{\alpha}c_B^{\beta}$ 可知，温度只能通过 k 来影响反应速率，这说明 $k=f(T)$，故研究温度对速率的影响，就是讨论 k 与 T 的关系，即范特霍夫规则和阿累尼乌斯方程。

范特霍夫经验规则：

$$k(T+10K)/k(T)\approx 2\sim 4 \tag{6-31}$$

即反应温度每升高 10K，反应速率常数增加为原来的 2~4 倍。

阿累尼乌斯在总结前人实验的基础上，提出了更为精确的定量描述速率常数 k 与温度 T 的经验关系式。

阿累尼乌斯方程：

微分式：
$$\frac{\mathrm{d}\ln k}{\mathrm{d}T}=\frac{E_a}{RT^2} \tag{6-32}$$

定积分式：
$$\ln\frac{k_2}{k_1}=-\frac{E_a}{R}\left(\frac{1}{T_2}-\frac{1}{T_1}\right) \tag{6-33}$$

不定积分式：
$$\ln k=-\frac{E_a}{RT}+\ln_A \tag{6-34}$$

指数式：
$$k=A\mathrm{e}^{-E_a/RT} \tag{6-35}$$

式(6-32)~式(6-35)中 E_a 是阿伦尼乌斯活化能，单位为 $\mathrm{J\cdot mol^{-1}}$；A 称为指前因子，单位与 k 相同，阿仑尼乌斯认为 A 和 E_a 都是与温度无关的经验常数。阿伦尼乌斯方程适用于基元反应和非基元反应，甚至某些非均相反应；也可以用于描述一般的速率过程如扩散过程等。

讨论：从指数式可以得出，①E_a 越大，k 越小，反应越慢；例如同一反应加催化剂前后，加催化剂前 E_a 较大，加催化剂后 E_a 变小了，k 变大了，反应速率加快；②随着 T 的升高，k 也增大，即反应速率加快。

从微分式可以得出，③活化能越高，随温度的升高反应速率增加得越快；④ 若同时存在几个反应，则高温对活化能高的反应有利，低温对活化能低的反应有利。

R33 阿伦尼乌斯

6-14 典型的复合反应

复合反应是指由两个或两个以上基元反应组合形成的总包反应。典型的组合方式有三类：对行反应、平行反应和连串反应。有时这三类还可以再进一步进行更复杂的组合。下面分别讨论 3 种典型复合反应的速率方程及特点。

(1) 对行反应

正向和逆向同时进行的反应，称为对行反应，或称对峙反应。原则上，一切反应都是对行的，但是当偏离平衡状态很远时，逆向反应往往可以忽略不计。

以正、逆向均为一级的基元反应为例。

$$A \underset{k_{-1}}{\overset{k_1}{\rightleftharpoons}} B$$

$$\begin{array}{lll} t=0 & c_{A,0} & 0 \\ t=t & c_A & c_B=c_{A,0}-c_A \\ t=\infty & c_{A,e} & c_{B,e}=c_{A,0}-c_{A,e} \end{array}$$

式中 k_1，k_{-1}——正、逆反应的速率系数；

$c_{A,0}$——A 的初始浓度；

$c_{A,e}$，$c_{B,e}$——A、B 的平衡浓度。

B 的初始浓度为 $c_{B,0}=0$。净速率等于正、逆向速率之差，即

$$-\mathrm{d}c_A/\mathrm{d}t=v_+-v_-=k_1c_A-k_{-1}(c_{A,0}-c_A) \tag{6-36}$$

达平衡时正、逆向速率相等。

$$v_+=v_- \qquad k_1c_{A,e}=k_{-1}c_{B,e}$$

$$\frac{c_{B,e}}{c_{A,e}}=\frac{c_{A,0}-c_{A,e}}{c_{A,e}}=\frac{k_1}{k_{-1}}=K_c \tag{6-37}$$

式中 K_c——反应的平衡常数。

将式 $\mathrm{d}c_A=\mathrm{d}(c_A-c_{A,e})$ 及式(6-37)代入式(6-36)，得

$$-\mathrm{d}(c_A-c_{A,e})/\mathrm{d}t=(k_1+k_{-1})(c_A-c_{A,e}) \tag{6-38}$$

积分

$$\ln\frac{c_{A,0}-c_{A,e}}{c_A-c_{A,e}}=(k_1+k_{-1})t \tag{6-39}$$

式(6-39)是一级对行反应的积分速率方程。

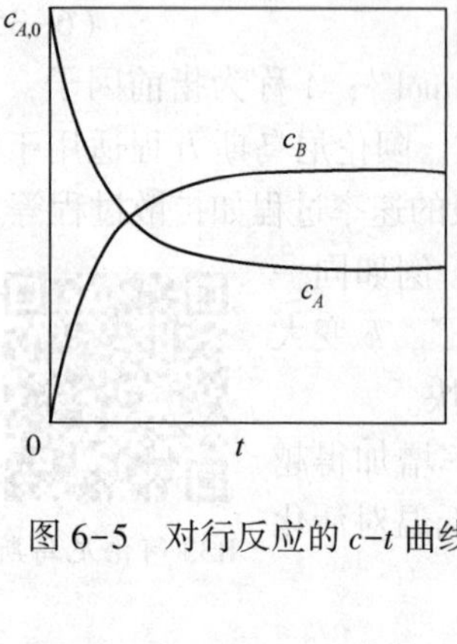

图 6-5 对行反应的 c-t 曲线

对行反应的 c-t 关系如图 6-5 所示。从图中可以看出，对行反应的主要特点：经过足够长的时间，反应物和产物的浓度分别趋近它们的平衡浓度，不再随时间变化。

(2) 平行反应

反应物能同时进行几个不同的反应，这种反应称为平行反应。例如，苯酚的硝化反应，可同时得到邻、间和对三种硝基苯酚。平行反应中，通常把生成主要产物的反应称为主反应，其余的反应称为副反应。

以两个反应都是一级的平行反应为例：

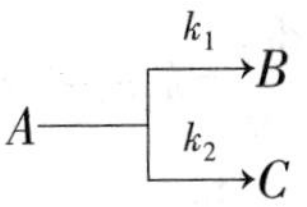

有
$$\frac{\mathrm{d}c_B}{\mathrm{d}t}=k_1c_A \tag{6-40}$$

$$\frac{\mathrm{d}c_C}{\mathrm{d}t}=k_2c_A \tag{6-41}$$

总反应速率为

$$-\frac{\mathrm{d}c_A}{\mathrm{d}t}=\frac{\mathrm{d}c_B}{\mathrm{d}t}+\frac{\mathrm{d}c_C}{\mathrm{d}t}=k_1c_A+k_2c_A \tag{6-42}$$

积分上式
$$\ln c_{A,0}/c_A=(k_1+k_2)t \tag{6-43}$$

式(6-40)和式(6-43)分别为一级平行反应速率方程的微分式和积分式。速率由推导过程可以推论，无论反应由几个平行反应组成，也无论平行反应是几级，只要它们的微分方程形式一样，则该平行反应的积分速率方程就表现为相应简单反应的对应形式。只是速率系数为各平行反应的速率系数之和。

将式(6-40)和式(6-41)相除：

$$\frac{\mathrm{d}c_B}{\mathrm{d}c_C}=\frac{k_1}{k_2} \tag{6-44}$$

如果 $c_{B,0}=0$，$c_{C,0}=0$ 为，则上式分离变量，积分得

$$\frac{c_B}{c_C}=\frac{k_1}{k_2} \tag{6-45}$$

平行反应的主要特点：对级数相同的平行反应，当各产物的起始浓度为零时，在任一瞬间，各产物浓度之比等于速率系数之比。但应注意，有的平行反应，其级数并不相同，当然不会有上述特征。

由于副反应的存在，不仅浪费原料，还会造成产物分离的困难，因此要设法尽量抑制副反应的进行。按式(6-45)，若 B 是主产物，想要提高二者浓度比值，就要提高相应的速率系数的比值。常用以下两种方法：① 是调节反应温度，几个平行反应的活化能往往不同，根据阿伦尼乌斯方程，升高温度对活化能大的反应速率系数升高得多；②提高催化剂的选择性，不同的催化剂有时也能只加速某一反应。

一级平行反应的 c-t 关系如图 6-6 所示。

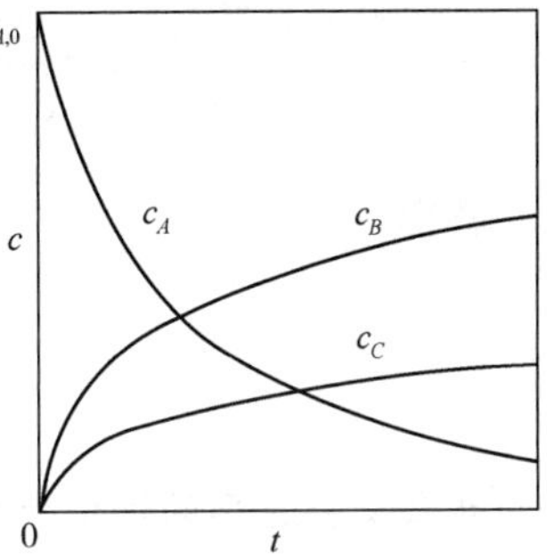

图 6-6　平行反应的 c-t 曲线

(3) 连串反应

凡是反应所产生的物质，能再起反应而产生其他物质者，称为连串反应，或称连续反应。这里只考虑两个一级基元反应所组成的最简单单向连串反应。

$$A\xrightarrow{k_1}B\xrightarrow{k_2}C$$

由于 B 在反应开始前及反应结束后均不出现，故为中间体。该连串反应的速率方程：

$$\frac{\mathrm{d}c_A}{\mathrm{d}t}=-k_1c_A \tag{6-46}$$

$$\frac{dc_B}{dt}=k_1c_A-k_2c_B \tag{6-47}$$

$$\frac{dc_C}{dt}=k_2c_B \tag{6-48}$$

设 A 的初始浓度 $c_{A,0}$，B 和 C 的初始浓度均为 0。则任一时刻 A、B、C 的浓度和为 $c_A+c_B+c_C=c_{A,0}$，联立式(6-46)～式(6-48)解得

$$c_A=c_{A,0}e^{-k_1t} \tag{6-49}$$

$$c_B=\frac{k_1c_{A,0}}{k_2-k_1}(e^{-k_1t}-e^{-k_2t}) \tag{6-50}$$

$$c_C=c_{A,0}\left[1-\frac{1}{k_2-k_1}(k_2e^{-k_1t}-k_1e^{-k_2t})\right] \tag{6-51}$$

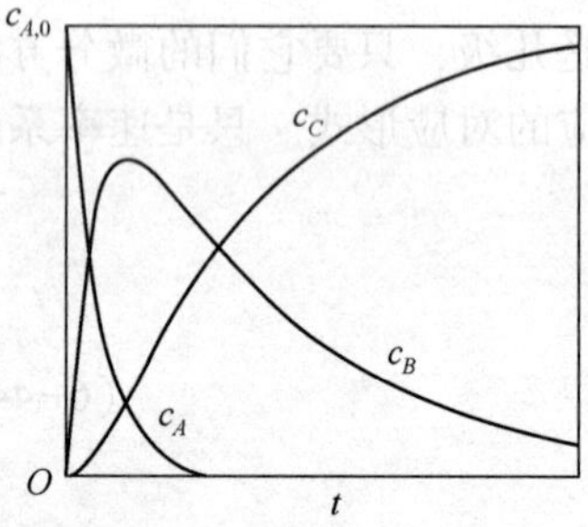

图6-7　连串反应的 c-t 图

将式(6-49)～式(6-51)所表示的 c-t 关系绘成曲线如图6-7所示。

连串反应的主要特点：由图 6-7 可知，随着反应的进行，中间产物 B 的 c-t 曲线出现一个极大值。反应物 A 的浓度越来越小，产物 C 的浓度越来越大。这是因为开始时，由于 $c_A \gg c_B$，因此连串反应中第一步反应的速率远远大于第二步的速率，结果使第一步反应产物 B 的浓度不断增大，第二步反应的速率便逐渐加快，与此同时第一步反应速率则由于 A 的浓度的下降而逐渐减慢。当反应进行到一定时刻，第二步速率超过第一步时，B 的消耗速率超过了其生成速率，则 B 的浓度开始逐渐减少。

若中间物是目标产物，则 c_B 达到极大值 $c_{B,\max}$ 的时间，称为最佳反应时间 $t_{\max}$。连串反应在 c_B-t 曲线的极大值处有 $\frac{dc_B}{dt}=0$，根据式(6-50)，得

$$\frac{dc_B}{dt}=\frac{k_1c_{A,0}}{k_2-k_1}(-k_1e^{-k_1t}+k_2e^{-k_2t})=0 \tag{6-52}$$

解得

$$t_{\max}=-\frac{\ln(k_1/k_2)}{k_1-k_2} \tag{6-53}$$

$$c_{B,\max}=c_{A,0}\left(\frac{k_1}{k_2}\right)^{\frac{k_2}{k_2-k_1}} \tag{6-54}$$

复杂反应速率的近似处理法见拓展阅读 6.1。

6-15　活化能

(1) 活化能

E_a 的定义式为

$$E_a \overset{\text{def}}{=} RT^2\frac{d\ln k}{dT} \tag{6-55}$$

阿累尼乌斯在解释他的经验方程式时，首先提出活化能概念。他认为在反应系统中，并非所有互相碰撞的反应物分子都立刻发生反应，而只有部分具有足够高能量的分子才发生反

应。这部分分子称为活化分子，它们所处的状态称为活化状态。普通的反应物分子必须吸收足够的能量才能变成活化分子，这个能量叫活化能。

后来 Tolman 用统计平均的概念对基元反应的活化能下了一个定义：活化分子的平均能量与反应物分子平均能量的差值，如图 6-8 所示。而复合反应的活化能无法用简单的图形表示，它只是组成复合反应的各基元反应活化能的特定组合。

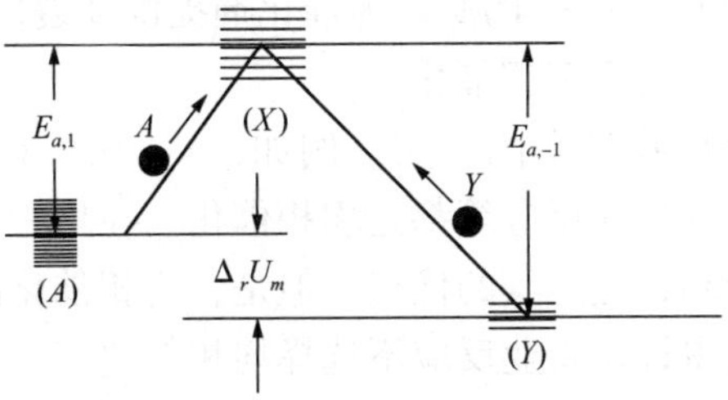

图 6-8　基元反应活化能示意图

(2) 活化能与反应热的关系

对于一个正向、逆向都能进行的反应

$$A+B \underset{k_{-1}}{\overset{k_1}{\rightleftharpoons}} Y+Z$$

设正逆反应的速率系数分别为 k_1 和 k_{-1}，平衡常数为 K_c，当反应达平衡时，正逆反应速率相等，有

$$k_1 c_A c_B = k_{-1} c_Y c_Z$$

$$K_c = \frac{c_Y c_Z}{c_A c_B} = \frac{k_1}{k_{-1}}$$

按阿伦尼乌斯方程　$$\frac{\mathrm{dln}k_1}{\mathrm{d}T} = \frac{E_{a,1}}{RT^2},\quad \frac{\mathrm{dln}k_{-1}}{\mathrm{d}T} = \frac{E_{a,-1}}{RT^2}$$

有　$$\frac{\mathrm{dln}(k_1/k_{-1})}{\mathrm{d}T} = \frac{E_{a,1}-E_{a,-1}}{RT^2}$$

将此式与化学反应的范特霍夫方程式

$$\frac{\mathrm{dln}K_c}{\mathrm{d}T} = \frac{\Delta_r U_m}{RT^2}$$

对比，可以得出　$$E_{a,1}-E_{a,-1} = \Delta_r U_m \tag{6-56}$$

表观速率系数与表观活化能见拓展阅读 6.2；链反应见拓展阅读 6.3。

6-16　催化作用的基本概念

催化剂：存在少量就能显著地改变化学反应的速率，而本身并不损耗的物质。据统计在化工生产和石油炼制等过程中，90%以上的反应用到催化剂。

正催化剂：明显加快正反应速率的催化剂。

负催化剂(阻化剂)：明显降低正反应速率的催化剂。

主催化剂：催化剂中起主要活性作用的组分。如合成氨催化剂 K_2O-Fe/Al_2O_3 中的 Fe，催化剂中如果没有 Fe，其对合成氨的催化作用几乎完全失去。

助催化剂：本身对反应基本上没有催化作用，但加入催化剂后可显著提高主催化剂的活性(如合成氨催化剂 K_2O-Fe/Al_2O_3中的 K_2O)或延长主催化剂的使用寿命。

载体：主要对主催化剂和助催化剂起分散作用。有的催化反应，催化剂载体也参与催化过程，与主催化剂协同催化目的反应过程。例如，在汽油的铂重整催化过程中所用的 Pt/Al_2O_3双功能催化剂，其载体 Al_2O_3的酸位为催化剂提供烃裂化功能。

催化反应的分类：均相催化和多相催化。

均相催化：催化剂与反应物处在同一相。例如，NO 在气相催化 SO_2在 O_2中的氧化反应，硫酸催化羧酸与醇发生的酯化反应等都是均相催化。在均相催化中催化剂能最大限度地与反应物接触，催化效率最高，这是其的优点。但是，均相催化的缺点是，催化剂难于与产物分离以实现再利用，这使得许多工业反应不选择均相催化。

多相催化(非均相催化)：催化剂与反应组分不处在同一相。例如，在合成氨的催化反应系统中，选用固体催化剂 K_2O-Fe/Al_2O_3。多相催化的优、缺点刚好与均相催化相反。

6-17 催化剂的基本特征

(1) 催化剂不能改变反应方向和限度

催化剂不能改变反应方向，也就不能改变反应的$\Delta_r G_m$，催化剂不能使热力学认为不能发生的反应进行。因此，在指定条件下，经热力学判断认为不能发生的反应，则不必去找催化剂。

另外，催化剂也不能改变反应限度，即不能改变平衡的组成。例如，在一定条件下，某反应达到平衡时，产物的平衡含量为 35%，加入催化剂不会使产物的平衡含量提高。平衡组成是由平衡常数决定的，因此也改变不了平衡常数。

(2) 催化剂同时加快正、逆反应速率，缩短达平衡时间

对可逆反应，其总平衡常数 $K_c=\dfrac{k_1}{k_{-1}}$。如上段所述，催化剂不能改变平衡常数的数值 K_C；因此，催化剂若可以加快正向反应的速率系数，则必然同时加快逆向反应的速率。

(3) 催化剂加快反应的本质

催化剂加快反应的本质是参与催化反应，改变了反应机理，降低了反应的表观活化能，但反应终了时，催化剂的化学性质和数量都不变。基元反应 $A+B \longrightarrow AB$，在未加催化剂时，反应活化能如图 6-9 中 E_0所示，加入催化剂 K 以后，因催化剂参与了反应，设其反应机理为

$$A+K \underset{k_{-1}}{\overset{k_1}{\rightleftharpoons}} AK \quad \text{快速平衡}$$

$$AK+B \overset{k_2}{\rightleftharpoons} AB+K \quad \text{慢反应}$$

由平衡态近似法：

$$K_c=\frac{k_1}{k_{-1}}=\frac{c_{AK}}{c_A c_K}$$

$$\frac{\mathrm{d}c_{AB}}{\mathrm{d}t}=k_2 c_{AK} c_B=k_2\frac{k_1}{k_{-1}}c_K c_A c_B=k c_A c_B$$

$$k=k_2\frac{k_1}{k_{-1}}c_K$$

因催化剂参与了反应，但反应前后催化剂的浓度不变，因此将其归到表观速率系数项，根据表观速率系数与基元反应速率系数之间的关系，得知表观活化能与基元反应活化能之间的关系为 $E_a=E_{a,1}+E_{a,2}-E_{a,-1}$，如图 6-9 所示催化反应的表观活化能 E_a 的数值远小于不加催化剂时的活化能 E_0，因此在指前因子变化不大的情况下，反应速率显然是要增加的。

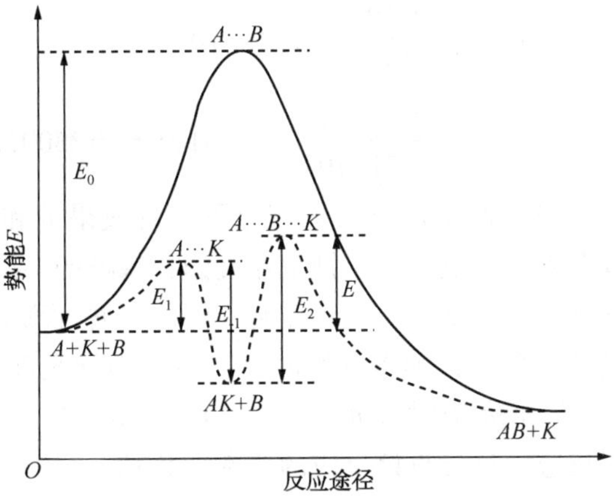

图 6-9　活化能与反应路径示意图

(4) 催化剂有特殊的选择性

对于不同类型的反应，需要选择不同的催化剂，如用于氧化反应的催化剂显然与用于脱氢反应的催化剂不同，即使对于同一类型的反应，如果反应物不同，有时所用的催化剂也不同。例如，同是氧化反应，将 $SO_2(g)$ 氧化成 $SO_3(g)$ 的反应，用的是 $V_2O_5(s)$ 作催化剂：而将乙烯氧化成环氧乙烷的反应，却用的是 Ag(s) 作催化剂。

$$\text{催化剂的选择性}=\frac{\text{转化为目标产品的原料量}}{\text{原料总转化量}}\times100\% \tag{6-57}$$

另外，对于同样的反应物，如果用的催化剂不同。则得到的产物也不同。例如，乙烯氧化反应，如果用钯作催化剂，则产物就不再是环氧乙烷，而是乙醛。由此可见，在研制催化剂时，务必要认定目标，既要使催化剂有高的活性，又要具有好的选择性，以便得到更多的目标产物，在此前提下，再来考虑制备成本和使用是否方便等其他因素。

R34 张大煜

第二部分　典型例题

【例 6-1】　某放射性元素 *A* 经 14.0 天后，活性下降了 6.85%。试求该放射性元素 *A* 的半衰期。若该元素分解掉 90%，需要多长时间？

解：放射性元素的蜕变是一级反应。

$$k_1=\frac{1}{t}\ln\frac{1}{1-x}=\frac{1}{14(\mathrm{d})}\ln\frac{1}{1-6.85\%}=5.07\times10^{-3}(\mathrm{d}^{-1})$$

$$k_{1/2}=\frac{\ln 2}{k_1}=\frac{\ln 2}{5.07\times10^{-3}(\mathrm{d}^{-1})}=136.7(\mathrm{d})$$

$$t=\frac{1}{k_1}\ln\frac{1}{1-x}=\frac{1}{5.07\times10^{-3}(\mathrm{d}^{-1})}=\ln\frac{1}{1-0.9}=454.2(\mathrm{d})$$

【例 6-2】 放射性^{14}C的一级衰变的半衰期为5720年，考古考察一具古尸上裹的亚麻布碎片，其^{14}C为正常值的67.0%，估算此尸体的埋葬时间。

解：因是一级反应，有 $k=\frac{\ln 2}{t_{1/2}}=\frac{0.693}{5720(\mathrm{a})}=1.21\times10^{-4}(\mathrm{a}^{-1})$

$$t=-\frac{1}{k}\ln\frac{C_A}{C_{A,0}}=-\frac{1}{1.21\times10^{-4}(\mathrm{a}^{-1})}\times\ln 0.67=3300(\mathrm{a})$$

【例 6-3】 用旋光度法可以测定蔗糖在酸催化下水解成果糖和葡萄糖反应的速率系数和半衰期。已知蔗糖和葡萄糖是右旋的，果糖是左旋的，果糖的左旋大于葡萄糖的右旋，随反应的进行，整个溶液的旋光度是从右旋变到左旋，因此可通过测量溶液的旋光度监测反应进程。在一定T和一定的酸浓度下，测得开始时反应系统的旋光度为6.60°，80min之后旋光度为3.71°。到蔗糖水解基本完毕时旋光度为-1.98°。由于反应中水的量远大于蔗糖的量，因此该反应为假一级反应。试计算该反应的速率系数和半衰期。

解：由于溶液的浓度与旋光度呈线性关系，用$(\alpha_0-\alpha_\infty)$代表反应开始时的浓度，用$(\alpha_t-\alpha_\infty)$代表反应在t时刻的浓度。

$$k=\frac{1}{t}\ln\frac{C_{A,0}}{C_A}=\frac{1}{t}\ln\frac{\alpha_0-\alpha_\infty}{\alpha_t-\alpha_\infty}=\frac{1}{80\mathrm{min}}\ln\frac{6.60+1.98}{3.71+1.98}=5.13\times10^{-3}(\mathrm{min}^{-1})$$

$$t_{1/2}=\frac{\ln 2}{k_1}=\frac{\ln 2}{5.13\times10^{-3}\mathrm{min}^{-1}}=135(\mathrm{min})$$

【例 6-4】 某二级反应 $A+B\longrightarrow C+D$，设反应在355℃下进行，反应物的起始浓度为$C_{A,0}=C_{B,0}=1.2\mathrm{mol\cdot dm^{-3}}$，反应经过1.6h取样分析测得$C_B=0.109\mathrm{mol\cdot dm^{-3}}$。试求该温度下反应的速率系数及$A$的转化率达95%所需要的时间？

解：由于反应物的初始浓度与计量系数之比相同，因此，该二级反应的速率方程可写为

$$k_A=\frac{1}{t}\left(\frac{1}{c_A}-\frac{1}{c_{A,0}}\right)=\frac{1}{1.6}\left(\frac{1}{0.109}-\frac{1}{1.2}\right)=5.21(\mathrm{mol^{-1}\cdot dm^3\cdot h^{-1}})$$

$$t=\frac{1}{k_A}\left(\frac{1}{c_A}-\frac{1}{c_{A,0}}\right)=\frac{1}{k_A}\left[\frac{1}{c_{A,0}(1-x_A)}-\frac{1}{c_{A,0}}\right]=\frac{1}{5.21\times1.2}\left(\frac{1}{1-0.95}-1\right)=3.04(\mathrm{h})$$

【例 6-5】 400K时，在一恒容的抽空容器中，按化学计量比引入反应物$A(\mathrm{g})$和$B(\mathrm{g})$，进行如下气相反应：$A(\mathrm{g})+2B\longrightarrow Z$。测得反应开始时，容器内总压为3.36kPa反应进行1000s后总压降至2.12kPa。已知其微分速率方程为$-\frac{\mathrm{d}p_A}{\mathrm{d}t}=k_{p,A}p_A^{1.5}p_B^{0.5}$。求速率常数$k_{p,A}$，$k_{p,B}$及半衰期。

解：根据题给数据，初始时A、B的物质的量存在关系$n_{B,0}=2n_{A,0}$，故初始分压$p_{B,0}=2p_{A,0}$。由于A、B的初始压力之比等于其计量数之比，因此在反应的任一时刻都有$p_B=2p_A$。于是

$$-\frac{\mathrm{d}p_A}{\mathrm{d}t}=k_{p,A}p_A^{0.5}p_B^{1.5}=k_{p,A}p_A^{0.5}(2p_A)^{1.5}=2^{1.5}k_{p,A}p_A^2=k'_{p,A}p_A^2$$

积分式为
$$\frac{1}{p_A}-\frac{1}{p_{A,0}}=k'_{p,A}t$$
以 p_0 代表 $t=0$ 时的总压，p_t 代表 $t=t$ 时的总压，则不同时刻各组分的分压及总压如下：

$$A(g)+2B(g)\longrightarrow Z(g)$$

$t=0$	$p_{A,0}$	$2p_{A,0}$	0	$p_0=3p_{A,0}$
$t=t$	p_A	$2p_A$	$p_{A,0}-p_A$	$p_t=2p_A+p_{A,0}$

于是求得
$$p_{A,0}=p_0/3=3.36\text{kPa}/3=1.12\text{kPa}$$
$$t=1000\text{s 时 } p_A=(p_1-p_{A,0})/2=\frac{2.12\text{kPa}-1.12\text{kPa}}{2}=0.5\text{kPa}$$
因此
$$k'_{p,A}=\frac{1}{t}\left(\frac{1}{p_A}-\frac{1}{p_{A,0}}\right)=\frac{1}{1000\text{s}}\left(\frac{1}{0.5\text{kPa}}-\frac{1}{1.12\text{kPa}}\right)=1.107\times10^{-3}\text{kPa}^{-1}\cdot\text{s}^{-1}$$
$$k_{p,A}=k'_{p,A}/2^{1.5}=1.107\times10^{-3}\text{kPa}^{-1}\cdot\text{s}^{-1}/2^{1.5}=3.914\times10^{-4}\text{kPa}^{-1}\cdot\text{s}^{-1}$$
由于$\frac{k_{p,A}}{1}=\frac{k_{p,B}}{2}$因此有
$$k_{p,B}=2k_{p,A}=2\times3.914\times10^{-4}\text{kPa}^{-1}\cdot\text{s}^{-1}=7.828\times10^{-4}\text{kPa}^{-1}\cdot\text{s}^{-1}$$
根据半衰期的定义
$$t_{1/2}=\frac{1}{k'_{p,A}p_{A,0}}=\frac{1}{1.107\times10^{-3}\text{kPa}^{-1}\cdot\text{s}^{-1}\times1.12\text{kPa}}=807\text{s}$$

【例 6-6】 一般化学反应的活化能在 $40\sim400\text{kJ}\cdot\text{mol}^{-1}$范围内，多数在 $50\sim250\text{kJ}\cdot\text{mol}^{-1}$。

① 若活化能为 $100\text{kJ}\cdot\text{mol}^{-1}$，试估算温度由 300K 上升 10K，由 400K 上升 10K 时，速率系数 k 各增至多少倍。假设指前因子 A 相同。

② 若活化能为 $150\text{kJ}\cdot\text{mol}^{-1}$，作同样的计算。

③ 将计算结果加以对比，并说明原因。

解： 以 $k(T_1)$ 和 $k(T_2)$ 分别代表温度 T_1 和 T_2 时的反应速率系数，由阿伦尼乌斯方程 $k=Ae^{-E_a/RT}$，可得
$$\frac{k(T_2)}{k(T_1)}=e^{-E_a(T_1-T_2)/RT_1T_2}$$
① 对 $E_a=100\text{kJ}\cdot\text{mol}^{-1}$，将 $T_1=300\text{K}$、$T_2=310\text{K}$ 代入，得
$$k(310\text{K})/k(300\text{K})=e^{-100\times10^{-3}(300-310)/(8.314\times310\times300)}=3.64$$
将 $T_1=400\text{K}$、$T_2=410\text{K}$ 代入，得
$$k(410\text{K})/k(400\text{K})=e^{-100\times10^{-3}(400-410)/(8.314\times400\times410)}=2.08$$
② 对 $E_a=150\ \text{kJ}\cdot\text{mol}^{-1}$，同样求得
$$k(310\text{K})/k(300\text{K})=e^{-150\times10^{-3}(300-310)/(8.314\times310\times300)}=6.96$$
$$k(410\text{K})/k(400\text{K})=e^{-150\times10^{-3}(400-410)/(8.314\times400\times410)}=3.00$$
③ 由上述计算结果可见，虽然活化能相同，但同是上升 10K，原始温度高的，速率系数增加得少。这是因为按式(6-34) $\ln k$ 随 T 的变化率与 T^2 成反比。

另外，与活化能低的反应相比，活化能高的反应，在同样的原始温度下，升高同样的温度，k 增加得越多。这是因为活化能高的反应对温度更敏感一些。

【例 6-7】 某反应为一级反应，在 167℃、230s 时有 90% 的反应物发生了反应，在

127℃、230s 时有 20%的反应物发生了反应，试计算：反应的活化能。

解：一级反应 $k=\frac{1}{t}\ln\frac{1}{1-x}k=\frac{1}{t}\ln\frac{1}{1-x}$

所以 $$k(167℃)=\frac{1}{230\text{s}}\times\ln\frac{1}{1-0.90}=1.00\times10^{-2}\text{s}^{-1}$$

$$k(127℃)=\frac{1}{230\text{s}}\times\ln\frac{1}{1-0.20}=9.70\times10^{-4}\text{s}^{-1}$$

所以 $$\ln\frac{k(167℃)}{k(127℃)}=\frac{E_a}{R}\left[\frac{1}{(127+273.15)\text{K}}-\frac{1}{(167+273.15)\text{K}}\right]$$

$$E_a=\frac{R\ln\frac{k(167℃)}{k(127℃)}}{\frac{1}{400.15\text{K}}-\frac{1}{440.15\text{K}}}$$

$$=\frac{8.314\text{J}\cdot\text{mol}^{-1}\cdot\text{K}^{-1}\times\ln\frac{1.00\times10^{-2}\text{s}^{-1}}{9.70\times10^{-4}\text{s}^{-1}}}{\frac{1}{400.15\text{K}}-\frac{1}{440.15\text{K}}}$$

$$=85.41\text{kJ}\cdot\text{mol}^{-1}$$

【例 6-8】 某药物分解反应为一级反应，分解 30%即为无效。今在 50℃、60℃、70℃测得它每小时分解 0.07%、0.16%、0.35%。求：

① 该药物分解反应的速率常数与温度的关系式。

② 若该药物在 25℃下保存，有效期为多长？

③ 若在 0℃条件下保存，有效期为多长？

解：①一级反应 $k=\frac{1}{t}\ln\frac{1}{1-x}$

所以 $$k(50℃)=\frac{1}{1\text{h}}\times\ln\frac{1}{1-0.0007}=7.00\times10^{-4}\text{h}^{-1}$$

$$k(60℃)=\frac{1}{1\text{h}}\times\ln\frac{1}{1-0.0016}=1.60\times10^{-3}\text{h}^{-1}$$

$$k(70℃)=\frac{1}{1\text{h}}\times\ln\frac{1}{1-0.0035}=3.51\times10^{-3}\text{h}^{-1}$$

结果列于表 6-2。

表 6-2 计算结果

T/K	323	333	343
$\frac{k}{T}\times10^3$	3.096	3.003	2.915
k/h^{-1}	7.00×10^{-4}	1.60×10^{-3}	3.51×10^{-3}
$\ln k/[k]$	−7.2644	−6.4378	−5.6521

以 $\ln k/[k]$ 对 K/T 作图，可画出一条直线，可求出 $\ln k/[k]=-\frac{m}{T}+b$ 的 m、b 值，或利用

①②组，②③组数据，代入 $\ln k/[k]=-\frac{m}{T}+b$，解联立方程，求算 m、b 值。最后可得到 k 与 T 的关系式。

$$\ln k/[k]=-\frac{8936}{T/\mathrm{K}}+20.399$$

② 在室温下，药物的有效期可如下求得

$$\ln k(25℃)/\mathrm{h}^{-1}=-\frac{8936}{298.15}+20.399=-9.57$$

$$k(25℃)=6.96\times10^{-5}\mathrm{h}^{-1}$$

$$t(25℃)=\frac{1}{k(25℃)}\ln\frac{1}{1-x}=\frac{1}{6.96\times10^{-5}\mathrm{h}^{-1}}\times\ln\frac{1}{1-0.3}=5125\mathrm{h}$$

③ 在较低温度下保存药品，其有效期会有所延长。

在 0℃时，$\ln k(0℃)/\mathrm{h}^{-1}=-\frac{8936}{273.15}+20.399=-12.32$

$$k(0℃)=4.46\times10^{-6}\mathrm{h}^{-1}$$

$$t(0℃)=\frac{1}{k(0℃)}\ln\frac{1}{1-x}=\frac{1}{4.46\times10^{-6}\mathrm{h}^{-1}}\times\ln\frac{1}{1-0.3}=8.0\times10^{4}\mathrm{h}$$

【例 6-9】 乙酸乙在碱性溶液中的反应如下：

$$CH_3COOC_2H_5+OH^-\longrightarrow CH_3COO^-+C_2H_5OH$$

此反应在 25℃下进行，两种反应物的起始浓度均为 $6.4\times10^{-2}\mathrm{mol\cdot dm^{-3}}$。在反应的不同时刻取样，并立即加入过量盐酸使反应中止，然后再用 NaOH 滴定多余的 HCl，可求得在反应中止时溶液中 OH^- 的浓度，所测得的结果见表 6-3。

表 6-3 测量结果

t/min	0.00	5.00	15.00	25.00	35.00	55.00
$c_{OH^-}/\mathrm{mol\cdot dm^{-3}}$	0.0640	0.0410	0.0250	0.0170	0.0140	0.0090

试用尝试法求反应级数及速度系数。

解： 在此反应中，由于两种反应物的化学计量数相同，起始浓度也相同，所以速率方程式可写成 $v=k_Ac_A^n$ 的形式，式中的 $c_A=c_{OH^-}=c_{CH_3COOC_2H_5}$，将第 2 及第 6 组数据代入一级反应速率方程的积分形式 $k=\frac{1}{t}\ln\frac{C_{A,0}}{C_A}$，得

$$k_1=\left(\frac{1}{5.00}\ln\frac{6.40\times10^{-2}}{4.10\times10^{-2}}\right)\mathrm{min}^{-1}=8.91\times10^{-2}\mathrm{min}^{-1}$$

$$k_2=\left(\frac{1}{55.00}\ln\frac{6.40\times10^{-2}}{9.0\times10^{-3}}\right)\mathrm{min}^{-1}=3.57\times10^{-2}\mathrm{min}^{-1}$$

因由两组数据求得的速率系数 k 不同，所以此反应不是一级反应。将这两组数据代入二级反应速率方程的积分形式 $k=\frac{1}{t}\left(\frac{1}{c_A}-\frac{1}{c_{A,0}}\right)$，得

$$k_1=\frac{1}{5.0}\left(\frac{1}{4.10\times10^{-2}}-\frac{1}{6.40\times10^{-2}}\right)=1.75\mathrm{mol^{-1}\cdot dm^3\cdot min^{-1}}$$

$$k_2=\frac{1}{55.0}\left(\frac{1}{9.0\times10^{-3}}-\frac{1}{6.40\times10^{-2}}\right)=1.74\text{mol}^{-1}\cdot\text{dm}^3\cdot\text{min}^{-1}$$

因由两组数据求得的速率系数 k 很接近，再将其他组数据代入，求出的 k 值分别 1.71mol·dm^{-3}、1.73mol·dm^{-3}、1.60mol·dm^{-3}。k 值基本一致，故是二级反应。

【例 6-10】 已知在 780K 和 p_0为 101.325kPa 时，某碳氢化合物的气相热分解反应的半衰期为 2s，若 p_0降为 10.1325kPa 时，半衰期为 20s，求该反应的级数和速率系数。

解：将数据代入式(6-29)中有

$$n=1-\frac{\ln\{t'_{1/2}/t_{1/2}\}}{\ln\{p'_{A,0}/p_{A,0}\}}=1-\frac{\ln(20/2)}{\ln(10.1325/101.325)}=2$$

该反应为二级反应，有

$$k_{p,A}=\frac{1}{t_{1/2}p_{A,0}}=\frac{1}{2\text{s}\times101.325\text{kPa}}=4.93\times10^{-3}\text{kPa}^{-1}\cdot\text{s}^{-1}$$

【例 6-11】 在某温度下实验测定气相反应 $A+2B\longrightarrow2Y$，在不同初始浓度下所测得的反应初始速率见表 6-4。

表 6-4 初始速率

序号	$c_{A,0}$/mol·dm^{-3}	$c_{B,0}$/mol·dm^{-3}	$\left(-\frac{dc_A}{dt}\right)_{t=0}$/mol·dm^{-3}·s^{-1}
1	0.1	0.01	1.2×10^{-3}
2	0.1	0.04	4.8×10^{-3}
3	0.2	0.01	2.4×10^{-3}

试给出反应 的微分速率方程和该温度下的反应速率系数 k。

解：设反应微分速率方程为

$$\upsilon_A=-\frac{dc_A}{dt}=k_Ac_A^{\alpha}c_B^{\beta}$$

对比序号 1、2 两组数据，$\frac{\upsilon_2}{\upsilon_1}=\left(\frac{c_{B,0,2}}{c_{B,0,1}}\right)^{\beta}$，$\frac{4.8\times10^{-3}}{1.2\times10^{-3}}=\left(\frac{0.04}{0.01}\right)^{\beta}$，得 $\beta=1$

对比序号 1、3 两组数据，$\frac{\upsilon_3}{\upsilon_1}=\left(\frac{c_{A,0,3}}{c_{A,0,1}}\right)^{\alpha}$，$\frac{2.4\times10^{-3}}{1.2\times10^{-3}}=\left(\frac{0.2}{0.1}\right)^{\alpha}$，得 $\alpha=1$

即得反应的速率方程为 $\upsilon_A=-\frac{dc_A}{dt}=k_Ac_Ac_B$

代入 $t=0$ 时的第 1 组数据，有

$$k_A=\frac{\upsilon_A}{c_Ac_B}=\frac{1.2\times10^{-3}}{0.1\times0.01}\text{mol}^{-1}\cdot\text{dm}^3\cdot\text{s}^{-1}=1.2\text{mol}^{-1}\cdot\text{dm}^3\cdot\text{s}^{-1}$$

【例 6-12】 某一级对行反应

$$A\underset{k_{-1}}{\overset{k_1}{\rightleftharpoons}}B$$

$t=0$ 时，$c_{A,0}=0.366\text{mol}\cdot\text{dm}^{-3}$，$c_{B,0}=0$

$t=506\text{h}$ 时，$c_A=0.100\text{mol}\cdot\text{dm}^{-3}$

$t \longrightarrow \infty$ 时，$c_{A,e}=0.078\mathrm{mol \cdot dm^{-3}}$

求算 k_1、k_{-1} 的值。

解：

反应

$$A \underset{k_{-1}}{\overset{k_1}{\rightleftharpoons}} B$$

$t=0$　　$c_{A,0}=0.366\mathrm{mol \cdot dm^{-3}}$，

$t=\infty$　　$c_{A,e}=0.078\mathrm{mol \cdot dm^{-3}}$，$c_{B,e}=c_{A,0}-c_{A,e}=0.288\mathrm{mol \cdot dm^{-3}}$

因为

$$\ln \frac{c_{A,0}-c_{A,e}}{c_A-c_{A,e}}=(k_1+k_{-1})t$$

所以

$$k_1+k_{-1}=\frac{1}{\mathrm{t}}\ln \frac{c_{A,0}-c_{A,e}}{c_A-c_{A,e}}=\frac{1}{506\mathrm{h}}\times \ln \frac{0.366-0.078}{0.100-0.078}=5.08\times 10^{-3}\mathrm{h^{-1}}$$

而

$$K_c=\frac{k_1}{k_{-1}}=\frac{c_{B,e}}{c_{A,e}}=\frac{0.288}{0.078}=3.692$$

所以

$$3.692k_{-1}+k_{-1}=5.08\times 10^{-3}\mathrm{h^{-1}}$$

$$k_{-1}=\frac{5.08\times 10^{-3}\mathrm{h^{-1}}}{1+3.692}=1.08\times 10^{-3}\mathrm{h^{-1}}$$

$$k_1=3.692\times 1.08\times 10^{-3}\mathrm{h^{-1}}=4.00\times 10^{-3}\mathrm{h^{-1}}$$

第三部分　实验内容

实验十　旋光法测定蔗糖水解反应的速率系数

1. 必备知识

① 写出一级反应速率方程的微分式及积分式。

② 一级反应的三个主要特征 k 的单位是什么？直线关系如何？$t_{1/2}$ 值为多少？

③ 反应速率系数 k 和哪些因素有关？

④ 为什么称蔗糖水解反应为假一级反应？

⑤ 测定反应速率的方法分为哪两类？本实验采用的是哪类？此类方法的优点有哪些？

⑥ 本实验为什么可通过测溶液的旋光度来度量反应进程？用旋光度表示的速率方程是什么？

S7 旋光法测定蔗糖水解反应的速率系数

⑦ 为什么可用蒸馏水来校正旋光仪的零点？求速率常数时，所测旋光度是否必须进行零点校正？

⑧ 为什么配蔗糖溶液可以用粗天平称量？

⑨ 反应开始时，为什么将盐酸溶液倒入蔗糖溶液中，而不是相反？

⑩ 氢离子浓度对反应速率常数测定是否有影响？

⑪ 超级恒温槽和旋光仪的使用方法是什么？

2. 实验目的

① 根据物质的光学性质研究蔗糖水解反应，测定其反应速率系数和半衰期。

② 了解反应物浓度与反应体系旋光度之间的关系。

③ 掌握旋光仪的使用方法。

3. 实验原理

蔗糖溶液在酸性介质中可水解生成葡萄糖和果糖。反应如下：

$$\underset{\text{蔗糖}}{C_{12}H_{22}O_{11}}+H_2O \xrightarrow{H^+} \underset{\text{葡萄糖}}{C_6H_{12}O_6}+\underset{\text{果糖}}{C_6H_{12}O_6}$$

纯水中此反应的速率极慢，通常需要在 H^+ 催化作用下进行，该反应为二级反应，但由于反应中水的量远大于蔗糖的量，因此该反应为假一级反应。则有

$$\ln\frac{c_0}{c}=k\,t \tag{6-58}$$

c_0 既是 $t=0$ 时刻反应物的浓度，也是 $t=\infty$ 时刻产物的浓度，c 是 t 时刻反应物的浓度。

蔗糖的比旋光度 $[\alpha]_D^{20}=+66.6°$，葡萄糖的 $[\alpha]_D^{20}=+52.5°$，果糖的 $[\alpha]_D^{20}=-91.9°$，（$[\alpha]_\lambda^t$ 为正值表示为右旋，负值表示为左旋），三者均是旋光性物质。因果糖的左旋大于葡萄糖的右旋，因此随着反应的进行，整个溶液的旋光度是从右旋逐渐变到左旋，可通过测量溶液旋光度跟踪反应的进程。

设 α_0、α_t 和 α_∞ 分别表示反应在 $t=0$ 时、t 时刻和 $t=\infty$ 时刻体系的旋光度。若反应条件一定，则有旋光度与浓度成正比即 $\alpha=Kc$，且溶液的旋光度为各组分旋光度之和。则有 $\alpha_0=K_{反}\,c_0$，$\alpha_\infty=K_{生}\,c_0$，$\alpha_t=K_{反}\,c+K_{生}(c_0-c)$，$K_{反}$，$K_{生}$ 分别为反应物与生成物的比例常数，整理后有

$$\frac{c_0}{c}=\frac{(\alpha_0-\alpha_\infty)}{(\alpha_t-\alpha_\infty)}$$

将上式代入式(6-58)中，则有

$$\ln(\alpha_t-\alpha_\infty)=-k\,t+\ln(\alpha_0-\alpha_\infty) \tag{6-59}$$

以 $\ln(\alpha_t-\alpha_\infty)$ 对时间 t 作图可得一条直线，由直线的斜率即可求得反应速率系数 k。

4. 仪器及药品

仪器： WZZ-2S 数字式旋光仪 1 台、玻璃恒温装置 1 套、烧杯（150mL）2 个、吸耳球 1 个、容量瓶(50mL)1 个、锥形瓶(100mL) 2 个、移液管(25mL)2 支。

药品： 蔗糖(AR)、HCl 溶液(3mol · L^{-1})。

5. 实验步骤

(1) 调节玻璃恒温装置

调节玻璃恒温装置(其使用参见 1-11 玻璃恒温装置)的温度在(30±0.1)℃。

(2) 溶液配制与恒温

称取 10g 蔗糖于烧杯中，加蒸馏水溶解，移至 50mL 容量瓶定容至刻度，将蔗糖溶液注入一锥形瓶中，另用移液管吸取 25mL 浓度为 3mol · L^{-1} 的 HCl 溶液注入另一锥形瓶中，将两个锥形瓶用玻璃塞或橡皮塞盖好后，置于(30±0.1)℃的恒温槽中恒温 10~15min。

(3) 旋光仪零点校正

对旋光仪(其使用参见 1-20WZZ-2S 数字式旋光仪)进行零点校正。

(4) α_t和α_∞的测量

① α_t的测定：将恒温后的两个锥形瓶取出，把 HCl 溶液倾倒至蔗糖溶液中。混合一半时计时，然后将两锥形瓶互相倾倒 2~3 次，使溶液混合均匀。旋光管内腔用少量待测样品淌洗 3 次，然后向其中注满溶液[其操作与步骤(3)中水的一样]，将管放入恒温槽中。放置 5min 左右，将旋光管置于旋光仪的旋光槽内，待面板上的“1”灯亮时，面板上的示数稳定，此时先记录反应时间，再记录旋光度值。因反应前期速度较快，可每 5min 测一次，以后由于反应物浓度降低使反应速度变慢，可以每 10min 测一次，测至 60min 即可。实验测量参考时间可从混合计时起，5min、10min、15min、20min、25min、30min、40min、50min、60min 各测一次。

注意：每两次测量中间要将旋光管放在恒温槽中恒温，旋光管放入旋光仪测量前必须用布将水擦干。放入旋光管槽中。

② α_∞的测定：将测量步骤①中的剩余混合液置于 55℃的水浴中加热 30min，以加速水解反应，然后冷却至实验温度，测其旋光度(注意测量前要用该试样淌洗 3 次)，此值即可认为是α_∞。

记录实验温度(恒温槽中温度计的温度，注意仪器的精密度)。

(5) 实验结束

实验结束后切记将旋光管内、外用蒸馏水洗净，擦干，防止酸对旋光管和仪器的腐蚀。

6. 数据记录及处理

① 将实验数据记录于表 6-5 中。

室温______________℃；大气压______________kPa；反应温度：______________℃；

c_{HCl}：______________mol. L^{-1}；α_∞：______________。

表 6-5　旋光度测定实验数据

t/min					
α_t/(°)					
$\alpha_t-\alpha_\infty$/(°)					
$\ln(\alpha_t-\alpha_\infty)$					

② 以 $\ln(\alpha_t-\alpha_\infty)$对 t 作图。

③ 由直线的斜率求出蔗糖水解反应的速率系数 k，并计算半衰期 $t_{1/2}$。

7. 注意事项

① 若有空气留在旋光管内，须将空气赶到旋光管凸肚内。

② 旋光管中的毛玻璃用手拿它时，要拿其侧面，否则会使其沾上油污，影响测量结果。

③ 旋扭旋光管上的螺旋时，不要用力太大，否则会引起附加旋光值。

④ 记录时间要精确到几分几秒，且作图时要将秒换算成分钟。

⑤ 溶液混合时，要将盐酸溶液倒入蔗糖溶液中，而不能相反。

8. 拓展实验

① 设计实验测定蔗糖水解反应活化能。

【**提示**】利用阿伦尼乌斯方程设计实验来求活化能。

② 设计实验考察 H^+浓度对蔗糖水解反应速率的影响。

【提示】
$$-\frac{\mathrm{d}c_{\text{蔗糖}}}{\mathrm{d}t}=k_{\text{蔗糖}}c_{\text{蔗糖}}$$

式中　$k_{\text{蔗糖}}$——反应的表观速率系数，它与酸催化剂的种类和浓度有关。如果考虑 H^+对反应速率的影响，则

$$k_{\text{蔗糖}}=k_0+k_{H^+}c_{H^+}$$

式中　k_0——$c_{H^+}\to 0$ 时的反应速率系数；

k_{H^+}——酸催化剂反应速率系数；

$k_{\text{蔗糖}}$——表观速率系数。

要求：测定 k_0、k_{H^+}、$k_{\text{蔗糖}}$，并建立速率方程；计算速率系数，讨论酸浓度对速率系数的影响。

实验十一　电导法测定乙酸乙酯皂化反应的动力学参数

1. 必备知识

① 写出二级反应速率方程的微分式及积分式。

② 二级反应三个主要特征 k 的单位是什么？直线关系如何？$t_{1/2}$为多少？

③ 本实验采用测定反应速率的方法中的哪一类？

④ 为什么本实验所用蒸馏水必须是预先煮沸，冷却使用？

⑤ 为什么本实验所用 $CH_3COOC_2H_5$溶液要现配现用？

⑥ 为防止双管电导池 $CH_3COOC_2H_5$溶液防挥发应如何操作？

⑦ 可以用滤纸擦拭电导电极的铂黑吗？

⑧ 被测溶液的电导率是哪些离子贡献的？

⑨ 反应进程中溶液的电导率为何发生变化？

⑩ 为什么要使两种反应物的初始浓度相等？

⑪ 为什么要使两溶液尽快混合完毕？开始一段时间的测定间隔期为什么要短？

⑫ 如何从实验结果来验证乙酸乙酯皂化反应为二级反应？

⑬ 熟悉恒温装置及电导率仪的使用。

S8 电导法测定乙酸乙酯皂化反应的动力学参数

2. 实验目的

① 了解二级反应的特点，学会用图解计算法求二级反应的速率系数。

② 掌握电导率仪的使用方法。

③ 掌握用电导率仪测定乙酸乙酯皂化反应速率系数和活化能的方法。

3. 实验原理

乙酸乙酯皂化反应是个二级反应，其反应方程式为

$$CH_3COOC_2H_5+NaOH\longrightarrow CH_3COONa+C_2H_5OH$$

当乙酸乙酯与氢氧化钠溶液的起始浓度 a 相同时，设反应时间为 t 时，反应所产生的 CH_3COO^-和 C_2H_5OH 的浓度为 x。若逆反应可忽略，则不同时刻反应物和产物的浓度为

$$CH_3COOC_2H_5 + OH^- \longrightarrow CH_3COO^- + C_2H_5OH$$

$t=0$	a	a	0	0
$t=t$	$a-x$	$a-x$	x	x
$t=\infty$	$\to 0$	$\to 0$	$\to a$	$\to a$

则反应速率的速率方程可表示为

$$-\frac{d(a-x)}{dt}=\frac{dx}{dt}=k(a-x)^2 \qquad (6-60)$$

式中 k——反应速率系数。将上式积分得

$$\frac{x}{a(a-x)}=kt \qquad (6-61)$$

起始浓度 a 为已知，因此只要由实验测得不同时间 t 时的 x 值，以 $\frac{x}{a-x}$ 对 t 作图，若所得为一直线，证明是二级反应，并可以从直线的斜率求出其速率系数 k。

不同时间 t 时反应组分的浓度可用化学分析法测定，也可用物理法(如电导法)测定，本实验采用电导法测定其 x 值。

在乙酸乙酯皂化反应中，参加导电的离子有 OH^-、Na^+ 和 CH_3COO^-，由于反应体系是稀的水溶液，可认为 CH_3COONa 是全部电离的，因此，反应前后 Na^+ 的浓度不变，随着反应的进行，一定量的电导率大的 OH^- 变化成等量的电导率小的 CH_3COO^-，使溶液导电能力明显下降，致使溶液的电导率逐渐减小。另外，在稀溶液中，每种强电解质的电导率 κ 与溶液的浓度成正比，而且溶液的总电导率等于组成溶液的电解质的电导率之和。因此可用电导率仪测量皂化反应进程中电导率随时间的变化，从而达到跟踪反应物浓度随时间变化的目的。

设反应起始时($t=0$)体系的电导率为 κ_0，溶液的电导率全由 NaOH 贡献，如果在稀溶液下反应，则

$$\kappa_0=A_1a \qquad (6-62)$$

反应终结时($t=\infty$)体系的电导率为 κ_∞，溶液的电导率全由 CH_3COONa 贡献，生成物的浓度也为 a，同样有

$$\kappa_\infty=A_2a \qquad (6-63)$$

当时间为 t 时，OH^- 的浓度为 $a-x$，CH_3COO^- 的浓度为 x，此时溶液的电导率为 κ_t，由二者共同贡献。

$$\kappa_t=A_1(a-x)+A_2x \qquad (6-64)$$

式中 A_1，A_2——与温度、溶剂、电解质 NaOH 及 CH_3COONa 的性质有关的比例常数。由式(6-62)~式(6-64)可得到

$$x=\frac{\kappa_0-\kappa_t}{\kappa_t-\kappa_\infty}a \qquad (6-65)$$

代入式(6-61)得

$$k=\frac{1}{at}\frac{\kappa_0-\kappa_t}{\kappa_t-\kappa_\infty} \qquad (6-66)$$

移项整理得

$$\kappa_t=\frac{1}{ka}\frac{\kappa_0-\kappa_t}{t}+\kappa_\infty \qquad (6-67)$$

以 κ_t 对 $(\kappa_0-\kappa_t)/t$ 作图可得一直线，其斜率等于 $1/ka$，由此可求出某温度下的反应速率系数 k。

由于二级反应的半衰期 $t_{1/2}=1/ka$，正好就是直线的斜率，可求出反应的半衰期 $t_{1/2}$。

测量两个不同温度 T_1 和 T_2 下的反应速率系数 k_1 和 k_2，由阿累尼乌斯方程式(6-33)可计算出该反应的活化能 E_a 值。

4. 仪器及药品

仪器：玻璃恒温装置 1 套、DDS-307A 电导率仪 1 台、试液混合器 1 个、秒表 1 个、移液管 10mL、20mL 各 1 个、容量瓶 250mL、大试管 1 个、直形电导池 1 个、铂黑电极 1 个、洗耳球 1 个。

药品：$CH_3COOC_2H_5$(AR)、0.0200mol·L^{-1}NaOH 溶液、二次蒸馏水。

5. 实验步骤

(1) 调节恒温装置的温度

调节玻璃恒温装置(其使用参见 1-11 玻璃恒温装置)的温度至(30±0.1)℃。

(2) 电导率仪

开启电导率仪(其使用参见 1-16 DDS-307A 电导率仪)的电源，预热 20min 并进行参数设置。

(3) 配制溶液

① 配制与实验室给出的标准 NaOH 准确浓度(约 0.0200mol·L^{-1})相等的乙酸乙酯溶液。其方法是：查出室温下乙酸乙酯的体积质量浓度，已知 $M_{乙酸乙酯}=88.097g/mol$。计算出配制 250mL、0.0200mol·L^{-1}(与 NaOH 准确浓度相同)乙酸乙酯水溶液所需乙酸乙酯的体积。

② 向 250mL^{-1}容量瓶中加入 2/3 体积的二次蒸馏水，然后用 1mL 移液管吸取所需的乙酸乙酯，注入 250mL 容量瓶中，加二次蒸馏水定容至刻度，摇匀，即为与标准 NaOH 准确浓度(约 0.0200mol·L^{-1})相等的乙酸乙酯水溶液。

(4) κ_0 的测定

用移液管取 10mL 浓度约为 0.0200mol·L^{-1}的 NaOH 溶液放入干净、干燥的大试管中，再加 10mL 二次蒸馏水摇荡混匀，使标准 NaOH 溶液浓度稀释一倍(约为 0.0100 mol·L^{-1})。将铂黑电极先用二次蒸馏水淋洗，再用少量待测 NaOH 溶液(约为 0.0100mol·L^{-1})淋洗数次，然后将电极插入上面的大试管中，放入恒温槽中恒温 10min 以上(最好塞上塞子，为什么?)，并轻轻摇动数次，测定其电导率，每隔 2min 测 1 次，共测 3 次，取其平均值，即为 κ_0。

(5) κ_t 的测定

用移液管取 10mL 浓度约为 0.0200mol·L^{-1}的 NaOH 溶液于干净、干燥的试液混合器 *a* 管中(注意不要使溶液进入 *b* 管中)，如图 6-10 所示，再用另一支 10mL 移液管取 10mL 浓度相等的 $CH_3COOC_2H_5$溶液于试液混合器的 *b* 管中。将干净、干燥的铂黑电导电极插入 *b* 管中，置于恒温槽内恒温 10min，并轻轻摇动数次，然后用吸球将溶液快速从 *a* 管压入 *b* 管，溶液压入一半时开始计时，并继续压气，将 *a* 管中的溶液全部压入 *b* 管，再将混合溶液吸入到 *a* 管，吸入一半时，再全部压回到 *b* 管，如此反复几次，使溶液混合均匀，立即测量此溶液的电导率。在 5min、7min、9min、11min、13min、15min、20min、25min、30min、35min、40min、45min…测其电导率，直至电导率基本不变时(45~60min)可停止测量。

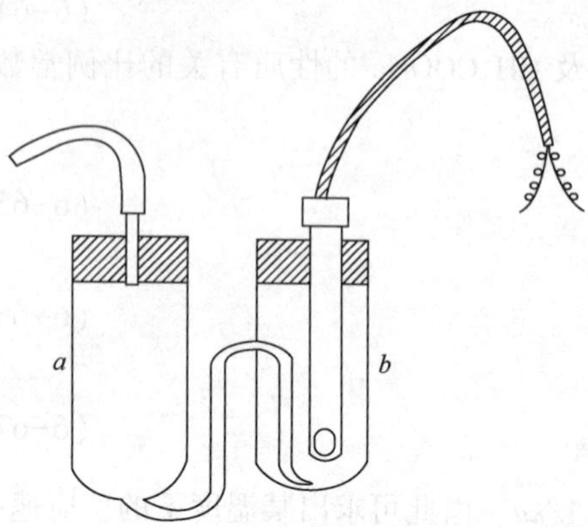

图 6-10　试液混合器

(6) 测定(35±0.1)℃的 κ_0 和 κ_t

调节恒温装置的温度为(35±0.1)℃，重复步骤(4)和步骤(5)，测定另一温度下的 κ_0 和 κ_t。

(7) 实验结束

倒掉反应液，取出电极，用二次蒸馏水洗净并置于电导水中保存待用。关闭电源，清洗大试管和试液混合器。

6. 数据记录及处理

① 将所测实验数据填入表6-6及表6-7中。

κ_0 = ________ $S \cdot m^{-1}$；$c_{CH_3COOC_2H_5}$ = ________ $mol \cdot m^{-3}$；c_{NaOH} = ________ $mol \cdot m^{-3}$

表6-6　30℃时的实验数据

t/min	5	7	9	11	13	15	20	25	30	35	40	45
$\kappa_t/S \cdot m^{-1}$												
$\{[(\kappa_0-\kappa_t)]/t\}/S \cdot m^{-1} \cdot min^{-1}$												

κ_0 = ________ $S \cdot m^{-1}$；$c_{CH_3COOC_2H_5}$ = ________ $mol \cdot m^{-3}$；c_{NaOH} = ________ $mol \cdot m^{-3}$

表6-7　35℃时的实验数据

t/min	3	5	7	9	11	13	15	20	25	30	35	40	45
$\kappa_t/S \cdot m^{-1}$													
$\{[(\kappa_0-\kappa_t)]/t\}/S \cdot m^{-1} \cdot min^{-1}$													

② 分别作出(30±0.1)℃、(35±0.1)℃温度下的 $\kappa_t-(\kappa_0-\kappa_t)/t$ 图，由直线的斜率求出两温度下的 k 和相应的半衰期 $t_{1/2}$。

③ 据阿累尼乌斯方程公式求出反应的活化能 E_a。

7. 注意事项

① 实验所用蒸馏水必须是预先煮沸，冷却使用，以除去水中溶解的 CO_2 对NaOH的影响。

② $CH_3COOC_2H_5$ 溶液水解缓慢，水解产物 CH_3COOH 又会消耗NaOH。故 $CH_3COOC_2H_5$ 溶液要现配现用。

③ 称量 $CH_3COOC_2H_5$ 时动作要迅速，防止液体挥发，用双管电导池恒温 $CH_3COOC_2H_5$ 溶液时管口要塞紧，防止蒸发，影响浓度。

④ 秒表要连续计时，不能中途停止。

⑤ 不能用滤纸擦拭电导电极的铂黑。

⑥ 恒温槽温度波动应当控制在±0.1℃范围内。

⑦ 乙酸乙酯皂化反应系吸热反应，混合后体系温度降低，所以在混合后的最初几分钟所测溶液的电导率偏低，因此最好在反应4~6min后开始测定，否则 κ_t 对 $(\kappa_0-\kappa_t)/t$ 所做图形为抛物线，而非直线。

8. 文献参考值

$$\lg k=-1780T^{-1}+0.00754T+4.53$$

$$E_a=46.2kJ \cdot mol^{-1}$$

实验十二　丙酮碘化反应的速率方程

1. 必备知识

① 确定反应速率方程的方法有哪些？

② 本实验采用什么方法确定速率方程？该方法的如何操作？

③ 为什么本实验可用分光光度计监测碘浓度跟踪反应的进程？

④ 朗伯-比尔定律的数学表达式是什么？

⑤ 如何求出丙酮碘化反应的活化能 E_a？

⑥ 为什么各反应物在混合前必须恒温？

⑦ 碘液见光易分解，在实验中应如何操作？

⑧ 丙酮及盐酸溶液需准确配制吗？为什么？

⑨ 影响本实验结果准确度的因素有哪些？

⑩ 熟悉 722 型分光光度计的使用。

⑪ 熟悉超级恒温槽的使用。

2. 实验目的

① 测定酸作催化剂时丙酮碘化反应的级数、速率系数及反应的活化能。

② 学会用孤立法确定反应级数的方法。

③ 学习 722 型分光光度计的使用。

3. 实验原理

大多数化学反应均是由若干个基元反应组成的复杂反应。这类反应的反应速率与反应物浓度间的关系不能用质量作用定律来确定，只能在一定条件下通过实验来求得。若有多种物质参加反应，可以采用孤立法确定各反应组分的分级数，即先改变一种物质的浓度而其他物质的浓度保持不变，求出反应对该物质的反应分级数。依次类推，就可以确定反应对各种物质的反应分级数，从而建立反应速率方程。

在酸性条件下，丙酮的碘化反应是一个复杂反应，该反应的化学方程式为

$$CH_3COCH_3 + I_2 \longrightarrow CH_3COCH_2I + H^+ + I^-$$

此反应中 H^+ 作为催化剂，又是反应产物之一，所以这是一个自催化反应。其反应的速率方程可写为

$$r = -\frac{dc_{I_2}}{dt} = kc_A^{\alpha}\ c_{I_2}^{\beta}\ c_{H^+}^{\gamma} \tag{6-68}$$

式中　A——丙酮；

r，$-\frac{dc_{I_2}}{dt}$——碘化反应的速率；

k——反应速率系数；

c_A，c_{I2}，c_{H^+}——丙酮、碘、氢离子的浓度；

α，β，γ——丙酮、碘、氢离子的反应分级数。

如果进行两次实验，两次实验中都保持 I_2 和 H^+ 的初始浓度相同，只改变 CH_3COCH_3 的初始浓度，分别测定在同一温度下的反应速率，则它们初始速率之比为

$$\frac{r_2}{r_1}=\frac{kc_A^{\alpha}(2)}{kc_A^{\alpha}(1)}=\left[\frac{c_A(2)}{c_A(1)}\right]^{\alpha} \tag{6-69}$$

$$\alpha=\frac{\lg(r_2/r_1)}{\lg[c_A 2/c_A(1)]} \tag{6-70}$$

同理可求出β、γ：

$$\gamma=\frac{\lg(r_3/r_1)}{\lg[c_{H^+}(3)/c_{H^+}(1)]} \tag{6-71}$$

$$\beta=\frac{\lg(r_4/r_1)}{\lg[c_{I_2}(4)/c_{I_2}(1)]} \tag{6-72}$$

由此可见，只需要做四次实验，就可以求得 CH_3COCH_3、I_2、H^+的分级数 α、β 和 γ。

由于反应并不停留在丙酮的一元碘代阶段，会进一步发生多元碘代，所以采取初始速率法，测试开始反应一段时间的反应速率。

由于本实验酸浓度较低，事实上丙酮的碘化反应对碘是零级的，即 $\beta=0$。如果反应物碘是少量的，而丙酮与酸是过量的，那么反应速率可视为常数，直到碘全部消耗。这是因为当碘完全反应完毕时，丙酮和酸的浓度基本保持不变。在这种情况下，反应速率与碘的浓度无关，因而直到全部碘消耗完毕以前，速度是常数。即

$$r=-\frac{dc_{I_2}}{dt}=kc_A^{\alpha}c_{H^+}^{\gamma} \tag{6-73}$$

积分得

$$c_{I_2}=-rt+B \tag{6-74}$$

碘溶液在可见光区有吸收，而本体系中的其他物质如盐酸、丙酮、碘化丙酮和氰化钾都在可见光区没有吸收，所以可以通过分光光度法测定碘对可见光的吸收，从而转化为碘溶液的浓度减小来跟踪反应的进程。

由朗伯-比尔定律可知，在某指定波长下，碘溶液对单色光的吸收符合下列关系式：

$$A=-\lg T=-\lg I/I_0=k'lc_{I_2} \tag{6-75}$$

式中 A——吸光度；

T——透光率；

I——某指定波长的光透过碘溶液后的光强度；

I_0——通过蒸馏水后的光强；

l——比色皿的光路长度；

k'——摩尔吸光系数。

将式(6-75)代入式(6-74)中，可得

$$\lg T=k'lrt+B' \tag{6-76}$$

以 $\lg T$ 对时间 t 作图得一条直线，由直线的斜率 m 即可求出丙酮碘化反应的反应速率 r，如式(6-77)：

$$r=m/k'l \tag{6-77}$$

为了求得 $k'l$，据式(6-75)可以测定一系列已知浓度的碘溶液的透光率，以 $\lg T$ 对溶液浓度 c_{I_2} 作图得到工作曲线，这是一条直线，其斜率即为$-k'l$。

由式(6-70)和式(6-71)分别求出 CH_3COCH_3、H^+的分级数后，结合浓度和反应速率数据，利用式(6-73)就可以计算得到反应速率系数。

在保持 H^+ 不变的情况下，测得两个不同温度 T_1、T_2 下反应的速率系数 k_1、k_2，根据阿累尼乌斯方程式(6-33)可求得反应的活化能 E_a。

4. 仪器及试剂

仪器：722 型分光光度计 1 套、超级恒温槽 1 套、秒表 1 个、碘瓶(100mL)1 个、碘瓶(50mL)9 个、移液管 5mL、25mL 各 3 支、移液管(10mL)1 支。

试剂：HCl 标准溶液($1.000mol \cdot L^{-1}$)、I_2 标准溶液($0.0100mol \cdot L^{-1}$)、CH_3COCH_3 标准溶液($2.000mol \cdot L^{-1}$)。

5. 实验步骤

(1) 调温

调节超级恒温槽(其使用参见 1-12 超级恒温槽)的温度为(25±0.1)℃，将盛有蒸馏水的碘瓶进行恒温 10min 以上。

(2) 调零

开启 722 型分光光度计(其使用参见 1-21 722 型分光光度计)，预热 5min，进行零点调节，调节 722 型分光光度计的波长到 560nm。

(3) 调透光率

用恒温的蒸馏水淌洗比色皿(光径长度为 3.0cm)3 次，装入恒温蒸馏水，用光量调节器将微电计光点调到消光值为 0(透光率 100%)的位置上。

(4) 测定不同 c_{I_2} 的透光率 T

用移液管分别吸取 2mL、4mL、6mL、8mL、10mL 的碘标准溶液，注入已编号(5~9 号)的 5 个 50mL 的碘瓶中，用蒸馏水稀释至刻度，充分混合后放入恒温槽中恒温。先用 5 号碘瓶中的碘溶液洗涤比色皿 3 次，再用该溶液将比色皿注满，测量透光率。重复测定 3 次，取其平均值。同法依次测量 6~9 号碘瓶中的溶液透光率。每次测定前都必须用蒸馏水校正透光率，使之处于“100”。

(5) 测定不同反应体系的 $T-t$ 数据

取 4 个(编号为 1~4 号)洁净、干燥的 50mL 碘瓶，用移液管按表 6-8 的用量，依次移取碘标准溶液、HCl 标准溶液和蒸馏水，塞好瓶塞，将其充分混合。另取一个洁净、干燥的 100mL 碘瓶，注入浓度为 $2.000mol \cdot L^{-1}$ 的 CH_3COCH_3 标准溶液约 60mL，然后将它们一起置于恒温槽中恒温 10min。取出 1 号碘瓶，用移液管加入恒温的 CH_3COCH_3 标准溶液 10mL，迅速摇匀，用此溶液淌洗比色皿 3 次后注满该溶液，同时开始计时，测定其透光率。每隔 1min 读一次透光率，直到取得 10~12 个数据为止。用同样的方法分别测定 2~4 号溶液在不同反应时刻的透光率。每次测定之前，用蒸馏水将透光率校正至“100”刻度处。

表 6-8 反应物的用量配比

碘瓶编号	I_2 标准溶液/mL	HCl 标准溶液/mL	蒸馏水/mL	CH_3COCH_3 标准溶液/mL
1	10	5	20	10
2	10	10	15	15
3	10	5	25	10
4	5	5	30	10

将恒温槽的温度调节为(35±0.1)℃，重复上述步骤(3)~步骤(5)，测定另一温度下的实验数据。

6. 数据记录及处理

① 将实验所测得的数据填入表 6-9 和表 6-10 中。

实验温度 T ________K；大气压强 p ________kPa；恒温槽温度 T ________K。

CH_3COCH_3标准溶液浓度____________mol/L；I_2标准溶液浓度____________mol/L；

HCl 标准溶液浓度____________mol/L。

表 6-9　透光率与 c_{I_2} 关系实验数据

碘瓶编号		5	6	7	8	9
标准溶液 c_{I_2}/mol·L^{-1}						
稀释后的 c_{I_2}/mol·L^{-1}						
lg$T$	1					
	2					
	3					
	平均值					

表 6-10　透光率与时间关系实验数据

碘瓶编号 \ t/min	1	2	3	4	5	6	7	8	9	10	11	12
1												
2												
3												
4												

② 用表 6-9 中的数据，以 lg$T$ 对碘溶液浓度 c_{I_2} 作图，求所得直线的斜率 m，即为 $k'l$。

③ 用表 6-10 的数据，分别以 lg$T$ 对时间 t 作图，得四条直线，求出各条直线的斜率 m_1、m_2、m_3和 m_4；然后根据式(6-77)分别计算反应速率 r_1、r_2、r_3和 r_4。

④ 根据式(6-70)和式(6-71)，计算 CH_3COCH_3和 H^+的分级数 α 和 γ。

⑤ 参照表 6-5 的用量，分别计算 1~4 号碘瓶中 HCl 和 CH_3COCH_3的初始浓度；再根据式(6-73)分别计算四种不同初始浓度的反应速率系数 k，并求其平均值，建立丙酮碘化的反应速率方程式。

⑥ 将 25℃及 35℃时测得的 k 值，代入式(6-33)求出丙酮碘化反应的活化能 E_a。

7. 注意事项

① 反应要在恒温条件下进行，各反应物在混合前必须恒温。

② 碘液见光易分解，所以从溶液配制到反应测定应选在黑暗处进行，且动作要迅速。

③ 由于计算 k 时要用到丙酮和盐酸溶液的初始浓度，因此所用的丙酮及盐酸溶液需准确配制。

8. 文献参考值

$\alpha=1$，$\beta=0$，$\gamma=1$，$k'=180\text{mol}^{-1}\cdot\text{L}\cdot\text{cm}^{-1}$。

25℃丙酮碘化反应 k 为 2.86×10^{-5} L·mo l^{-1}·s^{-1}；1.72×10^{-3}L·mol^{-1}·min^{-1}。

35℃丙酮碘化反应 k 为 8.8×10^{-5} L·mol^{-1}·s^{-1}；5.28×10^{-3}L·mo l^{-1}·min^{-1}。
活化能为 86.2kJ·mol^{-1}。

9. 拓展实验

设计实验用比色分析的方法测定硫酸链霉素的有效期。

【提示】链霉素是由放线菌属的灰色链丝产生的抗生素，硫酸链霉素是分子中的三个碱性中心与硫酸形成的盐，分子式为 $C_{21}H_{39}N_7O_{12} \cdot 3H_2SO_4$。它在临床上用于治疗各种结核病。

药品的稳定性是指原料药及制剂保持其物理、化学、生物学和微生物学性质的能力。稳定性研究目的是考察原料药或制剂的性质在温度、湿度、光线等条件的影响下随时间变化的规律，为药品的生产、包装、储存、运输条件和有效期的确定提供科学依据，以保障临床用药安全有效。对药物有效期的测试有经典恒温法、多元线性模型、初均速法、线性变温法、比色分析方法。

硫酸链霉素水溶液在 pH 为 4.0~4.5 时的酸性条件下最为稳定，在过酸、过碱条件下易水解失效，在碱性条件下水解生成麦芽酚(α-甲基-β-羟基-γ-吡喃酮)，反应如下：

$$C_{21}H_{39}N_7O_{12} \cdot 3H_2SO_4 + H_2O \longrightarrow \text{麦芽酚+硫酸链霉素其他降解物}$$

已知该反应为准一级反应，符合一级反应的动力学特征。

硫酸链霉素在碱性条件下水解生成麦芽酚，而麦芽酚在酸性条件下与 Fe^{3+} 作用又生成稳定的紫红色螯合物，故可用比色分析的方法进行测定。已知硫酸链霉素水溶液初始浓度 c_0 正比于全部水解后产生麦芽酚的浓度，也正比于全部水解测得的消光值 E^{∞}，即 $c_0 \propto E^{\infty}$；在任意时刻 t，硫酸链霉素水解掉的浓度 x 也应正比于此刻测得的消光值 E_t。

药物的有效期一般是指当药物分解掉 10%时所需要的时间。

实验步骤及原理可借鉴“实验 10 旋光法测定蔗糖水解反应的速率系数”。

注意：① 0.4%硫酸链霉素溶液 V=50mL，氢氧化钠溶液的加入量为硫酸链霉素溶液的 1/100(体积)，并注意何时开始计时。

② 0.5%的铁试剂加入量为 20mL，还要加 5 滴 1.12~1.18mol·L^{-1} 硫酸溶液。每隔 10min 取 5mL 反应液于铁试剂中，摇匀呈紫红色，放置 5min，然后在波长为 520nm 下用 722 型分光光度计测一次消光值 E_t，测 6 个数据。

③ 反应液水浴加热 10min 后即可认为反应完全。届时取 2.5mL 反应液和 2.5mL 的蒸馏水与 20mL 铁试剂(含 5 滴硫酸溶液)反应，测其消光值，注意此消光值与 E^{∞} 的关系怎样?

要求：对硫酸链霉素在碱性条件下水解反应，要求用比色分析的方法，设计一个测定其两个不同温度(30℃及 40℃)时的反应速率系数；反应活化能及 25℃时药物有效期的实验方案(包括实验目的、实验原理、仪器及试剂、实验步骤)。

计算出 30℃及 40℃时硫酸链霉素水解反应的速率系数；反应的活化能及 25℃时药物有效期。写出实验报告，总结所设计实验的优缺点，提出改进意见。

第四部分　习　　题

习题 6-1　某人工放射性元素，能放出 a 粒子，其半衰期为 15min，若该试样有 90%被分解，计算所需的时间。

答案：t=49.84min

习题 6-2　某物质按一级反应进行分解，在一定温度下，已知反应完成 20%需时

50min，试求：①速率系数；②完成 60%反应所需时间。

答案：① $k=4.46\times10^{-3}\text{min}^{-1}$；② $t=205.36\text{min}$

习题 6-3 在 40℃时，N_2O_5在 CCl_4溶剂中进行分解反应，反应级数为一级，初始反应速率 $v_0=1.00\times10^{-5}\text{mol}\cdot\text{dm}^{-3}\cdot\text{s}^{-1}$，1h 后反应速率 $v=3.26\times10^{-6}\text{mol}\cdot\text{dm}^{-3}\cdot\text{s}^{-1}$，试计算：①反应在 40℃时的速率系数；②40℃时反应的半衰期；③初始浓度 c_0 为多少？

答案：① $k=1.121\text{h}^{-1}$；② $t_{1/2}=0.618\text{h}$，③ $c_0=0.0321\text{mol}\cdot\text{dm}^{-3}$

习题 6-4 某气体 A 的分解反应为 $A(g)\longrightarrow B(g)+C(g)$，在 287℃的真空密闭恒容容器中充入初始压力为 21.332kPa 的 A 气体，反应的速率系数 $k=6.79\times10^{-5}\text{s}^{-1}$，求：①$t_{1/2}$；②反应进行 1000s 时系统的总压是多少？

答案：① $t_{1/2}=1.02\times10^{-4}\text{s}$；② $p_{总}=22.732\text{kPa}$

习题 6-5 某基元反应 $aA\longrightarrow B+P$，其中 $c_{A,0}=1\text{mol}\cdot\text{dm}^{-3}$，初始反应速率 $v=0.01\text{mol}\cdot\text{dm}^{-3}\cdot\text{s}^{-1}$，如果假定此反应中 A 的计量数 a 分别为 1 和 2 时，求：①k；②$t_{1/2}$；③反应物 A 消耗 90%所需的时间。

答案：$a=1$ 时，① $k=0.01\text{s}^{-1}$；② $t_{1/2}=69.3\text{s}$；③ $t=230.3\text{s}$

$a=2$ 时，① $k=0.01\text{dm}^3\cdot\text{mol}^{-1}\text{s}^{-1}$；② $t_{1/2}=100\text{s}$；③ $t=900\text{s}$

习题 6-6 某二级反应 $A+B\longrightarrow 2D$，A 和 B 的初始浓度均为 $1\text{mol}\cdot\text{dm}^{-3}$，经 10min 反应掉 25%，求 k_A和 k_D。

答案：① $k_A=0.0333\text{dm}^3\cdot\text{mol}^{-1}\cdot\text{min}^{-1}$；② $k_D=0.0666\text{dm}^3\cdot\text{mol}^{-1}\cdot\text{min}^{-1}$

习题 6-7 某抗生素 A 在人体血液中呈现简单的级数反应。如果给病人在上午 8 点注射 0.5g 该抗生素，然后在不同时刻 t 测定 A 在血液中的浓度 c 以 $\text{mg}\cdot(100\text{cm}^3)^{-1}$，得到数据见表 6-11。

表 6-11 测量数据

t/h	4	8	12	16
$c_A/\text{mg}\cdot(100\text{cm}^3)^{-1}$	0.480	0.326	0.222	0.151

① 确定反应的级数；②计算反应的速率系数；③求 A 的半衰期；④若要使血液中抗生素浓度不低于 $0.370\text{mg}\cdot(100\text{cm}^3)^{-1}$，计算需要注射第二针的时间。

答案：①一级；② $k=0.0965\text{min}^{-1}$；③ $t_{1/2}=7.19\text{h}$；

④ $t=6.7\text{h}$，即下午 14 点 42 分之前

习题 6-8 在大气中，CO_2的含量较少，但可鉴定出放射性同位素^{14}C 的含量。一旦 CO_2被光合作用“固定”，从大气中拿走^{14}C 作为植物的组成后，新的^{14}C 又不再加入，则植物中^{14}C 的放射量会以 5770 年为半衰期的一级过程减少。现从一棵古代松树的木髓中取样，测定得到的^{14}C 含量是大气中 CO_2的^{14}C 含量的 54.9%，试计算该古松树的树龄。

答案：4992 年

习题 6-9 在 298 K 时，乙酸乙酯与 NaOH 溶液发生皂化作用，已知反应的速率系数为 $6.36\text{dm}^3\cdot\text{mol}^{-1}\cdot\text{min}^{-1}$。若起始时，乙酸乙酯与 NaOH 溶液的浓度均为 $0.02\text{mol}\cdot\text{dm}^{-3}$，试求 10min 后乙酸乙酯的水解分数。

答案：$x=0.56$

习题 6-10 某一级反应在 300 K 时完成 20%需时间 12.6min，在 340 K 时完成 20%需时

间 3.20min，试计算该反应的活化能。

答案：$E_a = 29.06\text{kJ} \cdot \text{mol}^{-1}$

习题 6-11 已知某药物分解 30%即为失效，若放置在 3℃的冰箱中保存期为两年。某人购回此新药物，因故在室温(25℃)下放置了 2 周，试通过计算说明此药物是否已经失效？已知该药物分解百分数与初始浓度无关，且分解活化能$E_a = 130.0\text{kJ} \cdot \text{mol}^{-1}$。

答案：$x = 36.1\% > 30\%$，此药物已失效

习题 6-12 某一级反应，在 300K 时，反应物转化 20%需 100min，已知其活化能$E_a = 100\text{kJ} \cdot \text{mol}^{-1}$。求反应在 310K 同样经过 100min 转化率为多少。

答案：$x = 0.556$

习题 6-13 已知药物阿司匹林的水解反应在 100℃时的速率系数 $k = 7.92\text{d}^{-1}$，活化能$E_a = 56.43\text{kJ} \cdot \text{mol}^{-1}$，求在 17℃时阿司匹林水解 30%所需时间。

答案：8.18 天

习题 6-14 某气相反应 $A \longrightarrow P$ 的速率常数 k 与温度 T 具有如下关系式：

$$\ln k/\text{s}^{-1} = 30.23 - \frac{10220}{T/\text{K}}$$

① 试计算此反应的活化能；

② 欲使 A 在 1min 内转化率达到 75%，则反应温度应控制在多少？

答案：①$E_a = 85.0\text{kJ} \cdot \text{mol}^{-1}$；②$T = 300.6\text{K}$

习题 6-15 $ClCOOCCl_3$的热分解反应为 $ClCOOCCl_3(g) \longrightarrow 2COCl_2(g)$，由实验数据可知，反应半衰期与反应物的初始压力无关，若将一定量的 $ClCOOCCl_3$迅速引入一个 280℃的容器中，经过 454s 后测得容器压力为 2476Pa，经过极长的时间后压力为 4008Pa。将此实验在 305℃下重复一次，经过 320s 后，测得压力为 2838Pa，经过极长时间后压力为 3554Pa，试求算：①在 280℃时反应的速率系数与半衰期；②反应的活化能；③在 305℃时反应的半衰期。

答案：①$k = 5.916 \times 10^{-4}\text{s}^{-1}$，$t_{1/2} = 1172\text{s}$；

②$E_a = 166.9\text{kJ} \cdot \text{mol}^{-1}$；③$t_{1/2} = 244\text{s}$

习题 6-16 某溶液含有 NaOH 和 A，浓度均为 $0.01\ \text{mol} \cdot \text{dm}^{-3}$，25℃时，反应经过 10min 有转化率达 39%的 A 发生反应，而在 35℃时，10min 有转化率达 55%的 A 发生反应，若该反应对 A 和 NaOH 均为一级，估算 15℃，10min 内，有多少的 A 发生了反应？

答案：$x_A = 0.242$

习题 6-17 在一定温度下，向密闭容器中投入等摩尔比的 $NO(g)$ 和 $H_2(g)$ 的混合气体，发生如下反应：

$2NO(g) + 2H_2(g) \longrightarrow N_2(g) + 2H_2O(g)$，在不同初始压力下的半衰期 $t_{1/2}$ 数据见表 6-12。

表 6-12 $t_{1/2}$数据

$p_{总}$/kPa	50.90	45.40	38.40	33.46	26.93
$t_{1/2}$/min	81	102	140	180	224

试求反应的级数。

答案：$n \approx 3$

习题 6-18 某对行反应 $A \underset{k_{-1}}{\overset{k_1}{\rightleftharpoons}} B$，已知 $k_1 = 0.006\text{min}^{-1}$，$k_{-1} = 0.002\text{min}^{-1}$，如果反应开始时只有 A，浓度为 $1\text{mol} \cdot \text{dm}^{-3}$。试求：①反应的平衡常数 K_C；②当 A 和 B 的浓度相等时

需要的时间；③经 100min 后 A 和 B 的浓度。

答案：①$K_C=3$；②137. 3min；
③$c_A=0.587\text{mol}\cdot\text{dm}^{-3}$，$c_B=0.413\text{mol}\cdot\text{dm}^{-3}$

习题 6-19 高温下乙酸分解反应如下：

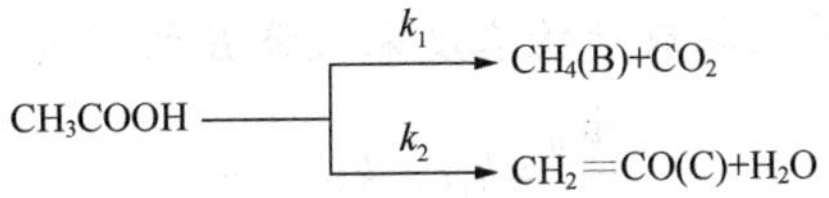

在 1089 K 时，$k_1=3.74\text{s}^{-1}$，$k_2=4.65\text{s}^{-1}$。

① 试计算乙酸反应掉 90%所需时间。

② 若 $c_{A,0}=1\text{mol}\cdot\text{dm}^{-3}$，当乙酸全部分解时，在定温度下能够获得乙烯酮的最大产量是多少？

答案：①$t=0.27\text{s}$；②$c_C=0.554\text{mol}\cdot\text{dm}^{-3}$

习题 6-20 一级连串反应 $A\xrightarrow{k_1}B\xrightarrow{k_2}C$，在 50℃时，$k_1=4.2\times10^{-3}\text{min}^{-1}$，$k_2=0.020\times10^{-3}\text{min}^{-1}$，求在 50℃时获得物质 B 的最佳反应时间和相应的最大产率。

答案：$t_{\max}=1279\text{min}$；97. 47%

第五部分 拓展阅读

6.1 复杂反应速率的近似处理法

由假定的反应机理推导出相应总包反应的微分速率方程，再将用实验测定给出的微分速率方程对其进行比较，若一致，说明该假定的反应机理有可能正确。但有些复杂反应的求解十分复杂，甚至无法求解。因此，研究速率方程的近似处理方法就是一个很现实的问题。常用的近似方法有以下几种。

(1) 选取控制步骤法

把连串反应最慢一步称为反应速率的控制步骤。反应的总速率近似等于控制步骤的速率。显然，要提高总包反应的速率，关键要提高速率控制步骤的速率。

对于连串反应：$A\xrightarrow{k_1}B\xrightarrow{k_2}C$，当 $k_2\gg k_1$，说明第一步是控制步骤，反应的总速率为等于第一步的速率，即

$$\frac{\mathrm{d}c_C}{\mathrm{d}t}=-\frac{\mathrm{d}c_A}{\mathrm{d}t}=k_1c_A=k_1c_{A,0}\mathrm{e}^{-k_1t}$$

(2) 稳态近似法

在连串反应中，若中间物 B 的活性很高(如自由原子，自由基等)，而寿命很短，一旦生成立即就会反应掉，其浓度通常很低，且浓度随时间的变化不大，这时 B 的浓度处于稳态或定态，有

$$\frac{\mathrm{d}_{c_B}}{\mathrm{d}t}=0$$

稳态或定态就是指某中间物的生成速率消耗速率相等以致其浓度不随时间变化的状态。

连串反应中，$A \xrightarrow{k_1} B \xrightarrow{k_2} C$，当 $k_2 \gg k_1$，说明中间物 B 很活泼，可以用稳态近似法。

C 的生成速率 $\frac{dc_C}{dt}=k_2c_B$，因 B 是中间物它的浓度极难测定，使得该速率方程无实际意义，现采用稳态近似法，用反应物或产物浓度来代替 B 的浓度。

$$\frac{dc_B}{dt}=k_1c_A-k_2c_B=0$$

有

$$c_B=\frac{k_1}{k_2}c_A$$

代入 C 的生成速率中有

$$\frac{dc_C}{dt}=k_2c_B=k_2\frac{k_1}{k_2}c_A=kc_A$$

这与速率控制步骤法所得结果相同。稳态近似法在由机理推导速率方程中很常用。

(3) 平衡态近似法

对于总包反应 $A \longrightarrow D$，假定其反应机理：

$$A+B \underset{k_{-1}}{\overset{k_1}{\rightleftharpoons}} C$$

$$C \xrightarrow{k_2} D \quad （慢）$$

第一步是个对行反应，且快速达平衡，有

$$\frac{c_C}{c_Ac_B}=\frac{k_1}{k_{-1}}=K_c \qquad c_C=\frac{k_1}{k_{-1}}c_Ac_B$$

第二步反应速率慢，是反应的控制步骤，有

$$dc_D/dt=k_2c_C=k_2\frac{k_1}{k_{-1}}c_Ac_B=kc_Ac_B$$

用平衡态近似法从机理推导速率方程的思路首先是找出控制步骤，并将其速率除以该反应的计量数作为总反应的速率。然后应用控制步骤前的快速平衡步骤的平衡式消除该反应速率表达式中出现的任何中间体的浓度。

6.2　表观速率系数与表观活化能

某复合反应的速率系数与组成它的各基元反应的速率系数的关系为 $k=k_2\frac{k_1}{k_{-1}}$，试解释复合反应的活化能 E_a 为什么可能是负值？若 E_a 是负值，升高温度，其反应速率是升高还是下降？

上式中的 k 称为表观速率系数，若将上式中的各基元反应的速率系数分别代入其阿伦尼乌斯方程，有如下关系：

$$k=Ae^{-\frac{E_a}{RT^2}} \qquad k_1=A_1e^{-\frac{E_{a,1}}{RT^2}} \qquad k_{-1}=A_{-1}e^{-\frac{E_{a,-1}}{RT^2}} \qquad k_2=A_2e^{-\frac{E_{a,2}}{RT^2}}$$

整理后，有

$$A = A_2 \frac{A_1}{A_{-1}}$$

$$E_a = E_{a,1} + E_{a,2} - E_{a,-1}$$

由此可以看出，复合反应指前因子 A 与各基元反应指前因子的关系与相应速率系数的关系相同。而复合反应活化能与各基元反应活化能之间的关系完全取决于相应速率系数之间的关系，完全没有明确的物理意义。各基元反应的活化能必须是正值，但复合反应的活化就可能是负值了。若 E_a 是负值，代入阿伦尼乌斯方程可知，升高温度，其反应速率是下降的。

6.3 链反应

(1) 链反应

链反应又称连锁反应是一种具有特殊规律的、常见的复合反应，它主要是由大量反复循环的连串反应所组成，在化工生产中具有重要的意义，例如高聚物的合成，石油的裂解，碳氢化合物的氧化和卤化，一些有机物的热分解以至燃烧、爆炸反应等等都与链反应有关。

(2) 单链反应的特征

以一定条件下，$H_2+Cl_2 \longrightarrow 2HCl$ 的反应机理为例：

① $Cl_2+M \xrightarrow{k_1} 2Cl\cdot+M$　　(链的引发)

② $Cl\cdot+H_2 \xrightarrow{k_2} H\cdot+HCl$　　(链的传递)

③ $Cl_2+H\cdot \xrightarrow{k_3} Cl\cdot+HCl$　　(链的传递)

④ $Cl\cdot+Cl\cdot+M \xrightarrow{k_4} Cl_2+M$　　(链的终止)

链反应一般由三个步骤组成：

链的引发(或链的开始)：由于光照、加热、加入引发剂等在反体系中产生自由原子或自由基等过程，如反应①。自由原子或自由基等活泼粒子叫作链的传递物。

链的传递(或链的增长)：自由原子或自由基与一般分子反应，旧的自由原子或自由基消失，产生新自由原子或自由基，使反应不断地进行下去。链的传递是链反应的主体。如反应②和③。

链的终止(或链的销毁)：自由基、自由原子等传递物与惰性物质或器壁碰撞，变为一般分子而销毁，则由原始传递物引发的这一条链就被中断。据统计，一个 Cl·往往能循环反应生成 $10^4 \sim 10^6$ 分子。

(3) 链反应的类型

单链反应：在链传递步骤中，消耗一个链的传递物的同时只产生一个新的链的传递物的反应称为单链反应。

支链反应：在链传递步骤中，消耗一个链的传递物的同时只产生两个或两个以上新的链的传递物的反应称为支链反应。

模块七　界面与胶体化学

大千世界中五彩缤纷的自然现象，如蓝天白云、曙光晚霞、黄水沃土、雨滴露珠等；衣食住行中用到的各种材料，如防污防水面料、乳化膨化食品、除臭除味设备等；工农业生产中使用的各种技术，如石油开采、气体分离、颜料脱色、锄地保墒等；凡此种种，都可以在界面胶体化学中找到理论依据。近年来，新能源、新材料和生命科学等领域蓬勃发展，被认为将在21世纪科学进程中占据主导性地位，这些领域几乎都涉及界面胶体化学。界面胶体化学重点关注物质由宏观到微米、亚微米，直至纳米这样的尺寸所表现出的尺寸效应，由于这些新材料往往表现出特殊的物理化学性质，使这些新材料在光学、电子、信息、化学和生命科学等领域打开了一扇新的应用大门。

第一部分　基础知识

7-1　界面及比表面积

界面：两相相接处的交界部分，即界面层，也叫介面相。通常是指具有约几个分子厚度的三维空间。包括气-液、气-固、液-液、液-固、固-固界面。

表面：有气体参与构成的界面，如固体表面、液体表面。

比表面积(a_s 或 a_V)：指单位质量或单位体积的物质所具有的表面积，用来反映物质的分散程度。对一定量的物质而言，比表面积越大，分散度越大。

$$a_s = A/m \text{ 或 } a_V = A/V \tag{7-1}$$

式中　m，V——物质的质量和体积；

A——表面积。

7-2　表面张力、表面功及表面吉布斯函数

(1) 表面张力(γ)

物质表面层分子与内部分子因受力情况不同，会产生一个恒垂直指向内部的作用力，以气-液界面为例，如图7-1所示，其液相内部的分子受周围分子的作用力是球形对称的，合力为零，所以分子在液体内部移动时无须克服合力做功。但处于表面层的分子受到液体内部分子的引力较大，而受到上方气体分子的引力较小，这种力场的不对称导致表面层的分子恒

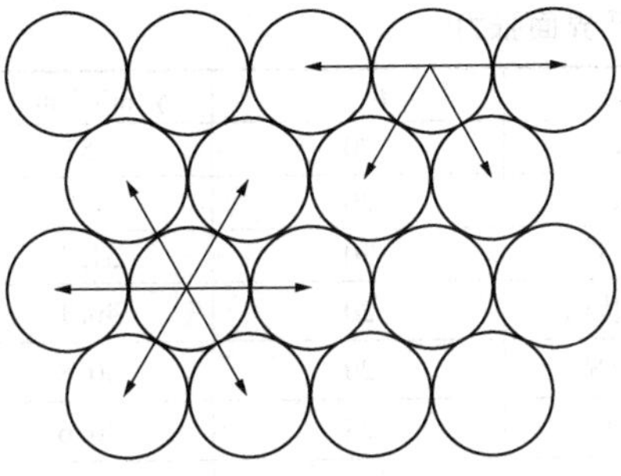

图 7-1　液体表面层分子与内部分子受力情况差异图

受到垂直指向液体内部的合力，这一合力总是力图把液体表面层的分子拉向内部，因而液体的表面都有自动缩小的趋势。

用一个金属丝制成 U 形框架，如图 7-2 所示，其一边是可自由滑动无摩擦的金属丝，长度为 l，将此 U 形框蘸上一层肥皂膜。由于液体表面的分子有使液面收缩的趋势，皂膜会自动缩小。要使膜维持不变就需要在金属丝上施加一个力 F，其大小与金属丝的长度成正比，比例系数以 γ 表示。因液膜有两个表面，所以力 F 是作用在总长度为 $2l$ 的边界上的，所以有

$$F=2\gamma l \qquad [(7-2)a]$$

$$\gamma=\frac{F}{2l} \qquad [(7-2)b]$$

式中　γ——表面张力，即引起液体（或固体）表面收缩的单位长度线段上的力，$N \cdot m^{-1}$。

表面张力的方向：垂直作用于液面边界，与液面相切。

(2) 表面功(γ)

表面功也称比表面功，是指使系统增加单位表面积时所需的可逆功，单位为 $J \cdot m^{-2}$。

$$\gamma=\frac{\delta W_r'}{dA_s} \qquad (7-3)$$

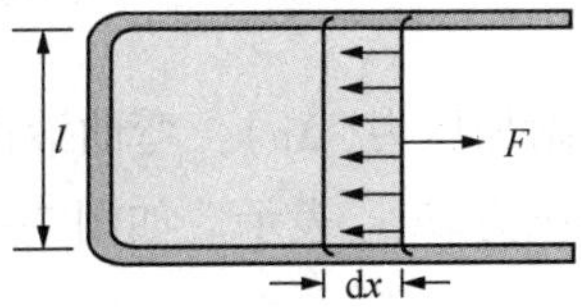

图 7-2　表面张力的方向示意图

(3) 表面吉布斯函数(γ)

表面吉布斯函数也称比表面吉布斯函数，是指恒温恒压下使系统增加单位表面积时所增加的吉布斯函数，单位为 $J \cdot m^{-2}$。

$$\gamma=\left(\frac{\partial G}{dA_s}\right)_{T,P} \qquad (7-4)$$

表面张力、比表面功、比表面吉布斯函数三者虽为不同的物理量，但它们在数值和量纲上却是等同的，三者的单位皆可化为 $N \cdot m^{-1}$。这三者只是对同一问题从不同角度上的阐述。

(4) 界面张力的影响因素

界面张力与形成界面的两相物质的性质有关，能影响两相性质的因素，就会影响界面张力。表 7-1 给出了一些常用体系的表面张力及界面张力。

① 分子间力的影响：物质的界面张力与物质的本性有关。液体或固体中的分子间作用力或化学键力越大，则界面张力越大。一般来说，γ(金属键)>γ(离子键)>γ(极性共价键)>γ(非极性共价键)。

② 温度的影响：一般来说，温度升高，液体膨胀，分子间引力减弱；蒸气压增大，蒸气密度增大，气相分子对液体界面层分子的吸引力也增强，导致物质的界面张力下降。

③ 压力的影响：压力对界面张力的影响原因比较复杂。由于压力增大使气体密度增加，所以一般来说，压力增大使物质界面张力降低，但压力变化不大时其影响可以忽略。

表 7-1　一些常用体系的表面张力及界面张力

表面	t/℃	γ/mN·m^{-1}	界面	t/℃	γ/mN·m^{-1}
水	0	76.64	苯-汞	20	357
水	20	72.75	水-汞	20	375
水	60	67.24	水-正己烷	20	51.1
乙醇	0	27.4	水-四氯化碳	20	46.1
乙醇	20	23.6	水-正辛烷	20	50.8
乙醇	60	19.2	水-丁苯	25	40.6
苯	0	31.9	水-正庚烷	20	36.0
苯	20	29.0	水-苯	25	33.6
苯	60	23.6	水-正辛醇	20	8.5
汞	25	486.48	水-乙醚	55	8.1
铜	1084.6	1300	水-正丁醇	20	1.8
银	1100	878.5			

粉尘爆炸——表面张力热力学公式见拓展阅读 7.1。

7-3　附加压力(Δp)

附加压力(Δp)：弯曲液面内外的压力差。弯曲液面凹面一侧的压力以 $p_{内}$ 表示，凸面一侧的压力以 $p_{外}$ 表示。如图 7-3 所示。

$$\Delta p = p_{内} - p_{外} \tag{7-5}$$

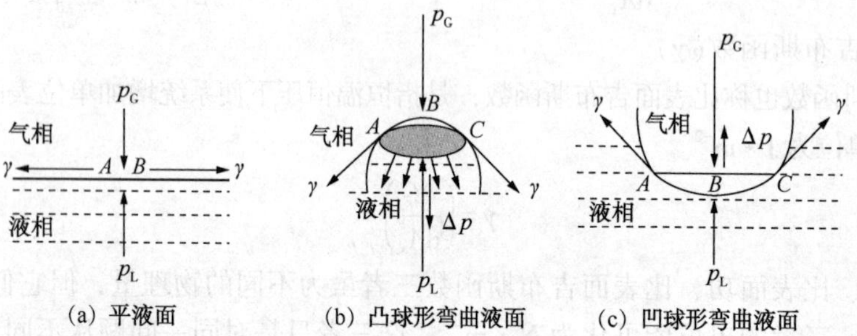

图 7-3　弯曲液面下的附加压力

图 7-3(a)为平液面，$p_L = p_G$，$\Delta p = 0$；

图 7-3(b)为凸液面，$p_L > p_G$，$\Delta p = p_{内} - p_{外} = p_L - p_G > 0$；

图 7-3(c)为凹液面，$p_L < p_G$，$\Delta p = p_{内} - p_{外} = p_G - p_L > 0$。

附加压力的方向：总是指向曲率中心。在表面张力的作用下，弯曲液面两边的两相存在压差而产生附加压力，不管是凸液面还是凹液面，附加压力的方向总是指向曲率中心。

7-4　拉普拉斯(Laplace)方程

$$\Delta p = \frac{2\gamma}{r} \tag{7-6}$$

式中　Δp——附加压力；

γ——表面张力；

r——液面曲率半径。

由上式可知：

若液面呈凸形(即液滴)，曲率中心在液体内部，Δp 指向液体内部。且液滴半径越小，其所受的附加压力越大。

若液面呈凹形(即气泡)，曲率中心在液体外部，Δp 指向液体外部。且气泡半径越小，其所受的附加压力越大。

若液面为平面，其 $r\to\infty$，则 $\Delta p=0$，即水平液面无附加压力存在。

对于空气中的肥皂泡，因液膜内外存在两个球面，而附加压力的方向一致，所以平衡时，肥皂泡内外的压力差 $\Delta p=\dfrac{4\gamma}{r}$。

拉普拉斯方程的推导见拓展阅读 7.2。

7-5 毛细现象

毛细管插入液面后，会发生液面沿毛细管上升(或下降)的现象。液面上升(或下降)高度公式：

$$h=\frac{2\gamma\cos\theta}{r\rho g} \tag{7-7}$$

式中 γ——液体的表面张力；

ρ——液体密度；

g——重力加速度；

r——毛细管半径；

θ——接触角(图 7-4)。

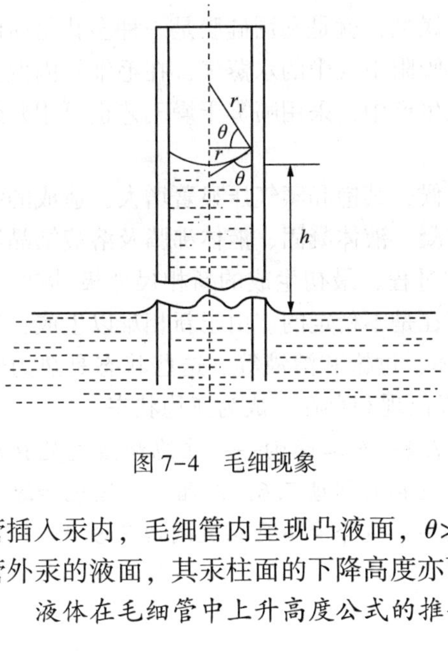

图 7-4 毛细现象

由上式可知，在一定温度下，毛细管越细，液体的密度越小，液体对管壁的润湿越好，即接触角 θ 越小，液体在毛细管中上升得越高。

当液体能润湿毛细管壁时，$\theta<0$，液柱上升；

当液体不能润湿毛细管壁时，$\theta>0$，液柱下降。例如将玻璃毛细管插入汞内，毛细管内呈现凸液面，$\theta>0$，所以管内汞柱面会下降而低于管外汞的液面，其汞柱面的下降高度亦可根据式(7-7)进行计算。

液体在毛细管中上升高度公式的推导见拓展阅读 7.3。

R35 锄地保墒

7-6 微小液滴及气泡的饱和蒸气压——开尔文(Kelvin)公式

通常所说的在一定温度及外压下，纯液体的饱和蒸气压是对平液面而言，但对弯曲液面，其饱和蒸气压与平液面不同。

微小液滴

$$RT\ln\left(\frac{p_r}{p}\right)=\frac{2\gamma M}{\rho r}=\frac{2\gamma V_m}{r} \tag{7-8(a)}$$

对于微小气泡

$$RT\ln\frac{p_r}{p}=-\frac{2\gamma M}{\rho_r}=-\frac{2\gamma V_m}{r} \qquad [7\text{-}8(b)]$$

式中 γ——液体的表面张力；

ρ——液体密度；

p——平液面的饱和蒸气压；

p_r——弯曲液面的饱和蒸气压；

r——曲率半径；

M——摩尔质量；

V_m——摩尔体积。

由上式可知，弯曲液面的饱和蒸气压除了与物质本性、温度及外压有关外，还与弯曲液面的曲率半径有关。对于液滴(凸面)，其蒸气压大于平面情况下的蒸气压，且液滴半径越小，蒸气压越大。对于气泡(凹面)，其泡内蒸气压小于平面情况下的蒸气压，且气泡半径越小，蒸气压越低。

由该式可知，凹液面的曲率半径越小，与其成平衡的饱和蒸气压将越小。如毛细管凝结现象就与此有关。能润湿毛细管的液体，在某温度下，蒸气对平液面尚未达到饱和，但对在毛细管内的凹液面来讲，可能已经达到过饱和状态，这时蒸气在毛细管内将凝结成液体，这种现象称为毛细管凝结。实验室中常用的硅胶作为干燥剂，就是利用硅胶是一种多孔物质的特征，内表面形成许多类似毛细管的结构，可自动地吸附空气中的水蒸气，在毛细管内发生凝结现象，而达到使空气干燥的目的。另外，在化工生产中，采用喷雾干燥工艺也可用开尔文公式解释。

根据开尔文公式，当液体或固体粒径非常小的时候，其饱和蒸气压显著增大，造成的结果是不容忽视的。在实际的科研、生产中，在蒸气冷凝、液体凝固、液体沸腾及溶液结晶等相变化过程中，新相必然经历从无到有，从小到大的过程，最初生成的新相尺寸极其微小，其比表面积和表面吉布斯函数都很大，因此新相的存在是不稳定的。由于新相难以生成，就产生了过饱和蒸气、过热或过冷液体、过饱和溶液等。这些状态是热力学不稳定状态，但在一定时间段内可以出现和存在，成为亚稳状态。

R36 锄地散墒

开尔文公式的推导见拓展阅读 7.4；人工降雨——过饱和蒸气见拓展阅读 7.5；沸石防暴沸——过热液体见拓展阅读 7.6；结晶——过饱和溶液见拓展阅读 7.7；玻璃是晶态固体吗——过冷液体见拓展阅读 7.8。

7-7 固体表面吸附

吸附：相界面上某种物质的浓度不同于体相浓度的现象。

吸附剂：具有吸附能力的固体物质。常用的吸附剂有：硅胶、分子筛、活性炭等。

吸附质：被吸附的物质。

物理吸附：吸附剂与吸附质分子间以范德华力相互作用的吸附。

化学吸附：吸附剂与吸附质分子间发生化学反应，以化学键相结合的吸附。

吸附量：单位质量吸附剂所吸附气体的物质的量或其在标准状况下(0℃、101.325kPa)所占有的体积。

$$n^a = \frac{n}{m} \qquad [7\text{-}9(a)]$$

$$V^a = \frac{V}{m} \qquad [7\text{-}9(b)]$$

n^a 和 V^a 的单位分别为 $mol \cdot kg^{-1}$ 和 $m^3 \cdot kg^{-1}$。固体对气体的吸附量是温度和吸附平衡时气体压力的函数。

吸附等温线：在恒温下，反映吸附量与吸附平衡时气体压力之间关系的曲线。

物理吸附和化学吸附的区别见拓展阅读 7.9；常见的吸附等温线见拓展阅读 7.10；吸附热力学见拓展阅读 7.11。

R37 马王堆汉墓女尸千年不腐

7-8 吸附等温式

(1) 弗罗因德利希吸附等温式

指数形式：

$$V^a = kp^n \qquad [7\text{-}10(a)]$$

对数形式：

$$\lg V^a = \lg k + n\lg p \qquad [7\text{-}10(b)]$$

式中 n，k——两个经验常数，对于指定的吸附系统，它们都是温度的函数。

k 值可视为单位压力时的吸附量，一般来说，k 值随温度的升高而降低。n 的数值一般在 0~1 之间，它的大小反映出压力对吸附量影响的强弱。弗罗因德利希公式一般适用于中压范围。

(2) 朗缪尔(Langmuir)单分子层吸附理论及吸附等温式

朗缪尔单分子层吸附理论基于以下基本假定：

① 固体表面是均匀的。即固体表面原子所具有的剩余价力是等同的，或者说表面原子所具有的表面能没有差别。

② 吸附是单分子层(monomolecular layer)的吸附。气体分子只有碰撞到未被吸附的空白表面上才能够发生吸附作用，即吸附层是定位的，每个分子仅占据一个吸附位置。当固体表面上已盖满一层吸附分子后就达到了饱和状态。

③ 被吸附分子之间没有相互作用。表示分子在吸附或脱附(解吸)时互不影响。

④ 在一定条件下，吸附和解吸之间可以建立动态平衡。

基于以上假定，得出朗缪尔吸附等温式：

$$\theta = \frac{bp}{1+bp} \qquad [7\text{-}11(a)]$$

式中 θ ——(表面)覆盖率，即任一瞬间固体表面被覆盖的分数；

k_1——吸附速率常数；

k_{-1}——解吸速率常数；

$b = k_1/k_{-1}$，单位为 Pa^{-1}。

从本质上看，b 为吸附作用的平衡常数，也称为吸附系数，b 值的大小代表了固体表面吸附气体能力的强弱程度。其大小与吸附剂、吸附质的本性及温度有关。b 值越大，则表示吸附能力越强。

它定量地描述了表面覆盖率 θ 与气体平衡压力 p 之间的关系。若以 θ 对 p 作图，所得的曲线类似图 7-32(a)的吸附等温线。

从朗缪尔吸附等温式可知：

① 当压力足够低或吸附很弱时，$bp \ll 1$，则 $\theta = bp$，即覆盖率 θ 与吸附气体平衡压力 p 成正比(覆盖率 θ 越大，吸附量越大)。这与吸附等温线类型Ⅰ的低压部分相对应。

② 当压力足够高或吸附很强时，$bp \gg 1$，则 $\theta = 1$，即 θ 与 p 无关，表明这时固体的全部表面都被吸附质所覆盖，达到了单分子层的饱和吸附。这与吸附等温线类型Ⅰ的高压部分相对应。

③ 当压力适中时，公式可表示为 $\theta = bp^m$，$m = 0 \sim 1$，此时 θ 与 p 的关系为曲线。即为吸附等温线类型Ⅰ曲线的中间过渡阶段。

若以 V_m^a 代表当表面上吸满单分子层时的吸附量(饱和吸附量)，V^a 代表压力为 p 时的平衡吸附量，则表面覆盖率 $\theta = \frac{V^a}{V_m^a}$，代入式[(7-11)a]中，有

$$V^a = V_m^a \frac{bp}{1+bp} \qquad [(7\text{-}11)\text{b}]$$

再重排可得朗缪尔吸附等温式的线性形式：

$$\frac{p}{V^a} = \frac{1}{V_m^a b} + \frac{p}{V_m^a} \qquad [(7\text{-}11)\text{c}]$$

根据上式，若以 $\frac{p}{V^a}$ 对 p 作图，应得一直线，其斜率为 $\frac{1}{V_m^a}$，截距为 $\frac{1}{V_m^a b}$，联立斜率与截距可求出 V_m^a 和 b 的数值。

朗缪尔吸附等温式是一个理想的吸附公式，它代表了在均匀表面上，吸附分子彼此间没有相互作用，而且吸附是单分子层情况下吸附达平衡时的规律。它在吸附理论中所起的作用类似于气体运动理论中的理想气体定律。人们往往以朗缪尔公式作为一个基本公式，先考虑理想情况，找出某些规律性，然后针对具体体系再对这些规律予以修正。但应当指出，倘若表面很不均匀，或吸附层不是单分子层时，朗缪尔公式则不能适用。

R38 朗缪尔

朗缪尔吸附等温式的推导见拓展阅读 7.12；吸附剂的选择——固体自溶液中的吸附见拓展阅读 7.13。

7-9 接触角及杨氏方程

液体接触角：当一液滴在固体表面上不完全展开时，在气、液、固三相会合点 O 点处，固-液界面的水平线与气-液界面切线之间的夹角 θ，称为接触角，如图 7-5所示。

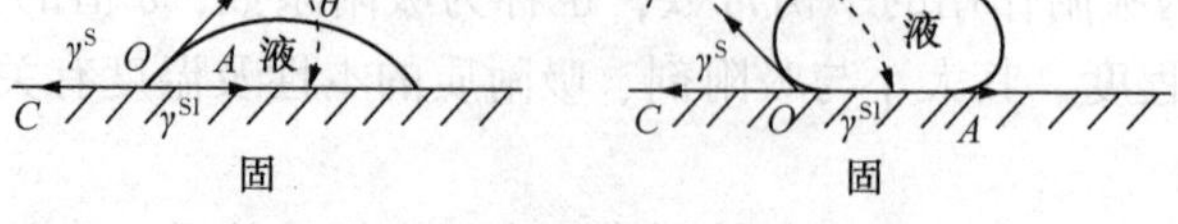

图 7-5　接触角与各界面张力的关系

杨氏方程：托马斯·杨(Thomes Young)根据当液滴静止时，作用于 O 点的作用力在水平方向上应保持平衡，于 1805 年提出方程：

$$\gamma^{S}=\gamma^{Sl}+\gamma^{l}\cos\theta \tag{7-12}$$

式中 γ^{S}——固体表面张力，力图把液体分子拉向左方，以覆盖更多的气-固界面；

γ^{Sl}——固-液界面张力，力图把液体分子拉向右方，以缩小固-液界面；

γ^{l}——液体表面张力，力图把液体分子拉向液面的切线方向，以缩小气-液界面。

7-10 润湿

润湿：固体表面上的气体被液体取代的过程。

铺展：少量液体在固体表面上自动展开，以固-液界面取代气-固界面，同时又增大气-液界面的过程。也可以是少量液体在固体或另一种液体表面上自动展开形成一薄膜的过程。当小液滴的表面积与铺展后的表面积相比可忽略不计时，单位面积上铺展过程的吉布斯函数变为

$$\Delta G=\gamma^{Sl}+\gamma^{l}-\gamma^{S}$$

定义液体在固体表面的铺展系数为

$$S=\gamma^{l}+\gamma^{Sl}-\gamma^{S} \tag{7-13}$$

在一定温度和压力下，若 $\Delta G\leqslant 0$，即 $S\geqslant 0$，则铺展液体在固体表面能铺展。

图 7-6 铺展示意图

习惯上用接触角来判断润湿能否发生，由式(7-12)变形为 $\cos\theta=\dfrac{\gamma^{S}-\gamma^{Sl}}{\gamma^{l}}$ 可知：

① 当 $\gamma^{Sl}<\gamma^{S}$ 时，$\cos\theta>0$，$\theta<90°$ 时，液体能润湿固体；θ 越小润湿程度越高。

② 当 $\gamma^{Sl}>\gamma^{S}$ 时，$\cos\theta<0$，$\theta>90°$ 时，液体不能润湿固体；θ 越大越不润湿。$\theta=180°$，称完全不润湿。

R39 超疏水材料

③ 当 $\gamma^{S}-\gamma^{Sl}=\gamma^{l}$ 时，$\cos\theta=1$，$\theta=0°$，此时 $S=\gamma^{l}+\gamma^{Sl}-\gamma^{S}=0$，液体刚好能在固体表面铺展，称完全润湿。

④ 当 $\gamma^{S}-\gamma^{Sl}>\gamma^{l}$ 时，$\cos\theta>1$，接触角 θ 不满足杨氏方程，但此时 $S=\gamma^{l}+\gamma^{Sl}-\gamma^{S}>0$，铺展系数比第③种情况还要大，表明液体更易在固体表面铺展。

7-11 溶液的表面张力

一定温度、压力下，纯液体的表面张力是一定值。溶液的表面张力不仅与温度、压力有关，还与溶质的种类及浓度有关。

一定温度下，向纯水中分别加入不同种类的溶质，溶液的表面张力随组成的变化有三种类型，如图 7-7 所示。

第一类，加入无机盐、非挥发性的酸或碱以及是蔗糖、甘露醇等多羟基有机物，溶液的表面张力随溶液浓度的增加稍有上升，如曲线Ⅰ所示。第二类，加入低 C 链的醇、醛、酮、酸等有机物，溶液的表面张力随溶液浓度的增加而下降，如曲线Ⅱ所示。第三类，加入少量

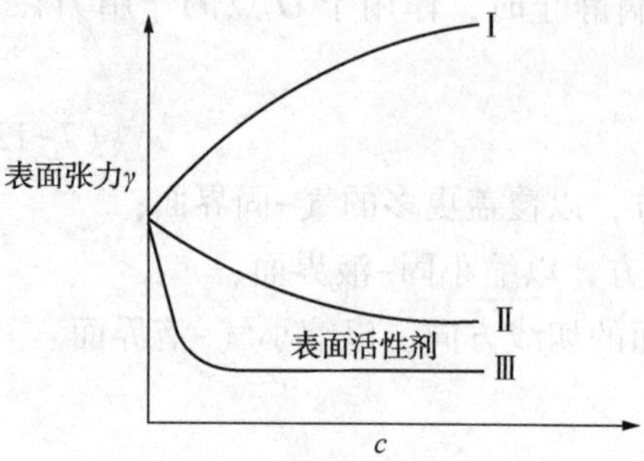

图 7-7　表面张力与浓度的关系

的 10 个 C 以上的有机酸碱金属盐、磺酸盐、硫酸盐和苯磺酸盐等，溶液表面张力先随溶液浓度的增加显著下降，达一定浓度后，溶液表面张力几乎不再改变，如曲线Ⅲ所示。

当溶剂中加入上述曲线Ⅰ类物质后，由于它们是无机的酸、碱、盐类物质，在水中可解离为正、负离子，使溶液中分子之间的相互作用增强，使溶液的表面张力升高，进而使表面吉布斯函数升高，为降低这种影响，这类物质会自动地减小在表面的浓度，即在表面层的浓度低于本体浓度。

当溶剂中加入上述曲线Ⅱ、Ⅲ类物质后，由于它们都是有机化合物，分子之间的相互作用较弱，使表面层中分子间的相互作用减弱，使溶液的表面张力降低，进而降低表面布斯函数。所以这类物质会自动地富集到表面，使得表面的浓度高于本体浓度。

7-12　溶液表面的吸附

溶液表面的吸附：指溶质在溶液表面层(或表面相)中的浓度与在溶液本体(或体相)中浓度不同的现象。

正吸附：溶质在表面层的浓度高于本体浓度的现象。

负吸附：溶质在表面层的浓度低于本体浓度的现象。

7-13　表面活性物质与表面惰性物质

表面活性物质：能使溶液表面张力降低的物质。

表面活性剂：溶入少量就能显著降低溶液表面张力的物质。

表面惰性物质：能使溶液表面张力升高的物质。

表面活性的大小可用 $-(\partial\gamma/\partial c)_T$ 表示。其值越大活性越大。

表面活性剂的分类：由于表面活性剂的品种繁多，因而分类方法也很多，可以从表面活性剂的用途、物理性质或化学结构等角度来分类，但最常用和最方便的是按其化学结构进行分类，即根据亲水基类型和它们的电性不同来区分。

凡溶于水后能发生解离的叫作离子型表面活性剂，并根据亲水基的带电荷情况可进一步分为阳离子型、阴离子型和两性型等。凡在水中不能解离为离子型的叫作非离子型表面活性剂。

7-14　吉布斯吸附等温式

吉布斯用热力学方法，导出溶液的浓度、表面张力和表面过剩量之间的关系式。

$$\Gamma=-\frac{c}{RT}\cdot\frac{\mathrm{d}\gamma}{\mathrm{d}c} \tag{7-14}$$

式中　c——溶液本体中溶质的平衡浓度；

γ——溶液的表面张力；

Γ——在单位面积的表面层中，所含溶质的物质的量与同量溶剂在溶液本体中所含溶质物质的量的差值，称为表面吸附量或溶质的表面过剩量，其单位为 $mol \cdot m^{-2}$。

$$\Gamma = \frac{n^a}{A_s} \tag{7-15}$$

式中 n^a——表面相中溶质的过剩量；

A_s——相界面面积。

由(7-14)式可知：

若$\frac{d\gamma}{dc}<0$，即增加浓度使表面张力降低时，$\Gamma>0$，溶质在表面层发生正吸附；

若$\frac{d\gamma}{dc}>0$，即增加浓度使表面张力升高时，$\Gamma<0$，溶质在表面层发生负吸附；

某溶质的$-\frac{d\gamma}{dc}$值越高，则它在表面上的吸附量也越大，因此$-\frac{d\gamma}{dc}$可以代表溶质表面活性的大小。

7-15　表面活性物质在吸附层的定向排列

表面活性物质的分子结构。具有两亲性质，分子一端是由亲水(或憎油)的极性基团，另一端是亲油(或疏水)的非极性基团碳链或环。如图 7-8 所示的是油酸的分子模型。

表面活性物质在吸附层上的定向排列。表面活性物质的分子加入水中时，其亲水基受到极性强的水分子的吸引，钻入水中。憎水基是亲油的，则倾向翘出水面或钻入非极性的有机溶剂或油类的另一相中。当溶液浓度较高时，溶质分子在表面层达饱和吸附时，表面活性分子在表面层定向排列成单分子膜，如图 7-9 所示。

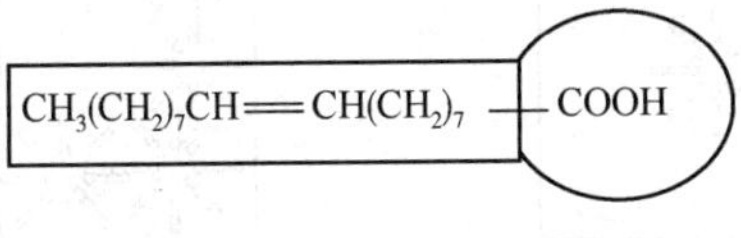

图 7-8　油酸的分子模型

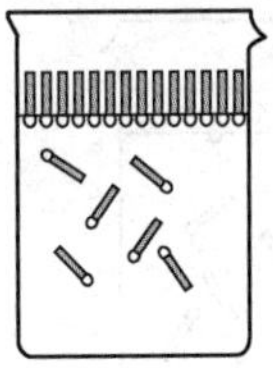

图 7-9　单分子膜示意图

表面活性物质的吸附等温线。一定温度下，表面活性物质的吸附等温线如图 7-10 所示。

一定温度下，吸附量与浓度的关系符合朗格缪尔吸附等温式：

$$\Gamma = \Gamma_m \frac{kc}{1+kc} \tag{7-16}$$

式中 Γ_m——饱和吸附量，即溶液表面铺满一层被吸附分子时的吸附量；

k——经验常数。

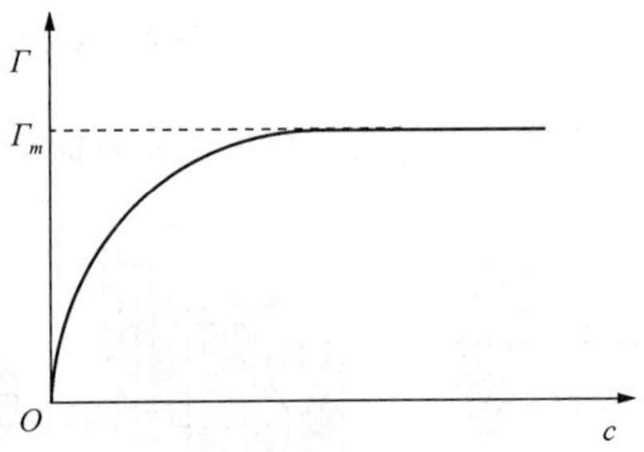

图 7-10　溶液的吸附等温线

由图 7-10 和式(7-16)可知，当溶液浓度很小时，Γ 与 c 的关系呈线性，吸附量随浓度的增大而增大；当溶液浓度足够大时，吸附量趋近一极限值 Γ_m，溶液表面的吸附已达饱和，浓度再增大，吸附量也不再改变，是一个与浓度无关的定值，所以 Γ_m 称为饱和吸附量。当达饱和吸附时，表面活性物质分子在表面层的浓度远远大于它在溶液本体的浓度，因此，饱和吸附量 Γ_m 可视为单位表面上定向排列呈单分子层吸附时溶质的量，从而可计算出每个被吸附的表面活性分子的横截面积 a_m。

$$a_m = \frac{1}{\Gamma_\infty L} \tag{7-17}$$

式中　L——阿伏伽德罗常数。

7-16　表面活性剂的两个重要参数 CMC 和 HLB

(1) 临界胶束浓度(CMC)

表面活性剂在水中随着浓度增大，表面上聚集的活性剂分子形成定向排列的紧密单分子层，多余的分子在体相内部以憎水基互相靠拢，聚集在一起，这种多分子聚集体称为胶束。

向水中不断加入表面活性剂分子，表面活性剂分子在溶液本体及表面层的分布情况如图 7-11所示。最初稀溶液时，表面活性剂分子一部分被吸附在水的表面上做定向排列，也会有小部分分散在水中，如图 7-11(a)所示；当达饱和时，即表面层定向排满一层表面活性剂分子，此时溶液表面张力降至最低，此后再加入表面活性剂，则表面活性剂分子只能留在溶液中，开始以几十或几百个分子聚集在一起，排列成憎水基向里，亲水基向外的胶束如图 7-11(b) 所示；开始形成胶束后，再加入表面活性剂，使胶束变大和变多，如图 7-11(c)所示。

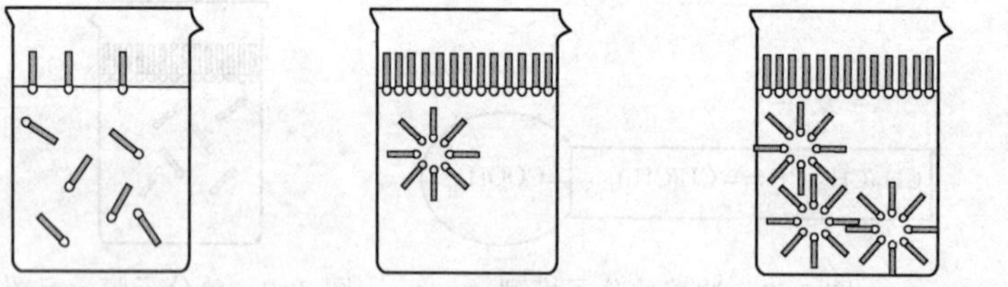

(a) 稀溶液　(b) 开始形容胶束的溶液　(c) 大于临界胶束浓度的溶液

图 7-11　表面活性剂分子在溶液本体及表面层的分布

溶液中开始形成胶束所需表面活性剂的最低浓度，称为临界胶束浓度(CMC)，相当于图 7-7 中的转折处。胶束的形状会随表面活性剂浓度的增大而变化，可以是球状、棒状或层状，如图 7-12 所示。

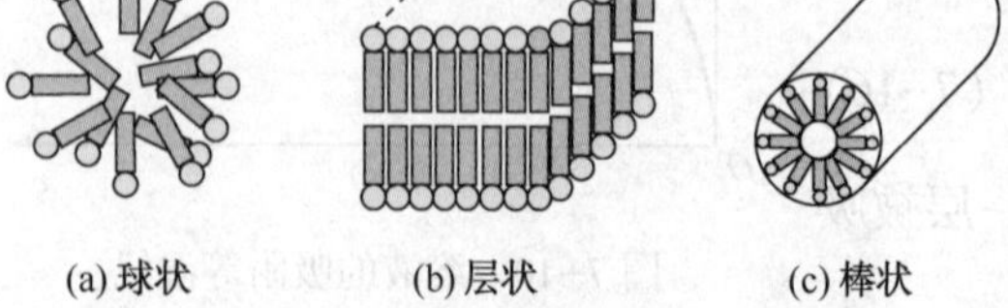

(a) 球状　(b) 层状　(c) 棒状

图 7-12　各种缔合胶束的形状

通常表现为一个较窄的范围，而不是一个确定的数值。表面活性剂的许多性质在 CMC 处发生转折，例如电导率，渗透压、去污能力、增溶作用等，如图 7-13 所示。

（2）HLB 值

在实际应用中，表面活性剂的种类很多，应用很广泛，对一定的系统究竟选择哪种表面活性剂效率最高，合理性最强，目前尚缺乏理论指导。在众多的经验方法中，Griffin 的 HLB 法较成功。

HLB 值为亲水亲油平衡值。表示表面活性剂的亲水性和亲油性的相对强弱。HLB 值越大，其亲水性越强；HLB 值越小，其亲水性越弱，亲油性越强。然后由 HLB 值的大小，可知其适宜的用途。其对应关系见表 7-2。

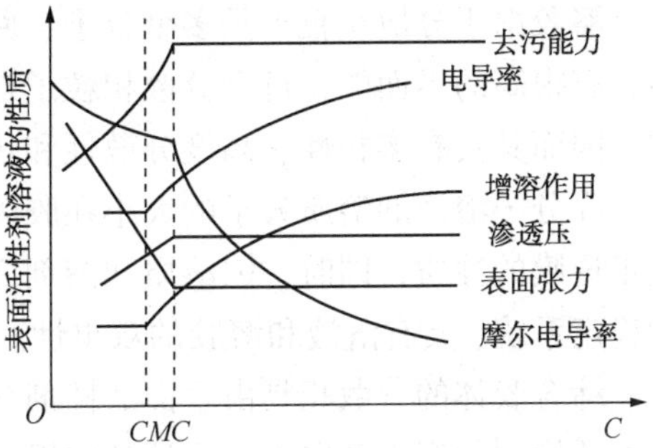

图 7-13　表面活性剂溶液各种性质与浓度的关系

表 7-2　表面活性剂的 HLB 值及与用途的对应关系

HLB 范围	用途	HLB 范围	用途
1~3	消泡剂	8~18	O/W 型乳化剂
3~6	W/O 型乳化剂	13~15	洗涤剂
7~9	润湿剂	15~18	增溶剂

R40 富兰克林

表面活性剂的应用见拓展阅读 7.14

7-17　分散系统及分类

（1）分散系统

把一种或几种物质分散在另一种物质中所构成的系统称为分散系统。

分散相(dispersed phase)——被分散的物质称为分散相。

分散介质(dispersing medium)——而另一种呈连续分布的物质称为分散介质。

（2）按分散相粒子的大小进行分类

按分散相粒子的大小进行分类，分散系统大致可分为真溶液、胶体分散系统和粗分散系统三大类，具体见表 7-3。

表 7-3　按分散相粒子的大小分类的分散系统

类型		举例	分散相粒子直径	分散相	性质
真溶液	分子溶液，离子溶液等	空气，醋酸溶液	d<1nm	小分子离子原子	均相，热力学稳定系统，扩散快、能透过半透膜，形成真溶液
胶体分散系统	溶胶	氢氧化铁溶胶 碘化银溶胶	1nm<d<1000nm	胶体粒子	多相，热力学不稳定系统，扩散慢、不能透过半透膜，形成胶体
	高分子溶液	聚乙烯醇水溶液	1nm<d<1000nm	高(大)分子	均相，热力学稳定系统，扩散慢、不能透过半透膜，形成溶液
	缔合胶体	表面活性剂水溶液	1nm<d<1000nm	胶束	均相，热力学稳定系统，胶束扩散慢、不能透过半透膜
粗分散系统	乳状液泡沫悬浮液	牛奶、泥浆	d >1000nm	粗颗粒	多相，热力学不稳定系统，扩散慢或不扩散、不能透过半透膜或滤纸，形成悬浮液或乳状液

溶胶由于分散相粒子是多个分子、原子或离子的聚集体，与分散介质之间有很大的相界面，有很高的界面能，每个分散相粒子自成一相。但分散相粒子还是较小，在1~1000nm之间。因而其具有多相性、高度分散性和热力学不稳定性等三个基本特征。

高分子溶液的溶质分子的大小在胶体范围内，分子相比真溶液要大，有扩散慢，不能透过半透膜的性质，同时，因溶质和溶剂之间不存在界面，无界面能，因而是均相的，是热力学稳定系统，具有溶液和溶胶的双重性。

缔合胶体的分散相是由表面活性剂缔合形成的胶束，通常用水作为分散介质，胶束中的表面活性剂的亲水基向外，亲油基向里，使分散相与分散介质之间亲和性很好，因此是均相的，热力学稳定系统。同时，其分散相粒子大小在胶体范围，也有胶束扩散慢、不能透过半透膜的性质。

（3）按分散介质的聚集状态分类的分散系统

若分散介质为液态的胶体称为液溶胶；若分散介质为固态的胶体称为固溶胶；若分散介质为气态的胶体称为气溶胶。具体见表7-4。

表7-4　按分散介质的聚集状态分类的分散系统

分散相	分散介质	名称	实例
液 固	气	气溶胶	雾、云 烟尘、粉尘
气 液 固	液	液溶胶	肥皂泡沫 牛奶、含水原油 氢氧化铁溶胶、泥浆
气 液 固	固	固溶胶	泡沫塑料、面包 珍珠 某些合金、有色玻璃

（4）胶体系统的制备

分散法(机械研磨、超声波分散、电弧法和溶胶法)，凝聚法(物理方法、化学方法)。

R41 雾霾　　R42 伦敦烟雾事件

溶胶的制备方法见拓展阅读7.15；溶胶的纯化方法见拓展阅读7.16。

7-18　溶胶的光学性质——丁铎尔现象(Tyndall effect)

当一束聚集的光通过胶体时，在入射光的垂直方向可以看到一个混浊发亮的圆锥体，如图7-14所示，这种现象最早于1869年由丁铎尔发现，称为丁铎尔现象。丁铎尔现象的产生是胶体粒子对光的散射结果，散射出来的光称为散射光或乳光，散射光的强度可由瑞利公式计算。丁铎尔现象是溶胶特有的性质，是区分溶胶与小分子真溶液最简便的方法。

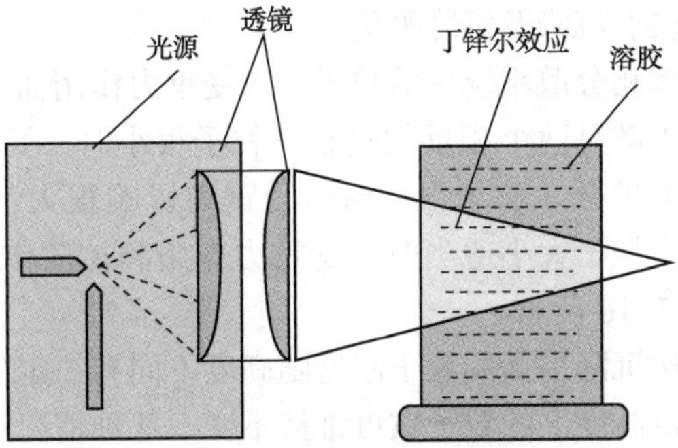

图 7-14　丁铎尔现象

胶体系统的光学性质与瑞利(Rayleigh)公式见拓展阅读 7.17。

7-19　溶胶的动力学性质

(1) 布朗运动

1827 年，英国植物学家布朗在显微镜下观察到悬浮在水中的花粉不断地作不规则的运动，以后又发现凡是尺度小于 4μm 以下的其他微粒也有类似的现象。后来人们称这种微粒的运动为布朗运动，如图 7-15 所示。

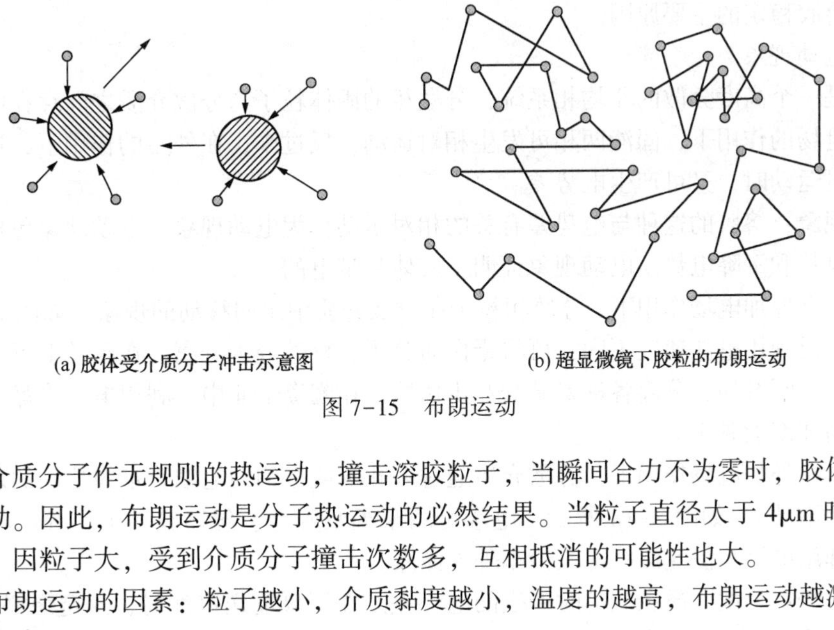

图 7-15　布朗运动

分散介质分子作无规则的热运动，撞击溶胶粒子，当瞬间合力不为零时，胶体粒子表现为布朗运动。因此，布朗运动是分子热运动的必然结果。当粒子直径大于 4μm 时，就无布朗运动了。因粒子大，受到介质分子撞击次数多，互相抵消的可能性也大。

影响布朗运动的因素：粒子越小，介质黏度越小，温度的越高，布朗运动越激烈，其公式见拓展阅读 7.18。

布朗运动与平均位移公式见拓展阅读 7.18。

(2) 扩散

当溶胶分散系统中存在浓度梯度时，物质粒子因热运动(布朗运动)而发生宏观上从高浓度区向低浓度区定向迁移，这种现象称为扩散。

影响扩散速率的因素：粒子越小，温度越高，介质黏度越小，扩散能力越强。

扩散与扩散系数见拓展阅读 7.19。

(3) 沉降及沉降平衡

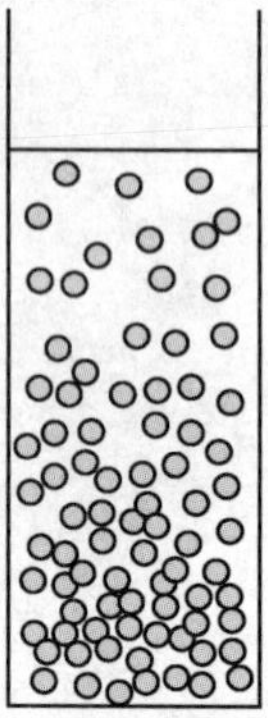

图 7-16　沉降平衡

多相分散系统中的粒子，因受重力作用而下降的过程称为沉降。沉降与扩散是两个相反的过程。粒子很小时，受重力影响很小可以忽略，表现为扩散。粒子很大时，受重力影响很大，下沉占主导，表现为沉降。当粒子大小适当时，受重力作用和扩散作用相近，称为沉降平衡，如图 7-16 所示。

达沉降平衡的粒子浓度随高度不同有一定的梯度，且这种浓度梯度和一定高度上的粒子数可维持不变。这种情况正如地面上大气分布，或像海洋中离子浓度的分布。所以溶胶达沉降平衡时随高度的分布公式与大气在地球表面随高度分布的公式是相同的。

沉降平衡与高度分布公式见拓展阅读 7.20；渗透压与唐南平衡见拓展阅读 7.21。

7-20　溶胶的电学性质

溶胶是一个具有较高的表面自由焓的热力学不稳定系统，粒子有自动聚结变大的趋势。但事实上很多溶胶可以稳定存在很长一段时间而不聚结，有时竟可长达几年甚至几十年。法拉第于 1858 年制成的红色金溶胶，一直保存到 20 世纪 20 年代才沉淀下来。经研究表明粒子带电是溶胶稳定的主要原因。

(1) 电动现象

溶胶是一个高度分散的非均相系统，分散相的固体粒子与分散介质之间存在明显的相界面。在外电场的作用下，固液两相可发生相对运动；反过来，在外力的作用下，迫使固液两相进行相对运动时，又可产生电势差。

电动现象：溶胶的这种与电势差有关的相对运动称为电动现象。电动现象包括电泳、电渗、流动电势和沉降电势。电动现象证明了胶体是带电的。

电泳：在外加电场作用下，分散相粒子在分散介质中定向移动的现象，如图 7-17 所示。电泳应用广泛利用电泳速度不同，可将蛋白质分子、核酸分子分离；在医学上可利用血清的纸上电泳，诊断肝病，分离各种氨基酸和蛋白质；在陶瓷工业中，利用电泳将黏土与杂质分离，得到高纯度的黏土等。

电渗：在外加电场作用下，分散介质通过多孔膜或极细的毛细管定向移动的现象(此时带电的固相不动)，如图 7-18 所示。电渗可用于纸浆脱水、陶坯脱水干燥等。利用电泳和电渗的原理用电沉积法涂漆技术汽给车外壳涂漆。

流动电势：分散介质在流动时产生的电势差。在用泵输送汽油时，规定泵必须要接地，为降低或消除流动电势，常加入油性电解质，以增加介质的电导率。

沉降电势：分散相粒子本身移动也会产生电势差，胶粒在重力场中沉降时产生的电势差。在石化工业储油罐中的油含有水滴，油的电导率很小，水滴沉降会形成很高的沉降电势，因此，要加入油溶性的有机电解质，增加油的导电性，以消除沉降电势。

电泳与电渗是在外加电场作用下发生的定向移动，所以属于因电而动。外加电解质会显著影响电泳和电渗的速度，随电解质的增加，移动速度降低，甚至会改变移动的方向。流动电势和沉降电势是因为带电粒子移动而产生电的，属于因动而电。

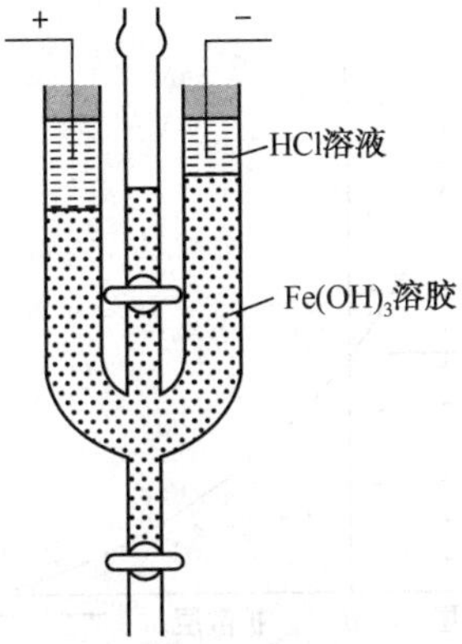

图 7-17 电泳现象

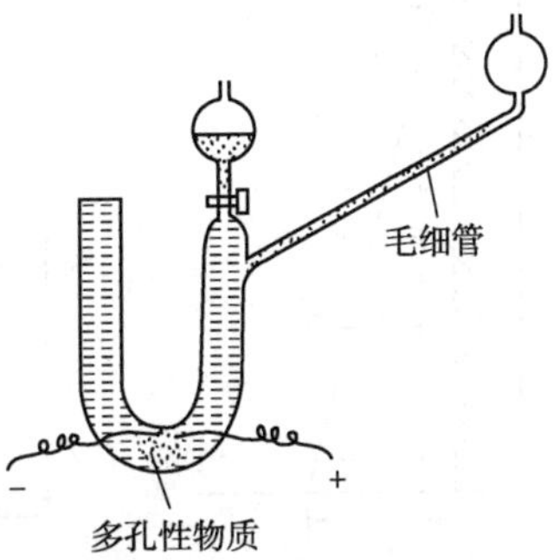

图 7-18 电渗现象

(2) 胶粒带电的主要原因

① 离子吸附。分散相固体表面可以从溶液中有选择性地吸附某种离子而带电。对于难溶的离子晶体构成的胶体粒子，一般遵循 Fajans(法扬斯)规则，与胶体具有相同化学元素的离子优先被吸附。如用 $AgNO_3$ 和 KI 制备 AgI 溶胶，当 $AgNO_3$ 过量时，胶体粒子优先吸附 Ag^+ 而致使 AgI 溶胶带正电，形成正溶胶。当 KI 过量时，胶体粒子优先吸附 I^- 而形成负溶胶。若无相同离子，则首先吸附水化能力较弱的负离子，所以自然界中的胶粒大多带负电，如泥浆水、豆浆等都是负溶胶。稳定剂为含有被吸附离子的物质，对溶胶起稳定作用。

② 电离。分散相固体表面上某些分子在溶液中发生电离，也可导致固体表面带电。如 SiO_2 溶胶，随溶液 pH 不同，可以带正电荷或负电荷。

$$SiO_2+H_2O \longrightarrow H_2SiO_3 \longrightarrow HSiO_3^-+H^+$$

$$H_2SiO_3 \longrightarrow SiO_3^{2-}+2\ H^+$$

$$H_2SiO_3 \longrightarrow HSiO_2^+ +OH^-$$

③ 晶格置换。晶格置换可以使黏土带电。黏土晶格中 Al^{3+} 与 4 个氧电荷不平衡，要由 H^+ 或 Na^+ 等正离子来平衡电荷。这些正离子在介质中会电离并扩散使黏土微粒带负电。如果 Al^{3+} 被 Mg^{2+} 或 Ca^{2+} 置换，则黏土微粒带的负电更多。

(3) 双电层理论

双电层理论有以下三种模型。

① Helmholt 双电层模型。如图 7-19 所示，1879 年，Helmholt 提出在固液两相之间的界面上形成类似于平行板电容器那样的双电层：正负离子整齐地排列于界面层的两侧。

热力学电势 φ_0：带电质点表面与液体内部的电势差。

ζ 电势：固液两相发生相对运动的边界处与液体内部的电势差。因与电动现象有关，故又称电动电势，或动电电势。

缺点：a. 不能解释热力学电势 φ_0 与 ζ 电势的区别；b. 不能解释电解质对 ζ 电势的影响；c. 模型太简单，由于离子热运动，不可能形成平板电容器模型。

② 扩散双电层模型。如图 7-20 所示，1910 年 Gouy 和 Chapman 提出溶液中的反离子(与胶体带相反电荷的离子)只有一部分紧密地排在固体表面附近，相距约 1~2 个分子厚度称为紧密层；另一部分离子按一定的浓度梯度(离表面越远，浓度越小)扩散到本体溶液中，称为扩散层。

缺点：a. 把离子视为点电荷，没有考虑离子的溶剂化；b. 没有考虑胶粒表面上的固定吸附层。

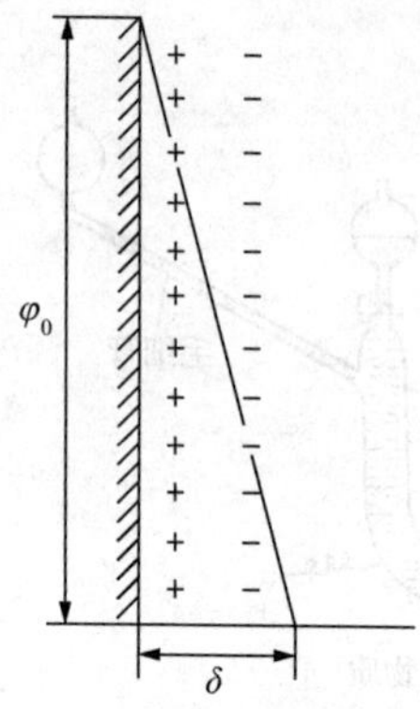

图 7-19　Helmholt
双电层模型

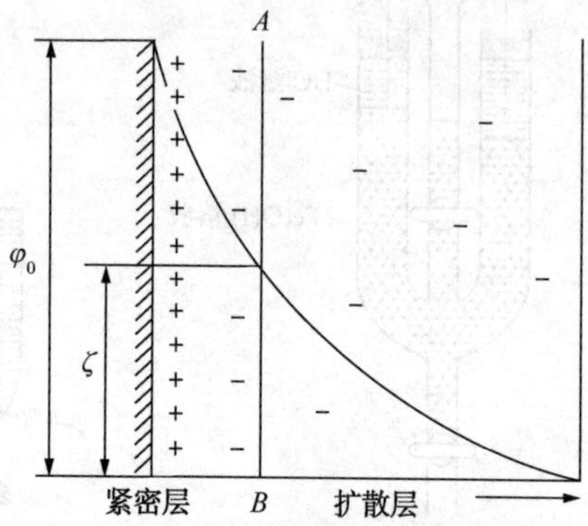

图 7-20　Gouy-Chapman
扩散双电层模型

③ 斯特恩双电层模型。1924 年，Stern 在扩散双电层模型的基础上进行修正，提出 stern 双电层模型，如图 7-21 所示。

固定层（Stern 层）：在靠近固体表面约 1~2 个分子厚度的区域，反离子由于受到强烈的吸引而结合在表面，形成一个紧密的吸附层。Stern 面：Stern 层中反离子电性中心所形成的假想面。滑动面：固液两相发生相对移动时界面。扩散层：斯特恩面以外的部分。

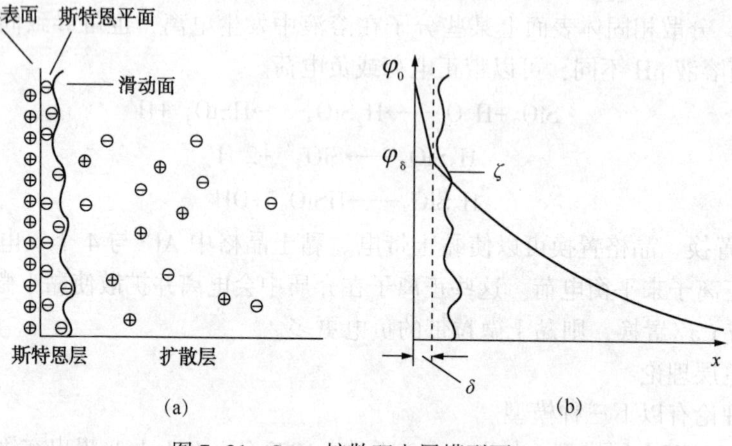

图 7-21　Stern 扩散双电层模型面

斯特恩电势 φ_δ：指 stern 面处与溶液本体的电势差，称为 stern 电势。从图 7-21(b) 中可以看出 ζ 电势略低于 φ_δ 电势。由于离子的溶剂化作用，胶粒在移动时，滑移的滑动面比 Stern 面略向外一些，如图 7-21(a) 所示。

ζ 电势的值的大小反映了胶粒带电的程度。ζ 电势越高，表示胶粒所带电荷越多，扩散层越厚，胶体越稳定。热力学电势与外加电解质无关，ζ 电势与外加电解质密切相关。随着外加电解质浓度的增加，介质中反离子的浓度加大，压缩扩散层，使其变薄，将更多的反离子挤到斯特恩层，使 ζ 电势变小，如图 7-21(b) 所示，当电解质的浓度足够大，将 ζ 电势为 0，这种状态称为等电态，此时胶粒不带电，不会发生电动现象，其稳定性最差，很容易聚沉。

ζ 电势与电泳、电渗速率有关，可通过测量电泳、电渗速率，求出 ζ 电势。ζ 电势与电泳、电渗速率的关系可用斯莫鲁科夫斯基(Smoluchowski)公式表示：

$$\zeta=\frac{\eta v}{\varepsilon E}=\frac{\eta v}{\varepsilon_r\varepsilon_0 E} \quad (棒状粒子) \tag{7-18}$$

$$\zeta=\frac{1.5\eta V}{\varepsilon_r\varepsilon_0 E} \quad (球形粒子) \tag{7-19}$$

式中 v——电泳速度；

E——电场强度(或称电位梯度)即单位距离上的电势差

l——两电极间的距离，m；

U——电位差，V，则 $E=U/l$；

ε——介质的介电常数，$\varepsilon=\varepsilon_\mathrm{r}\cdot\varepsilon_0$；

ε_r——相对介电常数；

ε_0——真空介电常数；

η——介质的黏度。

7-21　溶胶的胶团结构

根据吸附及扩散双电层理论，可以设想溶胶的胶团结构。

胶核：由分子、原子或离子形成的固体微粒称为胶核，包括其吸附的电位离子。

胶粒：滑动面内所包围的带电体。

胶团：整个扩散层及其所包围的胶体粒子，则构成电中性的胶团。

在稀 $AgNO_3$ 溶液中，缓慢滴加稍微过量的 KI 稀溶液可得 AgI 负溶胶。过剩的 KI 起稳定剂的作用，其胶团结构如图 7-22 所示。

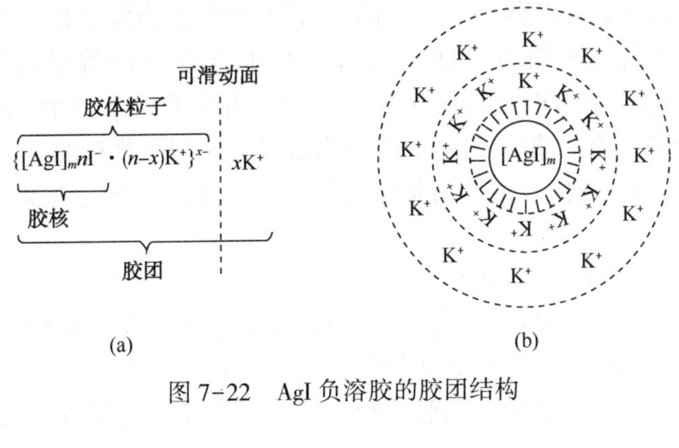

图 7-22　AgI 负溶胶的胶团结构

7-22　溶胶的稳定性

溶胶在热力学上是不稳定的，溶胶的稳定性是相对的。溶胶的稳定因素包括：

胶粒的带电：增加胶粒间的排斥作用；

溶剂化作用：形成弹性水化外壳，增加溶胶聚合的阻力；

动力稳定性(Brown 运动)：使胶粒克服受重力影响而不下沉。

溶胶的经典稳定理论-DLVO 理论见拓展阅读 7.22。

7-23 溶胶的聚沉

聚沉：溶胶粒子相互聚结、长大，发生沉淀的现象。

聚沉值：一定量溶胶在一定时间内发生明显聚沉时所需电解质的最小浓度称为聚沉值。

聚沉能力：聚沉值的倒数称为聚沉能力。聚沉值越小，聚沉能力越强。反之亦然。

溶胶热力学上是不稳定的，最终要发生聚沉。影响溶胶聚沉的因素有：

(1) 电解质的聚沉作用

适量的电解质对溶胶起到稳定剂作用。但如果电解质加入得过多，介质中反离子的浓度加大，会把更多的反离子挤入滑动面以内，使 ζ 电势在数值上变小，往往会使溶胶发生聚沉。现实生活中电解质使溶胶聚沉的例子很多。例如，将卤水或石膏(含有 Mg^{2+} 或 Ca^{2+})加到豆浆(带负电的大豆蛋白溶胶)中，使豆浆聚沉制作豆腐的过程。电解质的聚沉能力一般遵循以下规则：

① 反离子价数规则：电解质中能使溶胶发生聚沉的离子，是与胶粒带电符号相反的离子即反离子，反离子的价数愈高，聚沉能力愈强，称为舒尔采-哈迪(Schultz-Hardy)价数规则。

电解质的聚沉能力一般近似地与反离子价数的 6 次方成正比：

$$Me^{+}:Me^{2+}:Me^{3+}=1^{6}:2^{6}:3^{6}=1:64:729$$

② 反离子感胶离子序：某些一价正、负离子对带相反电荷胶粒的聚沉能力大小顺序，可表示为

$$H^{+}>C_{S}{}^{+}>Rb^{+}>NH_{4}{}^{+}>K^{+}>Na^{+}>Li^{+}$$

$$F^{-}>Cl^{-}>Br^{-}>NO_{3}^{-}>I^{-}>SCN^{-}>OH^{-}$$

(2) 溶胶的相互聚沉作用

当两种带相反电荷的溶胶所带电量相等时，相互混合也会发生相互聚沉。溶胶的相互聚沉作用有不少实际应用，例如明矾净水原理，水中含有泥沙等悬浮粒子的负溶胶，而 $Al_2(SO_4)_3$ 水解后形成的 $Al(OH)_3$ 溶胶带正电，两者相互作用使泥沙等浮粒聚沉，再加上 $Al(OH)_3$ 絮状物的吸附作用，很快使水中的杂物清除，达到净化目的。与加入电解质情况不同的是，当两种溶胶的用量恰能使其所带电荷的量相等时，才会完全聚沉，否则会不完全聚沉，甚至不聚沉。

(3) 高分子化合物对溶胶的影响

高分子化合物对溶胶的影响可分为两个方面：敏化作用和保护作用。

① 敏化作用。在溶胶中加入少量高分子化合物可使溶胶聚沉，称为敏化作用(絮凝作用)。例如，在硅酸溶胶中加入少量明胶溶液，就可以促使溶胶聚沉。高分子化合物的聚沉作用主要有以下三个方面：

搭桥效应：一个大分子通过吸附，把许多胶粒联结起来，变成较大的聚集体而聚沉，如图 7-23(a)所示；

脱水效应：高分子对水的亲和力强，它的存在，使胶粒脱水，失去水化外壳而聚沉；

电中和效应：离子型的高分子，吸附到带电胶粒上，中和了粒子表面电荷，使粒子间斥力降低，进而聚沉。

② 保护作用。在溶胶中加入大量的高分子溶液，能显著提高溶胶的稳定性，这种现象称为高分子溶液对溶胶的保护作用。产生保护作用的原因是高分子吸附在胶粒的表面上，包

围住胶粒，形成了一层高分子保护膜，阻止了胶粒之间及胶粒与电解质离子之间的直接接触，从而增加了溶胶的稳定性，如图 7-23(b)所示。医学上滴眼用的蛋白银就是用蛋白质保护的银溶胶。胶粒被保护以后，原有的性质如电泳速率、对电解质的敏感程度等皆发生明显的改变，而变得与保护它的高分子性质相近。

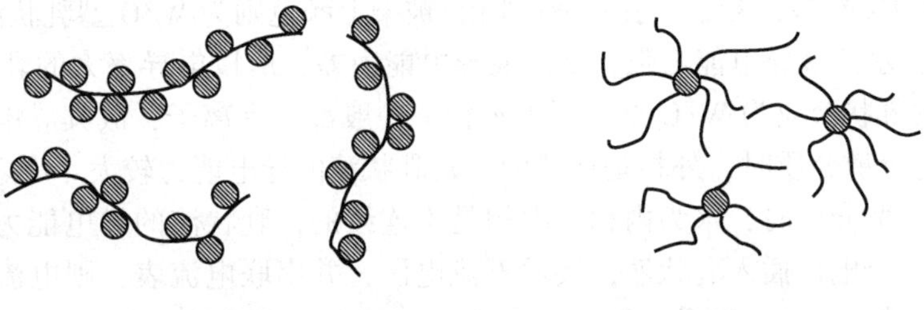

(a) 敏化作用　　　(b) 保护作用

图 7-23　高分子化合物对溶胶的敏化和保护作用示意图

影响溶胶的稳定性除了上述因素之外，还有增加溶胶的浓度、改变温度及增加外力场等物理因素。例如，将溶胶放入高速离心机中，利用胶粒与介质的密度不同，离心力也不同，可将胶粒与介质分开；此外，利用有机化合物离子的吸附也能使溶胶聚沉。例如，葡萄糖酸内酯可以使天然豆浆负溶胶凝聚，制成内酯豆腐。

7-24　乳状液与泡沫

乳状液：由一种或几种液体以小液滴的形式分散在另一种不相混溶的液体中所形成的分散系统。例如，含水原油、橡胶树割淌出的乳胶、配制成农药的乳剂、牛奶等等。

泡沫：以气体为分散相的分散系统。例如，肥皂泡沫、啤酒泡沫是气体分散在液体中的泡沫。泡沫塑料、泡沫橡胶是气体分散在熔融体中的泡沫。

乳状液和泡沫是多相系统，因界面大而属于热力学不稳定体系。为了维持乳状液和泡沫的稳定性，在制备时常加入第三种物质作为稳定剂(乳化剂和起泡剂)，主要是降低界面吉布斯函数，在界面定向排列，形成保护膜而使系统趋于稳定。

乳状液的制备见拓展阅读 7.23。

7-25　乳状液的分类及鉴别

(1) 乳状液的分类

在乳状液中，将不溶于水的有机相称作油，用 O 表示，将另一种液相通常是水，用 W 表示。将不连续以液珠形式存在的相称为内相——分散相，连续存在的液相称为外相——分散介质。乳状液类型通常分为两类：油分散在水中，水包油型，用符号 O/W 表示，如牛奶、豆浆、生橡胶等。水分散在油中，油包水型，用符号 W/O 表示，如含水原油、芝麻酱等。

在制备乳状液时，究竟形成何种乳状液取决于乳化剂的性质和两相的量。一般亲水型乳化剂可制成 O/W 型，亲油型乳化剂可制成 W/O 型乳状液。

(2) 乳状液的鉴别

两类乳状液在外观上并无明显区别，可利用以下几种方法进行鉴别。

① **稀释法**：能被水稀释的乳状液为 O/W 型。取少量乳状液滴入水中或油中，例如牛奶能被水稀释，说明牛奶的分散介质是水，故牛奶属 O/W 型乳状液。新开采出来的石油不能被水稀释，而能被油稀释，属于 W/O 型乳状液。

② **染色法**：将少量油溶性染料滴入乳状液，在显微镜下观察，若只有小液滴(内相)被染上颜色，则为 O/W 型；若整个乳状液(外相)被染上颜色则为 W/O 型乳状液。

③ **电导法**：水溶液导电能力强，油溶液导电能力差，所以电导率大的乳状液应为 O/W 型，电导率小的乳状液应为 W/O 型。因为水相中一般都含有离子，故其导电能力比油相大得多。当水相为分散介质时，外相是连续的，则乳状液的导电能力较大。反之，当油相为分散介质时，水为内相，内相是不连续的，乳状液的导电能力很小。若将两个电极插入乳状液，接通直流电源，并串联电流表，则电流表指针显著偏转为 O/W 型乳状液，若电流计指针几乎不偏转，为 W/O 型乳状液。但乳状液中存在着离子型乳化剂时，W/O 型乳状液也有较好的导电性。

R43 傅鹰

除了以上三种方法外，还有折射率法、荧光法、润湿滤纸法等。实际测定时，往往采用几种方法，以便得到可靠结果。

乳状液的稳定与破坏见拓展阅读 7.24；泡沫见拓展阅读 7.25；悬浮液与气溶胶见拓展阅读 7.26。

第二部分　典型例题

【例 7-1】 在无重力场作用下，液滴或气泡为何能呈规则的球形而不是不规则的形状？

答：如果液滴呈不规则形状，则表面上不同部位所受附加压力的方向和大小不同，即体系存在不平衡的力而处于不稳定状态，受合力作用的结果，将迫使液滴呈现球形的稳定状态。自由液滴如此，分散在水中的油滴或气泡也是如此。

【例 7-2】 为何润湿的细沙可以按压成型(如沙雕)，而干沙不可以呢？

答：因为润湿的细沙粒表面都黏附着一层极薄的水膜。当细沙粒受力彼此接近时，水膜间相互连通，在细沙粒接近处的水膜就形成了凹形表面，其凹形表面下的附加压力方向指向水膜外，在这种压力的作用下，细沙粒将会紧密结合在一起，而干燥的细沙则无此作用。

【例 7-3】 在 101.325 kPa、100℃的纯水中，在离液面 0.02 m 深处，能否存在一个半径为 10nm 的小气泡？已知在上述条件下，纯水的表面张力为 58.91mN · m^{-1}，密度为 958.1 kg · m^{-3}。

解：弯曲液面对小气泡的附加压力：$\Delta p=2\gamma/r=\dfrac{2\times58.91\times10^{-3}}{10\times10^{-9}}=11.78\times10^{3}\text{kPa}$

小气泡所受的静压力：$p_{静}=\rho gh=958.1\times9.81\times0.02=0.1879\text{kPa}$

小气泡存在时内部气体的压力：

$$p_g=p_{大气}+p_{静}+\Delta p=101.325+0.1879+11.78\times10^{3}=11.78\times10^{3}\text{kPa}$$

100℃时水的饱和蒸气压为 $p^*=101.325\text{kPa}$

$p_g\gg p^*$，显然 10nm 的小气泡在题中所述条件下不能存在。

【例 7-4】 设某稀油酸钠水溶液的表面张力与溶质浓度之间的关系式为 $\gamma=\gamma_0-bc$，式中

γ_0 为纯水的表面张力，b 为常数。实验测得油酸钠的表面吸附量 $\Gamma = 4.33\times10^{-6}\text{mol}\cdot\text{m}^{-2}$，试计算该溶液的表面张力。已知 298K 时，纯水的表面张力为 $0.072\text{N}\cdot\text{m}^{-1}$。

解：根据吉布斯吸附等温式

$$\Gamma = -\frac{c}{RT}\left(\frac{\partial\gamma}{\partial c}\right)_T$$

因为 $\gamma=\gamma_0-bc$，则

$$\left(\frac{\partial\gamma}{\partial c}\right)_T = -b = -\frac{\Gamma RT}{c}$$

$$bc = \Gamma RT$$

该溶液的表面张力为

$$\begin{aligned}\gamma &= \gamma_0 - bc = \gamma_0 - \Gamma RT \\ &= [0.072-(4.33\times10^{-6}\times8.314\times298)]\text{N}\cdot\text{m}^{-1} \\ &= 0.061\text{N}\cdot\text{m}^{-1}\end{aligned}$$

【例 7-5】 用活性炭吸附 $CHCl_3(g)$ 时符合朗缪尔吸附等温式，其 273K 条件下的饱和吸附量为 $0.0938\text{m}^3\cdot\text{kg}^{-1}$。已知 $CHCl_3(g)$ 的分压为 1.34×10^{-4} Pa 时的平衡吸附量为 $0.0825\text{m}^3\cdot\text{kg}^{-1}$。试计算：①朗缪尔吸附等温式中的吸附系数 b；②$CHCl_3(g)$ 分压为 6.67×10^3Pa 时的平衡吸附量。

解：①已知朗缪尔吸附等温式为

$$\theta = \frac{V^a}{V_m^a} = \frac{bp}{1+bp}$$

则吸附系数为

$$\begin{aligned}b &= \frac{V^a}{p(V_m^a - V^a)} \\ &= \left[\frac{0.0825}{1.34\times10^4\times(0.0938-0.0825)}\right]\text{Pa}^{-1} \\ &= 5.54\times10^{-4}\text{Pa}^{-1}\end{aligned}$$

② 该分压时的平衡吸附量为

$$\begin{aligned}V^a &= \frac{V_m^a bp}{1+bp} \\ &= \left(\frac{0.0938\times5.45\times10^{-4}\times6.67\times10^3}{1+5.45\times10^{-}4\times6.67\times10^3}\right)\text{m}^3\cdot\text{kg}^{-1} \\ &= 7.36\times10^{-2}\text{m}^3\cdot\text{mg}^{-1}\end{aligned}$$

【例 7-6】 如果水中仅含有半径为 1.00×10^{-6}m 的空气泡，试求这样的水开始沸腾的温度为多少度？已知 100℃以上水的表面张力为 $0.0589\text{N}\cdot\text{m}^{-1}$，汽化热为 $40.7\text{kJ}\cdot\text{mol}^{-1}$。

解：空气泡上的附加压力为 $\Delta p = 2\gamma/r$，当水沸腾时，空气泡中的水蒸气压至少要等于$(p_{大气}+\Delta p)$，应用克劳修斯-克拉贝龙方程可求出蒸气压为$(p_{大气}+\Delta p)$时的平衡温度 T_2，此即沸腾温度。

$$p_2 = p_{大气}+\Delta p = p_{大气}+\frac{2\gamma}{r} = \left(101325+\frac{2\times0.0589}{1.00\times10^{-6}}\right)\text{Pa} = 2.19\times10^5\text{Pa}$$

$$\ln\frac{p_2}{p_1}=\frac{\Delta_{Vap}H_m}{R}\left(\frac{1}{T_1}-\frac{1}{T_2}\right)$$

$$\ln\frac{2.19\times10^5}{1.01\times10^5}=\frac{40.7\times10^3}{8.314}\left(\frac{1}{373}-\frac{1}{T_2}\right)\qquad T=396\text{K}$$

【例 7-7】 由于天气干旱，白天空气相对湿度仅 56%(相对湿度即水的实际蒸气压与其饱和蒸气压之比)。设白天温度为 35℃(饱和蒸气压为 5.62×10^3Pa)，夜间温度为 25℃（饱和蒸气压为 3.17×10^3Pa)。试求空气中水分夜间时能否凝结成露珠？若在直径为 0.1μm 的土壤毛细管中是否凝结？设水对土壤完全润湿，25℃时水的表面张力 $\gamma=0.0715\text{N}\cdot\text{m}^{-1}$，水的密度 $\rho=1\text{g}\cdot\text{cm}^{-3}$。

解： 白天温度为 35℃时，空气相对湿度为 56% ，则实际蒸气压 $p=5.62\times10^3\times56\%=3.15\times10^3$ Pa，此蒸气压小于夜间(25℃时)的饱和蒸气压 3.17×10^3Pa，所以夜间不会凝结。

在直径为 0.1μm 的土壤毛细管中，水形成凹液面。由于水对土壤完全润湿，故凹液面曲率半径等于土壤毛细管半径 0.5×10^{-7}m。由开尔文公式：

$$\ln\frac{p_r}{p}=-\frac{2M\gamma}{RTr\rho}=\frac{-2\times18\times10^{-3}\times0.0715}{8.314\times298\times0.5\times10^{-7}\times1000}=-0.0228$$

$$p_r/p=0.979$$

$$p_r=3.10\times10^3\text{Pa}<3.15\times10^3\text{Pa}(\text{实际})$$

所以夜间水蒸气能在土壤毛细管中凝结——毛细管凝聚 。

【例 7-8】 一个带有毛细管颈的漏斗，其底部装有半透膜，内盛浓度为 $1\times10^{-3}\text{mol}\cdot\text{L}^{-1}$ 的稀硬脂酸钠水溶液。若溶液的表面张力 $\gamma=\gamma^*-bc$，其中 $\gamma^*=0.07288\ \text{N}\cdot\text{m}^{-1}$，$b=19.62\text{N}\cdot\text{m}^{-1}\cdot\text{mol}\cdot\text{L}^{-1}$，298.2K 时将此漏斗缓慢地插入盛水的烧杯中，测得毛细管颈内液柱超出水面 30.71cm 时达成平衡(图 7-24)，设水能完全润湿毛细管壁，求毛细管的半径。若将此毛细管插入水中，液面上升多少？

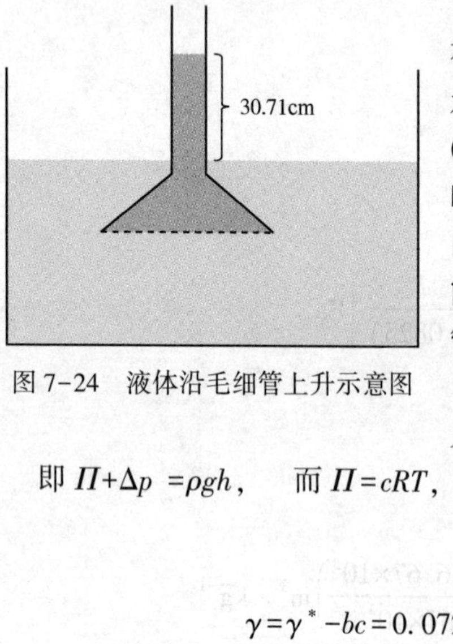

图 7-24 液体沿毛细管上升示意图

解： 毛细管内液面上升原因有两个：一是附加压力；二是渗透压。

即 $\Pi+\Delta p=\rho gh$，　而 $\Pi=cRT$，$\Delta p=2\gamma/r$ 则

$$2\gamma/r=\rho gh-cRT$$

$$=1000\times9.8\times0.3071-1\times8.314\times298.2=530.6\text{Pa}$$

$$\gamma=\gamma^*-bc=0.07288-19.62\times10^{-3}\times1=0.05326\text{N}\cdot\text{m}^{-1}$$

$$r=2\times0.05326/530.6=2.008\times10^{-4}\text{m}=0.2\text{mm}$$

若将此毛细管插入水中，液面上升多少？根据公式

$$h=\frac{2\gamma\cos\theta}{\rho gr}=\frac{2\gamma}{\rho gr}=\frac{2\times0.07288}{1000\times9.8\times2\times10^{-4}}=0.074\text{m}$$

液面上升 7.4cm。

【例 7-9】 对 Sb_2S_3 溶胶进行电泳实验测定，在两极间的电势梯度为 545 $\text{V}\cdot\text{m}^{-1}$ 的电场中，通电 36 分 12 秒后，观察到溶胶界面向正极移动 3.2×10^{-2}m。已知该溶胶的黏度为

$1.03\times10^{-3}Pa\cdot s^{-1}$，分散介质的相对介电常数为 81.1。试计算该 Sb_2S_3溶胶的 ζ 电势，设为棒状胶粒(已知 $\varepsilon_0=8.85\times10^{-12}F\cdot m^{-1}$)。

解：因假设 Sb_2S_3溶胶为棒状胶粒，则

$$\zeta=\frac{\eta v}{\varepsilon_r\varepsilon_0 E}=\left[\frac{1.03\times10^{-3}\times\left(\frac{3.2\times10^{-2}}{36\times60+12}\right)}{8.85\times10^{-12}\times81.1\times545}\right]V=0.0387V$$

由于溶胶界面向正极移动，因此胶粒带负电荷，故应是 $\zeta=-0.0387V$。

【例 7-10】 $AgNO_3$溶液和 KI 溶液制备 AgI 溶胶，若 KI 过量，分别指出下列各组电解质中聚沉能力最强的电解质。若 $AgNO_3$过量，其结果又如何?

① NaCl、$MgCl_2$、$FeCl_3$；

② $NaNO_3$、$LiNO_3$、$RbNO_3$；

③ NaCl 、Na_2SO_4、Na_3PO_4；

④ $MgCl_2$、Na_2SO_4、$MgSO_4$。

解题思路：本题采用不同的方法来判别电解质的聚沉能力。因此必须熟悉价数规则，感胶离子序、离子个数，反价数规则的应用。一般原则如下：

① 与胶体粒子带电相反的离子是主要起聚沉作用的离子。

② 首先，反离子价数越高，聚沉能力越强。

③ 其次，电解质若含有聚沉离子的价数和个数相同的不同离子，其聚沉能力取决于感胶离子序。

④ 电解质所含聚沉离子价数及种类相同时，若个数不同时，离子个数多的电解质聚沉能力强。

⑤ 若外加电解质中反离子的价数、个数及种类完全相同时，则要由与胶体带相同电荷离子的“反价数规则”判断，即与胶体带相同电荷离子的电荷价数越高，其电解质聚沉能力越弱。

解：若 KI 过量，AgI 微粒表面吸附 I^-，胶粒表面带负电，起聚沉作用的主要是正离子。胶团结构为：$[(AgI)_m nI^-\cdot(n-x)K^+]^{x-}\cdot xK^+$。对于题中各组电解质，聚沉能力最强的分别是：

① $FeCl_3$(价数规则)；

② $RbNO_3$(感胶离子序)；

③ Na_3PO_3(反离子个数)；

④ $MgCl_2$(先由反离子的价数规则判断 $Mg^{2+}>Na^+$后，再由与胶体带相同电荷离子的反价数规则判断 $Cl^->SO_4^{2-}$)。若 $AgNO_3$过量，AgI 微粒表面吸附 Ag^+，胶粒表面带正电，起聚沉作用的主要是负离子。胶团结构为：$[(AgI)_m nAg^+\cdot(n-x)NO_3^-]^{x+}\cdot xNO_3^-$，对于题中各组电解质，聚沉能力最强的分别是：

① $FeCl_3$(反离子个数)；

② $LiNO_3$(反价数规则)；

③ Na_3PO_4(价数规则)；

④ Na_2SO_4(先由价数规则判断 $SO_4^{2-}>Cl^-$，再由与胶体带相同电荷离子的反价数规则判断 $Na^+>Mg^{2+}$)。

【例 7-11】 解释下列各现象的原因？

① 江河入海处，为什么易形成三角洲？

② 为什么晴朗的天空呈蓝色，而晚霞呈红色？

③ 不同型号的墨水为什么不能混合使用？

④ 燃料油中常需加入少量油溶性的电解质？

⑤ 做豆腐时“点浆”的原理是什么？

答：①江河中常含有大量带负电的 SiO_2 溶胶，而海水中含有电解质 NaCl。河水与海水相遇时，使其中胶粒聚沉，聚沉物逐渐累积便形成了三角洲。

② 当白光(含各种波长的光)照射到大气层时，由于大气层为胶体(气溶胶)，因此会发生散射现象。由瑞利公式可知，散射光的强度与入射光波长的 4 次方成反比。当白光照射到大气层时，由于波长最短的蓝光散射光最强，因此天空呈蓝色。由于波长最长的红光散射光最弱，即不易散射，而容易透射，因此晚霞是天空透射光的颜色。

③ 墨水属于胶体分散系统，不同型号的墨水由于不同生产厂家使用的原料和配方不同，因此会带有不同类型的电荷，若混合使用不同型号的墨水，会发生胶体相互聚沉使钢笔堵塞。

④ 用管道泵输送燃料油时，在流动过程中会产生流动电势，高压下易产生火花。因此必须采取严格的防护措施，如油管接地，同时加入油溶性电解质(如四异戊基苦味酸胺、二异丙基水杨酸钙)，增加介质的电导，减少流动电势。若储油罐中的燃料油中含有水滴时，水滴的沉降形成较大的沉降电势，可能达到较大的数值。通常采用的办法是加入油溶性有机类电解质，增加介质的电导率，降低沉降电势。

⑤ 豆腐浆是含有蛋白质的负电溶胶系统。“点浆”是向豆腐浆中加入 $MgCl_2$、$CaSO_4$ 等电解质(俗称卤水)，电解质中的阳离子 Mg^{2+}、Ca^{2+} 使蛋白质溶胶发生聚沉作用。

第三部分　实验内容

实验十三　溶液表面张力的测定

1. 必备知识

① 什么是表面张力及其影响因素？

② 最大泡压法测定溶液表面张力的原理是什么？

③ “最大”在实验中的含义是什么？

④ 实验中为什么要测定水的 Δp_{max}？

⑤ 实验时，为什么毛细管口应刚好接触溶液表面的位置？如插入一定深度将对实验有什么影响？

⑥ 为什么要求从毛细管中逸出的气泡必须均匀而间断？如何控制出泡速度？

⑦ 实验中需记录的数据有哪些？如何求得溶液的表面张力？

S9 溶液表面张力的测定

2. 实验目的

① 掌握最大泡压法测定溶液表面张力的原理和方法。

② 测定正丁醇水溶液的表面张力。

3. 实验原理

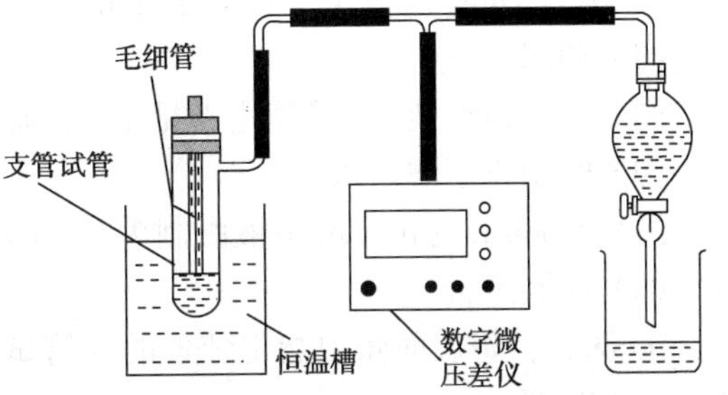

图 7-25　表面张力测定装置图

测定溶液的表面张力有多种方法，较为常用的有最大泡压法、脱环法和扭力天平法。本实验使用最大泡压法测定溶液的表面张力，其实验装置如图 7-25 所示。

将待测液体置于支管试管中，使毛细管端面与液面相切，由于毛细现象，液面将沿毛细管上升。旋开分液漏斗的活塞，缓慢放液，使系统压力减小。此时，由于毛细管液面所受压力大于支管试管液面所受压力，毛细管内液面不断下降，毛细管下端将缓慢逸出气泡。在气泡形成的过程中，由于表面张力的作用，气泡内外的压力差 Δp(即施加于气泡的附加压力)遵守式(7-6)即 $\Delta p=\frac{2\gamma}{r}$。

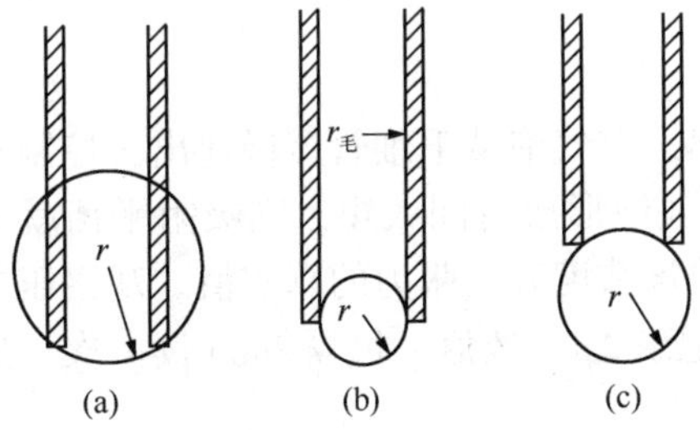

图 7-26　气泡形成过程其半径变化情况

如果毛细管半径很小，则形成的气泡基本上是球形的，如图 7-26 所示。当气泡开始形成时，表面几乎是平的，这时曲率半径最大，如图 7-26(a)所示，Δp 值最小；随着气泡的形成，曲率半径逐渐变小，当曲率半径等于毛细管半径时，气泡呈半球形，气泡的曲率半径最小，如图 7-26(b)所示，Δp 值达最大；气泡进一步长大，气泡的曲率半径又变大，如图 7-26(c)所示，Δp 值则又变小，最后气泡逸出。在整个气泡形成和逸出过程中，Δp 值的变化是由小变大再变小的。

当毛细管半径等于气泡曲率半径时，附加压力达最大值为 Δp_{max}，则

$$\Delta p_{max}=\frac{2\gamma}{r_毛}$$

$$\gamma=\frac{\Delta p_{max} r_毛}{2} \tag{7-20}$$

式中　$r_毛$——毛细管半径，在实验中若使用同一支毛细管，则 $\frac{r_毛}{2}$ 为常数，称为仪器常数，用 K 来表示，上式可简化为

$$\gamma=K\Delta p_{max} \tag{7-21}$$

式中，仪器常数 K 可通过测定已知表面张力的物质(通常用纯水)的 Δp_{max} 而求得。

4. 仪器及药品

仪器：玻璃恒温装置 1 套 、表面张力测定装置 1 套、DP-AW 精密数字微压差计 1 台、容量瓶(50mL) 2 个、容量瓶(250mL)1 个、移液管 10mL、1mL 各 2 支。

药品：0. 5mol/L 的正丁醇溶液。

5. 实验步骤

(1) 预热

打开 DP-AW 精密数字微压差计[简称压差计，其使用参见 1-22 DP-AW 精密数字(微差压)压力计]的电源开关，预热 15min。

(2) 调温

调节玻璃恒温装置(其使用参见 1-11 玻璃恒温装置)的温度为(25±0.1)℃。

(3) 配制正丁醇溶液

由 0.5mol/L 的正丁醇溶液配制为 0.04 mol/L 的溶液 50mL。

(4) 仪器准备

① **洗涤**：将表面张力测定装置的支管试管和毛细管先用洗液洗干净，再顺次用自来水和蒸馏水漂洗。

② **检漏**：加入适量的蒸馏水于支管试管中，插入已漂洗过的毛细管，塞紧毛细管上端的胶塞，使毛细管刚好与液面垂直相切。将表面张力测定装置其余各部分按图 7-25 安装好，分液漏斗中装满自来水，旋开其活塞，使压差计显示一定的数值，关闭活塞。若压差计上的显示值保持一段时间不变，说明此装置不漏气。

③ **采零**：打开支管试管上的胶塞，使体系与大气相通，在压差计上，按下"采零"键，读数应显示"0.000"。单位选择为"kPa"。

④ **恒温**：将体系恒温 10min。

(5) 仪器常数 K 的测定

将分液漏斗中装满自来水，旋开活塞使水缓慢滴出，有气泡从毛细管缓慢逸出，控制水的流速，使气泡逸出的速度约为每分钟 10 个左右。若气泡形成时间太短，则吸附平衡就来不及在气泡表面建立起来，测得的表面张力也不能反映该浓度表面张力的真实值。观察压差计中的示数，当压差达到绝对值最大时(显示负值)，记录 Δp_{max} 数值，每隔 2min 读一次，连续测 3 次。

(6) 0.04mol/L 正丁醇溶液表面张力的测定

用同样方法测定正丁醇水溶液的 Δp_{max} 值。更换溶液时，要用待测溶液洗涤支管试管和毛细管内壁 2~3 次，且每次溶液都要事先恒温 10min。

(7) 实验结束

读取实验的准确温度，即恒温槽中温度计的温度。关闭所有电源，支管试管和毛细管漂洗干净，毛细管浸入蒸馏水中。

6. 数据记录及处理

① 将所测实验数据填入表 7-5 中。

室温：________ ℃；实验温度：________ ℃；大气压：________ kPa。

表 7-5 表面张力测定实验数据

$c\times10^{-3}$/mol · m^{-3}	Δp_{max}/kPa			
	1	2	3	平均值
0				
0.04				

② 从附录十四查出实验温度时水的表面张力 γ，根据公式 $\gamma=K\Delta p_{max}$，算出仪器常数 K 值。

③ 根据公式 $\gamma = K\Delta p_{max}$，计算 0.04mol/L 正丁醇溶液的表面张力 γ。

7. 注意事项

① 仪器系统不能漏气。

② 支管试管和毛细管一定要清洗干净。

③ 读取压差计的压差时，应取气泡单个逸出时的最大压差。

④ 实际测量时，毛细管应保持垂直，且刚好与液面相切时，才可忽略气泡鼓泡所需克服的静压力，这样才可直接用式 $\gamma = K\Delta p_{max}$ 计算溶液的表面张力 γ。

8. 拓展实验

① 设计实验测定表面活性剂分子(或正丁醇分子)的横截面积 a_m。

要求：实验方案应包括实验目的、实验原理及主要公式、仪器及药品、实验步骤，数据记录及处理。

【提示】通过测定不同浓度下溶液的表面张力，计算出各浓度的吸附量，获得 Γ_∞，利用公式 $a_m = \dfrac{1}{\Gamma_\infty L}$，求出 a_m。

② 设计实验测定表面活性剂的临界胶束浓度 CMC。

要求：实验方案应包括实验目的、实验原理、仪器及药品、实验步骤、数据记录及处理。

【提示】由于在 CMC 处系统许多性质的变化规律如表面张力、渗透压、电导率等都出现明显的转折，如图 7-13 所示，利用这一性质可测定表面活性剂的临界胶束浓度。

实验十四　溶胶的制备与性质

1. 必备知识

① 溶胶常用的制备方法有哪些？

② 化学凝聚法制备 $Fe(OH)_3$ 溶胶的原理是什么？用什么方法纯化？

③ 在外加电场中的溶胶为什么会发生定向移动？

④ 为什么加入电解质会破坏溶胶，使溶胶聚沉？

⑤ 何谓电泳？何谓电动电势？$Fe(OH)_3$ 胶体的胶粒带何种电荷？

⑥ 电解质引起溶胶聚沉的原因是什么？电解质是否越多越好？

2. 实验目的

① 了解溶胶的常用制备方法，掌握化学凝聚法制备 $Fe(OH)_3$ 溶胶及其纯化方法。

② 掌握电泳法测定 $Fe(OH)_3$ 溶胶电动电势的原理和方法。

③ 比较不同电解质的聚沉能力。

3. 实验原理

溶胶的制备方法主要有分散法和凝聚法。

分散法是在分散介质和稳定剂存在的情况下，将分散相粉碎为胶体粒子的方法，如研磨法、超声波法和振荡搅拌法等。

凝聚法是先制成难溶物的分子(或离子)的过饱和溶液，再使之相互结合成胶体粒子的一种方法，如更换溶剂法和化学反应法等。

S10 溶胶的制备与性质

分散-凝聚法是将分散法与凝聚法联合进行操作的一种方法，可先分散后凝聚或先凝聚后分散，如蒸气法、电弧法和胶溶法。

本实验采用水解反应凝聚法制备 $Fe(OH)_3$溶胶。将 $FeCl_3$溶液滴加到沸水中，搅拌，$FeCl_3$水解生成 $Fe(OH)_3$溶胶，反应式如下：

$$FeCl_3+3H_2O = Fe(OH)_3+3HCl$$

溶胶表面的 $Fe(OH)_3$又与 HCl 反应：

$$Fe(OH)_3+HCl = FeOCl+2H_2O$$

$Fe(OH)_3$溶胶胶团结构示意图如图 7-27 所示。

$$\{[Fe(OH)_3]_m nFeO^+ \cdot (n-x)Cl^-\}^{x+} \cdot xCl^-$$

胶核　紧密层　扩散层

胶粒

胶团

图 7-27　$Fe(OH)_3$溶胶胶团结构示意图

本实验中电泳速度 v 是采用通过观察在时间 t 内电泳测定管中胶体界面在电场作用下移动的距离 d 求出，因此，式(7-18)和式 (7-19)又可表示为

$$\zeta=\frac{\eta}{\varepsilon_r \cdot \varepsilon_0}\frac{d/t}{U/l} \tag{7-22}$$

$$\zeta=\frac{1.5\eta}{\varepsilon_r \cdot \varepsilon_0}\frac{d/t}{U/l} \tag{7-23}$$

式中，d，t，U，l 值均可由实验测得，η，ε 值可从手册中查到，据此可算出胶粒的 ζ 电势。本实验中的 $Fe(OH)_3$胶体是棒状。

4. 仪器及药品

仪器：直流稳压电源 1 台、DDS-307A 雷磁电导率仪 1 台 、U 形电泳管 1 个、铂电极 2 支、电炉 1 个 、电吹风 1 个、秒表 1 块、10mL 移液管 2 只、1mL 移液管 3 只、1000mL 烧杯 2 个、500mL 烧杯 1 个、250mL 锥形瓶 1 只、试管 17 只、20mL 量筒 1 只、100mL 容量瓶 1 个。

药品：盐酸(A. R)、蒸馏水、20 % $FeCl_3$、2. 5mol · L^{-1}的 KCl、0. 1mol · L^{-1} K_2CrO_4及 0. 01mol · L^{-1} $K_3[Fe(CN)_6]$溶液、1% $AgNO_3$及 1% KSCN 溶液、5%的火棉胶溶液。

5. 实验步骤

(1) 半透膜的制备

取一个 250mL 的洁净、干燥且内壁光滑的锥形瓶，在通风橱中向瓶内倒入约 10mL5%的火棉胶溶液，小心转动锥形瓶，使火棉胶溶液在瓶内壁形成一均匀薄层，倾出多余的火棉胶于回收瓶中，此时锥形瓶仍需倒置并不断旋转，待剩余的火棉胶液流尽，使乙醚完全蒸发(可用电吹风冷风吹锥形瓶口，以加快挥发)，直至用手指轻轻接触火棉胶膜而没粘黏感，则可再用电吹风吹 5min，将锥形瓶放正，向瓶内加满蒸馏水，(若乙醚未蒸发完而过早加水，则半透膜显白色而不能使用；若吹风时间过长，则会使半透膜变得干硬，不易取出)，浸膜于水中 10min，溶去膜中剩余乙醚，倒去瓶内的水，然后在瓶口用刀割开薄膜，向瓶壁和膜之间注入蒸馏水至满，膜即脱离瓶壁，轻轻取出半透膜袋，小心在其内注满蒸馏水，检查是否有漏洞，若有较小漏洞，可先擦干洞口部分，再用玻璃棒蘸少许火棉胶液，轻轻接触洞口，即可补好。不用时可将其放在水中保存，否则发脆易裂，且渗析能力显著降低。

(2) 制备 $Fe(OH)_3$溶胶

取 200mL 蒸馏水倒入 800mL 烧杯中，加热至沸腾 2min。用量筒取 20 % $FeCl_3$溶液 20mL 慢慢滴入沸水中，并不断搅拌，待 $FeCl_3$溶液加完后，再煮沸 2min，液体的体积大约为 150mL，得到红棕色 $Fe(OH)_3$溶胶，用冷水将溶胶冷却至室温。

(3) 溶胶的纯化

将已冷却的 $Fe(OH)_3$溶胶注入半透膜袋内，用线扎好袋口，置于 1000mL 的清洁烧杯中，在烧杯内加蒸馏水约 500mL，使袋内溶胶全部浸入水中进行渗析，保持水温在 60～70℃，半小时换水一次，每次换水前用 2 支试管各取渗析液 1mL，分别加入 1 滴 1% $AgNO_3$ 及 1% KSCN 溶液，以检验 Cl^-和 Fe^{3+}，直到检不出 Cl^-和 Fe^{3+}为止(一般需换水 4 次以上)，也可通过测溶胶的电导率，来判断溶胶的纯化程度。将纯化好的溶胶移置于 500mL 的烧杯中，放置一段时间进行老化，待做电泳实验用。

(4) 盐酸辅助液的制备

调节玻璃恒温装置(其使用参见 1-11 玻璃恒温装置)的温度为(25.0±0.1)℃，用电导率仪(其使用参见 1-16 DDS-307A 雷磁电导率仪)测定 $Fe(OH)_3$溶胶在 25℃时的电导率，然后配制与之相同电导率的盐酸溶液。方法是根据给出的 25℃时盐酸电导率和浓度的关系，用内插法求算与该电导率对应的盐酸浓度，并在 100mL 容量瓶中配制该浓度的盐酸溶液。

(5) ζ 电势的测定

① 加溶胶：取一洗净烘干的电泳管，如图 7-28 所示固定好电泳管，关闭下端活塞，将纯化好的 $Fe(OH)_3$溶胶经球形漏斗口加入，至球形部分的 3/4 体积处，应注意管内不能停留有气泡。

② 辅助液：在 U 形管中加入 1/4 体积的盐酸辅助液(刻度示数约为 3cm 处)。

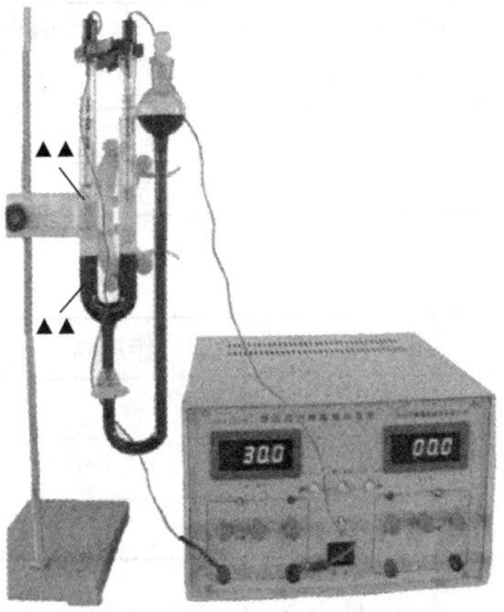

图 7-28　电泳装置示意图

③ 形成分界面：缓缓开启活塞，让溶胶缓慢顶着辅助液而进入 U 形管中，(注意一定要控制流入速度，不要过快，否则会造成分界面不清晰)，使盐酸辅助液与溶胶的分界面清晰，至分界面的示数约为 6cm 处，关闭活塞，记下两臂分界面的位置(示数)。

④ 放置电极：在 U 形管两侧分别插入铂电极，两电极插入深度要适中，大约在 U 形管刻度的中央。

⑤ 电泳：接通直流稳压电源(注意用电安全，切勿接触导线外露部分)，迅速调节输出电压为 50V。打开秒表计时，约 1h 后断开电源，记下准确的通电时间 t 和溶胶液面上升的距离 d，从伏特计上读取电压 U，并且用一软线量取两铂极之间的距离 l（是溶液导电距离，不是水平距离），观察界面移动的方向，判断胶粒所带电荷的符号。

(6) 实验结果

实验结束后，切断电源，拆除线路。将电泳管洗净，烘干，备用。电极浸泡在蒸馏水中待用。

(7) 电解质对 $Fe(OH)_3$溶胶聚沉能力的测定

取 5 支试管加以标号，用 10mL 移液管吸取 10mL 浓度为 2.5mol·L^{-1}的 KCl 溶液放入第一支试管中，而其余 4 支试管则用 10mL 移液管移入 9mL 蒸馏水。再用 1mL 移液管从第一支试管中移 1mL 溶液至第二支试管、并将其摇匀。接着从第二支试管中移取 1mL 溶液至第三支试管中，用同样方法依次从前一支试管移 1mL 溶液至下一支试管，到最后一支试管时，同样移出 1mL 溶液弃之。然后用移液管分别将 1mL 溶胶放入上述 5 支试管中并将各支试管溶液摇匀，20min 后观察并记下其使溶胶发生明显聚沉(浑浊)的最小电解质浓度。5 支试管中 KCl 浓度顺次相差 10 倍。

用同样方法进行浓度为 0.1 mol·L^{-1} K_2CrO_4 及 0.01mol·L^{-1} $K_3[Fe(CN)_6]$ 溶液的聚沉实验，测定其使溶胶明显聚沉的最小浓度值。

6. 数据记录及处理

① 将所测实验数据填入表 7-6 及表 7-7 中。

实验温度________℃；大气压__________kPa；环境温度__________℃；

ε_r__________；η__________Pa·s^{-1}；$\kappa_{溶胶}$__________S·m^{-1}；$\kappa_{辅助液}$__________S·m^{-1}。

表 7-6 电泳实验数据

电泳时间 t/s	电压 U/V	两极间距离 l/m	界面高度 h/m	界面移动距离 d/m	电泳移动的方向	电泳速度 v/m·s^{-1}

表 7-7 聚沉实验数据

电解质	作用离子	现象	聚沉值/mol·L^{-1}	聚沉能力
KCl				
K_2CrO_4				
$K_3[Fe(CN)_6]$				

② 计算出胶粒的 ζ 电势。

③ 比较 3 种电解质对 $Fe(OH)_3$溶胶的聚沉能力。

7. 注意事项

① 要保持电压稳定。

② 在把溶胶放入 U 形管时，要控制好速度，活塞不要全部打开，保证溶胶慢慢进入 U 形管，才能看到清晰的界面。

③ 实验所用试管、电泳管等要充分洗涤，以免影响实验结果。

第四部分 习 题

习题 7-1 293 K 时，若将一个半径为 0.5cm 的汞滴可逆地分散成半径为 0.1μm 的许多小汞珠，这个过程的表面吉布斯函数增加多少？需做的最小功是多少？已知 293 K 时，汞的表面吉布斯函数 $\gamma=0.4865J·m^{-2}$。

答案：$\Delta G=7.64J=W$

习题 7-2 如果某肥皂水的表面张力为 0.050N·m^{-1}，试计算下列肥皂泡上所受的附加压力。①肥皂泡的直径为 2mm；②肥皂泡的直径为 2cm。

答案：①200Pa；②20Pa

习题 7-3 已知 27℃和 100℃时水的饱和蒸气压分别为 3.529 kPa、101.352 kPa，密度分别为 $0.997\times10^3kg·m^{-3}$、$0.958\times10^3kg·m^{-3}$，表面张力分别为 $7.18\times10^{-2}N·m^{-1}$、5.98×

$10^{-2}N \cdot m^{-1}$，100℃时水的 $\Delta_r H_m^{\ominus} = 40.656kJ \cdot mol^{-1}$。

① 若27℃时水在半径为 $5\times10^{-4}m$ 毛细管中上升的高度为 $2.8\times10^{-2}m$，求接触角 θ。

② 以 $r=2\times10^{-6}m$ 的毛细管作为水的助沸物质，外压为 101.32 kPa，使水沸腾将过热多少度？设水的接触角与27℃时的近似相等。

③ 当 $r=2\times10^{-9}m$ 时，求27℃时水蒸气在毛细管内凝结所具有的最低蒸气压？

④ 气泡中有多少水分子？

答案：①$\theta=17.7°$；②$\Delta T=13K$；

③$p_r=2.15kPa$；④$N=N_A\dfrac{pgV}{RT}=11.46\times10^8$ 个

习题 7-4 20℃时，水的表面张力为 $72.8\times10^{-3}N \cdot m^{-1}$，汞的表面张力为 $483\times10^{-3}N \cdot m^{-1}$，汞-水的界面张力为 $375N \cdot m^{-1}$。试判断：水能否在汞的表面铺展？

答案：求铺展系数，可以铺展

习题 7-5 在正常沸点时，如果水中只含有半径为 $5\times10^{-7}m$ 的空气泡，问使这样的水沸腾需过热至多少度？已知水在 100℃ 时的表面张力为 $58.9\times10^{-3} N \cdot m^{-1}$，汽化热为 $40.67kJ \cdot mol^{-1}$。

答案：411 K 或 138℃

习题 7-6 在 298.2K、标准压力下，将直径为 1μm 的毛细管插入水中，问需要管内多大压力才能防止水面上升？若不施加额外压力，则管内液面可上升多高？已知该温度下水的表面张力为 $0.072N \cdot m^{-1}$，水的密度为 $1000kg \cdot m^{-3}$，并设接触角为0°。

答案：$p_s=288$ kPa；$h=29.38m$

习题 7-7 水蒸气骤冷会发生过饱和现象。在夏天的乌云中，用飞机喷洒干冰微粒，使气温骤降至 293K，水蒸气的过饱和度（p/p_0）达到 4。已知在 293K 时，水的表面张力为 $0.07288N \cdot m^{-1}$，密度为 $997kg \cdot m^{-3}$，试计算：①在此时形成雨滴的半径；②每一雨滴中所含水的分子数。

答案：$R=7.79\times10^{-10}m$；$N=66$

习题 7-8 一个用透气孔耐火砖制成的盛钢液的容器，如果要在该容器中盛钢液的高度为 2m，则在容器底部的毛细管半径应控制为多少，才能使钢液不渗漏？已知钢液的表面张力为 $\gamma=1.3N \cdot m^{-1}$，钢液的密度 $\rho=7000kg \cdot m^{-3}$，钢液与耐火材料之间的接触角为 150 °。

答案：$r<1.64\times10^{-5}m$

习题 7-9 293K 时，计算浓度为 $5.0mol \cdot m^{-3}$ 的丙酸（B）水溶液的表面吸附量 Γ_B。已知丙酸水溶液的表面张力随浓度的变化率 $\left(\dfrac{d\gamma}{dc_B}\right)_T=-8.3\times10^{-5}J \cdot m \cdot mol^{-1}$。

答案：$\Gamma_B=1.7\times10^{-7} mol \cdot m^{-2}$

习题 7-10 已知某脂肪酸表面张力与溶液浓度 c 之间的关系如下：

$$\frac{\gamma}{\gamma^*}=1-b\lg\left(\frac{c}{a}+1\right)$$

其中 γ^* 是同温度下纯水的表面张力，常数 a 因不同的酸而异，$b=0.411$ 时试写出服从上述方程的脂肪酸的吸附等温式。

答案：$\Gamma=-\dfrac{c}{RT}\cdot\dfrac{d\gamma}{dc}=\dfrac{\gamma^{*}c}{(c+a)RT}\times 0.178$

习题 7-11 290.2K 时，某憎液溶胶粒子的半径 $r=2.12\times10^{-7}$m，分散介质的黏度 $\eta=1.10\times10^{-3}$Pa·s。在电子显微镜下观测粒子的布朗运动，实验测出 60s 的间隔内，粒子的平均位移 $x=1.046\times10^{-5}$m。求阿伏伽德罗常数 L 及该溶胶的扩散系数 D。

答案：$L=6.02\times10^{-23}\text{mol}^{-1}$；$D=9.12\times10^{-13}\text{m}^2\cdot\text{s}^{-1}$

习题 7-12 在某内径为 0.02m 的管中盛油，使直径为 1.588×10^{-3}m 的钢球从其中落下，下降 0.15m 需时 16.7s。已知油和钢球的密度分别为 960kg·m^{-3}和 7650kg·m^{-3}。试计算在实验温度时油的黏度为多少？

答案：$\eta=1.02$ Pa·s

习题 7-13 水中直径为 1×10^{-6}m 的石英粒子在电场强度 $E=100\text{V}\cdot\text{m}^{-1}$的电场中运动速度为 $3.0\cdot10^{-5}\text{m}\cdot\text{s}^{-1}$，试计算石英-水界面上的电势 ζ。设介质黏度为 $1\cdot10^{-3}$Pa·s，介电常数为 8.89×10^{-9}F·m。

答案：$\zeta=0.636$V

习题 7-14 在一定温度下，向四支装有相同体积的 As_2S_3溶胶(负溶胶)的试管中，分别加入相同浓度、相同体积的 KCl、NaCl、$ZnCl_2$和 $AlCl_3$溶液，则能够使 As_2S_3溶胶聚沉最快的是哪种电解质？若分别加入相同浓度、相同体积的 NaCl、Na_2CO_3和 $Na_3[Fe(CN)_6]$ 溶液，则又是哪种电解质使 As_2S_3溶胶聚沉最快？

答案：$AlCl_3$；$Na_3[Fe(CN)_6]$

习题 7-15 1cm^{3}溶胶的溶液中含有 1.5×10^{-6}kg Fe_2O_3，将其溶液稀释 10000 倍，在显微镜下观察，在直径和深度为 0.04mm 的视野内数得粒子的平均数为 4.1，设粒子为球形，密度为 $5.2\times10^3\text{kg}\cdot\text{m}^{-3}$，求胶粒的平均直径？

答案：$d=1.89\times10^{-7}$m

习题 7-16 含 2%(质量分数)的蛋白质水溶液，由电泳实验发现其中有两种蛋白质，一种相对分子质量为 1×10^5，另一种相对分子质量为 6×10^4，二者摩尔浓度和密度近似相等。设蛋白质分子为球形，温数为 298K，计算：

① 两种分子的扩散系数之比；

② 沉降系数之比；

③ 若将 1cm^{3}的蛋白质溶液铺展成 10.000cm^{2}的单分子，膜压力为多少？

答案：$D_2/D_1=(M_1/M_2)^{1/3}=\left(\dfrac{1\times10^5}{6\times10^4}\right)^{1/3}=1.86$；$v_2/v_1=(M_1/M_2)^{2/3}=\left(\dfrac{6\times10^4}{1\times10^5}\right)^{2/3}=0.711$；

$\pi=6.2\times10^{-1}$Pa

习题 7-17 反应 $Ba(SCN)_2+K_2SO_4 = 2KSCN+BaSO_4$在稍过量 $Ba(SCN)_2$的情况下生成 $BaSO_4$溶胶。

① 写出其胶团结构。

② 简述此溶胶暂时稳定的原因。

③ 比较 $MgSO_4$、Na_2SO_4、$CaCl_2$电解质对该溶胶聚沉能力的大小顺序。

④ 列举出除了加入过量电解质外，使溶胶聚沉的另外两种方法。

⑤ 已知分散介质的介电常数为 $9.02\times10^{-9}\text{F}\cdot\text{m}^{-1}$，黏度为 0.00103 Pa·s，25℃时用电泳法测得 $\zeta=0.0405$V，两极间距 0.385m，为了通电 40min 使溶胶界面向负极移动 0.036m，

求两极间应加多大电压。(已知 $1F=1CV^{-1}$)

答案：①$[(BaSO_4)_m \cdot nBa^{2+} \cdot 2(n-x)CNS^-]^{2x+} \cdot 2xCNS^-$；

②~④略；⑤$V=16.28V$

习题 7-18 墨汁是一种胶体分散系统，在制作时往往要加入一定量的阿拉伯胶(一种大分子物质)做稳定剂，主要原因是什么？

答案：保护作用

习题 7-19 在能见度很低的雾天飞机急于起飞，地勤人员搬来一个很大的高音喇叭，喇叭一开，很长一段跑道上的雾就消失了，这是为什么？

答案：这叫高音消雾。声音是有能量的，喇叭的声波能促使雾粒相互碰撞，使小水滴凝结成大水滴而下降，部分更小的水滴获得能量后会气化，所以在音波作用的较近范围内，雾会很快消失。

第五部分 拓展阅读

7.1 粉尘爆炸——表面张力热力学公式

2014 年 8 月 2 日江苏某金属制品公司抛光车间发生铝粉尘爆炸特别重大事故，2016 年 9 月 9 日，贝宁一处焚烧场发生面粉爆炸，近百人遇难，为后人留下惨痛的教训。为何日常生活中常见的铝粉和面粉，并不易燃烧，但在这些事件中却能引发如此严重的爆炸事故呢？除了这些物质具有可燃性，环境中有充足的氧气及明火等基本条件外，最关键的原因是随着可燃物质分散程度的增加，比表面积急剧增大，致使吉布斯函数增加，即表面能增加，使系统处于高度不稳定状态，一旦遇到火星，就可引起爆炸。界面现象的热力学过程可以给出详细的解释。

当系统需考虑非膨胀功即表面功时，热力学基本方程应为

$$dU = TdS - pdV + \gamma dA + \sum_B \mu_B dn_B \tag{7-24}$$

$$dH = TdS + Vdp + \gamma dA + \sum_B \mu_B dn_B \tag{7-25}$$

$$dA = SdT - pdV + \gamma dA + \sum_B \mu_B dn_B \tag{7-26}$$

$$dG = SdT + Vdp + \gamma dA + \sum_B \mu_B dn_B \tag{7-27}$$

由上述关系式得

$$\gamma = \left(\frac{\partial U}{\partial A}\right)_{S,V,n_B} = \left(\frac{\partial H}{\partial A}\right)_{S,p,n_B} = \left(\frac{\partial A}{\partial A}\right)_{T,V,n_B} = \left(\frac{\partial G}{\partial A}\right)_{T,p,n_B} \tag{7-28}$$

由上式可见，γ 是在指定相应变量不变的条件下，增加单位表面积时，体系热力学能、焓、赫姆霍兹函数或吉布斯函数等热力学函数的增值。

根据热力学第二定律，在恒温恒压条件下，系统界面吉布斯函数减少的过程为自发过程，而表面吉布斯函数 $G=\gamma A$，有

$$dG_{T,P} = \gamma dA + A d\gamma \tag{7-29}$$

由上式可知，在一定温度和压力下，当 γ 恒定时，表面积 A 趋于自动缩小。如面粉、奶粉长时间放置会自动结块使表面积缩小；而空气中的粉尘比表面积大，表面能高，热力学不稳定，一旦浓度到达某一个数值，就容易发生爆炸。

7.2 拉普拉斯方程的推导

弯曲液面的附加压力来源于液面上指向曲率中心的表面张力的合力，它的大小除了与表面张力有关外，还与液面曲率半径的大小有关。设有一凸液面 AB，如图 7-29 所示，其球心为 O，球半径 r，球缺底面圆心为 O_1，底面半径 O_1B 为 r_1，液体表面张力为 γ。将球缺底面圆周上与圆周垂直的表面张力分为水平分力与垂直分力，水平分力相互平衡，垂直分力指向液体内部，其单位周长的垂直分力为 $\gamma\cdot\cos\alpha$。α 为表面张力与垂直分力之间的夹角。因球缺底面圆周长为 $2\pi r$，得垂直分力在圆周上的合力为 $F=2\pi r_1\gamma\cos\alpha$，因 $\cos\alpha=r_1/r$，球缺底面面积为 πr_1^2，故弯曲液面对于单位水平面上的附加压力(即压强)为

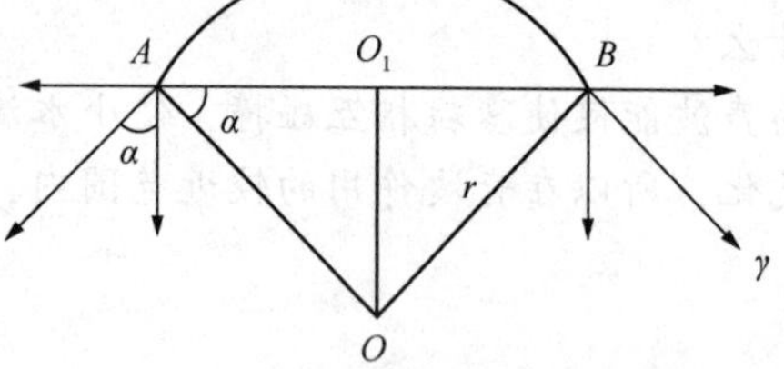

图 7-29　拉普拉斯方程的推导示意图

$$\Delta p=\frac{2\pi r_1\gamma r_1/r}{\pi r_1^2}$$

整理后得

$$\Delta p=\frac{2\gamma}{r}$$

7.3 液体在毛细管中上升高度公式的推导

把一支半径一定的玻璃毛细管垂直地插入水中，毛细管中呈现凹液面，如图 7-4 所示，凹液面产生的附加压力 Δp 指向大气，并拉升毛细管中的液柱，直至上升的液柱所产生的静压力 ρgh 与附加压力 Δp 在数值上相等，方可达到力的平衡，即

$$\Delta p\ \frac{2\gamma}{r_1}=\rho gh$$

接触角 θ 与毛细管半径 r 及弯曲液面曲率半径 r_1 之间的关系为

$$\mathrm{cso}\theta=r/r_1$$

则水在毛细管中上升的高度为

$$h=\frac{2\gamma\cos\theta}{r\rho g}$$

7.4 开尔文公式的推导

设有物质的量为 dn 的微量液体，由平液面转移到半径为 r 的小液滴的表面上，使小液滴的半径由 r 增加到 r+dr，面积由 $4\pi r^2$ 增加到 $4\pi(r+\mathrm{d}r)^2$，面积的增量为 $8\pi r\mathrm{d}r$(忽略二阶无穷小量 $4\pi r\mathrm{d}r^2$)，此过程表面吉布斯函数增加了 $8\pi r\gamma\mathrm{d}r$，如图 7-30 所示。如果这一过程是由于 dn 的液体从具有 p 蒸气压的平液面转移到具有 p_r 蒸气压的小液滴上而引起的，则吉布斯函数的增量为 $(\mathrm{d}n)RT\ln(p_r/p)$(假设蒸气为理想气体)。两过程的始末态

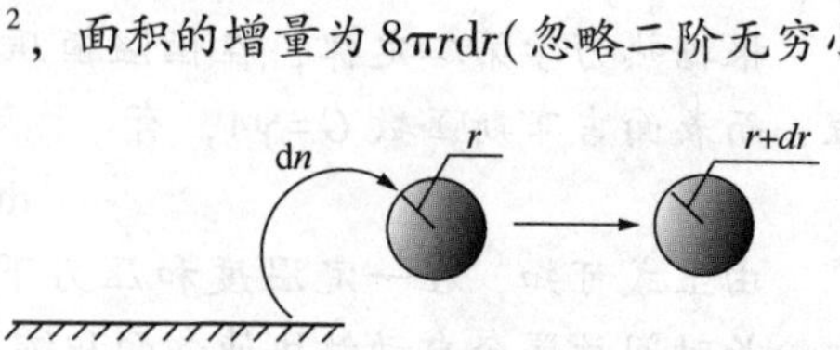

图 7-30　dn 转移示意图

相同，所以吉布斯函数的增量相等，有

$$(\mathrm{d}n)RT\ln\frac{p_r}{p}=8\pi\gamma r\mathrm{d}r$$

由于 $\mathrm{d}n=4\pi r^2(\mathrm{d}r)\rho/M$

于是
$$RT\ln\frac{p_r}{p}=\frac{2\gamma M}{\rho r}=\frac{2\gamma V_m}{r} \tag{7-30}$$

式中 ρ，M，V_m——液体的密度、摩尔质量和摩尔体积。式(7-30)就是著名的开尔文(Kelvin)公式。对于在一定温度下某液态物质而言，式中的 T、M、γ 及 ρ 皆为定值，此时 p_r 只是 r 的函数。表 7-8 是以水的小液滴为例的计算结果。

表 7-8　20℃时小液滴的饱和蒸气压与平液面水的饱和蒸气压之比与水滴半径的关系

r/m	10^{-5}	10^{-6}	10^{-7}	10^{-8}	10^{-9}
p_r/p	1.0001	1.001	1.011	1.114	2.937

上列数据表明，在一定温度下，液滴越小，饱和蒸气压越大；当液滴半径减小到 10^{-9}m 时，其饱和蒸气压几乎是具有平液面液体的 3 倍。

对于凹液面，由于转移 dn 的液体到凹液面上将导致液面曲率半径减小，所以 dr 为负值。而 dn 应为正值，因此 $\mathrm{d}n=-4\pi r^2(\mathrm{d}r)\rho/M$，这会导致开尔文公式出现负号，即

$$RT\ln\frac{p_r}{p}=-\frac{2\gamma V_m}{r} \tag{7-31}$$

7.5　人工降雨——过饱和蒸气

现如今，为了防旱救灾、防火防灾和消除雾霾，各地都频频出现了人工降雨作业，甚至一度引起公众质疑，人工降雨是否会引起环境生态的危机呢？据国家气象局相关部门公布的信息，人工降雨所用催化剂的量对环境带来的影响微乎其微，不会造成环境污染。人工降雨的原理是什么呢？是否只要有抗灾的需求，就可以进行人工降雨作业呢？

过饱和蒸气：一定温度下，当蒸气分压超过该温度下的饱和蒸气压，而蒸气仍不凝结，称为过饱和蒸气。过饱和蒸气之所以能够存在，是因为开始要由蒸气生成极微小的液滴(新相)时，所需的蒸气压远远大于平液面上的蒸气压。如图 7-31 所示，曲线 OC 和 $O'C''$分别表示正常液体和某尺寸微小液滴的饱和蒸气压曲线。由于小液滴的饱和蒸气压要大于具有平面液体的饱和蒸气压，所以小液滴的蒸气压曲线位于正常液体蒸气压曲线的上方。在 t_0 温度下缓慢提高蒸气的压力(如在气缸内缓慢压缩)至 A 点，蒸气对通常液体已达到饱和状态 p_0，但对微小液滴却未达到饱和状态，所以蒸气在 A 点不能凝结出微小液滴。要继续提高蒸气的压力至 B 点，达到小液滴的饱和蒸气压 p'时，才可能凝结出微小液滴。这种在正常相平衡条件下应该凝结而未凝结的蒸气，称为过饱和蒸气。例如在 0℃附近，水蒸气要达到 5 倍于平衡蒸

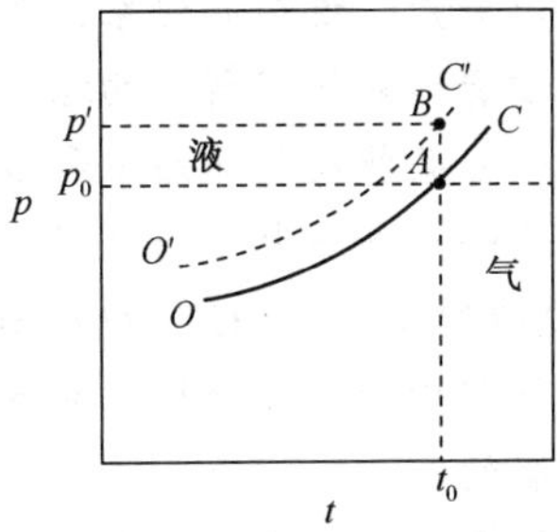

图 7-31　产生过饱和蒸气示意图

气压的压力，才开始自动凝结。其他蒸气，如甲醇、乙醇及乙酸乙酯等也有类似的情况。

当蒸气中有灰尘存在或容器的内表面粗糙时，这些物质可以成为蒸气的凝结中心，使液滴核心易于生成及长大，在蒸气过饱和程度较小的情况下就可以开始凝结。人工降雨的原理，就是当云层中的水蒸气达到饱和或过饱和的状态时，在云层中用飞机喷洒微小的 AgI 颗粒，此时 AgI 颗粒就成为水的凝结中心，使新相(水滴)生成时所需要的过饱和程度大大降低，云层中的水蒸气就容易凝结成水滴而落向大地。

人工降雨的发明，标志着气象科学发展到了一个新的水平，但遗憾的是，它也曾被用于非正义的战争。如 1967—1972 年，美国在侵越战争中出动了 2600 架次飞机进行人工降雨，目的在于截断“胡志明小道”运输线，结果造成山洪暴发，交通堵塞，其破坏效果超过了常规轰炸。美国政府这种滥用人工降雨的行径受到了世界舆论的谴责。

7.6　沸石防暴沸——过热液体

液体加热到沸点以上仍不沸腾的现象称为过热现象，此时的液体称为过热液体。沸点是一定压力下，液体的饱和蒸气压与外界大气压相等时的温度。过热液体之所以存在，是因为开始沸腾时，液体中首先生成的是小气泡，而液体在小气泡内的蒸气压小于平面液体的蒸气压，如图 7-32 所示，曲线 OC 和 $O'C'$ 分别表示通常液体和小气泡内液体的饱和蒸气压曲线。若外界压力为 p_0，则液体通常的沸点为 t_0(A 点)，生成小气泡时液体所对应的沸点是 t'(B 点)，可见生成小气泡时所对应的沸点要升高，因此只有继续升温达到小气泡时的沸点液体才开始沸腾，从而导致了过热液体。一旦生成小气泡，则小气泡聚集为大气泡，而大气泡对应的沸点低，容易产生暴沸现象。在科学试验中，为了防止液体过热现象，常在液体中投入一些沸石、素烧瓷片或毛细管等物质。因为这些多孔性物质的孔中储存有气体，加热时这些气体成为新相种子，因而绕过了产生极微小气泡的困难阶段，使液体的过热程度大大降低。

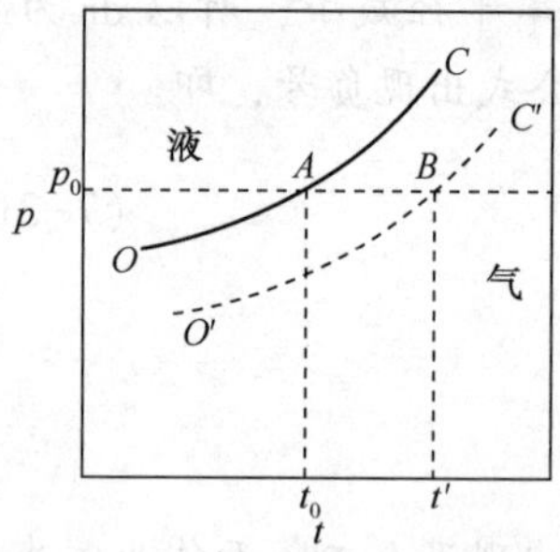

图 7-32　产生过热液体示意图

7.7　结晶——过饱和溶液

在一定温度下，溶液浓度已超过了饱和浓度而仍未析出晶体的溶液称为过饱和溶液。之所以会产生过饱和现象，是由于同样温度下小颗粒晶体溶解度大于普通晶体溶解度的缘故。如图 7-33 所示，AO 和 $A'O'$ 线分别代表某物质普通晶体和微小晶体的饱和蒸气压曲线，因微小晶体的蒸气压大于同样温度下普通晶体的蒸气压，故 $A'O'$ 线在 AO 线的上方。OC 和 $O'C'$ 线分别代表稀溶液和浓溶液中该物质在气相中的蒸气分压，显然，该物质浓溶液的蒸气压要高于稀溶液的。

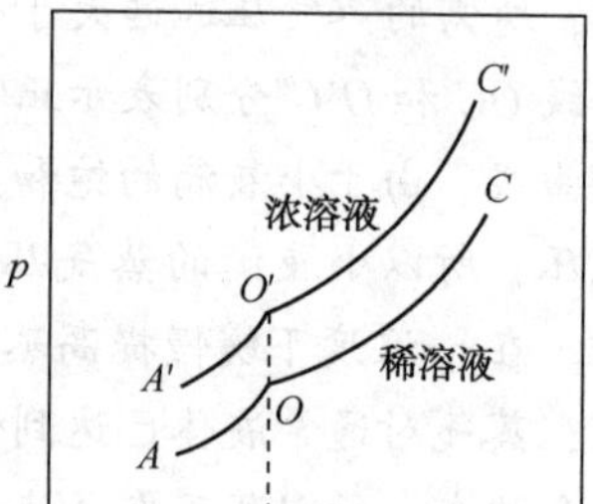

图 7-33　生成过饱和溶液示意图

在温度 t_0 时，稀溶液的 OC 线与普通晶体的蒸气压曲线相交，表明此稀溶液已达饱和，应可析出晶体，但因微小晶体的溶解度较高，故此时还不能从溶液中析出。微小晶体的 $A'O'$ 线与浓溶液的 $O'C'$ 线在 O' 点相交，此时需将溶剂进一步蒸发，使溶液浓度达到一定过饱和程度，才会使微小晶体析出。

在结晶操作中，若溶液的过饱和程度太大，一旦开始结晶，将会迅速生成许多很细的晶粒，不利于过滤和洗涤，因而影响产品质量。在生产中，常采用向结晶器中投入小晶体作为新相种子的方法，以防止溶液发生过饱和现象，从而获得较大颗粒的晶体。

7.8 玻璃是晶态固体吗——过冷液体

在一定温度下，微小晶体的饱和蒸气压恒大于普通晶体的饱和蒸气压是液体产生过冷现象的主要原因。如图 7-34 所示，图中 CO' 线为平面液体的蒸气压曲线。AO 为普通晶体的饱和蒸气压曲线。由于微小晶体的饱和蒸气压曲线 $A'O'$ 一定在 AO 线的上边。O 点和 O' 点对应的温度 t_f 和 t'_f 分别为普通晶体和微小晶体的凝固点（严格来说为三相点，这里忽略二者之间的微小差异）。

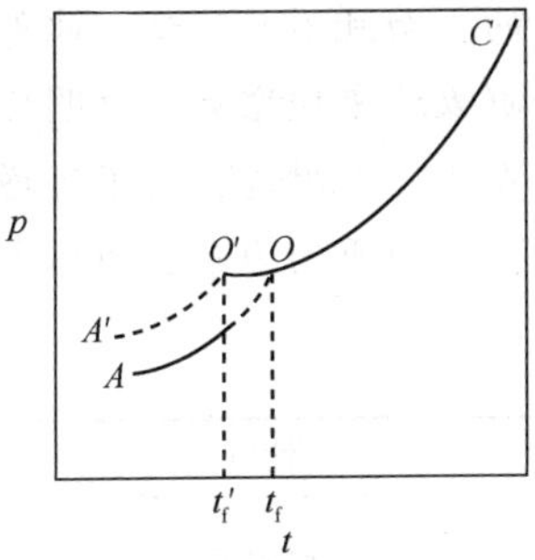

图 7-34　产生过冷液体示意图

当液体过冷时，其饱和蒸气压沿 CO' 曲线下降到 O 点，这时与普通晶体的蒸气压相等，按照相平衡条件，应当有晶体析出，但由于新生的晶体（新相）极微小，其凝固点较低，此时对微小晶体尚未达到饱和状态，所以不会有晶体析出。温度必须继续下降到正常凝固点以下如 O' 点，液体才能达到微小晶体的饱和状态而开始凝固。这种按照相平衡条件，应当凝固而未凝固的液体，称为过冷液体。例如纯净的水，有时可冷却到-40℃，仍呈液态而不结冰。在过冷的液体中，若加入小晶体作为新相种子，则能使液体迅速凝结成晶体。

在液体冷却时，其黏度随温度的降低而增加，这就增大了分子运动的阻力，阻碍分子作整齐排列而成晶体的过程。因此在液体的过冷程度很大时，黏度较大的液体不利于结晶中心的形成和长大，有利于过渡到非结晶状态的固体，即生成玻璃体状态。

制作玻璃的时候，材料（经常包含氧化硅）从液态被快速冷却，但是当温度低于熔点时，不固化（晶化）。在这个阶段，材料是过冷液体，一个介于液态和玻璃态间的中间态。要变为无定形固体，材料被继续冷却，低于玻璃转变温度。跨过这个点，材料中分子的运动已减慢到近乎停止，此时材料变为玻璃。这一新的结构不像晶体那样有组织，因为它没有凝固（晶化），但要比液体有序。

亚稳状态：在一定时间内能出现和存在的热力学不稳定状态，与新相种子难以生成有关。包括过饱和蒸汽、过热液体、够冷液体、过饱和溶液。

7.9 物理吸附和化学吸附的区别

物理吸附由分子间的范德华力产生，类似于气体分子在固体表面上的凝聚。一般来说，越易于液化的气体越易被吸附。吸附可以是单分子层也可以是多分子层。同时，物理吸附易被吸附也易被解吸。其吸附热（分子从气相被吸附到表面相上这一过程中所放出的热）的数值与气体的液化热相近，一般在几百到几千焦耳每摩尔。因为范德华力普遍存在于吸附剂与吸附质之间，所以物理吸附一般没有选择性，即一种吸附剂可以吸附许多不同种类的气体。此外，物理吸附的吸附速率和解吸速率都很快，且一般不受温度的影响，也就是说物理吸附一般不需要活化能(或只需很小的活化能)，吸附在低温下即可发生，其吸附过程是可逆的。从以上各种现象不难看出，物理吸附的实质是一种物理作用，在吸附过程中没有电子转移，没有化学键的形成和破坏，也不发生原子重排等，物理吸附的原动力来自分子间的范德华力。

化学吸附则是由化学键力产生。化学吸附过程中，可以发生电子转移、原子重排、化学键的破坏与形成等过程，其吸附具有选择性，即一种吸附剂只对某些物质才会发生吸附作用，吸附热则与化学反应热相近，一般大于几万焦耳每摩尔。如 O_2 在金属 W 表面的吸附热为 $812kJ \cdot mol^{-1}$，而 $O_2+\frac{2}{3}W \longrightarrow \frac{2}{3}WO_2$ 的反应热为 $808kJ \cdot mol^{-1}$。化学吸附因为靠的是化学键力，吸满单分子层后固体表面原子的剩余价力就达饱和了，所以化学吸附只能是单分子层的，而且不易解吸。此外，化学吸附的吸附速率与解吸速率都较小，温度升高时吸附速率和解吸速率均增加，说明化学吸附与化学反应一样需要一定的活化能，在较高温度下吸附才能发生，吸附过程是不可逆的。由此可见，化学吸附实质上可以看成是固体表面上的化学反应，它的原动力来自固体表面上的原子与气体分子间的化学键力(表 7-9)。

表 7-9　物理吸附和化学吸附的区别

性质	物理吸附	化学吸附
吸附力	范德华力	化学键力
吸附层数	单层或多层	单层
吸附热	小(近似于液化热)	大(近似于化学反学热)
选择性	无或很差	较强
可逆性	可逆	不可逆
吸附平衡	易达到	不易达到

实验可以证明物理吸附和化学吸附的存在。例如，可以通过吸收光谱来观察、比较吸附前后的状态变化，在紫外、可见及红外光谱区若出现新的特征吸收带就说明发生了化学吸附。物理吸附只能使原吸附分子的特征吸收带有某些位移或者在强度上有所改变，而不会产生新的特征谱带。

物理吸附和化学吸附有差异，但也有共同之处。例如两类吸附的吸附热都可以用克劳修斯-克拉贝龙方程来计算。朗缪尔吸附等温式均可用来描述两类吸附，而且两类吸附还可以同时发生，例如氧在金属 W 表面上的吸附有三种情况同时存在：①有的氧是以原子状态被吸附的属于纯粹的化学吸附；②有的氧是以分子状态被吸附的属于纯粹的物理吸附；③还有一些氧是以分子状态被吸附在氧原子上面形成多层吸附。由此可见，物理吸附和化学吸附可以相伴发生，因此不能认为某一吸附只是化学吸附而没有物理吸附，反之亦然，事实上常常需要同时考虑两种吸附在整个吸附过程中所起的作用。此外，当温度逐渐升高时，吸附体系中常会发生从物理吸附逐步过渡到化学吸附的情形。

7.10　常见的吸附等温线

五种常见的吸附等温线如图 7-35 所示，图 7-35(a)为单分子层吸附等温线，其余四种皆为多分子层吸附等温线。

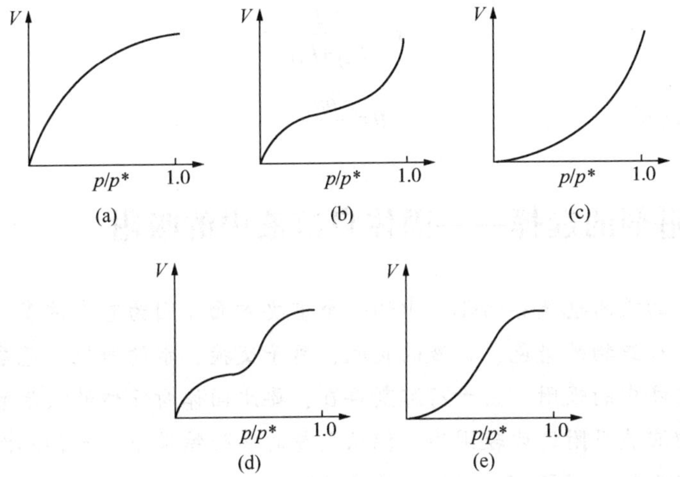

图 7-35　吸附等温线的五种类型

7.11　吸附热力学

吸附是一个自发过程，是吉布斯函数下降的过程，即 $\Delta G<0$。而在吸附过程中，气体分子由三维空间被吸附到二维表面，自由度减少了，分子的平动受到了限制，所以吸附过程是熵减小的过程。根据热力学公式 $\Delta G=\Delta H-T\Delta S$，吸附过程的 ΔH 应该是负值，即 $\Delta H<0$。所以吸附通常为放热过程。

7.12　朗缪尔吸附等温式的推导

朗缪尔基于四个假定，从动力学的观点出发，推导出了吸附时吸附量与气体平衡压力之间的关系式。若用 θ 表示固体表面被吸附的气体分子所覆盖的分数(或称覆盖率、覆盖度)，则 $(1-\theta)$ 表示表面尚未被覆盖的分数，而且未被覆盖的所有空白吸附中心都是等效的。因为只有当气体分子撞击到表面空白部分时才能发生吸附，所以气体的吸附速率与未被覆盖的表面分数 $(1-\theta)$ 成正比，同时还与气体分子在单位时间内碰撞到单位固体表面的次数成正比，也就是和气体的压力成正比。因此，吸附速率 r_a 为

$$r_a=k_1p(1-\theta)$$

式中　k_1——吸附速率常数；

p——吸附气体的平衡压力。

另一方面，被吸附的气体分子脱离固体表面重新回到气相中的解吸速率 r_b 则与已被覆盖的表面分数 θ 成正比，而与气体的浓度无关，即

$$r_b=k_{-1}\theta$$

式中　k_{-1}——解吸速率常数。在一定温度下吸附达到平衡时，吸附速率等于解吸速率，所以

$$k_1p(1-\theta)=k_{-1}\theta$$

解得 $$\theta=\frac{k_1p}{k_{-1}+k_1p}$$

如令 $\frac{k_1}{k_{-1}}=b$，则得 $$\theta=\frac{bp}{1+bp} \tag{7-32}$$

7.13 吸附剂的选择——固体自溶液中的吸附

固体自溶液中的吸附也是界面化学中的一个重要方面，因为它在许多工业领域及科研中有着重要的应用，如织物的染色、糖液的脱色、离子交换、水的净化、色层分离及胶体的稳定等。但固体自溶液中的吸附，由于有溶剂存在，要比固体对气体的吸附复杂得多。目前从理论上定量地处理溶液吸附还比较困难。但从大量的实验结果中，人们总结出了许多有用的规律，对处理溶液吸附的问题有一定的指导意义。

固体自溶液中对溶质的吸附量，可根据吸附前后溶液浓度的变化来计算：

$$n^a=\frac{V(c_0-c)}{m} \tag{7-33}$$

式中 n^a——单位质量的吸附剂在溶液平衡浓度为 c 时的吸附量；

m——吸附剂的质量；

V——溶液体积；

c_0，c——溶液的配制浓度和吸附平衡后的浓度。

在恒温恒压下，测定吸附量随浓度的变化关系，即可得到溶液吸附等温线。

固体自稀溶液中的吸附，其吸附等温线一般与气体吸附的第Ⅰ种类型的等温线类似，为单分子层吸附，可用朗缪尔吸附等温式来描述：

$$n^a=\frac{n_m^a bc}{1+bc} \tag{7-34}$$

式中 b——吸附系数，它不仅与溶质的性质有关，还与溶剂的性质有关；

n_m^a——单分子层饱和吸附量，如已知每个吸附质分子所占有效面积，可由 n_m^a 计算吸附剂的比表面积。弗罗因德利希公式也可用来描述溶液中的单分子层吸附等温线，只需将式中的压力 p 换成浓度 c 即可

$$n^a=kc^n \tag{7-35}$$

式中 k，n——经验常数。

7.14 表面活性剂的应用

表面活性剂(surfactant)是应用极为广泛而常被称为“工业味精”的一类物质，其特点是在很低浓度时就能显著降低溶剂的表(界)面张力，并能改变体系的界面组成与结构。不仅如此，表面活性剂在溶液中达到一定的浓度以上，会形成不同类型的分子有序组合体，从而产生一系列的重要功能。这些特性使得表面活性剂在石油、纺织、农药、医药、食品、化妆品、皮革、塑料、涂料、油墨、造纸、燃料、洗涤、环保、采矿和金属加工等领域都得到了广泛应用，而且由于表面活性剂所形成的各种类型的分子有序组合体与生命活动密切关联，

使其成为研究生命现象奥秘、发展仿生技术等极有价值的体系而备受人们的重视。

(1) 改变液体在固体表面上的润湿作用

浮游选矿：许多重要的金属(如Mo、Cu等)在粗矿中含量很低，因此在冶炼之前，必须设法提高矿石中金属的含量，常采用泡沫浮选。其基本原理是将品位较低的原矿磨成粉末(0.01~0.1mm)，倾入大水池中，由于矿粉通常都能被水润湿，故沉入池底。若加入一些表面活性剂(在这里称为捕集剂和起泡剂)，捕集剂选择性地吸附在有用矿石粒子的表面上，此时极性的亲水基朝向矿物表面，而非极性的亲油基朝向水中，于是矿物就具有憎水性表面，如图7-36所示。不断加入捕集剂，固体表面的憎水性随之增加，最后达到饱和并在固体表面形成憎水性很强的薄膜。然后再从水池底部通入气体鼓泡，则有用矿石粒子由于其表面的憎水性就附着在气泡上浮到水面，将泡沫刮下进行消泡和浓缩即可得到富集的矿。其他不含矿的泥沙、岩石等矿渣则留在水底而被除去。若矿物中含有多种金属，则可用不同的捕集法和其他助剂使各种矿物分别浮起而被捕收。

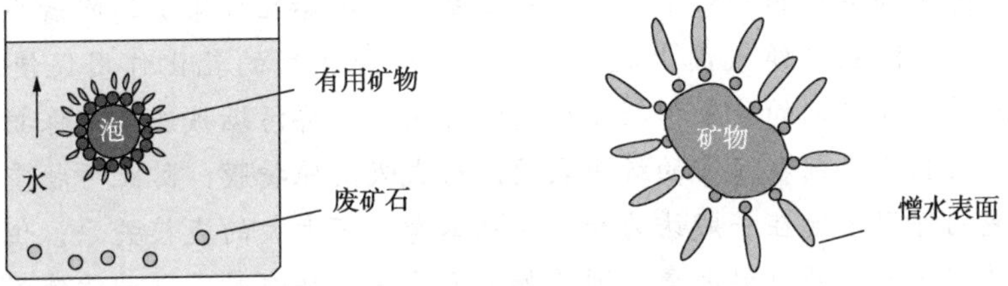

图7-36 矿物浮选示意图

采油：原油储于地下砂岩的毛细孔中，油与砂岩的接触角通常都大于水和砂岩的接触角，因此，在生产油井附近钻一些注水井，注入含有表面活性剂的“活性水”以改变岩层的湿润特性，使之变得亲水，以便岩层中的原油能被泵入的活水置换出来。此外改变岩层的湿润性质，还可能产生更大的孔隙，有利于原油流出，从而提高注水的驱油效率，增加原油产量。

农药：在喷洒农药消灭害虫时，要求农药对植物枝叶表面和昆虫表面有良好的湿润性，以便药液在枝叶表面上易于铺展，待水分蒸发后，叶面上能留有薄薄一层农药。若湿润性不好，则枝叶表面上的药液会聚成滴状，很容易滚落下来，造成药液浪费，或待水分蒸发后留下若干断断续续的药剂斑点，影响杀虫效果，而且可能对植物叶子造成药害。为了解决这个问题，可向药液中加入少量润湿剂(如烷基硫酸盐、烷基苯磺酸盐等阴离子表面活性剂和烷基酚聚氧乙烯醚、脂肪醇聚氧乙烯醚等)，以增强农药对叶面的润湿性。

防水：塑料薄膜和油布制成的雨衣，其一大缺点是不透气，穿久了很不舒服，而纤维织品又易被水润湿，不能防水。倘若将纤维用防湿剂(如氟代烷烃、季铵盐等)处理，则可增大布和水之间的界面张力γ_{1-s}，使$\theta>90°$，使得水对处理过的纤维织品不能润湿，从而制成轻便、透气性良好的雨衣。再如用甲基硅烷对纸张进行处理，可使纸张与水的接触角θ增大，其纸张表面由亲水性转化为亲油性。经处理后的纸张不但能为苯及石蜡油等烃类物质所润湿，而且能允许它们通过，但水却被阻止，若经过如此处理过和未经处理的滤纸配合使用，则不需要倾滤就能将油水混合物分离。在建筑行业中，为了减少混凝土的吸水性和透水性，也常常加入防水剂(如高级脂肪酸、硅酮、油酸盐、合成树脂等)以改变混凝土的润湿性能。彩色胶片中感光剂的涂布等都要遇到与润湿作用有关的问题。因此，研究表面活性剂对于润湿作用的影响具有很大的实际意义。

(2) 增溶作用

表面活性剂是通过胶束而产生增溶作用的。在胶束内部，相当于液态的碳氢化合物，非极性的有机溶质较易溶解于胶束内部，这就是增溶现象。例如，$100cm^3$含油酸钠的质量比值为0.10的水溶液可“溶解” $10cm^3$苯而不显混浊，外观与真溶液非常相似。例如用肥皂或洗涤剂洗去大量油污时，增溶有相当重要的作用。脂肪类食物只有靠胆汁的增溶作用“溶解”后才能被人体有效吸收。

(3) 洗涤作用

去除油污的洗涤作用除了机械搓洗作用之外，还涉及润湿、乳化、增溶和起泡等多种复杂作用的综合，因此很难给洗涤作用下一个明确的定义。就其中某一种作用而言，在去污过程中它究竟起了何种程度的作用，目前还不十分清楚，因为这些作用的效果受污垢组成、纤维种类和污垢附着面性状等的影响。污垢可分为油污、尘土或它们的混合污垢，不同污垢要求用不同的洗涤剂。当被污染的纤维织品浸泡在洗涤剂溶液中，首先由于洗涤剂的润湿作用而使洗涤剂溶液进入到污染的纤维中间，这样就减弱了污垢在纤维上的附着力，加上搓洗的机械作用，污垢就可能从纤维表面上脱落。同时由于洗涤剂的乳化作用促使油污与纤维隔离，有些污垢就进入洗涤剂的胶束中而发生增溶作用，这样污垢被洗涤剂保护起来不会再附着到纤维上去，而且洗涤剂在洁净的纤维表面能形成吸附保护膜，防止污物重新在织品表面沉积。关于气泡的作用，现在一般认为和洗涤剂本身没有太大的直接关系，但在实际使用上常常把它看成是好洗涤剂的重要因素，因为如果有泡沫，搓洗时显得易于使劲或省力。但在工业上或机械洗涤时，则希望用低泡洗涤剂，以减少后处理的麻烦。

综上所述，一种优良的洗涤剂需要具备下列几种性质：①洗涤剂必须具有良好的润湿性能，能与被清洁的固体表面有充分的接触；②能有效地降低被清洗固体与水及污垢与水的界面张力，使污垢与固体的黏附力变小而使污垢脱落；③有一定的起泡和增溶作用，能及时把除下来的污物分散；④能在洁净的固体表面形成保护膜，而防止污物重新沉积。

7.15 溶胶的制备方法

溶胶形成的必要条件是分散相在分散介质中的溶解度极小，且分散相粒子大小要在胶体分散范围之内。此外，由于溶胶胶粒细小，比表面很大，比表面能高，是热力学不稳定系统，所以在制备过程中必须加入电解质或表面活性剂等稳定剂。

溶胶系统的分散度小于粗分散系统，而大于真溶液。溶胶制备的过程就是使分散相粒子的大小落在胶体分散系统的范围之内。故可以由两种途径制备胶体：使粗分散系统进一步分散，或使小分子(或原子、离子)凝聚。前者称为分散法，后者称为凝聚法。制备过程可表示为

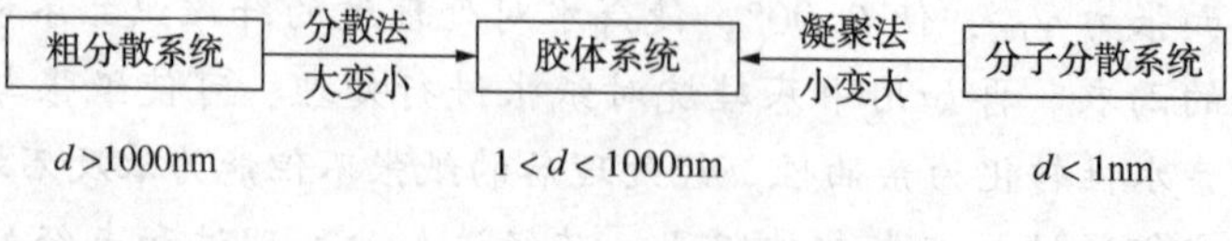

(1) 分散法

在分散介质和稳定剂存在的情况下，利用机械设备将粗分散的物料粉碎为胶体粒子的方法称为分散法，用机械设备、电能、热能等将粗分散难溶物分散，常用的设备有：

① 胶体磨。胶体磨是由电动机通过皮带传动带动转齿(或称为转子)与相配的定齿(或称为定子)做相对的高速旋转，其中一个高速旋转，另一个静止，被加工物料通过本身的重量或外

部压力(可由泵产生)加压产生向下的螺旋冲击力，透过定、转齿之间的间隙(间隙可调)时受到强大的剪切力、摩擦力、高频振动、高速旋涡等物理作用，使物料被有效地乳化、分散、均质和粉碎，达到物料超细粉碎及乳化的效果。这种磨转速极快(10000 $r \cdot min^{-1}$以上)，磨盘之间距离极小，使粗分散粒子在强大的应切力下被粉碎。这种方法一般分干法与湿法两种，湿法的分散度更高。为了防止粉碎时分散相微粒聚集结块，需要加入少量的稳定剂。

② 喷射磨。喷射磨又称能流磨，是利用高速气流(300~500m/s)或过热蒸气(300~400℃)的能量使颗粒相互产生冲击、碰撞和摩擦，从而导致固体物料粉碎，粒径可小于1000nm。

③ 电弧法。通常用来制备贵金属溶胶，如金、银、铂等的溶胶。该法是以该金属为电极，浸在含有少量稳定剂的冷水中，通直流电，调节外加的直流电压和两电极之间的距离，使之产生电弧。电弧的温度很高，金属受热表面汽化，在稳定剂(如NaOH等)保护下，蒸气遇冷却水凝聚，形成稳定的金属水溶胶。该方法包含分散和凝聚两个过程。

(2) 凝聚法

在稳定剂存在的情况下，用化学或物理方法，将分子或离子凝聚成胶体粒子的一种方法称为凝聚法。

① 化学凝聚法。利用生成不溶物的化学反应，通过控制析晶过程，使之停留在胶粒大小的阶段从而得到溶胶，这种方法就是化学凝聚法。一般用某一反应物略过量一点作为稳定剂。例如，As_2S_3溶胶的制备，是用H_2S (g) 缓慢通入三氧化二砷的饱和水溶液中，使之产生As_2S_3胶粒，化学反应方程式为

$$As_2O_3 + 3H_2O \xlongequal{} 2H_3AsO_3$$

$$2H_3AsO_3 + 3H_2S \xlongequal{} As_2S_3(\text{溶胶}) + 6H_2O$$

过量的H_2S(g)在水解时产生的HS^-可作为稳定剂，胶粒带负电荷。

② 物理凝聚法。将物质的气态分子或溶解状态的分子凝聚为胶粒，称为物理凝聚法，主要有蒸气凝聚法和过饱和法两种。常见的蒸气凝聚法，例如，将汞蒸气通入冷水中就可以制备汞的水溶胶，生成汞蒸气时少量同时生成的汞氧化物可以作为稳定剂。

通过改变溶剂或冷却使溶质的溶解度降低变成过饱和溶液，使溶质析出凝聚成胶粒的方法称为过饱和法。例如，将松香的酒精溶液滴入水中，由于松香在水中溶解度很小，因而成过饱和状态，松香凝聚成胶粒，得到松香的水溶胶。类似的也可以用突然降低温度的方法，降低溶解度，使溶质凝聚成胶粒。例如，用液氮冷却硫的酒精溶液，可以得到硫的醇溶胶。

7.16 溶胶的纯化方法

在制备溶胶的过程中难免引入电解质和其他杂质，适量的电解质有助于维持胶粒表面所吸附的离子平衡，起到稳定剂的作用，但过量的电解质及杂质却会使胶体系统不稳定。因此，刚制备的溶胶需及时进行纯化处理。最常用的纯化方法是渗析法。纯化时，将刚制备的溶胶装在半透膜内，浸入蒸馏水中。由于电解质和杂质在膜内的浓度大于在膜外的浓度，因此，溶胶中的电解质和杂质能透过半透膜向膜外迁移，而直径较大的胶粒则不能透过，这样就可把溶胶中的过量电解质及杂质逐渐除去，达到分离纯化的目的。

为了加速溶胶的纯化过程，可采用如下几种方法提高渗析速度：①尽可能增大半透膜面积；②及时更换纯溶剂或保持溶剂处于流动状态，以提高膜内外杂质离子的浓度梯度；③通

过搅拌使溶剂和溶胶各处于对流、湍流状态；④适当提高温度，但应以不破坏溶胶为前提；⑤采用电渗析法，即外加直流电源，提高离子的迁移速度；⑥采用超滤法，该法是采用加压过滤与减压过滤的方法，以使分散介质及其中的杂质穿过滤膜孔，由于胶粒以滤饼形式留在滤膜上，故应及时加入分散介质。

7.17 胶体系统的光学性质与瑞利(Rayleigh)公式

丁铎尔现象的产生是胶体粒子对光的散射结果。光照射到分散系统时，可发生光的透过、光的反射、光的吸收和光的散射。当粒子粒径大于入射光的波长时，发生光的反射；当粒子粒径小于入射光的波长时，发生光的散射；入射光的频率与分子的固有频率相同时，发生光的吸收；当光和系统不发生任何相互作用时，发生光的透过。可见光的波长为400~760nm，胶体粒子的直径大多数为1~1000nm，当一束聚集的可见光照射到溶胶时，可发生光的散射。所以胶体会有丁铎尔现象

英国人瑞利(Rayleigh)假设：①粒子的尺寸远小于入射光的波长，可看作点散射源；②胶体粒子浓度很稀，粒子间距较大，无相互作用，可不考虑各个粒子散射光之间的相互干扰；③粒子为各向同性，不导电。基于上述假设，瑞利从光的电磁理论出发，推导出了瑞利光散射公式：

$$I=\frac{9\pi^2V^2C}{2\lambda^4\ell^2}\left(\frac{n^2-n_0^2}{n^2+2n_0^2}\right)(1+\cos^2\alpha)I_0 \tag{7-36}$$

式中 I_0，λ——入射光的强度和波长；

V——每个分散相粒子的体积；

C——数密度(单位体积中的粒子数)；

n，n_0——分散相和分散介质的折射率；

α——散射角，即观察的方向与入射光方向的夹角；

ℓ——观察者与散射中心的距离。

散射光的强度可由瑞利公式计算。瑞利散射公式的应用如下：

① 散射光强 $I\propto V^2$。可以解释小分子真溶液因粒子太小，散射光十分微弱，看不到丁铎尔现象。

② 散射光强 $I\propto\frac{1}{\lambda^4}$。可以解释天空呈蓝色，而旭日和夕阳呈红色。

③ 散射光强 $I\propto(n^2-{n_0}^2)$。可以解释系统的光学不均匀性的自然现象；高分子溶液分散相和分散介质亲和性好，$(n^2-{n_0}^2)$小，丁铎尔现象较弱。

④ 散射光强 $I\propto C$。可以推导出 $I_1/I_2=C_1/C_2$，解释浊度计原理。

7.18 布朗运动与平均位移公式

1905—1906年，爱因斯坦(Einstein)和斯莫鲁霍夫斯基(Smoluchowski)分别提出了布朗理论。基本观点为：①布朗运动和分子运动完全类似，溶胶中每个粒子的平均动能和分散介质一样，都是$\frac{3}{2}kT$；②布朗运动是不断热运动的分散介质对分散相粒子撞击的结果；③在不同方向上，不同速率的分散介质对分散相粒子的不断撞击，使其受到的力不平衡，在不同方

向、不同时刻作不规则的运动。

尽管布朗运动看起来复杂而无规则，但在一定条件下，在一定时间内粒子所移动的平均位移却具有一定的数值。爱因斯坦利用分子运动论，假定胶体粒子为球形的前提下，提出如下布朗公式：

$$\bar{x}=\left(\frac{RT}{L}\cdot\frac{t}{3\pi\ \eta\ r}\right)^{\frac{1}{2}}$$

式中 $\bar{x}$——粒子沿 X 轴方向平均位移；

t——观察时间；

η——介质黏度；

r——粒子半径；

L——阿伏伽德罗常数。

1908 年珀林和斯威德伯格采用不同粒子、不同介质、不同时间间隔测定 $\bar{x}$，与计算公式比较结果一致，验证了平均位移公式的正确性。

7.19 扩散与扩散系数

扩散：当存在浓度梯度时，物质粒子因热运动(Brown 运动)而发生宏观上的定向迁移现象，称为扩散。扩散的推动力为浓度梯度。描述扩散的基本定律：Fick 第一定律和 Fick 第二定律。

Fick 第一定律(Fick's first law)：沿 X 方向发生扩散时，在 dt 时间内通过截面积 A 的物质的量可表示为

$$\frac{\mathrm{d}n}{\mathrm{d}t}=-DA_s\frac{\mathrm{d}c}{\mathrm{d}t} \tag{7-37}$$

式中 D——扩散系数，其物理意义为在单位浓度梯度下，在单位时间内通过单位截面的物质的量，$m^2\cdot s^{-1}$。

对于球形粒子，扩散系数 D 可用爱因斯坦-斯托克斯方程计算：

$$D=\frac{RT}{6L\pi r\eta} \tag{7-38}$$

Fick 第二定律(Fick's second law)：在扩散方向上某一位置的浓度随时间的变化率存在以下关系。$\frac{\partial c}{\partial t}=D\frac{\partial^2 c}{\partial x^2}$

1905 年，爱因斯坦假设粒子为球形，推导出粒子在 t 时间内的平均位移 $\bar{x}$ 与扩散系数 D 之间的关系：

$$\bar{x}^2=\frac{RTt}{3L\pi r\eta}=\frac{RT}{6L\pi r\eta}\times 2t=2Dt \tag{7-39}$$

及

$$D=\frac{x^2}{2t} \tag{7-40}$$

上式为著名的爱因斯坦-布朗(Einstein-Brown)运动公式。由上式可以看出，温度越高，介质黏度 η 越小，粒子半径越小，则扩散速率越大。它揭示了布朗运动与扩散的内在联系，扩散是布朗运动的宏观表现，布朗运动是扩散的微观基础。

7.20 沉降平衡与高度分布公式

对于微小粒子在重力场中的沉降平衡，Perrin 推导出平衡时粒子密度随高度分布定律：

$$\ln \frac{c_2}{c_1} = -\frac{Mg}{RT}\left[1-\frac{\rho_0}{\rho}(h_2-h_1)\right] \tag{7-41}$$

式中 c_1，c_2——在高度 h_1 和 h_2 处粒子数密度；

M——粒子的摩尔质量；

g——重力加速度；

ρ，ρ_0——粒子和介质的密度。

由上式可以计算，在重力场作用下大气层分子的浓度随高度的变化。

$$c_2/c_1 = p_2/p_1 \tag{7-42}$$

$$\ln \frac{p_2}{p_1} = -\frac{Mg(h_2-h_1)}{RT} \tag{7-43}$$

式(7-43)可以用于不同高度 h 处大气压力 p 的计算。

7.21 渗透压与唐南平衡

渗透压是溶胶扩散作用的结果。由于胶粒不能透过半透膜，而介质分子及其他离子可以，所以小分子将通过半透膜自发地由低浓度向高浓度扩散。要阻止这种扩散，必须外加与之相当的压力，这就是渗透压。渗透压的计算可以借用稀溶液依数性中的渗透压计算公式，即

$$\Pi = \frac{n}{V}RT \text{ 或 } \Pi = cRT$$

由于溶胶中，胶粒的数量与小分子相比，相差太远，如果增加胶粒浓度，又会造成溶胶不稳定，所以溶胶中由于胶粒数目太小，使渗透压很小，实验很难测定，有时要采用特殊的方法。

某些大分子化合物在溶液中能离解出小离子。当有半透膜时，大离子不能透过，而小离子却能自由通过，为了保持溶液的电中性，达到渗透平衡时膜两侧的电解质浓度不等，而产生额外渗透压，这种渗透平衡称为唐南平衡(Donnan equilibrium)。由英国物理化学家唐南提出。

例如：蛋白质 $Na_zp \longrightarrow zNa^+ + p^{z-}$

将蛋白钠盐 Na_zP(浓度 c)和 NaCl(浓度 c')溶液分别置于半透膜两侧如图 7-37 所示。

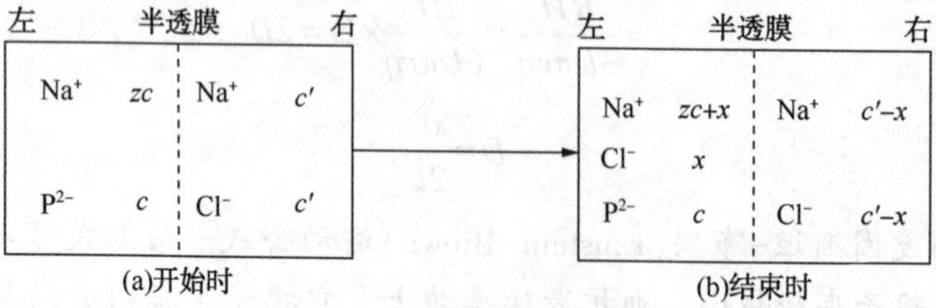

图 7-37 唐南平衡示意图

NaCl 达渗透平衡时：

① 半透膜两侧的化学势相等 $\mu_{NaCl}^{左}=\mu_{NaCl}^{右}$；

② 分子大的不能透过半透膜；

③ 满足电中性原则。

当浓度较小时，可以用浓度代替活度

$$c(Na^+,左)c(Cl^-,左)=c(Na^+,右)c(Cl^-,右)$$

所以 $x(zc+x)=(c'-x)^2$

$$x=\frac{c'^2}{2c'+zc}$$

① 当 $zc\gg c'$ 时 $x=0$，表示电解质几乎不向左边扩散；

② 当 $zc\ll c'$ 时 $x=\frac{c'}{2}$，即有一半 NaCl 进入左边，NaCl 在左右内外均匀分布；

③ 平衡时左边与右边 NaCl 浓度之比 $\frac{c_{左(NaCl)}}{c_{右(NaCl)}}=\frac{c'-x}{x}=1+\frac{zc}{c'}$

唐南平衡在土壤、植物生长(施肥)和医药等方面有重要的应用。

7.22 溶胶的经典稳定理论——DLVO 理论

由于胶粒比表面很大，表面能很高，粒子间有相互聚结以降低表面能的自发倾向，溶胶是热力学不稳定系统，但是有些溶胶却能在相当长的时间内稳定存在。例如法拉第所制的红色金溶胶，静置数十年后才聚沉。使溶胶能相对稳定存在的原因是：①胶粒的 Brown 运动使溶胶不致因重力而沉降，即动力学稳定性；②由于胶团双电层结构的存在，胶粒都带相同的电荷，相互排斥，故不易聚沉，这是使溶胶稳定存在的最重要的原因；③在胶团的双电层中反离子都是水化的，因此在胶粒的外面有一层水化膜，它阻止了胶粒的互相碰撞而导致胶粒结合变大。使溶胶稳定存在的原因是胶粒之间的排斥作用；而使溶胶聚沉的原因，则是胶粒的吸引作用。

20 世纪 40 年代，苏联科学家杰里亚金(Derjaguin)、朗道(Landau)及荷兰科学家维韦(Verwey)和奥弗比克(Overbeek)分别提出了相似的溶胶稳定理论，综合在一起简称 DLVO 理论。DLVO 理论认为：①胶团之间既存在着排斥势能 E_R，也存在吸引势能 E_A；②溶胶的相对稳定性或聚沉取决于排斥势能和吸引势能的相对大小，这两种势能之和 $E=E_R+E_A$ 决定体系的稳定；③排斥势能、吸引势能以及总势能随粒子间距离的变化而改变；加入电解质对吸引势能影响不大，对排斥势能影响很大。当粒子间的距离较大时，其双电层未重叠，没有排斥力。当粒子靠近使双电层部分重叠时，由于重叠部分中离子浓度比未重叠部分浓度大，离子将从高浓度处向低浓度处扩散，由此产生的渗透压，使粒子间发生相互排斥。

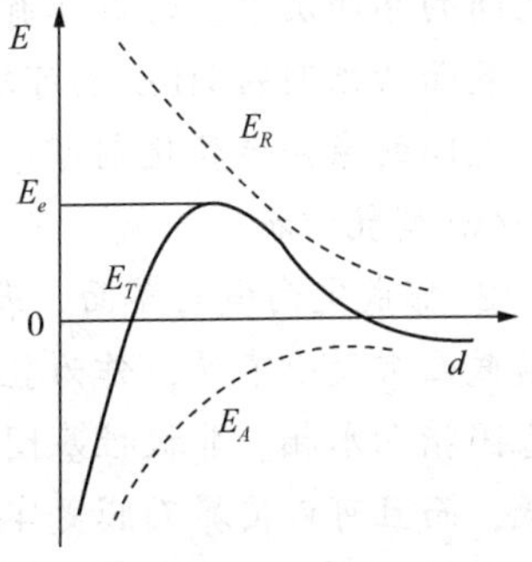

图 7-38 粒子间的势能与距离关系图

粒子间的势能 $E(E_A+E_R)$ 与距离关系的曲线如图 7-38所示，其中 E_A 为粒子间的吸引能，E_R 为粒子间的排斥能。由图可见，当距离较大时，双电层未重叠，吸引力起主要作用，势能是负值，当粒子相互靠近时，双电层逐渐重叠，排斥力起主要作用，势能为正值，粒子间距离缩短到一定程度后，吸引力又占优势，势能又为负值。因此当溶胶粒子欲聚结时，必须要通过势能峰 E_e。当胶粒的动能不足以越过能峰 E_e 时，溶胶能稳定存在而不聚结。如果在溶液中加入电解质，使胶粒的 ζ 电势降低，双电层厚度变薄，排斥作用就大大地减弱，胶粒动能超越 E_e，Brown 运动引起粒子的碰撞，将导致粒子聚结，最后当粒子聚结变大到一定大小时，就要沉淀析出，称为溶胶的聚沉作用(coagulation)。这是目前对胶体稳定性及电解质的影响解释比较完善的理论。

7.23 乳状液的制备

乳状液的分散度比典型的溶胶要低得多，分散相(液滴)的大小常在 1~5μm 之间，属于粗分散系统，普通显微镜即可看到。它具有多相性和聚结不稳定性等特点，这与胶体分散系统极为相似。

制备方法：乳状液的形成一般分为两步。首先是在剧烈振荡或搅拌下，油相和水相互相混合，各相逐渐成为细小的液滴，分散到另一相中，然后其中的一相，再合并为分散介质，而形成了乳状液。因此在制备乳状液时，要注意掌握振荡和搅拌的时间。长时间的连续振荡和搅拌，并不能达到预期的效果，间歇振荡的方法比较有效。

7.24 乳状液的稳定与破坏

人们根据实际需要，有时要设法使乳状液稳定，如乳化农药、牛奶、化妆品、乳液涂料等；有时又要设法破坏所形成的乳状液，以实现分离的目的。如石油原油和橡胶类植物乳浆的脱水，牛奶中提取奶油，废水净化等。因此，乳状液研究也有两方面的任务，即乳状液的稳定与破坏。

(1) 乳状液的稳定

乳状液属于热力学不稳定的粗分散系统，为了形成稳定的乳状液必须加入第三种物质，称为乳化剂。乳化剂使乳状液稳定的作用称为乳化作用。乳化剂多为表面活性剂。此外，某些固体粉末也能起到乳化剂的作用。乳化剂使乳状液稳定有以下几方面的原因：

① 降低界面张力。乳状液之所以不稳定是因为有较大的表面吉布斯函数。加入少量的表面活性剂可以使两相之间的界面产生正吸附，显著降低界面张力，使体系的表面吉布斯函数降低，稳定性增加。例如，煤油-水的界面张力一般为 $40mN \cdot m^{-1}$，加入适当的表面活性剂后界面张力可降至 $1mN \cdot m^{-1}$以下，提高体系的稳定性。此外，长碳链的乳化剂吸附在两相之间的界面层中，形成具有一定机械强度的界面膜，这也可以使乳状液的稳定性增加。

表面活性剂的 HLB 值可决定乳状液的形成类型，一般来说，表面活性剂的 HLB 值在 2~6 之间的亲油性乳化剂可形成 W/O 型乳状液；HLB 值在 12~18 之间的亲水性乳状液可形成 O/W 型乳状液。

② 形成定向楔的界面。表面活性剂分子具有一端亲水而另一端亲油的特性，且其两端的横截面常大小不等，作为乳化剂时常常呈现“大头”朝外，“小头”朝内的“楔子”构型，极性基团指向水相、非极性基团指向油相，紧密排列形成厚壁，这样可使界面吉布斯函数降至最低，而且可以使界面膜更牢固，使乳状液稳定。例如 K、Na 碱金属皂类，含金属的一端是亲水的“大头”，作为乳化剂时形成 O/W 型乳状液；Ca、Mg、Zn 两价金属皂类，含金属离子的极性基团一端作为“小头”，作为乳化剂时形成 W/O 型的乳状液。一价的银肥皂作为

乳化剂时形成的却是 W/O 型的乳状液，这是个例外。

③ 形成扩散双电层。离子型表面活性剂，如 RCOONa、羧基可发生电离，在油水界面带负电的 $RCOO^-$和带正电的 Na^+可形成双电层。对于离子型表面活性剂作乳化剂的乳状液，其液滴常带电荷，其周围形成双电层，由于静电排斥作用，阻碍液滴相互聚结，从而使乳状液稳定。对于非离子型表面活性剂，液珠与介质摩擦而生电，一般介电常数高的介质带正电，这样在油水界面同样形成双电层。由于水的介电常数高于其他液相，O/W 型乳状液中的油珠多带负电，W/O 型乳状液中的水珠多带正电。由于双电层的存在，可防止乳状液因聚集、碰撞而遭到破坏，有利于乳状液的稳定。

④ 界面膜的稳定作用。乳化过程可视为分散相与分散介质间的成膜过程，增强界面膜的强度，可增加乳状液的稳定性。乳化剂可定向排列在油-水界面层中，形成比较牢固的界面膜。例如，水溶性的十六烷基磺酸钠与等量的油溶性乳化剂异辛甾烯醇所组成的混合乳化剂，可形成带负电荷的 O/W 型乳状液。形成的原因是十六烷基磺酸钠在界面层中电离，Na^+向水中扩散所致。两种乳化剂皆定向地排列在油-水界面层中，形成比较牢固的界面膜，且分散相油滴皆带负电荷，当两油滴互相靠近时、产生静电斥力，而更有利于乳状液的稳定。

⑤ 固体粉末的稳定作用。分布在乳状液界面层的固体微粒，也能起到稳定剂的作用。某些固体粉末在分散相周围排列成紧密的固体膜，固体粒子大部分浸没在分散介质中。容易被水润湿的黏土等固体粉末，可形成 O/W 型的乳状液；容易被油润湿的石墨、煤烟等固体粉末，可形成 W/O 型的乳状液。

(2) 乳状液的破坏

使乳状液破坏的过程，称为破乳或去乳化作用。乳状液稳定的主要原因是由于乳化剂的存在，所以凡是能消除或削弱乳化剂保护能力的因素，皆可达到破乳的目的。常用的方法有：

① 用不能生成牢固保护膜的表面活性物质替代原来的乳化剂，如异戊醇的表面活性很强，但因其碳氢链分叉而无法形成牢固的保护膜，起到破乳作用。

② 加入类型相反的乳化剂(破乳剂)。如向 W/O 型乳状液中加入 O/W 型乳化剂。例如，对于由油酸镁作乳化剂而形成的 W/O 型乳状液，加入适量的油酸钠可使乳状液破坏。因为油酸钠亲水性强，能在界面上吸附，形成较厚的水化层，与油酸镁相对抗，互相降低了它们的乳化作用，使乳状液稳定性降低而破坏。但若油酸钠加入过多，则其乳化作用占优势，使 W/O 型乳状液转化为 O/W 型乳状液。

③ 加入某些能与乳化剂发生化学反应的物质，消除乳化剂的保护作用。如在油酸钠作乳化剂的乳状液中加入盐酸，使油酸钠变成不具乳化作用的油酸，使乳状液被破坏。

④ 加热。升高温度可使乳化剂在界面上的吸附量降低，在界面上的乳化剂层变薄，降低了界面吸附层的机械强度。此外温度升高，降低了介质的黏度，增强了布朗运动，因此，减少了乳状液的稳定性，有助于乳状液的破坏。

⑤ 物理方法，如离心分离、泡沫分离、蒸馏、过滤及电泳破乳等。通常先将乳状液加热再经离心分离或过滤。

7.25 泡沫

泡沫是不溶性气体分散在液体介质或固体介质中所形成的分散系统。泡沫的形成非常简单，只要向起泡剂(通常是表面活性剂或高分子化合物)溶液中通入气体，在溶液表面就会有泡沫产生。通常不溶性气体分散在液体中形成液体泡沫，分散在固体中形成固体泡沫。常见的固体泡沫有日常生活中人们吃的馒头、建筑行业中使用的泡沫混凝土、泡沫塑料、泡沫橡胶以及泡沫玻璃(质轻、能隔音隔热、机械强度也高)。生活中的肥皂液、啤酒泡沫则属于液体泡沫；这里我们只简单的讨论液体泡沫。

当液体中产生的气泡浮在液面而不破裂时，它们就会连接在一起而形成泡沫，这时气泡与气泡之间仅隔一层液体薄膜。泡沫是由两个相和界面吸附层的膜所构成，与乳状液的基本性质相似。对泡沫起稳定作用的物质称为起(发)泡剂。常用的表面活性剂，还有蛋白质、明胶、聚乙烯醇、甲基纤维素、皂素都是常见的起泡剂。起泡剂应是异极性的有机物质，极性基亲水，非极性基亲气，使起泡剂分子在空气与水的界面上产生定向排列，大部分起泡剂是表面活性物质，能够强烈地降低水的表面张力，如图 7-39 所示。

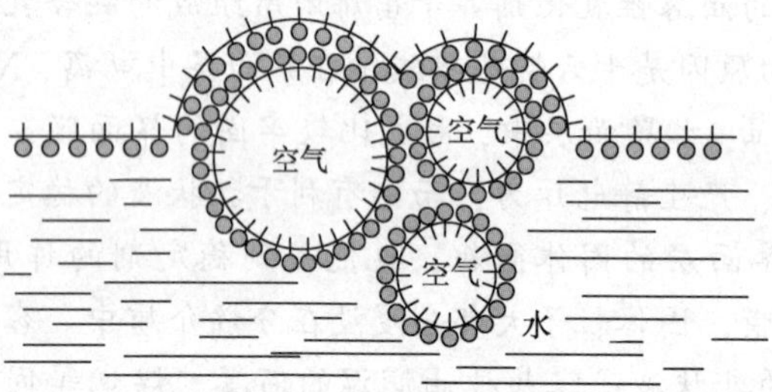

图 7-39 表面活性剂的起泡作用

泡沫的实际应用十分广泛，如泡沫浮选、泡沫灭火剂、泡沫杀虫剂、泡沫除尘器及泡沫分离等。但有时泡沫也会造成很多方面的麻烦，如发酵、精馏、造纸、印染、炼油及污水处理过程中，泡沫会造成一些安全事故。这时，我们需要采用机械方法和化学方法破坏泡沫。机械方法如搅拌、改变温度、改变压力等。化学方法通常加入消泡剂。

7.26 悬浮液与气溶胶

将不溶性固体粒子分散在液体中所形成的粗分散系统称为悬浮液。分散相粒子的线度大于 1000nm，分散相粒子比溶胶大，因此悬浮液的分散相粒子散射光很弱，不存在布朗运动，不可能产生扩散和渗透现象。在重力作用下易沉降析出。悬浮液相界面很大，能选择性地吸附某种离子而带电。某些高分子化合物对悬浮液有保护作用使悬浮液暂时稳定。

悬浮液在自然界和工农业生产中十分常见，研究其性质具有重要的实际意义。例如，江河入海处会形成三角洲，这是因为水土流失导致河水中常常夹带大量带负电的泥沙悬浮体，在流动过程中不易沉降，但到达入海口时，河水中带电的泥沙微粒遇到海水中的大量盐类电解质就凝聚下沉，加之流速大大降低，泥沙微粒由于重力作用而容易聚沉，长时间的沉积就会形成三角洲。此外，悬浮液在土壤学、锅炉、涂料、硅酸盐等领域也有重要的应用。

极小的液滴或固体颗粒分散并悬浮在气体介质中所形成的分散系统称为气溶胶。液体气溶胶通常称为雾，固体气溶胶分为烟和粉尘。通常液滴或固体颗粒的大小为 0.01~100 μm，属于粗分散系统。液滴的形状一般为球形，而固体颗粒的形状可以是近乎球形，也可以是片状、针状及其他不规则形状。

气溶胶粒子是悬浮在大气中的多种固体微粒和液体微小液滴。来源于自然界的有火山喷发的烟尘、被风吹起的土壤微粒、海水飞溅扬入大气后而被蒸发的盐粒、细菌、微生物、植物的孢子花粉、流星燃烧所产生的细小微粒和宇宙尘埃等；产生于人类活动的有煤、油及其他矿物燃料的燃烧物质，以及车辆产生的废气排放至空气中的大量烟粒等。当气溶胶的浓度达到足够高时，将对人类健康造成威胁，尤其是对哮喘病人及其他有呼吸道疾病的人群。空气中的气溶胶还能传播真菌和病毒，这可能会导致一些地区疾病的流行和爆发。

模块八 创新实验

实验十五 铋系光催化剂降解模拟染料废水的研究

1. 实验目的

① 掌握共沉淀法制备铋系光催化剂的方法。

② 熟悉紫外-可见分光光度计的使用方法。

③ 了解光催化反应技术及光催化降解的影响因素。

2. 研究背景

钙钛矿型金属氧化物因为其独特的化学结构特征与性质被广泛应用于催化合成、应用化工等各领域。由于这类化合物具有稳定的晶体结构、独特的电磁性能以及很高的氧化还原、氢解、异构化、电催化等活性，作为一种新型的功能材料，在环境保护和工业催化等领域具有很大的开发潜力。其中，铋银氧化物(BSO)、铋酸钠、碳酸氧铋($Bi_2O_2CO_3$)是一种性能优异，用途广泛的钙钛矿型新型材料，特别是由于其拥有的高氧化性和高光催化活性，在环境治理中的应用将有很广阔的前景，它们的合成方法简单，操作容易，不需要外加任何能源，运行成本低，是一种优异的光催化剂。有文献表明过渡金属的掺杂及材料的改性，在光催化下均可得到良好的催化效果。

可溶性有机染料的广泛生产和使用导致了水体环境中的染料污染，对人类的健康产生潜在威胁。面对不断涌现的环境问题，当务之急是采取有效措施降解有机染料废水中的污染物。传统降解技术处理有机染料污染效率较低，因此开发高效的处理技术正迅速成为一大研究热点。

3. 基本原理

(1) 共沉淀法的基本原理

工业上几乎所有的固体催化剂在制备时都离不开沉淀操作，它们大都是在金属盐的水溶液中加入沉淀剂，制成水合氧化物或难溶和微溶的金属盐类的结晶或凝胶，从溶液中沉淀、分离、再经洗涤、干燥、焙烧等工序处理后制成。一般希望在催化剂制备时能严格控制实验条件，尤其是避免高温，沉淀法容易实现这一点。

共沉淀法是指在溶液中含有两种或多种阳离子，它们以均相存在于溶液中，加入沉淀剂，经沉淀反应后，可得到各种成分的均一的沉淀，它是制备含有两种或两种以上金属元素的复合氧化物超细粉体的重要方法。共沉淀法的优点在于：其一是通过溶液中的各种化学反应直接得到化学成分均一的纳米粉体材料，其二是容易制备粒度小而且分布均匀的纳米粉体材料。

(2) 光催化的基本原理

光催化降解就是利用辐射、光催化剂在反应体系中产生的活性极强的自由基，再通过自由基与有机污染物之间的加合、取代、电子转移等过程将污染物全部降解为无机物的过程。光催化剂氧化还原机理主要是催化剂受光照射，吸收光能，发生电子跃迁，生成电子-空穴对，对吸附于表面的污染物直接进行氧化还原，或氧化表面吸附的氢氧根(OH—)，生成强氧化性的氢氧自由基(·OH)，可以破解有机物中的C—C、C—H、C—N、C—O、C—N等键，将各种有机物直接氧化成CO_2和H_2O等无机小分子。将污染物氧化。

有机污染物+·OH(或·O_2^-或·H_2O)⟶CO_2+H_2O+无机小分子

4. 实验要求

① 查阅资料，了解共沉淀法的原理。

② 查阅资料，了解使用紫外-可见分光光度计建立物质的标准曲线的方法。

③ 查阅资料，了解"光催化降解模拟染料废水或真实废水的原理"及基本步骤。

④ 拟定一种铋系材料光催化降解模拟染料甲基橙废水的研究的实验方案，包括：

- 所用仪器及药品；
- 铋系光催化材料的制备方案(实验方法及步骤)；
- 铋系光催化材料催化降解甲基橙的方案(包括要考查的各种因素与实验步骤)。

⑤ 实验前每小组完成一篇2000字左右的文献综述，实验后每小组完成一篇4000字左右的研究论文。

实验十六　磁性碳酸氧铋的复合材料在可见光下对染料废水的去除研究

1. 实验目的

① 掌握自组装法制备磁性碳酸氧铋的方法。

② 熟悉紫外-可见分光光度计的使用方法。

③了解光催化反应技术及光催化降解的影响因素。

2. 研究背景

可溶性有机染料的广泛生产和使用导致了水体环境中的染料污染，对人类的健康产生潜在威胁。面对不断涌现的环境问题，当务之急是采取有效措施降解有机染料废水中的污染物。传统降解技术处理有机染料污染效率较低，因此开发高效的处理技术正迅速成为一大研究热点。

近年来，文献报道层状结构的$Bi_2O_2CO_3$在光激发下能够产生光生电子和空穴，且能够提供顺畅的光生载流子转移通道，实现模拟有机污染物的光催化降解。然而，实际上$Bi_2O_2CO_3$的带隙宽度(2.88~3.58eV)仍然比较宽，对其的应用范围有限制。为了提高其在可见光下的应用，需要对其进行再次改进。复合其他的半导体材料，或者掺杂其他元素可进一步的提高催化剂的性能，磁性氧化铁正好符合这种要求，并且在复合之后有利于催化剂的回收。目前合成$Bi_2O_2CO_3$的复合材料的方法有水热法、微波辅助液相法、共沉淀法，但是这些方法都有相同的问题，如成本高、工艺烦琐、合成温度高等。自组装是一种普遍存在的自然现象，结构单元之间通过氢键、范德华力、静电作用等自然构建成多重有序结构，被认为是最有效的"自下而上"纳米技术方法之一，在组装各种不同功能的复合材料方面具有广阔的应用前景。

3. 基本原理

（1）自组装法的基本原理

自组装法是指通过分子间大量弱的非共价键作用力(氢键、范德华力、静电力、疏水作用力等)把原子、分子或离子自发连接到一起构成的纳米结构，而不是原子、分子、离子之间弱作用力的简单叠加。制备得到的复合材料结构稳定，具有特定排列顺序。自组装法具有其他复合不具备的优点：热力学稳定，原位自发形成，能够形成均匀一致的、缺陷较少和有序且高密堆积的薄膜层。

自组装技术构筑的纳米结构，在薄膜材料科学，半导体器件，表面工程和分子构造等领域具有重要的应用价值。近年来，国内外加大了对自组膜、长链聚合物分子的有序组装、生物大分子定向识别组装等领域的研究。随着分子自组装技术的日益发展和成熟，越来越多的研究工作者逐渐认识到它在清洁生产、环境修复、多功能整理、多相催化、生物科技等方面的重大作用。

（2）光催化的基本原理

光催化降解就是利用辐射、光催化剂在反应体系中产生活性极强的自由基，再通过自由基与有机污染物之间的加合、取代、电子转移等过程将污染物全部降解为无机物的过程。光催化剂氧化还原机理主要是催化剂受光照射，吸收光能，发生电子跃迁，生成电子-空穴对，对吸附于表面的污染物直接进行氧化还原，或氧化表面吸附的氢氧根(OH—)，生成强氧化性的氢氧自由基(·OH)，可以破解有机物中的C—C、C—H、C—N、C—O、C—N等键，将各种有机物直接氧化成CO_2和H_2O等无机小分子。将污染物氧化。

$$\text{有机污染物} + \cdot OH(\text{或}\ \cdot O_2^-\ \text{或}\ \cdot H_2O) \longrightarrow CO_2 + H_2O + \text{无机小分子}$$

4. 实验要求

① 查阅资料，了解自组装法的原理，特别是以碳酸钠和硝酸铋为原料制备碱式碳酸铋的实验方法。

② 查阅资料了解使用紫外-可见分光光度计建立物质标准曲线的方法。

③ 查阅资料，了解“光催化降解罗丹明B的原理”，及基本步骤。

④ 拟定碱式碳酸铋光催化降解模拟染料废水罗丹明B研究的实验方案，包括：

- 研究背景及实验原理；
- 实验仪器及药品；
- 制备碱式碳酸铋的步骤；
- 碱式碳酸铋催化降解罗丹明B的实验步骤(包括要考查的各种因素)。

⑤ 实验前每小组完成设计方案，实验后每小组完成一篇4000字左右的研究论文。

实验十七　石油化工领域不锈钢材质用缓蚀剂合成及其应用评价

1. 实验目的

① 掌握缓蚀剂合成的基本技能与方法。

② 熟悉电化学工作站的使用方法。

③ 了解合成缓蚀剂对不锈钢的缓蚀效果。

④学习用Origin绘图软件处理实验数据。

2. 研究背景

腐蚀对石油化工行业安全生产的危害和因腐蚀造成的损失是巨大的。据调查统计，石油化工行业的腐蚀损失占总产值的6%左右，高于其他行业1倍。日本化工行业的调查表明，设备损坏的原因中有54%是由腐蚀造成的。而美国杜邦公司统计了本公司几十年设备损坏的原因，认为有50%以上是由腐蚀而造成的。腐蚀除造成设备损坏以外，还会导致“跑、冒、滴、漏”及部件磨损等问题，造成火灾、爆炸、中毒、停车等各种事故，因此带来的损失远远高于直接损失。所以，对装置的腐蚀部位和腐蚀机理的研究，对制定设备防腐策略，降低腐蚀带来的损失具有重大意义。据统计，腐蚀损失约占国民生产总值2%~4%。2017年中国由于腐蚀问题造成的间接经济损失达11376亿元。因而对石油化工领域用金属材料进行电化学腐蚀与防护评价具有重要的现实意义，同时可以为石油化工领域防腐材质的改造升级提供理论依据。

缓蚀剂可以有效抑制金属的腐蚀，对安全生产起到至关重要的作用。如今，缓蚀剂的类型多样，对于不同的金属材料，并不是所有缓蚀剂都适用的，必须经过大量的实验来探索最合适的缓蚀剂，而且在其最合适的浓度下，才能将其性能更完全地发挥出来。

本实验拟通过合成缓蚀剂，评价其对不锈钢的缓蚀效果。

3. 基本原理

(1) 缓蚀剂的作用机理

金属材料的腐蚀是一个电化学反应过程，所以缓蚀剂的作用机理可以从物理化学角度或者电化学角度来分别进行分析。物理化学角度上看，缓蚀剂与金属表面介质发生综合反应，吸附在金属表面使金属表面发生变化，从而起到缓蚀效果，例如缓蚀剂分子、离子或者反应生成的沉淀物、氧化物的吸附成膜等。从电化学角度上来看，缓蚀剂的加入，抑制了金属腐蚀电化学过程中的阳极反应或者阴极反应，或者两者同时进行，使得腐蚀电流减小，达到缓蚀目的。抑制阳极反应是使金属腐蚀阳极电流减小，自腐蚀电位升高，有些还会钝化金属，起到缓蚀效果。抑制阴极反应表现为缓蚀剂大大提高了金属材料的析氢电位，以此达到缓蚀效果。

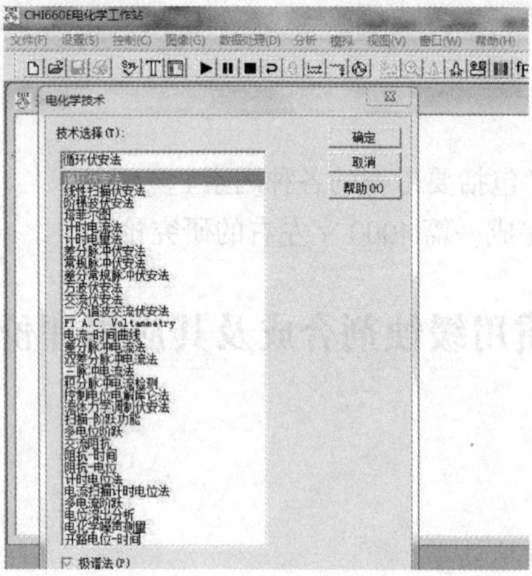

图8-1 电化学工作站CHI660E界面显示图

(2) 电化学工作站基本原理

① CHI660E电化学工作站简介。电化学检测系统中功能最卓越的即是CHI660E电化学工作站，其导入众多的通用电化学检测技术，还涵盖计时电位法、阻抗-时间、阻抗电位、双差分脉冲电流法、交流阻抗、电流-时间曲线、差分脉冲电流法、交流伏安法、二次谐波交流伏安法、计时电流法、常规脉冲伏安法、差分脉冲伏安法、阶梯波伏安法、Tafel(塔菲尔)图、循环伏安法以及线性扫描伏安法等。在改变差异试验技术期间非常简捷。

选择外部电脑对设备进行控制，安装非常简单，应用方便，客户窗口按照视窗系统编写的基础原理，系统窗口如图8-1所示。

此工作站适宜镁合金防腐的研究范畴，将电化学工作站作载体，设置某个电压扫描速率，在指定媒质内指定面积的金属表面，检测镁合金实验中阴阳两极的极化曲线和交流阻抗曲线。其能够检测可逆及不可逆电极电势；分别智能持续生成阴阳两极极化曲线，可以让人们特别简捷的得出钝化电位、钝化电流、腐蚀电位以及腐蚀电流的程度。

此实验主要采用电化学工作站(CHI660E)检测结果描绘的 Tafel(塔菲尔)图形，同时得到金属腐蚀的极化曲线，从而测算出金属的腐蚀进度。

② 电化学测试的电极体系及操作过程：

WE 工作电极。其是实验时的分析目标。本实验使用的是镁合金 AZ91D 电极。将其放置在相当浓度的腐蚀溶液中，首先对工作电极 E_{corr} 腐蚀电位进行检测也就是开路电位。在此点上阴阳两极极化曲线的切线交汇点，即为需求的点，此点相应的电位就是 E_{corr} 腐蚀电位，相应的电流密度就是 I_{corr} 腐蚀电流密度，具体情况如图 8-2 和图 8-3 所示。按照 I_{corr} 能够精准得出腐蚀速度。此类办法计算得出的腐蚀电流与 E_{corr}，具有偏差低、精准度高的优势。

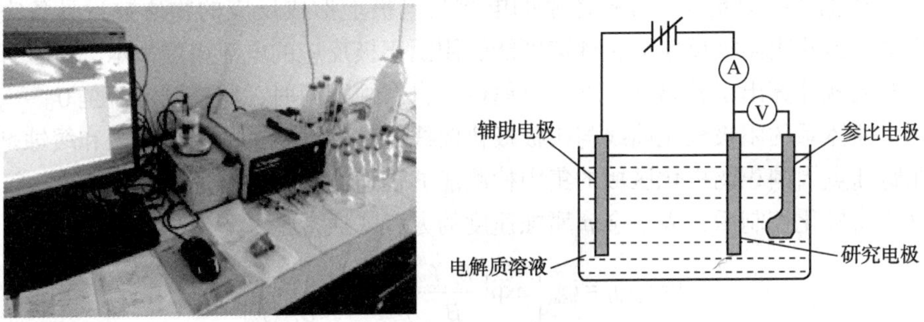

图 8-2　电化学测试系统实物以及示意图

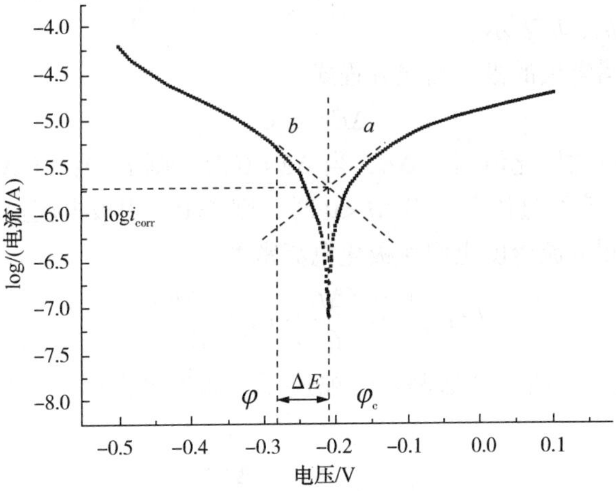

图 8-3　极化曲线示意图

CE 辅助电极。本实验使用铂电极为辅助电极。其主要功能是产生电路回路，令工作电极上形成电化学反应同时由此应发电极电势变化。

SCE 参比电极。本实验使用的参比电极是 SCE 饱和甘汞电极。主要目的是形成一个和电流的大小变化与试验室的基础条件变化没有关联的电流基准点，检测出电势。其是可逆系统中的相对较好的一种，就算仅存在些许的影响电流经过，电极电势也能维持原样。

根据图 8-2 电化学测试示意图安装好辅助、工作以及参比电极，同时把测试仪器和三电极系统相连，然后在三电极系统内添加腐蚀溶液 200mL，并将计算机与此电化学工作站连接。打开仪器运行 5~10s 后进行检测，让开路电位保持恒定。此时，终止电位维持时长为零，扫描速率为 0.01s/V，放置 2s，Tafel 参数，扫描段数 1，差异浓度介质，差异腐蚀溶液基础上依次按照以上环节检测塔菲尔图形。依据其图形研究得出自腐蚀电流 i_{corr}。

③ 电化学测试的电极体系及操作过程。如果金属浸泡在腐蚀溶液中，当溶液中去极化剂例氢分子或氧分子平衡电极电位比金属平衡电极电位高时，那么金属与腐蚀介质形成一个腐蚀系统，叫作共轭体系。这时金属产生阳极溶解，去极化剂产生还原现象：

阳极反应： $Mg-2e^- \!=\!=\!= Mg^{2+}$

阴极反应： $2H^+ + 2e^- \!=\!=\!= H_2$

用 i_a 表示阳极产生的电流密度，以 i_k 代表阴极反应的速率，如果体系处于平稳状态，就是金属位于自腐蚀情况期间，i_{corr} 是腐蚀电流，$i_a = i_k = i_{corr}$，体系没有净电流累积，其位于平衡电位 φ_c。依据法拉第定律，经过体系的电流与电极上形成反应的物质数量具备完美的逐一对应联系，因此阴阳极反应的腐蚀速度能够用阴阳极反应的电流密度表示。所以计算出金属的腐蚀电流就计算出了其腐蚀速度。金属位于自腐蚀期间时，其外测电流是 0。

检测腐蚀体系的阳极极化曲线与阴极极化曲线能够发掘腐蚀的遏制原因和缓蚀剂的干扰原理。在腐蚀点周围积弱极化区域的集中检测能够迅速测算出腐蚀速率。

经过活化极化控制后，表示金属腐蚀速度的方程式通常是：

$$I = i_a - j_k = i_{corr}\left[\exp\left(\frac{\varphi - \varphi_c}{\beta_a}\right) - \exp\left(\frac{\varphi_c - \varphi}{\beta_k}\right)\right] \tag{8-1}$$

这里外测电流密度用 I 表示，金属阳极溶解速率用 i_a 表示，去极化剂还原速度用 i_k 表示，去极化剂还原以及金属阳极溶解的自然对数 Tafel 斜率依次用 β_k、β_a 表示，如果是以 10 为底的对数，那么用 b_k、b_a 表示。

以下为被腐蚀金属电极的极化曲线方程式：

$$\Delta E = \varphi - \varphi_c \tag{8-2}$$

其中腐蚀金属电极的极化值叫作 ΔE，当 $\Delta E = 0$ 时，则 $I = 0$；当 $\Delta E > 0$ 时，则为阳极极化，同时 $I > 0$，阳极电流经过体系，当 $\Delta E < 0$ 时，则 $I < 0$，阴极电流经过体系，介质对其产生阴极极化。所以外测电流密度也叫作极化电流密度。

$$I = i_{corr}\left[\exp\left(\frac{\Delta E}{\beta_a}\right) - \exp\left(\frac{-\Delta E}{\beta_k}\right)\right] \tag{8-3}$$

采用 Tafel（塔菲尔）直线外推法测量腐蚀速度。如果电极产生阳极极化，则强极化区，阴极子电流 $i_k = 0$。

$$I = i_a = i_{corr}\exp\left(\frac{\Delta E}{\beta_a}\right) \tag{8-4}$$

转换成对数表示为

$$\Delta E = \beta_a \ln\frac{I}{i_{corr}} = b_a \lg\frac{I}{i_{corr}} \tag{8-5}$$

如果电极产生阴极极化，当 $\Delta E < 0$，则强极化区，阳极子电流 $i_a = 0$，

转换成对数表示为

$$I = -i_{corr}\exp\left(\frac{-\Delta E}{\beta_k}\right) \tag{8-6}$$

$$-\Delta E=\beta_k \ln \frac{|I|}{i_{corr}}=b_k \lg \frac{|I|}{i_{corr}} \tag{8-7}$$

外测电流、强极化区以及极化值符合 Tafel 关系式，当把极化曲线上的 Tafel 区转移至外开路电位，获得的交点坐标即为腐蚀电流。同时由于腐蚀电流可以表示腐蚀速度，因此缓蚀剂的缓蚀效率能够符合以下关系式：

$$\varepsilon=\frac{i_{0corr}-i_{corr}}{i_{0corr}}\times 100\% \tag{8-8}$$

式中 ε——缓蚀效率,%；

i_{0corr}——不加缓蚀剂的腐蚀电流，A；

i_{corr}——加缓蚀剂的腐蚀电流，A。

4. 实验要求

① 查阅资料，了解缓蚀剂的作用原理，特别是合成“季铵盐”类和“咪唑啉酰胺盐”类缓蚀剂的实验方法。

② 查阅资料，了解一般合成反应的实验装置搭建方法。

③ 查阅资料，了解电化学工作站使用步骤，建立电化学工作站评价缓蚀剂方法。

④ 拟定石油化工领域用不锈钢缓蚀剂合成方案及其评价方法，包括：

- 所用仪器及药品；
- 合成缓蚀剂的步骤及注意事项(包括要考查的各种因素)；
- 缓蚀剂的防腐蚀性能评价方案。

⑤ 数据处理注意事项：应用电化学工作站 Tafel(塔菲尔)曲线测量不锈钢在不同浓度缓蚀剂下的缓释效果，腐蚀介质为 3.5%(质量)的 NaCl 溶液。具体步骤及原理详见基本原理。应用工作站获得的 Tafel 曲线研究测算自腐蚀速率、腐蚀电位、腐蚀电流等相关数据。根据电化学工作站 Tafel 曲线获得的电位/电流密度数据，将数据导入 origin 软件中绘图如图 8-3 所示。$\log i_{corr}$ 为腐蚀电流，极化曲线最低点对应的电位为腐蚀电位，而后根据式(8-8)计算材料的缓蚀效率。

⑥ 实验前每小组完成设计方案，实验后每小组完成一篇 4000 字左右的研究论文。

实验十八 双金属纳米材料的制备及电化学性能测试

1. 实验目的

① 掌握水热合成法的实施步骤和基本原理。

② 了解高温电阻炉的基本结构和使用方法。

③ 熟悉电化学工作站的使用方法。

2. 研究背景

超级电容器，是介于二次电池和普通物理电容器之间的一种新型电化学储能器件，由于其具有功率密度高和循环寿命长等诸多优点，近年来成为电化学储能领域的研究热点。双金属氧化物，如镍钴氧化物($NiCo_2O_4$)是一种新型超级电容器电极材料，具有单金属氧化物 NiO 和 CoO 的各自优点，近年来开始受到人们的关注。$NiCo_2O_4$具有理论比电容高、电化学可逆性好和环境友好等特点，有较高的应用前景。其他类型的双金氧化物，如 $CoCr_2O_4$、

$MgAl_2O_4$、$TiMg_2O_4$、$TiZn_2O_4$、$TiMn_2O_4$也有较高的应用前景，值得广泛研究。

氢能是洁净、高效的二次能源，电解水是生产高纯度氢气的重要方法，是现代清洁能源技术的重要组成部分。电解水由阴极析氢(Hydrogen Evolution Reaction，HER)和阳极析氧(Oxygen Evolution Reaction，OER)两个半反应构成。贵金属 Pt 和 Ru 是主要的电解水催化剂，但因资源稀缺和成本过高而难于得到规模化应用。目前，探索电催化性能优异的廉价金属或化合物取代贵金属是水电解制氢技术的关键。层状双金属氢氧化物(Layered Double Hydroxide，LDH)是水滑石和类水滑石化合物的统称，由这些化合物插层组装的一系列超分子材料称为水滑石类插层材料(LDHs)，是一种有前景的电解水催化剂。

3. 基本原理

(1) 水热合成法的基本原理

水热法又称热液法，属于液相化学法的范畴，是指在密封的压力容器中，以水为溶剂，在高温高压下进行的化学反应。水热法利用高温高压的水溶液使在大气条件下不溶或难溶的物质溶解，或使难反应的物质反应生成该物质的溶解产物，通过控制高压釜内溶液的温差产生对流以形成过饱和状态而析出生长晶体的方法。水热反应根据反应类型可以划分为水热氧化、水热还原、水热沉淀、水热缩合、水热水解、水热结晶、水热脱水、水热阳极氧化、机械反应(带搅拌作用)、水热盐溶液卸压法等粉体制备技术。

(2) 循环伏安法的基本原理

循环伏安法是一种常用的电化学研究方法。该法控制电极电势以不同的速率，随时间以三角波形一次或多次反复扫描，电势范围是使电极上能交替发生不同的还原和氧化反应，并记录电流-电势曲线。首选研究方法往往是循环伏安法，可称之为“电化学的谱图”(电化学工作站的原理及操作详见模块七中的实验二)。

4. 实验要求

① 查阅资料，了解水热合成法的基本原理及实验步骤，特别是以“金属盐前驱体”为原料，水热合成双金属纳米材料的基本过程及反应原理。

② 查阅资料，了解“电化学工作站基本技术与原理”，特别是“循环伏案法”的测试。

③ 拟定一个具有电化学性能的双金属纳米材料的制备及电化学性能测试实验方案，包括：

- 所用仪器及药品；
- 双金属纳米材料的制备；
- “循环伏案法”测定哪些电化学性质等。

④ 实验前每小组完成设计方案，实验后每小组完成一篇 4000 字左右的研究论文。

实验十九　循环伏安法测定果蔬维生素 C 的电化学行为

1. 实验目的

① 掌握循环伏安法的测定方法及原理；

② 了解维生素 C 的性质，研究维生素 C 在工作电极上的伏安行为。

2. 研究背景

维生素 C(Vitam in C，VC)是一种水溶性维生素，化学式为 $C_6H_8O_6$。人体缺乏 VC 易得坏血症，所以其又被称为抗坏血酸(A scorbic acid)。VC 在体内参与多种反应，如参与氧化还原过程，在生物氧化和还原作用以及细胞呼吸中起着重要的作用。人们摄取 VC 最多的来源就是水果和蔬菜。因此水果、蔬菜中 VC 含量在维持人体健康，甚至在人体整个生命过程中都起着重要的作用。因此适时分析水果、蔬菜中 VC 的含量十分必要。对于 VC 的测定，目前有分光光度法、原子吸收法、滴定法等。但分光光度法要求试样处理为澄清溶液，原子吸收法的仪器操作烦琐，滴定法不适合微量测定，而循环伏安法是测定微量 VC 的一种灵敏的电化学分析方法。

3. 基本原理

循环伏安法(Cyclic Voltammetry，CV)是电化学反应中动电位扫描研究方法之一，具有实验简单，可得到信息数据较多的特点。可用来检测物质的氧化还原电势，考察电化学反应的可逆性和反应机理，判断产物的稳定性，研究活性物质的吸附和脱附现象；也可用于反应速率的半定量分析等。因此，这种分析方法已成为研究物质的电化学性质和进行电化学分析的最基本手段，广泛应用于电化学的基础研究和电化学应用开发。电压扫描速度从每秒数毫伏到 1V 甚至更大。工作电极可用悬汞滴、铂电极或玻璃石墨等静止电极。

CV 法控制电极电势 E 随时间 t 从 E_i 线性变化增大(或减少)至某电势 E_r 后，再以相同速率线性减小(或增大)回归到最初电势 E_i。其典型的 CV 法响应电流对电势曲线(循环伏安图)如图 8-4 所示。

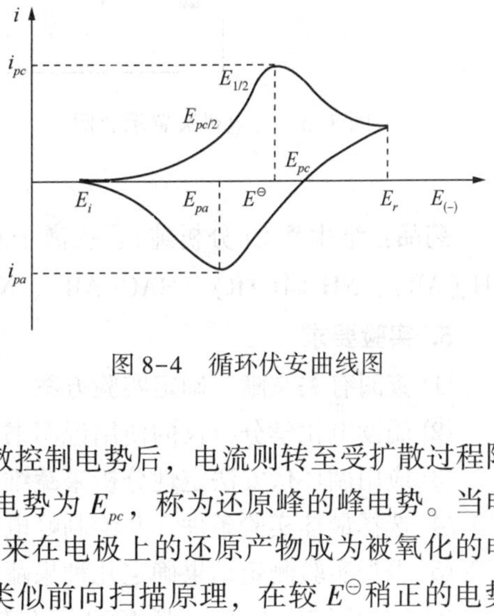

图 8-4　循环伏安曲线图

假如电势从 E_i 开始以扫描速度 v 向负方向扫描，置 E_i 较 $E^{\ominus}$(研究电极的标准电极电势)正得多，开始时没有法拉第电流，当电势移向 $E^{\ominus}$ 附近时，还原电流出现并逐渐增大，电势继续负移时，由于电极反应主要受界面电荷传递动力学控制，电流进一步增大，当电势负移到足够负时，达到扩散控制电势后，电流则转至受扩散过程限制而衰减，使 i-E 曲线上出现电流峰 i_{pc}，对应的峰电势为 E_{pc}，称为还原峰的峰电势。当电流衰减到某一程度，电势达 E_r 后，反向扫描，则原来在电极上的还原产物成为被氧化的电化学活性物质，若研究的电化学反应是可逆反应，类似前向扫描原理，在较 $E^{\ominus}$ 稍正的电势下形成氧化电流峰 i_{pa}，对应的峰电势 E_{pa}，称为氧化峰的峰电势。

当溶液中存在氧化态物质 O 时，它在电极上可逆地还原生成还原态物质 R：

$$O+ze^- \longrightarrow R$$

当电势方向逆转时，在电极表面生成的 R 则被可逆地氧化为 O：

$$R \longrightarrow O+ze^-$$

在 25℃且还原产物初始浓度 $c_R=0$ 时，峰电流为

$$i_p=2.69\times10^5 AZ^{3/2}D^{1/2}v^{1/2}c \tag{8-9}$$

式中　i_p——峰电流；

A——研究电极的表面积，cm^2；

c——反应物的初始浓度，$mol \cdot L^{-1}$；

D——反应物的扩散系数，$cm^2 \cdot s^{-1}$；

v——扫描速度，$V \cdot s^{-1}$。

循环伏安法有两个重要的实验参数，一是峰电流之比，二是峰电势之差。从循环伏安图可确定氧化峰峰电流 i_{pa} 和还原峰电流 i_{pc}，氧化峰峰电势 E_{pa} 与还原峰的峰电势 E_{pc}。

对于可逆反应，氧化峰与还原峰电流比：

$$\frac{i_{pa}}{i_{pc}}=1 \tag{8-10}$$

氧化峰峰电势与还原峰的峰电势差：

$$\Delta E=E_{pa}-E_{pc}=\frac{59}{Z}\text{mV} \tag{8-11}$$

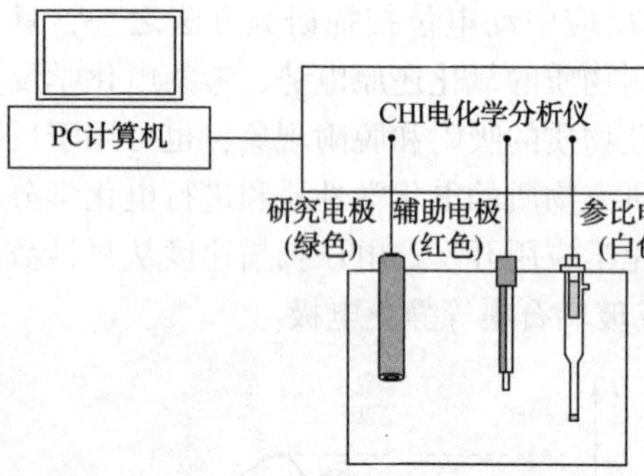

图 8-5　三电极装置示意图

由此可判断电极反应的可逆性。

该实验要求应用循环伏安法测定果蔬中 VC 含量，采用三电极测量系统，如图 8-5 所示。工作电极（玻碳电极）：被测量的电极。辅助电极（铂电极）：与工作电极组成的一个让电流畅通的回路。参比电极（饱和甘汞电极）：确定工作电极与参比电极的电势差。

4. 仪器及药品

主要仪器：电化学分析仪（电化学工作站）、玻碳电极、饱和甘汞电极、铂电极、酸度计。

药品：维生素 C（分析纯）、去离子水、KCl（AR）、NaCl（AR）、KNO_3（AR）、HCl（AR）、NH_3（AR）、NH_4Cl（AR）、HAC（AR）、NaAC（AR）。

5. 实验要求

① 查阅有关文献，确定实验方案。

② 阅读电化学分析仪的使用说明书，掌握循环伏安法的测量技术。

③ 应用循环伏安法定性分析果蔬维生素 C 在工作电极上的电化学行为。

④ 选择最佳实验条件，并绘制峰电流值对浓度的工作曲线。

⑤ 根据实验测定结果确定几种果蔬样品中维生素 C 的含量，并进行比较。

⑥ 实验完毕，完成一篇 4000 字左右的论文。

6. 实验提示

① 玻碳电极的处理：测定前用抛光粉抛光，超声清洗，然后用湿滤纸擦净，用水冲洗后即可使用。

② 实验测定过程中可以通入氮气除氧。

③ 可以参考下面几点对实验进行设计：

- 电极处理程度对测定数据的影响；
- 不同缓冲溶液的影响；
- 不同 pH 的影响；
- 不同底液的影响；
- 不同仪器测定状态的影响；
- 不同果蔬维生素 C 含量的测定。

实验二十　ABS 塑料表面化学镀铜

1. 实验目的

① 了解化学镀的基本原理及方法。

② 了解塑料表面化学镀的基本过程和步骤。

2. 研究背景

化学镀铜是利用合适的还原剂，使镀液中的金属铜离子在具有催化活性的基体表面还原沉积出金属铜，形成铜镀层的一种工艺。在过去的几十年中，随着电子工业的高速发展，这一技术无论在理论还是在实践方面都得到了完善和提高。近几年来，人们对导电高分子材料的研究相当活跃，在高分子材料表面化学镀铜可获得电导率与铜相近的高分子填充复合材料。在环保和能源成为人们关注焦点的今天，化学镀铜技术也面临着新的挑战，镀液的不稳定以及贵重金属的使用，甲醛及络合剂给环境造成的污染等已成为不可忽视的问题，在这一领域进行深入研究仍大有作为。

3. 基本原理

化学镀(chemical plating)又称自催化镀(autocatalytic plating)，是指在没有外加电流的条件下，利用处于同一溶液中的金属盐和还原剂在具有催化活性的基体表面上能够进行自催化氧化还原反应的原理，在基体表面化学沉积形成金属或合金镀层的一种表面处理技术，因此在绝大多数英文文献中又被译为不通电电镀或无电解电镀(electroless plating)。

塑料表面化学镀铜反应过程中还原铜离子所需的电子是通过化学反应直接在溶液中产生。它是用适当的还原剂使金属离子还原成金属而沉积在塑料表面的一种镀覆工艺，在化学镀中常用的还原剂为次亚磷酸钠($NaH_2PO_4 \cdot H_2O$)或甲醛(HCHO)，传统实验化学镀铜的主要反应为

$$Cu^{2+}+2OH^{-}\longrightarrow Cu(OH)_2$$

$$Cu(OH)_2+3C_4H_4O_6^{-2}\longrightarrow [Cu(C_4H_4O_6)_3]^{4-}+2OH^{-}$$

$$[Cu(C_4H_4O_6)_3]^{4-}+HCHO+3OH^{-}\xrightleftharpoons{Ag}Cu\downarrow+3C_4H_4O_6^{2-}+HCOO^{-}+2H_2O$$

为了使金属的沉积过程只发生在塑料表面上而不发生在溶液中，首先要将塑料表面进行除油、粗化、敏化、活化等预处理。塑料化学镀的工艺流程为：

除油→水洗→粗化→水洗→敏化→水洗→去离子水洗→

活化→水洗→化学镀→水洗→干燥

除油处理。除去塑料表面油污，使表面清洁。通常有以下三种方法：有机溶剂除油、碱性除油、酸性除油，常用碱性除油。

粗化处理。为提高结合强度，要尽可能增加镀层和基体间的接触面积。粗化的方法有机械粗化法和化学粗化法两种。机械粗化法如喷砂、滚磨、用砂纸打磨等。化学粗化法可以迅速地使工件表面微观粗糙，粗化层均匀、细致、不影响工件的外观。

敏化处理。可以使粗化的塑料表面吸附一层具有较强还原性的金属离子(如 Sn^{2+})，以便在活化处理时被氧化，在镀件表面形成“催化膜”，常用的敏化液是酸性氯化亚锡溶液。

活化处理。用含有催化活性金属如银、钯、铂、金等的化合物溶液，对经过敏化处理的镀件表面进行再次处理，目的是为了在塑料表面产生一层催化金属层。常用的活化剂有氯化

金、氯化钯和硝酸银等，由于前两种较贵，所以一般选用硝酸银。

经活化处理后，在镀件表面已具有催化活性的金属粒子，能加速氧化还原反应的进行，使镀件表面很快沉积铜的镀层，实现了非金属表面的化学镀铜。

4. 仪器及药品

仪器：恒温槽 1 台、酸度计 1 台、电子天平 1 台、ABS 塑料片、塑料镊子 1 个。

药品：$CuSO_4 \cdot 5H_2O$(AR)、HCHO（AR）、NaOH、$NaPO_4$、Na_2CO_3、浓 H_2SO_4、CrO_3、$SnCl_2 \cdot H_2O$、HCl(36%)、Sn 粒若干、$AgNO_3$、氨水。

5. 实验要求

① 查阅资料，了解国内外化学镀研究进展及现状，拟定研究方案。

② 要求塑料化学镀前必须经过除油、粗化、敏化、活化等预处理，各过程可参考实验提示。

③ 传统的化学镀所用还原剂为甲醛，但甲醛对环境有污染，本实验中化学镀的还原剂希望不用甲醛，而改用其他，要求通过查阅资料设计化学镀的配方进行实验。

④ 要求塑料表面镀铜层的外观质量、结合力达到三级(及格)以上(见实验提示)。

6. 实验提示

(1) 镀层外观质量的检测方法

检查镀层外观的方法，是在天然散射光或无反射光的白色透明光线下用目测直接观察。光的照度应不低于 300lx(即相当于零件放在 40W 日光灯下距离 500 mm 处的光照度)。

目测法评定光亮度的参考标准如下：

一级：表面光亮如镜，能清晰看到面部五官和眉毛。

二级：表面光亮，能看出面部五官和眉毛，但眉毛部分模糊。

三级：表面有亮度，仅能看出面部五官轮廓。

四级：表面基本无光泽，看不出面部五官轮廓。

五级：表面无光泽，发白。

(2) 镀层结合力的检测

结合力参考标准如下：

一级：结合力好，用小刀刮镀层根本没有发生剥离、碎裂、起泡、起皮等现象。

二级：结合力较好，用小刀刮镀层基本没有发生剥离、碎裂、起泡、起皮等现象。

三级：结合力一般，用小刀刮镀层有发生剥离、碎裂、片状剥落、起泡、起皮现象。

四级：结合力差，镀层用手用力一抹就去掉。

五级：结合力差，镀层用手一抹就去掉。

(3) 各步处理的参考配方

除油：NaOH($80g \cdot L^{-1}$)、$NaPO_4$($30g \cdot L^{-1}$)、Na_2CO_3($15g \cdot L^{-1}$)、洗洁精($5mL \cdot L^{-1}$)温度差不多沸腾，时间 10min。

粗化：浓 H_2SO_4($250g \cdot L^{-1}$)、CrO_3($75g \cdot L^{-1}$)，温度 60~70℃，时间 10min。

敏化：$SnCl_2.H_2O$($10g \cdot L^{-1}$)、HCl(36%，$40mL \cdot L^{-1}$)，Sn 粒若干，温度室温，时间 3~5min。

活化：　$AgNO_3$($2g \cdot L^{-1}$)，滴加氨水至溶液澄清，温度室温，时间 3~5min。

实验二十一　柑橘皮提取物在酸性介质中对钢铁缓蚀性能的研究

1. 实验目的

① 学习用浸泡法、水蒸气蒸馏法从柑橘皮提取天然缓蚀剂的原理和方法。

② 了解对缓蚀剂缓蚀性能的评价；掌握用电化学方法表征缓蚀剂的缓蚀性能。

③ 掌握用电化学工作站测定极化曲线的方法。

2. 研究背景

金属腐蚀是现代工业中的一个极为严重的破坏因素，据估计，我国每年因腐蚀造成的直接经济损失约占国民生产总值的3%~4%，所以腐蚀问题早已引起人们的重视，并不断地有防止腐蚀的新方法、新材料和新的科研成果问世。

凡在介质中添加少量物质能降低介质的腐蚀性、防止金属免遭腐蚀的物质，称之为缓蚀剂，又称抑制剂。缓蚀剂由于制备设备简单，使用方便，投资小，收获大，从而得以广泛应用。近半个世纪以来，缓蚀剂的研究进展很快，现在仅酸性介质缓蚀剂的品种就超过5000余种。这种发展速度是其他化学助剂、添加剂无法相比的。近年来，虽然研究生产的缓蚀剂种类很多，但许多缓蚀剂却是有毒、有害的，如铬酸盐、汞盐、有机磷酸盐等。随着科学技术的不断发展，绿色缓蚀剂的开发及对缓蚀剂的缓蚀机理、评价方法等方面的研究越来越受到腐蚀界的普遍重视。

我国作为柑橘大国，长期以来，柑橘皮大部分没有得到很好的利用。柑橘鲜食和加工下脚料的柑橘皮数量约占柑橘产量的20%，除了水分、纤维素、木质素外，还含有丰富的橘皮香精油、色素、果胶、橙皮苷等，是一种可以更新的生物资源。

人们在缓蚀剂的研究中发现柑橘皮的提取物对金属腐蚀具有很好的缓蚀效果。目前，柑橘皮除少量用于药用和食品添加剂外，大部分柑橘皮被作为垃圾丢弃。因此，对柑橘果皮中有价值成分的提取和应用进行研究，对发展乡村经济，综合利用自然资源具有较为重要的社会效益和经济效益。本实验要求用柑橘皮提取物作为A3钢在酸性介质中缓蚀剂，研究其在室温条件下的缓蚀效果。

3. 基本原理

柑橘皮中含有橘皮油、果胶、橙皮苷、橘皮色素、维生素、柠檬酸、萜类化合物等成分，具有天然缓蚀剂的作用，这些成分可由柑橘皮用浸泡法和水蒸气蒸馏法得到。

浸泡法是一种最简单的萃取方法，根据相似相溶的原理，用一定浓度的盐酸、乙醇对果皮直接进行浸泡，提取其中的活性成分可作为酸洗缓蚀剂。

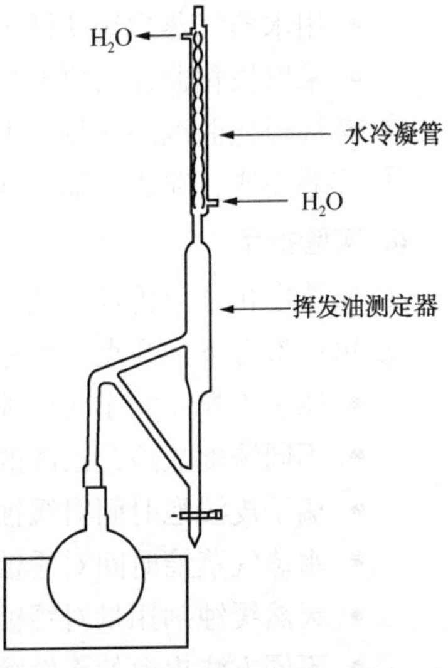

图8-6　水蒸气蒸馏装置图

水蒸气蒸馏法(实验装置如图8-6所示)是利用共沸点低于每一种纯物质沸点这个原理，可以把不溶于水的高沸点液体和水一起蒸馏，使两液体在低于水的沸点下共沸，达到提纯的目的。桔油是一种挥发性芳香油，存在于果皮细胞中，利用水蒸气蒸馏时，因温度升高和水分侵入，含油细胞胀破，油随水蒸气蒸馏出来，经冷凝及油水分离，从而得到桔油。而本实验是利用水蒸气蒸馏原理，使天然缓蚀剂的一些有效成分在100℃以下能随水蒸气一起蒸馏出来。当馏出液冷却后不需要分离就可以作为天然缓蚀剂(水层也溶有缓蚀活性成分)。

实验采用极化曲线法表征天然缓蚀剂的缓蚀性能。关于缓蚀效率及腐蚀速率公式参见式(8-12)和式(8-13)。

缓蚀效率：

$$P=(v_0-v_1)/v_0\times 100\% \qquad (8-12)$$

式中 v_0——没有添加缓蚀剂时试样的腐蚀速率，$g\cdot m^{-2}\cdot h^{-1}$；

v_1——添加缓蚀剂后试样的腐蚀速率，$g\cdot m^{-2}\cdot h^{-1}$。

腐蚀速率：

$$v=3.6\times 10^7 J\frac{M}{zF} \qquad (8-13)$$

式中 v——腐蚀速率，$g\cdot m^{-2}\cdot h^{-1}$；

J——自腐蚀电流密度，$A\cdot cm^{-2}$；

M——Fe 的摩尔质量，$g\cdot mol^{-1}$；

F——法拉第常数，$C\cdot mol^{-1}$；

z——发生 1 mol 电极反应得失电子的物质的量。

4. 仪器及药品

仪器：如图 8-6 所示的装置、中药粉碎机、电化学分析仪(电化学工作站)、碳钢电极、饱和甘汞电极、铂电极、A3 钢片、酸度计、50mL 容量瓶、100mL 容量瓶、10mL 吸量管、5mL 移液管。

药品：鲜橘皮、无水硫酸钠、去离子水、无水乙醇、HCl。

5. 实验要求

① 查阅资料，了解国内外植物性绿色缓蚀剂研究进展及现状，拟定研究方案。

② 研究如下内容：

- 用浸泡法从橘子皮中提取天然缓蚀物；
- 用水蒸气蒸馏法从橘子皮中提取天然缓蚀物；
- 采取极化曲线法研究提取液在室温下酸性介质中对 A3 钢的缓蚀性能。

③ 掌握极化曲线的测量技术。定性分析天然缓蚀剂在工作电极上的电化学行为。

④ 实验完毕，完成一篇 4000 字左右的论文。

6. 实验提示

① 阅读电化学分析仪的使用说明书；工作(碳钢)电极的处理见实验二十八。

② 可以参考下面几点对实验进行设计：

- 橘子皮粒度大小对缓蚀率的影响；
- 不同浓度盐酸、乙醇的浸泡液对提取物缓蚀性能的影响；
- 橘子皮浸泡时间对缓蚀率的影响；
- 水蒸气蒸馏时间对缓蚀率的影响；
- 天然缓蚀剂用量对缓蚀率的影响；
- 不同方法提取的天然缓蚀剂对缓蚀率的影响；

③ 浸泡法实验操作流程(参考)：

果皮清洗→筛选晾干→粉碎→浸泡提取→静置过滤、干燥

④ 水蒸气蒸馏实验操作流程(参考)：

果皮清洗→筛选晾干→剪细→蒸馏提取→收集、干燥

⑤ 水蒸气蒸馏控制馏出速度为1滴/s。

⑥ 可用无水硫酸钠干燥提取产物，滤弃干燥剂既可用作缓蚀剂。

实验二十二　5A型分子筛吸附甲醛的研究

1. 实验目的

① 了解5A分子筛合孔径特点。

② 掌握分光光度法测定甲醛浓度的方法。

③ 根据文献和参考实验，拟定不同方法制备5A分子筛。

2. 研究背景

分子筛是一种人工合成的多孔硅铝酸盐，具有良好的热稳定性，排列有序的孔道结构和较大的比表面积在吸附、催化、分离等领域具有广泛的应用。分子筛孔道内部有较强的库伦场和极性，能够通过静电诱导使分子极化，因此具有较 强的选择性吸附作用，对极化率较强的分子有良好的吸附效果。

甲醛是一种无色、有刺激性气味的室内污染气体，其30%~40%的水溶液是福尔马林。主要来源有胶合板、中纤板、刨花板等装修材料及家具中的黏合剂、泡沫等绝缘材料以及用甲醛做防腐剂的涂料、化纤地毯、化妆品等产品及其他有机材料。长期接触低剂量甲醛可致癌及引起慢性呼吸道疾病，尤其对儿童和孕妇危害更大。常见的吸附剂有活性白土、硅藻土、硅胶、活性炭和沸石分子筛等材料。

3. 基本原理

分子筛规整的骨架结构赋予了其择形选择吸附的能力。分子筛具有蜂窝状结构，晶穴体积可占沸石晶体体积的以上，空腔直径一般在0.16~1.5nm之间，而且晶体中孔道均匀排列，孔径大小均匀，决定了可以进入沸石晶体内部的分子的大小。只有当分子的直径小于分子筛的孔径时，才能自由的扩散至分子筛的空腔之中而构型较大的分子则被阻挡在沸石的晶穴之外，从而显示了沸石分子筛的择形吸附性能。分子筛的结构类型不同，其有效的孔径也有所差别，由于分子筛的骨架结构有一定的伸缩性，也可以吸附一些稍大于分子筛微孔直径的分子，只是其吸附容量及吸附速率较吸附小分子时显著降低。另外分子的极性、不饱和度、极化率及空间构型的不同引起吸附质的吸附强弱和扩散速度，极性越强或越易极化的分子，也就越易被吸附。其中甲醛较小的分子尺寸及极强的极性(C═O的存在)，使得甲醛更容易被分子筛吸附。

4. 实验要求

① 查阅资料，了解5A分子筛的孔道特点。

② 查阅资料，了解使用分光光度法测定甲醛浓度的方法。

③ 查阅资料，了解调节5A分子筛的合成方法。

④ 拟定一种合成5A分子筛的实验方案，包括：

- 所用仪器及药品；
- 5A 分子筛制备及表征孔径分布（实验方法及催化剂表征方法）；
- 使用分光光度法测试甲醛的浓度。

⑤ 实验前每小组完成一篇 2000 字左右的文献综述，实验后每小组完成一篇 3000 字左右的研究论文或者专利。

实验二十三　燃油添加剂的助燃消烟作用与燃油尾气成分的测定

1. 实验目的

① 了解量热法及分光光度法的基本原理和测试方法。

② 学习和掌握甲醛缓冲溶液吸收-盐酸副玫瑰苯胺分光光度法测定 SO_2 气体的浓度以及盐酸萘乙二胺分光光度法测定 NO_2 气体浓度的分析方法。

③ 了解汽油添加剂在燃油助燃、消烟节能以及减少汽油尾气排放减少大气污染中所起的作用。

2. 研究背景

随着汽车保有量的日益增加和石油资源的减少以及环保法规的日益严格，降低燃油消耗和改善排放成为汽油机研究的重中之重。现在汽车作为交通工具的普及，大多数人只是使用汽车，希望汽车保养能“傻瓜化”，对汽车经济节油性、排放标准、免维护性提出了更高要求，研究表明，除改进发动机本身外，采用添加剂改善燃油品质也是切实可行的措施，它不需要改造内燃机结构，能有效提高燃油性能、改善发动机的燃烧和排放特性。

燃油添加剂的原理：一般车用燃油中都含有微量的水，而燃油添加剂可以把这些水充分分散、细化，形成数以万计的小油包水型分子基团，使其在燃烧室内高温作用下迅速膨胀汽化发生“微爆”现象，即二次雾化现象，从而使燃气混合更加均匀，汽油燃烧也更加完全，所以能够节约油耗、清除积炭、减少尾气排放。使用燃油添加剂的好处包括：

① 养车，燃油添加剂加进汽油中之后，能在进气阀的进气系统表面形成一层保护层，防止发动机内部尤其是进气系统内产生大量的沉积物，使汽车的发动机在整个使用过程中保持清洁。

② 省油，汽油中加入燃油添加剂，可使发动机压缩比提高，达到节油的目的。

③ 环保，试验表明，使用燃油添加剂后的汽车可以减少排放 20% 的碳氢化合物、24% 的一氧化碳和 13% 的氮氧化物，可以使一辆汽车在其使用寿命中减少 1.1t 的废气排放。

燃油添加剂的种类很多，主要分为两大类：

① 节油型添加剂，主要目的是为了提高发动机的功率，提高燃油的燃烧效率，降低油耗。

② 减少环境污染型添加剂，主要目的是为了降低发动机尾气中的 CO、CH、NO_x 以及炭烟的排放量，减少发动机尾气造成大气污染。

本实验选择二茂铁作为汽油添加剂，利用氧弹量热计测定汽油在添加剂存在下的燃烧热，了解和比较二茂铁对汽油燃烧效率与速率的影响，以及添加剂的节能助燃效应。学习和掌握甲醛缓冲溶液吸收-盐酸副玫瑰苯胺分光光度法测定 SO_2 气体的浓度，以及盐酸萘乙二胺分光光度法测定 NO_2 气体浓度的分析方法，并应用于汽油燃烧后尾气成分的测定。本实验综合了物理化学及分析化学两个化学二级学科的知识，旨在通过物理化学实验基本技术——量热技术的使用与气体无机污染物多种分析方法（包括分光光度法和气相色谱法）的学习与应用，使学生综合了解汽油添加剂在燃油助燃、消烟节能以及减少汽油尾气排放减少大气污染中所起的作用。

3. 基本原理

（1）燃烧热的测定原理

参见“实验一 燃烧热的测定”。

（2）二茂铁对汽油的燃烧效率及燃烧速率的影响

作为汽油燃烧的添加剂，二茂铁在实验条件下其本身并不燃烧，而是起到催化助燃的作用。二茂铁对汽油燃烧的影响从燃烧效率，燃烧速率，燃烧后炭渣的重量及尾气成分的变化等四方面进行研究。

汽油的燃烧效率以每克汽油燃烧所引起的温度变化值 $\Delta T/m$ 来衡量。

汽油的燃烧速率以单位时间燃烧体系温度随时间的变化率 $\Delta T/\Delta t$ 来衡量。

燃烧后炭渣的质量直接与燃烧的完全程度有关，实验中可称量汽油燃烧后的残渣质量，比较汽油燃烧的完全程度。相同实验条件下炭渣的质量越大，说明燃烧越不完全。

尾气中 SO_2气体、NO_2气体浓度越大，说明燃烧越完全。燃烧的完全程度以每克汽油放出的 SO_2（或 NO_2）气体的质量来衡量。

（3）燃油燃烧尾气的 SO_2测定

甲醛缓冲溶液吸收盐酸副玫瑰苯胺分光光度法可用于测定尾气中 SO_2气体的浓度。SO_2气体被甲醛缓冲溶液吸收后，生成稳定的羟基甲磺酸加成化合物，在样品溶液中加入氢氧化钠使加成化合物分解，释放出的二氧化硫与盐酸副玫瑰苯胺、甲醛作用，生成紫红色化合物，可在 577nm 处进行测定。此方法的主要干扰物为氮氧化物、臭氧和某些重金属，加入胺磺酸钠可消除氮氧化物干扰。采样后放置一段时间臭氧可自行分解，磷酸及环己二胺四乙酸二钠盐可消除或减少某些金属离子干扰。此方法适宜的浓度范围为 0.003～1.07 mg/m^3，最低检出线为 0.2μg/10mL。

尾气可通过氧弹装置中的排气孔收集到装有甲醛缓冲吸收液的无色多孔玻板吸收瓶中，然后进行相关分析测定。

（4）燃油燃烧尾气的 NO_2测定

盐酸萘乙二胺分光光度法可用于测定尾气中 NO_2气体的浓度。尾气中的二氧化氮与吸收液中的氨基磺酸钠进行重氮反应，再与 *N*-(1-萘基)乙二胺盐酸作用，生成粉红色的偶氮染料，可在波长 540nm 处进行测定。此方法的主要干扰物为臭氧，对二氧化氮的测定产生负干扰，采样时在吸收瓶入口处接一段 15～20cm 长的硅胶管，即可将臭氧浓度将低到不干扰二氧化氮的测定水平。此方法的检出线为 0.12μg/10mL，空气中二氧化氮的最低检出浓度为 0.005 mg/m^3。

通过氧弹排气孔收集燃油燃烧后的尾气到装有 NO_2气体吸收液的棕色多孔玻板吸收瓶中，然后进行相关分析测定。

4. 仪器与药品

仪器：氧弹式量热计 1 套、紫外分光光度计 1 台、万用电表 1 台、电子天平 1 台、高压氧气瓶 1 台、比色管移液管、容量瓶、多孔玻板吸收瓶、温度计。

药品：二茂铁、汽油、二氧化硫标准吸收液（甲醛缓冲吸收液）、盐酸副玫瑰苯胺（PRA）0.05 %、胺磺酸钠（0.06 %）、氢氧化钠（1.5 mol/L）二氧化硫标准使用液（1.00μg/mL）二氧化氮显色液亚硝酸钠标准使用液（2.5μg/mL）。其他常见辅助材料自选。

5. 实验要求

① 查阅资料，了解国内外燃油添加剂的研究进展及现状，拟定研究方案。

② 研究如下内容：

- 完全燃烧条件下，二茂铁的加入量对燃油燃烧的影响；
- 不完全燃烧条件下，二茂铁的加入量对燃油燃烧的影响。

③ 掌握用量热法测定物质燃烧热的方法；掌握甲醛缓冲溶液吸收盐酸副玫瑰苯胺分光光度法测定 SO_2 气体浓度的技术；掌握盐酸萘乙二胺分光光度法测定 NO_2 气体浓度的技术。

④ 分析汽油完全燃烧和不完全燃烧时二茂铁的加入以及加入量对汽油助燃、消烟节能以及减少汽油尾气排放减少大气污染的影响。

⑤ 完成一篇4000字左右的论文。

6. 实验提示

① 燃烧热的测定操作参见"实验一燃烧热的测定"。

② 完全燃烧条件下，二茂铁的加入量对汽油燃烧效率与燃烧速率的影响。

- 反应体系的配比：汽油的量取0.5000g；配制二茂铁与汽油的质量分数分别为0%、0.4%、0.6%、0.8 %、1.0 %、1.2 %混合体系。
- 燃烧时充氧为1.0 MPa。

③ 不完全燃烧条件下，二茂铁添加剂对燃油燃烧效率与燃烧速率的影响。

- 反应体系的配比：汽油的量取1.5000g；配制二茂铁与汽油的质量分数分别为0%、0.4%、0.6%、0.8%、1.0%、1.2%混合体系。
- 燃烧时充氧为1.0 MPa。

④ 在完全燃烧或不完全燃烧条件下，需要测的物理量为燃烧热、燃烧效率 $\Delta T/m$、燃烧速率 $\Delta T/\Delta t$、燃烧后炭渣的质量、燃油燃烧尾气的 SO_2 及 NO_2 的量。

⑤ 通过氧弹排气孔收集燃油燃烧后的尾气到装有气体吸收液的多孔玻板吸收瓶中，要特别注意防止漏气现象的发生，可在氧气排气孔上套上一层密闭橡胶圈，并均匀缓慢的放气，可避免尾气的泄漏。

实验二十四　W-HMS 催化剂的制备、结构表征及其应用

1. 实验目的

① 了解 W-HMS 催化剂的原位合成法。

② 学习用气相色谱仪分析反应体系中各组分的含量。

③ 掌握对催化剂的催化性能的评价方法。

2. 实验背景

戊二醛是很重要的精细化工产品和中间体，是一种优良的鞣革剂和高效杀菌消毒剂，广泛应用于生物医学工程、皮革化学及环境保护等领域。国内年需求量很大，大部分依赖进口。目前戊二醛的商业生产方法主要由丙烯醛多步法制得，其工艺路线复杂，价格偏高，限制了大规模推广。因此开发新型的、成本低廉的戊二醛合成路线存在较大的潜在应用前景和经济效益。

以环戊烯(乙烯工业的副产品 C_5 馏分)为原料，将具有催化活性的物种引入到分子筛上生产戊二醛的多相催化工艺，从资源利用、产品和催化剂分离及催化剂重复使用的问题上均比丙烯醛法较有优势，备受关注。

将具有催化活性的物种引入到分子筛上制备多相催化剂的方法有两种：其一是将活性物种用浸渍法负载到分子筛上即浸渍法；其二是将活性物种直接嵌入分子筛骨架上即原位合成法。

多相催化反应与均相催化反应相比，其优点为：①解决了产品和催化剂分离的问题；

②催化剂可以重复使用，降低了生产成本。而原位合成法与普通浸渍法相比，原位合成方法是将具有催化活性的物种嵌入到骨架中，更有利于具有催化活性的物种在分子筛中的分散与分布，有效降低了具有催化活性的物种在催化剂表面的聚集程度，有效加强了具有催化活性的物种与分子筛骨架之间的作用。

本实验采用原位合成法将钨引入到 HMS 骨架中，制备出多相催化剂 W-HMS，将所制催化剂应用于环戊烯催化氧化合成戊二醛反应中对其催化活性进行评价。并利用 XRD、FT-IR 等手段对催化剂的结构进行表征。

3. 基本原理

(1) W-HMS 催化剂的制备

所谓原位合成方法就是在介孔分子筛骨架的形成和晶化过程中引入金属杂原子前体化合物，通过该前体在合成体系中的原位水解以及由此产生的金属物种与骨架硅物种的结合(聚合或同晶取代)，即可将金属杂原子嵌入分子筛骨架。根据文献报道，HMS 分子筛的合成方法为在三口烧瓶中将一定量的模板剂和一定量的钨源溶于一定酸度的水溶液中，加入一定量的乙醇作为共溶剂，恒温下搅拌使之成为澄清的溶液(约 0.5~1.0h)，然后在剧烈电动搅拌下将正硅酸乙酯(TEOS)缓慢滴加至上述溶液中，得到白色胶状混合物，待 TEOS 加完(约 1.0h)后继续搅拌若干小时晶化，停止搅拌，静置过夜，然后过滤出白色固体，经过干燥、焙烧和活化，即得 W-HMS 分子筛。

(2) 反应机理及主要反应方程式

环戊烯在催化剂的作用下，首先被过氧化氢氧化成戊二醛的最初产物-环戊烯氧化物；之后，环戊烯氧化物再转化成中间化合物 β-羟基环戊基过氧化氢。在此过程中，羟基环戊基过氧化氢受 WOOH 活性基团的催化，转化为戊二醛。

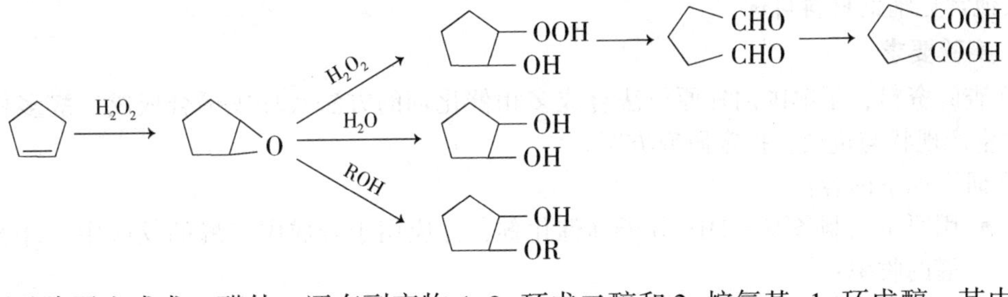

可见除了生成戊二醛外，还有副产物 1,2-环戊二醇和 2-烷氧基-1-环戊醇，其中 1,2-环戊二醇和 2-烷氧基-1-环戊醇是环戊烯氧化物被水和醇亲核进攻生成的。

过氧化氢催化氧化环戊烯合成戊二醛的主反应方程式如下：

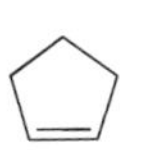 $+ 2H_2O_2 \longrightarrow OHC(CH_2)_3CHO + 2H_2O$

(3) 色谱条件的确定

反应物(环戊烯 CPE)和产物(戊二醛 GA)的含量分析采用气相色谱法。

定量方法采用内标法。

根据气相色谱的操作方法，选用合适的物质作内标物，选择适当的气相条件，在此条件下反应体系中的各物质都能出峰，且分离效果好。

(4) GA 及 CPE 相对校正因子的测定

根据式(8-14)，用气相色谱法来测定各物质的相对校正因子。

令 $f_s=1.0$，求出的某组分 i 相对校正因子 f_i，取误差较小的几组数据作为最后的结果，并取其平均值。

$$f_i=\frac{A_s \times m_i \times f_s}{A_i \times m_s} \tag{8-14}$$

式中 f_i——某组分相对质量校正因子；

m_i——某组分的质量，g；

A_i——某组分的峰面积；

f_s——内标物的相对质量校正因子，令 $f_s=1.0$；

m_s——内标物的质量，g；

A_s——内标物的峰面积。

(5) 催化剂的活性评价

在三口烧瓶中加入一定量的不同条件下所制 W-HMS 催化剂、叔丁醇、50% H_2O_2 水溶液，搅拌 0.5 h，用滴液漏斗慢慢加入一定量的环戊烯，在一定温度下连续搅拌反应若干小时。离心，除去催化剂，加入丁酸乙酯作为内标物用气相色谱法分析通过比较戊二醛的收率来测试催化剂的活性。

4. 仪器及药品

仪器：数显恒温水浴锅 1 个、玻璃仪器气流烘干器 1 台、增力电动搅拌机 1 台、循环水式真空泵 1 台、箱形电阻炉(马弗炉)1 台、电子天平 1 台、搅拌恒温电热套 1 台、傅立叶红外变换光谱仪 1 台、X 射线衍射仪 1 台。

药品：无水乙醇（EtOH）、十二胺（DDA）（AR）、钨酸铵（AR）、正硅酸乙酯(TEOS)（AR）、浓盐酸（AR）、环戊烯(CPE)（AR）、双氧水(50% H_2O_2)、丁酸乙酯(AR)、叔丁醇(t-BuOH)（AR）。

其他常见辅助材料自选

5. 实验要求

① 查阅资料，了解国内外原位法合成多相催化剂的方法及环戊烯合成戊二醛多相催化反应的生产现状与进展，拟定研究方案。

② 研究如下内容：

- 用原位法制备 W-HMS 分子筛催化剂，并应用于合成戊二醛的反应中，计算戊二醛的收率；
- 利用 XRD、FT-IR 等手段对所合成的催化剂进行结构表征；
- 确定 W-HMS 分子筛催化剂的最佳合成条件。

③ 掌握气相色谱法测定物质含量的技术。

④ 完成一篇 4000 字左右的论文。

6. 实验提示

① 了解气相色谱仪的使用；

② 可以参考下面两点对实验进行设计：

- 用不同模板剂用量制备的 W-HMS 分子筛催化剂，对戊二醛的收率影响；
- 用不同的 Si/W 比制备的 W-HMS 分子筛催化剂，对戊二醛的收率影响。

附 录

附录一 国际元素的相对原子质量表

序数	名称	符号	相对原子质量	序数	名称	符号	相对原子质量	序数	名称	符号	相对原子质量
1	氢	H	1.008	27	钴	Co	58.93	53	碘	I	126.9
2	氦	He	4.003	28	镍	Ni	58.69	54	氙	Xe	131.3
3	锂	Li	6.941	29	铜	Cu	63.55	55	铯	Cs	132.9
4	铍	Be	9.012	30	锌	Zn	65.39	56	钡	Ba	137.3
5	硼	B	10.81	31	镓	Ga	69.72	57	镧	La	138.9
6	碳	C	12.01	32	锗	Ge	72.61	58	铈	Ce	140.1
7	氮	N	14.01	33	砷	As	74.92	59	镨	Pr	140.9
8	氧	O	16.00	34	硒	Se	78.96	60	钕	Nd	144.2
9	氟	F	19.00	35	溴	Br	79.90	61	钷	Pm	144.9
10	氖	Ne	20.18	36	氪	Kr	83.8	62	钐	Sm	150.4
11	钠	Na	22.99	37	铷	Rb	85.47	63	铕	Eu	152.0
12	镁	Mg	24.31	38	锶	Sr	87.62	64	钆	Gd	157.3
13	铝	Al	26.98	39	钇	Y	88.91	65	铽	Tb	158.9
14	硅	Si	28.09	40	锆	Zr	91.22	66	镝	Dy	162.5
15	磷	P	30.97	41	铌	Nb	92.91	67	钬	Ho	164.9
16	硫	S	32.07	42	钼	Mo	95.94	68	铒	Fr	167.3
17	氯	Cl	35.45	43	锝	Te	98.91	69	铥	Tm	168.9
18	氩	Ar	39.95	44	钌	Ru	101.1	70	镱	Yb	173.0
19	钾	K	39.10	45	铑	Rh	102.9	71	镥	Lu	175.0
20	钙	Ca	40.08	46	钯	Pd	106.4	72	铪	Hf	178.5
21	钪	Sc	44.96	47	银	Ag	107.9	73	钽	Ta	180.9
22	钛	Ti	47.88	48	镉	Cd	112.4	74	钨	W	183.9
23	钒	V	50.94	49	铟	In	114.8	75	铼	Re	186.2
24	铬	Cr	52.00	50	锡	Sn	118.7	76	锇	Os	190.2
25	锰	Mn	54.94	51	锑	Sb	121.8	77	铱	Ir	192.2
26	铁	Fe	55.85	52	碲	Te	127.6	78	铂	Pt	195.1

续表

序数	名称	符号	相对原子质量	序数	名称	符号	相对原子质量	序数	名称	符号	相对原子质量
79	金	Au	197	89	锕	Ac	227	99	锿	Es	252. 1
80	汞	Hg	200. 6	90	钍	Th	232	100	镄	Fm	257. 1
81	铊	Tl	204. 4	91	镤	Pa	231	101	钔	Md	256. 1
82	铅	Pb	207. 2	92	铀	U	238	102	锘	No	259. 1
83	铋	Bi	209	93	镎	Np	237	103	铹	Lr	260. 1
84	钋	Po	210	94	钚	Pu	239. 1	104			
85	砹	At	210	95	镅	Am	243. 1	105			
86	氡	Rn	222	96	锔	Cm	247. 1	106			
87	钫	Fr	223. 2	97	锫	Bk	247. 1	107			
88	镭	Ra	226	98	锎	Ct	252. 1	108			

注：本表数据源自 2007 年 IUPAC 元素周期表(IUPAC 2007 standard atomic weights)，以$^{12}C=12$为标准。

附录二 国际单位制

国际单位制(Le Système Internantional d' Unités)是我国法定计量单位的基础，一切属于国际单位制的单位都是我国的法定计量单位。国际单位制的国际简称为 SI

国际单位制的构成：
- 国际单位制(SI)
  - SI 单位
    - SI 基本单位
    - SI 导出单位
  - SI 单位的倍数单位

单位国际单位制以表附录 1 中的 7 个基本单位为基础。

表附录 1 国际单位制的基本单位

量的名称	量的符号	单位名称	单位符号	单位定义
长度	l	米	m	等于光在真空中(1/299792458)s 时间间隔内所经路径的长度
质量	m	千克	kg	等于国际千克原器的质量
时间	t	秒	s	等于 Cs-133 原子基态的两个超精细能级之间跃迁的辐射周期的 9192631770 倍的持续时间
电流	I	安[培]	A	在真空中，截面积可忽略的两根相距 1m 的无限长平行圆直导线内通以等量恒定电流时，若导线间相互作用力在每米长度上为 2×10^{-7}N，则每根导线中的电流为 1A
热力学温度	T	开[尔文]	K	等于水的三相点热力学温度的 1/273. 16
物质的量	n	摩[尔]	mol	等于物系的物质的量，该物系中所含基本单元数与 0. 012kg C-12 的原子数相等
发光强度	I_V	坎[德拉]	cd	坎德拉是一光源在给定方向上的发光强度，该光源发出频率为 540×10^{12} Hz 的单色辐射，且在此方向上的辐射强度为 1/683W/sr

附录三 国际单位制中具有专门名称导出单位

量		单位		
名　称	符号	名　称	符号	定义式
频率	ν	赫[兹]	Hz	s^{-1}
能量	E	焦[耳]	J	$kg \cdot m^{2} \cdot s^{-2}$
力	F	牛[顿]	N	$kg \cdot m \cdot s^{-2}=J \cdot m^{-1}$
压力	p	帕[斯卡]	Pa	$kg \cdot m^{-1} \cdot s^{-2}=N \cdot m^{-2}$
功率	P	瓦[特]	W	$kg \cdot m^{2} \cdot s^{-3}=J \cdot s^{-1}$
电量；电荷	Q	库[仑]	C	$\Lambda \cdot s$
电位；电动势	U	伏[特]	V	$kg \cdot m^{2} \cdot s^{-3} \cdot A^{-1}=J \cdot A^{-1} \cdot s^{-1}$
电阻	R	欧[姆]	Ω	$kg \cdot m^{2} \cdot s^{-3} \cdot A^{-2}=V \cdot A^{-1}$
电导	G	西[门子]	S	$kg^{-1} \cdot m^{-2} \cdot s3 \cdot A^{2}=\Omega^{-1}$
电容	C	法[拉]	F	$A^{2} \cdot S_{4} \cdot kg^{-1} \cdot m^{-2}=A \cdot s \cdot V^{-1}$
磁通量密度	B	特[斯拉]	T	$kg \cdot s^{-2} \cdot A^{-1}=V \cdot s$
电场强度	E	伏特每米	$V \cdot m^{-1}$	$m \cdot kg \cdot s^{-3} \cdot A^{-1}$
黏度	η	帕斯卡秒	$Pa \cdot s$	$m^{-1} \cdot kg \cdot s^{-1}$
表面张力	γ	牛顿每米	$N \cdot m^{-1}$	$kg \cdot s^{-2}$
密度	ρ	千克每立方米	$kg \cdot m^{-3}$	$kg \cdot m^{-3}$
比热容	c	焦耳每千克每开	$J/(kg \cdot K)$	$m^{2} \cdot s^{-2} \cdot K^{-1}$
热容量；熵	S	焦耳每开	$J \cdot K^{-1}$	$m^{2} \cdot kg \cdot s^{-2} \cdot k^{-1}$

附录四 希腊字母表

名称	正体		斜体	
	大写	小写	大写	小写
alpha	Α	α	A	α
beta	Β	β	B	β
gamma	Γ	γ	$\mathit{\Gamma}$	γ
delta	Δ	δ	$\mathit{\Delta}$	δ
epsilon	Ε	ε	E	ε
zeta	Ζ	ζ	Z	ζ
eta	Η	η	H	η
theta	Θ	θ，ϑ	$\mathit{\Theta}$	θ，ϑ
iota	Ι	ι	I	ι
kappa	Κ	κ	K	κ
lambda	Λ	λ	$\mathit{\Lambda}$	λ
mu	Μ	μ	M	μ
nu	Ν	ν	N	ν
xi	Ξ	ξ	$\mathit{\Xi}$	ξ
omicron	Ο	ο	O	o

名称	正体		斜体	
	大写	小写	大写	小写
pi	Π	π	*Π*	*π*
rho	P	ρ，ο	*P*	*ρ*，*ο*
sigma	Σ	σ	*Σ*	*σ*
tau	T	τ	*T*	*τ*
upsilon	Υ	υ	*Υ*	*υ*
phi	Φ	φ，ϕ	*Φ*	*φ*，*ϕ*
chi	X	χ	*X*	*χ*
psi	Ψ	ψ	*Ψ*	*ψ*
omega	Ω	ω	*Ω*	*ω*

附录五　某些物质的临界参数

物质		临界温度 T_c/K	临界压力 p_c/MPa	临界体积 V_c/×$10^{-6}$$m^3$·$mol^{-1}$	临界密度 ρ_c/kg·m^{-3}	临界压缩因子 Z_c
He	氦	5.19	0.227	57	70.2	0.300
Ar	氩	150.87	4.898	75	532	0.293
H_2	氢	32.97	1.293	65	31.0	0.307
N_2	氮	126.21	3.39	90	311	0.291
O_2	氧	154.59	5.043	73	438	0.286
F_2	氟	144.13	5.172	66	576	0.285
C_{l2}	氯	416.9	7.991	123	576	0.284
Br_2	溴	588	10.34	127	1258	0.269
H_2O	水	647.14	22.06	56	322	0.230
NH_3	氨	405.5	11.35	72	236	0.242
HCl	氯化氢	324.7	8.31	81	450	0.249
H_2S	硫化氢	373.2	8.94	99	344	0.285
CO	一氧化碳	132.91	3.499	93	301	0.295
CO_2	二氧化碳	304.13	7.375	94	468	0.274
SO_2	二氧化硫	430.8	7.884	122	525	0.269
CH_4	甲烷	190.56	4.599	98.60	163	0.286
C_2H_6	乙烷	305.32	4.872	145.5	207	0.279
C_3H_8	丙烷	369.83	4.248	200	220	0.276
C_2H_4	乙烯	282.34	5.041	131	214	0.281
C_3H_6	丙烯	364.9	4.60	185	227	0.281
C_2H_2	乙炔	308.3	6.138	122.2	213	0.293
$CHCl_3$	氯仿	536.4	5.47	239	499	0.293

续表

物质		临界温度 T_c/K	临界压力 p_c/MPa	临界体积 $V_c/\times10^{-6}m^3\cdot mol^{-1}$	临界密度 $\rho_c/kg\cdot m^{-3}$	临界压缩因子 Z_c
CCl_4	四氯化碳	556.6	4.516	276	557	0.269
CH_3OH	甲醇	512.5	8.084	117	274	0.222
C_2H_5OH	乙醇	514.0	6.137	168	234	0.241
C_6H_6	苯	562.05	4.895	256	305	0.268
$C_6H_5CH_3$	甲苯	591.80	4.110	316	292	0.264

附录六　某些气体的范德华常数

气体		$10^3a/Pa\cdot m^6\cdot mol^{-2}$	$10^6b/m^3\cdot mol^{-1}$
Ar	氩	135.5	32.0
H_2	氢	24.52	26.5
N_2	氮	137.0	38.7
O_2	氧	138.2	31.9
Cl_2	氯	634.3	54.2
H_2O	水	553.7	30.5
NH_3	氨	422.5	37.1
HCl	氯化氢	370.0	40.6
H_2S	硫化氢	454.4	43.4
CO	一氧化碳	147.2	39.5
CO_2	二氧化碳	365.8	42.9
SO_2	二氧化硫	686.5	56.8
CH_4	甲烷	230.3	43.1
C_2H_6	乙烷	558.0	65.1
C_3H_8	丙烷	939	90.5
C_2H_4	乙烯	461.2	58.2
C_3H_6	丙烯	842.2	82.4
C_2H_2	乙炔	451.6	52.2
$CHCl_3$	氯仿	1534	101.9
CCl_4	四氯化碳	2001	128.1
CH_3OH	甲醇	947.6	65.9
C_2H_5OH	乙醇	1256	87.1
$(C_2H_5)_2O$	乙醚	1746	133.3
$(CH_3)_2CO$	丙酮	1602	112.4
C_6H_6	苯	1882	119.3

附录七 一些物质的热力学数据表(298.15K，100kPa)

物质	比热容						$\Delta_f H_m^\ominus$/ kJ·mol^{-1}	$\Delta_f G_m^\ominus$/ kJ·mol^{-1}	$S_m^\ominus$/ J·K^{-1}·mol^{-1}
	方程式 $C_{p,m}=\varphi(T)$ 的系数				可用的温度范围/K	$C_{p,m}^\ominus$/ J·K^{-1}·mol^{-1}			
	a/ J·K^{-1}·mol^{-1}	$b\times10^3$/ J·K^{-2}·mol^{-1}	$c'\times10^{-5}$/ J·K·mol^{-1}	$c\times10^6$/ J·K^{-3}·mol^{-1}					
Ag(s)	23.97	5.284	-0.251	—	273~1234	27.2	0	0	42.6
Al(s)	20.67	12.38	—	—	273~931.7	24.4	0	0	28.3
As(s)	21.88	9.29	—	—	298~1100	24.6	0	0	35.1
Au(s)	23.68	5.19	—	—	298~1336	25.4	0	0	47.4
B(s)	6.44	18.41	—	—	298~1200	11.1		0	5.9
Ba(s)	—	—	—	—		28.1	0	0	62.5
Bi(s)	18.79	22.59	—	—	298~544	25.5	0	0	56.7
Br_2(g)	35.2410	4.0735	—	-1.4874	300~1500	36.0	30.9	3.1	245.5
Br_2(l)	—	—	—	—		75.7	0	0	152.2
C(金刚石)	9.12	13.22	-619	—	298~1200	6.1	1.9	2.9	2.4
C(石墨)	17.15	4.27	-879	—	298~2300	8.5	0	0	5.7
Ca-α(s)	21.92	14.64	—	—	298~673	25.9	0	0	41.6
Cd-α(s)	22.84	10.318	—	—	273~594	26.0	0	0	51.8
Cl_2(g)	36.90	0.25	-2.845	—	298~3000	33.9	0	0	223.1
Co(s)	19.75	17.99	—	—	298~718	24.8	0	0	30.0
Cr(s)	24.43	9.87	-3.68	—	298~1823	23.4	0	0	23.8
Cu(s)	22.64	6.28	—	—	298~1357	24.4	0	0	33.2
F_2(g)	34.69	1.84	-3.85	—	273~2000	31.3	0	0	202.8

续表

物质	比热容						$\Delta_f H_m^\ominus$/ kJ·mol^{-1}	$\Delta_f G_m^\ominus$/ kJ·mol^{-1}	$S_m^\ominus$/ J·K^{-1}·mol^{-1}
	方程式 $C_{p,m}=\varphi(T)$ 的系数				可用的温度范围/K	$C_{p,m}^\ominus$/ J·K^{-1}·mol^{-1}			
	a/ J·K^{-1}·mol^{-1}	$b\times10^3$/ J·K^{-2}·mol^{-1}	$c'\times10^{-5}$/ J·K·mol^{-1}	$c\times10^6$/ J·K^{-3}·mol^{-1}					
Fe-α (s)	14.10	29.71	-1.80	—	273~1033	25.1	0	0	27.3
H_2(g)	29.658	-0.8364	—	2.0117	500~1500	28.8	0	0	130.7
Hg(l)	27.66	—	—	—	273~634	28.0	0	0	75.9
I_2(s)	40.12	49.700	—	—	298~386.8	54.5	0	0	116.1
I_2(g)	37.196	—	—	—	456~1500	36.9	62.4	19.3	260.7
K(s)	25.27	13.05	—	—	298~336.6	29.6	0	0	64.7
Mg(s)	25.69	6.28	-3.26	—	298~923	24.9	0	0	32.7
Mn-α(s)	23.85	—	-1.59	—	298~1000	26.3	0	0	32.0
N_2(g)	27.87	4.27	—	—	298~2500	29.1	0	0	191.6
Ni-α(s)	16.99	29.46	—	—	298~633	26.1	0	0	29.9
O_2(g)	36.162	0.845	-4.310	—	298~1500	29.4	0	0	205.2
O_3(g)	41.254	10.29	5.52	—	298~2000	39.2	142.7	163.2	238.9
P(s)黄磷	23.22	—	—	—	273~317	23.8	0	0	41.1
P(s)赤磷	19.83	16.32	—	—	298~800	21.2	-17.6	—	22.8
Pb(s)	25.82	6.69	—	—	273~600.5	26.4	0	0	64.8
Pt(s)	24.02	5.16	4.60	—	298~1800	25.9	0	0	41.6
S(s)单斜	14.90	29.12	—	—	368.2~392	23.6	0.3	—	—
S(s)正交	14.98	26.11	—	—	298~368.6	22.6	0	0	32.1
S(g)	35.73	1.17	-3.31	—	298~2000	23.7	277.20	236.7	167.8
Sb(s)	23.05	7.28	—	—	298~903	25.2	0	0	45.7

续表

物质	比热容						$\Delta_f H_m^{\ominus}$/ kJ·mol⁻¹	$\Delta_f G_m^{\ominus}$/ kJ·mol⁻¹	$S_m^{\ominus}$/ J·K⁻¹·mol⁻¹
	方程式 $C_{p,m}=\varphi(T)$ 的系数				可用的温度范围/K	$C_{p,m}^{\ominus}$/ $J \cdot K^{-1} \cdot mol^{-1}$			
	a/ $J \cdot K^{-1} \cdot mol^{-1}$	$b\times10^3$/ $J \cdot K^{-2} \cdot mol^{-1}$	$c'\times10^{-5}$/ $J \cdot K \cdot mol^{-1}$	$c\times10^6$/ $J \cdot K^{-3} \cdot mol^{-1}$					
Si(s)	23.225	3.6756	-3.7964	—	298~1600	20.0	0	0	18.8
Sn(s)白	18.46	28.45	—	—	298~505	27.0	0	0	51.2
Zn(s)	22.38	10.04	—	—	298~692.7	25.062	0	0	41.6
AgBr(s)	33.18	64.43	—	—	298~703	52.4	-100.4	-96.9	107.1
AgCl(g)	62.26	4.18	-11.30		298~728	50.8	-127.0	-109.8	96.3
AgI(s)	24.35	100.83	—	—	298~423	56.8	-61.8	-66.2	115.5
$AgNO_3$(s)	78.78	66.94	—	—	298~433	93.1	-124.4	-33.4	140.9
Ag_2O(s)	55.48	29.49				88.0	-24.3	27.6	117.0
$AlCl_3$(s)	55.44	117.15			298~465.6	91.1	-704.2	-628.8	109.3
Al_2O_3(s)-α(s)刚玉	114.77	12.80	-35.44	—	298~1800	79.0	-1675.7	-1582.3	50.9
$Al_2(SO_4)_3$(s)	368.57	61.92	-113.47	—		259.41	-3434.98	-3091.93	239.3
As_2O_3(s)	35.02	203.34	—	—		95.65	-619.2	-538.1	107.1
B_2O_3(s)	36.53	106.27	-5.48	—	298~723	62.8	-1273.5	-1194.3	54.0
$BaCl_2$(s)	71.1	13.97	—	—	298~1198	75.1	-855.0	-806.7	123.7
$BaCO_3$(s)毒重石	110.00	8.79	—	-24.27	298~1083	86.0	-1213.8	-1134.4	112.1
$Ba(NO_3)_2$(s)	125.73	149.4	-16.78	—	298~850	151.4	-988.0	-792.6	214.0
BaO(s)						47.3	-548.0	-520.3	72.1
$BaSO_4$	141.4	—	-35.27	—	298~1300	101.8	-1473.2	-1362.2	132.2
Bi_2O_3(s)	103.51	33.47	—	—	298~800	113.5	-573.9	-493.7	151.5
CCl_4(g)	97.65	9.62	-15.06	—	298~1000	83.30	-102.9	-60.59	309.85

物质	比热容						$\Delta_f H_m^\ominus$/ kJ·mol⁻¹	$\Delta_f G_m^\ominus$/ kJ·mol⁻¹	$S_m^\ominus$/ J·K⁻¹·mol⁻¹
	方程式 $C_{p,m}=\varphi(T)$ 的系数				可用的温度范围/K	$C_{p,m}^\ominus$/ $J\cdot K^{-1}\cdot mol^{-1}$			
	a/ $J\cdot K^{-1}\cdot mol^{-1}$	$b\times10^3$/ $J\cdot K^{-2}\cdot mol^{-1}$	$c'\times10^{-5}$/ $J\cdot K\cdot mol^{-1}$	$c\times10^6$/ $J\cdot K^{-3}\cdot mol^{-1}$					
CCl_4(l)						131. 75	-135. 44	-65. 21	216. 40
CO(g)	26. 5366	7. 6830	-0. 46	—	298~2500	29. 1	-110. 5	-137. 2	197. 7
CO_2(g)	28. 66	35. 702	—	—	300~2000	37. 1	-393. 5	-394. 4	213. 8
$COCl_2$(g)	67. 157	12. 108	-9. 033	—	298~1000	57. 7	-219. 1	-204. 9	283. 5
CS_2(g)	52. 09	6. 69	-7. 53	—	298~1800	45. 4	116. 7	67. 1	237. 8
CaC-α(s)	68. 62	11. 88	-8. 66	—	298~720	62. 7	-59. 2	-64. 9	70. 0
$CaCO_3$(s)方解石	104. 52	21. 92	-25. 94	—	298~1200	83. 5	-1207. 6	-1129. 1	91. 7
$CaCl_2$(s)	71. 88	12. 72	-2. 51	—	298~1055	72. 9	-795. 4	-748. 8	108. 4
CaO(s)	48. 83	4. 52	6. 53	—	298~1800	42. 0	-634. 9	-603. 3	38. 1
$Ca(OH)_2$(s)	89. 5				276~373	87. 5	-985. 2	-879. 5	83. 4
$Ca(NO_3)_2$(s)	122. 88	153. 97	-17. 28		298~800	149. 4	-938. 2	-742. 8	193. 2
$CaSO_4$(s)	77. 49	91. 92	-6. 561	—	273~1373	99. 7	-1434. 5	-1322. 0	106. 5
$Ca_3(PO_4)_2$-α(s)	201. 84	166. 02	-20. 92	—	298~1373	227. 8	-4120. 8	-3884. 7	236. 0
CdO(s)	40. 38	8. 70	—	—	273~1800	43. 4	-258. 4	-228. 7	54. 8
CdS(s)	54. 0	3. 744	—	—	273~1273	—	-161. 9	-156. 5	64. 9
$CoCl_2$(s)	60. 29	61. 09	—	—	298~1000	78. 5	-312. 5	-269. 8	109. 2
Cr_2O_3(s)	119. 37	9. 20	-15. 65	—	298~1800	118. 74	-1139. 7	-1058. 1	81. 2
CuCl(s)	43. 93	40. 58	—	—	273~695	48. 5	-137. 2	-119. 9	86. 2
$CuCl_2$(s)	70. 29	35. 56	—	—	298~773	71. 9	-220. 1	-175. 7	108. 1
CuO(s)	38. 79	20. 08	—	—	298~1250	42. 3	-157. 3	-129. 7	42. 6

续表

物质	比热容						$\Delta_f H_m^{\ominus}$/ kJ · mol^{-1}	$\Delta_f G_m^{\ominus}$/ kJ · mol^{-1}	$S_m^{\ominus}$/ J · K^{-1} · mol^{-1}
	方程式 $C_{p,m}=\varphi(T)$ 的系数				可用的温度范围/K	$C_{p,m}^{\ominus}$/ J · K^{-1} · mol^{-1}			
	a/ J · K^{-1} · mol^{-1}	$b\times10^3$/ J · K^{-2} · mol^{-1}	$c'\times10^{-5}$/ J · K · mol^{-1}	$c\times10^6$/ J · K^{-3} · mol^{-1}					
$CuSO_4$(s)	107.53	17.99	-9.00	—	273~873	—	-771.4	-662.2	109.2
Cu_2O(s)	62.34	23.85	—	—	298~1200	63.6	-168.6	-146.0	93.1
$FeCO_3$(s)菱铁矿	48.66	112.1	—	—	298~885	82.1	-740.6	-666.7	92.9
FeO(s)	159.0	6.78	-3.088	—	298~1200	—	-272.0	—	—
FeS 黄铁矿(s)	44.77	55.90	—	—	273~773	61.92	-177.90	-166.69	53.1
Fe_2O_3(s)	97.74	72.13	-12.89	—	298~1100	103.9	-824.2	-742.2	87.4
Fe_3O_4磁铁矿(s)	167.03	78.91	-41.88	—	298~1100	143.4	-1118.4	-1015.4	146.4
HBr(g)	26.15	5.86	1.09	—	298~1600	29.1	-36.3	-53.4	198.7
HCN(g)	37.32	12.97	-4.69	—	298~2000	35.9	135.1	124.7	201.8
HCl(g)	26.53	4.60	1.09	—	298~2000	29.1	-92.3	-95.3	186.9
HF(g)	26.90	3.43	—	—	273~2000	—	-273.3	-275.4	173.8
HI(g)	26.32	5.94	0.92	—	298~2000	29.2	26.5	1.7	206.6
HNO_3(l)	—	—	—	—		109.9	-174.1	-80.7	155.6
H_2O(g)	30.00	10.71	0.33	—	298~2500	33.6	-241.8	-228.6	188.8
H_2O(l)	—	—	—	—		75.3	-285.8	-237.1	70.0
H_2O_2(l)	—	—	—	—		89.1	-187.8	-120.4	109.6
H_2S(g)	29.37	15.40	—	—	298~1800	34.2	-20.6	-33.4	205.8
H_2SO_4(l)	—	—	—	—		138.9	-814.0	-690.0	156.9
$HgCl_2$(s)	64.0	43.1	—	—	273~553	—	-224.3	-178.6	146.0
HgI_2(s)红色	72.8	16.74	—	—	273~403	—	-105.4	-101.7	180.0

续表

物质	比热容						$\Delta_f H_m^\ominus$/ kJ·mol^{-1}	$\Delta_f G_m^\ominus$/ kJ·mol^{-1}	$S_m^\ominus$/ J·K^{-1}·mol^{-1}
	方程式 $C_{p,m}=\varphi(T)$的系数				可用的温度范围/K	$C_{p,m}^\ominus$/ J·K^{-1}·mol^{-1}			
	a/ J·K^{-1}·mol^{-1}	$b\times10^3$/ J·K^{-2}·mol^{-1}	$c'\times10^{-5}$/ J·K·mol^{-1}	$c\times10^6$/ J·K^{-3}·mol^{-1}					
HgO(s)红色	—	—	—	—		44.1	-90.8	-58.5	70.3
HgS(s)红色	—	—	—	—		48.4	-58.2	-50.6	82.4
Hg_2SO_4(s)	—	—	—	—		132.0	-743.1	-625.8	200.7
Hg_2Cl_2(s)	—	—	—	—		—	-265.4	-210.7	191.6
$KAl(SO_4)_2$(s)	234.14	82.34	-58.41	—	298~1000	192.97	-2465.38	-2235.47	204.6
KBr(s)	48.37	13.89	—	—	298~1000	52.3	-393.8	-380.7	95.9
KCl(s)	41.38	21.76	3.22	—	298~1043	51.3	-436.5	-408.5	82.6
$KClO_3$(s)	—	—	—	—		100.3	-397.7	-296.3	143.1
KI(s)	—	—	—	—		52.9	-327.9	-324.9	106.3
$KMnO_4$(s)	—	—	—	—		117.6	-837.2	-737.6	171.7
KNO_3(s)	60.88	118.8	—	—	298~401	96.4	-494.6	-394.9	133.1
$K_2Cr_2O_7$(s)	153.39	229.3	—	—	298~671	230	-2043.9	—	—
K_2SO_4(s)	120.37	99.58	-17.82	—	298~856	131.5	-1437.8	-1321.4	175.6
$MgCl_2$(s)	79.08	5.94	-8.62	—	298~927	71.4	-641.3	-591.8	89.6
$MgCO_3$(s)菱镁矿	77.91	57.74	-17.41	—	298~750	75.5	-1095.8	-1012.1	65.7
$Mg(NO_3)_2$(s)	44.69	297.90	7.49	—	298~600	141.9	-790.7	-589.4	164.0
MgO(s)	42.59	7.28	-6.19	—	298~2100	37.2	-601.6	-569.3	27.0
$Mg(OH)_2$(s)	43.51	112.97	—	—	273~500	77.0	-924.5	-833.5	63.2
$MgSO_4$(s)	—	—	—	—		96.5	-1284.9	-1170.6	91.6
MnO(s)	46.48	8.12	-3.68	—	298~1800	45.4	-385.2	-362.9	59.7

续表

物质	比热容						$\Delta_f H_m^{\ominus}$/ kJ · mol^{-1}	$\Delta_f G_m^{\ominus}$/ kJ · mol^{-1}	$S_m^{\ominus}$/ J · K^{-1} · mol^{-1}
	方程式 $C_{p,m}=\varphi(T)$ 的系数				可用的温度范围/K	$C_{p,m}^{\ominus}$/ J · K^{-1} · mol^{-1}			
	a/ J · K^{-1} · mol^{-1}	$b\times10^3$/ J · K^{-2} · mol^{-1}	$c'\times10^{-5}$/ J · K · mol^{-1}	$c\times10^6$/ J · K^{-3} · mol^{-1}					
MnO_2(s)	69. 45	10. 21	-16. 23	—	298~800	54. 1	-520. 0	-465. 1	53. 1
NH_3(g)	25. 895	32. 999	—	-3. 046	291~1000	35. 1	-45. 9	-16. 4	192. 8
NH_4Cl(s)	49. 37	133. 89	—	—	298~457. 7	84. 1	-314. 4	-202. 9	94. 6
NH_4NO_3(s)	—	—	—	—		139. 3	-365. 5	-183. 9	151. 1
$NH_4(SO_4)_2$(s)	103. 64	281. 16	—	—	298~600	187. 5	-1180. 9	-901. 7	220. 1
NO(g)	29. 41	3. 85	-0. 59	—	273~2500	29. 9	91. 3	87. 6	210. 8
NO_2(g)	42. 93	8. 54	-6. 74	—	298~2000	37. 2	33. 2	51. 3	240. 1
$NOCl_2$(g)	44. 89	7. 70	-6. 95	—	298~2000	38. 87	52. 59	66. 36	263. 6
N_2O(g)	45. 69	8. 62	-8. 54	—	298~2000	38. 6	81. 6	103. 7	220. 0
N_2O_4(g)	83. 89	39. 75	-14. 90	—	298~1000	79. 2	11. 1	99. 8	304. 4
N_2O_5(g)	—	—	—	—		95. 3	13. 3	117. 1	355. 7
NaCl(s)	45. 94	16. 32	—	—	298~1073	50. 5	-411. 2	-384. 1	72. 1
$NaHCO_3$(s)	—	—	—	—		87. 6	-950. 8	-851. 0	101. 7
$NaNO_3$(s)			—	—		92. 88	-467. 85	-367. 00	116. 52
NaOH(s)	80. 33	—	—	—	298~593	59. 5	-425. 6	-379. 5	64. 5
Na_2CO_3(s)	—	—	—	—		112. 3	-1130. 7	-1044. 4	135. 0
$NaSO_4$(s)						128. 2	-1387. 1	-1270. 2	149. 6
$NiCl_2$(s)	54. 81	54. 39	—	—	298~800	71. 7	-305. 3	-259. 0	97. 7
NiO(s)	47. 3	9. 00	—	—	273~1273	44. 4	-244. 4	-216. 3	38. 58
PCl_3(g)	83. 965	1. 209	-11. 322	—	298~1000	71. 8	-287. 0	-267. 8	311. 8

续表

物质	比热容						$\Delta_f H_m^\ominus$/ kJ·mol^{-1}	$\Delta_f G_m^\ominus$/ kJ·mol^{-1}	$S_m^\ominus$/ J·K^{-1}·mol^{-1}
	方程式 $C_{p,m}=\varphi(T)$ 的系数				可用的温度范围/K	$C_{p,m}^\ominus$/ J·K^{-1}·mol^{-1}			
	a/ J·K^{-1}·mol^{-1}	$b\times10^3$/ J·K^{-2}·mol^{-1}	$c'\times10^{-5}$/ J·K·mol^{-1}	$c\times10^6$/ J·K^{-3}·mol^{-1}					
PCl_5(g)	19.83	449.06	—	-498.7	298~500	112.8	-374.9	-305.0	364.6
PH_3(g)	18.811	60.132	—	170.37	298~1500	37.1	5.4	13.4	210.2
$PbCO_3$(s)	51.84	119.7	—	—	298~800	87.4	-699.1	-625.5	131.0
$PbCl_2$(s)	66.78	33.47	—	—	298~771	77.0	-359.4	-314.1	136.0
PbO(s)红色	44.35	16.74	—	—	298~900	45.8	-219.0	-188.9	66.5
PbO_2(s)	53.1	33.64	—	—		64.6	-277.4	-217.3	68.6
$PbSO_4$(s)	45.86	129.7	17.57	—	298~1100	103.2	-920.0	-813.0	148.5
SO_2(g)	43.43	10.63	-5.94	—	298~1800	39.9	-296.8	-300.1	248.2
SO_3(g)	57.32	26.86	-13.05	—	298~1200	50.7	-395.7	-371.1	256.8
SiO_2(s)-α 石英	46.94	34.31	-11.30	—	298~848	44.4	-910.7	-856.3	41.5
ZnO(s)	48.99	5.10	—	-9.12	298~1600	40.3	-350.5	-320.5	43.7
ZnS(s)	50.88	5.19	-5.69	—	298~1200	46.0	-206.0	-201.3	57.7
$ZnSO_4$(s)	71.42	87.93	—	~	298~1000	99.2	-982.8	-871.5	110.5
CH_4(g)甲烷	14.318	74.663	—	-17.426	291~1500	35.7	-74.6	-50.5	186.3
C_2H_2(g)乙炔	50.75	16.07	-10.29	—	298~2000	44.0	227.4	209.9	200.9
C_2H_4(g)乙烯	11.322	122.00	—	37.903	291~1500	42.9	52.4	68.4	219.3
C_2H_6(g)乙烷	5.753	175.109	—	-57.852	291~1000	52.5	-84.0	32.0	229.2
C_3H_6(g)丙烯	12.443	188.380	—	-47.597	270~510	63.89	20.42	62.79	267.05
C_3H_8(g)丙烷	1.715	270.75		-94.483	298~1500	73.6	-103.8	-23.4	270.3

续表

物质	比热容						$\Delta_f H_m^{\ominus}$/ kJ·mol^{-1}	$\Delta_f G_m^{\ominus}$/ kJ·mol^{-1}	$S_m^{\ominus}$/ J·K^{-1}·mol^{-1}
	方程式 $C_{p,m}=\varphi(T)$ 的系数				可用的温度范围/K	$C_{p,m}^{\ominus}$/ J·K^{-1}·mol^{-1}			
	a/ J·K^{-1}·mol^{-1}	$b\times10^3$/ J·K^{-2}·mol^{-1}	$c'\times10^{-5}$/ J·K·mol^{-1}	$c\times10^6$/ J·K^{-3}·mol^{-1}					
C_4H_6(g)1，3-丁二烯	9.67	243.84		87.65		79.54	110.16	150.74	278.85
C_4H_{10}(g)正丁烷	18.230	303.558	—	-92.65	298~1500	97.45	-126.15	-17.02	310.23
C_6H_6(g)苯	21.09	400.12	—	-169.9		82.4	82.9	129.7	269.2
C_6H_6(l)苯						136.0	49.1	124.5	173.4
C_6H_{12}(g)环己烷	32.221	525.824	—	-173.99	298~1500	106.27	-123.14	31.92	298.35
C_6H_{12}环己烷(l)			—	—		154.9	-156.4	—	—
C_7H_8(g)甲苯	19.83	474.72	—	-195.4		103.64	50.00	122.11	320.77
C_7H_8(l)甲苯						—	12.01	113.89	220.96
C_8H_{10}(g)苯乙烯	13.10	545.6		-221.3		122.09	147.36	213.90	345.21
$C_{10}H_8$(l)乙苯						183.2	-12.47	119.86	255.18
$C_{10}H_8$(s)萘						165.3	78.5	201.6	167.4
CH_4O(l)甲醇						81.1	-239.2	-166.6	126.8
CH_4O(g)甲醇	20.42	103.7	—	-24.640	300~700	44.1	-201.0	-162.3	239.9
C_2H_6O(l)乙醇						111.3	-277.6	-174.8	160.7
C_2H_6O(g)乙醇	14.970	208.560	—	71.090	300~1000	65.6	-234.8	-167.9	281.6
C_3H_8O(g)丙醇	-2.59	312.419	—	105.52		87.11	-257.91	-162.86	324.91
C_3H_8O(l)异丙醇						156.5	-318.1	-180.26	181.1
C_3H_8O(g)异丙醇						89.3	-272.6	-173.48	310.02
$C_4H_{10}O$(l)乙醚						175.6	-279.5	-122.75	253.1

续表

物质	比热容						$\Delta_f H_m^\ominus$/ kJ·mol^{-1}	$\Delta_f G_m^\ominus$/ kJ·mol^{-1}	$S_m^\ominus$/ J·K^{-1}·mol^{-1}
	方程式 $C_{p,m}=\varphi(T)$ 的系数				可用的温度范围/K	$C_{p,m}^\ominus$/ J·K^{-1}·mol^{-1}			
	a/ J·K^{-1}·mol^{-1}	$b\times10^3$/ J·K^{-2}·mol^{-1}	$c'\times10^{-5}$/ J·K·mol^{-1}	$c\times10^6$/ J·K^{-3}·mol^{-1}					
$C_4H_{10}O$(g)乙醚						119.5	-252.21	-112.19	342.78
CH_2O(g)甲醛	18.820	58.379		-15.606	291~1500	35.4	-108.6	-102.5	218.8
C_2H_4O(g)乙醛	31.054	121.457		-36.577	298~1500	55.3	-166.2	-133.0	263.8
C_7H_6O(l)苯甲醛						172.0	-87.0	—	221.2
C_3H_6O(g)丙酮	22.472	201.782	—	-63.521	298~1500	74.5	-217.1	-152.7	295.3
CH_2O_2(l)蚁酸				—		99.0	-425.0	-361.4	129.0
CH_2O_2(g)蚁酸	30.67	89.20	—	-34.539	300~700		-378.57	—	—
$C_2H_4O_2$(l)乙酸						123.3	-484.3	-389.9	159.8
$C_2H_4O_2$(g)乙酸	21.76	193.13	—	-76.78	300~700	63.4	-432.2	-374.2	283.5
$C_2H_2O_4$(s)草酸	—	—	—	—		91.0	-821.7	-	109.7
$C_7H_6O_2$(s)苯甲酸	—	—	—	—		146.8	-385.2	-245.14	167.6
C_7H_6O(s)苯酚	—	—	—	—		127.4	-165.1	-50.31	144.0
$CHCl_3$(g)	29.506	148.942	—	-90.734	273~773	65.7	-103.14	-70.34	295.7
CH_3Cl(g)	14.903	96.224	—	-31.552	273~773	40.8	-80.83	-57.4	234.6
CH_4ON_2(s)尿素						93.14	-333.51	-197.33	104.60
C_2H_5Cl(g)氯乙烷						62.8	-112.1	-60.4	276.0
C_6H_5Cl(l)氯苯						150.1	10.79	209.2	89.30
C_6H_7N(l)苯胺						191.9	31.09	149.21	191.3
$C_6H_5NO_2$(l)硝基苯						185.8	12.5	—	—
$C_6H_{12}O_6$(s)葡萄糖	—	—	—	—		—	-1273.3	—	—

注：$C_{p,m}=a+bT+\frac{c'}{T^2}$或$C_{p,m}=a+bT+cT^2$

附录八　水溶液中一些离子的热力学性质(298.15K，100kPa)

离子	$p_e=p_{环}$		$S_m^{\ominus}$/ J·K^{-1}·mol^{-1}	$C_{p,m}^{\ominus}$/ J·K^{-1}·mol^{-1}	离子	$\Delta_f H_m^{\ominus}$/ kJ·mol^{-1}	$\Delta_f G_m^{\ominus}$/ kJ·mol^{-1}	$S_m^{\ominus}$/ J·K^{-1}·mol^{-1}	$C_{p,m}^{\ominus}$/ J·K^{-1}·mol^{-1}
Ag^+	105.579	77.107	72.68	21.8	$HCOO^-$	-425.55	-351.0	92	-87.9
$Ag(NH_3)_2{}^+$	-111.29	-17.12	245.2		$HCO_3{}^-$	-691.99	-586.77	91.2	
Al^{3+}	-531	-485	-321.7		HS^-	-17.6	12.08	62.8	
Ba^{2+}	-537.64	-560.77	9.6		$HSO_3{}^-$	-626.22	-527.73	139.7	
Br^-	-121.55	-103.96	82.4	-141.8	Hg^{2+}	171.1	164.40	-32.2	
CH^3COO^-	-486.01	-369.31	86.6		$Hg_2{}^{2+}$	172.4	153.52	84.5	
CN^-	150.6	172.4	94.1		I^-	-55.19	-51.37	111.3	-142.3
$CO3^{2-}$	-677.14	-527.81	-56.9		K^+	-252.38	-283.27	102.5	21.8
$C_2O_4{}^{2-}$	-825.1	-673.9	45.6		La^{3+}	-707.1	-683.7	-217.6	-13
Ca^{2+}	-542.83	-553.58	-53.1		Li^+	-278.49	-293.31	13.4	68.6
Cd^{2+}	-75.9	-77.612	-73.2		Mg^{2+}	-466.85	-454.8	-138.1	
Ce^{3+}	-696.2	-672.0	-205		Mn^{2+}	-220.75	-228.1	-73.6	50
Ce^{4+}	-537.2	-503.8	-301		NH^{4+}	-132.51	-79.31	113.4	79.9
Cl^-	-167.16	-131.228	56.5	-136.4	NO^{2-}	-104.6	-32.2	123.0	-97.5
ClO^-	-107.1	-36.8	42		NO^{3-}	-205.0	-108.74	146.4	-86.6
$ClO_2{}^-$	-66.5	-17.2	101.3		Na^+	-240.12	-261.905	59.0	46.4
$ClO_3{}^-$	-103.97	-7.95	162.3		Ni^{2+}	-54.0	-45.6	-128.9	
$ClO_4{}^-$	-129.33	-8.52	182.0		OH^-	-229.994	-157.244	-10.75	

续表

离子	$p_e=p_{环}$		$S_m^{\ominus}$/ J·K^{-1}·mol^{-1}	$C_{p,m}^{\ominus}$/ J·K^{-1}·mol^{-1}	离子	$\Delta_f H_m^{\ominus}$/ kJ·mol^{-1}	$\Delta_f G_m^{\ominus}$/ kJ·mol^{-1}	$S_m^{\ominus}$/ J·K^{-1}·mol^{-1}	$C_{p,m}^{\ominus}$/ J·K^{-1}·mol^{-1}
Co^{2+}	-58.2	-54.4	-113		PO_4^{3-}	-1277.4	-10108.7	-222	
$[Co(NH_3)_4]^+$	-145.2	-92.4	13		Pb^{2+}	-1.7	-24.43	10.5	
$[Co(NH_3)_6]^+$	-584.9	-157.0	14.6		S^{2-}	33.1	85.8	-14.6	
Cu^+	71.67	49.98	40.6		SCN^-	76.44	92.71	144.3	-40.2
Cu^{2+}	64.77	65.49	-99.6		SO_3^{2-}	-635.4	-486.5	-29	
$Cu(NH_3)_2^{2+}$	-142.3	-30.36	111.3		SO_4^{2-}	-909.27	-744.53	20.1	-293
$Cu(NH_3)_4^{2+}$	-348.5	-111.07	273.6		$S_2O_3^{2-}$	-648.5	-522.5	67	
F^-	-332.63	-278.79	-13.8	-106.7	$Th4^+$	-769.0	-705.1	-422.6	
Fe^{2+}	-89.1	-78.90	-137.7		Tl^+	5.36	-32.40	125.5	
Fe^{3+}	-48.5	-4.7	-315.9		Zn^{2+}	-153.89	-147.06	-112.1	46
H^+	0	0	0	0	VO^{2+}	-486.4	-446.4	-133.9	

附录九　某些有机化合物的标准摩尔燃烧焓($p^{\ominus}=100kPa$，25℃)

物质		$-\Delta_c H_m^{\ominus}/kJ \cdot mol^{-1}$	物质		$-\Delta_c H_m^{\ominus}/kJ \cdot mol^{-1}$
$CH_4(g)$	甲烷	890.31	$C_2H_5CHO(l)$	丙醛	1816.3
$C_2H_6(g)$	乙烷	1559.8	$(CH_3)_2CO(l)$	丙酮	1790.4
$C_3H_8(g)$	丙烷	2219.9	$CH_3COC_2H_5(l)$	甲乙酮	2444.2
$C_5H_{12}(l)$	正戊烷	3509.5	$HCOOH(l)$	甲酸	254.6
$C_5H_{12}(g)$	正戊烷	3536.1	$CH_3COOH(l)$	乙酸	874.54
$C_6H_{14}(l)$	正己烷	4163.1	$C_2H_5COOH(l)$	丙酸	1527.3
$C_2H_4(g)$	乙烯	1411.0	$C_3H_7COOH(l)$	正丁酸	2183.5
$C_2H_2(g)$	乙炔	1299.6	$CH_2(COOH)_2(s)$	丙二酸	861.15
$C_3H_6(g)$	环丙烷	2091.5	$(CH_2COOH)_2(s)$	丁二酸	1491.0
$C_4H_8(l)$	环丁烷	2720.5	$(CH_3CO)_2O(l)$	乙酸酐	1806.2
$C_5H_{10}(l)$	环戊烷	3290.9	$HCOOCH_3(l)$	甲酸甲脂	979.5
$C_6H_{12}(l)$	环己烷	3919.9	$C_6H_5OH(s)$	苯酚	3053.5
$C_6H_6(l)$	苯	3267.5	$C_6H_5CHO(l)$	苯甲醛	3527.9
$C_{10}H_8(s)$	萘	5153.9	$C_6H_5COCH_3(l)$	苯乙酮	4148.9
$CH_3OH(l)$	甲醇	726.51	$C_6H_5COOH(l)$	苯甲酸	3226.9
$C_2H_5OH(l)$	乙醇	1366.8	$C_6H_4(COOH)_2(s)$	邻苯二甲酸	3223.5
$C_3H_7OH(l)$	正丙醇	2019.8	$C_6H_5COOCH_3(l)$	苯甲酸甲酯	3957.6
$C_4H_9OH(l)$	正乙醇	2675.8	$C_{12}H_{22}O_{11}(s)$	蔗糖	5640.9
$CH_3OC_2H_5(g)$	甲乙醚	2107.4	$CH_3NH_2(l)$	甲胺	1060.6
$(C_2H_5)_2O(l)$	二乙醚	2751.1	$C_2H_5NH_2(l)$	乙胺	1713.3
$HCHO(g)$	甲醛	570.78	$(NH_2)_2CO(s)$	尿素	631.66
$CH_3CHO(l)$	乙醛	1166.4	$C_5H_5N(l)$	吡啶	2782.6

附录十　标准电极电势表(298.15K，100kPa)

电极反应	$\varphi^{\ominus}/V$	电极反应	$\varphi^{\ominus}/V$
$Li^++e^- = Li$	-3.045	$Ti^{2+}+2e^- = Ti$	-1.630
$Rb^++e^- = Rb$	-2.93	$V^{2+}+2e^- = V$	-1.19
$K^++e^- = K$	-2.925	$Mn^{2+}+2e^- = Mn$	-1.180
$Cs^++e- = Cs$	-2.923	$Cr^{2+}+2e^- = Cr$	-0.91
$Ba^{2+}+2e^- = Ba$	-2.906	$TiO^{2+}+2H^++4e^- = Ti+H_2O$	-0.882
$Sr^{2+}+2e^- = Sr$	-2.892	$2H_2O+2e^- = H_2+2OH^-$	-0.83
$Ca^{2+}+2e^- = Ca$	-2.866	$Cd(OH)_2+2e^- = Cd^{2+}+OH^-$	-0.81
$Na^++e^- = Na$	-2.714	$Zn^{2+}+2e^- = Zn$	-0.7628

续表

电极反应	$\varphi^{\ominus}$/V	电极反应	$\varphi^{\ominus}$/V
$Ce^{3+}+3e^-=Ce$	-2.48	$Cr^{3+}+3e^-=Cr$	-0.744
$Mg^{2+}+2e^-=Mg$	-2.363	$U^{4+}+4e^-=U$	-0.61
$Sc^{3+}+3e^-=Sc$	-2.077	$S+2e^-=S^{2-}$	-0.49
$U^{3+}+3e^-=U$	-1.79	$Fe^{2+}+2e^-=Fe$	-0.4402
$Be^{2+}+2e^-=Be$	-1.70	$Cr^{3+}+e^-=Cr^{2+}$	-0.407
$Al^{3+}+3e^-=Al$	-1.662	$Cd^{2+}+2e^-=Cd$	-0.403
$Ti^{3+}+e^-=Ti^{2+}$	-0.37	$NO_3^-+2H^++e-=NO_2+H_2O$	0.7959
$PbSO_4+2e^-=Pb+SO_4^{2-}$	-0.3588	$Hg_2{}^{2+}+2e^-=2Hg$	0.789
$Ti^++e^-=Ti$	-0.34	$Ag^++e^-=Ag$	0.7991
$Co^{2+}+2e^-=Co$	-0.277	$Hg^{2+}+2e^-=Hg$	0.86
$Ni^{2+}+2e^-=Ni$	-0.250	$2Hg^{2+}+2e^-=Hg2^{2+}$	0.920
$AgI+e^-=Ag+I^-$	-0.1522	$NO_3^-+3H^++2e^-=HNO_2+H_2O$	0.934
$Sn^{2+}+2e^-=Sn$	-0.1364	$NO_3-+4H^++3e^-=NO+2H_2O$	0.957
$Pb^{2+}+2e^-=Pb$	-0.126	Br_2(液)$+2e^-=2Br^-$	1.066
$Fe^{3+}+3e^-=Fe$	-0.04	$Cu^{2+}+2CN^-+e^-=Cu(CN)^{2-}$	1.103
$2H^++2e^-=H_2$	0.0000	$MnO_2+4H^++2e^-=Mn_2^++2H_2O$	1.23
$[Ag(S_2O_3)_2]^{3-}+e^-=Ag+2S_2O_3^{2-}$	0.017	$O_2+4H^++2e^-=2H_2O$	1.23
$CuBr+e^-=Cu+Br^-$	0.033	$O_3+H_2O+2e^-=O_2+2OH^-$	1.24
$TiO^{2+}+2H^++2e^-=Ti^{3+}+H_2O$	0.06	$CrO_7^{2-}+14H^++6e^-=2Cr_3^-+7H_2O$	1.33
$AgBr+e^-=Ag+Br^-$	0.07	$Cl_2+2e^-=2Cl^-$	1.35793
$CuCl+e^-=Cu+Cl^-$	0.137	$2BrO_3^-+12H^++10e^-=Br_2+2H_2O$	1.491
$S+2H^++2e^-=H_2S(aq)$	0.142	$MnO_4^-+8H^++3e^-=MnO_2+2H_2O$	1.507
$Sb_2O_3+6H^++6e^-=2Sb+3H_2O$	0.1445	$Mn^{3+}+e^-=Mn^{2+}$	1.51
$Sn^{4+}+2e^-=Sn^{2+}$	0.151	$2HBrO+2H^++2e^-=Br_2+2H_2O$	1.60
$Cu^{2+}+e^-=Cu^+$	0.153	$Ce^{4+}+e^-=Ce^{3+}$	1.61
$Bi^{3+}+3e^-=Bi$	0.20	$2HClO+2H^++2e^-=Cl_2+2H_2O$	1.63
$AgCl+e^-=Ag+Cl^-$	0.2224	$Pb^{4+}+e^-=Pb^{2+}$	1.67
$Hg_2Cl_2+2e^-=2Hg+2Cl^-$	0.2676	$Au^++e^-=Au$	1.68
$Cu^{2+}+2e^-=Cu$	0.337	$MnO4^-+4H^++3e^-=MnO_2+2H_2O$	1.679
$Ag_2CrO_4+2e^-=2Ag+2OH^-$	0.342	$Au^++e^-=Au$	1.69
$O_2+2H_2O+4e^-=4OH^-$	0.401	$PbO_2+SO_4^{2-}+4H^++2e^-=PbSO_4+2H_2O$	1.6913
$Ag_2CrO_4+2e^-=2Ag^+CrO_4^{2-}$	0.4463	$H_2O_2+2H^++2e^-=2H_2O$	1.776
$Cu^++e^-=Cu$	0.521	$Co^{3+}+e^-=Co^{2+}$	1.81
$I_2+2e^-=2I^-$	0.536	$Ag^{2+}+e^-=Ag^+$	1.98
$MnO_4{}^-+e^-=MnO_4^{2-}$	0.56	$S_2O_8^{2-}+2e^-=2SO_4^{2-}$	2.05
$MnO_4{}^-+2H_2O+3e^-=MnO_2+4OH^-$	0.60	$O_3+2H^++2e^-=O_2+2H_2O$	2.076
$Hg_2SO_4+2e^-=2Hg+SO_4^{2-}$	0.62	$F_2+2e^-=2F^-$	2.87
$Fe^{3+}+e^-=Fe^{2+}$	0.771	$H_2XeO_6+2H^++2e^-=XeO_3+3H_2O$	3.0
$BrO^-+H_2O+2e^-=Br^-+2OH^-$	0.761		

附录十一　一些物理和化学的基本常数

量	符号	数值	单位	相对不确定度(1×10⁻⁶)
光速	c	299792458	$m \cdot s^{-1}$	定义值
真空磁导率	μ_0	4π	$10^{-7} N \cdot A^{-2}$	定义值
真空电容率，$1/(\mu_0 C^2)$	ε_0	8. 854187817…	$10^{-12} F \cdot m^{-1}$	定义值
牛顿引力常数	G	6. 67259(85)	$10^{-11} m^3 \cdot kg^{-1} \cdot s^{-2}$	128
普郎克常数	h	6. 6260755(40)	$10^{-34} J \cdot s$	0. 60
$h/2\pi$	$\hbar$	1. 05457266(63)	$10^{-34} J \cdot s$	0. 60
基本电荷	e	1. 60217733(49)	$10^{-19} C$	0. 30
电子质量	m_e	0. 91093897(54)	$10^{-30} kg$	0. 59
质子质量	m_p	1. 6726231(10)	$10^{-27} kg$	0. 59
质子-电子质量比	m_p/m_e	1836. 152701(37)		0. 02
精细结构常数	α	7. 29735308(33)	10^{-3}	0. 045
精细结构常数的倒数	α^{-1}	137. 0359895(61)		0. 045
里德伯常数	R_∞	10973731. 534(13)	m^{-1}	0. 0012
阿伏伽德罗常数	L, N_A	6. 0221367(36)	$10^{23} mol^{-1}$	0. 59
法拉第常数	F	96485. 309(29)	$C \cdot mol^{-1}$	0. 30
摩尔气体常数	R	8. 314510(70)	$J \cdot mol^{-1} \cdot K^{-1}$	8. 4
玻尔兹曼常数，R/L_A	k	1. 380658(12)	$10^{-23} J \cdot K^{-1}$	8. 5
斯式藩-玻尔兹曼常数 $\pi^2 k^4/60\hbar^3 c^2$	σ	5. 67051(12)	$10^{-8} W \cdot m^{-2} \cdot K^{-4}$	34
电子伏，(e/C) $J = \{e\} J$（统一）原子质量单位	eV	1. 60217733(49)	$10^{-19} J$	0. 30
原子质量常数，$1/12m(^{12}C)$	u	1. 6605402(10)	$10^{-27} kg$	0. 59

附录十二　常用的单位换算

单位名称	符号	折合 SI
力的单位		
1 公斤力	kgf	$= 9.80665 N$
1 达因	dyn	$= 10^{-5} N$
黏度单位		
泊	P	$= 0.1 N \cdot S \cdot m^{-2}$
厘泊	cP	$= 10^{-3} N \cdot S \cdot m^{-2}$

续表

单位名称	符号	折合 SI
压力单位		
毫巴	mbar	$=100N \cdot m^{-2}(Pa)$
1 达因·厘米$^{-2}$	$dyn \cdot cm^{-2}$	$=0.1N \cdot m^{-2}(Pa)$
1 公斤力·厘米$^{-2}$	$kgf \cdot cm^{-2}$	$=98066.5N \cdot m^{-2}(Pa)$
1 工程大气压	at	$=98066.5N \cdot m^{-2}(Pa)$
标准大气压	atm	$=101324.7N \cdot m^{-2}(Pa)$
1 毫米水高	mmH_2O	$=9.80665N \cdot m^{-2}(Pa)$
1 毫米汞高	mmHg	$=133.322N \cdot m^{-2}(Pa)$
比热容单位		
1 卡·克$^{-1}$·度$^{-1}$	$Cal \cdot g^{-1} \cdot ℃^{-1}$	$=4186.8J \cdot kg^{-1} \cdot ℃^{-1}$
1 尔格·克$^{-1}$·度$^{-1}$	$erg \cdot g^{-1} \cdot ℃^{-1}$	$=10^{-4}J \cdot kg^{-1} \cdot ℃^{-1}$
功(能)单位		
1 公斤力·米	$kgf \cdot m$	$=9.80665J$
1 尔格	erg	$=10^{-7}J$
1 升·大气压	$l \cdot atm$	$=101.328J$
1 瓦特·小时	$W \cdot h$	$=3600J$
1 卡	cal	$=4.1868J$
功率单位		
1 公斤力·米·秒$^{-1}$	$kgf \cdot m \cdot s^{-1}$	$=9.80665W$
1 尔格·秒$^{-1}$	$erg \cdot s^{-1}$	$=10^{-7}W$
1 大卡·小时$^{-1}$	$kcal \cdot h^{-1}$	$=1.163W$
1 卡·秒$^{-1}$	$cal \cdot s^{-1}$	$=4.1868W$
电磁单位		
1 伏·秒	$V \cdot s$	$=1Wb$
1 安·小时	$A \cdot h$	$=3600C$
1 德拜	D	$=3.334 \times 10^{-30}C \cdot m$
1 高斯	G	$=10^{-4}T$
1 奥斯特	Oe	$=79.5775\ A \cdot m^{-1}$

附录十三　不同温度下水的蒸气压

Pa

t/℃	0.0	0.2	0.4	0.6	0.8
-13	225.45	221.98	218.25	214.78	211.32
-12	244.51	240.51	236.78	233.05	229.31
-11	264.91	260.64	256.51	252.38	248.38
-10	286.51	282.11	277.84	273.31	269.04
-9	310.11	305.17	300.51	295.84	291.18
-8	335.17	329.97	324.91	319.84	314.91

续表

t /℃	0.0	0.2	0.4	0.6	0.8
−7	361.97	356.50	351.04	345.70	340.37
−6	390.77	384.90	379.03	373.30	367.57
−5	421.70	415.30	409.17	402.9	396.77
−4	454.63	447.83	441.16	434.50	428.10
−3	489.69	482.63	475.56	468.49	461.43
−2	527.42	519.69	512.09	504.62	497.29
−1	567.69	559.42	551.29	543.29	535.42
0	610.48	601.68	593.02	584.62	575.95
0	610.48	619.35	628.61	637.95	647.28
1	656.74	666.34	675.94	685.81	685.81
2	705.81	716.94	726.20	736.60	747.27
3	757.94	768.73	779.67	790.73	801.93
4	713.4	824.86	836.46	848.33	860.33
5	872.33	884.59	896.99	909.52	922.19
6	934.99	948.05	961.12	974.45	988.05
7	1001.65	1015.51	1029.5	1043.64	1058.04
8	1072.58	1087.24	1102.17	1117.24	1132.44
9	1147.77	1163.50	1179.23	1195.23	1211.36
10	1227.76	1244.29	1260.96	1277.89	1295.09
11	1312.42	1330.02	1347.75	1365.75	1383.88
12	1402.28	1420.95	1439.74	1458.68	1477.87
13	1497.34	1517.07	1536.94	1557.20	1577.6
14	1598.13	1619.06	1640.13	1661.46	1683.06
15	1704.92	1726.92	1749.32	1771.85	1794.65
16	1817.71	1841.04	1864.77	1888.64	1912.77
17	1937.17	1961.83	1986.90	2012.10	2037.69
18	2063.42	2089.56	2115.95	2142.62	2169.42
19	2196.75	2224.48	2252.34	2280.47	2309
20	2337.80	2366.87	2396.33	2426.06	2456.06
21	2486.46	2517.12	2548.18	2579.65	2611.38
22	2643.38	2675.77	2708.57	2741.77	2775.1
23	2808.83	2842.96	2877.49	2912.42	2947.75
24	2983.35	3019.48	3056.01	3092.80	3129.37
25	3167.20	3204.93	3243.19	3281.99	3321.32
26	3360.91	3400.91	3441.31	3481.97	3523.27
27	2564.90	3607.03	3649.56	3629.49	3735.82
28	3779.55	3823.67	3868.34	3913.53	3959.26

续表

t /℃	0. 0	0. 2	0. 4	0. 6	0. 8
29	4005. 39	4051. 92	4098. 98	4146. 58	4194. 44
30	4242. 84	4291. 77	4341. 10	4390. 83	4441. 22
31	4492. 28	4544. 28	4595. 74	4648. 14	4701. 07
32	4754. 66	4808. 66	4863. 19	4918. 38	4973. 98
33	5030. 11	5086. 90	5144. 10	5201. 96	5260. 49
34	5319. 28	5378. 74	5439. 00	5499. 67	5560. 86
35	5622. 86	5685. 38	5748. 44	5812. 17	5876. 57
36	5941. 23	6006. 69	6072. 68	6139. 48	6206. 94
37	6275. 07	6343. 73	6413. 05	6483. 05	6553. 71
38	6625. 04	6696. 9	6769. 29	6842. 49	6916. 61
39	6991. 67	7067. 22	7143. 39	7220. 19	7297. 65
40	7375. 91	7454. 0	7534. 0	7614. 0	7695. 3
41	7778. 0	7860. 7	7943. 3	8028. 7	8114
42	8199. 3	8284. 6	8372. 6	8460. 6	8548. 6
43	8639. 3	8729. 9	8820. 6	8913. 9	9007. 2
44	9100. 6	9195. 2	9291. 2	9387. 2	9484. 5
45	9583. 2	9681. 8	9780. 5	9881. 8	9983. 2
46	10085. 8	10189. 8	10293. 8	10399. 1	10505. 8
47	10612. 4	10720. 4	10829. 7	10939. 1	11048. 4
48	11160. 4	11273. 7	11388. 4	11503. 0	11617. 7
49	11735	11852. 3	11971. 0	12091. 0	12211. 0
50	12333. 6	12465. 6	12585. 6	12705. 6	12838. 9
51	12958. 9	13092. 2	13212. 2	13345. 5	13478. 9
52	13610. 8	13745. 5	13878. 8	14012. 1	14158. 8
53	14292. 1	14425. 4	14572. 1	14718. 7	14852. 1
54	15000. 1	15145. 4	15292. 0	15438. 7	15585. 3
55	15737. 3	15878. 7	16038. 6	16198. 6	16345. 3
56	16505. 3	16665. 3	16825. 2	16985. 2	17145. 2
57	17307. 9	17465. 2	17638. 5	17798. 5	17958. 5
58	18142. 5	18305. 1	18465. 1	18651. 7	18825. 1
59	19011. 7	19185. 0	19358. 4	19545. 0	19731. 7
60	19915. 6	20091. 6	20278. 3	20464. 9	20664. 9
61	20855. 6	21038. 2	21238. 2	21438. 2	21638. 2
62	21834. 1	22024. 8	22238. 1	22438. 1	22638. 1
63	22848. 7	23051. 4	23264. 7	23478. 0	23691. 3
64	23906. 0	24117. 9	24331. 3	24557. 9	24771. 2
65	25003. 2	25224. 5	25451. 2	25677. 8	25904. 5

续表

t /℃	0.0	0.2	0.4	0.6	0.8
66	26143.1	26371.1	26597.7	26837.7	27077.7
67	27325.7	27571.0	27811.0	28064.3	28304.3
68	28553.6	28797.6	29064.2	29317.5	29570.8
69	29328.1	30090.8	30357.4	30624.1	30890.7
70	31157.4	31424.0	31690.6	31957.3	32237.3
71	32517.2	32797.2	33090.5	33370.5	33650.5
72	33943.8	34237.1	34580.4	34823.7	35117.0
73	35423.7	35730.3	36023.6	36343.6	36636.9
74	36956.9	37250.2	37570.1	37890.1	38210.1
75	38543.4	38863.4	39196.7	39516.6	39836.6
76	40183.3	40503.2	40849.9	41183.2	41516.5
77	41876.4	42209.7	42556.4	42929.7	43276.3
78	43636.3	43996.3	44369.0	44742.9	45089.5
79	45462.8	45836.1	46209.4	46582.7	46956.0
80	47342.6	47729.3	48129.2	48502.5	48902.5
81	49289.1	49675.8	50075.7	50502.4	50902.3
82	51315.6	51728.9	52155.6	52582.2	52982.2
83	53408.8	53835.4	54262.1	54688.7	55142.0
84	55568.6	56021.9	56475.2	56901.8	57355.1
85	57808.4	58261.7	58715.0	59195.0	59661.6
86	60114.9	60581.5	61061.5	61541.4	62021.4
87	62488.0	62981.3	63461.3	63967.9	64447.9
88	64941.1	65461.1	65954.4	66461.0	66954.3
89	67474.3	67994.2	68514.2	69034.1	69567.4
90	70095.4	70630.0	71167.3	71708.0	72253.9
91	72800.5	73351.1	73907.1	74464.3	75027.0
92	75592.2	76161.5	76733.5	77309.4	77889.4
93	78473.3	79059.9	79650.6	80245.2	80843.8
94	81446.4	82051.7	82661.0	83274.3	83891.5
95	84512.8	85138.1	85766.0	86399.3	87035.3
96	87675.2	88319.2	88967.1	89619.0	90275.0
97	90934.9	91597.5	92265.5	92938.8	93614.7
98	94294.7	94978.6	95666.5	96358.5	97055.7
99	97757.0	98462.3	99171.6	99884.8	100602.1
100	101324.7	102051.3	102781.9	103516.5	104257.8
101	105000.4	105748.3	106500.3	107257.5	108018.8

附录十四　不同温度下水的表面张力

t/℃	$10^3\times\gamma$/N · m^{-1}	t/℃	$10^3\times\gamma$/N · m^{-1}	t/℃	$10^3\times\gamma$/N · m^{-1}
0	75. 64	20	72. 75	40	69. 56
5	74. 92	21	72. 59	45	68. 74
10	74. 22	22	72. 44	50	67. 91
11	74. 07	23	72. 28	60	66. 18
12	73. 93	24	72. 13	70	64. 42
13	73. 78	25	71. 97	80	62. 61
14	73. 64	26	71. 82	90	60. 75
15	73. 59	27	71. 66	100	58. 85
16	73. 34	28	71. 50	110	56. 89
17	73. 19	29	71. 35	120	54. 89
18	73. 05	30	71. 18	130	52. 84
19	72. 9	35	70. 38		

附录十五　不同温度下水的密度

t/℃	$10^{-3}\rho$/kg · m^{-3}	t/℃	$10^{-3}\rho$/kg · m^{-3}	t/℃	$10^{-3}\rho$/kg · m^{-3}
0	0. 99987	20	0. 99823	40	0. 99224
1	0. 99993	21	0. 99802	41	0. 99186
2	0. 99997	22	0. 9978	42	0. 99147
3	0. 99999	23	0. 99756	43	0. 99107
4	1. 00000	24	0. 99732	44	0. 99066
5	0. 99999	25	0. 99707	45	0. 99025
6	0. 99997	26	0. 99681	46	0. 98982
7	0. 99997	27	0. 99654	47	0. 98940
8	0. 99988	28	0. 99626	48	0. 98896
9	0. 99978	29	0. 99597	49	0. 98852
10	0. 99973	30	0. 99567	50	0. 98807
11	0. 99963	31	0. 99537	51	0. 98762
12	0. 99952	32	0. 99505	52	0. 98715
13	0. 9994	33	0. 99473	53	0. 98669
14	0. 99927	34	0. 99440	54	0. 98621
15	0. 99913	35	0. 99406	55	0. 98573
16	0. 99897	36	0. 99371	60	0. 98324
17	0. 99880	37	0. 99336	65	0. 98059
18	0. 99862	38	0. 99299	70	0. 97781
19	0. 99843	39	0. 99262	75	0. 97489

附录十六　不同温度下水的折射率、黏度和介电常数

t/℃	n_D	$10^3\eta$/kg·m^{-1}·s^{-1}*	ε
0	1.33395	1.7702	87.74
5	1.33388	1.5108	85.76
10	1.33369	1.3039	83.83
15	1.33339	1.1374	81.95
17	1.33324	1.0828	
19	1.33307	1.0299	
20	1.33300	1.0019	80.10
21	1.33290	0.9764	79.73
22	1.33280	0.9532	79.38
23	1.33271	0.9310	79.02
24	1.33261	0.9100	78.65
25	1.33250	0.8903	78.30
26	1.33240	0.8703	77.94
27	1.33229	0.8512	77.60
28	1.33217	0.8328	77.24
29	1.33206	0.8145	76.90
30	1.33194	0.7973	76.55
35	1.33131	0.719	74.83
40	1.33061	0.6526	73.15
45	1.32985	0.5972	71.51
50	1.32904	0.5468	69.91

*黏度单位：每平方米秒牛顿，即 N·s·m^{-2}或 kg·m^{-1}·s^{-1}或 Pa·s(帕·秒)。

附录十七　不同温度下水的蒸发焓

t/℃	$\Delta_{vap}H_m$/kJ·mol^{-1}	t/℃	$\Delta_{vap}H_m$/kJ·mol^{-1}
0	45.054	200	34.962
25	43.990	220	33.468
40	43.350	240	31.809
60	42.428	260	29.930
80	41.585	280	27.795
100	40.657	300	25.300
120	39.684	320	22.297
140	38.643	340	18.502
160	37.518	360	12.966
180	36.304	372	2.066

附录十八　一些有机化合物的密度

化合物	ρ_0	α	β	γ	温度范围/℃
四氯化碳	1.63255	-1.9110	-0.690		0~40
氯仿	1.52643	-1.8563	-0.5309	-8.81	-53~55
乙醚	0.73629	-1.1138	-1.237		0~70
乙醇	0.78506	-0.8591	-0.56	-5	
醋酸	1.0724	-1.1229	0.0058	-2	9~100
丙酮	0.81248	-1.1	-0.858		0~50
异丙醇	0.8014	-0.809	-0.27		0~25
正丁醇	0.8239	-0.699	-0.32		0~47
乙酸甲酯	0.95932	-1.2710	-0.405	-6	0~100
乙酸乙酯	0.92454	-1.168	-1.95	20	0~40
环己烷	0.79707	-0.8879	-0.972	1.55	0~65
苯	0.90005	-1.0638	-0.0376	-2.213	11~72

注：表中有机化合物的密度可用方程式 $\rho_t=\rho_0+10^{-3}\alpha(t-t_0)+10^{-6}\beta(t-t_0)^2+10^{-9}\gamma(t-t_0)^3$ 计算。式中 ρ_0 为 $t=0$℃时的密度。单位为 $g\cdot cm^{-3}$；$1g\cdot cm^{-3}=10^3kg\cdot m^{-3}$。

附录十九　一些液体的蒸气压

名称	分子式	温度范围/℃	A	B	C
四氯化碳	CCl_4		6.87926	1212.021	226.41
氯仿	$CHCl_3$	-30~150	6.90328	1163.03	227.4
甲醇	CH_4O	-14~65	7.89750	1474.08	229.13
1,2-二氯乙烷	$C_2H_4Cl_2$	-31~99	7.0253	1271.3	222.9
醋酸	$C_2H_4O_2$	0~36	7.80307	1651.2	225
		36~170	7.18807	1416.7	211
乙醇	C_2H_6O	-2~100	8.32109	1718.10	237.52
丙酮	C_3H_6O	-30~150	7.02447	1161.0	224
异丙醇	C_3H_8O	0~101	8.11778	1580.92	219.61
乙酸乙酯	$C_4H_8O_2$	-20~150	7.09808	1238.71	217.0
正丁醇	$C_4H_{10}O$	15~131	7.47680	1362.39	178.77
苯	C_6H_6	-20~150	6.90561	1211.033	220.790
环己烷	C_6H_{12}	20~81	6.84130	1201.53	222.65
甲苯	C_7H_8	-20~150	6.95464	1344.80	219.482
乙苯	C_8H_{10}	26~164	6.95719	1424.255	213.21

注：表中各化合物的蒸气压 p 可用 $\lg p=A-\frac{B}{(C+t)}+D$ 计算。式中 A、B、C 为三常数，t 为温度(℃)，D 为压力单位的换算因子，其值为2.1249，单位为Pa。

附录二十　25℃下某些液体的折射率

名称	n_D^{25}	名称	n_D^{25}
甲醇	1.326	四氯化碳	1.459
乙醚	1.352	乙苯	1.493
丙酮	1.357	甲苯	1.494
乙醇	1.359	苯	1.498
醋酸	1.370	苯乙烯	1.545
乙酸乙酯	1.370	溴苯	1.557
正己烷	1.372	苯胺	1.583
1-丁醇	1.397	溴仿	1.587
氯仿	1.444		

附录二十一　几种溶剂的凝固点降低系数

溶剂	纯溶剂的凝固点/℃	K_f^*
水	0	1.853
醋酸	16.6	3.90
苯	5.533	5.12
对二氧六环	11.7	4.71
萘	80.290	6.94
环己烷	6.54	20.0
樟脑	178.75	37.7

* K_f是指 1mol 溶质，溶解在 1000g 溶剂中的凝固点降低系数。

附录二十二　金属混合物的熔点

℃

金属		金属(Ⅱ)质量分数/%										
Ⅰ	Ⅱ	0	10	20	30	40	50	60	70	80	90	100
Pb	Sn	326	295	276	262	240	220	190	185	200	216	232
	Sb	326	250	275	330	395	440	490	525	560	600	632
Sb	Bi	632	610	590	575	555	540	520	470	405	330	268
	Zn	632	555	510	540	570	565	540	525	510	470	419

附录二十三　常压下共沸物的沸点和组成

共沸物		各组分的沸点/℃		共沸物的性质	
甲组分	乙组分	甲组分	乙组分	沸点/℃	组成(组分甲的质量分数)/%
苯	乙醇	80.1	78.3	67.9	68.3
环己烷	乙醇	80.8	78.3	64.8	70.8
正己烷	乙醇	68.9	78.3	58.7	79.0

共沸物		各组分的沸点/℃		共沸物的性质	
乙酸乙酯	乙醇	77. 1	78. 3	71. 8	69. 0
乙酸乙酯	环己烷	77. 1	80. 7	71. 6	56. 0
异丙醇	环己烷	82. 4	80. 7	69. 4	32

附录二十四　18~25℃下难溶化合物的溶度积

化合物	K_{sp}	化合物	K_{sp}
AgBr	4.95×10^{-13}	$BaSO_4$	1.1×10^{-10}
AgCl	1.77×10^{-10}	$Fe(OH)_3$	4×10^{-38}
AgI	8.3×10^{-17}	$PbSO_4$	1.6×10^{-8}
Ag_2S	6.3×10^{-52}	CaF_2	2.7×10^{-11}
$BaCO_3$	5.1×10^{-9}		

附录二十五　均相热反应的速率系数

c_{HCl}/mol · dm^{-3}	10^3k/min^{-1}		
	298. 2K	308. 2K	318. 2K
0. 4137	4. 043	17. 00	60. 62
0. 9	11. 16	46. 76	148. 8
1. 214	17. 455	75. 97	

注：1. 表中 k 为蔗糖水解的速率系数；

2. 乙酸乙酯皂化反应的速率系数与温度的关系 $\lg k=-1780T^{-1}+0.00754T+4.53$（$k$ 的单位为 dm^3 · mol^{-1} · min^{-1}）；

3. 丙酮碘化反应的速率系数 k(25℃) = 1.71×10^{-3} dm^3 · mol^{-1} · min^{-1}；k(35℃) = 5.284×10^{-3} dm^3 · mol^{-1} · min^{-1}。

附录二十六　25℃下醋酸在水溶液中的电离度和离解常数

c/mol · m^{-3}	α	10^2K_c/mol · m^{-3}
0. 2184	0. 2477	1. 751
1. 028	0. 1238	1. 751
2. 414	0. 0829	1. 750
3. 441	0. 0702	1. 750
5. 912	0. 05401	1. 749
9. 842	0. 04223	1. 747
12. 83	0. 03710	1. 743
20	0. 02987	1. 738
50	0. 01905	1. 721
100	0. 01350	1. 695
200	0. 00949	1. 645

附录二十七　KCl 溶液的电导率

$10^{-2}\kappa$/S·m^{-1}	c/mol·dm^{-3}			
t/℃	1.000	0.1000	0.0200	0.0100
0	0.06541	0.00715	0.001521	0.000776
5	0.07414	0.00822	0.001752	0.000896
10	0.08319	0.00933	0.001994	0.00102
15	0.09252	0.01048	0.002243	0.001147
16	0.09441	0.01072	0.002294	0.001173
17	0.09631	0.01095	0.002345	0.001199
18	0.09822	0.01119	0.002397	0.001225
19	0.10014	0.01143	0.002449	0.001251
20	0.10207	0.01167	0.002501	0.001278
21	0.10400	0.01191	0.002553	0.001305
22	0.10594	0.01215	0.002606	0.001332
23	0.10789	0.01229	0.002659	0.001359
24	0.10984	0.01264	0.002712	0.001386
25	0.11180	0.01288	0.002765	0.001413
26	0.11377	0.01313	0.002819	0.001441
27	0.11574	0.01337	0.002873	0.001468
28		0.01362	0.002927	0.001496
29		0.01387	0.002981	0.001524
30		0.01412	0.003036	0.001552
35		0.01539	0.003312	
36		0.01564	0.003368	

附录二十八　无限稀释离子的摩尔电导率和温度系数

离子	$10^4\Lambda_m$/S·m^2·mol^{-1}				$\alpha\left[\alpha=\frac{1}{\Lambda_i}\left(\frac{d\Lambda_i}{dt}\right)\right]$
	0℃	18℃	25℃	50℃	
H^+	225	315	349.8	464	0.0142
K^+	40.7	63.9	73.5	114	0.0173
Na^+	26.5	42.8	50.1	82	0.0188
NH_4^+	40.2	63.9	74.5	115	0.0188
Ag^+	33.1	53.5	61.9	101	0.0174
$1/2Ba^{2+}$	34.0	54.6	63.6	104	0.0200
$1/2Ca^{2+}$	31.2	50.7	59.8	96.2	0.0204
$1/2Pb^{2+}$	37.5	60.5	69.5		0.0194
OH^-	105	171	198.3	(284)	0.0186
Cl^-	41.0	66.0	76.3	(116)	0.0203
NO^{3-}	40.0	62.3	71.5	(104)	0.0195
$C_2H_3O_2^-$	20.0	32.5	40.9	(67)	0.0244
$1/2SO_4^{2-}$	41	68.4	80.0	(125)	0.0206
F^-		47.3	55.4		0.0228

附录二十九　几种胶体的 ζ 电势

水溶胶			
分散相	ζ/V	分散相	ζ/V
As_2S_3	-0.032	Bi	0.016
Au	-0.032	Pb	0.018
Ag	-0.034	Fe	0.028
SiO_2	-0.044	$Fe(OH)_3$	0.044
有机溶胶			
分散相	分散介质	ζ/V	
Cd	$CH_3COOC_2H_5$	-0.047	
Zn	CH_3COOCH_3	-0.064	
Zn	$CH_3COOC_2H_5$	-0.087	
Bi	$CH_3COOC_2H_5$	-0.091	

附录三十　一些常用表面活性剂的临界胶束浓度

名称	测定温度/℃	CMC/(mol/L)
氯化十六烷基三甲基铵	25	1.6×10^{-2}
辛烷基磺酸钠	25	1.5×10^{-1}
辛烷基硫酸钠	40	1.36×10^{-1}
十二烷基硫酸钠	25	8.20×10^{-3}
十二烷基硫酸钠	40	8.70×10^{-3}
十四烷基硫酸钠	40	2.40×10^{-3}
十六烷基硫酸钠	40	5.80×10^{-4}
十八烷基硫酸钠	40	1.70×10^{-4}
硬脂酸钾	50	4.50×10^{-4}
油酸钾	50	1.2×10^{-3}
月桂酸钾	25	1.25×10^{-2}
十二烷基磺酸钠	25	9.0×10^{-3}
月桂醇聚氧乙烯(6)醚	25	8.70×10^{-5}
月桂醇聚氧乙烯(9)醚	25	1.0×10^{-4}
月桂醇聚氧乙烯(12)醚	25	1.4×10^{-4}
十四醇聚氧乙烯(6)醚	25	1.0×10^{-5}
丁二酸二辛基磺酸钠	25	1.24×10^{-2}
氯化十二烷基胺	25	1.6×10^{-2}
对十二烷基苯磺酸钠	25	1.4×10^{-2}

参考文献

[1] 天津大学物理化学教研室．物理化学(上，下册) [M]. 第六版．北京：高等教育出版社，2017.

[2] 沈文霞，王喜章，许波连．物理化学核心教程[M]. 第六版．北京：科学出版社，2016.

[3] 周鲁．物理化学教程[M]. 北京：科学出版社，2006.

[4] 周益明，赵朴素．物理化学简明教程[M]. 南京：南京大学出版社，2014.

[5] 邵谦．物理化学简明教程[M]. 北京：化学工业出版社，2011.

[6] 王新平，王新葵，王旭珍．物理化学[M]. 北京：高等教育出版社，2017.

[7] 王新葵，王旭珍，王新平．基础物理化学解题指导[M]. 第二版．北京：高等教育出版社，2018.

[8] 张业，谢鲜梅．物理化学学习指导[M]. 北京：化学工业出版社，2003.

[9] 周建敏，蔡洁．物理化学实验[M]. 北京：中国石化出版社，2012.

[10] 袁誉洪．物理化学实验[M]. 北京：科学出版社，2008.

[11] 北京大学化学学院物理化学实验教学组．物理化学实验[M]. 北京：北京大学出版社，2002.

[12] 唐林，孟柯兰，刘红天．物理化学实验[M]. 北京：化学工业出版社，2008.

[13] 常照荣．物理化学实验[M]. 郑州：河南科学技术出版社，2009.

[14] 何畏．物理化学实验[M]. 北京：科学出版社 . 2009.

[15] 罗澄源，向明礼．物理化学实验[M]. 北京：高等教育出版社 . 2004.

[16] 向建敏．物理化学实验[M]. 北京：化学工业出版社 . 2008.

[17] 张新丽，胡小玲，苏克和．物理化学实验[M]. 北京：化学工业出版社 . 2008.

[18] 刘寿长，张建民．物理化学实验与技术[M]. 郑州：郑州大学出版社 . 2004.

[19] 徐菁利，陈燕青，赵家昌，等．物理化学实验[M]. 上海：上海交通大学出版社 . 2009.

[20] 顾月姝，宋淑娥．基础化学实验(Ⅲ)——物理化学实验[M]. 北京：化学工业出版社 . 2007.

[21] 何广平，南俊民，孙艳辉，等．基础化学实验—物理化学实验[M]. 北京：化学工业出版社 . 2008.

[22] 金丽萍，邬时清，陈大勇．物理化学实验[M]. 上海：华东理工大学出版社 . 2005.

[23] 王军，杨冬梅，张丽君，等．物理化学实验[M]. 北京：化学工业出版社 . 2010.